Arthur Beiser

ATOME, MOLEKÜLE, FESTKÖRPER

Mit 230 Bildern

Friedr. Vieweg & Sohn Braunschweig/Wiesbaden

Originalausgabe

Arthur Beiser
Perspectives of Modern Physics
Copyright © 1969 by McGraw-Hill, Inc.

Übersetzung aus dem Englischen: *Helmut Kühnelt*

Verlagsredaktion: *Alfred Schubert*

CIP-Kurztitelaufnahme der Deutschen Bibliothek

Beiser, Arthur:
Atome, Moleküle, Festkörper/Arthur Beiser.
[Übers. aus d. Engl.: Helmut Kühnelt].–
Braunschweig; Wiesbaden: Vieweg, 1983.
(Vieweg-Physik-Reihe; Bd. 1)
Einheitssacht.: Perspectives of modern
physics ⟨dt.⟩
ISBN 3-528-08459-6

NE: GT

Satz: Friedr. Vieweg & Sohn, Braunschweig
Druck: E. Hunold, Braunschweig
Buchbinder: W. Langelüddecke, Braunschweig
Umschlaggestaltung: Peter Morys, Wolfenbüttel

Printed in Germany-West

ISBN 3-528-08459-6

Vorwort zur amerikanischen Ausgabe

Ich wollte mit diesem Buch eine Einführung in einige grundlegende Eigenschaften der Atome, Moleküle, Festkörper und Kerne geben, die sowohl für jene, die diese Gebiete eingehender studieren wollen, als auch für Studenten der Biologie, der Ingenieurswissenschaften oder verwandter Studienrichtungen von Nutzen sein sollte. Mein Ziel war daher weder übertriebene mathematische Strenge noch enzyklopädische Vollständigkeit: ich glaube, daß man sich ersterer am besten schrittweise nähert und daß die beste Hilfe am Weg zu umfassendem Wissen eine sichere Grundlegung der Fundamente ist, so daß die Literatur zum eigenen Studium zur Verfügung steht.

Während zahlreiche Themen vom Standpunkt des Experimentators betrachtet werden, der seine Resultate verstehen möchte, nehmen wir nicht minder häufig den Standpunkt eines Theoretikers ein, der Struktur und Verhalten der Materie mit Theorien und Modellen verstehen möchte, die sich in bisherigen Experimenten als gültig erwiesen haben. Obwohl die gesamte moderne Physik – und natürlich die gesamte Naturwissenschaft – auf empirischen Fundamenten beruht, ist es oft für den Studenten ökonomischer, mit den die Daten zusammenfassenden Begriffen zu beginnen, als mit den Daten selbst oder den experimentellen Methoden, die diese Daten geliefert haben.

Wir haben uns bemüht, grundlegende Ideen und Methoden – wenn immer möglich – mehrfach anzuwenden, um ihre allgemeine Anwendbarkeit zu unterstreichen und dem Leser Einblick zu gewähren, wie sie in das Theoriengebäude der Physik eingegliedert sind. So berührt – neben dem ihr zukommenden besonderen Interesse – die Theorie der Molekülspektren die Quantisierung des Drehimpulses, den quantenmechanischen harmonischen Oszillator und die statistische Mechanik und verdient daher, obwohl sie ein Spezialgebiet ist, den ihr hier eingeräumten Platz.

Während ich das Hauptgewicht auf die Analyse der physikalischen Situation und nicht so sehr auf die Mathematik gelegt habe, schien es mir trotzdem wichtig zu zeigen, wie numerische Resultate zustande kommen. Da dies ein Lehrbuch sein soll, habe ich nicht jeden zweiten Schritt ausgelassen, sondern trachtete nach möglichster Vollständigkeit der Beweisführung. Auf diese Weise hoffe ich, auch dem mathematisch weniger gut ausgebildeten Leser zu helfen. Dieses Buch ist jedoch nicht als Lehrbuch der Quantenmechanik und der statistischen Mechanik gedacht, sondern als Einführung in die moderne Physik – was in der Praxis bedeutet, daß ich die Begriffe der erwähnten Theorien nur so weit wie notwendig entwickelt habe, damit ein Verständnis der Atom-, Molekül- und Festkörperphysik möglich ist.

A. Beiser

Vorwort zur deutschen Ausgabe

Die „Vieweg Physik Reihe" hat sich zum Ziel gesetzt, Einzelgebiete der Physik auf mittlerem Niveau darzustellen. Aufbauend auf einführenden Texten, wie beispielsweise dem „Berkeley Physik Kurs", soll sie in einer lockeren Folge von Bänden die allmähliche Spezialisierung des Studierenden auf das Thema einer Diplomarbeit oder Dissertation begleiten und unterstützen.

Mit dem Buch „Atome, Moleküle, Festkörper" von Arthur Beiser liegt eine einfache Darstellung der Lehre vom Aufbau der Materie vor, die ein zentrales Forschungsthema unserer Zeit ist. Zusammen mit weiteren ergänzenden Bänden über Elementarteilchen, Festkörperphysik, Moleküle und Probleme der Plasma-Physik wird diese Thematik innerhalb der „Vieweg Physik Reihe" angemessen berücksichtigt werden.

„Atome, Moleküle, Festkörper" zeichnen sich durch einen einfachen und leicht zugänglichen Formalismus ebenso aus, wie durch anschauliche Graphiken, die den Text ergänzen, und durch zahlreiche Vergleiche mit experimentellen Daten. Das Hauptgewicht liegt auf der Analyse physikalischer Situationen und nicht so sehr auf mathematischer Strenge oder enzyklopädischer Vollständigkeit. Die einführenden Kapitel können außerdem als kurze zusammenfassende Wiederholung der Grundlagen der Quantenmechanik dienen, die zugleich die hier verwendete Bezeichnungsweise erläutern. Auch die für das Verständnis der Festkörperphysik unentbehrlichen Grundlagen der Quantenstatistik werden in den Kapiteln 13 und 14 dargestellt. Der Band bildet dadurch eine Überleitung zwischen den üblichen Lehrbüchern der Quantenmechanik und statistischen Mechanik und spezialisierteren Darstellungen der Theorie der Struktur der Materie.

Wien und Kaiserslautern im Dezember 1982

Roman Sexl und *Hansjörg Jodl*

Inhaltsverzeichnis

1 Teilcheneigenschaften von Wellen

In unserer täglichen Erfahrung haben die Begriffe Teilchen und Welle nichts Mysteriöses an sich, sie scheinen eine feste Bedeutung zu haben. Ein Stein, der ins Wasser geworfen wird, und die Wellen, die sich daraufhin an der Wasseroberfläche bilden, haben nur eines gemeinsam, die Fähigkeit, Energie und Impuls von einem Ort zum anderen zu übertragen. Die klassische Physik, die die „physikalische Realität" unserer Sinneseindrücke widerspiegelt, behandelt Teilchen und Wellen als getrennte Komponenten der Realität. Die Mechanik der Teilchen und die Wellenoptik sind traditionellerweise unabhängige Disziplinen, jede hat ihre eigenen Experimente und Hypothesen. Und doch hat die physikalische Welt, wie wir sie sehen, ihre Ursache in Phänomenen, die sich in der mikroskopischen Welt der Atome und Moleküle, der Elektronen und Kerne abspielen. In dieser Welt gibt es weder Teilchen noch Wellen, die unseren herkömmlichen Vorstellungen entsprechen. Wir bezeichnen Elektronen als Teilchen, da sie elektrische Ladung und Masse besitzen und sich in alltäglichen Apparaten (etwa in einer Fernsehröhre) nach den Gesetzen der Punktmechanik verhalten. Wir werden jedoch sehen, daß genau soviel dafür spricht, ein Elektron als Wellenerscheinung wie als Manifestation eines Teilchens zu deuten. Wir bezeichnen elektromagnetische Wellen als Wellen, weil sie unter geeigneten Umständen Beugung, Interferenz und Polarisation zeigen. In ähnlicher Weise werden wir sehen, daß unter anderen Bedingungen elektromagnetische Wellen sich verhalten, als ob sie aus einem Strom von Teilchen bestünden. Gemeinsam mit der speziellen Relativitätstheorie ist die Dualität von Welle und Teilchen wesentlich für das Verständnis der modernen Physik; in diesem Buch gibt es nur wenige Argumente, die von diesen fundamentalen Prinzipien nicht Gebrauch machen.

1.1 Der photoelektrische Effekt

Gegen Ende des 19. Jahrhunderts zeigte eine Reihe von Experimenten, daß Elektronen aus Metalloberflächen emittiert wurden, wenn man diese mit Licht genügend hoher Frequenz bestrahlte (außer bei den Alkalimetallen braucht man bei allen Metallen ultraviolettes Licht). Dieser Effekt wird *photoelektrischer Effekt,* auch kurz *Photoeffekt,* genannt.

Bild 1.1 zeigt das Prinzip des Apparates, wie er bei genaueren Experimenten verwendet wurde. Eine evakuierte Röhre enthält zwei Elektroden, die an eine Gleichspannungsquelle angeschlossen sind. Die Anode wird bestrahlt. Einige der entstehenden *Photoelektronen,* die aus der bestrahlten Oberfläche austreten, haben genügend Energie, um gegen die angelegte Spannung die Kathode zu erreichen; sie bilden den Strom, der mit dem Amperemeter gemessen wird. Wenn die Bremsspannung U erhöht wird, erreichen immer weniger Elektronen die Kathode und der Strom fällt ab. Schließlich erreichen keine Elektronen mehr die Kathode, der Strom sinkt auf Null, wenn U einen gewissen Wert U^0 (etwa einige Volt) erreicht oder übersteigt.

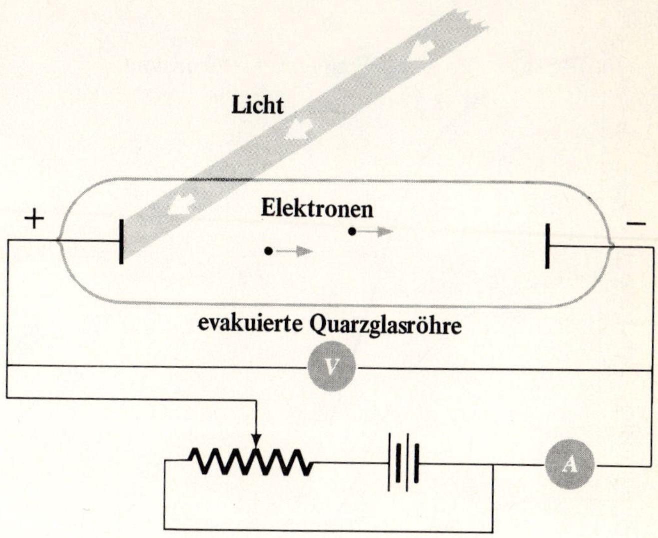

Bild 1.1 Experimentelle Beobachtung des Photoeffekts

Die Existenz des Photoeffektes sollte nicht überraschen. Lichtwellen besitzen Energie, und ein Teil der von der Metalloberfläche absorbierten Energie mag sich irgendwie auf einzelne Elektronen konzentrieren und als kinetische Energie sichtbar werden. Wenn wir die Daten jedoch genauer betrachten, finden wir, daß wir den Effekt nicht so einfach interpretieren können.

Einer der Züge des Photoeffekts, der seine Entdecker vor besondere Rätsel stellte, zeigt, daß die Energieverteilung der emittierten Elektronen, der Photoelektronen, von der Intensität des Lichtes unabhängig ist. Ein starker Lichtstrahl erzeugt mehr Elektronen als ein schwacher, die mittlere Elektronenenergie ist jedoch gleich (Bild 1.2). Innerhalb der Schranken der experimentellen Genauigkeit (etwa $3 \cdot 10^{-9}$ s) gibt es zwischen dem Einschalten des Lichtes und der Emission der Elektronen keine zeitliche Verzögerung. Diese Beobachtungen können nicht auf der Grundlage der elektromagnetischen Theorie des Lichts verstanden werden. Nehmen wir an, daß violettes Licht auf eine Natriumoberfläche in einem Apparat wie in Bild 1.1 fällt. Ein photoelektrischer Strom wird beobachtbar sein, wenn 10^{-6} W/m^2 an elektromagnetischer Energie von der Oberfläche absorbiert werden. Es gibt etwa 10^{19} Atome in einer Schicht Natrium, die ein Atom dick und ein Quadratmeter groß ist. Wenn wir annehmen, daß das einfallende Licht in den obersten zehn Schichten von Natriumatomen absorbiert wird, verteilen sich 10^{-6} W/m^2 auf 10^{20} Atome. Daher wird auf jedes Atom im Mittel eine Leistung von 10^{-26} W übertragen, also weniger als 10^{-7} eV/s. Es sollte daher mehr als 10^7 s oder fast ein Jahr dauern, bis ein einzelnes Elektron etwa 1 eV an Energie gesammelt hat, wie sie bei Photoelektronen beobachtet wird! In der maximal zur Verfügung stehenden Zeit von $3 \cdot 10^{-9}$ s sammelt ein Elektron auf Grund der elektromagnetischen Lichttheorie nur $3 \cdot 10^{-16}$ eV an Energie an. Selbst wenn man irgendeinen Resonanzprozess an-

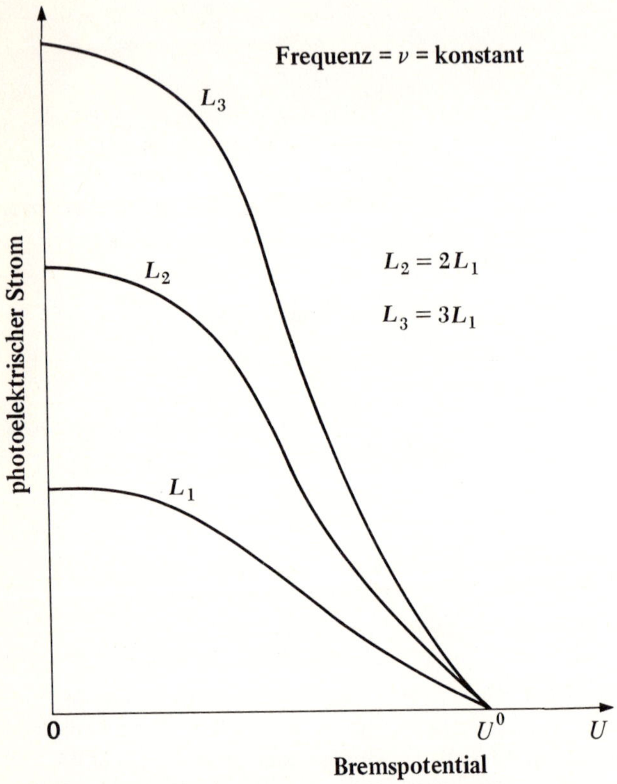

Bild 1.2 Der photoelektrische Strom ist für alle Bremspotentiale der Lichtintensität L proportional. Für eine gegebene Frequenz ν ist das maximale Bremspotential V^0 unabhängig von der Lichtintensität.

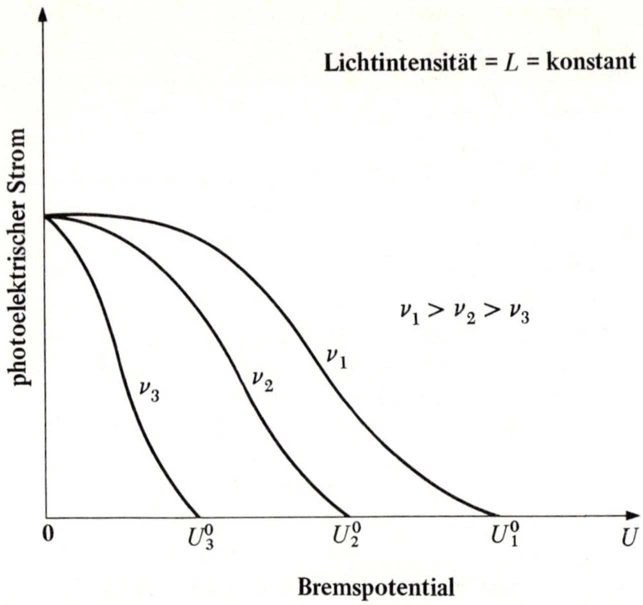

Bild 1.3 Das maximale Bremspotential U^0 hängt von der Frequenz des Lichtes ab.

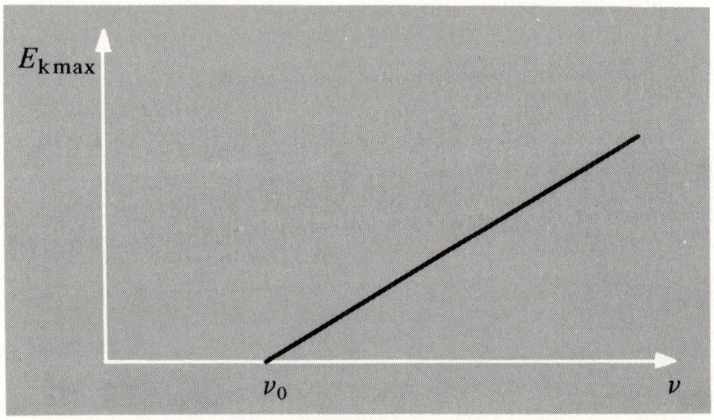

Bild 1.4 Die maximale Photoelektronenenergie als Funktion der Frequenz des einfallenden Lichts.

nimmt, um zu erklären, warum einige Elektronen mehr Energie als andere erhalten, werden die begünstigten Elektronen nicht mehr als 10^{-10} der beobachteten Energie erhalten.

Genauso sonderbar erscheint vom Standpunkt der Wellentheorie die Tatsache, daß die Energie der Photoelektronen von der *Frequenz* des verwendeten Lichts abhängt (Bild 1.3). Bei Frequenzen, die unterhalb einer für jedes Metall verschiedenen kritischen Frequenz liegen, werden keine Elektronen emittiert. Oberhalb dieser Frequenzschwelle haben die Photoelektronen Energien zwischen Null und einem bestimmten Höchstwert der mit zunehmender Frequenz linear ansteigt. Hohe Frequenzen geben hohe maximale Energien der Photoelektronen, niedrige Frequenzen niedrige Maximalenergien. Daher erzeugt ein schwaches blaues Licht energiereichere Elektronen als ein starkes rotes Licht, obwohl man mit letzterem mehr Elektronen erhält.

Bild 1.4 zeigt die maximale Photoelektronenenergie $E_{k\,max}$ in Abhängigkeit der Frequenz ν des einfallenden Lichts in einem speziellen Experiment. Da ein linearer Zusammenhang beobachtet wird, können wir die Beziehung zwischen der Maximalenergie $E_{k\,max}$ und der Frequenz ν in folgender Weise darstellen:

$$E_{k\,max} = h(\nu - \nu_0)\,, \tag{1.1}$$

wobei ν_0 die Schwellenfrequenz, unter der keine Photoemission auftritt, und h eine Proportionalitätskonstante ist. Auffälligerweise ist der Wert von h,

$$h = 6{,}63 \cdot 10^{-34}\ \text{Js}$$

stets der gleiche, obwohl ν_0 vom verwendeten Metall abhängt.

1.2 Die Quantentheorie des Lichts

Die elektromagnetische Theorie des Lichts beschreibt eine so große Vielfalt von Erscheinungen so gut, daß sie ein gewisses Maß an Wahrheit enthalten muß. Und doch versagt diese Theorie beim Photoeffekt vollständig. 1905 fand Albert Einstein, daß das Paradoxon des Photoeffekts nur verstanden werden konnte, wenn man eine Vorstellung ernst nahm, die fünf Jahre zuvor von Max Planck vorgeschlagen worden war. Planck versuchte die Gesetze der Strahlung zu erklären, die von Körpern emittiert wurde, die heiß genug waren, um Licht abzustrahlen; dieses Problem hatte schon lange allen Lösungsversuchen widerstanden. Planck konnte eine Formel für das Spektrum dieser Strahlung, der Intensitätsverteilung in Abhängigkeit der Wellenlänge, als Funktion der Temperatur des Körpers aufstellen, die mit dem Experiment im Einklang stand, wenn er annahm, daß die emittierte Strahlung *diskontinuierlich* in kleinen Energiepaketen abgegeben wird (siehe die Abschnitte 14.2 bis 14.4 wegen den Einzelheiten dieser Untersuchung). Diese Energiepakete heißen *Quanten.* Planck fand, daß alle Lichtquanten einer bestimmten Frequenz ν dieselbe Energie besitzen und daß diese Energie E direkt proportional zu ν ist. Das heißt,

$$E = h\nu\,, \tag{1.2}$$

wobei h, heute als *Plancksche Konstante* bezeichnet, den Wert

$$h = 6{,}63 \cdot 10^{-34}\ \mathrm{Js}$$

hat.

Während Planck annehmen mußte, daß die elektromagnetische Energie von einem heißen Objekt diskontinuierlich abgestrahlt wird, zweifelte er nicht, daß sie sich durch den Raum in kontinuierlicher Weise als elektromagnetische Welle ausbreitet. Einstein schlug vor, daß Licht nicht nur bei der Emission aus Quanten besteht, sondern sich wie einzelne Quanten ausbreitet. Mit dieser Hypothese läßt sich der Photoeffekt leicht verstehen. Die empirische Formel (1.1) kann in die Form

$$h\nu = E_{\mathrm{kmax}} + h\nu_0 \tag{1.3}$$

umgeschrieben werden. Einsteins Vorschlag bedeutet, daß die drei Terme von Gl. (1.3) in folgender Weise gedeutet werden müssen:

$h\nu$ = Energieinhalt jedes Quants des einfallenden Lichts,
E_{kmax} = maximale Photoelektronenenergie,
$h\nu_0$ = minimale Energie, die gebraucht wird, um ein Elektron aus der bestrahlten Metalloberfläche abzutrennen.

Müßte man nicht eine gewisse minimale Energie aufwenden, um ein Elektron von dem Metall abzulösen, würden die Elektronen selbst ohne Licht aus der Metalloberfläche ausströmen. Die Energie $h\nu_0$, die für ein spezielles Metall charakteristisch ist, heißt *Austrittsarbeit*. Daher besagt Gl. (1.3):

Quantenenergie = maximale Elektronenenergie
+ Austrittsarbeit

Man kann leicht sehen, warum nicht alle Photoelektronen dieselbe Energie haben, sondern mit Energien bis zu E_{kmax} auftreten: $h\nu_0$ muß aufgewendet werden, wenn die Elektronen direkt von der Metalloberfläche abgelöst werden, und mehr Arbeit ist erforderlich, wenn die Elektronen tiefer im Metall betroffen sind.

Die Gültigkeit dieser Interpretation wird durch das Studium der *thermischen Emission* gestützt. Es war schon lange bekannt, daß die Anwesenheit eines sehr heißen Objekts die elektrische Leitfähigkeit der umgebenden Luft erhöht, und gegen Ende des neunzehnten Jahrhunderts wurde der Grund für diese Erscheinung in der Emission von Elektronen aus solchen heißen Körpern erkannt. Thermische Emission ermöglicht die Vakuumröhren, die in der Elektronik verwendet werden, in denen Metallfäden oder speziell überzogene Kathoden bei hohen Temperaturen intensive Elektronenquellen darstellen. Die emittierten Elektronen erhalten ihre Energie offensichtlich von der thermischen Anregung der Partikel, die das Metall bilden, und wir sollten erwarten, daß Elektronen eine gewisse Mindestenergie erreichen müssen, um aus der Metalloberfläche austreten zu können. Diese Minimalenergie kann man für zahlreiche Oberflächen bestimmen, und sie stimmt fast immer mit der photoelektrischen Austrittsarbeit überein. Bei der Photoemission liefern die Photonen die erforderliche Energie, während bei der thermischen Emission die Energie aus der Wärme stammt. In beiden Fällen sind die physikalischen Prozesse, die beim Austreten von Elektronen aus Metalloberflächen eine Rolle spielen, dieselben.

Wir wollen nun Gl. (1.3) auf eine spezifische Situation anwenden. Die Austrittsarbeit von Kalium beträgt 2,0 eV. Wenn ultraviolettes Licht der Wellenlänge 350 nm auf eine Kaliumoberfläche fällt, wie groß ist die Maximalenergie der Photoelektronen in eV? Aus Gl. (1.3) folgt

$$E_{\mathrm{kmax}} = h\nu - h\nu_0\ .$$

Da $h\nu_0$ bereits in Elektronvolt gegeben ist, müssen wir nur die Quantenenergie des Lichts mit 350 nm berechnen. Sie ergibt sich zu

$$h\nu = \frac{6{,}63 \cdot 10^{-34}\ \mathrm{Js} \cdot 3 \cdot 10^{8}\ \mathrm{m/s} \cdot 10^{9}\ \mathrm{nm/m}}{350\ \mathrm{nm}} = 5{,}7 \cdot 10^{-19}\ \mathrm{J}.$$

Um diese Energie von Joule in Elektronvolt umzurechnen, erinnern wir uns, daß

$$1\ \mathrm{eV} = 1{,}6 \cdot 10^{-19}\ \mathrm{J}$$

ist, daher gilt

$$h\nu = \frac{6{,}7 \cdot 10^{-19}\ \mathrm{J}}{1{,}6 \cdot 10^{-19}\ \mathrm{J/eV}} = 3{,}6\ \mathrm{eV}\ .$$

Die Maximalenergie der Photoelektronen ergibt sich also zu

$$E_{\mathrm{kmax}} = h\nu - h\nu_0 = 3{,}6\ \mathrm{eV} - 2\ \mathrm{eV} = 1{,}6\ \mathrm{eV}\ .$$

Die Ansicht, daß sich Licht wie eine Gruppe von kleinen Energiepaketen ausbreitet, steht im direkten Widerspruch zur Wellentheorie des Lichtes. Diese ist eine der am besten gesicherten physikalischen Theorien, erklärt sie doch neben der Beugung und der Interferenz eine Fülle weiterer optischer Erscheinungen. Plancks Vermutung, daß ein heißes Objekt Licht in einzelnen Quanten emittiert, zog die Ausbreitung des Lichtes in Wellenform noch nicht in Zweifel. Einsteins Annahme von 1905, daß sich Licht in Form von einzelnen Photonen durch den Raum ausbreitet, rief bei seinen Zeitgenossen Unglauben hervor. Nach der Wellentheorie transportiert das Licht die zugehörige Energie in kontinuierlicher Weise durch den Raum, nach der Quantentheorie breitet sich hingegen das Licht von der Quelle als Folge von lokalisierten Energiekonzentrationen aus, von denen jede klein genug ist, um von einem einzelnen Elektron absorbiert zu werden. Sonderbarerweise benützt auch die Quantentheorie, die das Licht als Teilchenerscheinung auffaßt, die Frequenz ν explizit, die doch genau genommen eine Größe der Wellentheorie ist.

Die Quantentheorie des Lichtes ist bei der Erklärung des Photoeffekts erstaunlich erfolgreich. Sie sagt im Gegensatz zur Wellentheorie in korrekter Weise vorher, daß die Maximalenergie der Elektronen von der Frequenz des einfallenden Lichtes und nicht von seiner Intensität abhängen sollte. Die Quantentheorie kann, wiederum im Gegensatz zur Wellentheorie, erklären, warum sogar das schwächste Licht zur sofortigen Emission von Photoelektronen führen kann. Die Wellentheorie gibt keinen Grund an, warum es eine Schwellenfrequenz geben sollte, unterhalb der keine Photoelektronen auftreten sollten, gleichgültig wie stark das eingestrahlte Licht ist – die Quantentheorie erklärt auch dies.

Welcher Theorie sollen wir glauben? Zahlreiche physikalische Hypothesen mußten abgeändert oder aufgegeben werden, als man fand, daß sie mit dem Experiment nicht übereinstimmten, doch niemals mußte man zwei gänzlich verschiedene Theorien verwenden, um ein einziges physikalisches Phänomen zu beschreiben. Die Situation unterscheidet sich völlig von derjenigen, die uns im Fall relativistischer kontra Newtonscher Mechanik gegenübertritt, ist doch die Newtonsche Mechanik eine Approximation der relativistischen. Man kann jedoch die Quantentheorie des Lichtes in keiner Weise aus der Wellentheorie des Lichtes (oder umgekehrt) ableiten.

Unter spezifischen experimentellen Bedingungen zeigt Licht *entweder* seine Wellen- *oder* seine Teilchennatur, niemals beide gleichzeitig. Derselbe Lichtstrahl, der von einem Gitter gebeugt wird, kann die Emission von Photoelektronen aus einer geeigneten Oberfläche bewirken, doch erfolgen beide Prozesse unabhängig von einander. *Die Wellentheorie des Lichtes und die Quantentheorie des Lichtes ergänzen einander.* Elektromagnetische Wellen bieten für einige Experimente mit Licht und optischen Phänomenen die einzig mögliche Erklärung, während Photonen für die restlichen Erscheinungen dieses Gebietes der einzige Grund sind. Wir haben keine Wahl, Licht als etwas zu betrachten, das sich gelegentlich als Strom einzelner Photonen zeigt und den Rest der Zeit als Wellenzug. Die „wahre Natur" des Lichts ist keine sinnvolle Frage mehr, solange wir uns der Begriffe der Umgangssprache bedienen. Obwohl sie in offenem Widerspruch zu einander stehen, müssen wir sowohl die Wellen- als auch die Teilchentheorie akzeptieren, da sie beide zur vollständigen Beschreibung des Lichts notwendig sind.

1.3 Röntgenstrahlen

Der Photoeffekt zeigt in überzeugender Weise, daß die Photonen Energie auf Elektronen übertragen. Ist der umgekehrte Prozeß auch möglich? Kann also die kinetische Energie eines bewegten Elektrons wenigstens teilweise in ein Photon verwandelt werden. Wie so oft existiert der inverse Photoeffekt nicht nur, er wurde vor den theoretischen Arbeiten von Planck und Einstein auch entdeckt (wenn auch nicht verstanden).

1895 machte Wilhelm Röntgen die klassische Beobachtung, daß eine sehr durchdringende Strahlung unbekannter Natur entsteht, wenn schnelle Elektronen auf Materie treffen. Man fand bald heraus, daß sich diese Strahlen, die man zunächst *X-Strahlen* nannte, geradlinig – sogar durch elektrische und magnetische Felder – ausbreiten, daß sie durch undurchsichtige Objekte dringen, daß sie phosphoreszierende Substanzen zum Leuchten bringen und Photoplatten schwärzen. Je schneller die ursprünglichen Elektronen sind, desto durchdringender ist die Strahlung; je mehr Elektronen, desto größer ist die Intensität der Strahlung.

Bald nach ihrer Entdeckung begann man zu vermuten, daß die X-Strahlen elektromagnetische Wellen seien. Die elektromagnetische Theorie besagt ja, daß eine beschleunigte (oder abgebremste) elektrische Ladung elektromagnetische Wellen abstrahlt, sogenannte *Bremsstrahlung.* Das Fehlen jeglicher wahrnehmbarer Brechung in den frühen Experimenten konnte besonders kleinen Wellenlängen zugeschrieben werden, unterhalb des UV-Bereichs, da der Brechungsindex einer Substanz mit abnehmender Wellenlänge auf eins sinkt.

Die Wellennatur von Röntgenstrahlen wurde erstmalig von Barkla 1906 nachgewiesen, der ihre Polarisation zeigen konnte. Barklas experimentelle Anordnung ist in Bild 1.5 skizziert. Wir werden dieses Experiment unter der Annahme analysieren, daß die Röntgenstrahlen elektromagnetische Wellen sind. Von links (in der negativen z-Richtung) fällt ein unpolarisierter Röntgenstrahl auf einen kleinen Block aus Kohlenstoff. Der Strahl wird am Kohlenstoff gestreut, d.h., die Elektronen in den Kohlenstoffatomen werden von den Vektoren der elektrischen Feldstärke der Röntgenstrahlen in Schwingungen versetzt und strahlen daraufhin wieder ab. Da der Vektor der elektrischen Feldstärke einer elektromagnetischen Welle senkrecht auf der Ausbreitungsrichtung steht, liegen die entsprechenden Vektoren des ursprünglichen Strahls nur in der xy-Ebene. Die Beschußelektronen werden daher veranlaßt, in dieser Ebene zu schwingen. Ein Streustrahl, der sich in x-Richtung aus-

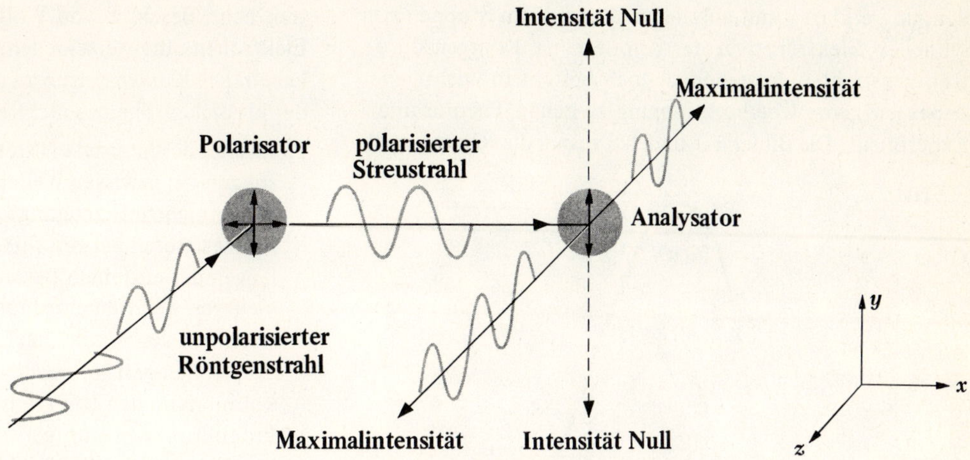

Bild 1.5
Barkla's Experiment zum Nachweis der Polarisation von Röntgenstrahlen.

breitet, kann den elektrischen Feldstärkevektor nur in der y-Richtung haben, er ist also linear polarisiert. Zum Nachweis dieser Polarisation wird ein weiterer Kohlenstoffblock in den Strahlengang gebracht. Die Elektronen in diesem Block müssen in der y-Richtung schwingen und strahlen daher Röntgenstrahlen ab, die sich nur in der xz-Ebene ausbreiten. Der Nachweis, daß keine Röntgenstrahlen außerhalb der xz-Ebene auftreten, zeigt den Wellencharakter der Röntgenstrahlen.

1912 wurde eine Methode zur Messung der Wellenlänge von Röntgenstrahlen gefunden. Am besten dazu geeignet ist ein Beugungsexperiment, doch, wie wir uns aus der Wellenoptik erinnern, muß der Abstand der Gitterlinien die gleiche Größenordnung haben wie die Wellenlänge des Lichtes, wenn man befriedigende Ergebnisse erhalten möchte. Aber man kann kein Ritzgitter herstellen, das den geringen Linienabständen entspricht, die von Röntgenstrahlen gefordert werden. 1912 erkannte jedoch Max von Laue, daß die vermutlichen Wellenlängen etwa dieselbe Größenordnung wie der Abstand benachbarter Atome in Kristallen, etwa 0,1 nm haben. Er schlug daher vor, Röntgenstrahlen an Kristallen zu beugen, deren reguläre Gitter als drei-dimensionale Beugungsgitter wirken sollten. Entsprechende Experimente wurden im folgenden Jahr durchgeführt, und die Wellennatur der Röntgenstrahlen erfolgreich demonstriert. In diesen Experimenten fand man Wellenlängen von $1{,}3 \cdot 10^{-11}$ m bis $4{,}8 \cdot 10^{-11}$ m, einen Faktor 10^{-4} kleiner als bei sichtbarem Licht und daher 10^4 mal energiereicher. (Röntgenbeugung wird im Abschnitt 1.4 ausführlich behandelt werden.)

Heute bezeichnet man jede elektromagnetische Strahlung im Wellenlängenbereich von 10^{-11} m bis 10^{-8} m als Röntgenstrahlung.

Bild 1.6 stellt eine Röntgenröhre schematisch dar. Eine Kathode wird von einem Heizdraht beheizt und liefert durch thermische Emission zahlreiche Elektronen. Die hohe Potentialdifferenz U zwischen Kathode und Anode beschleunigt die Elektronen gegen die Anode. Die Beschußplatte steht in einem Winkel zum Elektronenstrahl, und die entstehenden Röntgenstrahlen treten seitlich durch die Röhre aus. Die Röhre ist evakuiert, damit die Elektronen die Anode ungehindert erreichen können.

Die klassische Strahlungstheorie sagt die Erzeugung von Bremsstrahlung voraus, wenn Elektronen beschleunigt wer-

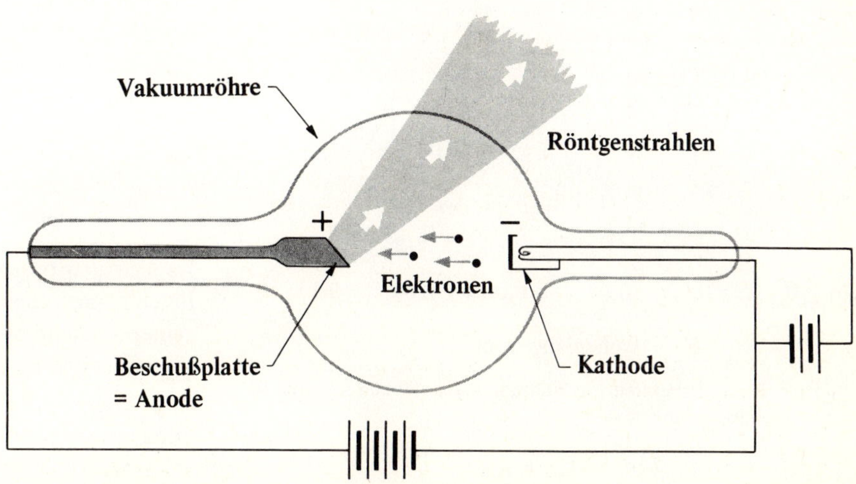

Bild 1.6
Schema der Röntgenröhre.

den, und erklärt somit anscheinend, daß beim Stoppen von schnellen Elektronen in der Anode einer Röntgenröhre Röntgenstrahlen entstehen. Jedoch besteht in wichtigen Aspekten keine Übereinstimmung zwischen Theorie und Experiment. Die Bilder 1.7 und 1.8 zeigen die Röntgenspek-

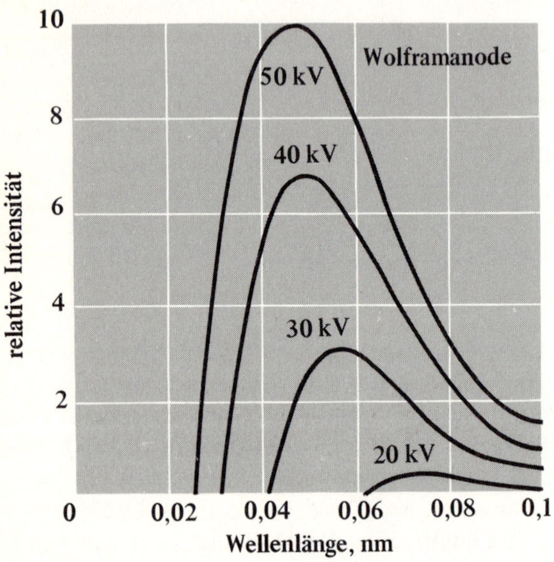

Bild 1.7 Röntgenspektrum von Wolfram für verschiedene Beschleunigungsspannungen.

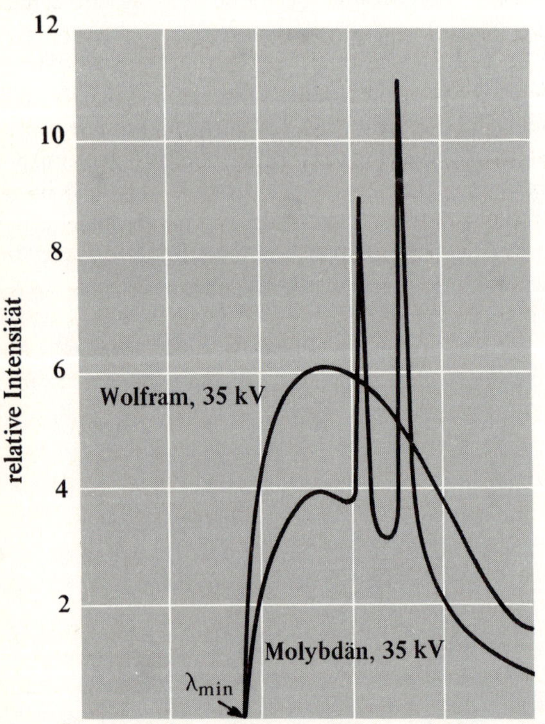

Bild 1.8 Röntgenspektren von Wolfram und Molybdän bei einer Beschleunigungsspannung von 35 kV.

tren beim Beschluß von Wolfram und Molybdän durch Elektronen, die verschiedene Spannungen durchlaufen haben. Die Kurven zeigen zwei wichtige Merkmale, die von der klassichen Theorie nicht erklärt werden können:

1. Im Fall des Molybdäns treten deutliche Intensitätsspitzen bei gewissen Wellenlängen auf und zeigen dadurch die vermehrte Erzeugung von Röntgenstrahlen an. Diese Spitzen treten bei verschiedenen spezifischen Wellenlängen der einzelnen Beschußmaterialien auf und stammen von der Neuanordnung der Elektronenhüllen der Atome in der Anode, nachdem sie von den einfallenden Elektronen gestört worden waren. Der Erzeugung eines kontinuierlichen Röntgenspektrums überlagert sich die Produktion von Röntgenstrahlen bei bestimmten Wellenlängen – ein entschieden nichtklassischer Effekt.
2. Die durch eine bestimmte Beschleunigungsspannung U erzeugten Strahlen haben verschiedene Wellenlängen, keine hat jedoch eine kleinere als λ_{min}. Mit zunehmendem U nimmt λ_{min} ab. Bei festem U ist λ_{min} für Wolfram und Molybdän *gleich.* Duane und Hunt fanden, daß λ_{min} invers proportional zu U ist; ihre Beziehung lautet

$$\lambda_{min} = \frac{1{,}24 \cdot 10^{-6}\,\text{Vm}}{U}\,. \tag{1.4}$$

Die zweite Beobachtung läßt sich leicht im Rahmen der Quantentheorie der Strahlung verstehen. Die meisten Elektronen, die auf die Anode fallen, verlieren ihre Energie schrittweise in unzähligen Stößen, sie wird in Wärme verwandelt. (Deshalb bestehen die Anoden in Röntgenröhren üblicherweise aus hochschmelzenden Metallen, oft werden sie zusätzlich gekühlt.) Einige wenige Elektronen verlieren jedoch ihre gesamte Energie (oder wenigstens einen wesentlichen Bruchteil davon) in Einzelstößen mit Targetatomen: Diese Energie beobachtet man als Röntgenstrahlen. Die Erzeugung von Röntgenstrahlen stellt daher, wenn man von den in Beobachtung 1 erwähnten Spitzen absieht, einen umgekehrten Photoeffekt dar. Es wird nicht die Energie eines Photons in kinetische Energie eines Elektrons verwandelt, sondern es wird die kinetische Energie eines Elektrons in Photonenenergie verwandelt. Eine kurze Wellenlänge bedeutet eine hohe Frequenz, und eine hohe Frequenz bedeutet eine große Photonenenergie $h\nu$. Daher kann man die Grenzwellenlänge λ_{min} in Gl. (1.4) zur maximalen Photonenenergie in Beziehung setzen, so daß gilt

$$h\nu_{max} = \frac{hc}{\lambda_{min}}\,. \tag{1.5}$$

Da die Austrittsarbeit nur einige eV beträgt, während die Beschleunigungspotentiale in den Röntgenröhren einige zehn oder hundert Kilovolt betragen, dürfen wir die kinetische Energie E_k der Elektronen mit

$$E_k = eU \tag{1.6}$$

annehmen. Wenn die gesamte kinetische Energie eines Elektrons zur Erzeugung eines Photons dient, gilt

$$h\nu_{max} = E_k \,. \tag{1.7}$$

Indem wir die Gln. (1.5) und (1.6) in Gl. (1.7) einsetzen, erhalten wir

$$h\nu_{max} = E_k$$

$$\frac{hc}{\lambda_{min}} = eU$$

$$\lambda_{min} = \frac{hc}{eU} = \frac{6{,}63 \cdot 10^{-34}\ \mathrm{Js} \cdot 3 \cdot 10^8\ \mathrm{m/s}}{1{,}6 \cdot 10^{-19}\ \mathrm{C} \cdot U} = \frac{1{,}24 \cdot 10^{-6}}{U}\ \mathrm{Vm},$$

also gerade die experimentelle Beziehung (1.4). Es ist daher richtig, die Erzeugung von Röntgenstrahlen als die Umkehrung des Photoeffekts aufzufassen.

Handelsübliche Röntgenapparate haben eine Beschleunigungsspannung von 50 kV. Als kürzeste Wellenlänge ergibt sich nach Gl. (1.4)

$$\lambda_{min} = \frac{1{,}24 \cdot 10^{-6}\ \mathrm{Vm}}{5 \cdot 10^4\ \mathrm{V}} = 2{,}5 \cdot 10^{-11}\ \mathrm{m}\,.$$

Die entsprechende Frequenz ist

$$\nu_{max} = \frac{c}{\lambda_{min}} = \frac{3 \cdot 10^8\ \mathrm{m/s}}{2{,}5 \cdot 10^{-11}\ \mathrm{m}} = 1{,}2 \cdot 10^{19}\ \mathrm{s^{-1}}\,.$$

1.4 Die Beugung von Röntgenstrahlen

Wir kommen nun auf die Frage zurück, wie man nachweisen kann, daß Röntgenstrahlen elektromagnetische Wellen sind. Ein Kristall besteht aus einer regelmäßigen Anordnung von Atomen, von denen jedes elektromagnetische Wellen streuen kann. Der Streumechanismus ist ganz einfach: Atome in einem konstanten elektrischen Feld sind polarisiert, da die negativ geladenen Elektronen und die positiv geladenen Kerne Kräfte in verschiedenen Richtungen erfahren. Diese Kräfte sind klein im Vergleich zu den Bindungskräften innerhalb der Atome, es ergibt sich eine deformierte Ladungsverteilung, die einem elektrischen Dipol entspricht. Im wechselnden elektrischen Feld einer elektromagnetischen Welle mit der Frequenz ν wechselt die Polarisation mit derselben Frequenz. Ein oszillierender elektrischer Dipol wird somit auf Kosten eines Teils der Energie der einfallenden elektromagnetischen Welle erzeugt, deren Amplitude entsprechend abnimmt. Der schwingende Dipol strahlt seinerseits elektromagnetische Wellen der Frequenz ν ab, und diese Sekundärwellen breiten sich in alle Richtungen (die Dipolachse ausgenommen) aus. Wird eine Anordnung von Atomen von unpolarisierter Strahlung getroffen, ist die Sekundärstrahlung isotrop, da die Beiträge der einzelnen Atome zufällig verteilt sind. In der Sprache der Wellen haben die Sekundärwellen kugelförmige Wellenfronten statt ebener wie für die einfallenden Wellen (Bild 1.9). Der Streuprozeß besteht also darin, daß ein Atom einfallende ebene Wellen absorbiert und Kugelwellen derselben Frequenz emittiert.

Ein monochromatischer Röntgenstrahl, der auf einen Kristall trifft, wird in alle Richtungen gestreut, jedoch interferieren wegen der regelmäßigen Atomanordnung die Streuwellen in gewissen Richtungen konstruktiv, in anderen Richtungen aber destruktiv. Man kann sich vorstellen, daß die Atome in den Kristallen Scharen von parallelen Ebenen definieren (Bild 1.10), wobei jede Schar einen charakteristischen Abstand zwischen den Ebenen hat. Diese Darstellung wurde 1913 von W. L. Bragg eingeführt, und ihm zu Ehren werden diese Ebenen *Braggsche Ebenen* genannt. Die Bedingungen für konstruktive Interferenz der Sekundärstrahlung können aus einem Diagramm wie in Bild 1.11 abgelesen werden. Ein Röntgenstrahl (Wellenlänge λ) fällt unter dem Winkel θ auf einen Kristall, wobei die Braggschen Ebenen den Abstand a haben. Atom A in der ersten Ebene und Atom B in der zweiten streuen beide die sie treffende Welle in isotroper Weise. Konstruktive Interferenz findet nur zwischen parallelen Strahlen mit einem Gangunterschied von genau λ, 2λ, 3λ, usw. statt. Dies trifft für die Strahlen I und II in Bild 1.11 zu. Die erste Bedingung für die Strahlen I und II besteht darin, daß ihr gemeinsamer Streuwinkel dem Einfallswinkel des ursprünglichen Strahles gleich ist. (Diese Bedingung, die nicht von der Wellenlänge abhängt, ist die-

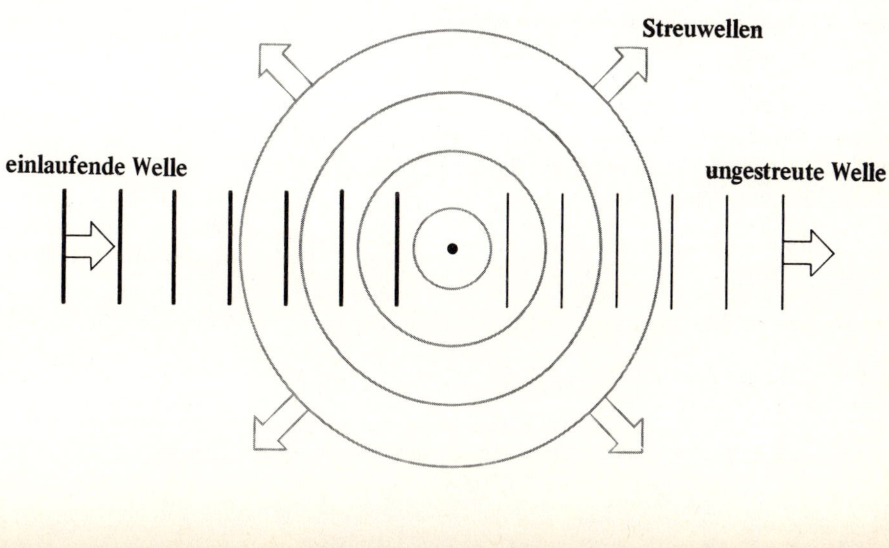

Bild 1.9
Streuung von elektromagnetischer Strahlung an einer Gruppe von Atomen. Einfallende ebene Wellen werden als Kugelwellen gestreut.

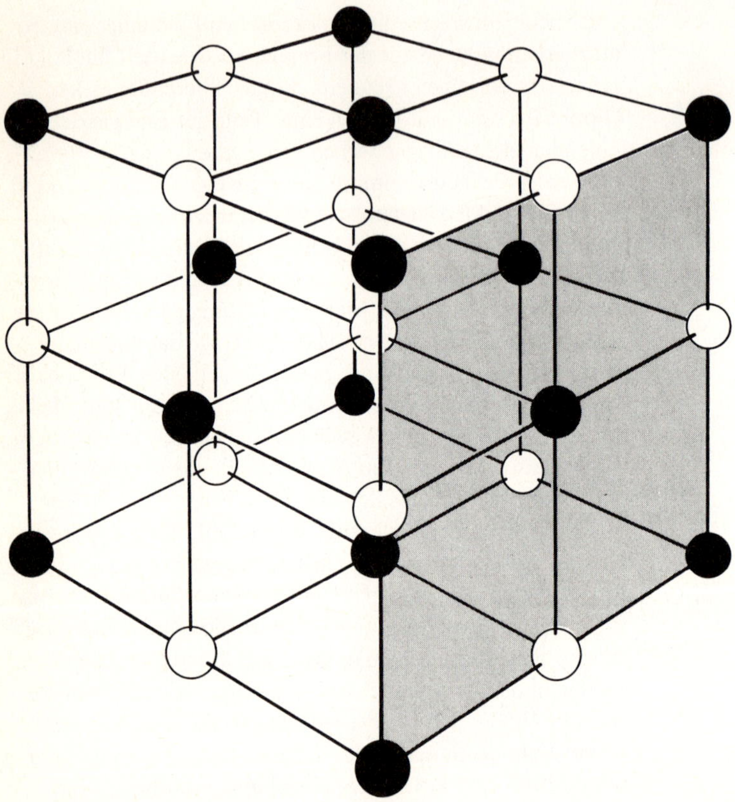
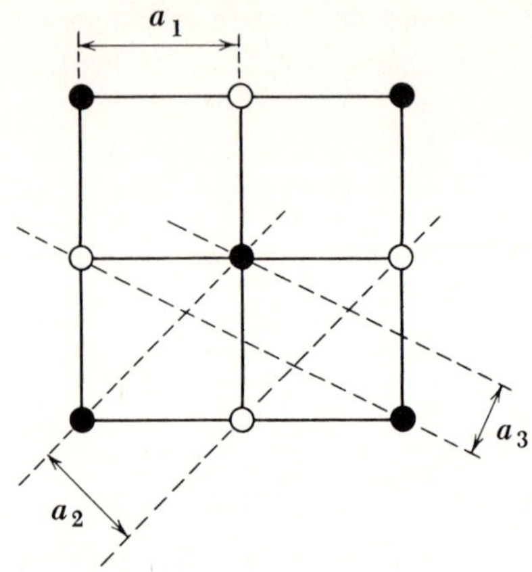

Bild 1.10
Struktur des kubischen Kristalls.

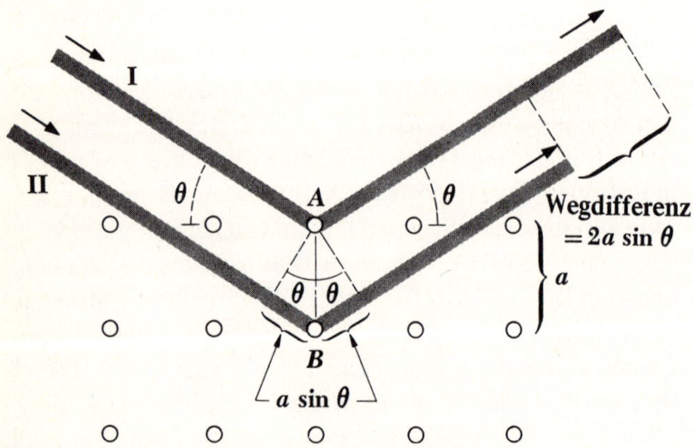

Bild 1.11 Röntgenstreuung am kubischen Kristall.

selbe wie für die Spiegelung in der gewöhnlichen Optik. Deshalb wird Röntgenstreuung an Atomebenen in einem Kristall oft fälschlicherweise Braggsche Reflexion genannt.) Die zweite Bedingung lautet

$$2a \sin\theta = n\lambda \qquad n = 1, 2, 3, \ldots, \tag{1.8}$$

da der Strahl II um die Strecke $2a \sin\theta$ weiter laufen muß als der Strahl I. Die ganze Zahl n ist die *Ordnung* des Streustrahls.

Ein Röntgenspektrometer für die Braggsche Analyse ist in Bild 1.12 skizziert. Ein durch Blenden gebündelter Röntgenstrahl fällt unter dem Winkel θ auf einen Kristall. Ein Detektor ist so aufgestellt, daß er die Strahlen registriert, deren Streuwinkel ebenfalls θ beträgt. Damit ist die erste Braggsche Bedingung erfüllt. Wenn θ verändert wird, registriert der Detektor Intensitätsmaxima die nach Gl. (1.8) verschiedenen Ordnungen entsprechen. Ist der Abstand a zwischen benachbarten Gitterebenen im Kristall bekannt, kann die Wellenlänge λ berechnet werden.

Wie läßt sich a bestimmen? Für Kristalle, deren Atome in kubischen Gittern angeordnet sind (siehe Bild 1.10) ist dies einfach. Wir wollen es am Steinsalz zeigen. Die relative Molekularmasse von NaCl ist 58,5, d.h., ein Kilomol Steinsalz hat eine Masse von 58,5 kg. Da in einem Kilomol $6{,}02 \cdot 10^{26}$ Moleküle enthalten sind, ist die Masse jedes NaCl-„Moleküls" – also jedes Paares von Na- und Cl-Atomen – durch

$$m_{\mathrm{NaCl}} = 58{,}5\,\frac{\mathrm{kg}}{\mathrm{kmol}} \cdot \frac{1}{6{,}02 \cdot 10^{26}\ \mathrm{Moleküle/kmol}} = 9{,}72 \cdot 10^{-26}\ \mathrm{kg/Molekül}$$

gegeben. Kristallines NaCl hat eine Dichte von $2{,}16 \cdot 10^3\ \mathrm{kg/m^3}$ daher enthält 1 m^3 NaCl, da jedes NaCl-„Molekül" zweiatomig ist:

$$n = 2\,\frac{\mathrm{Atome}}{\mathrm{Molekül}} \cdot 2{,}16 \cdot 10^3\,\frac{\mathrm{kg}}{\mathrm{m^3}} \cdot \frac{1}{9{,}72 \cdot 10^{-26}\ \mathrm{kg/Molekül}} = 4{,}45 \cdot 10^{28}\ \mathrm{Atome/m^3}.$$

Wenn a der Abstand zwischen benachbarten Atomen in einem Kristall ist, sind in jeder Kristallrichtung $1/a$ Atome/m

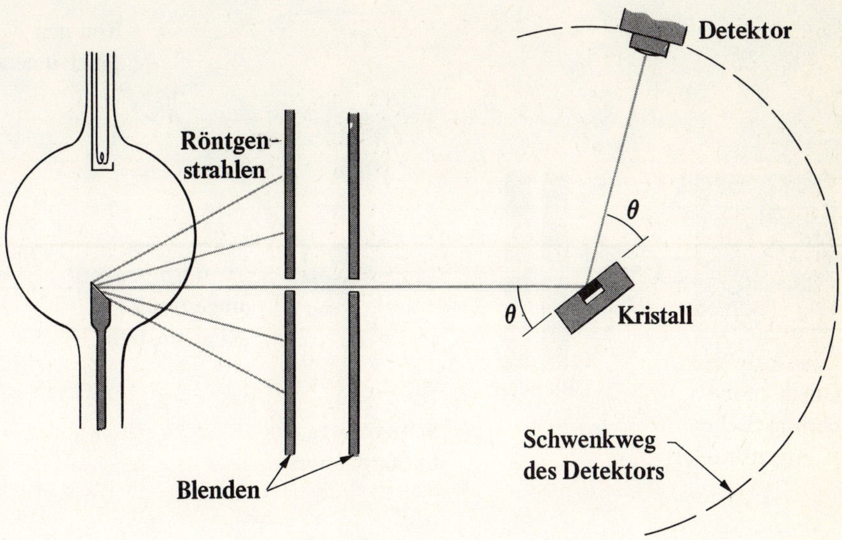

Bild 1.12
Röntgenspektrometer

auf jeder Kristallachse und $1/a^3$ Atome/m^3 im gesamten Kristall. Daher erhalten wir

$$\frac{1}{a^3} = n$$

und

$$a = \frac{1}{n^3} = \frac{1}{(4{,}45 \cdot 10^{28})^3}\ \text{m} = 2{,}82 \cdot 10^{-10}\ \text{m}\,.$$

1.5 Der Comptoneffekt

Die Quantentheorie des Lichts fordert, daß sich Photonen wie Teilchen mit Ruhemasse Null verhalten. Wenn dies zutrifft, dann sollten wir Stöße zwischen Photonen und Elektronen wie die Stöße von Billardkugeln in der elementaren Mechanik behandeln können. Bild 1.13 zeigt, wie ein solcher Stoß verstanden werden kann, wobei ein Röntgenphoton ein ursprünglich ruhendes Elektron trifft und dabei gestreut wird, während das Elektron einen Rückstoß erhält und sich ebenfalls in Bewegung setzt. Der Energieverlust des Photons stellt die kinetische Energie E_k des Elektrons dar, obwohl eigentlich zwei verschiedene Photonen in dem Prozeß mitwirken. Wenn das ursprüngliche Photon die Frequenz ν hat, hat das gestreute die kleinere Frequenz ν', wobei

Energieverlust des Photons = Zunahme der Elektronenenergie

$$h\nu - h\nu' = E_\mathrm{k}\,. \tag{1.9}$$

Für ein Teilchen mit der Ruhemasse m_0 gilt

$$E = \sqrt{m_0^2\, c^4 + p^2\, c^2}\,,$$

für ein Photon ($m_0 = 0$) gilt

$$E = pc\,.$$

Da für ein Photon außerdem

$$E = h\nu$$

gilt, beträgt sein Impuls

$$p = \frac{E}{c} = \frac{h\nu}{c}\,. \tag{1.10}$$

Der Impuls ist im Gegensatz zur Energie eine vektorielle Größe mit einer Richtung und einem Betrag und bleibt bei einem Stoß erhalten. Bei einem Stoß zweier Teilchen genügt

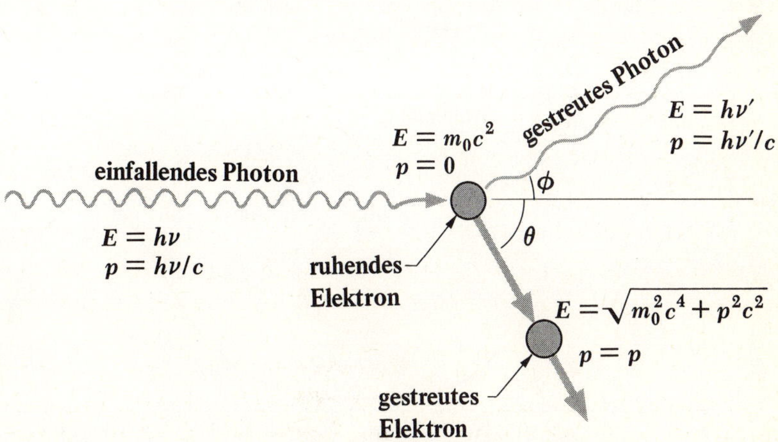

Bild 1.13
Comptoneffekt

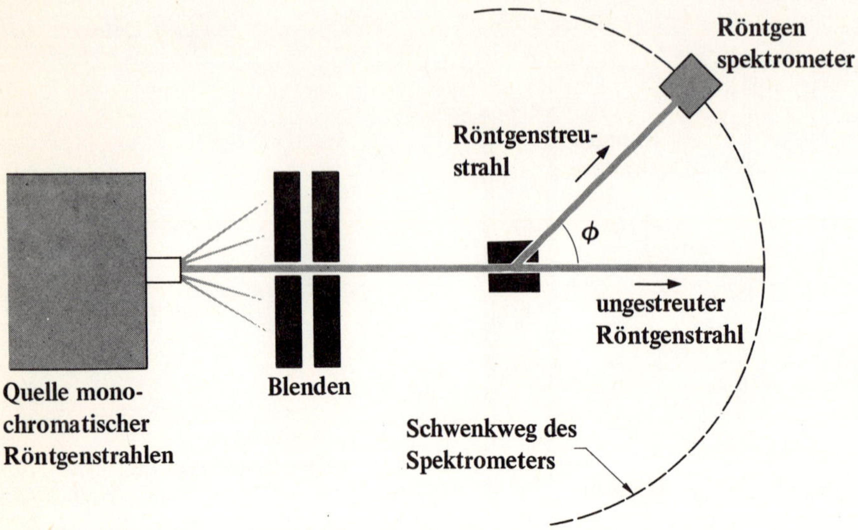

Bild 1.14
Experimentelle Anordnung zum Nachweis des Comptoneffekts.

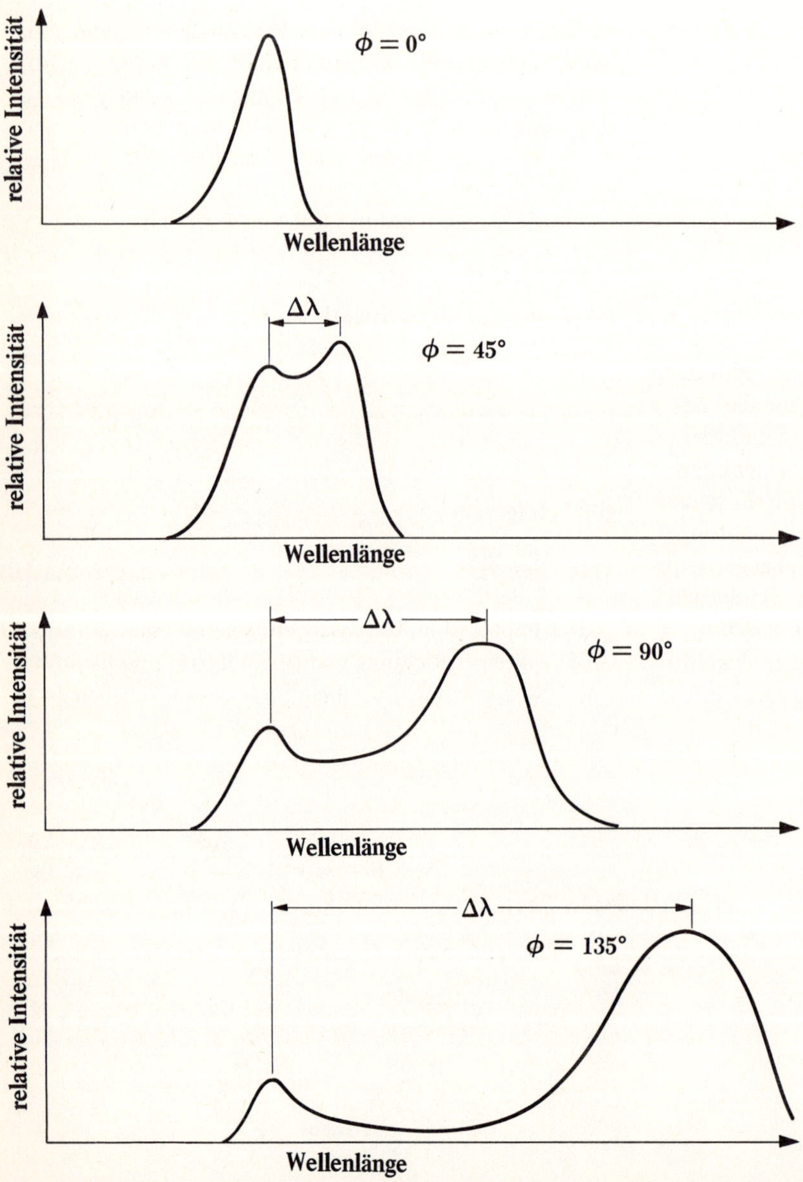

Bild 1.15
Comptonstreuung

es, die Impulskomponenten in zwei zu einander senkrechten Richtungen zu betrachten; wir wählen dafür die Richtung des einfallenden Photons und die darauf senkrechte in der Ebene, die von den Impulsen des Elektrons und des gestreuten Photons gebildet wird (Bild 1.13). Der anfängliche Photonimpuls ist $h\nu/c$, der Impuls des gestreuten Photons $h\nu'/c$, der anfängliche Impuls des Elektrons ist 0, der des gestreuten p. Die Gleichungen der Impulserhaltung lauten für diese beiden Richtungen

$$\frac{h\nu}{c} + 0 = \frac{h\nu'}{c}\cos\phi + p\cos\theta \tag{1.11}$$

$$0 = \frac{h\nu'}{c}\sin\phi - p\sin\theta\ . \tag{1.12}$$

Die Winkel ϕ und θ sind in Bild 1.13 definiert. Aus den Gln. (1.9), (1.11) und (1.12) leiten wir nun eine Formel ab, die die Wellenlängenänderung zwischen dem ursprünglichen und dem gestreuten Photon durch den Winkel ϕ zwischen ihren Richtungen ausdrückt, die leicht gemessen werden können.

Zunächst multiplizieren wir die Gln. (1.11) und (1.12) mit c und schreiben sie in der Form

$$pc\cos\theta = h\nu - h\nu'\cos\phi$$
$$pc\sin\theta = h\nu'\sin\phi\ .$$

Darauf quadrieren wir beide Gleichungen und addieren sie, wodurch der Winkel θ herausfällt. Wir erhalten

$$p^2c^2 = (h\nu)^2 - 2h\nu\, h\nu'\cos\phi + (h\nu')^2\ . \tag{1.13}$$

Die Energie des Elektrons setzt sich aus kinetischer Energie E_k und der Ruheenergie m_0c^2 zusammen

$$E = E_k + m_0c^2\ .$$

Mit der Beziehung

$$E = \sqrt{m_0^2c^4 + p^2c^2}$$

erhalten wir

$$(E_k + m_0c^2)^2 = m_0^2c^4 + p^2c^2$$
$$p^2c^2 = E_k^2 + 2m_0c^2E_k\ ,$$

wobei E_k mit den Photonenergien durch

$$E_k = h\nu - h\nu'$$

verknüpft ist. Damit erhalten wir

$$p^2c^2 = (h\nu)^2 - 2h\nu\, h\nu' + (h\nu')^2 + 2m_0c^2(h\nu - h\nu'). \tag{1.14}$$

Durch Einsetzen dieses Wertes in Gl. (1.13) ergibt sich schließlich

$$2m_0c^2(h\nu - h\nu') = 2h\nu\, h\nu'(1 - \cos\phi)\ . \tag{1.15}$$

Es ist günstiger, die obige Relation durch die Wellenlängen statt durch die Frequenzen auszudrücken. Dazu dividieren wir Gl. (1.15) durch $2h^2c^2$

$$\frac{m_0c}{h}\left(\frac{\nu}{c} - \frac{\nu'}{c}\right) = \frac{\nu\nu'}{c^2}(1 - \cos\phi)$$

und erhalten mit $\nu/c = 1/\lambda$ und $\nu'/c = 1/\lambda'$

$$\frac{m_0c}{h}\left(\frac{1}{\lambda} - \frac{1}{\lambda'}\right) = \frac{1 - \cos\phi}{\lambda\lambda'}\ , \quad \lambda' - \lambda = \frac{h}{m_0c}(1 - \cos\phi). \tag{1.16}$$

Gl. (1.16) wurde von Arthur C. Compton abgeleitet. Er beobachtete auch als erster den damit verbundenen Effekt, der nun als *Comptoneffekt* bezeichnet wird. Heute stellt der Comptoneffekt eine starke Stütze der Quantentheorie der Strahlung dar.

Die Gl. (1.16) gibt die Wellenlängenänderung an, die für ein Photon zu erwarten ist, das an einem Teilchen mit der Ruhemasse m_0 um den Winkel θ gestreut wird. Die Änderung ist von der Wellenlänge λ des einfallenden Elektrons unabhängig. Die Größe h/m_0c heißt *Compton-Wellenlänge* des Teilchens; für ein Elektron beträgt sie $2{,}4 \cdot 10^{-12}$ m. Aus der Gl. (1.16) entnehmen wir, daß die größte Wellenlängenänderung bei $\theta = 180°$ eintritt, wenn die Änderung das doppelte der Compton-Wellenlänge beträgt. Änderungen dieser Größenordnung sind nur bei Röntgenstrahlen leicht beobachtbar, da die Wellenlängenänderung bei sichtbarem Licht weniger als 0,01 % beträgt, während sie bei Röntgenstrahlen mit $\lambda = 0{,}1$ nm einige Prozent beträgt.

Bild 1.14 zeigt das Schema eines Comptonversuchs. Ein monochromatischer Röntgenstrahl bekannter Wellenlänge wird auf ein Target gelenkt und die Wellenlängen der gestreuten Röntgenstrahlen bei verschiedenen Winkeln ϕ gemessen. Die Resultate (Bild 1.15) zeigen die von Gl. (1.16) vorhergesagte Verschiebung, doch bei jedem Streuwinkel enthalten die gestreuten Röntgenstrahlen einen beträchtlichen Bruchteil von Strahlung mit der ursprünglichen Wellenlänge. Dies ist nicht schwer zu verstehen. Bei der Ableitung von Gl. (1.16) haben wir angenommen, daß sich die streuenden Teilchen frei bewegen können – eine vernünftige Annahme, da viele Elektronen in der Materie nur lose an ihre Atome gebunden sind. Andere Elektronen sind jedoch sehr fest gebunden. Wenn sie von einem Photon getroffen werden, nimmt das gesamte Atom, nicht ein einzelnes Elektron, den Rückstoß auf. In diesem Fall ist der Wert von m_0 in Gl. (1.16) die Masse des Atoms, meist einige zehntausendmal größer als die Masse des Elektrons, so daß die entsprechende Comptonverschiebung unmeßbar klein wird.

1.6 Rotverschiebung im Gravitationsfeld

Obwohl das Photon keine Ruhemasse besitzt, verhält es sich doch so, als ob es eine träge Masse

$$m = \frac{h\nu}{c^2} \tag{1.17}$$

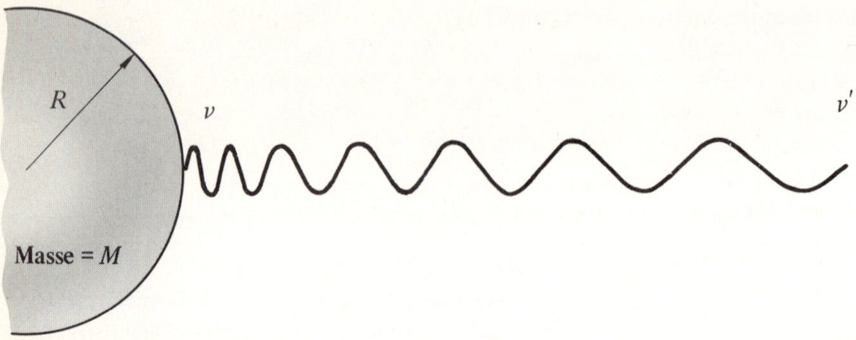

Bild 1.16
Die Frequenz eines von einer Sternoberfläche emittierten Photons nimmt mit zunehmender Entfernung vom Stern ab.

besäße. Wie verhält es sich in einem Gravitationsfeld? Wir betrachten ein Photon der Frequenz ν, das von der Oberfläche eines Sterns der Masse M (Radius R, Bild 1.16) emittiert wird. Die potentielle Energie einer Masse m auf der Sternoberfläche ist

$$E_p = -\frac{GMm}{R}. \tag{1.18}$$

Die potentielle Energie des Photons ist daher

$$E_p = -\frac{GMh\nu}{c^2 R}$$

und seine Gesamtenergie E, die Summe aus E_p und der Quantenenergie $h\nu$, beträgt

$$E = h\nu - \frac{GMh\nu}{c^2 R} = h\nu\left(1 - \frac{GM}{c^2 R}\right). \tag{1.19}$$

In großem Abstand vom Stern, etwa auf der Erde, ist der Einfluß des Schwerefelds des Sterns vernachlässigbar klein, die Gesamtenergie des Photons ist jedoch konstant geblieben, sie ist nun rein elektromagnetisch und beträgt

$$E = h\nu', \tag{1.20}$$

wobei ν' die Frequenz des auf der Erde ankommenden Photons ist. (Die potentielle Energie des Photons im Schwerefeld der Erde kann wegen seiner Kleinheit vernachlässigt werden.) Daher gilt

$$h\nu' = h\nu\left(1 - \frac{GM}{c^2 R}\right) \qquad \frac{\nu'}{\nu} = 1 - \frac{GM}{c^2 R}$$
$$\frac{\Delta\nu}{\nu} = \frac{\nu - \nu'}{\nu} = 1 - \frac{\nu'}{\nu} = \frac{GM}{c^2 R}. \tag{1.21}$$

Das Photon hat auf der Erde eine *geringere* Frequenz, da es beim Verlassen des Schwerefelds des Sternes Energie verloren hat. Ein Photon im sichtbaren Frequenzbereich ist nach Rot verschoben worden. Diese Erscheinung heißt dementsprechend *Rotverschiebung im Gravitationsfeld.* Sie muß von der Dopplerverschiebung unterschieden werden, die in den Spektren entfernter Galaxien wegen ihrer scheinbaren Flucht von der Erde auf Grund der allgemeinen Ausdehnung des Universums beobachtet wird.

Wie wir in Kapitel 4 sehen werden, emittieren die Atome bei geeigneter Anregung Photonen mit Frequenzen, die für die speziellen Elemente charakteristisch sind. Gl. (1.21) kann daher an den Sternspektren überprüft werden, indem man sie mit Spektren vergleicht, die im Labor erhalten wurden. Da G/c^2 sehr klein ist, nämlich

$$\frac{G}{c^2} = \frac{6{,}67 \cdot 10^{-11}\ \mathrm{Nm^2/kg^2}}{3 \cdot 10^8\ \mathrm{m/s^2}} = 7{,}41 \cdot 10^{-28}\ \mathrm{m/kg}$$

kann die Rotverschiebung im Gravitationsfeld nur in der Strahlung sehr dichter Sterne beobachtet werden. Die Sonne, ein mehr oder minder gewöhnlicher Stern, hat einen Radius $R = 6{,}96 \cdot 10^8$ m und eine Masse $M = 1{,}99 \cdot 10^{30}$ kg, daher wird

$$\frac{\Delta\nu}{\nu} = \frac{GM}{c^2 R} = 7{,}41 \cdot 10^{-28}\ \mathrm{m/kg} \cdot \frac{1{,}99 \cdot 10^{30}\ \mathrm{kg}}{6{,}96 \cdot 10^8\ \mathrm{m}} =$$
$$= 2{,}12 \cdot 10^{-6}.$$

Wegen $\Delta\lambda/\lambda = \Delta\nu/\nu$ beträgt die gravitative Rotverschiebung der Sonnenstrahlung für grünes Licht mit 500 nm nur etwa 0,001 nm und ist wegen der Dopplerverbreiterung der Spektrallinien unbeobachtbar.

Manche Sterne werden im Spätstadium ihrer Entwicklung zu *weißen Zwergen,* wobei die Elektronenhüllen ihrer Atome „zerquetscht" werden. Diese Sterne haben enorme Dichten. Ein weißer Zwerg mag einen Radius von $9 \cdot 10^6$ m haben, ein Hundertstel des Sonnenradius, und eine Masse von $1{,}2 \cdot 10^{30}$ kg, etwa 60 % der Sonnenmasse, so daß

$$\frac{\Delta\nu}{\nu} = \frac{GM}{c^2 R} \approx 7{,}41 \cdot 10^{-28}\ \mathrm{m/kg} \cdot \frac{1{,}2 \cdot 10^{30}\ \mathrm{kg}}{9 \cdot 10^6\ \mathrm{m}} \approx 10^{-4}.$$

Hier beträgt die Rotverschiebung etwa 0,05 nm für Licht mit 500 nm, was unter günstigen Bedingungen meßbar ist. Für Sirius B, den Begleiter des Sirius, beträgt die vorhergesagte Rotverschiebung $\frac{\Delta\nu}{\nu}$ etwa $5{,}9 \cdot 10^{-5}$, die beobachtete $6{,}6 \cdot 10^{-5}$. Angesichts der unsicheren Kenntnis von M/R für Sirius B scheinen diese Zahlen die Zuordnung einer schweren Masse zu Photonen zu bestätigen.

Auch im Labor wurde die gravitative Frequenzverschiebung beobachtet: Es wurde die Frequenzänderung von Gammastrahlen gemessen, nachdem sie eine Strecke H nahe der Erdoberfläche durchfallen hatten. Ein Körper der Masse m, der eine Strecke H fällt, erfährt einen Energiezuwachs mgH. Wenn man annimmt, daß das Photon mit der ursprünglichen Frequenz ν die konstante Masse $h\nu/c^2$ besitzt (die Massenänderung kann vernachlässigt werden), beträgt seine Energie nach dem Fall

$$h\nu' = h\nu + mgH = h\nu + \frac{h\nu gH}{c^2} = h\nu\left(1 + \frac{gH}{c^2}\right). \qquad (1.22)$$

Für $H = 20\,\text{m}$ ergibt sich

$$\frac{\Delta\nu}{\nu} = \frac{gH}{c^2} = \frac{9{,}8\,\text{m/s}^2 \cdot 20\,\text{m}}{(3 \cdot 10^8\,\text{m/s})} = 2{,}2 \cdot 10^{-15}$$

Eine Frequenzverschiebung dieser Größe ist gerade noch beobachtbar, die Resultate bestätigen Gl. (1.22).

1.7 Aufgaben

1. Die Wellenlängenschwelle für die Photoemission aus Wolfram beträgt 230 nm. Welche Wellenlänge muß Licht haben, damit Elektronen mit einer Maximalenergie von 1,5 eV erzeugt werden?
2. Die Frequenzschwelle für Photoemission aus Kupfer beträgt $1{,}1 \cdot 10^{15}$ Hz. Welche Maximalenergie haben die Photoelektronen (in Joule und in Elektronvolt), wenn Licht der Frequenz $1{,}5 \cdot 10^{15}$ Hz auf eine Kupferoberfläche gestrahlt wird?
3. Die Austrittsarbeit aus Natrium beträgt 2,3 eV. Mit welcher maximalen Wellenlänge kann man an Nattrium Photoelektronen produzieren? Welche Maximalenergie haben die Photoelektronen, wenn Licht mit 200 nm auf eine Natriumoberfläche fällt?
4. Bestimmen Sie Wellenlänge und Frequenz eines Photons der Energie 100 MeV.
5. Bestimmen Sie die Energie eines Photons mit der Wellenlänge 700 nm.
6. Unter günstigen Bedingungen kann das menschliche Auge 10^{-18} J an elektromagnetischer Energie wahrnehmen. Wie viele Photonen der Wellenlänge 600 nm sind dies?
7. Ein Radiosender mit einer Leistung von 1000 W sendet mit einer Frequenz von 880 kHz. Wie viele Photonen sendet er in der Sekunde aus?
8. Wie viele Photonen werden in der Sekunde von einer gelben Lampe von 10 W Leistung (Wellenlänge = 600 nm) emittiert?
9. Die auf der Erde empfangene Intensität der Sonnenstrahlung beträgt $1400\,\text{W/m}^2$.
   a) Berechnen Sie den maximalen Druck, den das Sonnenlicht auf die Erdoberfläche ausübt.
   b) Nehmen Sie an, daß das Sonnenlicht nur aus Photonen mit 600 nm Wellenlänge besteht. Wie viele Photonen treffen in einer Sekunde auf eine Fläche von $1\,\text{m}^2$, die senkrecht zur Richtung zur Sonne steht?
   c) Der mittlere Erdbahnradius beträgt 149 Mio. km. Wie groß ist die gesamte Strahlungsleistung der Sonne und wie viele Photonen emittiert sie in jeder Sekunde?
   d) Wie viele Photonen befinden sich in einem Volumen von einem Kubikmeter in der Nähe der Erde?
10. Wie groß sind Wellenlänge und Frequenz von Röntgenstrahlen, wenn 100-keV-Elektronen auf das Target treffen?
11. Welche Beschleunigungsspannung braucht man, um Röntgenstrahlen von 0,1 nm Wellenlänge zu erzeugen?
12. Der Abstand benachbarter Kristallebenen in Kalzit beträgt $3 \cdot 10^{-8}$ cm. Wie groß ist der kleinste Winkel zwischen der Einfallsrichtung eines Röntgenstrahls (Wellenlänge 0,03 nm) und diesen Ebenen, bei dem Beugung der Röntgenstrahlen beobachtet werden kann?
13. Ein Kaliumchloridkristall hat eine Dichte von $1{,}98 \cdot 10^3\,\text{kg/m}^3$. Die relative Molekularmasse von KCl ist 74,55. Wie groß ist der Abstand zwischen benachbarten Atomen?
14. Welche Energie muß ein Photon besitzen, um den selben Impuls wie ein Proton mit 10 MeV kinetischer Energie zu haben?
15. Welche Frequenz hat ein Photon mit dem Impuls $1{,}1 \cdot 10^{-23}$ kg m/s?
16. Zeigen Sie, daß ein Photon nicht seine gesamte Energie und seinen gesamten Impuls an ein freies Elektron abgeben kann, so daß der Photoeffekt nur an gebundenen Elektronen stattfinden kann.
17. Ein Röntgenstrahl wird an freien Elektronen gestreut. Wie groß ist die Wellenlänge des einfallenden Strahls, wenn die unter einem Winkel von 45° gestreuten Strahlen eine Wellenlänge von 0,0022 nm haben?
18. Ein Röntgenquant mit der ursprünglichen Frequenz $1{,}5 \cdot 10^{19}$ Hz hat nach einem Stoß mit einem Elektron eine Frequenz von $1{,}2 \cdot 10^{19}$ Hz. Wieviel kinetische Energie wurde auf das Elektron übertragen?
19. Ein Röntgenquant der Frequenz $3 \cdot 10^{19}$ Hz wird an einem Elektron unter 90° gestreut. Welche Frequenz hat es nach dem Stoß?
20. Bestimmen Sie die Energie eines Photons, das maximal 50 keV Energie auf ein Elektron übertragen kann.
21. Ein monochromatischer Röntgenstrahl mit der Wellenlänge 0,0558 nm wird um 46° gestreut. Berechnen Sie die Wellenlänge des gestreuten Strahls.
22. In Abschnitt 1.4 wurde angenommen, daß Röntgenstrahlen bei der Streuung am Kristall keine Änderung der Wellenlänge erfahren. Zeigen Sie, daß diese Annahme vernünftig ist, indem Sie die Comptonwellenlänge eines Natriumatoms mit der typischen Röntgenwellenlänge von 0,1 nm vergleichen.
23. Gewisse Atomkerne emittieren beim Übergang von „angeregten" Energiezuständen zum Grundzustand Photonen. Diese Photonen heißen Gammastrahlen. Bei der Emission des Photons erleidet der Kern einen Rückstoß in die entgegengesetzte Richtung.
   a) Der Kobaltkern $_{27}\text{Co}^{57}$ zerfällt durch K-Einfang in einen $_{26}\text{Fe}^{57}$-Kern, der durch Emission eines Photons in den 14,4 keV tiefer liegenden Grundzustand übergeht. Die Masse des $_{26}\text{Fe}^{57}$-Kerns beträgt $9{,}5 \cdot 10^{-26}$ kg. Um wieviel reduziert sich die Photonenenergie durch den Rückstoß des Kerns?
   b) In manchen Kristallen sind die Atome so fest gebunden, daß der gesamte Kristall den Rückstoß bei der Emission des Photons aufnimmt (Mößbauer Effekt). Wie groß ist die Reduktion der Photonenergie, wenn der angeregte Kern Teil eines Kristalls von 1 g Masse ist?
   c) Die im wesentlichen rückstoßfreie Emission von Gammaquanten in Situationen wie (b) ermöglicht die Konstruktion von praktisch monoenergetischen, also monochromatischen Photonenquellen. Eine solche Quelle wurde in dem Experiment benützt, das zu Ende des Abschnitts 1.6 beschrieben wurde. Wie groß ist die Frequenzänderung eines 14,4-keV-Gammaquants, nachdem es in der Nähe der Erdoberfläche 20 m durchfallen hat?

2 Welleneigenschaften von Teilchen

Rückblickend mag es sonderbar erscheinen, daß zwischen der Entdeckung der Teilcheneigenschaften von Wellen im Jahre 1905 und der Vermutung, die im Jahre 1924 angestellt wurde, daß die Umkehrung ebenfalls wahr sein könnte, zwei Jahrzehnte verstreichen mußten. Es ist jedoch nicht dasselbe, eine revolutionäre Hypothese aufzustellen, um sonst unverständliche Daten zu erklären, wie eine gleichermaßen revolutionäre Hypothese vorzuschlagen, ohne daß für sie eine zwingende Notwendigkeit vorhanden ist. Letzteres tat Louis de Broglie, als er vorschlug, daß Materie sowohl Wellen- als auch Teilcheneigenschaften besitzen sollte. Während jedoch die frühere Quantentheorie des Lichts von Planck und Einstein trotz ihrer Übereinstimmung mit dem Experiment kaum Aufsehen erregt hatte, fand de Broglies Vorstellung sofort Beachtung. Die Existenz der de Broglie-Wellen wurde zwar nicht vor 1927 demonstriert, das ihnen zugrundeliegende Dualitätsprinzip bot jedoch den Ausgangspunkt für Schrödingers erfolgreiche Entwicklung der Quantenmechanik im Jahre 1925.

2.1 De Broglie-Wellen

Ein Photon mit der Frequenz ν hat den Impuls

$$p = \frac{h\nu}{c}$$

oder – durch die Wellenlänge λ ausgedrückt –

$$p = \frac{h}{\lambda},$$

da $\lambda\nu = c$. Die Wellenlänge eines Photons wird daher durch seinen Impuls nach der Beziehung

$$\lambda = \frac{h}{p} \tag{2.1}$$

bestimmt. De Broglie vermutete, daß die Natur symmetrisch sei, und behauptete, daß die Gl. (2.1) eine vollständig allgemeine Formel sei, die für materielle Teilchen genauso gelten sollte wie für Photonen. Der Impuls eines Teilchens der Masse m und der Geschwindigkeit v beträgt

$$p = m \cdot v,$$

daher beträgt seine de Broglie-Wellenlänge

$$\lambda = \frac{h}{mv}. \tag{2.2}$$

Je größer der Teilchenimpuls ist, desto kleiner ist seine Wellenlänge. In Gl. (2.2) ist m die relativistische Masse

$$m = \frac{m_0}{\sqrt{1 - v^2/c^2}}.$$

Gl. (2.2) wurde in zahlreichen Streuexperimenten mit schnellen Elektronen an Kristallen verifiziert; diese Experimente entsprachen denen, die die Wellennatur der Röntgenstrahlen bewiesen. Bevor wir diese Experimente untersuchen, sollten wir einen Blick auf die Art der Wellenphänomene der Materiewellen von de Broglie werfen. In einer Lichtwelle variiert das elektromagnetische Feld in Raum und Zeit, in einer Schallwelle ändert sich der Druck. Welcher Art sind die Schwankungen, die de Broglies Wellen ausmachen?

2.2 Die Wellenfunktion

Die veränderliche Größe, die die de Broglie-Wellen charakterisiert, wird *Wellenfunktion* genannt und mit dem Symbol Ψ bezeichnet. *Der Wert der Wellenfunktion, die zu einem bewegten Körper in einem bestimmten Raumpunkt x, y, z zur Zeit t gehört, entspricht der Wahrscheinlichkeit, den Körper dort zu dieser Zeit anzutreffen.* Ψ selbst hat jedoch keine direkte physikalische Bedeutung. Es gibt einen einfachen Grund, warum Ψ nicht direkt gemessen werden kann. Die Wahrscheinlichkeit P, daß irgendetwas irgendwo irgendwann ist, kann jeden Wert zwischen zwei Grenzwerten annehmen: 0, entsprechend der Gewißheit seiner Abwesenheit, und 1, entsprechend der Gewißheit seiner Anwesenheit. (Eine Wahrscheinlichkeit von 0,2 zeigt zum Beispiel eine 20 %ige Wahrscheinlichkeit an, den Körper vorzufinden.) Die Amplitude einer Welle kann jedoch sowohl positiv als auch negativ sein und eine negative Wahrscheinlichkeit ist sinnlos. Daher ist Ψ selbst eine nicht beobachtbare Größe.

Dieser Einwand gilt aber nicht für $|\Psi|^2$, das Quadrat des Absolutbetrages der Wellenfunktion. Aus diesem und anderen Gründen nennt man $|\Psi|^2$ die *Wahrscheinlichkeitsdichte. Die Wahrscheinlichkeit, in einem Experiment den Körper, der durch die Wellenfunktion Ψ beschrieben wird, am Punkt x, y, z zur Zeit t zu finden, ist dem Wert von $|\Psi|^2$ an dieser Stelle zur Zeit t proportional.* Solange $|\Psi|^2$ nicht tatsächlich irgendwo Null ist, besteht dort stets eine gewisse Chance, den Körper vorzufinden. Diese Interpretation wurde erstmalig von Max Born im Jahre 1926 gegeben.

Zwischen der Wahrscheinlichkeit für ein Ereignis und dem Ereignis selbst besteht ein gewaltiger Unterschied. Obwohl wir von der Wellenfunktion eines Teilchens sagen werden, daß sie eine räumliche Verteilung zeigt, bedeutet dies nicht, daß das Teilchen selbst in dieser Weise verschmiert ist. Wenn ein Experiment zum Nachweis von Elektronen durchgeführt wird, dann findet man entweder zu einer bestimmten Zeit und an einem bestimmten Ort ein ganzes Elektron oder keines, jedenfalls nie einen Bruchteil eines Elektrons. Jedoch ist es möglich, mit einer 20 %igen Wahrscheinlichkeit das Elektron zu dieser Zeit und an diesem Ort zu finden, und diese Wahrscheinlichkeit wird durch $|\Psi|^2$ angegeben.

Wenn andererseits ein Experiment sehr viele identische Teilchen betrifft, die durch dieselbe Wellenfunktion Ψ beschrieben werden, dann ist die *tatsächliche Dichte* der Teilchen in x, y, z zur Zeit t dem entsprechenden Wert von $|\Psi|^2$ proportional.

Während die Wellenlänge der de Broglie-Wellen eines bewegten Körpers durch die einfache Formel

$$\lambda = \frac{h}{mv}$$

bestimmt ist, stellt das Auffinden ihrer Wellenfunktion als Funktion von Zeit und Ort meist ein schwieriges Problem dar. Wir werden die Berechnung von Ψ in den Kapiteln 5 und 6 diskutieren und werden die dort entwickelten Vorstellungen in Kapitel 7 auf die Struktur des Atoms anwenden. Bis dorthin werden wir voraussetzen, daß wir Ψ im erforderlichen Maße kennen.

Sollte eine Wellenfunktion Ψ komplex sein, so ist die Wahrscheinlichkeitsdichte durch das Produkt $\Psi^* \Psi$ aus Ψ und der dazu *komplexe konjugierten Funktion* Ψ^* gegeben. Das komplexe Konjugierte einer beliebigen Funktion erhält man, indem man i $(=\sqrt{-1})$ durch $-$i ersetzt, wo immer dies notwendig ist. Jede komplexe Funktion Ψ kann mit Hilfe von zwei reellen Funktionen A und B in der Form

$$\Psi = A + \mathrm{i}\,B$$

geschrieben werden. Die komplex konjugierte Funktion Ψ^* ist dann

$$\Psi^* = A - \mathrm{i}\,B$$

und daher wird

$$\Psi^*\Psi = A^2 - \mathrm{i}^2 B^2 = A^2 + B^2,$$

da $\mathrm{i}^2 = -1$. Folglich ist $\Psi^*\Psi$ stets eine positive, reelle Größe.

2.3 Die Geschwindigkeit der de Broglie-Welle

Mit welcher Geschwindigkeit breiten sich die de Broglie-Wellen aus? Da wir einem bewegten Körper eine de Broglie-Welle zuordnen, dürfen wir erwarten, daß diese Welle mit derselben Geschwindigkeit v wie der Körper fortschreitet. Wenn wir die Geschwindigkeit der de Broglie-Welle w nennen, dann können wir mittels der bekannten Formel

$$w = \nu\lambda$$

den Wert von w bestimmen. Die Wellenlänge λ ist gerade die de Broglie-Wellenlänge

$$\lambda = \frac{h}{mv}.$$

Wir wollen die Frequenz ν aus der Quantengleichung

$$E = h\nu$$

übernehmen. Daher

$$\nu = \frac{E}{h}$$

und wegen

$$E = mc^2$$

gilt

$$\nu = \frac{mc^2}{h}.$$

Daher ist die Geschwindigkeit der de Broglie-Welle

$$\begin{aligned} w &= \nu\lambda \\ &= \frac{mc^2}{h}\,\frac{h}{mv} \\ &= \frac{c^2}{v}. \end{aligned} \tag{2.3}$$

Da die Teilchengeschwindigkeit v immer kleiner als die Lichtgeschwindigkeit sein muß, ist also die de Broglie-Wellengeschwindigkeit w immer größer als c! Zum besseren Verständnis dieses unerwarteten Ergebnisses wollen wir kurz auf die Begriffe *Phasengeschwindigkeit* und *Gruppengeschwindigkeit* eingehen.

Wir beginnen damit, die mathematische Beschreibung von Wellen zu wiederholen. Dazu betrachten wir eine Saite, die entlang der x-Achse ausgespannt ist, deren Schwingungen wie in Bild 2.1 in einfach harmonischer Weise in der y-Richtung erfolgen. Wenn wir den Zeitpunkt $t = 0$ dann wählen, wenn die Auslenkung y der Saite am Punkt $x = 0$ maximal ist, dann ist ihre Auslenkung zu jeder späteren Zeit t an derselben Stelle durch die Formel

$$y = A \cos 2\pi\nu t \tag{2.4}$$

gegeben, wobei A die Amplitude der Schwingungen (das ist ihre maximale Auslenkung auf jeder Seite der x-Achse) und ν ihre Frequenz ist.

Gl. (2.4) sagt uns, wie sich die Auslenkung eines einzelnen Punktes der Saite als Funktion der Zeit t verhält. Eine vollständige Beschreibung einer vorgegebenen Wellenbewegung

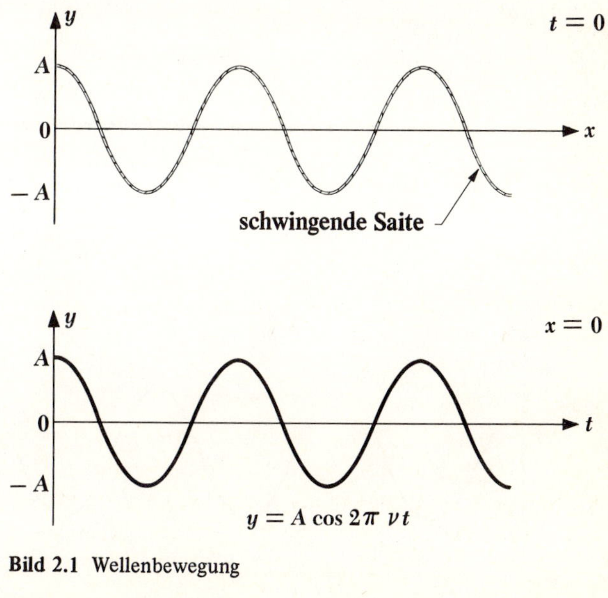

Bild 2.1 Wellenbewegung

in einer gespannten Saite sollte uns jedoch mitteilen, welchen Wert y an einem *beliebigen* Punkt der Saite zu einer *beliebigen* Zeit hat. Wir suchen nämlich eine Formel, die uns y als Funktion von x und t gibt. Um eine solche Formel zu erhalten, stellen wir uns vor, daß wir die Saite bei $x = 0$ ab dem Zeitpunkt $t = 0$ hin und her bewegen, so daß sich eine harmonische Welle entlang der Saite in der x-Richtung auszubreiten beginnt (Bild 2.2). Diese Welle hat eine Geschwindigkeit w, die von den Eigenschaften der Saite abhängt. Die Welle bewegt sich in der Zeit t um die Strecke wt; daher hat das Zeitintervall zwischen der Ausbildung der Welle in $x = 0$ und ihrer Ankunft im Punkte x den Wert x/w. Entsprechend ist die Auslenkung y der Saite in x zur Zeit t genau so groß wie die Auslenkung y in $x = 0$ *zur früheren Zeit* t-(x/w). Indem wir in Gl. (2.4) t durch t-(x/w) ersetzen, erhalten wir die gewünschte Formel, die uns y durch x und t ausdrückt:

$$y = A \cos 2\pi\nu \left(t - \frac{x}{w}\right). \tag{2.5}$$

Zur Überprüfung sehen wir, daß Gl. (2.5) in $x = 0$ auf Gl. (2.4) führt.

Gl. (2.5) kann auch in folgender Weise geschrieben werden:

$$y = A \cos 2\pi\left(\nu t - \frac{\nu x}{w}\right).$$

Da

$$w = \nu\lambda,$$

erhalten wir

$$y = A \cos 2\pi\left(\nu t - \frac{x}{\lambda}\right). \tag{2.6}$$

Gl. (2.6) ist oft angenehmer anzuwenden als Gl. (2.5).

Die wahrscheinlich am häufigsten gebrauchte Beschreibung einer harmonischen Welle ist jedoch eine weitere Form der Gl. (2.5). Wir definieren die Größen *Winkelgeschwindigkeit* ω und *Wellenzahl* k mittels

$$\omega = 2\pi\nu \tag{2.7}$$

$$k = \frac{2\pi}{\lambda} \tag{2.8}$$

$$k = \frac{\omega}{w}. \tag{2.9}$$

Die Winkelgeschwindigkeit erhält ihren Namen von der gleichmäßigen Kreisbewegung, in der ein Teilchen, das einen Kreis ν-mal pro Sekunde durchläuft, in einer Sekunde $2\pi\nu$ rad überstreicht. Die Wellenzahl gibt die Anzahl Radiants an, die einem Wellenzug von 1 m Länge entspricht, da zu einer vollständigen Welle genau 2π rad gehören. Ausgedrückt durch ω und k, wird aus Gl. (2.5)

$$y = A \cos(\omega t - kx). \tag{2.10}$$

In drei Dimensionen wird k zu einem Vektor $\mathbf{k}$, der auf der Wellenfront normal steht, und x wird durch den Ortsvektor $\mathbf{r}$ ersetzt. Statt kx wird dann in Gl. (2.10) das Skalarprodukt $\mathbf{k} \cdot \mathbf{r}$ benützt.

2.4 Gruppen- und Phasengeschwindigkeiten

Die Amplitude der de Broglie-Wellen, die einem bewegten Körper entsprechen, bestimmt die Wahrscheinlichkeit, mit der der Körper zu einer bestimmten Zeit an einem bestimmten Ort gefunden werden kann. Es ist klar, daß de Broglie-Wellen nicht durch eine einfache Formel wie Gl. (2.10) dargestellt werden können, die einen unendlichen Wellenzug mit konstanter Ampoitude beschreibt. Statt dessen erwarten wir,

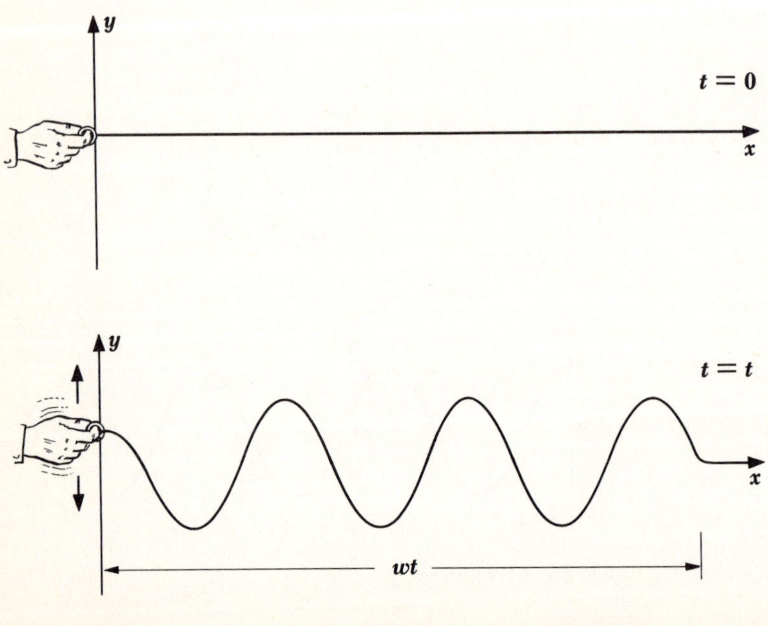

Bild 2.2
Wellenausbreitung

daß die Wellendarstellung eines bewegten Körpers einem *Wellenpaket* oder einer *Gruppe von Wellen* entspricht, wie sie in Bild 2.3 dargestellt sind, deren einzelne Wellenbestandteile Amplituden haben, die mit der Wahrscheinlichkeit, den Körper zu finden, variieren.

Ein vertrautes Beispiel, wie Wellengruppen zustande kommen, ist der Fall der *Schwebungen.* Werden zwei Schallwellen derselben Amplitude, jedoch mit geringfügig verschiedenen Frequenzen, gleichzeitig erzeugt, dann zeigt der Schall eine Frequenz, die dem Mittel der beiden ursprünglichen Frequenzen gleich ist, und seine Amplitude nimmt periodisch zu und ab. Die Schwankungen der Amplitude erfolgen mit einer Frequenz, die der Differenz zwischen den zwei ursprünglichen Frequenzen entspricht. Wenn die ursprünglichen Schallwellen Frequenzen von etwa 440 Hz und 442 Hz haben, werden wir einen an- und abschwellenden Ton von der Frequenz 441 Hz mit zwei Lautstärkemaxima pro Sekunde, den Schwebungen, feststellen. Das Entstehen von Schwebungen ist in Bild 2.4 dargestellt.

Eine Möglichkeit, Wellengruppen mathematisch zu beschreiben, besteht also darin, ihre individuellen Wellen anzugeben, die sich geringfügig in der Wellenlänge unterscheiden, deren Interferenz miteinander jedoch zur Variation der Amplitude führt, durch die die Form der Wellengruppe charakterisiert ist. Sind die Geschwindigkeiten der Wellen gleich, dann ist die Geschwindigkeit der Wellengruppe mit der gemeinsamen Wellengeschwindigkeit identisch. Wenn jedoch die Wellengeschwindigkeit mit der Wellenlänge variiert, dann laufen die einzelnen Teilwellen nicht gemeinsam vorwärts und die Wellengruppe hat eine andere Geschwindigkeit als die einzelnen Wellen.

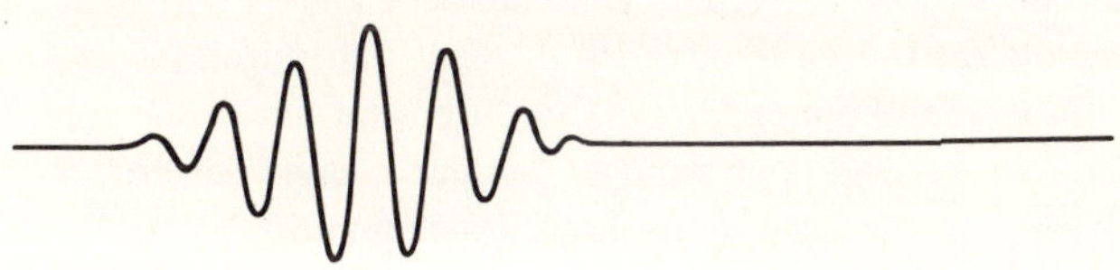

Bild 2.3 Wellengruppe

Man kann unschwer die Geschwindigkeit u berechnen, mit der sich eine Wellengruppe ausbreitet. Nehmen wir an, daß eine Wellengruppe durch die Kombination zweier Wellen mit der selben Amplitude A, jedoch mit Winkelgeschwindigkeiten, die sich um den Betrag $d\omega$, bzw. um den Betrag dk in der Wellenzahl unterscheiden, zustande kommt. Wir können die ursprünglichen Wellen durch die Gleichungen

$$y_1 = A\cos(\omega t - kx)$$
$$y_2 = A\cos[(\omega + d\omega)t - (k + dk)x]$$

darstellen. Die resultierende Auslenkung y zur Zeit t am Ort x ist die Summe von y_1 und y_2.

Mit der Identität

$$\cos\alpha + \cos\beta = 2\cos\frac{1}{2}(\alpha+\beta)\cos\frac{1}{2}(\alpha-\beta)$$

und der Beziehung

$$\cos(-\vartheta) = \cos\vartheta$$

finden wir

$$\begin{aligned} y &= y_1 + y_2 \\ &= 2A\cos\frac{1}{2}[(2\omega + d\omega)t - (2k + dk)x]\cos\frac{1}{2}(d\omega t - dkx). \end{aligned}$$

Da $d\omega$ und dk im Vergleich zu ω und k klein sind, gilt

$$2\omega + d\omega \approx 2\omega$$
$$2k + dk \approx 2k$$

und

$$y = 2A\cos(\omega t - kx)\cos\left(\frac{d\omega}{2}t - \frac{dk}{2}x\right). \qquad (2.11)$$

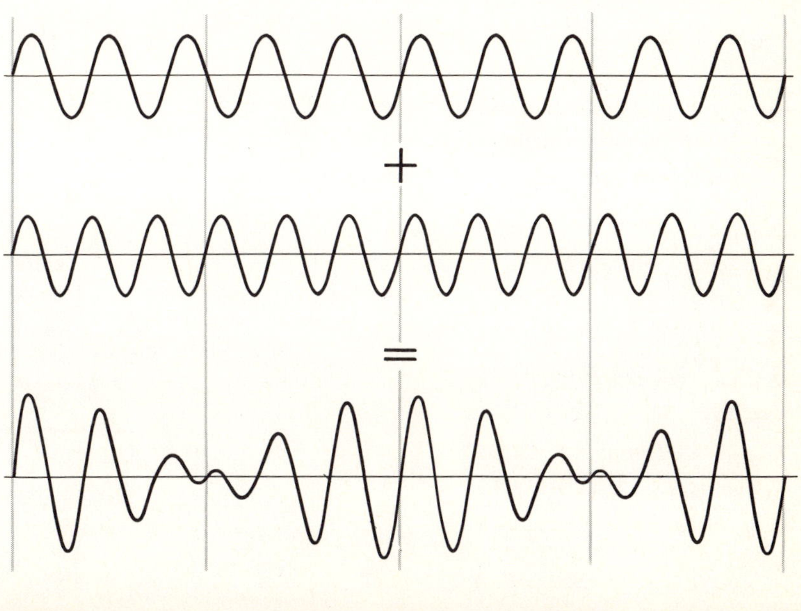

Bild 2.4
Schwebungen

Gl. (2.11) stellt eine Welle mit der Kreisfrequenz ω und der Wellenzahl k dar, der eine Modulation der Amplitude mit der Kreisfrequenz $d\omega$ und mit der Wellenzahl dk überlagert ist. Der Effekt dieser Modulation führt wie in Bild 2.4 zu aufeinanderfolgenden Wellengruppen. Die Wellengeschwindigkeit, häufig Phasengeschwindigkeit genannt, w beträgt

$$w = \frac{\omega}{k}, \tag{2.12}$$

während die Geschwindigkeit u der Wellengruppen

$$u = \frac{d\omega}{dk} \tag{2.13}$$

beträgt. Im allgemeinen wird die Gruppengeschwindigkeit größer oder kleiner als die Phasengeschwindigkeit sein; dies hängt davon ab, wie die Wellengeschwindigkeit mit der Wellenlänge in einem bestimmten Medium zusammenhängt. Wenn die Phasengeschwindigkeit w für alle Wellenlängen gleich ist, dann sind die Gruppen- und die Phasengeschwindigkeit gleich.

Die Kreisfrequenz und die Wellenzahl der de Broglie-Wellen eines Körpers mit der Ruhemasse m_0 und der Geschwindigkeit v lauten:

$$\omega = 2\pi\nu = \frac{2\pi mc^2}{h} = \frac{2\pi m_0 c^2}{h\sqrt{1 - v^2/c^2}} \tag{2.14}$$

und

$$k = \frac{2\pi}{\lambda} = \frac{2\pi mv}{h} = \frac{2\pi m_0 v}{h\sqrt{1 - v^2/c^2}} \ . \tag{2.15}$$

Sowohl ω als auch k sind Funktionen der Geschwindigkeit v. Die Phasengeschwindigkeit w wurde bereits früher gefunden und beträgt

$$w = \frac{\omega}{k} = \frac{c^2}{v} ,$$

was sowohl größer als die Geschwindigkeit des Körpers v als auch größer als die Lichtgeschwindigkeit c ist, da $v < c$.

Die Gruppengeschwindigkeit u der de Broglie-Wellen beträgt

$$u = \frac{d\omega}{dk} = \frac{d\omega/dv}{dk/dv} . \tag{2.16}$$

Wegen

$$\frac{d\omega}{dv} = \frac{2\pi m_0 v}{h(1 - v^2/c^2)^{3/2}}$$

und

$$\frac{dk}{dv} = \frac{2\pi m_0}{h(1 - v^2/c^2)^{3/2}}$$

finden wir als Gruppengeschwindigkeit

$$u = v.$$

Das de Broglie-Wellenpaket, das zu einem bewegten Körper gehört, breitet sich mit derselben Geschwindigkeit wie der Körper aus. Die Phasengeschwindigkeit w der de Broglie-Wellen hat offensichtlich keine einfache physikalische Bedeutung.

2.5 Die Streuung von Teilchen

Eine Welleneigenschaft, die im Verhalten von Newtonschen Teilchen kein Analogon hat, ist die Beugung. Im Jahre 1927 bestätigten Davisson und Germer in den Vereinigten Staaten und G. P. Thomson in England unabhängig voneinander de Broglies Hypothese, indem sie die Beugung von Elektronen nachwiesen, die an Kristallen gestreut wurden. Wir werden nur das Experiment von Davisson und Germer betrachten, weil seine Interpretation einfacher als die des Experiments von Thomson ist.

Davisson und Germer studierten die Streuung von Elektronen an einem festen Körper, indem sie einen Apparat benützten, dessen Prinzip in Bild 2.5 dargestellt ist. Die Energie der Elektronen im Primärstrahl, der Winkel, mit dem sie auf die Probe geschossen wurden, und die Position des Detektors können verändert werden. Die klassische Physik sagt vorher, daß die gestreuten Elektronen in allen Richtungen festgestellt werden können, wobei ihre Intensität nur wenig vom Streuwinkel und noch weniger von der Energie der Primärelektronen abhängig sein sollten. Davisson und Germer verifizierten diese Vorhersagen, indem sie ein Stück Nickel als Beschußobjekt verwendeten.

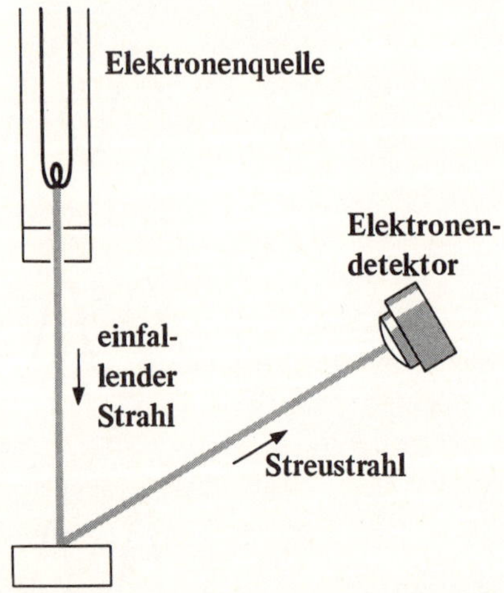

Bild 2.5 Das Experiment von Davisson und Germer.

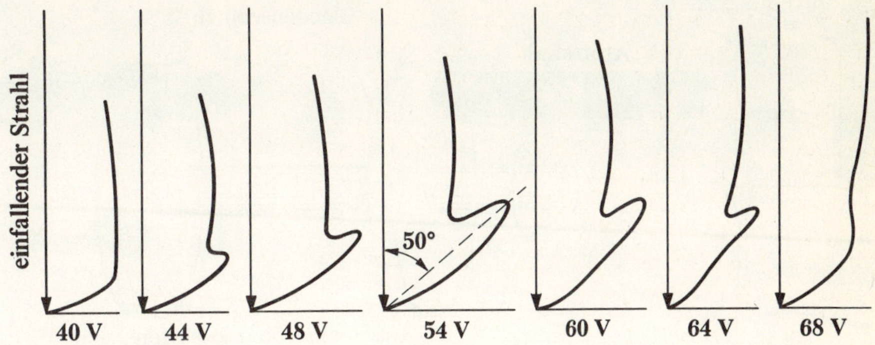

Bild 2.6
Ergebnisse des Davisson-Germerexperiments.

Mitten in ihrer Arbeit ereignete sich ein Zwischenfall, wodurch Luft in ihren Apparat gelangte und die Metalloberfläche oxydierte. Um das Oxid wieder zu reinem Nickel zu reduzieren, wurde der Nickelblock in einem Hochtemperaturofen geglüht. Darauf wurde er wieder in den Apparat eingesetzt und die Messungen wurden fortgeführt. Jetzt unterschieden sich die Ergebnisse jedoch sehr wesentlich von denen, die vor dem Zwischenfall gefunden worden waren: Statt einer gleichmäßigen Winkelabhängigkeit der Anzahl der gestreuten Elektronen wurden nun deutliche Maxima und Minima beobachtet, deren Positionen von der Elektronenenergie abhingen. Typische Polardiagramme der Elektronenintensität nach dem Zwischenfall sind in Bild 2.6 zu sehen; die Intensität bei einem gegebenen Winkel ist proportional zum Abstand der Kurve unter diesem Winkel vom Streuzentrum.

Es erheben sich sofort zwei Fragen: Welche Ursache hat dieser neue Effekt, warum zeigte er sich erst, nachdem der Nickelblock erhitzt worden war? Die Hypothese von de Broglie legte die Deutung nahe, daß Elektronenwellen vom Beschußobjekt gestreut wurden, genauso wie Röntgenstahlen durch Braggsche Reflexion an Kristallebenen gestreut werden. Diese Interpretation wurde um so akzeptabler, als man erkannte, daß durch das Ausheizen des Nickelblocks bei hohen Temperaturen die zahlreichen kleinen Kriställchen, aus denen ein solcher Block normalerweise besteht, zu einem einzigen großen Kristall umgewandelt wurden, dessen Atome insgesamt in einem regelmäßigen Gitter angeordnet waren.

Wir wollen nun überprüfen, ob die Befunde von Davisson und Germer mit de Broglies Hypothese verträglich sind. In einem speziellen Fall wurde ein Strahl von Elektronen mit einer Energie von 54 eV senkrecht auf den Nickelblock geschossen. Ein deutliches Maximum der Elektronenverteilung trat unter einem Winkel von 50° zum ursprünglichen Strahl auf. Die in Bild 2.7 gezeigten Winkel für den Einfall und die Streuung bezüglich der Schar von Braggschen Ebenen betragen jeweils 65°. Der Abstand der Kristallebenen kann durch Röntgenstreuung gemessen werden und beträgt 0.091 nm. Die Braggsche Gleichung für die Beugungsmaxima lautet

$$n\lambda = 2a \sin\theta .$$

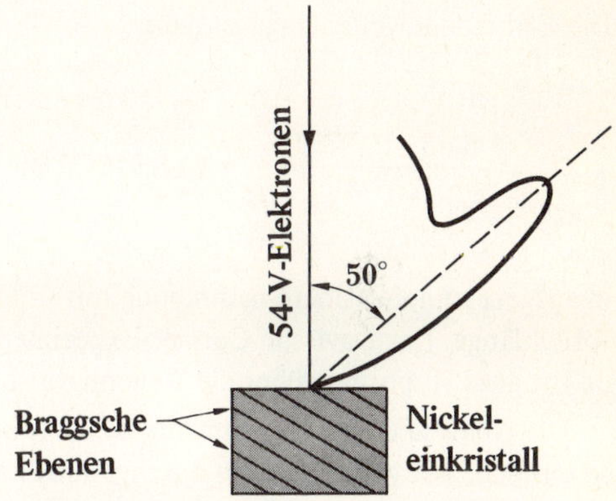

Bild 2.7 Die Streuung von de Brogliewellen am Kristall erklärt die Ergebnisse von Davisson und Germer.

Hier sind $a = 0{,}091$ nm und $\theta = 65°$; wir nehmen $n = 1$, wodurch sich die de Broglie-Wellenlänge λ der gestreuten Elektronen zu

$$\begin{aligned} n\lambda &= 2a \sin\theta \\ &= 2 \cdot 0{,}091 \text{ nm} \cdot \sin 65° \\ &= 0{,}165 \text{ nm} \end{aligned}$$

ergibt. Wir verwenden nun de Broglies Formel

$$\lambda = \frac{h}{mv}$$

und berechnen die Wellenlänge des Elektrons. Die kinetische Energie des Elektrons von 54 eV ist im Vergleich zur Ruheenergie m_0c^2 von $5{,}1 \cdot 10^5$ eV sehr klein, so daß wir keine relativistischen Effekte berücksichtigen müssen. Wegen

$$T = \frac{1}{2} mv^2$$

ergibt sich der Elektronenimpuls mv zu

$$\begin{aligned} mv &= \sqrt{2mT} \\ &= \sqrt{2 \cdot 9{,}1 \cdot 10^{-31} \text{ kg} \cdot 54 \text{ eV} \cdot 1{,}6 \cdot 10^{-19} \text{ J/eV}} \\ &= 4{,}0 \cdot 10^{-24} \text{ kg m/s}. \end{aligned}$$

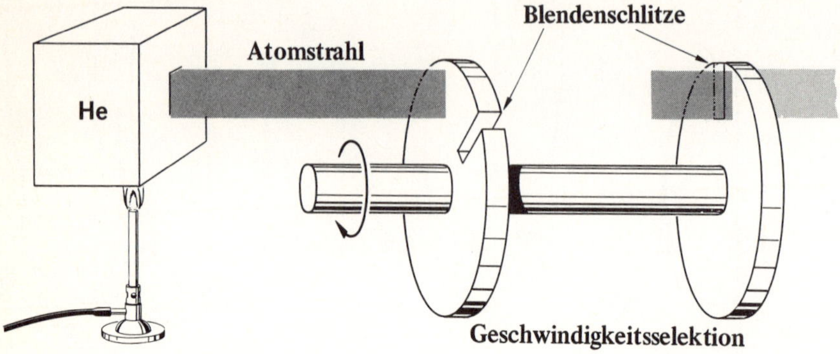

Bild 2.8
Die Erzeugung eines Strahls von Heliumatomen mit einheitlicher Geschwindigkeit.

Die Elektronenwellenlänge ist daher

$$\lambda = \frac{h}{mv} = \frac{6{,}63 \cdot 10^{-34}\ \mathrm{J\,s}}{4{,}0 \cdot 10^{-24}\ \mathrm{kg\,m/s}} = 1{,}66 \cdot 10^{-10}\ \mathrm{m} = 0{,}166\ \mathrm{nm}$$

in ausgezeichneter Übereinstimmung mit der beobachteten Wellenlänge. Das Davisson-Germer-Experiment stützt daher de Broglies Hypothese über die Wellennatur bewegter Körper.

Die Analyse dieses Experiments ist allerdings nicht ganz so einfach, wie wir sie soeben durchgeführt haben, da sich die Energie eines Elektrons beim Eintreten in einen Kristall um die sogenannte Ablösearbeit vergrößert. Da die Elektronengeschwindigkeiten im Experiment innerhalb des Kristalls größer waren, waren die entsprechenden de Broglie-Wellenlängen kürzer als die Wellenlängen für freie Elektronen. Eine zusätzliche Komplikation kommt durch die Interferenz von Wellen zustande, die an verschiedenen Familien von Braggschen Ebenen gestreut werden, wodurch nur bestimmte Maxima auftreten.

Elektronen sind nicht die einzigen Teilchen, deren Wellenverhalten nachgewiesen werden kann. Die Streuung von Neutronen und Atomen an Kristallen wurde beobachtet, die Neutronenstreuung ist heute neben der Röntgen- und der Elektronenstreuung ein häufig verwendetes Hilfsmittel zur Untersuchung von Kristallstrukturen.

Das Wellenverhalten von bewegten Heliumatomen wurde 1930 von Estermann, Frisch und Stern beobachtet. Die Quelle für die Atome war ein Behälter mit Helium, der auf 400 K erhitzt wurde und aus dem durch einen Spalt ein Strahl von Atomen austrat. Die mittlere Energie der Atome betrug

$$\frac{1}{2} m\overline{v^2} = \frac{3}{2} kT = \frac{3}{2} \cdot 1{,}38 \cdot 10^{-23}\ \mathrm{J/K} \cdot 400\ \mathrm{K} = 8{,}3 \cdot 10^{-21}\ \mathrm{J} = 0{,}052\ \mathrm{eV},$$

ihre mittlere quadratische Geschwindigkeit war ($m_{\mathrm{He}} = 6{,}7 \cdot 10^{-27}$ kg)

$$\tilde{v} = \sqrt{\overline{v^2}} = 1{,}6 \cdot 10^3\ \mathrm{m/s}.$$

Die austretenden Atome hatten eine Maxwellsche Geschwindigkeitsverteilung (Kapitel 13); um einen Strahl von möglichst einheitlicher Geschwindigkeit herzustellen, wurde eine Anordnung wie in Bild 2.8 verwendet. Nur Atome in einem engen Geschwindigkeitsbereich können die Schlitze in den beiden Sektorenblenden passieren. Der Strahl wurde daraufhin auf die Oberfläche eines LiF-Kristalls gerichtet und die in eine bestimmte Richtung gestreuten Atome wurden in einer kleinen Kammer gesammelt. Der sich ergebende Heliumgasdruck in dieser Kammer wurde durch die Messung des elektrischen Widerstands eines erhitzten Metallstreifens bestimmt. Je größer der Gasdruck, desto größer ist der Wärmeverlust des Streifens, und da der Widerstand eines Metalles mit der Temperatur zunimmt, folgt daraus die Anzahl der gestreuten Heliumatome. Die de Broglie-Wellenlänge von Heliumatomen mit der Geschwindigkeit $1{,}6 \cdot 10^3$ m/s ist

$$\lambda = \frac{h}{mv} = \frac{6{,}63 \cdot 10^{-34}\ \mathrm{J\,s}}{6{,}7 \cdot 10^{-27}\ \mathrm{kg} \cdot 1{,}6 \cdot 10^3\ \mathrm{m/s}} = 6 \cdot 10^{-11}\ \mathrm{m} = 0{,}06\ \mathrm{nm}.$$

Estermann, Frisch und Stern fanden ein Beugungsbild, das dieser Wellenlänge sehr gut entsprach.

Wie im Fall der elektromagnetischen Wellen können der Teilchen- und der Wellenaspekt von bewegten Körpern niemals gleichzeitig beobachtet werden, so daß wir nicht sagen können, welches die „korrekte“ Beschreibung ist. Wir können lediglich sagen, daß sich ein bewegter Körper in mancher Hinsicht wie eine Welle verhält und daß er unter anderen Umständen Teilcheneigenschaften zeigt. Welche Eigenschaften die auffälligsten sind, hängt davon ab, wie groß die de Broglie-Wellenlänge im Vergleich zu den Abmessungen der betroffenen Körper ist: Die Wellenlänge von 0,166 nm eines 54-eV-Elektrons ist von derselben Größenordnung wie der Gitterabstand in einem Nickelkristall, die Wellenlänge eines Autos, das sich mit 100 km/h bewegt, ist etwa 10^{-39} m, viel zu klein, um festgestellt zu werden.

2.6 Das Unschärfeprinzip

Die Tatsache, daß ein bewegter Körper als de Broglie-Wellenpaket und nicht als lokalisiertes Etwas aufgefaßt werden muß, legt die Vermutung nahe, daß man die Genauigkeit, mit der man die Teilcheneigenschaften des bewegten Körpers messen kann, nicht beliebig verbessern kann. Bild 2.9a zeigt

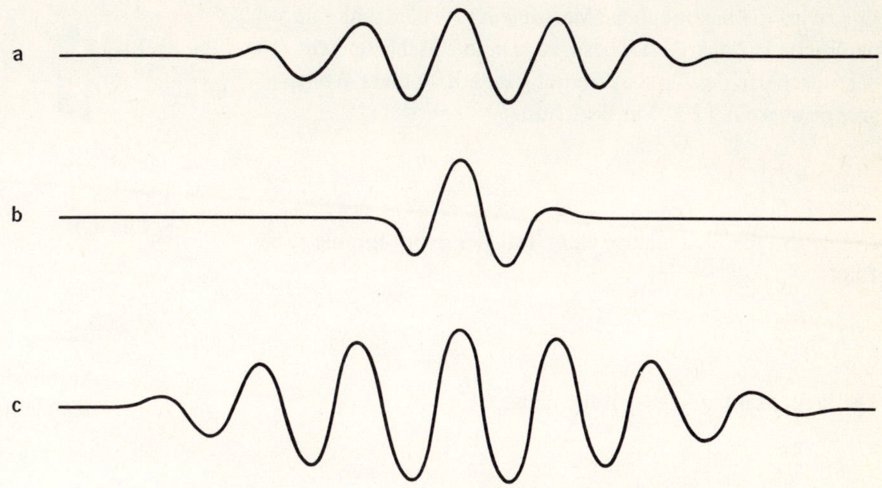

Bild 2.9
Die Breite eines Wellenpakets ist ein Maß für die Ortsunschärfe des Teilchens. Je schmäler das Wellenpaket, desto größer ist die Unschärfe der Wellenlänge.

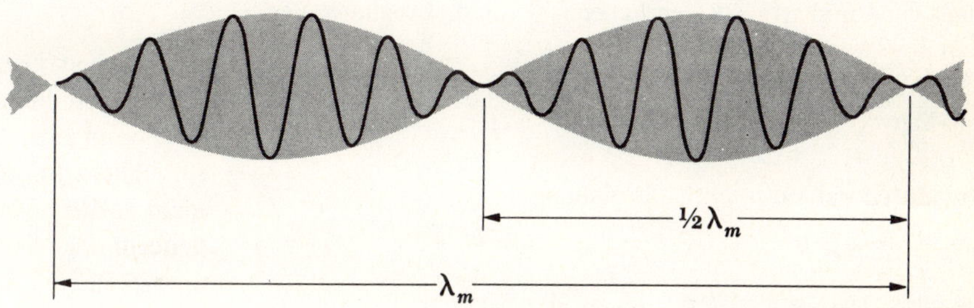

Bild 2.10
Wellenpakete, die sich durch die Interferenz von Wellen mit gleichen Amplituden aber verschiedenen Frequenzen ergeben.

ein solches Wellenpaket. Das Teilchen kann sich innerhalb des Paketes an jedem beliebigen Ort befinden. Wenn das Paket wie in Bild 2.9b sehr schmal ist, findet man den Ort des Teilchens leicht, doch kann man seine Wellenlänge nicht feststellen. Das andere Extrem, ein breites Wellenpaket, wie in Bild 2.9c, erlaubt zwar eine hinreichende Bestimmung der Wellenlänge, doch wo befindet sich das Teilchen?

Aus den Eigenschaften von Wellenpaketen können wir sofort einen Zusammenhang zwischen der natürlichen Unschärfe einer Ortsmessung Δx und der natürlichen Unschärfe Δp einer gleichzeitigen Impulsmessung ableiten. Das einfachste Beispiel einer Wellengruppe wurde in Abschnitt 2.4 angegeben, wo zwei Wellenzüge mit geringfügig unterschiedlicher Winkelfrequenz ω und Wellenzahl k überlagert wurden, um die in Bild 2.4 gezeigte Reihe von Wellenbergen zu erhalten. Wir wollen nun die Wellenpakete betrachten, die wir durch Überlagerung der de Brogliewellen

$$\Psi_1 = A\cos(\omega t - kx)$$

$$\Psi_2 = A\cos[(\omega + \Delta\omega)t - (k + \Delta k)x]$$

erhalten. In derselben Weise, wie wir Gl. (2.11) erhalten haben, finden wir,

$$\begin{aligned}\Psi &= \Psi_1 + \Psi_2 \qquad (2.17)\\ &\approx 2A\cos(\omega t - kx)\cos\left(\frac{1}{2}\Delta\omega t - \frac{1}{2}\Delta kx\right).\end{aligned}$$

Diese Funktion ist in Bild 2.10 dargestellt. Die Breite einer jeden Gruppe entspricht der halben Wellenlänge λ_m der Modulation. Sie bestimmt in gleicher Weise die Größenordnung der natürlichen Unschärfe Δx der Ortsbestimmung innerhalb der Wellengruppe:

$$\Delta x \approx \frac{\lambda_m}{2}\ . \qquad (2.18)$$

Die Wellenlänge der Modulation hängt mit ihrer Wellenzahl k_m durch

$$\lambda_m = \frac{2\pi}{k_m}$$

zusammen. Aus Gl. (2.17) sehen wir, daß die Wellenzahl der Modulation

$$k_m = \Delta k/2$$

beträgt und daher

$$\lambda_m = \frac{2\pi}{\Delta k/2}\,,$$

so daß

$$\Delta x = \frac{2\pi}{\Delta k}\,. \qquad (2.19)$$

Weil die Wellen, die die Pakete aufbauen, eine Überlagerung von Wellen mit der Wellenzahl k und der Wellenzahl $k + \Delta k$

sind, wird die bestmögliche Messung der Welllenzahl eine natürliche Unschärfe Δk besitzen. Diese Unschärfe steht mit der Unschärfe der Ortsbestimmung innerhalb einer Wellengruppe über Gl. (2.19) in Beziehung:

$$\Delta k = \frac{2\pi}{\Delta x}\,. \qquad (2.20)$$

Die de Broglie-Wellenlänge eines Teilchens vom Impuls p beträgt

$$\lambda = \frac{h}{p}\,.$$

Die Wellenzahl zu dieser Wellenlänge ist

$$k = \frac{2\pi}{\lambda} = \frac{2\pi p}{h}\,.$$

Daher bestimmt sich die Unschärfe Δp des Teilchenimpulses aus der Unschärfe Δk der Wellenzahl von de Broglie-Wellen zu

$$\Delta p = \frac{h\,\Delta k}{2\pi} = \frac{h}{\Delta x} \qquad (2.21)$$

wodurch sich die wichtige Beziehung

$$\Delta x\, \Delta p \geqslant h \qquad (2.22)$$

ergibt. Das „⩾"-Zeichen folgt aus der Tatsache, daß Wellengruppen verschiedene Gestalt haben können. Die Größen Δx und Δp in Gl. (2.22) sind daher die *unumgänglichen Minima, die aus der Wellennatur bewegter Körper folgen.* Jede instrumentelle oder statistische Unschärfe, die bei einer tatsächlichen Messung auftritt, kann das Produkt $\Delta x\, \Delta p$ nur vergrößern.

Gl. (2.22) ist eine Form des *Unschärfeprinzips,* das 1927 erstmalig von Werner Heisenberg gefunden wurde. Es stellt fest, daß das Produkt der Ortsunschärfe Δx eines Körpers zu einem bestimmten Augenblick und der Impulsunschärfe Δp zum selben Augenblick bestenfalls gleich der Planckschen Konstanten h sein kann. Wir können Position und Impuls eines Teilchens nicht gleichzeitig mit vollständiger Genauigkeit messen. Wenn wir unseren Versuch so anstellen, daß Δx klein ist, dann wird Δp groß sein (siehe Bild 2.9b). Wenn wir Δp irgendwie verkleinern, wird wiederum Δx groß sein (siehe Bild 2.9c). Diese Unbestimmtheiten sind kein Fehler in unserem Apparat, sondern sind prinzipielle Beschränkungen der Meßgenauigkeit.

Das Unschärfeprinzip kann in mannigfacher Weise abgeleitet werden. Wir wollen es nun noch einmal aus der Teilchennatur von Wellen, statt wie bisher aus der Wellennatur vom Teilchen begründen. Nehmen wir an, wir wollen die Position und den Impuls eines Objekts zu einem bestimmten Zeitpunkt messen. Dazu müssen wir es mit irgend einem Gegenstand berühren, das heißt, wir müssen es mit unseren Fingern angreifen, mit Licht beleuchten, oder in einer anderen Weise mit dem Objekt in Wechselwirkung treten. Wir könnten zum Beispiel ein Elektron wie in Bild 2.11 mit Licht der Wellenlänge λ

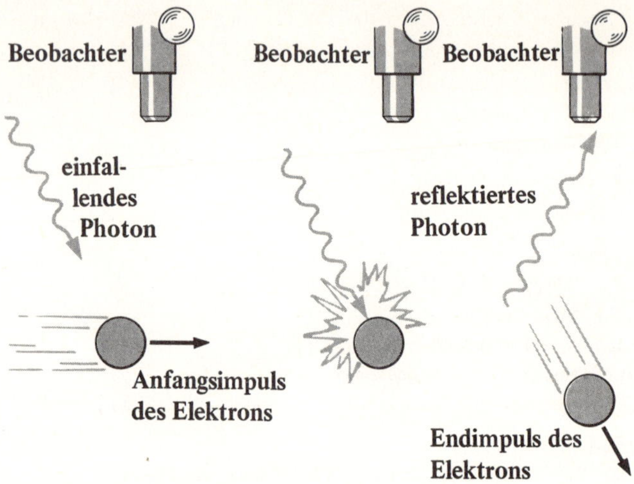

Bild 2.11 Die Beobachtung eines Elektrons verändert den Impuls des Teilchens um einen unbestimmten Betrag.

untersuchen. Dabei treffen Photonen auf das Elektron und werden von ihm gestreut. Jedes Photon besitzt den Impuls h/λ; wenn es mit dem Elektron zusammenstößt, wird der ursprüngliche Impuls p verändert. Die genaue Änderung kann nicht vorhergesagt werden, doch wird sie von derselben Größenordnung wie der Photonimpuls sein. Daher führt der *Meßprozeß* zu einer Unbestimmtheit des Impulses

$$\Delta p = \frac{h}{\lambda} \qquad (2.23)$$

Je größer die Wellenlänge des verwendeten Lichtes ist, desto kleiner wird die entsprechende Impulsunschärfe.

Weil Licht Teilcheneigenschaften hat, können wir nicht erwarten, daß wir die Elektronenposition immer mit beliebig guter Genauigkeit bestimmen können, doch dürfen wir mit einiger Berechtigung hoffen, die natürliche Unschärfe Δx der Ortsmessung nicht größer als eine Wellenlänge des verwendeten Lichtes werden zu lassen. Das heißt

$$\Delta x = \lambda. \qquad (2.24)$$

Je kürzer die Wellenlänge, desto geringer die Ortsunschärfe des Elektrons.

Aus den Gln. (2.23) und (2.24) folgt sofort, daß bei Verwendung kurzer Wellenlängen die Genauigkeit der Ortsbestimmung verbessert wird, gleichzeitig aber die Genauigkeit der Impulsbestimmung verschlechtert wird. Indem wir $\lambda = \Delta x$ in Gl. (2.23) einsetzen, erhalten wir wiederum die Gl. (2.22)

$$\Delta x\, \Delta p \geqslant h.$$

Argumente, wie das soeben gebrachte, mögen zunächst einleuchtend erscheinen, sie müssen jedoch in der Regel mit Vorsicht gebracht werden. Das soeben verwendete Argument setzt voraus, daß das Elektron zu allen Zeiten einen bestimmten Impuls und einen bestimmten Ort hat, und daß nur der

Meßprozeß die Unschärfe in $\Delta x\ \Delta p$ zur Folge hat. Im Gegenteil liegt jedoch diese Unschärfe in der Natur eines bewegten Körpers. Die Berechtigung für die zahlreichen „Ableitungen" dieser Art besteht erstens darin, daß sie die Unmöglichkeit zeigen, einen Ausweg aus dem Unschärfeprinzip zu finden, und zweitens, daß sie das Prinzip mit vertrauteren Hilfsmitteln als Wellengruppen darstellen.

In der obigen Diskussion wurde kein Versuch gemacht, die „Unschärfe" einer meßbaren Größe genau zu bestimmen. Zum Beispiel betrachteten wir zur Ableitung von Gl. (2.22) nur zwei überlagerte Wellenzüge. Man erhält jedoch aus zwei überlagerten Wellen eine Folge von Wellengruppen (Bild 2.10) und nicht eine einzelne Gruppe wie in Bild 2.9. Um eine einzige Wellengruppe zu erhalten, braucht man unendlich viele Wellenzüge, deren Frequenzen und Wellenzahlen voneinander nur infinitesimal abweichen. Je schmaler das Paket sein soll, um so größer ist der Bereich von Wellenzahlen, den man braucht. Die Fourieranalyse zeigt, daß die Breite Δx eines einzelnen Wellenpaketes mit der Breite Δk der Wellenzahlen, die man zur Zusammensetzung des Wellenpaketes braucht, durch die Beziehung

$$\Delta x \approx \frac{1}{\Delta k} \tag{2.25}$$

gegeben ist, nicht durch

$$\Delta x \approx \frac{2\pi}{\Delta k}$$

was für die Breite von aufeinanderfolgenden Gruppen gilt, die aus nur zwei Wellenzügen aufgebaut wurden. Daher erhalten wir aus den Gln. (2.25) und (2.21) die realistischere Abschätzung

$$\Delta x\ \Delta p \geqslant \frac{h}{2\pi} \quad . \tag{2.26}$$

Diese Form des Unschärfeprinzips sollte verwendet werden. *Das Produkt der Unschärfe Δx des Ortes eines Körpers zu einem bestimmten Zeitpunkt und der Unschärfe Δp des Impulses zum gleichen Zeitpunkt beträgt mindestens $h/2\pi$.*

Die Größe $h/2\pi$ kommt in der modernen Physik immer wieder vor, da sie die grundlegende Einheit des Drehimpulses ist. Üblicherweise ersetzt man daher $h/2\pi$ durch das Symbol $\hbar$:

$$\hbar = \frac{h}{2\pi} = 1{,}054 \cdot 10^{-34}\ \text{Js}.$$

Im folgenden werden wir stets $\hbar$ statt $h/2\pi$ verwenden.

2.7 Anwendungen des Unschärfeprinzips

Die Plancksche Konstante h ist so klein – nur $6{,}63 \cdot 10^{-34}$ Js –, daß die Folgen des Unschärfeprinzips nur im Bereich des Atoms wichtig sind. Auf dieser mikroskopischen Skala gibt es jedoch viele Erscheinungen, die man mit seiner Hilfe verstehen kann. Wir werden nun einige von ihnen betrachten.

Eine interessante Frage ist, ob Elektronen in Atomkernen vorhanden sind. Typische Kerne haben Radien von weniger als 10^{-14} m. Damit ein Elektron in einem solchen Kern eingesperrt ist, darf seine Ortsunschärfe 10^{-14} m nicht übersteigen. Die entsprechende Unschärfe im Elektronenimpuls ist

$$\begin{aligned}\Delta p &\geqslant \frac{\hbar}{\Delta x}\\ &\geqslant \frac{1{,}054 \cdot 10^{-34}\ \text{Js}}{10^{-14}\ \text{m}}\\ &\geqslant 1{,}1 \cdot 10^{-20}\ \text{kg m/s}.\end{aligned}$$

Wenn dies die Unschärfe des Elektronenimpulses ist, muß der Impuls selbst mindestens von der gleichen Größenordnung sein. Ein Elektron mit dem Impuls $1{,}1 \cdot 10^{-20}$ kg m/s hat eine kinetische Energie E_k, die seine Ruheenergie m_0c^2 bei weitem übersteigt, weshalb wir die Formel für den relativistischen Grenzfall

$$E_k = pc$$

verwenden. Indem wir für p und c die entsprechenden Werte einsetzen, erhalten wir

$$\begin{aligned}E_k &= 1{,}1 \cdot 10^{-20}\ \text{kg m/s} \cdot 3 \cdot 10^{8}\ \text{m/s}\\ &= 3{,}3 \cdot 10^{-12}\ \text{J}\end{aligned}$$

Da 1 eV = $1{,}6 \cdot 10^{-19}$ J ist, muß die kinetische Energie des Elektrons mehr als 20 MeV betragen, wenn das Elektron ein Kernbestandteil sein soll. Experimente mit instabilen Kernen deuten jedoch darauf hin, daß Elektronen niemals mehr als einen Bruchteil dieser Energie besitzen, woraus wir schließen, daß Elektronen nicht in Kernen vorhanden sein können.

Wir wollen nun untersuchen, wieviel Energie ein Elektron braucht, um in einem Atom eingeschlossen zu sein. Das Wasserstoffatom hat einen Radius von ungefähr von $5 \cdot 10^{-11}$ m, daher darf die Unbestimmtheit seines Ortes diese Zahl nicht überschreiten. Die entsprechende Impulsunschärfe beträgt

$$\Delta p = 2{,}2 \cdot 10^{-24}\ \text{kg m/s}$$

Ein Elektron, dessen Impuls diese Größenordnung besitzt, verhält sich nichtrelativistisch und seine kinetische Energie beträgt

$$\begin{aligned}E_k &= \frac{p^2}{2m}\\ &= \frac{(2{,}2 \cdot 10^{-24}\ \text{kg m/s})^2}{2 \cdot 9{,}1 \cdot 10^{-31}\ \text{kg}}\\ &= 2{,}7 \cdot 10^{-18}\ \text{J}\end{aligned}$$

oder etwa 17 eV. Dies ist eine vernünftige Zahl.

Oft ist eine weitere Form des Unschärfeprinzips nützlich. Wir wollen beispielsweise die Energie E messen, die während des Zeitintervalls Δt in einem atomaren Prozeß freigesetzt wird. Wird die Energie in Form von elektromagnetischen Wellen abgestrahlt, begrenzt die verfügbare Zeit die Genauigkeit, mit der wir die Frequenz ν der Wellen bestimmen können. Wir wollen annehmen, daß die geringste Ungenauigkeit, die wir beim Zählen der Wellen in einem Wellenpaket zulassen, eine Welle ist. Da die Frequenz der untersuchten Wellen gleich dem Quotienten ihrer Anzahl durch das verfügbare Zeitintervall ist, beträgt die Unschärfe $\Delta\nu$ unserer Frequenzmessung

$$\Delta\nu = \frac{1}{\Delta t} \quad .$$

Die entsprechende Energieunschärfe beträgt

$$\Delta E = h\,\Delta\nu .$$

Daher erhalten wir

$$\Delta E = \frac{h}{\Delta t}$$

oder

$$\Delta E\,\Delta t \geqslant h. \tag{2.27}$$

Eine genauere Rechnung führt auf

$$\Delta E\,\Delta t \geqslant \hbar. \tag{2.28}$$

Gl. (2.28) besagt, daß das Produkt aus der Unschärfe ΔE einer Energiemessung und der Unschärfe Δt der Zeit, die die Messung dauert, mindestens so groß wie $\hbar$ ist.

Als Beispiel für die Bedeutung von Gl. (2.28) betrachten wir die Abstrahlung von Licht von einem „angeregten" Atom. Ein solches Atom strahlt seine überschüssige Energie durch Emission von einem oder mehreren Photonen mit charakteristischen Frequenzen ab. Die durchschnittliche Zeitdauer, die zwischen der Anregung eines Atoms und der Zeit der Abstrahlung verstreicht, ist 10^{-8} s. Daher ist die Photonenenergie um einen Betrag

$$\Delta E = \frac{\hbar}{\Delta t} = \frac{1{,}054 \cdot 10^{-34}\ \text{Js}}{10^{-8}\ \text{s}} = 1{,}1 \cdot 10^{-26}\ \text{J}$$

unbestimmt, die Frequenz des Lichtes daher um

$$\Delta\nu = \frac{\Delta E}{h} = 1{,}6 \cdot 10^{7}\ \text{Hz}$$

unbestimmt. Diese Genauigkeitsschranke, mit der wir die Frequenz der von einem Atom emittierten Strahlung bestimmen können, kann nicht verbessert werden.

2.8 Die Dualität von Welle und Teilchen

Trotz der überwältigenden Bestätigung durch das Experiment haben immer noch viele Menschen Schwierigkeiten bei der Vorstellung, daß ein Objekt, das wir uns normalerweise als Welle vorstellen, auch ein Teilchen sein kann, und daß ein gewöhnlich als Teilchen gedachtes Objekt eine Welle sein kann. Das Unschärfeprinzip hilft uns bei solchen Problemen, denn wir können mit seiner Hilfe Aussagen, wie die am Ende von Abschnitt 2.2, besser begründen.

Bild 2.12 zeigt eine experimentelle Anordnung, bei der Licht nach der Beugung an einem Doppelspalt auf einem

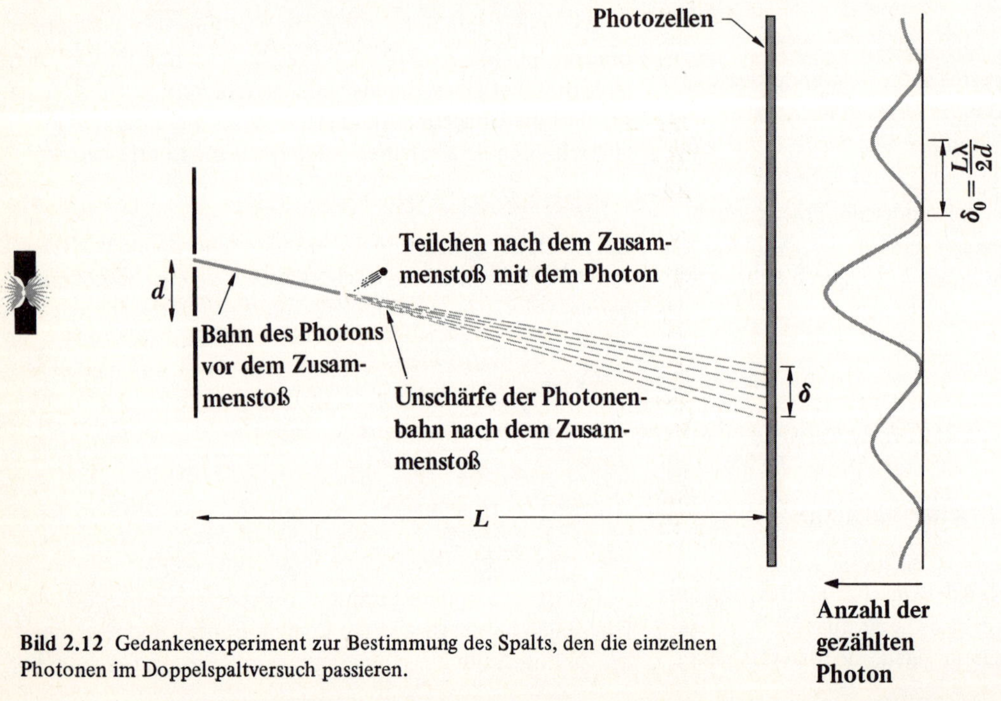

Bild 2.12 Gedankenexperiment zur Bestimmung des Spalts, den die einzelnen Photonen im Doppelspaltversuch passieren.

„Schirm“ beobachtet wird, der aus vielen nebeneinanderliegenden Photozellen besteht. Diese sprechen auf Photonen an, die alle Eigenschaften besitzen, die wir Teilchen zuschreiben. Wenn wir jedoch die Anzahl der Photonen, die von jeder Photozelle in einer bestimmten Zeit gezählt werden, gegen den Ort der Zelle auftragen, finden wir das charakteristische Interferenzbild eines Paares von kohärenten Wellenzügen. Dieses Bild ergibt sich selbst dann, wenn die Lichtintensität so niedrig ist, daß im Mittel jeweils nur ein Photon im Apparat ist. Wie kann jedoch ein Photon, das durch einen Teilspalt geht, durch die Anwesenheit des anderen Spalts beeinflußt werden? Oder anders gesagt, wie kann ein Photon mit sich selbst interferieren? Dieses Problem entsteht nicht bei Wellen, die sich im Raum ausbreiten, doch scheint es bei Photonen aufzutreten, deren Verhalten ihre Lokalisierung in sehr kleinen Raumregionen anzeigt.

Jede Frage oder Aussage im Rahmen der Naturwissenschaften muß, um Sinn zu haben, schließlich auf ein Experiment reduzierbar sein. Hier ist das relevante Experiment ein solches, bei dem man beobachten würde, welchen der Spalte ein spezielles Photon auf seinem Weg zum Schirm passierte. Wir wollen uns vorstellen, daß wir zwischen den Spalten und dem Schirm eine Wolke kleiner Teilchen einführen können. Ein Photon, das durch einen Spalt fliegt, trifft auf ein Teilchen und überträgt darauf einen gewissen Impuls, wodurch wir das Teilchen beobachten können (Bild 2.12). Vorausgesetzt, daß wir den Ort des Teilchens mit einer Unschärfe Δy bestimmen könne, die kleiner als der halbe Abstand d zwischen den Spalten ist, können wir feststellen, durch welchen Spalt das Photon geflogen ist. Daher fordern wir

$$\Delta y < \frac{d}{2}.$$

Wenn wir die Unschärfe in der y-Koordinate des gestoßenen Teilchen auf Δy beschränken können, ist die Unschärfe Δp_y der y-Komponente seines Impulses

$$\Delta p_y \geqslant \frac{h}{\Delta y} > \frac{2\hbar}{d} . \qquad (2.29)$$

Da die Kollision eine Änderung Δp_y des Teilchenimpulses hervoruft, muß der Photonimpuls diesselbe Änderung erfahren haben. Eine Änderung Δp_y des Photonenimpulses führt auf eine Verschiebung

$$\delta = L \frac{\Delta p_y}{p_x}$$

der Position am Schirm, an der das Photon auftrifft. Wegen $p_y \ll p$ (die Breite des Beugungsbildes ist klein im Vergleich zum Abstand L) und $p_x \approx p$ erhalten wir

$$\delta = L \frac{\Delta p_y}{p} .$$

Der Photonimpuls steht zur Wellenlänge λ des Lichtes über Gl. (2.1) in Beziehung

$$p = \frac{h}{\lambda} ,$$

und daher erhalten wir

$$\delta = \frac{\Delta p_y \, \lambda L}{h} .$$

Mit Gl. (2.29) ergibt sich daraus, daß sich die Auftreffstelle des Photons am Schirm um

$$\delta > \frac{\lambda L}{\pi d} \qquad (2.30)$$

verschiebt. Jedoch weiß man aus der elementaren Optik, daß der Abstand δ_0 zwischen einem Maximum im Interferenzbild und dem benachbarten Minimum

$$\delta_0 = \frac{\lambda L}{2d} \qquad (2.31)$$

beträgt. Dieser Abstand ist fast so groß wie die minimale Verschiebung, die sich infolge der Bestimmung ergeben hat, durch welchen Spalt jedes Photon passierte. Was vorher ein Muster von abwechselnden hellen und dunklen Linien war, wird nun durch die Wechselwirkungen zwischen den Photonen und den zum Nachweis ihrer Wege verwendeten Teilchen verschwommen. Keine Interferenz kann mehr beobachtet werden. Der Preis der Bestimmung der exakten Bahnen eines jeden Photons ist die Zerstörung des Interferenzmusters. Wenn wir an den Welleneigenschaften eines Phänomens interessiert sind, kann man sie demonstrieren; wenn wir an den Teilcheneigenschaften derselben Erscheinung interessiert sind, können wir auch sie zeigen. Wir können jedoch nicht *beide* Aspekte in einem gleichzeitigen Experiment demonstrieren. (Die Verwendung von Photozellen zur Beobachtung eines Interferenzbildes ist in diesem Sinne nicht ein gleichzeitiges Experiment, weil durch die Photozellen nicht bestimmt werden kann, durch welchen Spalt ein spezielles Photon hindurchgegangen ist.)

Die ursprüngliche Frage, wie ein Photon mit sich selbst interferieren kann, erweist sich daher als sinnlos. Man muß sich des Unterschieds zwischen einer legitimen Frage, die nur deshalb nicht beantwortet werden kann, weil unser Wissen nicht ausreicht oder noch nicht weit genug entwickelt wurde, und einer Frage, die in ihrer Fragestellung mit dem Experiment im Widerspruch steht, bewußt sein. Angesichts des Unschärfeprinzips fallen Fragen, die die Grundlagen der Dualität Welle-Teilchen infrage stellen wollen, in die zweite Kategorie, da dieses Prinzip seine empirische Gültigkeit gründlich gezeigt hat.

2.9 Aufgaben

1. Zeigen Sie, daß die de Broglie-Wellenlänge eines Teilchens schneller als $1/v$ gegen null strebt, wenn die Teilchengeschwindigkeit gegen die Lichtgeschwindigkeit strebt.
2. Finden Sie die de Broglie-Wellenlänge eines Protons mit einer kinetischen Energie von 15 eV.
3. Finden Sie die de Broglie-Wellenlänge eines Elektrons mit einer kinetischen Energie von 15 keV.
4. Wie groß ist die de Broglie-Wellenlänge eines Elektrons, dessen Geschwindigkeit $9 \cdot 10^7$ m/s beträgt?
5. Bestimmen Sie die Wellenlänge eines Objekts von 1 kg Masse, dessen Geschwindigkeit 1 m/s beträgt.
6. Neutronen, die sich mit Materie von Raumtemperatur (300 K) im Gleichgewicht befinden, haben eine mittlere Energie von etwa 1/25 eV. (Solche Neutronen nennt man oft „thermische Neutronen".) Wie groß ist ihre de Broglie-Wellenlänge?
7. Leiten Sie die Formel ab, die die de Broglie-Wellenlänge (in nm) eines Elektrons durch die Potentialdifferenz U (in Volt) ausdrückt, die zu seiner Beschleunigung durchlaufen wurde.
8. Wie hängt die de Broglie-Wellenlänge eines Teilchens von seiner Ruheenergie m_0c^2 und seiner kinetischen Energie E_k ab?
9. Nehmen Sie an, daß elektromagnetische Wellen ein Spezialfall von de Broglie-Wellen sind. Zeigen Sie, daß sich die Photonen mit der Phasengeschwindigkeit c ausbreiten müssen und daß die Ruhemasse des Photons Null sein muß.
10. Leiten Sie die de Broglie-Wellenlänge eines bewegten Teilchens in der folgenden Weise ab, die wie de Broglies ursprüngliche Ableitung vor sich geht. Man ordne einem Teilchen der Ruhemasse m_0 über die Beziehung $E = m_0 c^2 = h \nu_0$ eine charakteristische Schwingungsfrequenz ν_0 zu. Das Teilchen soll sich mit der Geschwindigkeit v gegenüber einem Beobachter bewegen. Mittels der speziellen Relativitätstheorie zeige man, daß der Beobachter eine fortschreitende Welle sieht, deren Phasengeschwindigkeit $w = c^2/v$ beträgt und deren Wellenlänge h/mv ist, wobei $m = m_0/\sqrt{1 - v^2/c^2}$ ist.
11. Die Geschwindigkeit von Meereswellen ist $\sqrt{g\lambda/2\pi}$, wobei g die Schwerebeschleunigung ist. Wie groß ist die Gruppengeschwindigkeit dieser Wellen?
12. Die Geschwindigkeit von Oberflächenwellen beträgt $\sqrt{2\pi S/\lambda p}$ wobei S die Oberflächenspannung und p die Dichte der Flüssigkeit sind. Bestimmen Sie die Gruppengeschwindigkeit dieser Wellen.
13. Ort und Impuls eines 1-keV-Elektrons werden gleichzeitig bestimmt. Wenn die Ortsbestimmung auf 0,1 nm genau ist, wie groß ist die relative Unschärfe des Impulses?
14. Ein Elektronenmikroskop verwendet Elektronen von 40 keV. Bestimmen Sie die maximale Auflösung des Mikroskops unter der Annahme, daß diese gleich der Wellenlänge der Elektronen ist.
15. Vergleichen Sie die Unschärfen der Geschwindigkeiten eines Elektrons und eines Protons in einem würfelförmigen Raum von 1 nm Seitenlänge.
16. Wellenlängen werden mit einer Genauigkeit von $1 : 10^6$ bestimmt. Wie groß ist die Ortsunschärfe eines Röntgenphotons von 0,1 nm Wellenlänge, wenn gleichzeitig seine Wellenlänge gemessen wird?
17. In Abschnitt 2.7 wurde aus dem Unschärfeprinzip eine Schranke für die Genauigkeit gefolgert, nach der die Frequenz von atomarer Strahlung mit einer Genauigkeit von $\Delta\nu \sim 1{,}6 \cdot 10^7$ Hz bestimmt werden kann. Welcher Bruchteil der Frequenz eines Photons mit 500 nm Wellenlänge ist dies?
18. Die Atome in einem Festkörper haben sogar bei 0 K eine gewisse minimale Nullpunktsenergie, während dies für die Moleküle eines idealen Gases nicht zutrifft. Wie kann man dies mit Hilfe des Unschärfeprinzips erklären?
19. Zeigen Sie, daß das Unschärfeprinzip in der Form $\Delta L\ \Delta\theta \geqslant \hbar$ ausgedrückt werden kann, wobei ΔL die Unschärfe des Drehimpulses eines Körpers und $\Delta\theta$ die Unschärfe seiner Winkelposition ist.

3 Atomstruktur

Bereits in der Antike vermutete man, daß die Materie trotz ihrer scheinbaren Kontinuität auf einem mikroskopischen Niveau eine Struktur besäße, die unseren Sinnen nicht mehr direkt zugänglich sei. Diese Vermutung wurde vor etwas mehr als 150 Jahren in eine konkretere Form gebracht. Seither wurde die Existenz von Atomen und Molekülen, den eigentlichen Bestandteilen der Materie in ihrer gewöhnlichen Form, wiederholt demonstriert, und ihre letzten Bausteine, die Elektronen, die Protonen und die Neutronen, wurden identifiziert und untersucht. In diesem und einigen weiteren Kapiteln wird unser Hauptinteresse der Atomstruktur gelten, da diese Struktur für nahezu alle Eigenschaften der Materie verantwortlich ist, die die Welt um uns gestaltet haben.

3.1 Atommodelle

Während die Wissenschaftler des 19. Jahrhunderts die Vorstellung akzeptierten, daß die chemischen Elemente aus Atomen bestehen, wußten sie allerdings nichts über die Atome selbst. Die Entdeckung des Elektrons und die Einsicht, daß alle Atome Elektronen enthalten, bot die erste wichtige Erkenntnis über die Atomstruktur. Elektronen tragen negative elektrische Ladungen, während Atome selbst elektrisch neutral sind. Jedes Atom muß daher genug positiv geladene Materie enthalten, um die negative Ladung seiner Elektronen auszugleichen. Weiter sind Elektronen tausende Male leichter als ganze Atome; dies legt nahe, daß die Atome von ihren positiv geladenen Bestandteilen nahezu ihre gesamte Masse erhalten. Als J. J. Thomson 1898 vorschlug, die Atome als homogene Kugeln aus positiv geladener Materie anzusehen, in die die Elektronen wie Rosinen in einem Pudding eingebettet wären, erschien seine Hypothese sehr vernünftig. Thomsons Puddingmodell des Atoms ist in Bild 3.1 skizziert. Es dauerte jedoch 13 Jahre, bis eine eindeutige experimentelle Überprüfung dieses Modells vorgenommen wurde. Wie wir noch sehen werden, erzwang dieses Experiment die Aufgabe des Thomsonschen Modells, es hinterließ statt dessen ein Bild der atomaren Struktur, das im Rahmen der klassischen Physik unverständlich war.

Der direkteste Weg, das Innere eines Puddings zu erforschen, ist einen Finger hineinzustecken; eine ähnliche Methode wurde von Geiger und Marsden verwendet, um herauszufinden, was sich innerhalb eines Atomes befindet. In ihrem nunmehr klassischen Experiment, das sie 1911 auf Veranlassung von Ernest Rutherford durchführten, verwendeten sie als Geschosse schnelle *α-Teilchen,* die von gewissen radioaktiven Elementen spontan emittiert werden. Alphateilchen sind Heliumatome, die ihre beiden Elektronen verloren haben, und nun eine elektrische Ladung von $+2e$ tragen. Geiger und Marsden stellten eine Probe von α-Teilchen emittierender Substanz hinter einen Bleischirm mit einem kleinen Loch (wie in Bild 3.2), so daß ein feiner Strahl von α-Teilchen erzeugt wurde. Dieser Strahl wurde gegen eine dünne Goldfolie gerichtet. Ein verschiebbarer Zinksulfidschirm, der mit einem sichtbaren Lichtblitz anzeigt, wenn er von einem α-Teilchen getroffen wird,

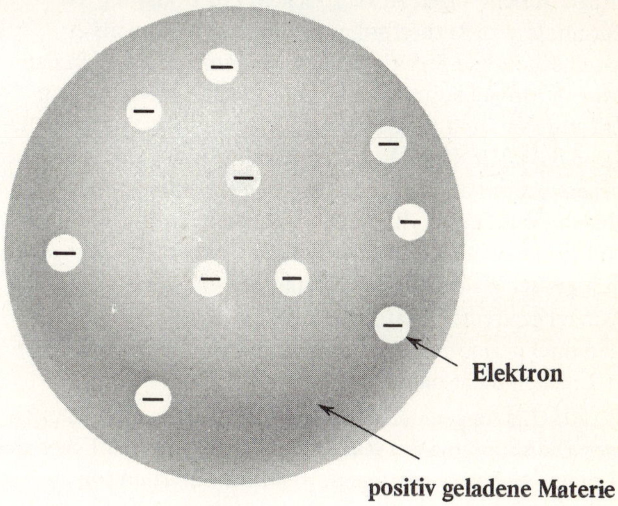

Bild 3.1 Das Thomsonsche Atommodell. Dieses Modell steht im Widerspruch zum Experiment.

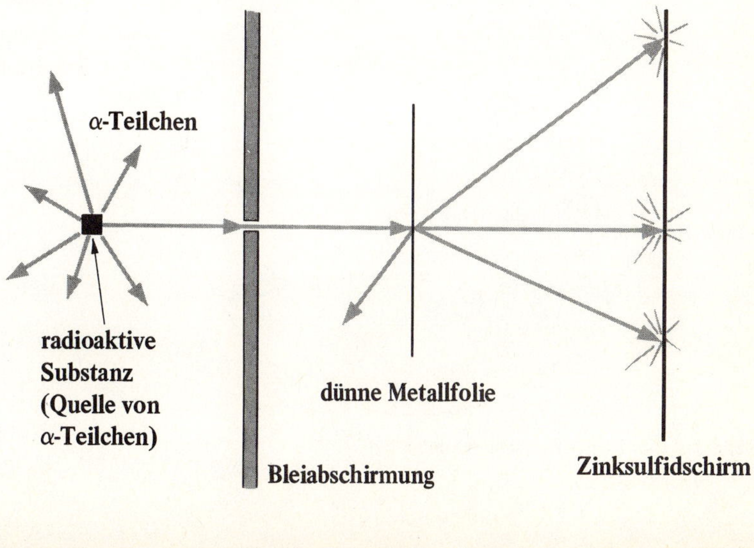

Bild 3.2
Das Rutherfordsche Streuexperiment

wurde auf der anderen Seite der Folie aufgestellt. Man vermutete, daß die meisten α-Teilchen geradlinig durch die Folie gehen würden, während ein kleiner Rest höchstens geringfügige Ablenkungen erfahren sollte. Dieses Verhalten folgt aus dem Thomsonschen Atommodell, in dem die Ladungen innerhalb eines Atoms gleichmäßig über die ganze Kugel verteilt angenommen werden. Wenn das Thomsonsche Modell richtig ist, wirken auf die α-Teilchen beim Durchgang durch eine dünne Metallfolie nur schwache elektrische Kräfte. Ihre ursprünglichen Impulse sollten ausreichen, daß nur geringfügige Abweichungen von ihren ursprünglichen Flugbahnen auftreten sollten.

Geiger und Marsden fanden jedoch, daß zwar die meisten α-Teilchen keine Ablenkung erfuhren, einige wurden allerdings um sehr große Winkel gestreut. Einzelne wurden sogar in die Rückwärtsrichtung gestreut. Da α-Teilchen sehr schwer sind (mehr als 7000 mal schwerer als Elektronen) und da sie in diesem Experiment hohe Geschwindigkeiten hatten, mußten also starke Kräfte auf sie eingewirkt haben, um solch ausgeprägte Ablenkungen zu verursachen. Zur Erklärung der Resultate war Rutherford gezwungen, das Atom als zusammengesetzte Struktur aus einem winzigen Kern, in dem seine positive Ladung und fast die gesamte Masse konzentriert waren, und Elektronen in größerem Abstand zu deuten (Bild 3.3). Mit dieser Vorstellung vom Atom kann man leicht sehen, warum die meisten α-Teilchen geradlinig durch eine dünne Folie fliegen. Wenn ein α-Teilchen einem Kern nahe kommt, fühlt es ein sehr starkes elektrisches Feld und wird mit großer Wahrscheinlichkeit um einen beträchtlichen Winkel gestreut. Die atomaren Elektronen beeinflussen wegen ihrer geringen Masse die Bewegung der eingeschossenen α-Teilchen nicht merklich.

Abschätzungen der elektrischen Feldstärken im Rahmen des Thomson- und des Rutherford-Modells verdeutlichen den Unterschied zwischen ihnen. Wenn wir mit Thomson annehmen, daß die positive Ladung innerhalb eines Goldatoms

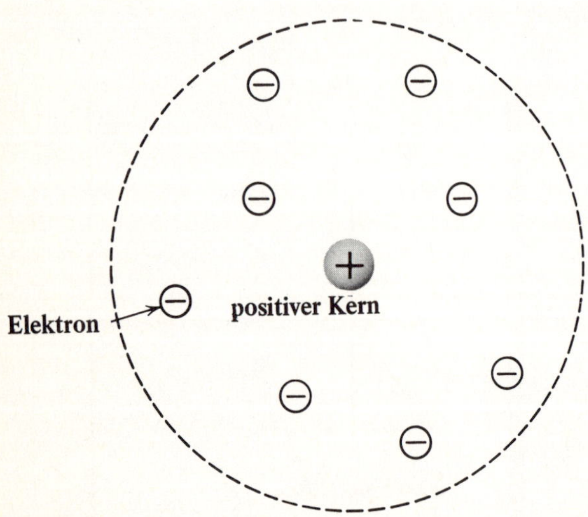

Bild 3.3 Das Rutherfordsche Atommodell

gleichmäßig in seinem Volumen verteilt ist, und wenn wir die Elektronen vollständig vernachlässigen, beträgt die elektrische Feldstärke auf der Oberfläche des Atoms (dort hat sie ihren größten Wert), etwa 10^{13} V/m. Nehmen wir andererseits mit Rutherford an, daß die positive Ladung in einem Goldatom in einem kleinen Kern im Mittelpunkt des Atoms konzentriert ist, übersteigt die Feldstärke an der Oberfläche des Kerns 10^{21} V/m, also um den Faktor 10^8. Ein solch starkes Feld kann die Bewegungsrichtung eines energiereichen α-Teilchens umkehren oder ablenken, wenn es dem Kern nahe kommt, während das schwächere Feld des Thomsonschen Atoms dies nicht kann.

Die Experimente von Geiger und Marsden und spätere von ähnlicher Art gaben auch Aufschluß über die Kerne der Atome, die die verschiedenen Beschußfolien bildeten. Die Ablenkung, die ein α-Teilchen beim Vorbeiflug an einem Kern erfährt, hängt von der Größe der Kernladung ab. Daher erlaubt der Vergleich der Streuung von α-Teilchen eine Abschätzung der Kernladungen der betrachteten Atome. Man fand, daß alle Atome eines Elements dieselbe Kernladung besitzen und daß diese Ladung von Element zu Element in der Periodentafel zunimmt. Die Kernladungen waren stets Vielfache von $+e$, die Zahl Z von positiven Ladungen innerhalb des Kernes eines Elementes wird die *Ordnungszahl* des Elements genannt. Wir wissen nun, daß Protonen jeweils mit einer Ladung $+e$ für die Ladung eines Kerns verantwortlich sind, und daß daher die Ordnungszahl eines Elements auch die Anzahl der Protonen im Atomkern ist.

3.2 Das Thomson-Modell

Zunächst wollen wir zeigen, daß das Thomson-Modell die auftretenden Ablenkungen von α-Teilchen um große Winkel nicht erklären kann. Dazu betrachten wir zuerst den Einfluß der atomaren Elektronen auf die Bewegung von α-Teilchen.

Wir untersuchen zunächst eine frontale Kollision zwischen einem Teilchen der Masse M und der Anfangsgeschwindigkeit V und einem Teilchen der Masse m, das anfänglich in Ruhe war. (Der Impulsübertrag auf das gestoßene Teilchen wird bei frontalen Zusammenstößen maximal.) Wenn M die Endgeschwindigkeit von V' hat und m die von v', erfordern die Erhaltung von Impuls und kinetischer Energie, daß

$$MV = MV' + mv' \qquad (3.1)$$

$$\frac{1}{2}MV^2 = \frac{1}{2}MV'^2 + \frac{1}{2}mv'^2. \qquad (3.2)$$

Diese Gleichungen können umgeschrieben werden:

$$M(V - V') = mv' \qquad (3.3)$$

und

$$\begin{aligned} M(V^2 - V'^2) &= mv'^2 \\ M(V + V')(V - V') &= mv'^2 \end{aligned} \qquad (3.4)$$

Indem wir Gl. (3.4) durch Gl. (3.3) dividieren, erhalten wir

$$V + V' = v'. \tag{3.5}$$

Aus den Gln. (3.1) und (3.5) finden wir, daß die Endgeschwindigkeit v' von m

$$v' = \frac{2M}{M+m} V \tag{3.6}$$

beträgt.

Die Masse eines α-Teilchens ist etwa 7000 mal größer als die eines Elektrons, so daß dann, wenn ein α-Teilchen ein ruhendes Elektron trifft, $M \gg m$ und $v' = 2V$ wird. Daher verliert das α-Teilchen den Anteil

$$\Delta p = mv' = 2mV \tag{3.7}$$

seines ursprünglichen Impulses p in einer Frontalkollision an das Elektron. In einem solchen Stoß wird das α-Teilchen allerdings nicht abgelenkt. Falls der Stoß nicht frontal ist, wird die Änderung des Impulses Δp kleiner als $2mV$ sein. Um den größtmöglichen Ablenkungswinkel θ eines α-Teilchens bei einem Stoß mit einem Elektron abzuschätzen, nehmen wir an, daß das Elektron im rechten Winkel zur ursprünglichen Bahn des α-Teilchens (Bild 3.4) mit dem Impuls $2mV$ wegfliegt. Daher ist

$$\theta_{\text{Elektron}} \approx \frac{\Delta p}{p} < \frac{2mV}{MV} \tag{3.8}$$

und (wegen $M \approx 7000\, m$)

$$\theta_{\text{Elektron}} < 3 \cdot 10^{-4}\ \text{rad} < 0{,}02°.$$

Wenden wir uns nun dem Einfluß einer positiv geladenen Wolke von der Größe eines Atoms auf ein einfallendes α-Teilchen zu. Außerhalb der Wolke hat die elektrische Feldstärke im Abstand r vom Mittelpunkt die Größe

$$E_{\text{außen}} = \frac{1}{4\pi\epsilon_0}\frac{Q}{r^2}\ ,$$

wobei Q die Gesamtladung ist. Innerhalb der Wolke ist die elektrische Feldstärke

$$E_{\text{innen}} = \frac{1}{4\pi\epsilon_0}\frac{Qr}{R^3}\ ,$$

wobei R der Radius der Wolke ist, im Thomsonschen Modell der Radius des gesamten Atoms. Das stärkste Feld besteht offensichtlich an der Oberfläche der Wolke ($r = R$), die größte Ablenkung eines α-Teilchens wird erfolgen, wenn es gerade die Oberfläche streift. An der Oberfläche beträgt die auf ein α-Teilchen mit der Ladung $2e$ ausgeübte Kraft

$$F_{\text{max}} = 2eE = \frac{2eQ}{4\pi\epsilon_0}\frac{1}{R^2}\ .$$

Da die Kraft mit zunehmender Entfernung schnell abfällt, brauchen wir für eine einfache Abschätzung nur die Wechselwirkung zu betrachten, die entlang eines kurzen Weges l in der Nähe der Ladungswolke erfolgt. Wir werden annehmen, daß $l \approx 2R$ (Bild 3.5) und daß die Gesamtkraft F_{max} während dem Zeitintervall $\Delta t = l/V \approx 2R/V$ wirkt, das das α-Teilchen in der Nähe der Ladungswolke verbringt. Der Transversalimpuls, der dem α-Teilchen dabei übertragen wird, ist also

$$F_{\text{max}}\Delta t \approx \frac{4eQ}{4\pi\epsilon_0 RV}$$

und die entsprechende Änderung im Impuls des α-Teilchens beträgt

$$\Delta p = F_{\text{max}}\Delta t \approx \frac{4eQ}{4\pi\epsilon_0 RV}.$$

Daher ergibt sich der maximale Ablenkungswinkel

$$\theta_{\text{Thomson}} < \frac{\Delta p}{p} < \frac{4eQ}{4\pi\epsilon_0 RMV^2}\ . \tag{3.9}$$

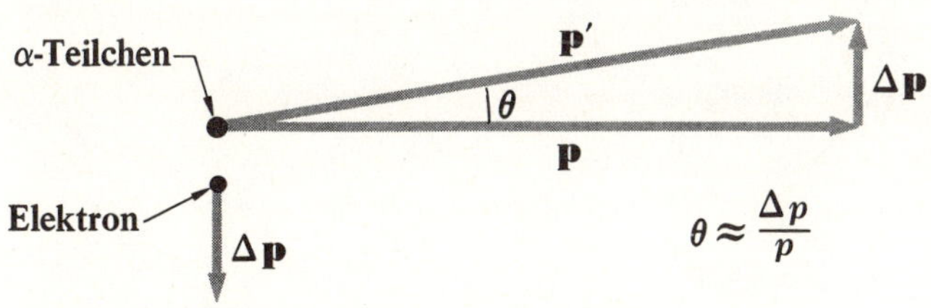

Bild 3.4 Ablenkung eines α-Teilchens durch ein atomares Elektron.

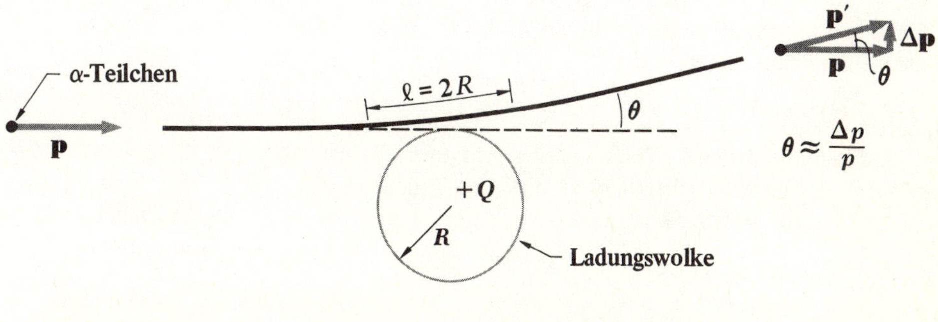

Bild 3.5
Ablenkung eines α-Teilchens durch eine Ladungswolke.

Im Falle eines Goldatoms beträgt

$$Q = Ze = 79e = 1{,}26 \cdot 10^{-17}\ \mathrm{C}$$

und

$$R \approx 10^{-10}\ \mathrm{m},$$

während ein α-Teilchen die Masse

$$M \approx 6{,}6 \cdot 10^{-27}\ \mathrm{kg}$$

und die Geschwindigkeit

$$V \approx 2 \cdot 10^{7}\ \mathrm{m/s}$$

hat. Entsprechend ergibt sich:

$$\theta_{\text{Thomson}} < \frac{1}{4\pi\epsilon_0} \cdot \frac{4eQ}{RMV^2}$$

$$< 9 \cdot 10^{9}\ \frac{\mathrm{Nm}^2}{\mathrm{C}^2} \cdot \frac{4 \cdot 1{,}6 \cdot 10^{-19}\ \mathrm{C} \cdot 1{,}26 \cdot 10^{-17}\ \mathrm{C}}{10^{-10}\ \mathrm{m} \cdot 6{,}6 \cdot 10^{-27}\ \mathrm{kg} \cdot (2 \cdot 10^{7}\ \mathrm{m/s})^2}$$

$$< 3 \cdot 10^{-4}\ \mathrm{rad} < 0{,}02°.$$

Wenn auch die Ablenkung eines einfallenden α-Teilchens an atomaren Elektronen oder auch an einer positiven Ladungswolke von der Größe eines Atoms sehr klein ist, könnte dann nicht eine Folge von solchen Ablenkungen einen großen Streuwinkel hervorrufen? Um das Ergebnis einer Reihe von N zufälligen Ablenkungen zu bestimmen, braucht man die statistischen Methoden, die beim Irrflugproblem verwendet werden. Die Ergebnisse zeigen, daß die mittlere Gesamtablenkung $\bar{\Theta}$ nach N Stößen, wenn der einzelne mittlere Streuwinkel die Größe $\bar{\theta}$ hat, sich zu

$$\bar{\Theta} = \sqrt{N}\,\bar{\theta} \tag{3.10}$$

ergibt. Eine in den Experimenten von Geiger und Marsden verwendete typische Folie war etwa 10^4 Atomlagen dick, so daß auf der Basis des Thomsonschen Modells und unter der Annahme, daß ein einzelner Streuvorgang im Mittel eine Richtungsänderung um 0,01° (sei es durch ein Elektron oder durch die positive Ladungswolke) pro durchquerter Atomlage bewirkt, sich $\bar{\Theta} \approx 1°$ ergibt. Tatsächlich fanden Geiger und Marsden einen mittleren Gesamtablenkungswinkel von etwa 1°. Wie jedoch schon früher erwähnt wurde, fanden sie α-Teilchen auch bei wesentlich größeren Winkeln. Z. B. wurde etwa jedes achttausendste um mindestens 90° gestreut. Dies ist das wesentlichste Ergebnis der Experimente. 1 : 8000 scheint eine nicht sehr eindrucksvolle Zahl zu sein, jedoch beträgt die Wahrscheinlichkeit $P(\geqslant \Theta)$, daß eine Gesamtablenkung um mehr als einen gegebenen Winkel Θ erfolgt, wenn die mittlere Ablenkung $\bar{\Theta}$ ist,

$$P(\geqslant \Theta) = \mathrm{e}^{-(\Theta/\bar{\Theta})^2}. \tag{3.11}$$

Auf der Grundlage des Thomsonschen Atommodells ergibt sich also die Wahrscheinlichkeit, daß ein α-Teilchen um mindestens 90° gestreut wird, zu

$$P(\geqslant 90°) = \mathrm{e}^{-(90°/1°)^2} = \mathrm{e}^{-90^2} = \mathrm{e}^{-8100}$$
$$= 10^{-3500}.$$

Daher sollte nur eines von je 10^{3500} α-Teilchen um mindestens 90° gestreut werden – was in völligem Widerspruch zum Experiment steht. Das Thomsonsche Atommodell muß daher aufgegeben werden.

3.3 α-Teilchen-Streuung

Rutherford fand eine Formel, die die Streuung von α-Teilchen an dünnen Folien im Rahmen seines Atommodells beschrieb und die mit den experimentellen Ergebnissen übereinstimmte. Die Ableitung dieser Formel zeigt uns die Anwendung von fundamentalen physikalischen Gesetzen in einem neuen Bereich; gleichzeitig lernen wir einige neue Begriffe kennen, wie den des *Wirkungsquerschnittes* einer Wechselwirkung, die für viele andere Aspekte der modernen Physik wichtig wurden.

Rutherford begann mit der Annahme, daß das α-Teilchen und der Kern, mit dem es wechselwirkt, so klein sind, daß sie als Massepunkte und Punktladungen aufgefaßt werden können, daß nur die elektrostatische Abstoßungskraft zwischen α-Teilchen und dem ebenfalls positiv geladenen Kern wirkt, und daß der Kern im Vergleich zum α-Teilchen so schwer ist, daß er sich während ihrer Wechselwirkung nicht bewegt. Wegen der $1/r^2$-Abhängigkeit der elektrostatischen Kräfte, wobei r der jeweilige Abstand zwischen dem α-Teilchen und dem Kern ist, ist die Bahn des α-Teilchens eine Hyperbel, in deren äußerem Brennpunkt der Kern steht (Bild 3.6). Der *Stoßparameter* b ist der minimale Abstand, den das α-Teilchen zum Kern erreichen würde, wenn es zwischen ihnen keine Kraft gäbe. Der *Streuwinkel* θ ist der Winkel zwischen der asymptotischen Richtung der Annäherung und der asymptotischen Richtung des gestreuten α-Teilchens. Unsere erste Aufgabe ist es also, eine Beziehung zwischen b und θ zu finden.

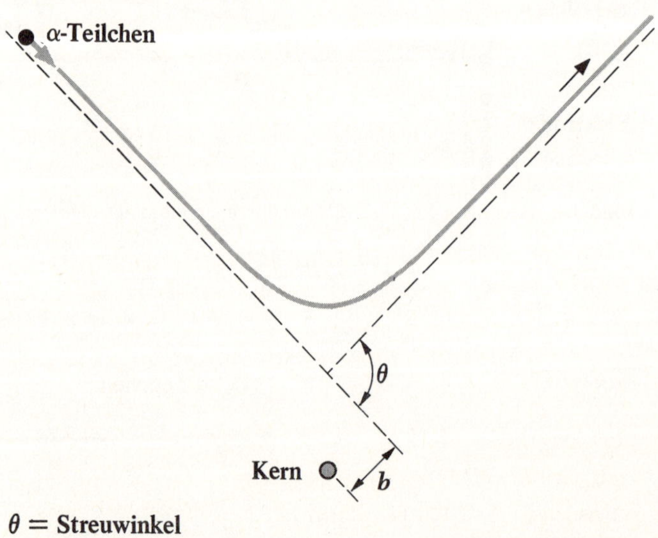

Bild 3.6 Rutherfordstreuung

Als Folge des Stoßes $\int \mathbf{F}\, dt$ durch den Kern ändert sich der Impuls des α-Teilchens um $\Delta \mathbf{p}$ vom ursprünglichen Wert $\mathbf{p}_1$ zum Endwert $\mathbf{p}_2$. Es gilt

$$\Delta \mathbf{p} = \mathbf{p}_2 - \mathbf{p}_1 = \int \mathbf{F}\, dt. \tag{3.12}$$

Weil der Kern beim Vorbeiflug des α-Teilchens nach Voraussetzung in Ruhe bleibt, bleibt die kinetische Energie des α-Teilchens unverändert; daher bleibt auch der *Betrag* seines Impulses konstant und

$$p_1 = p_2 = mv.$$

Dabei ist v die Geschwindigkeit des α-Teilchens in sehr großer Entfernung vom Kern. Aus Bild 3.7 entnehmen wir die Relation

$$\frac{\Delta p}{\sin\theta} = \frac{mv}{\sin\dfrac{(\pi-\theta)}{2}}.$$

Wegen

$$\sin\frac{(\pi-\theta)}{2} = \cos\frac{\theta}{2}$$

$$\sin\theta = 2\sin\frac{\theta}{2}\cos\frac{\theta}{2}$$

erhalten wir für die Änderung des Impulses

$$\Delta p = 2mv\sin\frac{\theta}{2}. \tag{3.13}$$

Weil der Stoß $\int \mathbf{F}\, dt$ in derselben Richtung wie die Impulsänderung $\Delta \mathbf{p}$ erfolgt, ist seine Größe

$$\int F\cos\phi\, dt \tag{3.14}$$

wobei ϕ der jeweilige Winkel zwischen $\mathbf{F}$ und $\Delta \mathbf{p}$ entlang des Weges des α-Teilchens ist. Indem wir die Gln. (3.13) und (3.14) in Gl. (3.12) einsetzen, erhalten wir

$$2mv\sin\frac{\theta}{2} = \int_0^\infty F\cos\phi\, dt.$$

Um die Variable auf der rechten Seite von t in ϕ zu ändern, bedenken wir, daß sich als neue Integrationsgrenzen $-(\pi-\theta)/2$ und $+(\pi-\theta)/2$ ergeben, entsprechend den Werken von ϕ zur Zeit $t = 0$ und $t = \infty$, und daher erhalten wir

$$2mv\sin\frac{\theta}{2} = \int_{-(\pi-\theta)/2}^{+(\pi-\theta)/2} F\cos\phi\,\frac{dt}{d\phi}\, d\phi. \tag{3.15}$$

Die Größe $d\phi/dt$ ist gerade die Winkelgeschwindigkeit ω des α-Teilchens um den Kern (siehe Bild 3.7). Die elektrostatische Kraft, die der Kern auf das α-Teilchen ausübt, wirkt entlang ihrer Verbindungslinie, daher gibt es kein Drehmoment und der Drehimpuls $m\omega r^2$ des α-Teilchens ist konstant. Es gilt

$$\begin{aligned} m\omega r^2 &= \text{konstant} \\ &= mr^2\frac{d\phi}{dt} \\ &= mvb, \end{aligned}$$

woraus wir sehen, daß

$$\frac{dt}{d\phi} = \frac{r^2}{vb}.$$

Indem wir diesen Ausdruck für $dt/d\phi$ in Gl. (3.15) einsetzen, erhalten wir

$$2mv^2 b\sin\frac{\theta}{2} = \int_{-(\pi-\theta)/2}^{+(\pi-\theta)/2} Fr^2\cos\phi\, d\phi. \tag{3.16}$$

Da der Kern die Ladung Ze entsprechend seiner Ordnungszahl Z und das α-Teilchen die Ladung $2e$ hat, ist die elektrostatische Kraft des Kerns auf das α-Teilchen

$$F = \frac{1}{4\pi\epsilon_0}\frac{2Ze^2}{r^2}$$

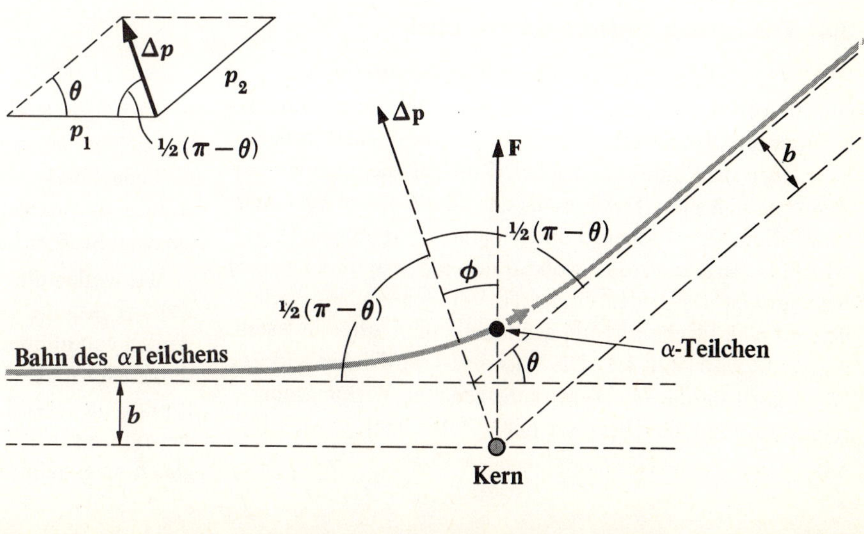

Bild 3.7
Geometrische Beziehungen bei der Rutherfordstreuung.

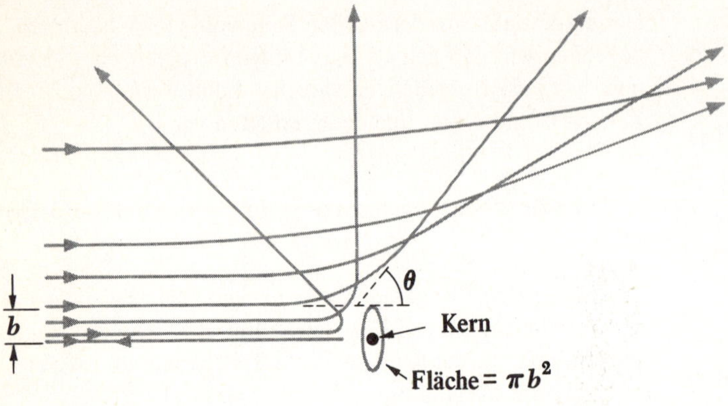

Bild 3.8
Abnahme des Streuwinkels mit zunehmendem Stoßparameter.

und

$$\frac{4\pi\epsilon_0 mv^2 b}{Ze^2}\sin\frac{\theta}{2} = \int_{-(\pi-\theta)/2}^{+(\pi-\theta)/2}\cos\phi\, d\phi$$

$$= 2\cos\frac{\theta}{2}$$

Der Streuwinkel θ steht mit dem Stoßparameter über die Gleichung

$$\cot\frac{\theta}{2} = \frac{2\pi\epsilon_0 mv^2}{Ze^2}\, b$$

in Beziehung. Es ist zweckmäßiger, die Energie E_k des α-Teilchens statt seiner Masse und Geschwindigkeit einzusetzen; damit erhalten wir

$$\cot\frac{\theta}{2} = \frac{4\pi\epsilon_0 E_k}{Ze^2}b. \tag{3.17}$$

Bild 3.8 stellt Gl. (3.17) schematisch dar, dabei fällt die rasche Abnahme des Streuwinkels θ bei zunehmendem b auf. Eine Bahn mit kleinem Stoßparameter führt daher auf eine beträchtliche Ablenkung.

3.4 Die Rutherfordsche Streuformel

Gl. (3.17) kann nicht direkt mit dem Experiment verglichen werden, weil man den Stoßparameter, der zu einem bestimmten beobachteten Streuwinkel gehört, nicht messen kann. Man muß indirekt vorgehen. Zunächst nehmen wir zur Kenntnis, daß alle α-Teilchen, die sich dem Zielkern mit einem Stoßparameter zwischen 0 und b nähern, um mindestens den Winkel θ gestreut werden, wobei θ durch b über die Gl. (3.17) bestimmt ist. Das bedeutet, daß ein α-Teilchen, das ursprünglich auf eine Fläche πb^2 um den Kern zuflog, um mindestens θ gestreut wird (Bild 3.8). Die Fläche πb^2 wird daher *Wirkungsquerschnitt* für die Wechselwirkung genannt. Wirkungsquerschnitte werden üblicherweise mit σ bezeichnet, daher gilt

$$\sigma = \pi b^2. \tag{3.18}$$

Wir dürfen nicht vergessen, daß das einfallende α-Teilchen tatsächlich bereits gestreut wird, bevor es die unmittelbare Nähe des Kernes erreicht, und daß es daher nicht unbedingt innerhalb eines Abstandes b am Kern vorbeifliegt.

Wir betrachten nun eine Folie mit der Dicke d, die n Atome in der Volumeneinheit enthält. Die Anzahl der Atomkerne pro Einheitsfläche beträgt daher $n\,d$. Ein α-Teilchenstrahl, der auf eine Fläche A fällt, trifft daher auf $n\,d\,A$ Kerne. Der Gesamtwirkungsquerschnitt für Streuungen um einen Mindestwinkel θ ist gleich der Anzahl der Kerne $n\,d\,A$, multipliziert mit dem Wirkungsquerschnitt σ für solche Streuungen an einem einzelnen Kern: $n\,d\,A\,\sigma$. Daher ist der Bruchteil f von einfallenden α-Teilchen, die mindestens um den Winkel θ gestreut werden, gleich dem Verhältnis zwischen dem Gesamtwirkungsquerschnitt $n\,d\,A\,\sigma$ und der totalen Fläche des Beschußobjektes A. Wir erhalten

$$f = \frac{\text{Anzahl der α-Teilchen mit Streuwinkel} \geqslant \theta}{\text{Gesamtzahl der α-Teilchen}}$$

$$= \frac{\text{Gesamtwirkungsquerschnitt}}{\text{Fläche des Beschußobjekts}}$$

$$= \frac{n\,d\,\sigma A}{A} = n\,d\,\pi\, b^2.$$

Indem wir b aus Gl. (3.17) einsetzen, erhalten wir

$$f = \pi n d\left(\frac{Ze^2}{4\pi\epsilon_0 E_k}\right)^2 \cot^2\frac{\theta}{2}. \tag{3.19}$$

In der obigen Rechnung wurde angenommen, daß die Folie hinreichend dünn ist, so daß sich die Wirkungsquerschnitte für benachbarte Kerne nicht überlappen und daß ein gestreutes α-Teilchen seine gesamte Ablenkung von einem einzigen Stoß mit einem Kern erhält.

Wir wollen nun Gl. (3.19) verwenden, um zu bestimmen, welcher Bruchteil eines Strahls von 7,7 MeV α-Teilchen um Winkel von mindestens 45° gestreut wird, wenn die beschossene Goldfolie $3 \cdot 10^{-7}$ m dick ist. (Diese Werte sind typisch für die α-Teilchen-Energien und Foliendicken, wie sie von Geiger und Marsden verwendet wurden. Zum Vergleich sei erwähnt, daß ein menschliches Haar einen Durchmesser von etwa 10^{-4} m besitzt.) Wir beginnen, indem wir die Anzahl n der Goldatome pro Einheitsvolumen in der Folie aus der Beziehung

$$\frac{\text{Atome}}{\text{Volumen}} = \frac{(\text{Atome/kmol}) \cdot (\text{Masse/Volumen})}{\text{Masse/kmol}}$$

$$n = \frac{N_A \rho}{w}$$

ableiten, wobei N_A die Avogadrosche Zahl, ρ die Dichte des Goldes und w seine relative Atommasse sind. Wegen $N_A = 6{,}02 \cdot 10^{26}$ Atome/k mol, $\rho = 1{,}93 \cdot 10^4$ kg/m^3 und $w = 197$ erhalten wir

$$n = \frac{6{,}02 \cdot 10^{26}\ \text{Atome/kmol} \cdot 1{,}93 \cdot 10^4\ \text{kg/m}^3}{197\ \text{kg/kmol}}$$

$$= 5{,}91 \cdot 10^{28}\ \text{Atome/m}^3$$

Die Ordnungszahl Z des Goldes ist 79, eine kinetische Energie von 7,7 MeV entspricht $1{,}23 \cdot 10^{-12}$ J und θ beträgt 45°. Aus diesen Angaben finden wir

$$f = 7 \cdot 10^{-5}$$

als den Bruchteil der einlaufenden α-Teilchen, die um mindestens 45° gestreut werden – nur 0,007 %! Eine so dünne Folie ist für α-Teilchen sehr gut durchlässig.

In einem tatsächlichen Experiment mißt ein Zähler die in den Winkelbereich zwischen θ und $\theta + d\theta$ gestreuten α-Teilchen (Bild 3.9). Den Bruchteil der einfallenden α-Teilchen, die dorthin gestreut werden, findet man durch Differentiation der Gl. (3.19) nach θ, dies ergibt

$$df = -\pi n d \left(\frac{Ze^2}{4\pi\epsilon_0 E_k}\right)^2 \frac{\cot\frac{\theta}{2}}{\sin^2\frac{\theta}{2}}\, d\theta. \tag{3.20}$$

(Das negative Vorzeichen drückt die Tatsache aus, daß f mit zunehmendem Streuwinkel abnimmt.) Im ursprünglichen Experiment war ein fluoreszierender Schirm im Abstand r von der Folie aufgestellt, die gestreuten α-Teilchen wurden mit Hilfe der von ihnen ausgelösten Szintillationen beobachtet. Die in den Winkelbereich zwischen θ und $\theta + d\theta$ gestreuten α-Teilchen treffen auf einem Kreis vom Radius r eine Zone mit der Breite $rd\theta$. Der Radius der Zone beträgt $r \sin\theta$, daher beträgt die von den Teilchen am Schirm getroffene Fläche dS

$$dS = (2\pi r \sin\theta)(r d\theta)$$

$$= 2\pi r^2 \sin\theta\, d\theta$$

$$= 4\pi r^2 \sin\frac{\theta}{2} \cos\frac{\theta}{2}\, d\theta\,.$$

Wenn insgesamt N_i α-Teilchen im Laufe des Experiments auf die Folie auffallen, beträgt die Anzahl der Teilchen, die in die soeben beschriebene Zone gestreut werden, $N_i df$. Tatsächlich mißt man jedoch die Anzahl der Teilchen, die auf dem Schirm auftreffen, bezogen auf die Einheitsfläche, nämlich

$$N(\theta) = \frac{N_i |df|}{dS}$$

$$= \frac{N_i \pi n d \left(\frac{Ze^2}{4\pi\epsilon_0 E_k}\right)^2 \cot\frac{\theta}{2} \operatorname{cosec}^2\frac{\theta}{2}\, d\theta}{4\pi r^2 \sin\frac{\theta}{2}\cos\frac{\theta}{2}\, d\theta} \tag{3.21}$$

$$= \frac{N_i n d Z^2 e^4}{(8\pi\epsilon_0)^2 r^2 E_k^2 \sin^4\frac{\theta}{2}}\,.$$

Die in der *Rutherfordschen Streuformel*, Gl. (3.21), vorhergesagte Abhängigkeit der Anzahl von gestreuten α-Teil-

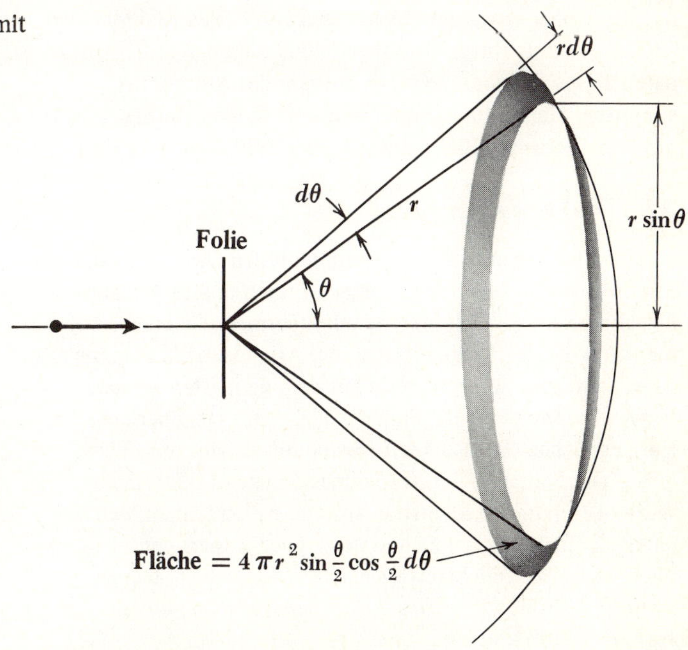

Bild 3.9
Im Rutherfordexperiment werden Teilchen beobachtet, die in den Winkelbereich θ bis $\theta + d\theta$ gestreut werden.

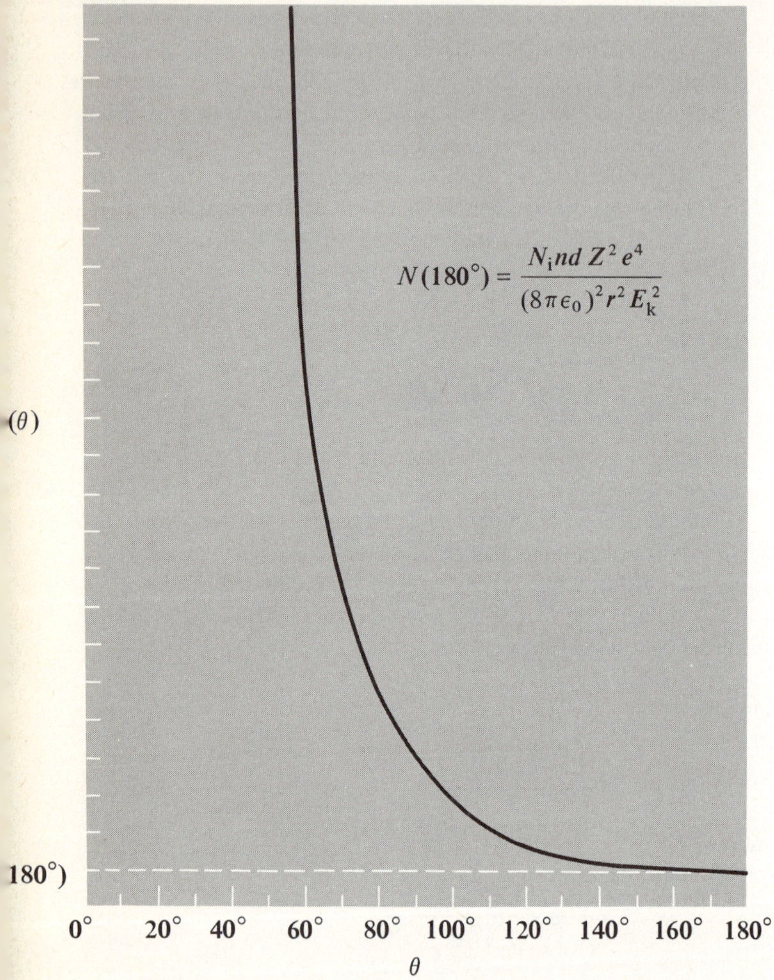

Bild 3.10
Rutherfordstreuung

chen von der Foliendicke, der Teilchenzahldichte der Atome in der Folie, der Ordnungszahl Z der Atome, der kinetischen Energie E_k der α-Teilchen und vom Streuwinkel stimmten mit den früher erwähnten Messungen von Geiger und Marsden überein, woraus Rutherford den Schluß zog, daß seine Annahmen, insbesondere seine Hypothese des Atomkerns, stimmten. Man schreibt daher Rutherford die „Entdeckung" des Atomkerns zu. Bild 3.10 zeigt, wie $N(\theta)$ mit θ variiert.

3.5 Die Größe der Kerne

Wenn wir sagen, daß die experimentellen Daten über die Streuung von α-Teilchen an dünnen Folien unsere Annahme bewahrheiten, daß Atomkerne punktförmige Teilchen sind, meinen wir in Wirklichkeit, daß ihre Abmessungen verschwindend klein sind, wenn man sie mit dem geringsten Abstand vergleicht, den die einfallenden α-Teilchen gegenüber dem Kern erreichen. Die Rutherfordstreuung erlaubt uns daher, eine obere Schranke der Kernabmessungen zu bestimmen. Wir wollen nun den kleinsten Abstand r_0 berechnen, den die energiereichsten α-Teilchen in den frühen Experimenten erreichten. Ein α-Teilchen wird dann das kleinste r_0 haben, wenn sein Stoßparameter $b = 0$ ist, entsprechend einem frontalen Stoß und einer Streuung um 180°. Im Augenblick der größten Annäherung ist die anfängliche kinetische Energie E_k des Teilchens vollständig in elektrostatische potentielle Energie umgewandelt, und so gilt

$$E_k = \frac{1}{4\pi\epsilon_0}\frac{2Ze^2}{r_0}, \tag{3.22}$$

da die Ladung des α-Teilchens $2e$ und die des Kerns Ze beträgt. Daraus folgt

$$r_0 = \frac{2Ze^2}{4\pi\epsilon_0 E_k}.$$

Die Maximalenergie E_k der natürlichen α-Teilchen beträgt 7,7 MeV, das heißt

$$7{,}7 \cdot 10^6\ \text{eV} \cdot 1{,}6 \cdot 10^{-19}\ \text{J/eV} = 1{,}2 \cdot 10^{-12}\ \text{J}.$$

Wegen

$$\frac{1}{4\pi\epsilon_0} = 9 \cdot 10^9\ \text{Nm}^2/\text{C}^2$$

folgt

$$r_0 = \frac{2 \cdot 9 \cdot 10^9\ \text{Nm}^2/\text{C}^2 \cdot (1{,}6 \cdot 10^{-19}\ \text{C})^2 Z}{1{,}2 \cdot 10^{-12}\ \text{J}} = 3{,}8 \cdot 10^{-16}\, Z\text{m}.$$

Die Ordnungszahl von Gold, einem typischen verwendeten Material, ist $Z = 79$, und daher erhalten wir

$$r_0(\text{Au}) = 3 \cdot 10^{-14}\ \text{m}.$$

Der Radius des Goldkernes ist daher kleiner als $3 \cdot 10^{-14}$ m, weniger als 1/10000 des Atomradius.

In jüngerer Zeit wurden Teilchen auf wesentlich höhere Energien als 7,7 MeV künstlich beschleunigt. So fand man wie erwartet, daß die Rutherfordsche Streuformel tatsächlich aufhört, mit dem Experiment übereinzustimmen. Aus der Streuung von Elektronen mit Energien bis zu einigen GeV (1 GeV = 10^3 MeV) fand man, daß das Volumen des Kernes proportional zur Anzahl der vorhandenen Protonen und Neutronen ist, also zur Massenzahl A, experimentell ergibt sich somit folgende Beziehung für den Kernradius R:

$$R = r_0 \cdot A^{1/3}$$

wobei $r_0 = 1{,}3 \cdot 10^{-15}$ m ist.

3.6 Elektronenbahnen

Das Rutherfordsche Atommodell, das vom Experiment so überzeugend bestätigt wurde, postuliert einen winzigen schweren positiv geladenen Kern, der in relativ großem Abstand von Elektronen umgeben wird, die das Atom im ganzen elektrisch neutral machen. Thomson stellte sich die Elektronen in seinem Atommodell eingebettet in der positiven Ladungsverteilung vor. Sie mußten daher nicht unbedingt bewegt sein. Die Elektronen im Rutherfordschen Atommodell können jedoch nicht stationär sein, da es nichts gibt, das sie gegen die elektrostatische Anziehungskraft des Kernes an ihrem Ort halten könnte. Wenn die Elektronen jedoch um den Kern kreisen, sind dynamisch stabile Bahnen (wie die der Planeten um die Sonne) möglich (Bild 3.11).

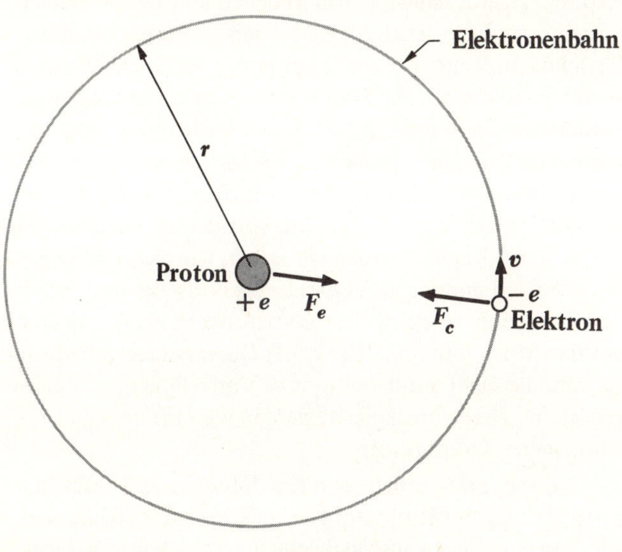

Bild 3.11 Kräftegleichgewicht im Wasserstoffatom.

Wir wollen nun die klassische Dynamik des Wasserstoffatoms studieren, das durch sein einziges Elektron das einfachste aller Atome ist. Der Einfachheit halber nehmen wir eine kreisförmige Elektronenbahn an, obwohl man genausogut von einer eliptischen Bahn ausgehen könnte. Die Zentripetalkraft

$$F_c = \frac{mv^2}{r}$$

die das Elektron auf einer Kreisbahn r um den Kern hält, wird von der elektrostatischen Kraft

$$F_e = \frac{1}{4\pi\epsilon_0}\frac{e^2}{r^2}$$

zwischen ihnen geliefert. Daher ergibt sich die Bedingung für die Stabilität der Bahn zu

$$F_c = F_e$$

$$\frac{mv^2}{r} = \frac{1}{4\pi\epsilon_0}\frac{e^2}{r^2}. \tag{3.23}$$

Die Elektronengeschwindigkeit v steht daher mit dem Bahnradius r durch die Formel

$$v = \frac{e}{\sqrt{4\pi\epsilon_0 mr}} \tag{3.24}$$

in Beziehung.

Die Gesamtenergie E des Elektrons in einem Wasserstoffatoms setzt sich aus der Summe seiner kinetischen Energie

$$E_k = \frac{mv^2}{2}$$

und seiner potentiellen Energie

$$E_p = -\frac{e^2}{4\pi\epsilon_0 r}$$

zusammen (das Minuszeichen zeigt an, daß die Kraft auf das Elektron anziehend ist). Daher

$$E = E_k + E_p = \frac{mv^2}{2} - \frac{e^2}{4\pi\epsilon_0 r}.$$

Indem wir v aus Gl. (3.24) einsetzen, erhalten wir

$$E = \frac{e^2}{8\pi\epsilon_0 r} - \frac{e^2}{4\pi\epsilon_0 r} = -\frac{e^2}{8\pi\epsilon_0 r} \tag{3.25}$$

Die Gesamtenergie eines Elektrons im Atom ist negativ; dies ist notwendig, damit es an den Kern gebunden ist. Wäre E positiv, so würde das Elektron zuviel Energie besitzen und nicht auf einer geschlossenen Bahn um den Kern bleiben.

Experimente ergeben, daß man 13,6 eV braucht, um ein Wasserstoffatom in ein Proton und ein Elektron zu zerlegen.

Das heißt, seine Bindungsenergie E ist $-13{,}6$ eV. Da 13,6 eV = $= 2{,}2 \cdot 10^{-18}$ J ist, können wir den Bahnradius des Elektrons im Wasserstoffatom aus Gl. (3.25) ableiten

$$r = -\frac{e^2}{8\pi\epsilon_0 E}$$

$$= -\frac{(1{,}6 \cdot 10^{-19}\,\mathrm{C})^2}{8\pi \cdot 8{,}85 \cdot 10^{-12}\,\mathrm{F/m} \cdot (-2{,}2 \cdot 10^{-18}\,\mathrm{J})}$$

$$= 5{,}3 \cdot 10^{-11}\,\mathrm{m}.$$

Ein Atomradius dieser Größenordnung stimmt mit Schätzungen überein, die auf andere Weise erzielt wurden.

3.7 Das Versagen der klassischen Physik

Die im vorigen Abschnitt gegebene Analyse ist eine direkte Anwendung von Newtons Bewegungsgesetzen und dem Coulombschen Kraftgesetz – beide sind tragende Säulen der klassischen Physik – und sie steht mit der experimentellen Beobachtung in Einklang, daß Atome stabil sind. Und doch stimmt dieses Bild nicht mit der elektromagnetischen Theorie überein, einer weiteren tragenden Säule der klassischen Physik, die aussagt, daß beschleunigte elektrische Ladungen Energie in Form von elektromagnetischen Wellen abstrahlen. Die Strahlungsleistung einer Ladung mit der Beschleunigung a beträgt

$$P = \frac{e^2 a^2}{6\pi\epsilon_0 c^3}. \tag{3.26}$$

In unserem Fall ist die Beschleunigung des Elektrons die Zentripetalbeschleunigung v^2/r, so daß mit v aus Gl. (3.24)

$$a = \frac{v^2}{r} = \frac{e^2}{4\pi\epsilon_0 m r^2}$$

und

$$P = \frac{2}{3}\frac{e^6}{(4\pi\epsilon_0)^3 c^3 m^2 r^4}.$$

Im Wasserstoff gilt $r = 5{,}3 \cdot 10^{-11}$ m. Daher finden wir

$$P = \frac{2}{3}\left(9 \cdot 10^9\,\frac{\mathrm{Nm}^2}{\mathrm{C}^2}\right)^3 \cdot$$

$$\cdot \frac{(1{,}6 \cdot 10^{-19}\,\mathrm{C})^6}{(3 \cdot 10^8\,\mathrm{m/s})^3\,(9{,}1 \cdot 10^{-31}\,\mathrm{kg})^2\,(5{,}3 \cdot 10^{-11}\,\mathrm{m})^4}$$

$$= 4{,}6 \cdot 10^{-9}\,\mathrm{J/s}$$

$$= 2{,}9 \cdot 10^{10}\,\mathrm{eV/s},$$

was eine extrem schnelle Energieabnahme eines solchen Systems zeigt. Und dies gilt nur für den Anfang. Während das Elektron an Energie verliert, wird E immer stärker negativ. Nach Gl. (3.25) bedeutet dies, daß r abnimmt, und da P proportional zu $1/r^4$ ist, strahlt das Elektron immer stärker, während es auf einer Spiralbahn in den Kern stürzt (Bild 3.12). Der Kollaps eines „stabilen" Wasserstoffatoms würde nur etwa 10^{-16} s dauern.

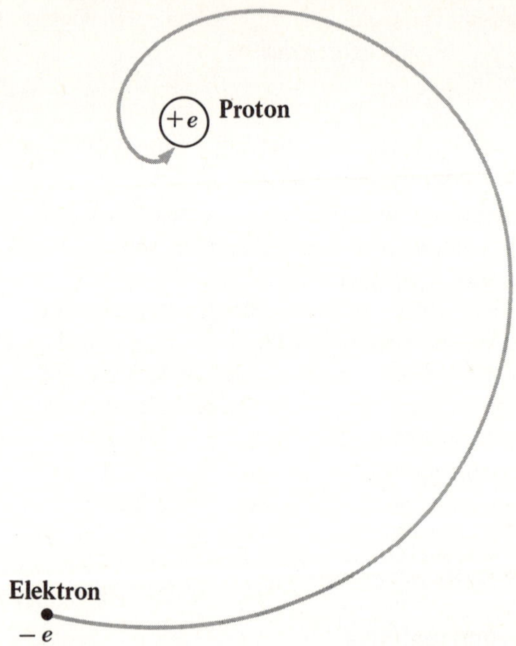

Bild 3.12 Ein Elektron sollte klassisch in kurzer Zeit in den Kern fallen, da es durch die Beschleunigung auf seiner Bahn Energie abstrahlt.

Wann immer die Vorhersagen der elektromagnetischen Theorie direkt überprüft wurden, stimmten sie stets mit dem Experiment überein, und doch sind Atome stabil. Dieser Widerspruch kann nur eines bedeuten: Die Gesetze der Physik gelten zwar in der makroskopischen Welt, sie stimmen nicht mehr in der mikroskopischen Welt des Atoms.

Der Grund für das Versagen der klassischen Physik bei der Analyse der Atomstruktur liegt darin, daß sie mit den abstrakten Vorstellungen „reiner" Teilchen und „reiner" Wellen arbeitet. Wie wir in den zwei vorhergegangenen Kapiteln gelernt haben, haben Teilchen und Wellen viele gemeinsame Eigenschaften, jedoch läßt die Kleinheit der Planckschen Konstante die Dualität von Welle und Teilchen in der makroskopischen Welt verschwinden. Die Gültigkeit der klassischen Physik nimmt in dem Maße ab, in dem wir immer kleinere Dimensionen erforschen. Wenn wir das Atom verstehen wollen, müssen wir die Teilchennatur von Wellen und die Wellennatur von Teilchen vollständig berücksichtigen. Im nächsten Kapitel werden wir sehen, wie das Bohrsche Atommodell durch eine Verbindung klassischer und moderner Vorstellungen einen Teil dieser Aufgabe erfüllt. Erst wenn wir das Atom vom Standpunkt der Quantenmechanik untersuchen, die nicht auf die intuitiven Vorstellungen aus unserem täglichen Leben zurückgreift, werden wir eine erfolgreiche Theorie des Atoms finden.

An dieser Stelle erhebt sich eine interessante Frage: Bei der Ableitung der Rutherfordschen Streuformel benutzten wir dieselben physikalischen Gesetze, die sich als fürchterliche Versager herausstellten, als wir sie auf die atomare

Stabilität anwandten. Ist es daher nicht möglich, ja sogar wahrscheinlich, daß die Formel nicht richtig ist, und daß das Atom tatsächlich keine Ähnlichkeit mit dem Rutherfordschen Modell eines kleinen Kerns im Mittelpunkt, der von weit entfernten Elektronen umkreist wird, zeigt? Diese Frage ist sehr wohl berechtigt. Um nachzuprüfen, daß eine klassische Rechnung zumindest angenähert richtig sein sollte, berechnen wir die de Broglie-Wellenlänge eines α-Teilchens mit der Geschwindigkeit $2 \cdot 10^7$ m/s, sie ergibt sich zu

$$\lambda = \frac{h}{mv} = \frac{6{,}63 \cdot 10^{-34}\ \text{Js}}{6{,}6 \cdot 10^{-27}\ \text{kg} \cdot 2 \cdot 10^7\ \text{m/s}}$$

$$= 5 \cdot 10^{-15}\ \text{m}$$

Wie wir in Abschnitt 3.5 gesehen haben, ist der kleinste Abstand, den ein α-Teilchen dieser Wellenlänge jemals zu einem Goldkern erreicht, $3 \cdot 10^{-14}$ m, also 6 de Broglie-Wellenlängen, und so dürfen wir das α-Teilchen als klassisches Teilchen bei der Wechselwirkung betrachten. Wir haben daher recht, wenn wir uns das Atom mit Hilfe des Rutherfordschen Modells vorstellen, auch wenn die Dynamik der atomaren Elektronen – die eine ganz andere Fragestellung bedeutet – einen nichtklassischen Zugang erfordert.

Während wir also berechtigterweise erwarten, daß die klassische Rutherfordsche Streuformel einer quantenmechanischen Formel für denselben Prozeß zumindest ähnlich sein sollte, ist es ein seltsamer Zufall, daß die zwei Formeln genau gleich lauten. Wenn die Kraft zwischen zwei Teilchen wie r^n variiert, dann gilt allgemein für den Streuquerschnitt eines Teilchens am anderen eine Abhängigkeit von der Planckschen Konstante in der Form h^{4+2n}. Die elektrostatische Kraft zwischen zwei geladenen Teilchen ist proportional zu r^{-2}, so daß $h^{4+2n} = h^0 = 1$ ist und sich der Wirkungsquerschnitt als unabhängig von der Planckschen Konstante h erweist. Da Unabhängigkeit von h das Kriterium für die Gültigkeit der klassischen Physik ist, kann die Ableitung der Rutherfordschen Streuformel genausogut mit klassischen wie mit quantenmechanischen Methoden erfolgen.

3.8 Aufgaben

1. Ein 5-MeV-α-Teilchen nähert sich einem Goldkern mit einem Stoßparameter von $2{,}6 \cdot 10^{-13}$ m. Um welchen Winkel wird es gestreut werden?
2. Wie groß ist der Stoßparameter eines 5-MeV-α-Teilchens, das bei seiner Annäherung an einen Goldkern um 10° gestreut wird.
3. Welcher Bruchteil eines Strahls von 7,7-MeV-α-Teilchen, der auf eine Goldfolie von $3 \cdot 10^{-7}$ m Dicke fällt, wird um weniger als 1° gestreut.
4. Welcher Bruchteil eines Strahls von 7,7-MeV-α-Teilchen, der auf eine Goldfolie von $3 \cdot 10^{-7}$ m Dicke fällt, wird um mindestens 90° gestreut?
5. Zeigen Sie, daß doppelt so viele α-Teilchen von einer Folie um Winkel zwischen 60° und 90° gestreut werden wie um Winkel von 90° und darüber.
6. Ein Strahl von 8,3-MeV-α-Teilchen wird auf eine Aluminiumfolie gelenkt. Man findet, daß die Rutherfordsche Streuformel bei Streuwinkeln von mehr als 60° ihre Gültigkeit verliert. Wenn man annimmt, daß die α-Teilchen einen Radius von $2 \cdot 10^{-15}$ m besitzen, wie groß ist dann der Radius des Aluminiumkerns?
7. Bestimmen Sie die Distanz der kleinsten Annäherung für 1-MeV-Protonen, die auf Goldkerne geschossen werden.
8. Bestimmen Sie die Distanz der kleinsten Annäherung von 8-MeV-Protonen, die auf Goldkerne geschossen werden.
9. Die Ableitung der Rutherfordschen Streuformel wurde unter Vernachlässigung relativistischer Effekte vorgenommen. Zeigen Sie die Berechtigung dieser Näherung, indem Sie die Masse eines 8-MeV-α-Teilchens mit der eines ruhenden α-Teilchens vergleichen.
10. Bestimmen Sie die Umlaufsfrequenz des Elektrons im klassischen Modell des Wasserstoffatoms. In welchem Spektralbereich sind elektromagnetische Wellen dieser Frequenz?
11. Die elektrische Feldstärke im Abstand r vom Mittelpunkt einer gleichmäßig geladenen Kugel vom Radius R und der Gesamtladung Q ist $Qr/4\pi\epsilon_0 R^3$, wobei $r < R$. Eine solche Kugel entspricht dem Thomsonschen Modell. Zeigen Sie, daß in dieser Kugel ein Elektron eine einfache harmonische Bewegung um den Kugelmittelpunkt durchführt, und leiten Sie eine Formel für die Frequenz dieser Bewegung ab. Berechnen Sie diese Frequenz für das Wasserstoffatom und vergleichen Sie diese mit den Frequenzen der Spektrallinien des Wasserstoffes (siehe Bild 4.6).

4 Das Bohrsche Atommodell

Die erste Theorie, die die wichtigsten Eigenschaften des Wasserstoffatoms erfolgreich beschrieb, wurde 1913 von Niels Bohr vorgeschlagen. Bohr wandte Quantenideen auf die Atomstruktur an und erhielt ein Modell, das trotz seiner gravierenden Mängel und seiner späteren Ersetzung durch eine quantenmechanische Beschreibung von größerer Genauigkeit als ein relativ anschauliches Bild des Atoms weiterverwendet wird. Es ist zwar im allgemeinen nicht unsere Absicht, Hypothesen ausführlich zu behandeln, die aufgegeben werden mußten, doch werden wir Bohrs Theorie des Wasserstoffatoms diskutieren, weil es beim Übergang zur Quantentheorie des Atoms behilflich ist. Deshalb unterscheidet sich unsere Darstellung der Bohrschen Theorie etwas von der, die Bohr selbst gegeben hat, alle Resultate sind jedoch identisch.

4.1 Atomspektren

Eine der wesentlichsten Leistungen der Bohrschen Theorie bestand in der Erklärung des Ursprungs der Spektrallinien, und daher wollen wir zunächst einen Blick auf die Atomspektren werfen. Wir haben bereits erwähnt, daß erhitzte Festkörper Strahlung emittieren, in der alle Wellenlängen, wenn auch mit unterschiedlichen Intensitäten, vertreten sind. In Kapitel 14 werden wir sehen, daß die Beobachtungen bezüglich dieser Strahlen auf der Grundlage der Quantentheorie des Lichtes unabhängig von den Einzelheiten des Strahlungsprozesses oder der Beschaffenheit des Festkörpers erklärt werden können. Es folgt daraus, daß wir beim Untersuchen eines strahlenden Festkörpers das kollektive Verhalten einer großen Anzahl miteinander wechselwirkender Atome beobachten und nicht das charakteristische Verhalten einzelner Atome eines speziellen Elements.

Im Gegensatz dazu sind die Atome oder Moleküle in einem verdünnten Gas so weit von einander entfernt, daß ihre einzigen gegenseitigen Wechselwirkungen in gelegentlichen Stößen bestehen. Unter diesen Umständen können wir erwarten, daß die emittierte Strahlung für die einzelnen vorhandenen Atome oder Moleküle charakteristisch ist, und dies ist in der Tat der Fall. Wird ein atomares Gas oder ein Dampf bei einem Druck, der etwas geringer ist als der Luftdruck, in geeigneter Weise „angeregt", üblicherweise indem man einen elektrischen Strom hindurchleitet, hat die emittierte Strahlung ein Spektrum, das nur gewisse diskrete Wellenlängen enthält. Eine idealisierte Versuchsanordnung zur Beobachtung solcher atomarer Spektren zeigt Bild 4.1. Bild 4.2 gibt die Atomspektren einiger Elemente wieder: sie werden *Emissionslinienspektren* genannt. Jedes Element zeigt ein charakteristisches Linienspektrum, wenn eine Probe von ihm in der Dampfphase angeregt wird: die Spektroskopie ist daher ein nützliches Mittel, um die Zusammensetzung einer unbekannten Substanz zu analysieren.

Das Spektrum eines angeregten Molekülgases oder -dampfes enthält Banden, die aus vielen getrennten, jedoch nahe beeinanderliegenden Linien bestehen (Bild 4.3). Die Banden entsprechen den Rotationen und Schwingungen der Atome in angeregten Molekülen, wir werden sie später genauer betrachten.

Wenn weißes Licht durch ein Gas geschickt wird, findet man, daß Licht mit gewissen Wellenlängen, die im Emissionsspektrum des Gases enthalten sind, absorbiert wird. Das entstehende *Absorptionslinienspektrum* besteht aus einem hellen Hintergrund mit dunklen Streifen, die den fehlenden Wellenlängen entsprechen (Bild 4.4). Emissionsspektren bestehen aus hellen Linien auf einem dunklen Hintergrund. Die dunklen Frauenhoferschen Linien im Spektrum der Sonne kommen dadurch zustande, daß der strahlende Teil der Sonne, der mit sehr großer Genauigkeit als strahlendes Objekt mit 5800 K behandelt werden kann, von einer Hülle kühleren Gases umgeben ist, das Licht gewisser Wellenlängen absorbiert.

Gegen Ende des 19. Jahrhunderts fand man, daß sich die Wellenlängen der Atomspektren in sogenannten *Spektralserien* anordnen lassen. Die Wellenlängen in jeder Serie können durch eine einfache empirische Formel dargestellt werden, wobei sich für die Formeln der verschiedenen Serien eines Elements eine bemerkenswerte Ähnlichkeit zeigt. Die erste solche Spektralserie wurde 1885 von J. J. Balmer beim Studium des sichtbaren Teils des Wasserstoffspektrums gefunden. Bild 4.5 zeigt die *Balmer-Serie.* Die Linie mit der längsten Wellenlänge (656,3 nm) wird mit H_α bezeichnet, die nächste mit der Wellenlänge 486,3 nm mit H_β usw. Mit

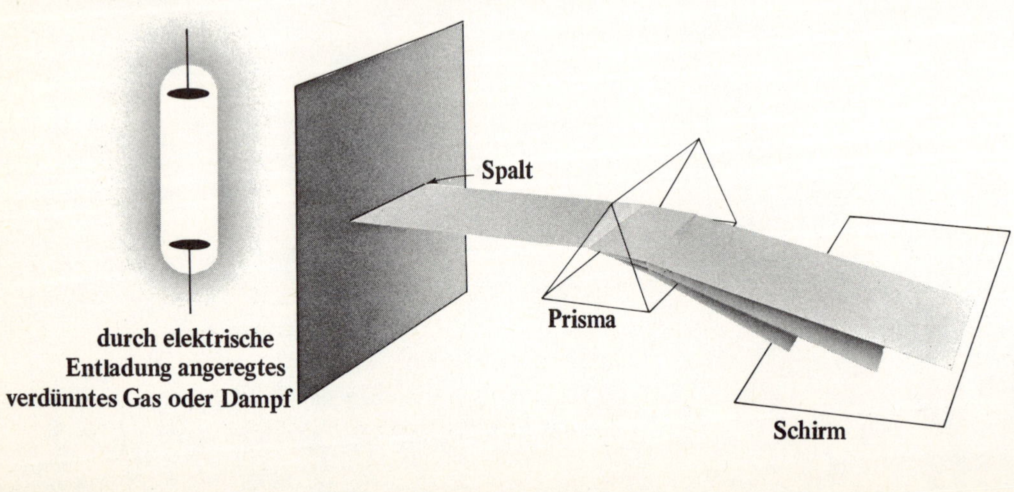

Bild 4.1
Ein idealisiertes Spektrometer

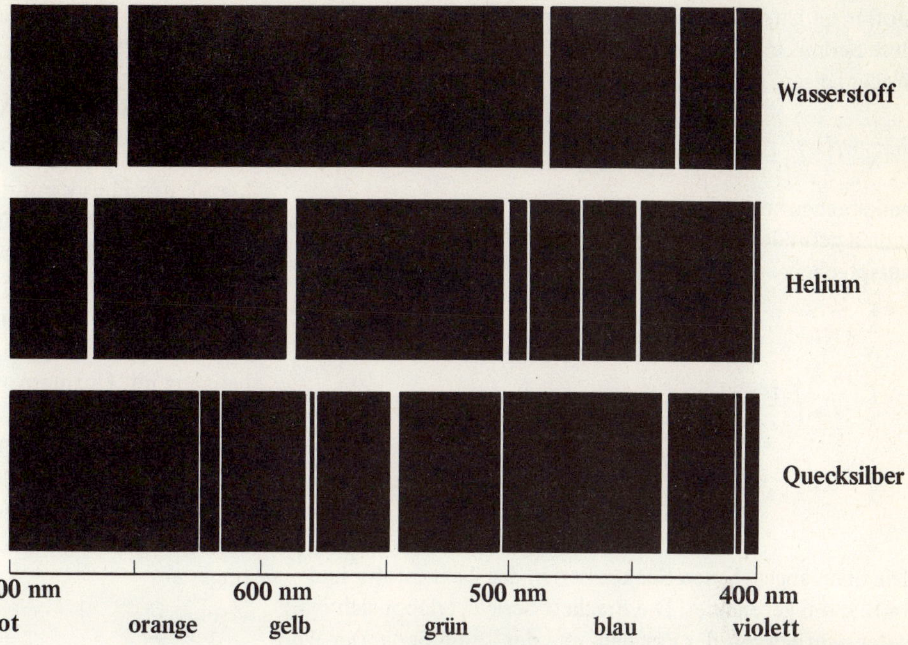

Bild 4.2
Teile der Emissionsspektren von Wasserstoff, Helium und Quecksilber.

Bild 4.3
Teil des Bandenspektrums von PN

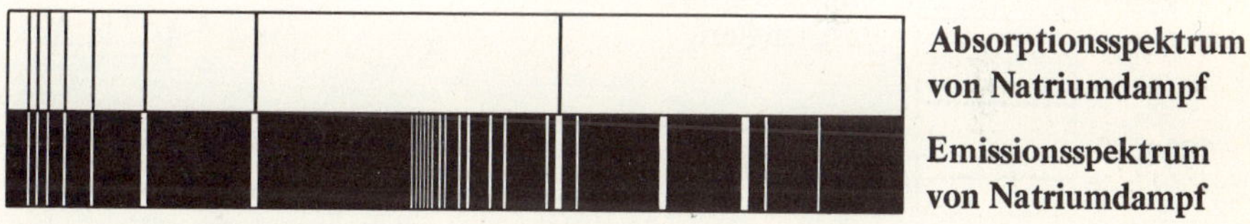

Bild 4.4
Die dunklen Linien im Absorptionsspektrum eines Elements entsprechen gewissen hellen Linien in seinem Emissionsspektrum.

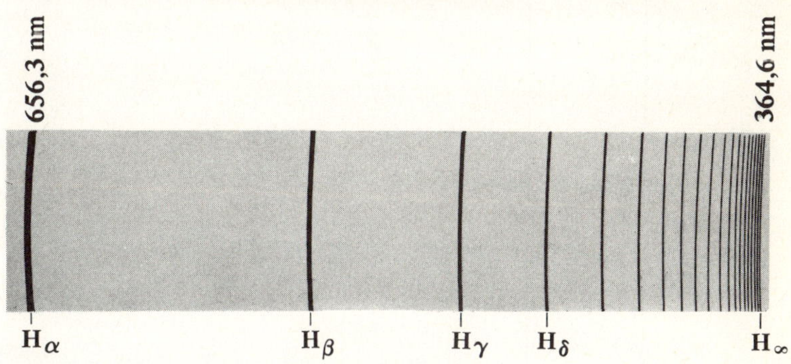

Bild 4.5
Die Balmerserie des Wasserstoffs

abnehmender Wellenlänge rücken die Linien immer näher zusammen und werden immer schwächer, bis die Seriengrenze bei 364,6 nm erreicht ist. Jenseits dieser Grenze werden keine weiteren diskreten Linien beobachtet, sondern nur ein schwaches kontinuierliches Spektrum. Die Balmersche Formel für die Wellenlänge dieser Serie lautet

$$\frac{1}{\lambda} = R_\infty \left(\frac{1}{2^2} - \frac{1}{n^2}\right) \qquad n = 3, 4, 5 \ldots . \tag{4.1}$$

Die Größe R_∞, die *Rydberg-Konstante,* hat den Wert

$$R_\infty = 1{,}097 \cdot 10^7\,\text{m}^{-1}$$

Die H_α-Linie entspricht $n = 3$, die H_β-Linie $n = 4$ usw. Für die Seriengrenze gilt $n = \infty$, so daß sie bei einer Wellenlänge $4/R$ auftritt, was vom Experiment bestätigt wird.

Die Balmer-Serie enthält nur Wellenlängen im sichtbaren Teil des Wasserstoffspektrums. Die Spektrallinien des Wasserstoffes im Ultravioletten und Infraroten fallen in einige andere Serien. Im Ultravioletten enthält die *Lyman-Serie* die Wellenlängen, die der Formel

$$\frac{1}{\lambda} = R_\infty\left(\frac{1}{1^2} - \frac{1}{n^2}\right) \qquad n = 2, 3, 4, \ldots \qquad (4.2)$$

entsprechen. Im infraroten Bereich wurden drei Spektralreihen gefunden, deren Komponenten den folgenden Formeln entsprechen:

$$\frac{1}{\lambda} = R_\infty\left(\frac{1}{3^2} - \frac{1}{n^2}\right) \qquad n = 4, 5, 6, \ldots \qquad \textit{Paschen-Serie} \qquad (4.3)$$

$$\frac{1}{\lambda} = R_\infty\left(\frac{1}{4^2} - \frac{1}{n^2}\right) \qquad n = 5, 6, 7, \ldots \qquad \textit{Brackett-Serie} \qquad (4.4)$$

$$\frac{1}{\lambda} = R_\infty\left(\frac{1}{5^2} - \frac{1}{n^2}\right) \qquad n = 6, 7, 8, \ldots \qquad \textit{Pfund-Serie} \qquad (4.5)$$

Die oben angegebenen Spektralserien des Wasserstoffs sind in Bild 4.6 gezeichnet. Die Brackett-Serie überlappt sich offensichtlich mit der Paschen- und der Pfund-Serie. Der Wert von R_∞ ist in den Gln. (4.1) bis (4.5) stets der gleiche.

Das Auftreten solch bemerkenswerter Gesetzmäßigkeit im Wasserstoffspektrum stellt zusammen mit ähnlichen Regelmäßigkeiten in den Spektren komplizierterer Elemente einen wichtigen Prüfstein für jede Theorie der atomaren Struktur dar.

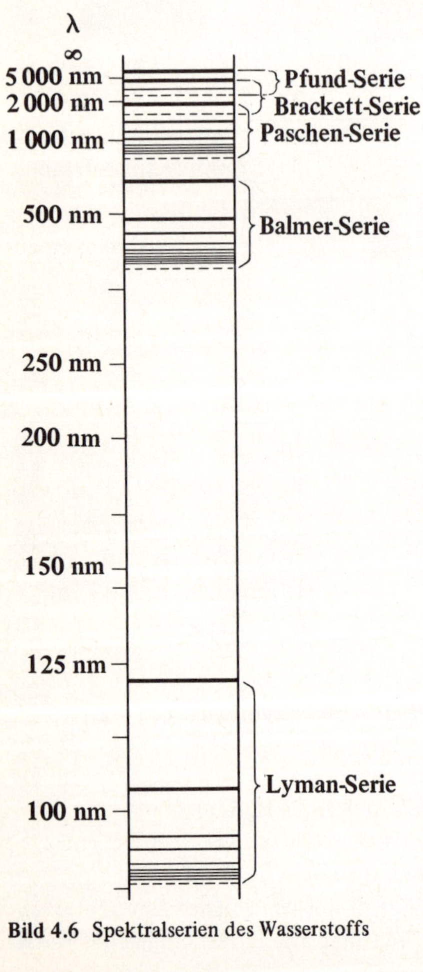

Bild 4.6 Spektralserien des Wasserstoffs

4.2 Das Bohrsche Atom

Wir sahen im letzten Kapitel, daß die Prinzipien der klassischen Physik mit der beobachteten Stabilität des Wasserstoffatoms im Widerspruch stehen. Das Elektron muß in diesem Atom um den Kern kreisen, um nicht in den Kern zu fallen, und doch muß es dabei kontinuierlich elektromagnetische Energie abstrahlen. Da andere offensichtlich paradoxe Erscheinungen wie etwa der Photoeffekt und die Elektronenbeugung mit Quantenvorstellungen erklärt werden können, ist es angebracht nachzuprüfen, ob dies nicht auch für das Atom der Fall sein könnte.

Wir wollen mit der Untersuchung des Wellenverhaltens eines Elektrons auf einer Bahn um einen Wasserstoffkern beginnen. Die de Broglie-Wellenlänge dieses Elektrons beträgt

$$\lambda = \frac{h}{mv},$$

wobei die Elektronengeschwindigkeit durch Gl. (3.24) gegeben ist

$$v = \frac{e}{\sqrt{4\pi\,\epsilon_0\, m r}} \quad .$$

Daher erhalten wir

$$\lambda = \frac{h}{e}\sqrt{\frac{4\pi\,\epsilon_0\, r}{m}} \quad . \qquad (4.6)$$

Indem wir für den Radius r der Elektronenbahn $5{,}3 \cdot 10^{-11}$ m einsetzen, finden wir die Wellenlänge des Elektrons zu

$$\lambda = \frac{6{,}63 \cdot 10^{-34}\ \text{Js}}{1{,}6 \cdot 10^{-19}\ \text{C}}\sqrt{\frac{4\pi \cdot 8{,}85 \cdot 10^{-12}\ \text{F/m} \cdot 5{,}3 \cdot 10^{-11}\ \text{m}}{9{,}1 \cdot 10^{-31}\ \text{kg}}}$$
$$= 33 \cdot 10^{-11}\ \text{m}.$$

Diese Wellenlänge entspricht genau dem Umfang der Elektronenbahn

$$2\pi r = 33 \cdot 10^{-11}\ \text{m}.$$

Die Elektronenbahn im Wasserstoffatom entspricht einer vollständigen Elektronenwelle, die in sich geschlossen ist (Bild 4.7).

Dieses Ergebnis ist ein wichtiger Schlüssel zur Entwicklung einer Atomtheorie. Wenn wir die Schwingungen einer Drahtschleife (Bild 4.8) betrachten, so finden wir, daß der Schleifenumfang stets ein ganzzahliges Vielfaches der Wellenlänge ist. Wäre der Draht vollständig elastisch, würden diese Schwingungen ungedämpft fortdauern. Warum sind dies die einzig möglichen Schwingungen in einer Drahtschleife? Wenn, wie in Bild 4.9, eine nichtganze Anzahl von Wellenlängen auf der Schleife angeordnet wird, tritt destruktive Interferenz auf, während die Wellen um die Schleife laufen, und die

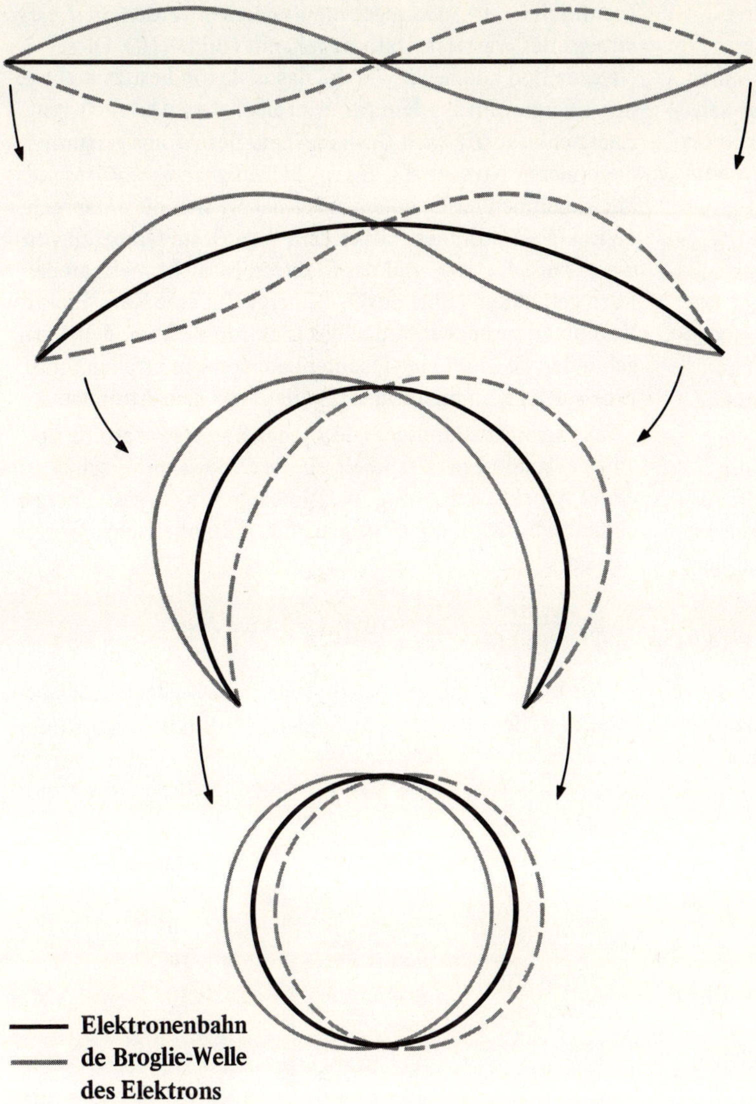

Bild 4.7 Die Bahn des Elektrons im Wasserstoffatom entspricht einer in sich geschlossenen de Broglie-Welle.

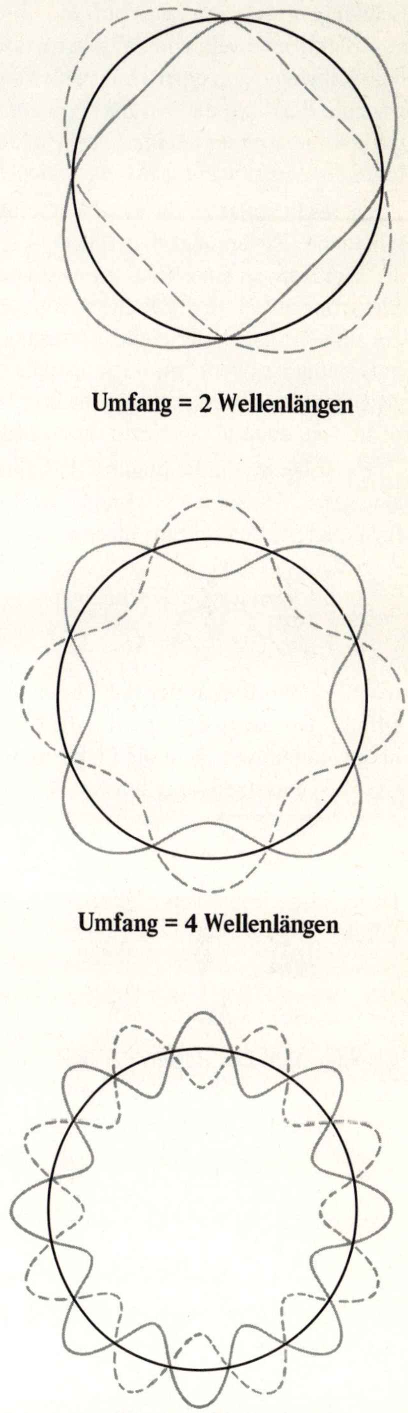

Bild 4.8 Schwingungen einer Drahtschleife.

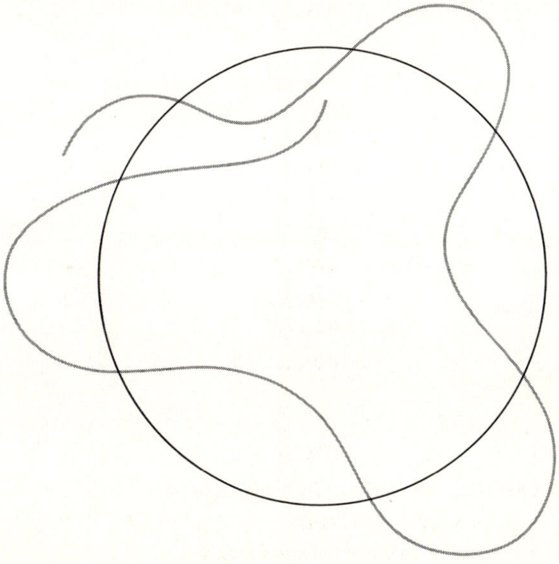

Bild 4.9

Eine nichtganze Zahl von Wellenlängen ist nicht stabil, da destruktive Interferenz auftritt.

Schwingungen hören rasch auf. Indem wir das Verhalten von Elektronenwellen im Wasserstoffatom in Analogie zu den Schwingungen einer Drahtschleife betrachten, kommen wir zum Postulat, daß *ein Elektron einen Kern unbegrenzt umkreisen kann und keine Energie abstrahlt, wenn seine Umlaufbahn eine ganze Anzahl von de Broglie-Wellenlängen enthält.*

Dieses Postulat ist für unser Verständnis des Atoms entscheidend. Es vereinigt den Teilchen- und den Wellencharakter des Elektrons in einer einzigen Aussage, da die Wellenlänge des Elektrons mit Hilfe der Bahngeschwindigkeit berechnet wird, die zum Ausgleich der elektrostatischen Anziehung des Kerns notwendig ist. Wenn wir auch niemals diese einander entgegengesetzten Merkmale gleichzeitig beobachten können, so sind sie doch in der Natur untrennbar.

Es ist leicht, die Bedingung, daß eine Elektronenbahn eine ganze Anzahl von de Broglie-Wellenlängen enthält, zu formulieren. Der Umfang einer Kreisbahn vom Radius r ist $2\pi r$; daher können wir die Bedingung für die Stabilität der Bahn in folgender Weise schreiben

$$n\lambda = 2\pi r_n \qquad n = 1, 2, 3, \ldots \qquad (4.7)$$

wobei r_n den Radius der Bahn bezeichnet, die n Wellenlängen enthält. Die ganze Zahl n wird die *Quantenzahl* der Bahn genannt. Indem wir für λ die Elektronenwellenlänge nach Gl. (4.6) einsetzen, erhalten wir

$$\frac{nh}{e}\sqrt{\frac{4\pi\epsilon_0 r_n}{m}} = 2\pi r_n .$$

Daher sind die stabilen Elektronenbahnen die, deren Radius durch

$$r_n = \frac{n^2 h^2 \epsilon_0}{\pi m e^2} \qquad n = 1, 2, 3, \ldots \qquad (4.8)$$

gegeben sind. Der Radius der innersten Bahn wird üblicherweise *Bohr-Radius* des Wasserstoffatoms genannt und mit dem Symbol a_0 bezeichnet:

$$a_0 = r_1 = 5{,}3 \cdot 10^{-11}\ \text{m} = 0{,}053\ \text{nm}.$$

Die weiteren Radien lassen sich durch die Formel

$$r_n = n^2 a_0$$

mit dem Bohr-Radius verknüpfen, so daß der Abstand zwischen benachbarten Bahnen stetig zunimmt.

4.3 Energieniveaus und Spektren

Die verschiedenen möglichen Bahnen entsprechen unterschiedlichen Elektronenenergien. Die Energie E_n läßt sich durch den Bahnradius r_n nach Gl. (3.25) als

$$E_n = -\frac{e^2}{8\pi\epsilon_0 r_n}$$

ausdrücken. Indem wir r_n aus Gl. (4.8) einsetzen, erhalten wir

$$E_n = -\frac{me^4}{8\epsilon_0^2 h^2 n^2} \qquad n = 1, 2, 3, \ldots \qquad (4.9)$$

Die durch Gl. (4.9) angegebenen Energien werden die *Energieniveaus* des Wasserstoffatoms genannt (Bild 4.10). Diese Niveaus sind alle negativ, d. h., das Elektron besitzt nicht genug Energie, um aus dem Atom zu entfliehen. Das niedrigste Energieniveau E_1 wird *Grundzustand* des Atoms genannt, die höheren Niveaus $E_2, E_3, \ldots$ heißen *angeregte Zustände.* Mit zunehmender Quantenzahl n nähert sich die entsprechende Energie E_n immer stärker dem Wert 0. Im Grenzfall von $n = \infty$ wird $E_\infty = 0$, und das Elektron ist nicht mehr an den Kern gebunden. (Eine positive Energie für eine Kern-Elektron-Kombination bedeutet, daß das Elektron nicht an den Kern gebunden ist und keine Quantenbedingungen erfüllen muß. Eine solche Kombination stellt allerdings kein Atom dar.)

Die Grundzustandsenergie E_1 des Wasserstoffatoms ist eine geeignete Energieeinheit für die Diskussion verschiedener Aspekte der Atom- und Molekülphysik. Diese Energieeinheit wird Rydberg (Ry) genannt, ihr numerischer Wert beträgt

$$\text{Ry} = \frac{me^4}{8\epsilon_0^2 h^2} = 2{,}17 \cdot 10^{-18}\ \text{J} = 13{,}6\ \text{eV}.$$

Wir müssen nun die Gleichungen, die wir abgeleitet haben, direkt mit dem Experiment vergleichen. Ein besonders inter-

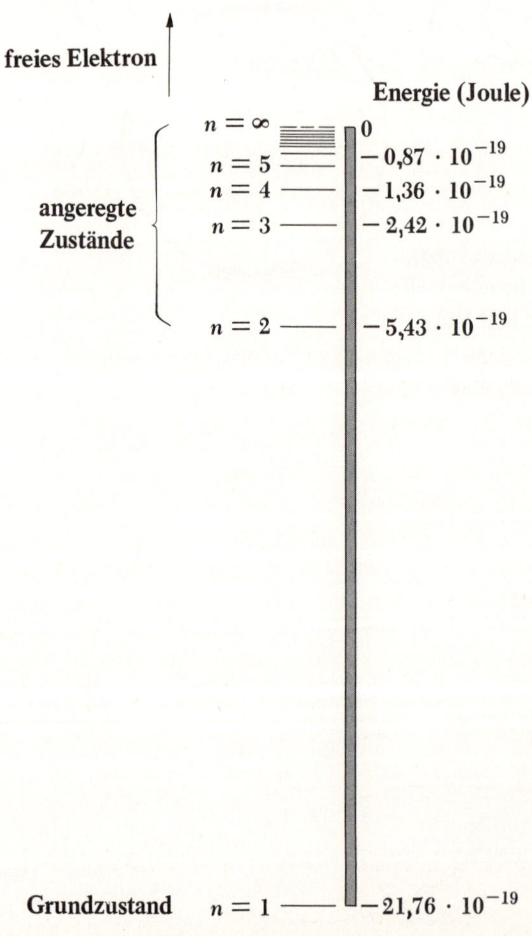

Bild 4.10 Energieniveaus des Wasserstoffatoms

essantes experimentelles Ergebnis ist, daß Atome bei der Emission und bei der Absorption Linienspektren zeigen. Folgen diese Spektren aus unserem Atommodell?

Das Vorhandensein bestimmter diskreter Energieniveaus im Wasserstoffatom legt einen Zusammenhang mit den Linienspektren nahe. Beim Übergang eines Elektrons von einem angeregten Zustand in einen niedrigeren wollen wir versuchsweise annehmen, daß die abgestrahlte Energie als ein einziges Photon emittiert wird. Nach unserem Modell können Elektronen in einem Atom nur in gewissen spezifischen Energieniveaus vorkommen. Der Sprung eines Elektrons von einem Niveau zum nächsten, wobei die Energiedifferenz zwischen den Niveaus vollständig und auf einmal in Form eines Photons abgegeben wird, paßt gut zu unserem Modell. Ist die Quantenzahl des ursprünglichen Zustands (mit der höheren Energie) n_i, und die des Endzustandes n_f, so nehmen wir an:

Anfangsenergie – Endenergie = Photonenenergie

$$E_i - E_f = h\nu, \tag{4.10}$$

wobei ν die Frequenz des emittierten Photons ist.

Die Anfangs- und Endzustände eines Wasserstoffatoms mit den Quantenzahlen n_i und n_f haben nach Gl. (4.9) die Energien

$$\text{Anfangsenergie} = E_i = -\frac{me^4}{8\epsilon_0^2 h^2}\frac{1}{n_i^2}$$

$$\text{Endenergie} = E_f = -\frac{me^4}{8\epsilon_0^2 h^2}\frac{1}{n_f^2}$$

Daher beträgt die Energiedifferenz zwischen diesen Zuständen

$$E_i - E_f = \frac{me^4}{8\epsilon_0^2 h^2}\left[\left(-\frac{1}{n_i^2}\right)-\left(-\frac{1}{n_f^2}\right)\right].$$

$$= \frac{me^4}{8\epsilon_0^2 h^2}\left(\frac{1}{n_f^2}-\frac{1}{n_i^2}\right).$$

Die Frequenz des bei diesem Übergang abgestrahlten Photons beträgt

$$\nu = \frac{E_i - E_f}{h}$$

$$= \frac{me^4}{8\epsilon_0^2 h^3}\left(\frac{1}{n_f^2}-\frac{1}{n_i^2}\right) \tag{4.11}$$

oder ausgedrückt durch die Wellenlänge λ ergibt sich

$$\frac{1}{\lambda} = \frac{\nu}{c}$$

$$= \frac{me^4}{8\epsilon_0^2 c h^3}\left(\frac{1}{n_f^2}-\frac{1}{n_i^2}\right) \tag{4.12}$$

Gl. (4.12) sagt aus, daß die von angeregten Wasserstoffatomen emittierte Strahlung nur gewisse Wellenlängen enthalten kann. Diese Wellenlängen fallen außerdem in bestimmte Folgen, die von der Quantenzahl n_f des Endenergieniveaus des Elektrons abhängen. Da die ursprüngliche Quantenzahl n_i stets größer als n_f sein muß, damit ein Energieüberschuß mittels eines Photons abgegeben werden kann, lauten die Formeln für die ersten fünf Reihen

$$n_f = 1: \frac{1}{\lambda} = \frac{me^4}{8\epsilon_0^2 c h^3}\left(\frac{1}{1^2}-\frac{1}{n^2}\right) \qquad n = 2, 3, 4, \ldots \tag{4.13}$$

$$n_f = 2: \frac{1}{\lambda} = \frac{me^4}{8\epsilon_0^2 c h^3}\left(\frac{1}{2^2}-\frac{1}{n^2}\right) \qquad n = 3, 4, 5, \ldots \tag{4.14}$$

$$n_f = 3: \frac{1}{\lambda} = \frac{me^4}{8\epsilon_0^2 c h^3}\left(\frac{1}{3^2}-\frac{1}{n^2}\right) \qquad n = 4, 5, 6, \ldots \tag{4.15}$$

$$n_f = 4: \frac{1}{\lambda} = \frac{me^4}{8\epsilon_0^2 c h^3}\left(\frac{1}{4^2}-\frac{1}{n^2}\right) \qquad n = 5, 6, 7, \ldots \tag{4.16}$$

$$n_f = 5: \frac{1}{\lambda} = \frac{me^4}{8\epsilon_0^2 c h^3}\left(\frac{1}{5^2}-\frac{1}{n^2}\right) \qquad n = 6, 7, 8, \ldots \tag{4.17}$$

Diese Reihen stimmen in ihrer Form mit den empirischen Spektralserien überein, die wir früher diskutierten. Die Lyman-Serie (Gl. (4.2)) entspricht $n_f = 1$, die Balmer-Serie (Gl. (4.1)) $n_f = 2$, die Paschen-Serie $n_f = 3$, die Brackett-Serie $n_f = 4$ und die Pfund-Serie $n_f = 5$.

Noch können wir allerdings unsere Annahme, daß das Linienspektrum des Wasserstoffs seinen Ursprung in den Übergängen der Elektronen von Zuständen hoher Energie zu Zuständen niedriger Energie hat, nicht als bewiesen betrachten. Der letzte Schritt besteht im Vergleich des konstanten Terms in den Gln. (4.13) bis (4.17) mit der Rydberg-Konstanten R_∞ der empirischen Beziehungen (4.1) bis (4.5). Der Wert dieser Konstanten ist

$$\frac{me^4}{8\epsilon_0^2 c h^3} =$$

$$\frac{9{,}1 \cdot 10^{-31}\,\text{kg} \cdot (1{,}6 \cdot 10^{-19}\,\text{C})^4}{8 \cdot (8{,}85 \cdot 10^{-12}\,\text{F/m})^2 \cdot 3 \cdot 10^8\,\text{m/s} \cdot (6{,}63 \cdot 10^{-34}\,\text{Js})^3}$$

$$= 1{,}097 \cdot 10^7\,\text{m}^{-1},$$

was genau R_∞ ist! Diese Theorie des Wasserstoffatoms, die im wesentlichen von Bohr im Jahre 1913 entwickelt wurde, stimmt daher sowohl in qualitativer als auch in quantiativer Hinsicht mit dem Experiment überein. Bild 4.11 zeigt schematisch, wie Spektrallinien mit den atomaren Energieniveaus in Beziehung stehen.

4.4 Anregung von Atomen

Es gibt zwei hauptsächliche Mechanismen für die Anregung von Atomen. Der eine ist ein Stoß mit einem anderen Teilchen, durch den ein Teil ihrer gemeinsamen kinetischen Energie vom Atom absorbiert wird. Ein auf diese Weise angeregtes Atom kehrt im Mittel nach 10^{-8} s in seinen Grundzustand zurück und emittiert dabei ein oder mehrere Photonen. Bei der elektrischen Entladung in einem verdünnten Gas wird ein elektrisches Feld angelegt, das Elektronen und atomare Ionen beschleunigt, bis ihre kinetischen Energien groß genug sind, um Atome beim Zusammenstoß anzuregen.

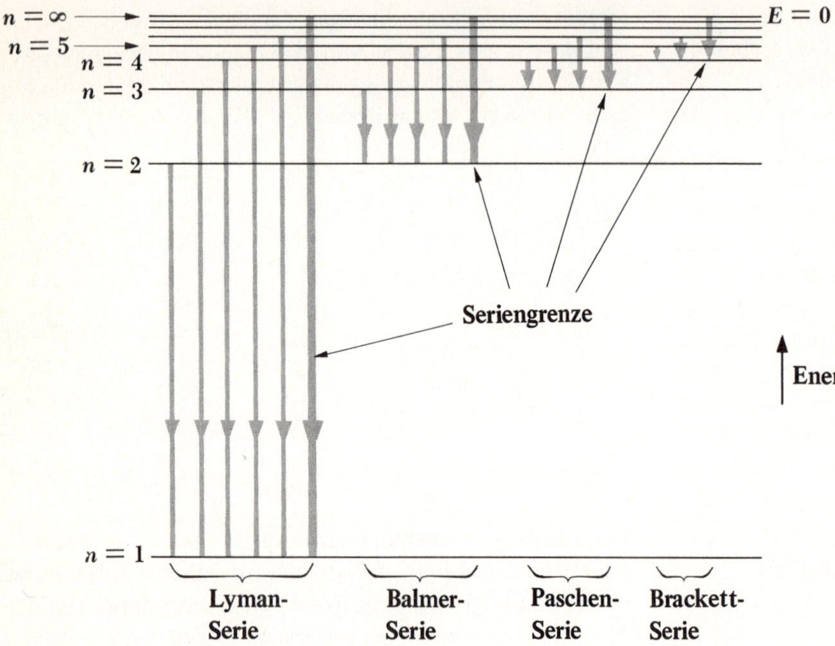

Bild 4.11
Spektrallinien entstehen durch Übergänge zwischen Energieniveaus.

Neonleuchten und Quecksilberdampflampen sind vertraute Beispiele dafür, wie ein starkes elektrisches Feld zwischen Elektroden in einer gasgefüllten Röhre zur Emission der charakteristischen Strahlung des Gases führt: im Falle des Neons ein rötliches Licht, im Fall des Quecksilberdampfes ein bläuliches Licht.

Ein anderer Anregungsmechanismus tritt dann auf, wenn ein Atom ein Photon absorbiert, dessen Energie gerade den richtigen Betrag hat, um das Atom auf ein höheres Energieniveau zu heben. Zum Beispiel wird ein Photon mit der Wellenlänge 121,7 nm emittiert, wenn ein Wasserstoffatom vom Zustand $n = 2$ in den Zustand $n = 1$ übergeht. Die Absorption eines Photons derselben Wellenlänge durch ein Wasserstoffatom im Grundzustand wird dieses daher in den $n = 2$ Zustand bringen. Dieser Prozeß erklärt das Auftreten von Absorptionsspektren. Wenn weißes Licht, das alle Wellenlängen enthält, durch Wasserstoffgas hindurchgeschickt wird, werden die Photonen der Wellenlängen absorbiert, die Übergängen zwischen Energieniveaus entsprechen. Die dabei entstandenen angeregten Wasserstoffatome strahlen ihre Anregungsenergie nahezu sofort wieder ab, doch werden diese Photonen in beliebige Richtungen emittiert, nur wenige in dieselbe Richtung wie der ursprüngliche Strahl weißen Lichtes. Die dunklen Linien in einem Absorptionsspektrum sind daher niemals vollständig schwarz, sondern täuschen dies nur durch ihren Kontrast zum hellen Hintergrund vor. Wir erwarten daher, daß das Absorptionsspektrum eines beliebigen Elementes mit seinem Emissionsspektrum identisch ist, was mit der Beobachtung übereinstimmt.

4.5 Das Experiment von Franck und Hertz

Ab 1914 führten Franck und Hertz eine Reihe von Experimenten durch, in denen sie den Anregungsprozeß von Atomen durch Stöße mit Elektronen untersuchten. Diese Experimente zeigten direkt, daß Energieniveaus der Atome tatsächlich existieren und daß sie außerdem mit denen übereinstimmen, die man durch die Beobachtung der Linienspektren gefunden zu haben glaubte. Franck und Hertz beschossen die Dämpfe verschiedener Elemente mit Elektronen bekannter Energie, wobei sie einen Apparat benutzten, dessen Prinzip Bild 4.12

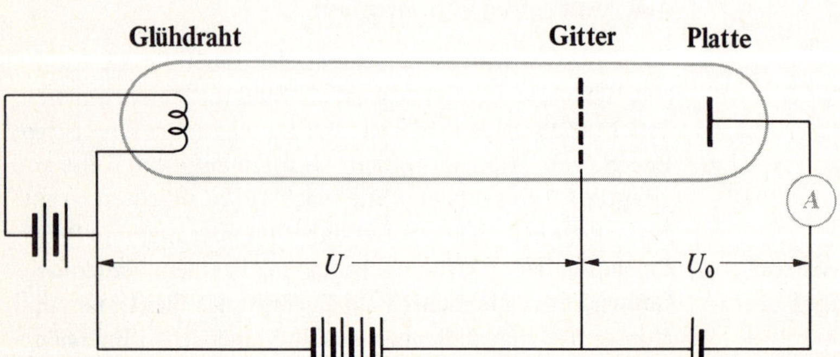

Bild 4.12
Schema des Franck-Hertzversuchs

zeigt. Eine kleine Spannungsdifferenz U_0 liegt zwischen dem Gitter und der Kollektorplatte, so daß nur Elektronen mit Energien größer als eine bestimmte Minimalenergie zum Strom I durch das Galvanometer beitragen. Während die Beschleunigungsspannung U erhöht wird, treffen immer mehr Elektronen auf die Platte und I steigt an (Bild 4.13). Wenn in einem Stoß zwischen einem Elektron und einem Atom des Dampfes die kinetische Energie erhalten bleibt, wird das Elektron bloß in eine andere Richtung abgelenkt. Da ein Atom so viel schwerer als ein Elektron ist, verliert letzteres dabei fast keine kinetische Energie. Wenn aber eine bestimmte kritische Elektronenenergie erreicht ist, sinkt der Kollektorstrom abrupt. Die Deutung dieses Effektes besteht in der Annahme, daß ein Elektron, wenn es mit einem Atom zusammenstößt, kinetische Energie darauf überträgt und das Atom zu einem höheren Energieniveau anregt. Ein solcher Stoß wird *inelastisch* genannt im Gegensatz zu einem *elastischen* Stoß, bei dem die kinetische Energie erhalten bleibt. Die kritische Elektronenenergie entspricht der Anregungsenergie des Atoms. Wenn darauf die Beschleunigungsspannung U weiter erhöht wird, steigt der Kollektorstrom wieder an, da die Elektronen nun genügend Energie haben, um auch nach einem inelastischen Stoß den Kollektor zu erreichen. Schließlich gibt es einen weiteren starken Abfall im Kollektorstrom I, der als Anregung eines weiteren Energieniveaus gedeutet wird. Wie Bild 4.13 zeigt, erhält man für eine spezifische Art von Atomen jeweils eine Reihe von kritischen Potentialen. (Die höchsten Potentiale stammen allerdings von mehreren unelastischen Stößen und sind Vielfache der niedrigeren.)

Um die Deutung der kritischen Potentiale als Anzeichen diskreter Energieniveaus zu überprüfen, beobachteten Franck und Hertz während des Elektronenbeschusses die Emissionsspektren der Dämpfe. Für Quecksilberdampf fanden sie zum Beispiel, daß wenigstens 4,9 eV an Elektronenenergie erforderlich waren, um die 253,6 nm Linie des Quecksilbers anzuregen – und ein Photon mit einer Wellenlänge von 253,6 nm hat eine Energie von genau 4,9 eV! Die Franck-Hertz-Experimente wurden kurz nach Bohrs Ankündigung seiner Theorie des Wasserstoffatoms durchgeführt und ergaben eine unabhängige Bestätigung seiner grundlegenden Ideen.

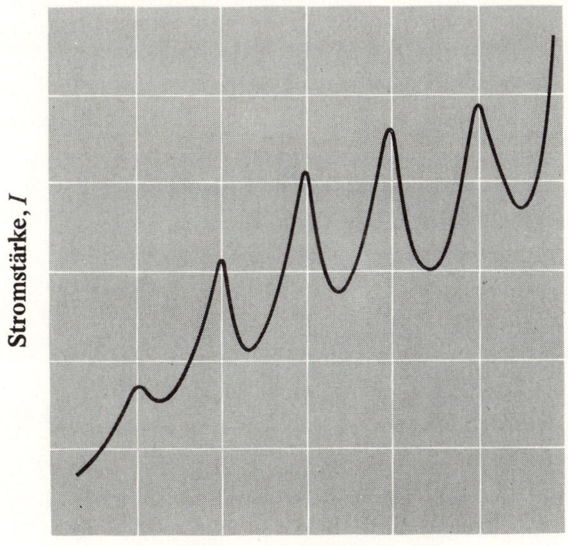

Bild 4.13 Die Ergebnisse des Franck-Hertzversuchs zeigen die kritischen Potentiale.

4.6 Das Korrespondenzprinzip

Die Prinzipien der Quantenphysik, so sehr sie sich auch von denen der klassischen Physik im Bereich der Mikrowelt, die jenseits unserer Sinne liegt, unterscheiden, müssen trotzdem im Geltungsbereich der klassischen Physik dieselben Ergebnisse liefern wie die Gesetze der klassichen Physik. Wir haben bereits gesehen, daß diese grundlegende Forderung von der Relativitätstheorie, der Quantentheorie der Strahlung und der Wellentheorie der Materie erfüllt wird, wir werden nun zeigen, daß dies auch für Bohrs Atomtheorie gilt.

Nach der elektromagnetischen Theorie strahlt ein Elektron, das sich auf einer Kreisbahn bewegt, elektromagnetische Wellen ab, deren Frequenzen gleich seiner Umlauffrequenz und höheren Harmonischen dieser Frequenz sind. In einem Wasserstoffatom beträgt die Geschwindigkeit des Elektrons

$$v = \frac{e}{\sqrt{4\pi\epsilon_0 m r}}$$

(siehe Gl. (3.24)), wobei r der Radius seiner Bahn ist. Daher beträgt die Umlauffrequenz f des Elektrons

$$f = \frac{\text{Elektonengeschwindigkeit}}{\text{Bahnumfang}} = \frac{v}{2\pi r}$$

$$= \frac{e}{2\pi\sqrt{4\pi\epsilon_0 m r^3}}.$$

Der Radius r_n einer stabilen Bahn wird durch seine Quantenzahl n nach Gl. (4.8) als

$$r_n = \frac{n^2 h^2 \epsilon_0}{\pi m e^2}$$

dargestellt, daher wird die Umlauffrequenz

$$f = \frac{m e^4}{8\epsilon_0^2 h^3}\left(\frac{2}{n^3}\right). \tag{4.18}$$

Unter welchen Umständen sollte sich das Bohrsche Atom in klassischer Weise verhalten? Wenn die Elektronenbahn so groß wäre, daß wir sie direkt messen könnten, sollten Quanteneffekte völlig unbeobachtbar sein. Eine Bahn vom Durchmesser 1 cm würde diese Forderung erfüllen, ihre Quantenzahl n ist ungefähr 10000. Während Wasserstoffatome von so unvorstellbarer Größe zwar nicht beobachtet werden, weil ihre Energien nur infinitesimal unter der Ionisationsenergie liegen, so sind sie in der Theorie doch nicht verboten. Welche Vorhersage trifft die Bohrsche Theorie über die Strahlung eines solchen Atoms? Nach Gl. (4.11) emittiert ein Wasserstoffatom, das vom Energieniveau n_i auf das Energieniveau n_f fällt, ein Photon mit der Frequenz

$$\nu = \frac{m e^4}{8 \epsilon_0^2 h^3} \left(\frac{1}{n_f^2} - \frac{1}{n_i^2} \right).$$

Wir wollen n statt der ursprünglichen Quantenzahl n_i schreiben und $n - p$ (mit $p = 1, 2, 3, \ldots$) statt n_f. Damit ergibt sich

$$\nu = \frac{m e^4}{8 \epsilon_0^2 h^3} \left[\frac{1}{(n-p)^2} - \frac{1}{n^2} \right]$$

$$= \frac{m e^4}{8 \epsilon_0^2 h^3} \left[\frac{2np - p^2}{n^2 (n-p)^2} \right]$$

Wenn n_i und n_f sehr groß sind, ist n viel größer als p und es gilt

$$2np - p^2 \approx 2np$$

$$(n-p)^2 \approx n^2$$

so daß

$$\nu = \frac{m e^4}{8 \epsilon_0^2 h^3} \left(\frac{2p}{n^3} \right). \tag{4.19}$$

Für $p = 1$ ist die Frequenz ν der Strahlung exakt gleich der Umlaufsfrequenz des Elektrons nach Gl. (4.18)! Harmonische dieser Frequenz werden für $p = 2, 3, 4, \ldots$ abgestrahlt. Daher machen sowohl das klassische Bild des Wasserstoffatoms als auch das Quantenbild im Grenzfall sehr große Quantenzahlen identische Vorhersagen. Für $n = 2$ sagt Gl. (4.18) eine Strahlungsfrequenz vorher, die sich von der in Gl. (4.11) gegebenen um fast 300 % unterscheidet, während diese Diskrepanz für $n = 10\,000$ nur etwa 0,01 % beträgt.

Die Forderung, daß die Quantenphysik dieselben Resultate wie die klassische Physik im Grenzfall großer Quantenzahlen liefert, wurde von Bohr *Korrespondenzprinzip* genannt. Es spielte bei der Entwicklung der Quantentheorie der Materie eine wichtige Rolle.

4.7 Kernbewegung und reduzierte Masse

Bei der Aufstellung der Theorie des Wasserstoffatoms nahmen wir an, daß der Kern (ein einzelnes Proton) in Ruhe bleibt, während das Elektron darum kreist. Dies ist eine nicht unvernünftige Annahme: Die Protonenmasse ist 1836 mal größer als die Elektronenmasse, und doch ist es interessant, den Einfluß der Kernbewegung auf das Verhalten des Wasserstoffatoms zu untersuchen.

Wir drücken zunächst die Bedingung, daß eine stabile Elektronenbahn in einem Atom eine ganze Anzahl von de Broglie-Wellenlängen enthält, in einer anderen Weise aus. Diese Bedingung besagt, daß

$$n\lambda = 2\pi r$$

und da die de Broglie-Wellenlänge λ durch

$$\lambda = \frac{h}{mv}$$

gegeben ist, können wir gleichermaßen schreiben

$$m v r = \frac{n h}{2\pi} = n\hbar \tag{4.20}$$

Die Größe $m v r$ ist bekanntlich der *Drehimpuls* des Elektrons auf seiner Bahn. Der Drehimpuls eines Wasserstoffatoms muß also ein ganzzahliges Vielfaches von $\hbar$ sein. Tatsächlich war die Quantisierung des Drehimpulses der Ausgangspunkt in Bohrs Originalarbeit, da die Hypothese von de Broglie noch nicht vorlag. (Wir werden in Kapitel 7 sehen, daß die Quantisierungsregel in Gl. (4.20) nur für die Komponente des Drehimpulses eines Systems in eine bestimmte Richtung gilt, während der Betrag des Drehimpulses selbst etwas anders quantisiert ist.) Ausgedrückt durch die Winkelgeschwindigkeit ω des Elektrons sagt die Quantisierungsregel von Gl. (4.20)

$$m \omega r^2 = n\hbar, \tag{4.21}$$

da

$$\omega = \frac{v}{r}.$$

Wenn der Kern eine endliche Masse M besitzt, drehen sich das Elektron und der Kern um den gemeinsamen *Schwerpunkt.* Der Schwerpunkt kann aus der Forderung bestimmt werden, daß

$$m r_E = M r_N, \tag{4.22}$$

wobei r_N der Abstand des Kernes vom Schwerpunkt und r_E der Abstand des Elektrons vom Schwerpunkt sind (Bild 4.14) und

$$r = r_E + r_N. \tag{4.23}$$

Der gesamte Drehimpuls des Wasserstoffatoms ist die Summe der Drehimpulse von Elektron und Kern. Die Winkelgeschwindigkeit ist für beide Teilchen gleich, daher ergibt sich nach dem ersten Bohrschen Postulat, daß der Gesamtdrehimpuls des Atoms ein ganzzahliges Vielfaches von $\hbar$ sein muß:

$$m \omega r_E^2 + M \omega r_N^2 = n\hbar. \tag{4.24}$$

Aus den Gln. (4.22) und (4.23) finden wir, daß

$$r_E = \left(\frac{M}{M+m} r \right) \tag{4.25}$$

$$r_N = \left(\frac{m}{M+m} r \right). \tag{4.26}$$

Daher erhalten wir aus Gl. (4.24)

$$\frac{mM}{m+M} \omega r^2 = n\hbar. \tag{4.27}$$

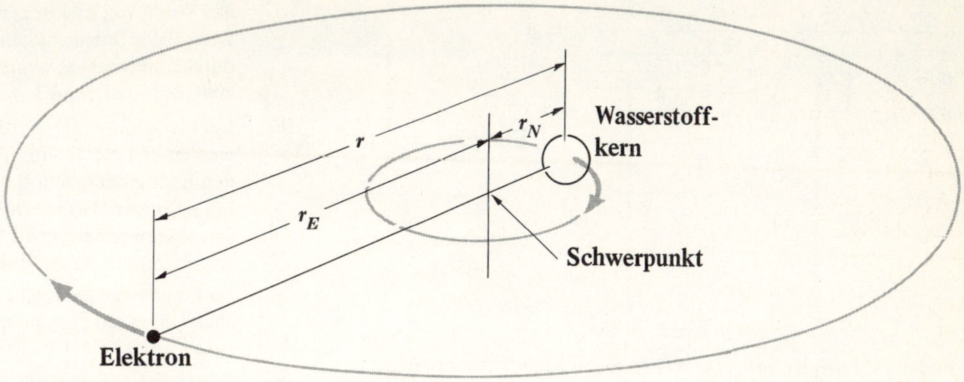

Bild 4.14
Elektron und Kern des Wasserstoffatoms drehen sich um den gemeinsamen Schwerpunkt.

Die Bedingung des Kräftegleichgewichtes (Gl. (3.23)) muß ebenfalls verallgemeinert werden, um der Kernbewegung Rechnung zu tragen. Sie lautet

$$m\,\omega^2 r_E = \frac{1}{4\pi\epsilon_0}\frac{e^2}{r^2}\ . \qquad (4.28)$$

Da die Zentripetalkraft des Elektrons vom Radius seiner Bahn r_E abhängt, während die elektrostatische Kraft vom Abstand r zwischen Elektron und Kern bestimmt ist. Indem wir r_E aus Gl. (4.25) einsetzen, finden wir

$$\frac{mM}{m+M}\omega^2 r = \frac{1}{4\pi\epsilon_0}\frac{e^2}{r^2}\ . \qquad (4.29)$$

Indem wir die *reduzierte Masse*

$$\mu = \frac{mM}{m+M} \qquad (4.30)$$

einführen, erhalten wir aus den Gln. (4.27) und (4.29)

$$\mu\,\omega r^2 = n\hbar \qquad (4.31)$$

$$\mu\,\omega^2 r = \frac{1}{4\pi\epsilon_0}\frac{e^2}{r^2}\ . \qquad (4.32)$$

Aus den Gln. (4.31) und (4.32) können wir wie früher einen Ausdruck für die Energieniveaus des Wasserstoffatoms ableiten. Das Ergebnis lautet

$$E_n = -\frac{\mu e^4}{8\epsilon_0^2 h^2}\left(\frac{1}{n^2}\right), \qquad (4.33)$$

was mit der Gl. (4.9) übereinstimmt, außer daß μ die Elektronenmasse m ersetzt. Wegen der Kernbewegung sind also alle Energieniveaus des Wasserstoffatoms um den Bruchteil

$$\frac{\mu}{m} = \frac{M}{M+m} = \frac{1836}{1837}$$
$$= 0{,}99945$$

verschoben, was eine Zunahme der Energien um 0,055 % bedeutet. (Da die Bindungsenergien negativ sind und ihr Absolutwert abnimmt, werden die Energien selbst größer.) Die Verwendung von Gl. (4.33) statt Gl. (4.9) löst eine kleine jedoch meßbare Diskrepanz zwischen den vorhergesagten Wellenlängen der verschiedenen Spektrallinien des Wasserstoffatoms und den tatsächlich experimentell bestimmten. Der Wert der Rydberg-Konstanten R_∞ ohne Berücksichtigung der Kernbewegungen beträgt $1{,}0973731 \cdot 10^7\ \mathrm{m}^{-1}$, durch die Korrektur wird sie zu $1{,}0967758 \cdot 10^7\ \mathrm{m}^{-1}$.

Der Begriff der reduzierten Masse spielte bei der Entdekkung des Deuteriums eine wichtige Rolle, da seine Atommasse fast genau doppelt so groß wie die des gewöhnlichen Wasserstoffs ist, weil neben dem Proton noch ein Neutron im Kern ist. Wegen der größeren Kernmasse sind die Spektrallinien des Deuteriums gegenüber denen des gewöhnlichen Wasserstoffs geringfügig zu kürzeren Wellenlängen verschoben. Die H_α Linie des Deuteriums hat zum Beispiel eine Wellenlänge von 656,1 nm, während die des Wasserstoffs 656,3 nm beträgt: eine kleine, jedoch nicht zu vernachlässigende Differenz, die zur Identifikation des Deuteriums ausgereicht hat.

4.8 Wasserstoffähnliche Atome

Die Bohrsche Theorie kann auf Ionen, die ein einzelnes Elektron enthalten, genausogut wie auf das Wasserstoffatom angewandt werden. Einfach ionisiertes Helium He^+, doppeltionisiertes Lithium Li^{++} und so weiter verhalten sich abgesehen von der größeren Kernladung und Masse wie Wasserstoff. Daher nennt man sie wasserstoffähnliche Atome. Wir haben bereits gesehen, wie man die Kernmasse durch die Substitution der reduzierten Masse μ anstelle der Elektronenmasse m berücksichtigt. Der Kern einen wasserstoffähnlichen Atoms mit der Ordnungszahl Z trägt die Ladung $+Ze$. Daher beträgt die auf das Bahnelektron wirkende elektrostatische Kraft

$$F_e = \frac{1}{4\pi\epsilon_0}\frac{Ze^2}{r^2} \qquad (4.34)$$

anstelle des einfachen Gesetzes $e^2/4\pi\epsilon_0 r^2$, das im Falle des Wasserstoffes mit $Z = 1$ gilt. Folglich erhält man für die Energieniveaus wasserstoffähnlicher Atome die Formel

$$E_n = -\frac{\mu Z^2 e^4}{8\epsilon_0^2 h^2}\left(\frac{1}{n^2}\right). \qquad (4.35)$$

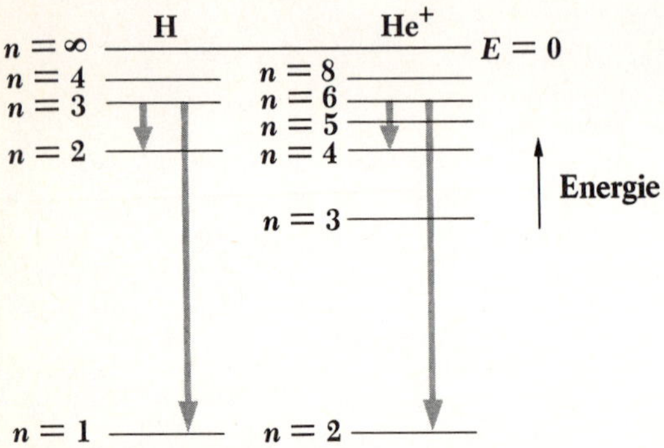

Bild 4.15 Energieniveaus für Wasserstoff und einfach ionisiertes Helium.

Diese Energieniveaus unterschieden sich durch den Faktor Z^2 von denen des Wasserstoffatoms. Bild 4.15 zeigt die Energieniveaus von He^+ und Wasserstoff sowie einige mögliche Übergänge. Offensichtlich entsprechen gewisse Spektrallinien in He^+ Linien, die im Wasserstoff gefunden werden. Da die allgemeine Formel für die Spektrallinien von wasserstoffartigen Atomen der Ordnungszahl Z

$$\frac{1}{\lambda} = \frac{\mu Z^2 e^4}{8 \epsilon_0^2 c h^3} \left(\frac{1}{n_f^2} - \frac{1}{n_i^2} \right) \tag{4.36}$$

lautet, bedeutet ein Übergang vom Zustand $n = 4$ des He^+ zu seinem Zustand $n = 2$ die Emission eines Photons, dessen Wellenlänge nahezu exakt der des Photons entspricht, das beim Übergang vom Zustand $n = 2$ zum Zustand $n = 1$ des Wasserstoffs emittiert wird. Die kleine Differenz zwischen den Wellenlängen stammt von den verschiedenen Kernmassen vom He^+ und H.

4.9 Aufgaben

1. Bestimmen Sie die größte Wellenlänge in der Paschen-Serie.
2. Bestimmen Sie die Wellenlänge der Spektrallinie, die dem Übergang von $n = 6$ zu $n = 3$ im Wasserstoff entspricht.
3. Bestimmen Sie die Wellenlänge des Photons, das emittiert wird, wenn ein H-Atom vom Zustand $n = 10$ in seinen Grundzustand übergeht.
4. Wieviel Energie wird benötigt, um ein Elektron im Zustand $n = 2$ aus einem H-Atom zu entfernen?
5. Ein Strahl von Elektronen trifft auf Wasserstoff. Welche Potentialdifferenz müssen die Elektronen zur Beschleunigung durchlaufen haben, wenn die erste Linie der Balmer-Serie emittiert werden soll?
6. Ein Myon ($m = 207\ m_e$) kann von einem Proton eingefangen werden und ein „myonisches“ Atom bilden. Berechnen Sie den Radius der ersten Bohrschen Bahn eines solchen Atoms.
7. Ein negatives Myon befindet sich im Zustand $n = 2$ eines Titan-Atoms. Berechnen Sie die abgestrahlte Energie, wenn das myonische Atom in seinen Grundzustand zurückkehrt.
8. Bestimmen Sie die Rückstoßgeschwindigkeit eines H-Atoms, nachdem es ein Photon beim Übergang vom Zustand $n = 4$ zum Zustand $n = 1$ emittiert hat.
9. Wie viele Umläufe vollführt ein Elektron im Zustand $n = 2$ eines H-Atoms, bevor es in den Zustand $n = 1$ übergeht? (Die mittlere Lebensdauer eines angeregten Zustands ist 10^{-8} s.)
10. Die mittlere Lebensdauer eines angeregten Atoms ist etwa 10^{-8} s. Wenn die Wellenlänge der dem Zerfall dieses Zustands entsprechenden Spektrallinie 400 nm beträgt, wie groß ist die Breite dieser Linie?
11. Bei welcher Temperatur wird die mittlere kinetische Energie der Moleküle in gasförmigem Wasserstoff gleich der Bindungsenergie des H-Atoms?
12. Ein Elektron verbindet sich mit einem Heliumkern zu einem He^+-Ion. Bestimmen Sie die Wellenlänge des Photons, das in dem Prozeß emittiert wird, wenn das Elektron ursprünglich keine kinetische Energie hatte.
13. Eine Mischung aus gewöhnlichen Wasserstoff und Tritium, einem Wasserstoffisotop, dessen Kern etwa dreimal schwerer als der von gewöhnlichem Wasserstoff ist, wird angeregt und sein Spektrum beobachtet. Wie sehr unterscheiden sich die Wellenlängen der H_α-Linien der beiden Arten von Wasserstoff?
14. Positronium ist ein System, das aus einem Positron (einem positiven Elektron) und einem Elektron besteht.
    a) Vergleichen Sie die Wellenlänge des Photons, das beim Übergang von $n = 3$ nach $n = 2$ emittiert wird, mit der H_α-Linie.
    b) Vergleichen Sie die Ionisationsenergie des Positroniums mit der des Wasserstoffs.
15. Verwenden Sie die Unschärferelation zur Bestimmung des Radius r_1 des Grundzustandes des H-Atoms in der folgenden Weise. Zunächst stellen Sie eine Formel für die kinetische Energie des Elektrons ausgedrückt durch den Impuls des Elektrons auf, den es besitzen muß, wenn es auf einen Raumbereich der Ausdehnung r_1 beschränkt ist. Addieren Sie diese kinetische Energie zur elektrostatischen Energie eines Elektrons im Abstand r_1 vom Proton und differenzieren Sie den sich ergebenden Ausdruck für die Gesamtenergie des Elektrons nach r_1 zur Bestimmung des Werts von r_1, für den E ein Minimum annimmt. Vergleichen Sie das Resultat mit dem in Gl. (4.8) für $n = 1$ gegebenen Wert.

5 Die Schrödinger-Gleichung

Die im vorigen Kapitel diskutierte Bohrsche Theorie des Atoms kann zwar gewisse experimentelle Daten in überzeugender Weise beschreiben, bei zahlreichen anderen Daten versagt sie jedoch. Sie sagt zwar die Spektralserien von Wasserstoff, dessen Isotopen und wasserstoffähnlichen Atomen richtig vorher, doch kann sie nicht auf die Spektren komplexer Atome mit zwei oder mehr Elektronen ausgedehnt werden. Sie gibt keinen Grund an, warum gewisse Spektrallinien intensiver als andere sind, warum gewisse Übergänge zwischen Energieniveaus mit größerer Wahrscheinlichkeit vorkommen als andere, und sie kann auch nicht erklären, warum viele Spektrallinien tatsächlich aus einzelnen Linien bestehen, deren Wellenlängen sich geringfügig unterscheiden. Und, was am wichtigsten ist, sie liefert uns kein Verständnis, wie einzelne Atome miteinander wechselwirken und bei makroskopischen Systeme zu den beobachteten physikalischen und chemischen Eigenschaften der Materie führen.

Diese Einwände gegen die Bohrsche Theorie sollen ihre Verdienste nicht schmälern, stand sie doch am Anfang einer Umwälzung wissenschaftlichen Denkens, sondern sie sollen zeigen, daß für die atomaren Erscheinungen eine Methode von größerer Allgemeinheit erforderlich ist. Diese wurde in den Jahren 1925 bis 1926 von Erwin Schrödinger, Werner Heisenberg und anderen unter dem treffenden Namen *Quantenmechanik* entwickelt. In den frühen Dreißiger-Jahren erlaubte die Anwendung der Quantenmechanik auf Probleme der Kern-, Atom-, Molekül- und Festkörperphysik zahlreiche früher unverständliche Daten zu verstehen, und sie führte auf Vorhersagen von bemerkenswerter Genauigkeit.

5.1 Quantenmechanik

Der grundlegende Unterschied zwischen der Newtonschen Mechanik und der Quantenmechanik liegt in den Objekten, die sie beschreiben. Die Newtonsche Mechanik beschäftigt sich mit der Bewegung eines Teilchens unter dem Einfluß äußerer Kräfte, und sie nimmt es als gegeben an, daß Größen wie der Ort, die Masse, die Geschwindigkeit und die Beschleunigung eines Teilchens gemessen werden können. Diese Annahme bestätigt sich in unserer täglichen Erfahrung, und so liefert die Newtonsche Mechanik die „korrekte" Erklärung des Verhaltens bewegter Körper, indem sie Werte für beobachtbare Größen vorhersagt, die mit den Meßwerten dieser Größen übereinstimmen.

Auch die Quantenmechanik beschäftigt sich mit Beziehungen zwischen beobachtbaren Größen, jedoch verändert das Unschärfeprinzip in drastischer Weise die Definition einer „beobachtbaren Größe" im atomaren Bereich. Nach dem Unschärfeprinzip können Ort und Impuls eines Teilchens nicht gleichzeitig genau gemessen werden, während man in der Newtonschen Mechanik annimmt, daß sie jederzeit bestimmte und feststellbare Werte haben. Die Größen, deren Beziehungen gegenseitig die Quantenmechanik erforscht, sind *Wahrscheinlichkeiten.* Anstatt etwa auszusagen, daß der Radius der Elektronenbahn im Grundzustand des Wasserstoffatoms stets genau $3{,}5 \cdot 10^{-11}$ m beträgt, sagt die Quantenmechanik, daß dies der *wahrscheinlichste* Wert ist. Wenn wir ein geeignetes Experiment durchführen, werden die meisten Versuche einen abweichenden Wert ergeben, doch der Mittelwert wird sich zu $3{,}5 \cdot 10^{-11}$ m ergeben.

Auf den ersten Blick scheint die Quantenmechanik ein schlechter Ersatz für die Newtonsche Mechanik zu sein, doch zeigt eine genauere Untersuchung eine überraschende Tatsache: *Die Newtonsche Mechanik ist ein Grenzfall der Quantenmechanik.* Die Gewißheiten, die von der Newtonschen Mechanik in Anspruch genommen werden, sind bloße Illusionen und ihre Übereinstimmung mit dem Experiment folgt aus der Tatsache, daß makroskopische Körper aus so vielen Einzelatomen bestehen, daß Abweichungen vom mittleren Verhalten unbeobachtbar werden. Anstelle von zwei verschiedenen Sätzen physikalischer Prinzipien, einen für die makroskopische Welt und einen für die mikroskopische, gibt es nur einen Satz. Die Quantenmechanik stellt bis heute unsere beste Leistung in dieser Richtung dar.

5.2 Die Wellenfunktion

Wie in Kapitel 2 erwähnt wurde, ist die Größe, die die Quantenmechanik berechnet, die *Wellenfunktion* Ψ eines Teilchens. Während Ψ selbst keine anschauliche Interpretation besitzt, ist das Quadrat des Absolutbetrages $|\Psi|^2$ (oder $\Psi^*\Psi$, wenn Ψ komplex ist), berechnet an einem bestimmten Punkt zu einer bestimmten Zeit, proportional zur Wahrscheinlichkeit, das Teilchen dort zu diesem Zeitpunkt in einem Experiment zu finden. Das Problem der Quantenmechanik besteht also darin, Ψ für ein Teilchen zu bestimmen, wenn es sich unter dem Einfluß äußerer Kräfte befindet.

Bevor wir zur tatsächlichen Berechnung von Ψ übergehen, können wir einige Eigenschaften aufzählen, die stets erfüllt sein müssen. Zunächst muß das Integral von $|\Psi|^2$ über den gesamten Raum endlich sein, da $|\Psi|^2$ an einem Punkt berechnet proportional zur Wahrscheinlichkeit P ist, das durch Ψ beschriebene Teilchen an diesem Punkt anzutreffen, – das Teilchen muß sich *irgendwo* befinden.

Meist ist es zweckmäßig, $|\Psi|^2$ mit der Wahrscheinlichkeit P, das Teilchen vorzufinden, gleichzusetzen und es nicht bloß proportional zu P anzunehmen. Da

$$\int_{-\infty}^{\infty} P\,dV = 1$$

der mathematische Ausdruck dafür ist, daß das Teilchen irgendwo existiert, muß

$$\int_{-\infty}^{\infty} |\Psi|^2\,dV = 1 \tag{5.1}$$

gelten. Eine Wellenfunktion, die Gl. (5.1) erfüllt, nennt man *normiert.* Jede akzeptable Wellenfunktion kann durch Multiplikation mit einer geeigneten Konstanten normiert werden (siehe Kapitel 6).

Neben der Eigenschaft, normierbar zu sein, muß Ψ eindeutig sein, da P an einem bestimmten Ort und zu einer bestimmten Zeit nur einen einzigen Wert haben kann. Eine weitere Bedingung, die Ψ erfüllen muß, sagt, daß Ψ und seine partiellen Ableitungen $\partial\Psi/\partial x$, $\partial\Psi/\partial y$, $\partial\Psi/\partial z$ überall stetig sein müssen.

Die *Schrödinger-Gleichung*, die die Fundamentalgleichung der Quantenmechanik in demselben Sinn ist, wie das zweite Bewegungsgesetz die Fundamentalgleichung für die Newtonsche Mechanik darstellt, ist eine Wellengleichung für die Variable Ψ. Wir werden nun zunächst eine einfachere Gleichung studieren, die Wellengleichung für eine gespannte Saite, bevor wir die Schrödinger-Gleichung selbst in Angriff nehmen.

5.3 Die Wellengleichung

Wir betrachten eine in Richtung der x-Achse gespannte Saite, deren Auslenkung in der x, y-Ebene erfolgt. Die Spannung der Saite ist T, ihre Massendichte ist ρ. Um die Differentialgleichung zu erhalten, die die Ausbreitung von Wellen in dieser Saite beschreiben, wenden wir das zweite Bewegungsgesetz auf den kleinen Abschnitt Δl der Saite in Bild 5.1 an.

Unsere Diskussion wird sich auf kleine Auslenkungen der Saite beschränken, die keine raschen Änderungen ihrer Form hervorrufen. Einige Näherungen gelten in diesem Fall:

1. Die Spannung hat in der Saite überall dieselbe Größe T.
2. Die Winkel θ_1 und θ_2 sind hinreichend klein, so daß angenähert die Relationen

$$\cos\theta_1 \approx \cos\theta_2 \approx 1 \tag{5.2}$$

$$\sin\theta_1 \approx \tan\theta_1 \tag{5.3}$$

$$\sin\theta_2 \approx \tan\theta_2 \tag{5.4}$$

gelten.

3. Die Länge Δl des verschobenen Abschnitts entspricht nahezu seiner normalen Länge Δx. Daher $\Delta l \approx \Delta x$ und die Masse des Abschnitts beträgt

$$\Delta m \approx \rho\, \Delta x.$$

Aus Bild 5.1 finden wir

$$F_{1x} = -T\cos\theta_1 \qquad F_{2x} = T\cos\theta_2$$

$$F_{1y} = -T\sin\theta_1 \qquad F_{2y} = T\sin\theta_2.$$

Wegen Gl. (5.2) ergibt sich die resultierende Kraft im Saitenelement in der x-Richtung zu

$$F_x = F_{1x} + F_{2x} = T(\cos\theta_2 - \cos\theta_1) = 0.$$

Daher brauchen wir nur Kräfte in der y-Richtung zu betrachten. Die resultierende Kraft in der y-Richtung beträgt

$$F_y = F_{1y} + F_{2y} = T(\sin\theta_2 - \sin\theta_1)$$
$$= T(\tan\theta_2 - \tan\theta_2)$$

Wegen $\tan\theta = dy/dx$ ergibt sich

$$F_y = T\left[\left(\frac{dy}{dx}\right)_{x_2} - \left(\frac{dy}{dx}\right)_{x_1}\right],$$

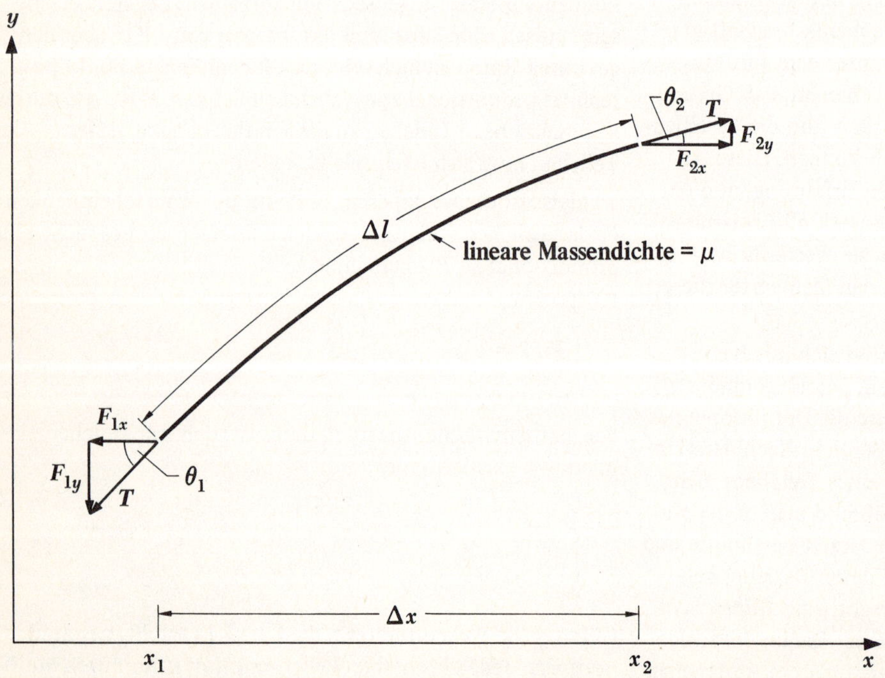

Bild 5.1
Segment einer gespannten Saite, die durch eine Wellenbewegung aus ihrer Ruhelage auf der x-Achse entfernt wurde.

wofür wir auch

$$F_y = T\,\Delta\left(\frac{dy}{dx}\right)$$

schreiben können. Die Größe $\Delta(dy/dx)$ stellt die Änderung von dy/dx über die Distanz Δx zwischen x_1 und x_2 dar.

Indem wir das zweite Bewegungsgesetz auf das Saitenelement anwenden, erhalten wir

$$F_y = \Delta m\, a_y$$

$$T\,\Delta\left(\frac{dy}{dx}\right) = \rho\,\Delta x\,\frac{d^2y}{dt^2}$$

$$\frac{\Delta}{\Delta x}\,\frac{dy}{dx} = \frac{\rho}{T}\,\frac{d^2y}{dt^2}\,. \tag{5.5}$$

Die Größe

$$\frac{\Delta}{\Delta x}\left(\frac{dy}{dx}\right)$$

ist der Differenzenquotient von dy/dx. Im Grenzfall $\Delta x \to 0$ gilt

$$\frac{\Delta}{\Delta x}\left(\frac{dy}{dx}\right) \to \frac{d^2y}{dx^2}\,,$$

so daß im Grenzfall eines unendlich kleinen Saitenelements Gl. (5.5)

$$\frac{d^2y}{dx^2} = \frac{\rho}{T}\,\frac{d^2y}{dt^2} \tag{5.6}$$

lautet. Dieser Ausdruck ist nicht ganz korrekt, da y eine Funktion von t und von x ist und d^2y/dx^2 mit der Zeit variiert, während d^2y/dt^2 vom Ort abhängt. In Gl. (5.6) betrachten wir Differentiationen zu einer bestimmten Zeit und an einem bestimmten Ort, daher müssen die totalen Ableitungen durch partielle Ableitungen ersetzt werden:

$$\frac{\partial^2 y}{\partial x^2} = \left(\frac{d^2y}{dx^2}\right)_{t\,=\,\text{konstant}}$$

$$\frac{\partial^2 y}{\partial t^2} = \left(\frac{d^2y}{dt^2}\right)_{x\,=\,\text{konstant}}$$

Es ergibt sich die partielle Differentialgleichung

$$\frac{\partial^2 y}{\partial x^2} = \frac{\rho}{T}\,\frac{\partial^2 y}{\partial t^2} \tag{5.7}$$

als *Wellengleichung* der gespannten Saite.

Es gibt viele verschiedene Lösungen für die Wellengleichung, was die Vielfalt der möglichen Wellen wiederspiegelt – ein Wellenzug mit konstanter Amplitude und konstanter Wellenlänge, eine Überlagerung von Wellen verschiedener Amplituden und Wellenlängen, eine stehende Welle in einer eingespannten Saite, und so fort. Alle Lösungen müssen die allgemeine Form

$$y = f\left(t \pm \sqrt{\frac{\rho}{T}}\,x\right) \tag{5.8}$$

haben, wobei f eine beliebige differenzierbare Funktion ist. Die Lösungen $f(t - \sqrt{\rho/T}x)$ stellen Wellen dar, die in die positive x-Richtung laufen. Die Lösungen $f(t + \sqrt{\rho/T}x)$ sind Wellen mit einer Ausbreitung in die negative x-Richtung.

Vergleichen wir Gl. (5.8) mit Gl. (2.5), sehen wir, daß die Größe $\sqrt{T/\rho}$ der Wellengeschwindigkeit entspricht, daher wollen wir für sie von nun an das Symbol v benützen. Mit

$$v = \sqrt{T/\rho} \tag{5.9}$$

lautet die Wellengleichung für die gespannte Saite

$$\frac{\partial^2 y}{\partial x^2} = \frac{1}{v^2}\,\frac{\partial^2 y}{\partial t^2}\,. \tag{5.10}$$

Diese Form der Wellengleichung gilt für Wellen in beliebigen Medien, in denen die Wellengeschwindigkeit v unabhängig von der Form der Wellen ist, das heißt, wenn v für alle Wellen beliebiger Frequenz, Wellenlänge und Gestalt gleich groß ist. Wellen in gespannten Saiten, Schallwellen in der Luft und Lichtwellen im Vakuum sind Beispiele für Wellen, die die Gl. (5.10) erfüllen. In diesen Fällen hängt die Geschwindigkeit v nur von den Eigenschaften des Mediums ab.

Wir interessieren uns zunächst für diejenige Welle, die das Gegenstück eines „freien Teilchens" ist, nämlich eines Teilchens, das ohne den Einfluß von irgendwelchen Kräften eine geradlinige Bahn mit konstanter Geschwindigkeit verfolgt. Diese Welle entspricht der allgemeinen Lösung von Gl. (5.10) für ungedämpfte (also mit konstanter Amplitude A), monochromatische (mit konstanter Winkelfrequenz ω), harmonische Wellen in die positive x-Richtung

$$y = A\,e^{-i\omega\,(t - x/v)} \tag{5.11}$$

In dieser Formel ist y eine komplexe Größe mit Real- und Imaginärteil. Wegen

$$e^{-i\theta} = \cos\theta - i\sin\theta \tag{5.12}$$

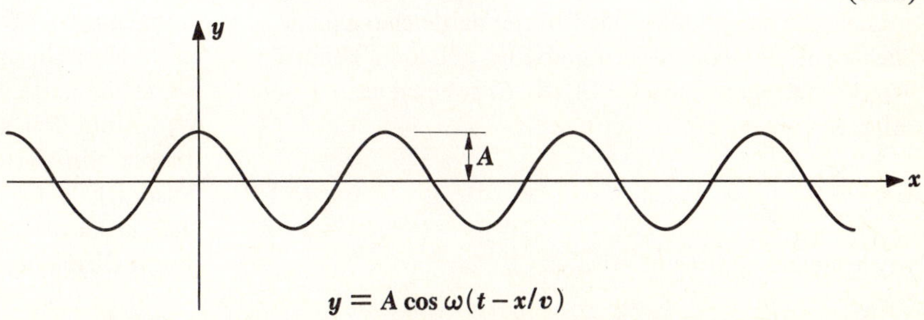

Bild 5.2
Wellen in der xy-Ebene, die sich in der $+x$-Richtung in einer längs der x-Achse gespannten Saite ausbreiten.

kann Gl. (5.11) in der Form

$$y = A\cos\omega\left(t-\frac{x}{v}\right) - \mathrm{i}\,A\sin\omega\left(t-\frac{x}{v}\right) \tag{5.13}$$

geschrieben werden. Im Fall von Wellen auf einer gespannten Saite hat nur der Realteil von Gl. (5.13) physikalische Bedeutung, da y die Auslenkung der Saite aus ihrer Ruhelage (Bild 5.2) ist. In diesem Fall wird der Imaginärteil weggelassen.

5.4 Schrödinger-Gleichung : zeitabhängige Form

In der Quantenmechanik entspricht die Wellenfunktion Ψ der Auslenkung y der Wellenbewegung einer Saite. Da Ψ im Gegensatz zu y eine nichtmeßbare Größe ist, kann sie komplex sein. Deshalb nehmen wir an, daß Ψ in der x-Richtung durch

$$\Psi = A\,\mathrm{e}^{-\mathrm{i}\omega(t-x/v)} \tag{5.14}$$

gegeben ist. Wenn wir in der obigen Formel ω durch $2\pi\nu$ und v durch $\lambda\nu$ ersetzen, erhalten wir

$$\Psi = A\,\mathrm{e}^{-2\pi\mathrm{i}(\nu t - x/\lambda)}, \tag{5.15}$$

was eine zweckmäßige Form ist, da wir bereits wissen, wie sich ν und λ durch die Gesamtenergie E und den Teilchenimpuls p ausdrücken lassen. Wegen

$$E = h\nu = 2\pi\hbar\nu$$

und

$$\lambda = \frac{h}{p} = \frac{2\pi\hbar}{p}$$

erhalten wir

$$\Psi = A\,\mathrm{e}^{-(\mathrm{i}/\hbar)(Et-px)} \tag{5.16}$$

Gl. (5.16) ist der mathematische Ausdruck für eine Welle, die einem freien Teilchen mit der Gesamtenergie E und dem Impuls p entspricht, das sich in die positive x-Richtung bewegt, genauso wie Gl. (5.11) der entsprechende Ausdruck für eine harmonische Welle entlang einer gespannten Saite ist.

Der Ausdruck für die Wellenfunktion Ψ in Gl. (5.16) ist nur für Teilchen richtig, die sich frei bewegen, während wir besonders an Situationen interessiert sind, in denen die Bewegung eines Teilchens verschiedenen Einschränkungen unterliegt. Ein wichtiger Fall ist z. B. ein Elektron, das durch das elektrische Feld an einen Atomkern gebunden ist. Wir müssen nun die grundlegende Differentialgleichung für Ψ suchen, die wir dann für den speziellen Fall lösen können. Wir differenzieren zunächst Gl. (5.16) zweimal nach x und erhalten

$$\frac{\partial^2\Psi}{\partial x^2} = -\frac{p^2}{\hbar^2}\Psi \tag{5.17}$$

sowie einmal nach t und erhalten

$$\frac{\partial\Psi}{\partial t} = -\frac{\mathrm{i}E}{\hbar}\Psi. \tag{5.18}$$

Bei Geschwindigkeiten, die im Vergleich zur Lichtgeschwindigkeit klein sind, ist die Gesamtenergie eines Teilchens die Summe aus seiner kinetischen Energie $p^2/2m$ und seiner potentiellen Energie E_p, wobei E_p im allgemeinen eine Funktion vom Ort x und von der Zeit t ist:

$$E = \frac{p^2}{2m} + E_\mathrm{p}. \tag{5.19}$$

Indem wir beide Seiten dieser Gleichung mit der Wellenfunktion Ψ multiplizieren, erhalten wir

$$E\Psi = \frac{p^2}{2m}\Psi + E_\mathrm{p}\Psi. \tag{5.20}$$

Aus den Gln. (5.17) und (5.18) sehen wir, daß

$$E\Psi = -\frac{\hbar}{\mathrm{i}}\frac{\partial\Psi}{\partial t} \tag{5.21}$$

$$p^2\Psi = -\hbar^2\frac{\partial^2\Psi}{\partial x^2}, \tag{5.22}$$

indem wir diese Ausdrücke für $E\Psi$ und $p^2\Psi$ in Gl. (5.20) einsetzen, erhalten wir

$$\frac{\hbar}{\mathrm{i}}\frac{\partial\Psi}{\partial t} = \frac{\hbar^2}{2m}\frac{\partial^2\Psi}{\partial x^2} - E_\mathrm{p}\Psi. \tag{5.23}$$

Gl. (5.23) ist die *zeitabhängige Form der Schrödinger-Gleichung.* In drei Dimensionen lautet sie

$$\frac{\hbar}{\mathrm{i}}\frac{\partial\Psi}{\partial t} = \frac{\hbar^2}{2m}\left(\frac{\partial^2\Psi}{\partial x^2} + \frac{\partial^2\Psi}{\partial y^2} + \frac{\partial^2\Psi}{\partial z^2}\right) - E_\mathrm{p}\Psi, \tag{5.24}$$

wobei die potentielle Energie E_p des Teilchens eine Funktion von x, y, z und t ist. Sobald E_p bekannt ist, kann die Schrödinger-Gleichung für die Wellenfunktion des Teilchens gelöst werden und daraus die Wahrscheinlichkeitsdichte $|\Psi|^2$ für beliebige Orte und Zeiten bestimmt werden.

Die Größe

$$\frac{\partial^2\Psi}{\partial x^2} + \frac{\partial^2\Psi}{\partial y^2} + \frac{\partial^2\Psi}{\partial z^2} \tag{5.25}$$

wird oft mit $\nabla^2\Psi$ abgekürzt, wobei der *Laplace-Operator* ∇^2 durch

$$\nabla^2 \equiv \frac{\partial^2}{\partial x^2} + \frac{\partial^2}{\partial y^2} + \frac{\partial^2}{\partial z^2} \tag{5.26}$$

definiert ist. *Ein mathematischer Operator ist eine Kurzanweisung, die uns sagt, welche Operation auf die nachfolgende Größe angewandt werden soll.* Wenn der Laplace-Operator ∇^2 in einer Gleichung auftritt, wissen wir sofort, daß wir die zweite partielle Ableitung der folgenden Größe, hier der Wellenfunktion Ψ, bezüglich jeder Koordinate ermitteln müssen. Ein Vorteil der Verwendung von $\nabla^2\Psi$ statt des Ausdrucks in Gl. (5.25) besteht darin, daß $\nabla^2\Psi$ nicht speziell die kartesischen Koordinaten betrifft, so daß die Schrödinger-Gleichung in der Gestalt

$$\frac{\hbar}{\mathrm{i}}\frac{\partial\Psi}{\partial t} = \frac{\hbar^2}{2m}\nabla^2\Psi - E_\mathrm{p}\Psi \tag{5.27}$$

in allen Koordinatensystemen gilt, wenn nur ∇^2 geeignet definiert ist. Oft ermöglicht die sinnvolle Wahl eines Koordinatensystems eine leichte Lösung der Differentialgleichung. So werden wir beispielsweise sehen, daß die Schrödinger-Gleichung für das Wasserstoffatom am leichtesten bei der Verwendung von sphärischen Polarkoordinaten gelöst werden kann.

Wie haben wir die Schrödinger-Gleichung erhalten? Die Verallgemeinerung der Schrödinger-Gleichung vom Spezialfall eines freien Teilchens (potentielle Energie E_p = konstant) auf den allgemeinen Fall eines Teilchens, das beliebigen Kräften unterworfen ist, die zeitlich und räumlich variieren ($E_p = E_p(x, y, z, t)$), ist zwar plausibel, es läßt sich aber nicht beweisen, daß diese Verallgemeinerung korrekt ist. Wir können nur die Schrödinger-Gleichung postulieren, sie für verschiedene physikalische Situationen lösen und die Resultate der Rechnungen mit den Resultaten der Experimente vergleichen. Wenn sie übereinstimmen, dann ist das in der Schrödinger-Gleichung formulierte Postulat gültig; wenn sie sich widersprechen, muß die Schrödinger-Gleichung verworfen und ein anderer Weg versucht werden. Mit anderen Worten, die Schrödinger-Gleichung kann nicht aus „ersten Prinzipien" abgeleitet werden, sie stellt selbst ein solches erstes Prinzip dar.

In der Praxis hat sich die Schrödinger-Gleichung bei der Vorhersage von experimentellen Daten als vollständig zufriedenstellend erwiesen. Es ist klar, daß Gl. (5.27) nur für nichtrelativistische Probleme verwendet werden kann, und eine entsprechende Abänderung ist notwendig, wenn die Teilchengeschwindigkeiten mit der Lichtgeschwindigkeit vergleichbar werden. Weil die Schrödinger-Gleichung innerhalb des erwarteten Bereiches mit dem Experiment übereinstimmt, stellt sie ein erfolgreiches Postulat bezüglich einiger Aspekte der physikalischen Welt dar. Doch angesichts ihres Erfolges dürfen wir nicht vergessen, daß diese Gleichung genauso wie die Postulate der speziellen Relativitätstheorie oder die Gesetze der Thermodynamik ein Postulat bleibt: Keines von ihnen kann aus einem anderen Prinzip abgeleitet werden, jedes ist eine grundlegende Verallgemeinerung und nicht mehr oder weniger gültig als die empirischen Daten, die ihnen zugrunde liegen. Man sollte in diesem Zusammenhang daruaf hinweisen, daß die Schrödinger-Gleichung keine Zunahme in der Anzahl der Postulate mit sich bringt, die zur Beschreibung des Funktionierens der physikalischen Welt erforderlich sind, weil Newtons zweites Gesetz, in der klassischen Mechanik ein Postulat, aus der Schrödinger-Gleichung folgt, wenn die betroffenen Größen als Mittelwerte statt als exakte Meßwerte verstanden werden.

5.5 Der Wahrscheinlichkeitsstrom

Die Größe $|\Psi|^2 = \Psi^*\Psi$ wurde als Wahrscheinlichkeitsdichte des Teilchens, das durch die Wellenfunktion Ψ beschrieben wird, bezeichnet. Diese Deutung kann durch die Betrachtung eines Teilchens, das sich in die x-Richtung bewegt, begründet werden. Wenn $|\Psi|^2$ tatsächlich die Wahrscheinlichkeitsdichte des Teilchens ist, dann sollte diese Größe erhalten bleiben, während das Teilchen von einem Ort zum nächsten fortschreitet. Wenn $|\Psi|^2$ *keine* Erhaltungsgröße ist, dann kann

$$\int_{-\infty}^{\infty} |\Psi|^2 \, dV = 1$$

nicht zu allen Zeiten gelten und $|\Psi|^2$ kann nicht die Wahrscheinlichkeitsdichte eines realen Teilchens darstellen.

Wir wollen die Bewegung des Teilchens zwischen x_1 und x_2 in Bild 5.3 untersuchen. Am Ort x_1 hat die *Wahrscheinlichkeitsstromdichte* einen bestimmten Wert S_1 und am Ort x_2 den Wert S_2. Wenn die Wahrscheinlichkeitsdichte $|\Psi|^2$ erhalten sein soll, muß jede Differenz zwischen S_1 und S_2 der Rate entsprechen, mit der sich die Gesamtwahrscheinlichkeit

$$\int_{x_1}^{x_2} |\Psi|^2 \, dx$$

in der Region von x_1 bis x_2 mit der Zeit ändert. Das heißt, der Unterschied zwischen den einwärts und auswärts gerichteten Strömen muß genau so groß wie die Änderungsrate der Wahrscheinlichkeit in dieser Region sein:

$$\frac{\partial}{\partial t} \int_{x_1}^{x_2} |\Psi|^2 \, dx = S_1 - S_2 . \qquad (5.28)$$

Nun werden wir zeigen, daß Gl. (5.28) tatsächlich erfüllt ist.

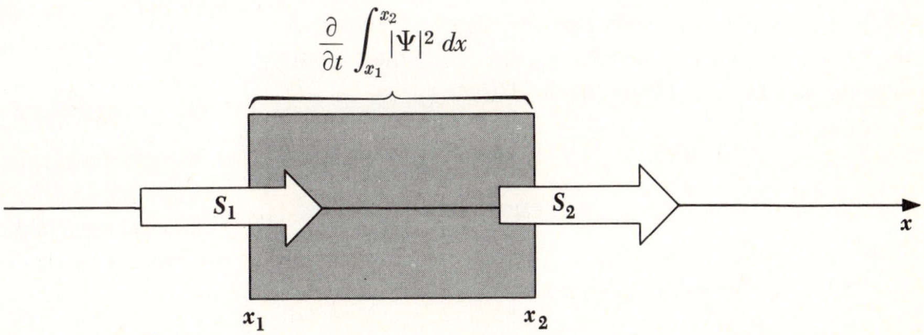

Bild 5.3
Die Änderungsrate der Gesamtwahrscheinlichkeit innerhalb eines Gebietes muß der Differenz der einwärts- und auswärtsgerichteten Flüsse der Wahrscheinlichkeitsdichte gleich sein.

Wir beginnen mit der zeitabhängigen Schrödinger-Gleichung

$$i\hbar \frac{\partial \Psi}{\partial t} = -\frac{\hbar^2}{2m}\frac{\partial^2 \Psi}{\partial x^2} + E_p \Psi \tag{5.29}$$

und der zu ihr komplex konjugierten Gleichung, die wir erhalten, indem wir i durch $-$i und Ψ durch Ψ^* ersetzen:

$$-i\hbar \frac{\partial \Psi^*}{\partial t} = -\frac{\hbar^2}{2m}\frac{\partial^2 \Psi^*}{\partial x^2} + E_p \Psi^* . \tag{5.30}$$

Zunächst multiplizieren wir Gl. (5.29) mit Ψ^* und Gl. (5.30) mit Ψ und erhalten

$$i\hbar \Psi^* \frac{\partial \Psi}{\partial t} = -\frac{\hbar^2}{2m}\left(\Psi^* \frac{\partial^2 \Psi}{\partial x^2}\right) + \Psi^* E_p \Psi \tag{5.31}$$

$$-i\hbar \Psi \frac{\partial \Psi^*}{\partial t} = -\frac{\hbar^2}{2m}\left(\Psi \frac{\partial^2 \Psi^*}{\partial x^2}\right) + \Psi E_p \Psi^* . \tag{5.32}$$

Wir subtrahieren nun Gl. (5.32) von Gl. (5.31) und erhalten

$$i\hbar\left(\Psi^* \frac{\partial \Psi}{\partial t} + \Psi \frac{\partial \Psi^*}{\partial t}\right) = -\frac{\hbar^2}{2m}\left(\Psi^* \frac{\partial^2 \Psi}{\partial x^2} - \Psi \frac{\partial^2 \Psi^*}{\partial x^2}\right),$$

was sich zu

$$i\hbar \frac{\partial}{\partial t}(\Psi^* \Psi) = -\frac{\hbar^2}{2m}\frac{\partial}{\partial x}\left(\Psi^* \frac{\partial}{\partial x}\Psi - \Psi \frac{\partial \Psi^*}{\partial x}\right)$$

vereinfacht. Indem wir mit $-i/\hbar$ multiplizieren und beide Seiten der Gleichung von x_1 bis x_2 integrieren, erhalten wir

$$\frac{\partial}{\partial t}\int_{x_1}^{x_2} \Psi^* \Psi dx = \frac{i\hbar}{2m}\int_{x_1}^{x_2} \frac{\partial}{\partial x}\left(\Psi^* \frac{\partial \Psi}{\partial x} - \Psi \frac{\partial \Psi^*}{\partial x}\right) dx \tag{5.33}$$

$$= \frac{i\hbar}{2m}\left[\Psi^* \frac{\partial \Psi}{\partial x} - \Psi \frac{\partial \Psi^*}{\partial x}\right]_{x_1}^{x_2} .$$

Gl. (5.33) ist dieselbe wie Gl. (5.28) für die Erhaltung der Wahrscheinlichkeit, wenn wir den Wahrscheinlichkeitsstrom S in der folgenden Weise definieren:

$$S = -\frac{i\hbar}{2m}\left(\Psi^* \frac{\partial \Psi}{\partial x} - \Psi \frac{\partial \Psi^*}{\partial x}\right). \tag{5.34}$$

Das Minuszeichen wird benötigt, damit die rechte Seite der Gl. (5.33) in Übereinstimmung mit Gl. (5.28) ist.

Die obige Definition des Wahrscheinlichkeitsstroms kann durch die Betrachtung eines freien Teilchens mit Energie E und Impuls p plausibel gemacht werden. Die Wellenfunktion eines solchen Teilchens lautet nach Gl. (5.16)

$$\Psi = A\, e^{-(i/\hbar)(Et - px)}$$

und die dazu komplex konjugierte Funktion

$$\Psi^* = A^*\, e^{(i/\hbar)(Et - px)} .$$

Daher gilt

$$\frac{\partial \Psi}{\partial x} = \frac{ip}{\hbar} A\, e^{-(i/\hbar)(Et-px)} = \frac{ip}{\hbar}\Psi$$

$$\frac{\partial \Psi^*}{\partial x} = -\frac{ip}{\hbar} A^*\, e^{(i/\hbar)(Et-px)} = \frac{ip}{\hbar}\Psi^* .$$

und mit Gl. (5.34) erhalten wir für den Wahrscheinlichkeitsstrom

$$S = -\frac{i\hbar}{2m}\left(\frac{ip}{\hbar}\Psi^*\Psi + \frac{ip}{\hbar}\Psi^*\Psi\right)$$

$$= \frac{p}{m}\Psi^*\Psi$$

$$= |\Psi|^2 v, \tag{5.35}$$

da $p/m = v$, die Teilchengeschwindigkeit. Der Wahrscheinlichkeitsstrom eines freien Teilchens ist also das Produkt aus seiner Wahrscheinlichkeitsdichte und seiner Geschwindigkeit. Gl. (5.28) für die Erhaltung der Wahrscheinlichkeit kann in diesem Fall auch

$$\frac{\partial}{\partial t}\int_{x_1}^{x_2} |\Psi|^2 dx = |\Psi|^2_{x_1} v_1 - |\Psi|^2_{x_2} v_2 \tag{5.36}$$

geschrieben werden. Dies ist eine vertraute Gleichungsform: ein Erhaltungssatz von genau der gleichen Form, in dem jedoch die Massendichte ρ anstelle der Wahrscheinlichkeitsdichte $|\Psi|^2$ steht, ist eine der grundlegenden Gleichungen der Flüssigkeitsmechanik.

Warum kann man nicht im allgemeinen den Wahrscheinlichkeitsstrom durch Gl. (5.35) anstelle von Gl. (5.34) definieren? In Gl. (5.35) haben wir die Wellenfunktion eines freien Teilchens benützt, also eines Teilchens, dessen potentielle Energie $E_p(x, t)$ konstant ist. In einem solchen Fall wirken keine Kräfte auf das Teilchen, seine Geschwindigkeit v ist dieselbe am Punkt x_1 und am Punkt x_2 und beide Seiten von Gl. (5.36) sind unabhängig von den Werten x_1 und x_2 Null. Wenn E_p von x und t abhängt, sind Teilchenenergie E und Teilchenimpuls p Funktionen von x und t, und ihre partiellen Ableitungen müssen bei der Berechnung von $\partial\Psi/\partial x$ und $\partial\Psi^*/\partial x$ berücksichtigt werden. Wenn allerdings $E_p(x, t)$ nur langsam mit x und t variiert, können die Ableitungen von E und p bei der Berechnung von $\partial\Psi/\partial x$ und $\partial\Psi^*/\partial x$ vernachlässigt werden. Gl. (5.35) wird dann eine gute Näherung sein; Gl. (5.34) gilt jedoch immer.

5.6 Erwartungswerte

Sobald die Schrödinger-Gleichung für ein Teilchen in einer bestimmten physikalischen Situation gelöst ist, steht mit der entsprechenden Wellenfunktion $\Psi(x, y, z, t)$ die gesamte Information über das Teilchen zur Verfügung, soweit sie aufgrund des Unschärfeprinzips erhalten werden kann. Diese Information besteht in Wahrscheinlichkeiten und nicht in genauen Zahlen, außer wenn die entsprechenden Variablen in einigen Fällen zufällig quantisiert sind. Als Beispiel wollen wir den *Erwartungswert* $\bar{x}$ des Ortes eines Teilchens bestimmen, das auf die x-Achse beschränkt ist und durch die Wellenfunktion $\Psi(x, t)$ beschrieben wird. Dies ist der Wert, den wir erhalten würden, wenn wir die Positionen von sehr vielen Teilchen mit derselben Wellenfunktion zu einer bestimmten Zeit t experimentell feststellen und über die Resultate mitteln würden.

Um das Verfahren zu erklären, werden wir zuerst eine etwas andere Frage beantworten. Was ist die mittlere Position $\bar{x}$ einer Anzahl von Teilchen, die in folgender Weise entlang der x-Achse verteilt sind: N_1 Teilchen in x_1, N_2 Teilchen in x_2 usw.? Die mittlere Position ergibt sich als Schwerpunkt der Verteilung, daher erhalten wir

$$\bar{x} = \frac{N_1 x_1 + N_2 x_2 + N_3 x_3 + \ldots}{N_1 + N_2 + N_3 + \ldots} = \frac{\Sigma N_i x_i}{\Sigma N_i} .$$

Wenn wir ein einzelnes Teilchen betrachten, müssen wir die Anzahl N_i von Teilchen am Ort x_i durch die Wahrscheinlichkeit P_i ersetzen, daß das Teilchen in einem Intervall dx um x_i gefunden wird. Diese Wahrscheinlichkeit ist

$$P_i = |\Psi_i|^2 \, dx ,$$

wobei Ψ_i die Wellenfunktion des Teilchens am Ort x_i ist. Indem wir diese Substitution durchführen und die Summationen durch Integration ersetzen, sehen wir, daß der Erwartungswert des Orts eines einzelnen Teilchens

$$\bar{x} = \frac{\int_{-\infty}^{\infty} x|\Psi|^2 \, dx}{\int_{-\infty}^{\infty} |\Psi|^2 \, dx} \tag{5.37}$$

lautet. Wenn Ψ eine normierte Wellenfunktion ist, ist der Nenner von Gl. (5.37) gleich der Wahrscheinlichkeit, daß das Teilchen irgendwo zwischen $x = -\infty$ und $x = +\infty$ vorhanden ist, und hat deshalb den Wert 1. Daher schreiben wir

$$\bar{x} = \int_{-\infty}^{\infty} x|\Psi|^2 \, dx. \tag{5.38}$$

Gl. (5.38) wird aus Gründen, die im nächsten Abschnitt klar werden, üblicherweise in der äquivalenten Form

$$\bar{x} = \int_{-\infty}^{\infty} \Psi^* x \Psi \, dx \tag{5.39}$$

geschrieben.

Dasselbe Verfahren, kann auch für den Erwartungswert $\bar{G}$ einer beliebigen Größe $G(x)$, z. B. der potentiellen Energie $E_p(x)$, verwendet werden, die vom Ort x eines Teilchens mit der Wellenfunktion Ψ abhängt. Das Resultat lautet

$$\bar{G} = \int_{-\infty}^{+\infty} \Psi^* G(x) \Psi \, dx. \tag{5.40}$$

Diese Formel gilt sogar dann, wenn $G(x)$ von der Zeit abhängt, da $\bar{G}$ auf jeden Fall zu einer festen Zeit t berechnet werden muß, weil Ψ ebenfalls eine Funktion der Zeit ist.

5.7 Operatoren

Im vorigen Abschnitt sahen wir, wie für eine beliebige Größe, die vom Ort x eines Teilchens mit der Wellenfunktion Ψ abhängt, ein Erwartungswert erhalten werden kann. Auf diese Weise können wir zu beliebigen Zeiten t die Erwartungswerte von x oder $E_p(x)$, der potentiellen Energie des Teilchens, finden; beide sind Teile einer vollständigen Beschreibung des Zustandes des Teilchens. Andere dynamische Größen wie der Teilchenimpuls p und die totale Energie E können jedoch nicht in derselben Weise behandelt werden. Wenn wir Gl. (5.40) auf die Erwartungswerte von p und E übertragen würden, erhielten wir

$$\bar{p} = \int_{-\infty}^{+\infty} \Psi^* p \Psi \, dx$$

$$\bar{E} = \int_{-\infty}^{\infty} \Psi^* E \Psi \, dx.$$

Diese Gleichungen erscheinen auf den ersten Blick ganz einleuchtend, bis wir merken, daß wir p und E als Funktionen von x und t ausdrücken müssen, um die Integrationen durchführen zu können. Doch besagt das Unschärfeprinzip, daß es keine solchen Funktionen $p(x, t)$ und $E(x, t)$ geben kann. Sobald x und t festgelegt sind, bedeuten die Beziehungen

$$\Delta p \, \Delta x \geqslant \hbar$$

$$\Delta E \, \Delta t \geqslant \hbar ,$$

daß wir p und E aus prinzipiellen Gründen nicht genau bestimmen können. (Oder wenn p und E festgelegt sind wie im Falle eines stationären Zustandes, etwa bei einem atomaren Energieniveau, dann können x und t nicht genau bestimmt sein.)

In der klassischen Physik tritt keine solche Beschränkung auf, weil in der makroskopischen Welt das Unschärfeprinzip vernachlässigt werden kann. Wenn wir das zweite Bewegungsgesetz auf die Bewegung eines Körpers unter dem Einfluß verschiedener Kräfte anwenden, dann erwarten wir, $p(x, t)$ und $E(x, t)$ ebenso wie $x(t)$ aus der Lösung zu erhalten. Ein

Problem in der klassischen Physik zu lösen, bedeutet im wesentlichen, die gesamte zukünftige Bahn der Bewegung des Körpers festzustellen. In der Quantenphysik erhalten wir andererseits durch die Anwendung der Schrödinger-Gleichung nur die Wellenfunktion Ψ, und die zukünftige Bahn des Teilchens hängt von Wahrscheinlichkeiten, nicht von genauen Zahlen ab.

Einen Hinweis, wie $\overline{p}$ und $\overline{E}$ in richtiger Weise erhalten werden können, finden wir, indem wir die Wellenfunktion eines freien Teilchens

$$\Psi = A\, e^{-(i/\hbar)(Et-px)}$$

nach x und nach t differenzieren. Wir finden, daß

$$\frac{\partial \Psi}{\partial x} = \frac{i}{\hbar} p \Psi$$

$$\frac{\partial \Psi}{\partial t} = -\frac{i}{\hbar} E \Psi ,$$

was in die suggestiven Formen

$$p\Psi = \frac{\hbar}{i} \frac{\partial}{\partial x} \Psi \tag{5.41}$$

$$E\Psi = i\hbar \frac{\partial}{\partial t} \Psi \tag{5.42}$$

umgeschrieben werden kann. Offensichtlich entspricht die dynamische Größe p in irgendeiner Weise dem Differentialoperator $(\hbar/i)\partial/\partial x$ und die Größe E dem Differentialoperator $i\hbar\, \partial/\partial t$. (Wie wir früher feststellten, sagt uns ein Operator, welche Operationen wir auf die hinter ihm stehende Größe anwenden sollen. Der Operator $i\hbar\,\partial/\partial t$ befiehlt uns, die partielle Ableitung bezüglich der Zeit durchzuführen und das Resultat mit $i\hbar$ zu multiplizieren.)

Üblicherweise bezeichnet man Operatoren mit fettgedruckten Lettern, so daß $\mathbf{p}$ der Operator ist, der dem Impuls p entspricht und analog $\mathbf{E}$ derjenige Operator, der der Gesamtenergie E entspricht. Auf Grund der Gln. (5.41) und (5.42) lauten diese Operatoren

$$\mathbf{p} = \frac{\hbar}{i} \frac{\partial}{\partial x} \tag{5.43}$$

$$\mathbf{E} = i\hbar \frac{\partial}{\partial t} . \tag{5.44}$$

Obwohl wir nur gezeigt haben, daß die Gln. (5.43) und (5.44) für freie Teilchen gelten, sind dies völlig allgemeine Ergebnisse, deren Gültigkeitsbereich derselbe ist wie der der Schrödinger-Gleichung. Zur Untermauerung dieser Aussage ersetzen wir die Gleichung

$$E = E_k + E_p$$

für die Gesamtenergie eines Teilchens durch die Operatorgleichung

$$\mathbf{E} = \mathbf{E}_k + E_p \tag{5.45}$$

Da die kinetische Energie E_k sich durch den Impuls p mittels

$$E_k = \frac{p^2}{2m}$$

ausdrücken läßt, erhalten wir

$$\mathbf{E}_k = \frac{\mathbf{p}^2}{2m} = \frac{1}{2m}\left(\frac{\hbar}{i}\frac{\partial}{\partial x}\right)^2 = -\frac{\hbar^2}{2m}\frac{\partial^2}{\partial x^2} . \tag{5.46}$$

Gl. (5.45) lautet daher

$$i\hbar \frac{\partial \Psi}{\partial t} = -\frac{\hbar^2}{2m} \frac{\partial^2}{\partial x^2} + E_p . \tag{5.47}$$

Wir multiplizieren nun Gl. (5.47) mit Ψ und erhalten

$$i\hbar \frac{\partial \Psi}{\partial t} = -\frac{\hbar^2}{2m} \frac{\partial^2 \Psi}{\partial x^2} + E_p \Psi ,$$

also die Schrödinger Gleichung. Statt der Schrödinger-Gleichung können wir auch die Operatorgleichungen (5.43) und (5.44) als Postulate an die Spitze der Quantenmechanik stellen.

Weil p und E durch ihre entsprechenden Operatoren in einer Gleichung ersetzt werden können, können wir diese Operatoren dazu benützen um die Erwartungswerte von p und E zu erhalten. Daher ergibt sich der Erwartungswert von p als

$$\begin{aligned} \overline{p} &= \int_{-\infty}^{\infty} \Psi^* \mathbf{p} \Psi \, dx \\ &= \int_{-\infty}^{\infty} \Psi^* \frac{\hbar}{i} \frac{\partial}{\partial x} \Psi \, dx \\ &= \frac{\hbar}{i} \int_{-\infty}^{\infty} \Psi^* \frac{\partial \Psi}{\partial x} dx \end{aligned} \tag{5.48}$$

und der Erwartungswert von E als

$$\begin{aligned} \overline{E} &= \int_{-\infty}^{\infty} \Psi^* \, \mathbf{E} \Psi \, dx \\ &= \int_{-\infty}^{\infty} \Psi^* \left(i\hbar \frac{\partial}{\partial t} \right) \Psi \, dx \\ &= i\hbar \int_{-\infty}^{\infty} \Psi^* \frac{\partial \Psi}{\partial t} dx . \end{aligned} \tag{5.49}$$

Die Gln. (5.48) und (5.49) können für jede zulässige Wellenfunktion $\Psi(x, t)$ ausgewertet werden.

Es ist nun klar, warum man Erwartungswerte, die Operatoren enthalten, in der Form

$$\overline{p} = \int_{-\infty}^{\infty} \Psi^* \mathbf{p} \Psi \, dx$$

schreiben muß. Die anderen Alternativen wären

$$\int_{-\infty}^{\infty} \mathbf{p}\Psi^*\Psi \, dx = \frac{\hbar}{i} \int_{-\infty}^{\infty} \frac{\partial}{\partial x}(\Psi^*\Psi) dx$$

$$= \frac{\hbar}{i} [\Psi^*\Psi]_{-\infty}^{\infty} = 0 \, ,$$

da Ψ^* und Ψ bei $x = \pm\infty$ verschwinden müssen; auch

$$\int_{-\infty}^{\infty} \Psi^*\Psi \mathbf{p} dx = \frac{\hbar}{i} \int_{-\infty}^{\infty} \Psi^*\Psi \frac{\partial}{\partial x} dx$$

ergibt keinen Sinn. Im Fall algebraischer Größen wie x und $E_p(x)$ ist die Reihenfolge der Faktoren im Integranden unwichtig, doch wenn Differentialoperatoren vorkommen, muß die korrekte Anordnung der Faktoren beachtet werden.

Jede beobachtbare Größe G, die für ein physikalisches System charakteristisch ist, kann durch einen geeigneten quantenmechanischen Operator $\mathbf{G}$ dargestellt werden. Um diesen Operator zu erhalten, müssen wir G nur durch x und p ausdrücken und dann p durch $(\hbar/i)\partial/\partial x$ ersetzen. Wenn die Wellenfunktion Ψ des Systems bekannt ist, ergibt sich der Erwartungswert von $G(x, p)$ zu

$$\overline{G} = \int_{-\infty}^{\infty} \Psi^* \mathbf{G} \Psi dx \, . \tag{5.50}$$

Dieses Ergebnis entspricht unserer früher gemachten Aussage, daß aus Ψ alle Informationen über ein System gewonnen werden können, die mit dem Unschärfeprinzip verträglich sind.

5.8 Schrödinger-Gleichung: stationäre Zustände

In vielen Situationen hängt die potentielle Energie eines Teilchens nicht explizit von der Zeit ab: Die Kräfte, die auf das Teilchen wirken, variieren nur mit dem Ort des Teilchens. Wenn dies zutrifft, kann die Schrödinger-Gleichung dadurch vereinfacht werden, daß ihre Zeitabhängigkeit entfernt wird. Wir betrachten zunächst die eindimensionale Wellenfunktion Ψ eines freien Teilchens:

$$\begin{aligned} \Psi &= A \, e^{-(i/\hbar)(Et - px)} \\ &= A \, e^{-iEt/\hbar} \, e^{ipx/\hbar} \\ &= \psi \, e^{-iEt/\hbar} . \end{aligned} \tag{5.51}$$

Daraus sehen wir, daß Ψ das Produkt eines zeitabhängigen Faktors $e^{-iEt/\hbar}$ und eines ortsabhängigen Faktors ψ ist.

Die Zeitabhängigkeiten *aller* Wellenfunktionen von Teilchen, auf die zeitunabhängige Kräfte wirken, haben die gleiche Form wie für ein freies Teilchen. Indem wir die Wellenfunktion Ψ aus Gl. (5.51) in die zeitabhängige Form der Schrödinger-Gleichung einsetzen, finden wir

$$-E\psi e^{-iEt/\hbar} = \frac{\hbar^2}{2m} e^{-iEt/\hbar} \frac{\partial^2 \psi}{\partial x^2} - E_p \psi e^{-iEt/\hbar}$$

und nach Division durch den gemeinsamen Exponentialfaktor

$$\frac{\partial^2 \psi}{\partial x^2} + \frac{2m}{\hbar^2}(E - E_p)\psi = 0. \tag{5.52}$$

Gl. (5.52) ist die stationäre Schrödinger-Gleichung. In drei Dimensionen lautet sie

$$\nabla^2 \psi + \frac{2m}{\hbar^2}(E - E_p)\psi = 0. \tag{5.53}$$

Die *stationäre Form der Schrödinger-Gleichung* kann auch auf andere Weise erhalten werden. Dazu drücken wir die Gesamtenergie $E = E_k + E_p$ eines Teilchens durch die Operatoren $\mathbf{E}$, $\mathbf{E_k}$ und $\mathbf{E_p}$ aus. Weil die potentielle Energie E_p nicht von der Zeit abhängt, ist die Gesamtenergie E konstant und der Operator $\mathbf{E}$ ist bloß eine Zahl

$$\mathbf{E} = E$$

Der Operator der potentiellen Energie ist wie zuvor

$$\mathbf{E_p} = E_p,$$

da $E_p = E_p(x)$, während in Gl. (5.46) der Operator $\mathbf{E_k}$ der kinetischen Energie als

$$\mathbf{E_k} = \frac{\mathbf{p}^2}{2m} = -\frac{\hbar^2}{2m}\frac{\partial^2}{\partial x^2}$$

bestimmt wurde. Daher lautet die Operatorbeziehung, die $E = E_k + E_p$ entspricht, wenn E konstant ist,

$$E = -\frac{\hbar^2}{2m}\frac{\partial^2}{\partial x^2} + E_p \, . \tag{5.54}$$

Wir multiplizieren diese Operatorgleichung auf beiden Seiten mit ψ und erhalten

$$E\psi = -\frac{\hbar^2}{2m}\frac{\partial^2 \psi}{\partial x^2} + E_p \psi, \tag{5.55}$$

was mit Gl. (5.52) übereinstimmt.

5.9 Eigenwerte und Eigenfunktionen

Der Operator der Gesamtenergie

$$\mathbf{H} = -\frac{\hbar^2}{2m}\frac{\partial^2}{\partial x^2} + E_p \tag{5.56}$$

wird *Hamiltonoperator* genannt, weil er an die Hamiltonsche Funktion in der höheren klassischen Mechanik erinnert, die die Gesamtenergie eines Systems durch Koordinaten und

Impulse ausdrückt. Offensichtlich kann die stationäre Schrödinger-Gleichung als

$$E\psi = \mathbf{H}\psi \qquad (5.57)$$

geschrieben werden.

Im allgemeinen kann die stationäre Schrödinger-Gleichung nur für gewisse Werte der Energie E gelöst werden. Dies hat nichts mit möglichen mathematischen Schwierigkeiten zu tun, sondern ist eine viel grundlegendere Tatsache. Die Schrödinger-Gleichung für ein bestimmtes System zu „lösen" bedeutet, eine Wellenfunktion ψ zu finden, die nicht nur die Gleichung und etwaige Randbedingungen, sondern auch die Erfordernisse einer akzeptablen Wellenfunktion erfüllt – nämlich: Sie und ihre Ableitungen sind stetig, endlich und eindeutig. Gibt es keine solchen Wellenfunktionen, kann das System nicht in einem stationären Zustand existieren. Daher ergibt sich die Energiequantisierung in der Wellenmechanik in natürlicher Weise. Die Energiequantisierung in der physikalischen Welt erweist sich als universelle Erscheinung, die *allen* stabilen Systemen gemeinsam ist.

Ein vertrautes und sehr naheliegendes Analogon zur Energiequantisierung in den Lösungen der Schrödinger-Gleichung sind die stehenden Wellen in einer gespannten Saite der Länge l, die an beiden Enden festeingespannt ist. Hier breitet sich nicht eine einzelne Welle in einer Richtung unbeschränkt aus, sondern es laufen gleichzeitig Wellen sowohl in die positive als auch in die negative x-Richtung, so daß die Auslenkung y an beiden Enden der Saite stets Null ist. Eine zulässige Funktion $y(x, t)$ für die Auslenkung muß mit ihren Ableitungen dieselben Stetigkeits- Endlichkeits- und Eindeutigkeitsbedingungen wie Ψ erfüllen und sie muß darüber hinaus reell sein, da y eine direkt meßbare Größe darstellt. Die einzigen Lösungen der Wellengleichung

$$\frac{\partial^2 y}{\partial x^2} = \frac{1}{v^2}\frac{\partial^2 y}{\partial t^2},$$

die mit diesen verschiedenen Einschränkungen in Einklang stehen, sind die, in denen die Wellenlängen durch

$$\lambda = \frac{2l}{n+1} \qquad n = 0, 1, 2, 3, \ldots$$

gegeben sind (Bild 5.4). Es ist die *Kombination* von Wellengleichung und Einschränkungen an die Natur ihrer Lösung, die uns zum Schluß führt, daß $y(x, t)$ nur für gewisse Wellenlängen λ_n existieren kann.

Die Energiewerte E_n, für die die stationäre Schrödinger-Gleichung gelöst werden kann, heißen *Eigenwerte*, die entsprechenden Wellenfunktionen ψ_n heißen *Eigenfunktionen*. Die diskreten Energieniveaus des Wasserstoffatoms

$$E_n = -\frac{me^4}{32\pi^2 \epsilon_0^2 h^2}\left(\frac{1}{n^2}\right) \qquad n = 1, 2, 3, \ldots$$

sind ein Beispiel für einen Satz von Eigenwerten; wir werden in Kapitel 7 sehen, warum diese speziellen Werte der Energie die einzigen sind, die zulässige Elektronen-Wellenfunktionen für das Wasserstoffatom liefern.

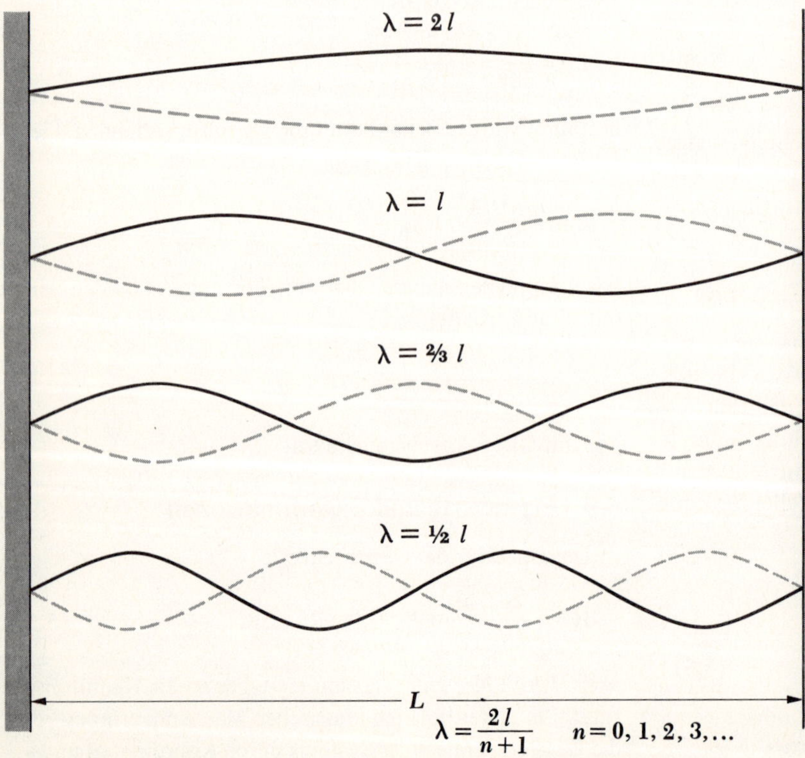

Bild 5.4
Stehende Wellen in einer an beiden Enden befestigten Saite.

Eigenwerte gibt es nicht nur für die Energie. Schreiben wir die stationäre Schrödinger-Gleichung in der Form

$$E_n \psi_n = \mathbf{H} \psi_n \qquad (5.58)$$

so können wir sagen, daß die verschiedenen E_n die Eigenwerte des Hamiltonoperators **H** sind. Diese Art der Zuordnung von Eigenwerten und quantenmechanischen Operatoren gilt allgemein. Die Bedingung, daß eine gewisse dynamische Variable G nur in diskreten Werten G_n auftritt – in anderen Worten, daß G quantisiert ist – bedeutet, daß die Wellenfunktionen ψ_n des Systems die Eigenschaft

$$\mathbf{G} \psi_n = G_n \psi_n \qquad (5.59)$$

haben, wobei **G** der Operator ist, der G entspricht, und jedes G_n eine reelle Zahl ist. Wenn Gl. (5.59) für die Wellenfunktion eines Systems erfüllt ist, dann ist es ein grundlegendes Postulat der Quantenmechanik (tatsächlich *das* grundlegende Postulat), daß jede Messung von G nur einen der Werte G_n liefert. Wenn Messungen von G an mehreren identischen Systemen vorgenommen werden, die alle durch die spezielle Eigenfunktion ψ_k beschrieben werden, wird jede Messung den einzigen Wert G_k ergeben.

Ein wichtiges Beispiel einer dynamischen Variablen neben der Gesamtenergie ist der Drehimpuls **L**. Beim H-Atom werden wir sehen, daß die Eigenwerte für den Betrag des Gesamtdrehimpulses

$$L_l = \sqrt{l(l+1)}\,\hbar \qquad l = 0, 1, 2, \ldots, (n-1)$$

lauten. Eine dynamische Variable G muß allerdings nicht immer Gl. (5.59) erfüllen und muß daher nicht quantisiert zu sein. Dann ergeben Messungen von G an einer Anzahl identischer Systeme nicht ein eindeutiges Resultat, sondern statt dessen eine Verteilung von Werten, deren Mittelwert der Erwartungswert

$$\overline{G} = \int_{-\infty}^{\infty} \psi^* \mathbf{G} \psi \, dx$$

ist. Im H-Atom ist der Ort des Elektrons nicht quantisiert; wir müssen uns das Elektron so vorstellen, als ob es mit einer gewissen Wahrscheinlichkeitsdichte $|\psi(x, y, z)|^2$ in der Nähe des Kerns anwesend wäre, jedoch keinen vorhersagbaren Ort oder gar eine Bahn im klassischen Sinn hat. Diese Wahrscheinlichkeitsaussage steht nicht mit der Tatsache im Widerspruch, daß Experimente an H-Atomen stets zeigen, daß es ein einziges unteilbares Elektron enthält und nicht in einem gewissen Raumteil 27 % eines Elektrons und 73 % anderswo; die Wahrscheinlichkeit, das Elektron zu finden, ist 1, und obwohl diese Wahrscheinlichkeit über den Raum verschmiert ist, ist das Elektron selbst nicht verschmiert.

5.10 Aufgaben

1. Zeigen Sie, daß alle Lösungen der Wellengleichung

$$\frac{\partial^2 y}{\partial x^2} = \frac{1}{v^2} \frac{\partial^2 y}{\partial t^2}$$

die in Abschnitt 5.3 behauptete Form $y = F(t \pm x/v)$ haben müssen.

2. Zeigen Sie, daß die Dimension von $|\Psi|^2$ ein reziprokes Volumen ist, so daß diese Größe tatsächlich eine Wahrscheinlichkeitsdichte darstellen kann.

3. Wenn $\Psi_1(x, t)$ und $\Psi_2(x, t)$ Lösungen der Schrödinger-Gleichung für ein gegebenes Potential $E_p(x)$ sind, zeige man, daß die Linearkombination

$$\Psi = a_1 \Psi_1 + a_2 \Psi_2$$

ebenfalls eine Lösung ist, wobei a_1 und a_2 beliebige Konstanten sind. (Dieses Ergebnis stimmt mit der Beobachtung von Interferenzen der de Broglie-Wellen, zum Beispiel im Experiment von Davisson und Germer, überein.)

4. Man zeige, daß die komplexe Schrödinger-Gleichung durch ein Paar reeller Gleichungen durch die Substitution

$$\Psi(x, t) = \Psi_1(x, t) + i \Psi_2(x, t)$$

ersetzt werden kann, wobei Ψ_1 und Ψ_2 reell sind. Gewinnt man dabei etwas?

5. Ein Teilchen bewegt sich in der x, y-Ebene. Sein Drehimpuls bezüglich der z-Achse ist $L_z = x p_y - y p_x$. Man zeige, daß

$$\mathsf{L}_z = \frac{\hbar}{i} \frac{\partial}{\partial \phi},$$

wobei ϕ der Winkel zwischen der x-Achse und dem Radiusvektor vom Ursprung zum Teilchen ist.

6. Zeigen Sie, daß die Erwartungswerte $\overline{px}$ und $\overline{xp}$ durch die Beziehung

$$\overline{px} - \overline{xp} = \frac{\hbar}{i}$$

verknüpft sind. Dieses Resultat besagt, daß p und x nicht vertauschen, und es steht mit dem Unschärfeprinzip $\Delta p \, \Delta x \geqslant h$ in engster Beziehung.

7. Wenn der Erwartungswert des Produktes von p und x gebraucht wird, ist die zu verwendende Formel $(\overline{xp} + \overline{px})/2$. Zeigen Sie, daß diese Formel stets eine reelle Zahl ergibt.

8. Die zeitunabhängige Schrödinger-Gleichung für ein freies Teilchen, das sich nur auf der x-Achse bewegt, lautet

$$\frac{d^2\psi}{dx^2} + \frac{2mE}{\hbar^2} \psi = 0.$$

a) Zeigen Sie, daß
$$\psi = A\, e^{i\sqrt{2mE}x/\hbar} + B\, e^{-i\sqrt{2mE}x/\hbar},$$
(wobei A und B Konstanten sind) eine Lösung dieser Gleichung ist. (Es ist dies die allgemeine Lösung).

b) Durch Berechnung des Teilchenimpulses zeige man, daß $A^2/(A^2 + B^2)$ die Wahrscheinlichkeit ist, daß sich das Teilchen in die positive x-Richtung bewegt und daß $B^2/(A^2 + B^2)$ die Wahrscheinlichkeit ist, daß es sich in die negative x-Richtung bewegt.

c) Zeigen Sie, daß die Größe des Teilchenimpulses unabhängig von der Bewegungsrichtung ist.

6 Anwendungen der Quantenmechanik

Selbst die Lösung der vergleichsweise einfachen zeitunabhängigen Schrödinger-Gleichung erfordert meist komplizierte mathematische Verfahren. Jedoch ist die Quantenmechanik die Theorie, die der experimentellen Realität am nächsten kommt. Daher müssen wir hier ihre Verfahren und Anwendungen kennenlernen, wenn wir überhaupt ein Verständnis der modernen Physik gewinnen wollen. Wir werden sehen, daß wir sogar mit wenig Mathematik den Gedanken folgen können, die zu den größten Leistungen der Quantenmechanik geführt haben.

6.1 Das Teilchen im Kasten: Quantisierung der Energie

Zunächst wollen wir ein Teilchen studieren, das zwischen den Wänden eines Kastens (Bild 6.1) hin und her reflektiert wird. Wir werden dabei drei Aspekte untersuchen: Wie wird die Schrödinger-Gleichung gelöst, wenn die Bewegung eines Teilchens Einschränkungen unterliegt? Welche charakteristischen Eigenschaften haben Lösungen dieser Gleichungen, wie die Beschränkung der Teilchenenergie auf einige spezielle Werte? Wie unterscheiden sich die Vorhersagen der Quantenmechanik von denen der Newtonschen Mechanik?

Wir spezifizieren die Bewegung des Teilchens durch die Angabe, daß es sich zwischen $x = 0$ und $x = l$ entlang der x-Achse bewegen und durch unendlich harte Wände auf diesen Bereich beschränkt sein soll. Ein Teilchen verliert keine Energie, wenn es auf solche Wände trifft, so daß seine Gesamtenergie konstant bleibt. Von einem formalen Gesichtspunkt aus ist die potentielle Energie E_p des Teilchens außerhalb des Kastens unendlich, während E_p im Inneren einen konstanten Wert, etwa Null, hat. Da das Teilchen keine unendlich große Energie besitzen kann, kann es außerhalb des Kastens nicht existieren, und daher verschwindet seine Wellenfunktion ψ für $x = 0$ und $x = l$. Wir wollen nun ψ innerhalb des Kastens bestimmen.

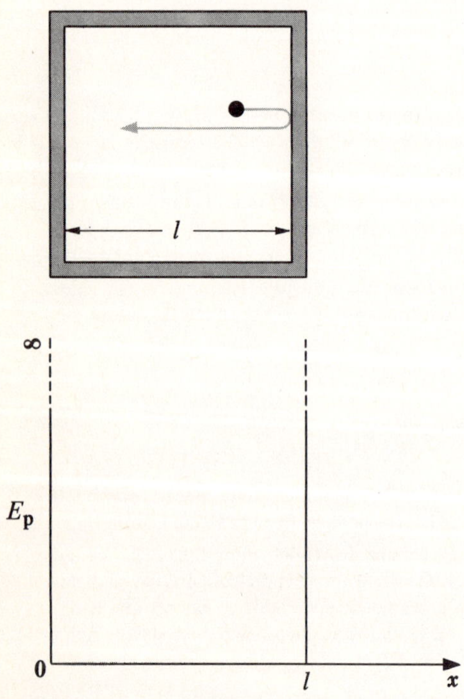

Bild 6.1 Ein Teilchen ist in einem Kasten der Breite l eingeschlossen.

Innerhalb des Kastens lautet die Schrödinger-Gleichung

$$\frac{d^2\psi}{dx^2} + \frac{2mE}{\hbar^2}\psi = 0\,, \tag{6.1}$$

da dort $E_p = 0$ ist. (Die totale Ableitung $d^2\psi/dx^2$ wird statt der partiellen Ableitung $\partial^2\psi/\partial x^2$ verwendet, weil ψ in diesem Problem lediglich eine Funktion von x ist.) Gl. (6.1) hat die zwei möglichen Lösungen

$$\psi = A \sin\sqrt{\frac{2mE}{\hbar^2}}\,x \tag{6.2}$$

$$\psi = B \cos\sqrt{\frac{2mE}{\hbar^2}}\,x, \tag{6.3}$$

was wir durch Einsetzen in Gl. (6.1) nachprüfen können. Ihre Summe ist ebenfalls eine Lösung. A und B sind noch zu bestimmende Konstante. Diese Lösungen müssen die wichtigen Randbedingungen $\psi = 0$ für $x = 0$ und $x = l$ erfüllen. Da die zweite Lösung bei $x = 0$ nicht verschwindet, stellt sie keine zulässige Lösung dar. Daher setzen wir $B = 0$. Die erste Lösung verschwindet stets für $x = 0$, wie wir es gefordert haben, doch für $x = l$ wird ψ nur dann verschwinden, wenn

$$\sin\sqrt{\frac{2mE}{\hbar^2}}\,l = 0$$

das heißt

$$\sqrt{\frac{2mE}{\hbar^2}}\,l = n\pi \qquad n = 1, 2, 3, \ldots\,. \tag{6.4}$$

Gl. (6.4) zeigt, daß die Energie des Teilchens nur gewisse Werte annehmen kann, nämlich die im vorigen Kapitel erwähnten Eigenwerte. Diese Eigenwerte, die *Energieniveaus* des Systems, lauten

$$E_n = \frac{n^2\pi^2\hbar^2}{2ml^2} \qquad n = 1, 2, 3, \ldots\,. \tag{6.5}$$

Die ganze Zahl n, mit der das Energieniveau E_n numeriert ist, wird seine *Quantenzahl* genannt. Ein Teilchen, das in einen Kasten eingeschlossen ist, kann nicht beliebige Energie besitzen. Die Tatsache, daß es eingesperrt ist, führt zu Einschränkungen der Wellenfunktion und der möglichen Energien.

Es ist besonders wichtig, daß das Elektron nicht die Energie Null haben kann. In diesem Fall würde die Wellenfunktion im gesamten Kasten verschwinden. Dies würde bedeuten, daß das Elektron nicht vorhanden ist. Die Einschränkung, daß E nur bestimmte diskrete Werte annehmen kann und daß $E = 0$ als möglicher Energiewert eines Elektrons in einem Kasten verboten ist, ist ein quantenmechanisches Resultat, das in der klassischen Mechanik kein Gegenstück besitzt, wo alle Energien, die Energie Null eingeschlossen, als möglich angenommen werden.

Auch mit Hilfe des Unschärfeprinzips läßt sich sofort sehen, daß $E = 0$ nicht zulässig ist. Weil das Teilchen im Kasten eingesperrt ist, beträgt die Unschärfe seines Ortes $\Delta x = l$, die Breite des Kastens. Die Unschärfe seines Impulses muß daher

$$\Delta p \geqslant \frac{\hbar}{l}$$

sein, was mit $E = 0$ nicht verträglich ist. Wir berechnen den Impuls zur Energie E_1, da die Teilchenenergie nur kinetische Energie ist, als

$$p_1 = \pm \sqrt{2mE_1} = \pm \frac{\pi\hbar}{l},$$

was im Einklang mit dem Unschärfeprinzip steht.

Warum merken wir in unserer täglichen Erfahrung nichts von der Energiequantisierung? Sicherlich kann eine Murmel, die zwischen den Wänden eines Kastens mit einem glatten Boden hin und her rollt, jede beliebige Geschwindigkeit und daher auch jede beliebige Energie besitzen. Um uns zu überzeugen, daß die Gl. (6.5) mit unseren direkten Beobachtungen nicht im Widerspruch steht, während sie uns neue Einsichten auf mikroskopischer Ebene gewährt, werden wir die zulässigen Energieniveaus eines Elektrons in einem Kasten der Breite 0,1 nm und einer Murmel mit 10 g Masse in einem Kasten von 10 cm Breite berechnen.

Im ersten Fall haben wir $m = 9{,}1 \cdot 10^{-31}$ kg und $l = 0{,}1$ nm $= 10^{-10}$ m, so daß die zulässigen Elektronenenergien

$$\begin{aligned} E_n &= \frac{n^2 \pi^2 \cdot (1{,}054 \cdot 10^{-34}\ \text{Js})^2}{2 \cdot 9{,}1 \cdot 10^{-31}\ \text{kg} \cdot (10^{-10}\ \text{m})^2} \\ &= 6 \cdot 10^{-18}\, n^2\ \text{J} \\ &= 38\, n^2\ \text{eV} \end{aligned}$$

lauten. Die Minimalenergie des Elektrons ist also 38 eV, entsprechend $n = 1$. Die Folge der Energieniveaus setzt sich mit $E_2 = 152$ eV, $E_3 = 342$ eV usw. fort (Bild 6.2). Diese Energieniveaus sind hinreichend weit voneinander getrennt, so daß die Quantisierung der Elektronenenergie in einem solchen Kasten sofort auffallen würde, wenn ein solcher Kasten tatsächlich existierte.

Im zweiten Falle haben wir $m = 10\ \text{g} = 10^{-2}$ kg und $l = 10\ \text{cm} = 10^{-1}$ m, so daß die zulässigen Energien der Murmeln lauten:

$$\begin{aligned} E_n &= \frac{n^2 \pi^2 \cdot (1{,}054 \cdot 10^{-34}\ \text{Js})^2}{2 \cdot 10^{-2}\ \text{kg} \cdot (10^{-1}\ \text{m})^2} \\ &= 5{,}5 \cdot 10^{-64}\, n^2\ \text{J}. \end{aligned}$$

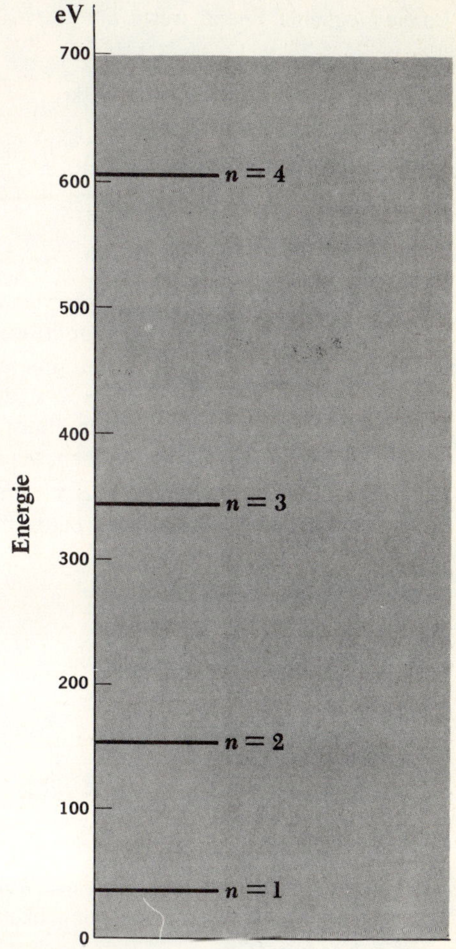

Bild 6.2 Energieniveaus eines Elektrons in einem Kasten der Breite 0,1 nm.

Die geringste Energie der Murmeln beträgt daher $5{,}5 \cdot 10^{-64}$ J, entsprechend $n = 1$. Eine Murmel mit dieser kinetischen Energie hat eine Geschwindigkeit von nur $3{,}3 \cdot 10^{-31}$ m/s und ist daher im Experiment von einer ruhenden Murmel nicht zu unterscheiden. Eine vernünftige Geschwindigkeit wäre für sie etwa 1/3 (m/s) – dies entspricht dem Energieniveau zur Quantenzahl $n = 10^{30}$. Die zulässigen Energieniveaus liegen so nahe beieinander, daß man nicht bestimmen kann, ob die Murmel genau die Energien annimmt, die von Gl. (6.5) vorhergesagt werden, oder irgendwelche anderen Energien. Daher sind im Bereich unserer täglichen Erfahrung Quanteneffekte nicht wahrnehmbar. Dies erklärt den Erfolg der Newtonschen Mechanik in diesem Bereich.

6.2 Das Teilchen im Kasten: Wellenfunktionen

Im Abschnitt 6.1 fanden wir, daß die Wellenfunktion eines Teilchens in einem Kasten mit der Energie E

$$\psi = A \sin \sqrt{\frac{2mE}{\hbar^2}}\, x$$

lautet.

Da die möglichen Energiewerte

$$E_n = \frac{n^2 \pi^2 \hbar^2}{2m l^2}$$

sind, erhält man durch Substitution von E_n anstelle von E die Lösungen

$$\psi_n = A \sin \frac{n \pi x}{l} \tag{6.6}$$

als Eigenfunktionen zum Energieeigenwert E_n. Man kann leicht nachprüfen, daß diese Eigenfunktionen alle Bedingungen erfüllen, die wir diskutiert haben: Für jede Quantenzahl n ist ψ_n eine eindeutige Funktion von x, und die Funktion und ihre Ableitung sind stetig. Weiterhin ist das Integral von $|\psi_n|^2$ über den gesamten Raum endlich, wie wir sehen können, indem wir diese Größe von $x = 0$ bis $x = l$ integrieren (da das Teilchen nach Annahme auf diesen Bereich beschränkt ist):

$$\int_{-\infty}^{\infty} |\psi_n|^2 \, dx = \int_0^l |\psi_n|^2 \, dx$$

$$= A^2 \int_0^l \sin^2 \frac{n \pi x}{l} \, dx$$

$$= A^2 \frac{l}{2} \,. \tag{6.7}$$

Um ψ zu normieren, müssen wir den Wert von A so wählen, daß $|\psi_n|^2$ gleich der Wahrscheinlichkeit P ist, das Teilchen in x anzutreffen.

Es muß dann

$$\int_{-\infty}^{\infty} P \, dx = \int_{-\infty}^{\infty} |\psi_n|^2 \, dx = 1 \tag{6.8}$$

gelten, da dies der mathematische Ausdruck dafür ist, daß sich das Teilchen stets irgendwo befindet. Indem wir die Gln. (6.7) und (6.8) vergleichen, sehen wir, daß die Wellenfunktionen eines Teilchens in einem Kasten normiert sind, wenn

$$A = \sqrt{\frac{2}{l}} \,. \tag{6.9}$$

Die normierten Wellenfunktionen des Teilchens lauten daher

$$\psi_n = \sqrt{\frac{2}{l}} \sin \frac{n \pi x}{l} \,. \tag{6.10}$$

Die normierten Wellenfunktion ψ_1, ψ_2 und ψ_3 sind zusammen mit den Wahrscheinlichkeitsdichten $|\psi_1|^2$, $|\psi_2|^2$ und $|\psi_3|^2$ in Bild 6.3 gezeichnet. Während ψ_n sowohl positiv als auch negativ sein kann, muß $|\psi_n|^2$ stets positiv sein. Da ψ_n normiert ist, ist sein Wert an einer bestimmten Stelle x gleich der Wahrscheinlichkeit P, das Teilchen dort zu finden. In allen Fällen ist $|\psi_n|^2 = 0$ bei $x = 0$ und $x = l$. in Punkten innerhalb des Kastens können die Wahrscheinlichkeiten, das Teilchen vorzufinden, sehr stark mit den verschiedenen Quantenzahlen variieren. Zum Beispiel hat $|\psi_1|^2$ seinen größten Wert in der Mitte des Kastens, während $|\psi_2|^2$ dort verschwindet: Ein Teilchen im niedrigsten Energiezustand ($n = 1$) befindet sich am wahrscheinlichsten in der Mitte des Kastens, während ein Teilchen im nächsten höheren Zustand ($n = 2$)

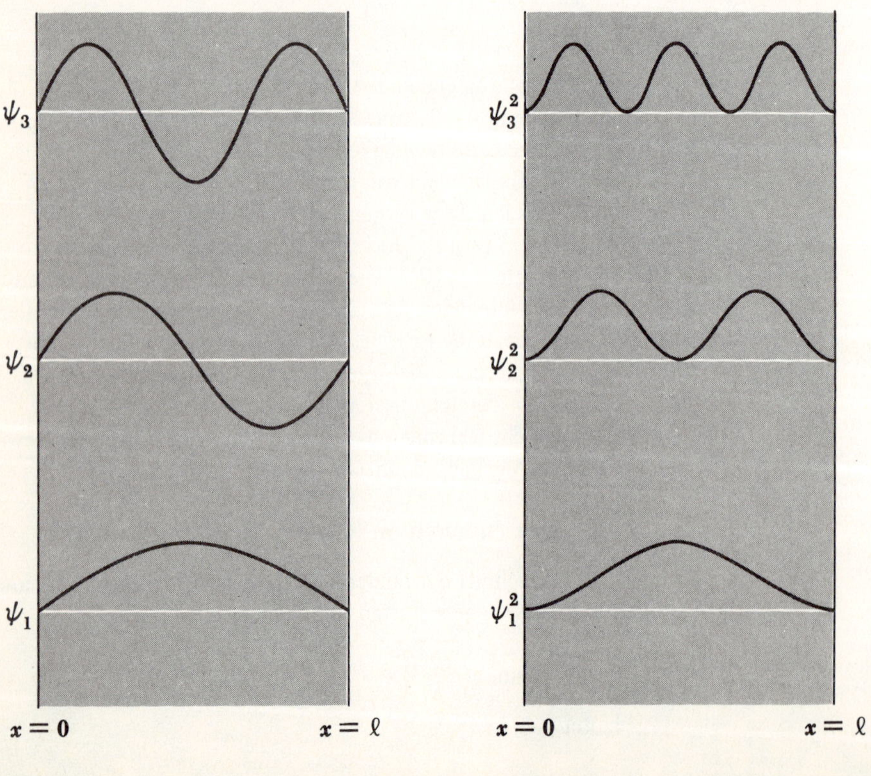

Bild 6.3
Wellenfunktionen und Wahrscheinlichkeitsdichten für ein in einem Kasten mit undurchdringlichen Wänden eingeschlossenes Teilchen.

dort niemals angetroffen wird. Nach der klassischen Physik sollte hingegen die Aufenthaltswahrscheinlichkeit des Teilchens im Kasten unabhängig von der Energie überall gleich sein.

Die in Bild 6.3 gezeigten Wellenfunktionen erinnern an die möglichen Schwingungen einer eingespannten Saite (siehe Bild 5.4). Dies hat seine Ursache darin, daß für die Wellen einer eingespannten Saite und für die Teilchenwelle Differentialgleichungen derselben Form gelten, so daß ihre Lösungen identisch sind, wenn identische Randbedingungen erfüllt werden müssen.

6.3 Das Teilchen im Kasten: Quantisierung des Impulses

Zur Übung wollen wir nun den Erwartungswert $\overline{p}$ des Impulses eines Teilchens im eindimensionalen Kasten berechnen. Wegen

$$\psi_n^* = \psi_n = \sqrt{\frac{2}{l}} \sin \frac{n\pi x}{l}$$

und

$$\frac{d\psi}{dx} = \sqrt{\frac{2}{l}} \frac{n\pi}{l} \cos \frac{n\pi x}{l}$$

erhalten wir

$$\overline{p} = \int_{-\infty}^{\infty} \psi^* \mathbf{p} \psi \, dx = \int_{-\infty}^{\infty} \psi^* \left(\frac{\hbar}{i} \frac{d}{dx}\right) \psi \, dx$$

$$= \frac{\hbar}{i} \frac{2}{l} \frac{n\pi}{l} \int_0^L \sin \frac{n\pi x}{l} \cos \frac{n\pi x}{l} dx.$$

Unter Berücksichtigung von

$$\int \sin ax \cos ax \, dx = \frac{1}{2a} \sin^2 ax$$

gilt mit $a = n\pi/l$

$$\overline{p} = \frac{\hbar}{il} \left[\sin^2 \frac{n\pi x}{l}\right]_0^l = 0,$$

wegen

$$\sin^2 0 = \sin^2 n\pi = 0 \quad n = 1, 2, 3, \ldots .$$

Der Erwartungswert $\overline{p}$ des Teilchenimpulses ist Null.

Auf den ersten Blick erscheint dieser Schluß sonderbar. Ist doch $E = p^2/2m$, so daß wir erwarten würden:

$$p_n = \pm\sqrt{2mE_n} = \pm \frac{n\pi\hbar}{l}. \qquad (6.11)$$

Das Vorzeichen ± liefert die Erklärung: Das Teilchen bewegt sich hin und her und daher ist sein mittlerer Impuls für jeden Wert n

$$p_{\text{Mittel}} = \frac{(n\pi\hbar/l) + (-n\pi\hbar/l)}{2} = 0$$

in Übereinstimmung mit dem Erwartungswert.

Nach Gl. (6.11) sollte es zu jeder Energie zwei Impulseigenfunktionen geben, die den zwei möglichen Bewegungsrichtungen entsprechen. Das allgemeine Verfahren, die Eigenwerte eines quantenmechanischen Operators, hier **p**, zu finden, beginnt mit der Eigenwertgleichung

$$\mathbf{p}\,\psi_n = p_n\,\psi_n, \qquad (6.12)$$

in der jedes p_n eine reelle Zahl ist. Diese Gleichung gilt nur dann, wenn die Wellenfunktionen ψ_n Eigenfunktionen des Impulsoperators **p** sind. Wegen

$$\mathbf{p} = \frac{\hbar}{i} \frac{d}{dx}$$

sehen wir sofort, daß die Energieeigenfunktionen nicht gleichzeitig Impulseigenfunktionen sind, weil

$$\frac{\hbar}{i} \frac{d}{dx} \left(\sqrt{\frac{2}{l}} \sin \frac{n\pi x}{l}\right) = \frac{\hbar}{i} \frac{n\pi}{l} \sqrt{\frac{2}{l}} \cos \frac{n\pi x}{l} \neq p_n\,\psi_n.$$

Um die korrekten Impulseigenfunktionen zu finden, beachten wir, daß

$$\sin\theta = \frac{e^{i\theta} - e^{-i\theta}}{2i} = \frac{1}{2i} e^{i\theta} - \frac{1}{2i} e^{-i\theta}.$$

Daher kann jede Energieeigenfunktion als Linearkombination der beiden Wellenfunktionen

$$\psi_n^+ = \frac{1}{2i} \sqrt{\frac{2}{l}}\, e^{in\pi x/l} \qquad (6.13)$$

$$\psi_n^- = \frac{1}{2i} \sqrt{\frac{2}{l}}\, e^{-in\pi x/l} \qquad (6.14)$$

ausgedrückt werden. Indem wir die erste dieser Wellenfunktionen in die Eigenwertgleichung (6.12) einsetzen, erhalten wir

$$\mathbf{p}\,\psi_n^+ = p_n^+\,\psi_n^+$$

$$\frac{\hbar}{i} \frac{d}{dx} \psi_n^+ = \frac{\hbar}{2} \frac{1}{2i} \sqrt{\frac{2}{l}} \frac{in\pi}{l} e^{in\pi x/l} = \frac{n\pi\hbar}{l} \psi_n^+ = p_n^+\,\psi_n^+,$$

so daß

$$p_n^+ = +\frac{n\pi\hbar}{l}.$$

In ähnlicher Weise ergibt die Wellenfunktion ψ_n^- Impulseigenwerte

$$p_n^- = -\frac{n\pi\hbar}{l}.$$

Wir schließen daraus, daß ψ_n^+ und ψ_n^- tatsächlich die Impulseigenfunktionen eines Teilchens in einem Kasten sind und daß Gl. (6.11) die entsprechenden Impulseigenwerte gibt.

6.4 Das Teilchen in einem endlichen Potentialtopf

Wir wollen nun das Problem eines Teilchens in einem Kasten untersuchen, wenn die Wände des Kastens nicht unendlich hart sind. In diesem Fall hat die potentielle Energie E_p außerhalb des Kastens einen endlichen Wert. Die entsprechende Situation im Falle einer schwingenden Saite ist eine Einspannung der Saite an beiden Enden, die eine geringfügige Bewegung der Saitenenden erlaubt. Dieses Problem ist schwieriger, und daher werden wir nur das Ergebnis angeben. In Bild 6.4 sind die ersten drei Wellenfunktionen eines Teilchens in einem solchen Kasten wiedergegeben. Sie verschwinden *nicht* außerhalb des Kastens, denn es gibt eine endliche Wahrscheinlichkeit dafür, das Teilchen außerhalb des Kastens anzutreffen, obwohl die Energie des Teilchens geringer ist als die potentielle Energie außerhalb des Kastens! Selbst wenn also das Teilchen nicht genügend Energie besitzt, um die Wände des Kastens zu überspringen, kann es trotzdem etwas in die Wände eindringen.

Wenn der Kasten keine undurchdringlichen Wände hat, müssen die Wellenfunktionen ψ_n des Teilchens an den Wänden nicht verschwinden. Die Wellenlängen des Teilchens, die in den Kasten passen, sind daher etwas länger als im Falle des Kastens mit undurchdringlichen Wänden, die Teilchenimpulse und die entsprechenden Energieniveaus sind daher tiefer.

Eine weitere Konsequenz des Umstandes, daß die potentielle Energie E_p außerhalb des Kastens endlich ist, besteht darin, daß ein Teilchen nun auch eine Energie E haben kann, die größer als E_p ist. Ein solches Teilchen ist nicht im Kasten eingefangen, da es genug Energie besitzt, um die Wände zu durchdringen. Seine Energie ist nicht quantisiert, sondern kann jeden beliebigen Wert größer als E_p annehmen. Jedoch ist die kinetische Energie des Teilchens außerhalb des Kastens, nämlich $E - E_p$ stets kleiner als seine kinetische Energie innerhalb, die gerade E beträgt, da wir innerhalb des Kastens $E_p = 0$ gesetzt haben. Weniger Energie bedeutet eine längere Wellenlänge, und daher hat ψ außerhalb des Kastens eine größere Wellenlänge als im Inneren.

Es tritt hier eine aus der Optik bekannte Erscheinung auf: Wenn eine Lichtwelle ein Gebiet erreicht, in dem sich ihre Wellenlänge ändert (also ein Gebiet mit einem anderen Brechungsindex), dann tritt Reflexion und Durchlaß der Welle ein. Diese Erscheinung ist allen Wellenarten gemeinsam. Man kann zeigen, daß sie aus der Forderung folgt, daß die Amplitude der Welle (die elektrische Feldstärke für elektromagnetische Wellen, der Druck im Falle von Schallwellen, die Wellenhöhe bei Wasserwellen) und ihre erste Ableitung am Rande stetig sein zu müssen, an dem die Wellenlängenänderung erfolgt. Dieselben Überlegungen gelten für die Wellenfunktion ψ eines bewegten Teilchens. Wenn ein Teilchen in einen Bereich eindringt, in dem es eine andere potentielle Energie besitzt, nimmt seine Wellenlänge ab, wenn E_p abnimmt, und nimmt zu, wenn E_p größer wird. An der Begrenzung tritt teilweise Reflexion auf. Da $|\psi|^2$ die Wahrscheinlichkeit bedeutet, das Teilchen an einer bestimmten Stelle anzutreffen, bedeutet die teilweise Reflexion von ψ, daß das Teilchen mit einer gewissen Wahrscheinlichkeit reflektiert wird.

6.5 Der harmonische Oszillator

Harmonische Bewegung tritt auf, wenn ein System um eine Gleichgewichtskonfiguration schwingt. Das System kann ein Gegenstand sein, der an einer Feder befestigt ist oder in einer Flüssigkeit schwimmt, es kann ein zweiatomiges Molekül sein, ein Atom in einem Kristallgitter, – es gibt zahllose Beispiele in der makroskopischen und mikroskopischen Welt. Harmonische Bewegung tritt dann auf, wenn eine rücktreibende Kraft vorhanden ist, die nach einer Störung das System in seine Gleichgewichtslage zurückbringen möchte. Durch die Trägheit schwingen die beteiligten Massen über die Gleichgewichtslage hinaus, und das System oszilliert beliebig lange, wenn nicht zusätzlich Reibungsprozesse auftreten.

Bei der einfachen harmonischen Bewegung ist die rücktreibende Kraft F linear, F ist der Auslenkung des Teilchens aus seiner Gleichgewichtsposition proportional und es gilt

$$F = -kx. \tag{6.15}$$

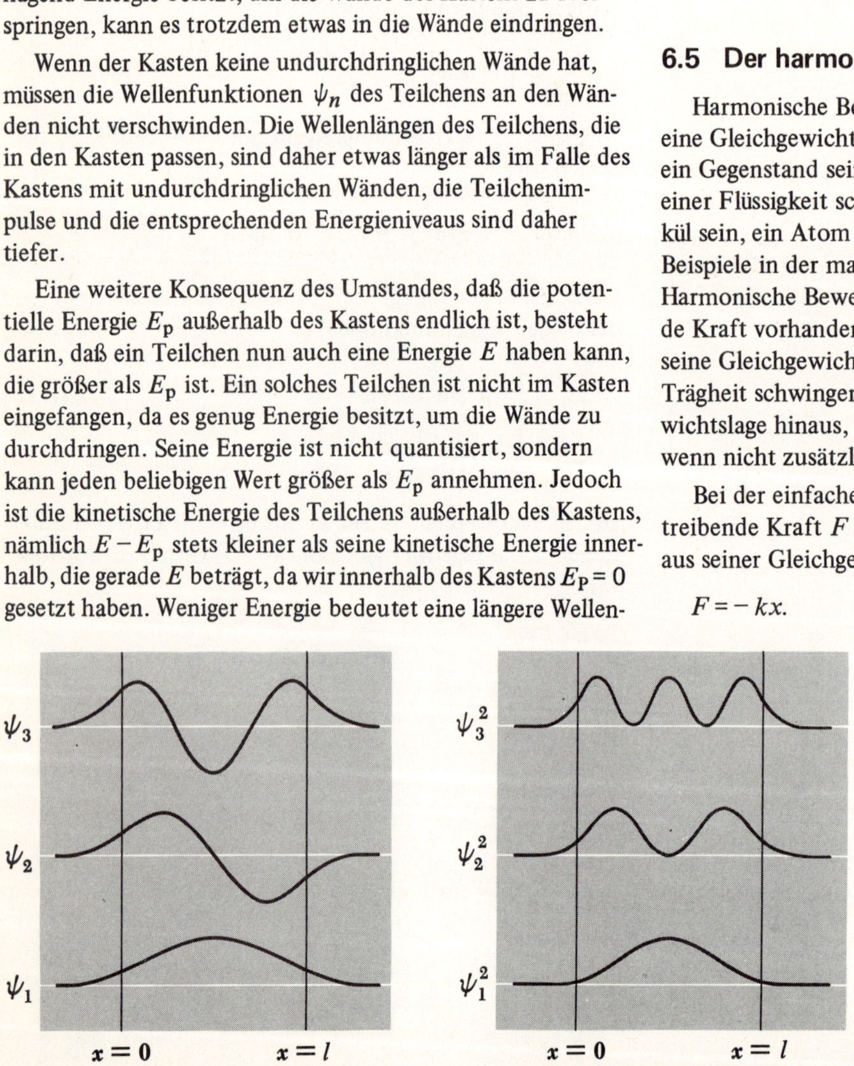

Bild 6.4

Wellenfunktionen und Wahrscheinlichkeitsdichten eines Teilchens in einem Kasten endlicher Tiefe.

Diese Beziehung wird üblicherweise Hookesches Gesetz genannt. Nach dem zweiten Newtonschen Gesetz, $\mathbf{F} = m\,\mathbf{a}$, erhalten wir die Bewegungsgleichung

$$-kx = m\frac{d^2x}{dt^2}$$

$$\frac{d^2x}{dt^2} + \frac{k}{m}x = 0. \tag{6.16}$$

Man kann die Lösung von Gl. (6.16) auf verschiedene Weise schreiben. Wir wählen

$$x = A\cos(2\pi\nu t + \phi), \tag{6.17}$$

wobei

$$\nu = \frac{1}{2\pi}\sqrt{\frac{k}{m}} \tag{6.18}$$

die Frequenz der Schwingungen bedeutet, A ist ihre Amplitude und ϕ, die Phasenkonstante, ist eine Größe, die von der Auslenkung x zur Zeit $t = 0$ abhängt.

Die Bedeutung der einfachen harmonischen Schwingung in der klassischen und modernen Physik liegt nicht darin, daß die tatsächlich auftretenden rücktreibenden Kräfte das Hookesche Gesetz genau befolgen, was selten der Fall ist, sondern darin, daß sich diese rücktreibenden Kräfte bei kleinen Auslenkungen x auf das Hookesche Gesetz reduzieren. Um dies deutlich zu machen, schreiben wir eine beliebige Kraft, die eine Funktion von x ist, als MacLaurin-Reihe um die Gleichgewichtslage $x = 0$, also

$$F(x) = F_{x=0} + \left(\frac{dF}{dx}\right)_{x=0} x + \frac{1}{2}\left(\frac{d^2F}{dx^2}\right)_{x=0} x^2 + \frac{1}{6}\left(\frac{d^3F}{dx^3}\right)_{x=0} x^3 + \dots .$$

Da $x = 0$ die Gleichgewichtslage ist, ist $F_{x=0} = 0$, und da für kleine x die Größen x^2, x^3 sehr klein gegen x sind, können der dritte und die höheren Terme dieser Reihe vernachlässigt werden. Für kleine x ist daher der zweite Term als einziger von Bedeutung. Damit erhalten wir

$$F(x) = \left(\frac{dF}{dx}\right)_{x=0} x,$$

was das Hookesche Gesetz ist, wenn $(dF/dx)_{x=0}$ – wie für jede rücktreibende Kraft – negativ ist. Es sind also *alle* Schwingungen einfach harmonisch, wenn ihre Amplituden genügend klein sind.

Die Potentialfunktion $E_p(x)$, die dem Hookeschen Kraftgesetz entspricht, kann durch Berechnung der Arbeit gefunden werden, die man aufbringen muß, um ein Teilchen gegen eine solche Kraft von $x = 0$ nach $x = x$ zu bringen. Das Ergebnis lautet

$$E_p(x) = -\int_0^x F(x)\,dx = k\int_0^x x\,dx = \frac{1}{2}kx^2, \tag{6.19}$$

und ist in Bild 6.5 dargestellt. Mit der Energie E des Oszillators schwingt das Teilchen zwischen $x = -A$ und $x = +A$ hin und her, wobei $E = kA^2/2$ ist.

Noch bevor wir eine genaue Rechnung durchgeführt haben, können wir bereits drei quantenmechanische Modifikationen dieses klassischen Bildes voraussagen. Erstens wird es kein kontinuierliches Spektrum möglicher Energien sondern ein diskretes Spektrum aus gewissen Energiewerten geben. Zweitens wird der Zustand niedrigster Energie nicht $E = 0$ haben, sondern eine gewisse Minimalenergie $E = E_0$. Drittens wird es eine gewisse Wahrscheinlichkeit geben, daß das Teilchen in das Potential eindringen und die Grenzen $+A$ und $-A$ überschreiten kann.

Die Schrödinger-Gleichung für den harmonischen Oszillator lautet mit $E_p = kx^2/2$

$$\frac{d^2\psi}{dx^2} + \frac{2m}{\hbar^2}\left(E - \frac{1}{2}kx^2\right)\psi = 0. \tag{6.20}$$

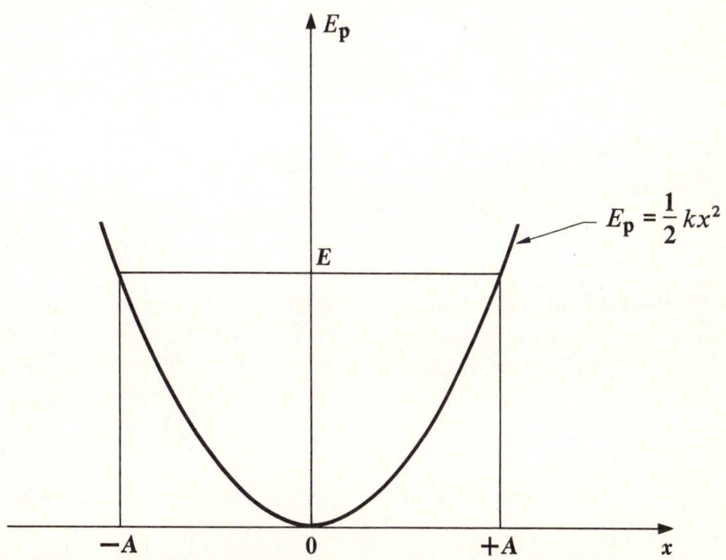

Bild 6.5
Die potentielle Energie eines harmonischen Oszillators ist proportional zu x^2, wobei x die Auslenkung aus der Gleichgewichtslage ist. Die Amplitude A der Schwingung wird durch die Gesamtenergie E des Oszillators bestimmt, die in der klassischen Physik jeden Wert haben kann.

Durch Einführung der dimensionslosen Größen

$$y = \left(\frac{1}{\hbar}\sqrt{km}\right)^{1/2} x = \sqrt{\frac{2\pi m\nu}{\hbar}}x \tag{6.21}$$

$$\alpha = \frac{2E}{\hbar}\sqrt{\frac{m}{k}} = \frac{2E}{h\nu} \tag{6.22}$$

vereinfacht sich die Gl. (6.20). Dabei ist ν die klassische Schwingungsfrequenz aus Gl. (6.18). Durch diese Substitutionen haben wir die Einheiten, in denen x und E gemessen werden, durch dem Problem angepaßte dimensionslose Einheiten ersetzt. Die Schrödinger-Gleichung lautet in der neuen Form

$$\frac{d^2\psi}{dy^2} + (\alpha - y^2)\psi = 0. \tag{6.23}$$

Zunächst wollen wir die asymptotische Form der Lösung der Gl. (6.23) suchen, die ψ für $y \to \pm\infty$ haben muß. Wenn ψ ein Teilchen representieren soll, das im Raum lokalisiert ist, muß ψ gegen Null gehen, wenn y nach unendlich strebt, damit $\int_{-\infty}^{\infty} |\psi|^2\, dy$ endlich bleibt. Wir schreiben Gl. (6.23) in der folgenden Weise um:

$$\frac{d^2\psi}{dy^2} = (y^2 - \alpha)\psi$$

$$\frac{d^2\psi/dy^2}{(y^2 - \alpha)\psi} = 1.$$

Im Limes $y \to \infty$ ist $y^2 \gg \alpha$ und wir erhalten

$$\lim_{y\to\infty} \frac{d^2\psi/dy^2}{y^2\psi} = 1\,. \tag{6.24}$$

Eine Funktion ψ_∞, die Gl. (6.24) erfüllt, ist

$$\psi_\infty = e^{-y^2/2}, \tag{6.25}$$

da

$$\lim_{y\to\infty} \frac{d^2\psi_\infty}{dy^2} = \lim_{y\to\infty} (y^2 - 1)\, e^{-y^2/2}.$$

Gl. (6.25) ist die gesuchte asymptotische Form von ψ.

Wir können nun

$$\psi = f(y)\psi_\infty = f(y)\, e^{-y^2/2} \tag{6.26}$$

schreiben, wobei $f(y)$ eine noch zu bestimmende Funktion von y ist. Indem wir den Lösungsansatz ψ aus Gl. (6.26) in Gl. (6.23) einsetzen, erhalten wir

$$\frac{d^2f}{dy^2} - 2y\frac{df}{dy} + (\alpha - 1)f = 0 \tag{6.27}$$

also die Differentialgleichung für f.

Das Standardverfahren, Differentialgleichungen wie Gl. (6.27) zu lösen, besteht darin anzunehmen, daß $f(y)$ als Potenzreihe in y entwickelt werden kann, also

$$f(y) = A_0 + A_1 y + A_2 y^2 + \ldots = \sum_{n=0}^{\infty} A_n y^n \tag{6.28}$$

und dann die Werte der Koeffizienten A_n zu bestimmen. Indem wir f differenzieren, erhalten wir

$$\frac{df}{dy} = A_1 + 2A_2 y + 3A_3 y^3 + \ldots$$

$$= \sum_{n=1}^{\infty} n A_n y^{n-1}$$

Durch Multiplikation dieser Gleichung mit y ergibt sich

$$y\frac{df}{dy} = A_1 y + 2A_2 y^2 + 3A_3 y^3 + \ldots$$

$$= \sum_{n=0}^{\infty} nA_n y^n\,. \tag{6.29}$$

Die zweite Ableitung von f nach y ist

$$\frac{d^2f}{dy^2} = 1\cdot 2A_2 + 2\cdot 3A_3 y + 3\cdot 4A_4 y^2 +$$

$$= \sum_{n=2}^{\infty} n(n-1)A_n y^{n-2},$$

was auch als

$$\frac{d^2f}{dy^2} = \sum_{n=0}^{\infty} (n+2)(n+1)A_{n+2} y^n \tag{6.30}$$

geschrieben werden kann. Wir setzen nun die Gln. (6.28) bis (6.30) in Gl. (6.27) ein und erhalten

$$\sum_{n=0}^{\infty} [(n+2)(n+1)A_{n+2} - (2n+1-\alpha)A_n]y^n = 0. \tag{6.31}$$

Damit diese Gleichung für alle Werte von y gilt, muß der Klammerausdruck für alle Werte von n verschwinden. Daher erhalten wir die Bedingung

$$(n+2)(n+1)A_{n+2} = (2n+1-\alpha)A_n$$

und damit

$$A_{n+2} = \frac{2n+1-\alpha}{(n+2)(n+1)}A_n. \tag{6.32}$$

Mittels dieser *Rekursionsformel* können wir die Koeffizienten $A_2, A_3, A_4, \ldots$ durch A_0 und A_1 ausdrücken. (Da Gl. (6.27) eine Differentialgleichung zweiter Ordnung ist, hat ihre Lösung zwei willkürliche Konstanten, die hier A_0 und A_1 sind.) Indem wir A_0 vorgeben, erhalten wir die Folge von Koeffizienten $A_2, A_4, \ldots$ und durch Vorgabe von A_1 ergibt sich die weitere Folge $A_3, A_5, \ldots$.

6.6 Der harmonische Oszillator: Energieniveaus

Wir müssen das asymptotische Verhalten von

$$\psi = f(y)\, e^{-y^2/2}$$

für $y \to \infty$ untersuchen; nur wenn $\psi \to 0$ für $y \to \infty$ gilt, kann ψ eine physikalisch zulässige Wellenfunktion sein. Weil $f(y)$ mit $e^{-y^2/2}$ multipliziert ist, wird ψ diese Forderung erfüllen, wenn

$$\lim_{y \to \infty} f(y) < e^{y^2/2}$$

(Wir werden sehen, daß wir nicht anzugeben brauchen, um wieviel f im Limes kleiner als $e^{y^2/2}$ sein muß.)

Ein zweckmäßiger Weg, die asymptotischen Formen von $f(y)$ und $e^{y^2/2}$ zu vergleichen, besteht darin, letztere Funktion als Potenzreihe zu schrieben (f hat bereits die Form einer Potenzreihe) und das Verhältnis zwischen aufeinanderfolgenden Koeffizienten in beiden Reihen für den Grenzfall $n \to \infty$ zu untersuchen. Aus der Rekursionsformel Gl. (6.32) sehen wir sofort, daß

$$\lim_{n \to \infty} \frac{A_{n+2}}{A_n} = \frac{2}{n}.$$

Wegen

$$e^z = 1 + z + \frac{z^2}{2!} + \frac{z^3}{3!} + \ldots$$

können wir $e^{y^2/2}$ als Potenzreihe in der Form

$$e^{y^2/2} = 1 + \frac{y^2}{2} + \frac{1}{2!}\left(\frac{y^2}{2}\right)^2 + \frac{1}{3!}\left(\frac{y^2}{2}\right)^3 + \ldots$$

$$= \sum_{n=0,2,4\ldots}^{\infty} \frac{1}{2^{n/2}(n/2)!}\, y^n = \sum_{n-0,2,4\ldots}^{\infty} B_n y^n$$

schreiben. Das Verhältnis zwischen aufeinanderfolgenden Koeffizienten von y^n ist hier

$$\frac{B_{n+2}}{B_n} = \frac{2^{n/2}\left(\frac{n}{2}\right)!}{2^{(n+2)/2}\left(\frac{n+2}{2}\right)!} = \frac{2^{n/2}\left(\frac{n}{2}\right)!}{2 \cdot 2^{n/2}\left(\frac{n}{2}+1\right)\left(\frac{n}{2}\right)!}$$

$$= \frac{1}{2\left(\frac{n}{2}+1\right)} = \frac{1}{n+2}$$

Im Grenzübergang $n \to \infty$ wird dieses Verhältnis zu

$$\lim_{n \to \infty} \frac{B_{n+2}}{B_n} = \frac{1}{n}.$$

Daher nehmen aufeinanderfolgende Koeffizienten in der Potenzreihe für f *weniger* schnell ab als die Koeffizienten in der Potenzreihe für $e^{y^2/2}$, was bedeutet, daß $f(y)\, e^{-y^2/2}$ für $y \to \infty$ nicht verschwindet.

Es gibt einen einfachen Ausweg aus diesem Dilemma. Wenn die Reihe für $f(y)$ bei einem gewissen Wert von n abbricht, so daß alle weiteren Koeffizienten A_n null sind, wird ψ für $y \to \infty$ verschwinden. Mit anderen Worten, wenn f ein Polynom mit einer endlichen Anzahl von Termen und nicht eine unendliche Reihe ist, dann ist die Funktion zulässig. Aus der Rekursionsformel

$$A_{n+2} = \frac{2n+1-\alpha}{(n+2)(n+1)} A_n$$

ersehen wir sofort die Abbruchsbedingung. Wenn

$$\alpha = 2n + 1 \tag{6.33}$$

für einen gegebenen Wert n erfüllt ist, dann sind $A_{n+2} = A_{n+4} = A_{n+6} = \ldots = 0$

(Gl. (6.33) betrifft nur eine Folge von Koeffizienten, entweder die Folge der Koeffizienten mit geraden Nummern oder die mit ungeraden Nummern. Wenn n gerade ist, muß außerdem $A_1 = 0$ sein und es dürfen nur gerade Potenzen von y im Polynom auftreten. Wenn hingegen n ungerade ist, muß $A_0 = 0$ sein und es dürfen nur ungerade Potenzen von y auftreten. Wir werden dieses Resultat im nächsten Abschnitt sehen, wo die entsprechenden Polynome für verschiedene Werte von n tabelliert sind.)

Die Bedingung $\alpha = 2n + 1$ ist eine notwendige und hinreichende Bedingung für die Wellengleichung (6.23), damit die Lösungen die verschiedenen Bedingungen für ψ erfüllen. Aus Gl. (6.22), der Definition von α, erhalten wir

$$\alpha_n = \frac{2E_n}{h\nu} = 2n + 1$$

oder

$$E_n = \left(n + \frac{1}{2}\right) h\nu \qquad n = 0, 1, 2, \ldots. \tag{6.34}$$

Die Energie eines harmonischen Oszillators ist daher in Stufen von $h\nu$ quantisiert, wobei ν die klassische Schwinungsfrequenz und h die Plancksche Konstante ist. Die Energieniveaus haben in diesem Fall gleiche Abstände (Bild 6.6) im Gegensatz zu den Energieniveaus eines Teilchens im Kasten, deren Abstände zunehmen. Für $n = 0$ erhalten wir die *Nullpunktsenergie*

$$E_0 = \frac{1}{2} h\nu, \tag{6.35}$$

die der niedrigste Energiewert des Oszillators ist. Diesen Energiewert und nicht den Energiewert $E = 0$ würde ein harmonischer Oszillator im Gleichgewicht mit seiner Umgebung erreichen, wenn die Temperatur gegen den absoluten Nullpunkt geht.

6.7 Der harmonische Oszillator: Wellenfunktionen

Für jede Wahl des Parameters α_n gibt es eine entsprechende Wellenfunktion ψ_n. Jede Funktion besteht aus einem Poly-

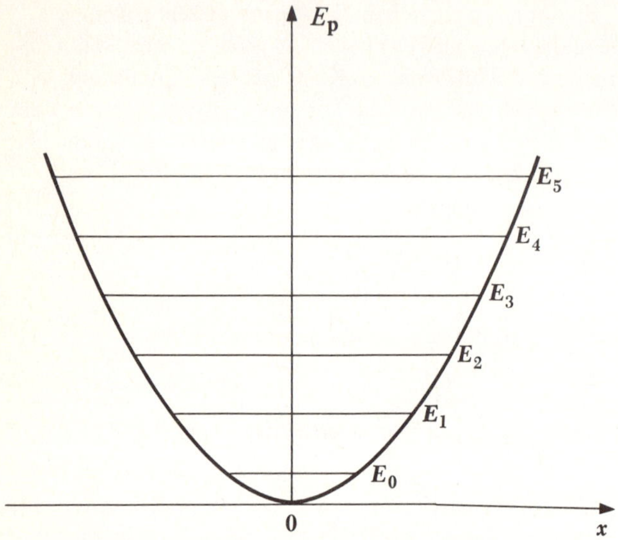

Bild 6.6 Energieniveaus eines harmonischen Oszillators nach der Quantenmechanik.

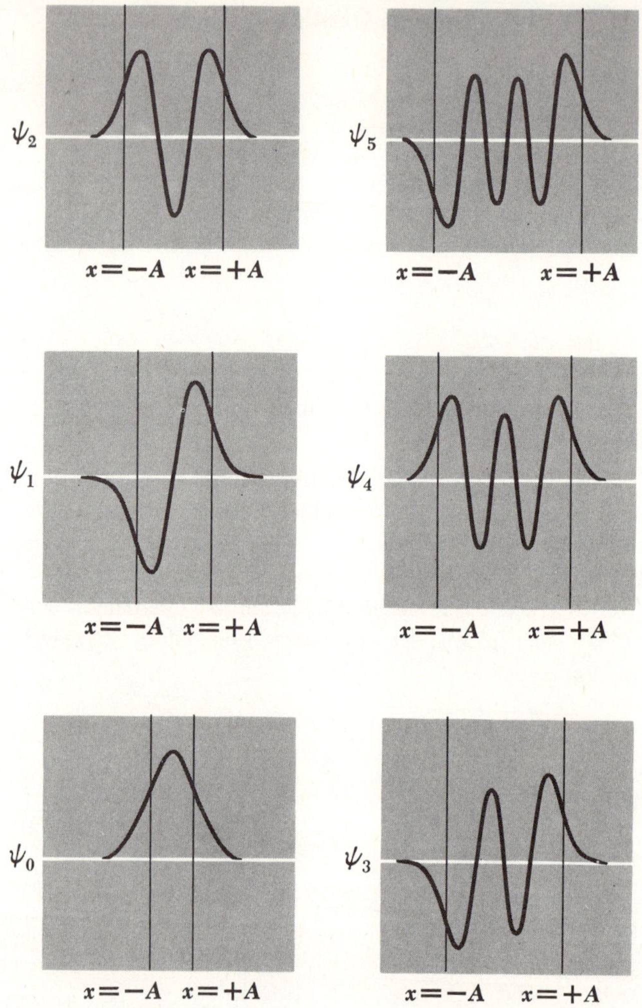

Bild 6.7 Die ersten sechs Wellenfunktionen des harmonischen Oszillators. Die senkrechten Linien zeigen die Umkehrpunkte $-A$ und $+A$, zwischen denen ein klassischer Oszillator mit derselben Energie schwingen würde.

nom $H_n(y)$ (auch *Hermite-Polynom* genannt), dem Exponentialfaktor $e^{-y^2/2}$ und einem numerischen Koeffizienten, der zur Normierung der Wellenfunktion ψ_n gebraucht wird. Die allgemeine Formel für die n-te Wellenfunktion lautet

$$\psi_n = \left(\frac{2m\nu}{\hbar}\right)^{1/4} (2^n n!)^{-1/2} H_n(y)\, e^{-y^2/2} \tag{6.36}$$

Die ersten sechs Hermite-Polynome $H_n(y)$ sind in der Tabelle 6.1 angegeben, die entsprechenden Wellenfunktionen ψ_n sind in Bild 6.7 dargestellt. Außerdem ist der Bereich eingezeichnet, der einem klassischen Teilchen mit derselben Gesamtenergie E_n zur Verfügung stünde. Offensichtlich kann das Teilchen auch in klassisch verbotene Bereiche mit einer exponentiell abnehmenden Wahrscheinlichkeit eindringen, wie dies beim Teilchen im Kasten mit weichen Wänden der Fall war.

Tabelle 6.1 Einige Hermite-Polynome

n	$H_n(y)$	α_n	E_n
0	1	1	$\frac{1}{2}h\nu$
1	$2y$	3	$\frac{3}{2}h\nu$
2	$4y^2 - 2$	5	$\frac{5}{2}h\nu$
3	$8y^3 - 12y$	7	$\frac{7}{2}h\nu$
4	$16y^4 - 48y^2 + 12$	9	$\frac{9}{2}h\nu$
5	$32y^5 - 160y^3 + 120y$	11	$\frac{11}{2}h\nu$

Es ist lehrreich, die Aufenthaltswahrscheinlichkeiten eines klassischen und eines quantenmechanischen harmonischen Oszillators mit derselben Energie zu vergleichen. Das obere Teilbild von Bild 6.8 zeigt diese klassische Aufenthaltswahrscheinlichkeit. Die Wahrscheinlichkeit P, das Teilchen an einem bestimmten Ort zu finden, ist an den Umkehrpunkten seiner Bewegung am größten, weil es sich dort am langsamsten bewegt und in der Nähe der Gleichgewichtslage ($x = 0$) am geringsten, wo es sich am schnellsten bewegt. Genau das umgekehrte Verhalten zeigt ein quantenmechanischer Oszillator in seinem niedrigsten Energiezustand $n = 0$. Wie gezeigt wurde, hat die Wahrscheinlichkeitsdichte $|\psi_0|^2$ ihren Maximalwert bei $x = 0$ und fällt auf beiden Seiten ab. Jedoch verschwindet dieser Unterschied mit zunehmendem n immer mehr. Das untere Teilbild von Bild 6.8 entspricht $n = 10$, und es ist klar, daß $|\psi_{10}|^2$ ungefähr das Verhalten der klas-

Bild 6.8
Wahrscheinlichkeitsdichten für die Zustände mit $n = 0$ und $n = 10$ eines quantenmechanischen harmonischen Oszillators. Die Wahrscheinlichkeitsdichten klassischer harmonischer Oszillatoren mit derselben Energie sind mit weißen Linien eingezeichnet.

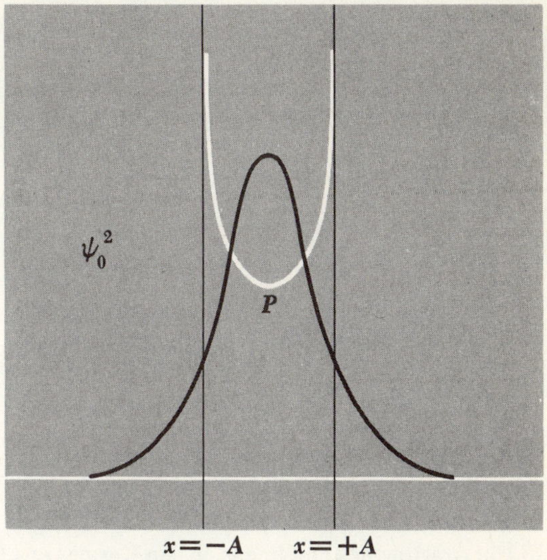

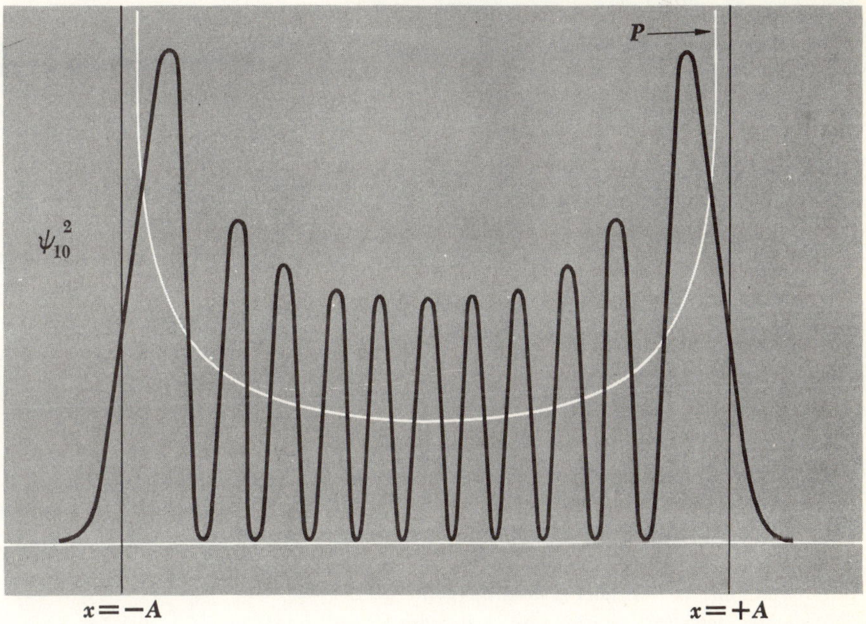

sischen Wahrscheinlichkeit P zeigt, wenn über einen x-Bereich gemittelt wird. Dies ist ein weiteres Beispiel des in Abschnitt 4.6 erwähnten Korrespondenzprinzips: Im Grenzfall großer Quantenzahlen ergibt die Quantenphysik die gleichen Ergebnisse wie die klassische Physik.

Man könnte einwenden, daß $|\psi_{10}|^2$ trotzdem stark mit x fluktuiert, während P dies nicht tut, obwohl $|\psi_{10}|^2$ sich an P angleicht, wenn es geglättet wird. Jedoch ist dieser Einwurf nur sinnvoll, wenn die Schwankungen beobachtbar sind. Je kleiner aber die Abstände der Spitzen und Täler sind, um so mehr verhindert das Unschärfeprinzip ihre Beobachtung, ohne daß der physikalische Zustand des Oszillators verändert wird. Die über $x = \pm A$ hinausreichenden Teile von $|\psi|^2$ nehmen ebenfalls mit zunehmendem n ab. Daher werden die klassische Beschreibung und die Quantenbeschreibung in Übereinstimmung mit dem Korrespondenzprinzip einander immer ähnlicher, je größer n wird, obwohl sie für kleine n sehr verschieden sind.

6.8 Das Teilchen in einem dreidimensionalen Kasten

Obwohl viele interessante physikalische Probleme auf eine Dimension beschränkt sind, benötigen andere drei Dimensionen, zum Beispiel das Problem der Atomstruktur. Wir beginnen mit einem Teilchen, das in einen dreidimensionalen Kasten eingeschlossen ist, als Einführung in die Lösungsmethoden der Schrödinger-Gleichung in drei Dimensionen.

In drei Dimensionen lautet die stationäre Schrödinger-Gleichung

$$\frac{\partial^2\psi}{\partial x^2} + \frac{\partial^2\psi}{\partial y^2} + \frac{\partial^2\psi}{\partial z^2} + \frac{2m}{\hbar^2}(E - E_p)\psi = 0 . \qquad (6.37)$$

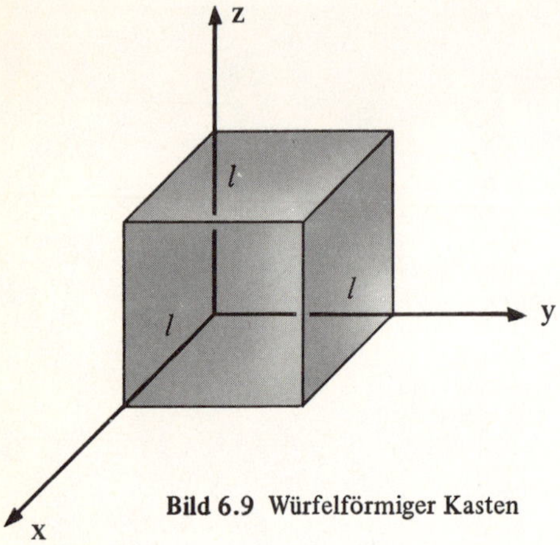

Bild 6.9 Würfelförmiger Kasten

In Übertragung des eindimensionalen Kastens aus Bild 6.1 wählen wir einen Würfel mit der Seitenlänge l, in dessen Innerem wir die potentielle Energie $E_p(x, y, z) = 0$ wählen, außerhalb dessen wir $E_p = \infty$ setzen (Bild 6.9). Innerhalb des Kastens lautet die Schrödinger-Gleichung

$$\frac{\partial^2 \psi}{\partial x^2} + \frac{\partial^2 \psi}{\partial y^2} + \frac{\partial^2 \psi}{\partial z^2} + \frac{2m}{\hbar} E \psi = 0, \tag{6.38}$$

die wir mit der Randbedingung lösen müssen, daß ψ an den Begrenzungsflächen des Würfels verschwindet.

Gl. (6.38) enthält alle drei Koordinaten x, y, z. Um eine Lösung zu erhalten, müssen wir zuerst drei unabhängige Gleichungen finden, von denen jede nur eine Koordinate enthält. Wir müssen dabei annehmen, daß die Wellenfunktion $\psi(x, y, z)$ das Produkt von drei verschiedenen Funktionen ist: $\psi_x(x)$, die nur von x abhängt; $\psi_y(y)$, die nur von y abhängig ist, und $\psi_z(z)$, die nur von z abhängt:

$$\psi(x, y, z) = \psi_x(x)\, \psi_y(y)\, \psi_z(z). \tag{6.39}$$

Diese Annahme ist vernünftig, denn sie geht von der Voraussetzung aus, daß die Variation von ψ in jeder Koordinate unabhängig von ihrer Variation mit den anderen Koordinaten ist. Indem wir die partiellen Ableitungen von ψ berechnen, erhalten wir

$$\frac{\partial^2 \psi}{\partial x^2} = \psi_y\, \psi_z \frac{d^2 \psi_x}{dx^2}$$

$$\frac{\partial^2 \psi}{\partial y^2} = \psi_x\, \psi_z \frac{d^2 \psi_y}{dy^2}$$

$$\frac{\partial^2 \psi}{\partial z^2} = \psi_x\, \psi_y \frac{d^2 \psi_z}{dz^2}.$$

Nun substituieren wir diese partiellen Ableitungen zusammen mit Gl. (6.29) in Gl. (6.38) und erhalten

$$\psi_y\, \psi_z \frac{d^2 \psi_x}{dx^2} + \psi_x \psi_z \frac{d^2 \psi_y}{dy^2} + \psi_x\, \psi_y \frac{d^2 \psi_z}{dz^2} + \frac{2mE}{\hbar^2} \psi_x\, \psi_y\, \psi_z = 0.$$

Indem wir durch $\psi_x\, \psi_y\, \psi_z$ dividieren und die Terme umordnen, erhalten wir

$$\frac{1}{\psi_x} \frac{d^2 \psi_x}{dx^2} + \frac{1}{\psi_y} \frac{d^2 \psi_y}{dy^2} + \frac{1}{\psi_z} \frac{d^2 \psi_z}{dz^2} = -\frac{2mE}{\hbar^2}. \tag{6.40}$$

Jeder Term auf der linken Seite von Gl. (6.40) ist eine Funktion einer einzigen Variablen, und die rechte Seite ist eine von x, y, z unabhängige Konstante. Daher muß jeder Term auf der linken Seite einer eigenen Konstanten gleich sein, was wir in folgender Form schreiben

$$\frac{1}{\psi_x} \frac{d^2 \psi_x}{dx^2} = -k_x^2 \tag{6.41}$$

$$\frac{1}{\psi_y} \frac{d^2 \psi_y}{dy^2} = -k_y^2 \tag{6.42}$$

$$\frac{1}{\psi_z} \frac{d^2 \psi_z}{dz^2} = -k_z^2, \tag{6.43}$$

wobei für die k's die Bedingung

$$k_x^2 + k_y^2 + k_z^2 = \frac{2mE}{\hbar^2} \tag{6.44}$$

gilt. Die Gln. (6.41) bis (6.43) sind gewöhnliche Differentialgleichungen mit genau derselben Gestalt wie Gl. (6.1) und haben dieselben Sinus- und Kosinuslösungen. Die Randbedingungen für ψ sagen, daß ψ an der Berandung des Kastens, verschwinden muß, also für $x = 0$ oder l, $y = 0$ oder l, $z = 0$ oder l. Nur die Sinusfunktion verschwindet wie gefordert am Ursprung, daher ist sie die geeignete Funktion für die Lösungen. Die vollständige Wellenfunktion lautet daher

$$\psi = \psi_x\, \psi_y\, \psi_z = A \sin k_x x \sin k_y y \sin k_z z, \tag{6.45}$$

wobei A eine Normierungskonstante ist, deren Wert so gewählt werden muß, daß

$\int |\psi|^2 \, dV = 1$ erfüllt ist.

Wir haben sichergestellt, daß $\psi = 0$ am Ursprung erfüllt ist, indem wir Sinusfunktionen verwendet haben, und müssen nun die Werte k_x, k_y, k_z bestimmen, die zu $\psi = 0$ für $x, y, z = l$ führen. Diese Werte sind

$$k_x l = n_x \pi \qquad n_x = 1, 2, 3, \ldots$$

$$k_y l = n_y \pi \qquad n_y = 1, 2, 3, \ldots$$

$$k_z l = n_z \pi \qquad n_z = 1, 2, 3, \ldots$$

Die Wellenfunktionen eines Teilchens in einem würfelförmigen Kasten sind daher

$$\psi = A \sin \frac{n_x \pi x}{l} \sin \frac{n_y \pi y}{l} \sin \frac{n_z \pi z}{l} \qquad \begin{matrix} n_x = 1, 2, 3, \ldots \\ n_y = 1, 2, 3, \ldots \\ n_z = 1, 2, 3, \ldots \end{matrix} \tag{6.46}$$

und die möglichen Energiezustände des Teilchens lauten

$$E = (n_x^2 + n_y^2 + n_z^2)\frac{\pi^2 \hbar^2}{2m\, l^2} \quad . \tag{6.47}$$

Man braucht hier zur Angabe jedes Zustandes des Teilchens entsprechend den drei Koordinaten drei Quantenzahlen statt einer einzigen im Falle des eindimensionalen Kastens. Dies ist eine allgemeine Erscheinung bei dreidimensionalen Pròblemen, und wir werden ihr im nächsten Kapitel bei der Theorie des Wasserstoffatoms wieder begegnen.

Ein interessanter Aspekt der Gl. (6.47) ist, daß jedes einzelne Energieniveau zu mehr als einem Quantenzustand gehört. Zum Beispiel beträgt die Energie $9\pi^2\hbar^2/2ml^2$ in jedem der folgenden drei Quantenzustände

$$\begin{Bmatrix} n_x = 2 \\ n_y = 2 \\ n_z = 1 \end{Bmatrix} \quad \begin{Bmatrix} n_x = 1 \\ n_y = 2 \\ n_z = 2 \end{Bmatrix} \quad \begin{Bmatrix} n_x = 2 \\ n_y = 1 \\ n_z = 2 \end{Bmatrix} .$$

Ein Energieniveau dieser Art wird *entartet* genannt. Die Entartung ist in diesem Fall dreifach, weil drei verschiedene Wellenfunktionen

$$\psi_{221} = A \sin\frac{2\pi x}{l} \sin\frac{2\pi y}{l} \sin\frac{\pi z}{l}$$

$$\psi_{122} = A \sin\frac{\pi x}{l} \sin\frac{2\pi y}{l} \sin\frac{2\pi z}{l}$$

$$\psi_{212} = A \sin\frac{2\pi x}{l} \sin\frac{\pi y}{l} \sin\frac{2\pi z}{l}$$

zu Zuständen mit derselben Energie gehören. Die Zustände unterscheiden sich in anderer Hinsicht: Die Beträge der Impulskomponenten $|p_x|$, $|p_y|$, $|p_z|$ der verschiedenen Zustände sind zum Beispiel nicht die gleichen.

6.9 Aufgaben

1. Geben Sie die niedrigste Energie eines Neutrons an, das sich in einem Kasten der Breite 10^{-14} m befindet. (Die Größe eines Kernes hat diese Größenordnung.)
2. Nach dem Korrespondenzprinzip sollte im Grenzfall großer Quantenzahlen die Quantentheorie dasselbe Ergebnis wie die klassische Physik geben. Zeigen Sie, daß mit anwachsendem n die Wahrscheinlichkeit, ein Teilchen in einem Kasten zwischen x und $x + dx$ zu finden, von x unabhängig wird, was die klassische Vorhersage ist.
3. Bestimmen Sie die fünf niedrigsten Energiezustände eines Teilchens in einem würfelförmigen Kasten. Welche dieser Energiezustände sind entartet?
4. Berechnen Sie die Normierungskonstante A in Gl. (6.46) für die Wellenfunktion eines Teilchens in einem würfelförmigen Kasten für $n_x = 1, n_y = 2, n_z = 3$.
5. Ein Elektron befindet sich in einem würfelförmigen Kasten der Seitenlänge 0,1 nm. Bei welcher Temperatur wäre die mittlere Energie von Molekülen eines idealen Gases dieselbe wie die des Elektrons in seinem Grundzustand?
6. Unter der Verwendung von $\alpha \geqslant 0$ (da $E \geqslant 0$) zeige man, daß die Koeffizienten A_n in der Gl. (6.28) für negative n verschwinden.
7. Zeigen Sie, daß die ersten drei Wellenfunktionen des harmonischen Oszillators normierte Lösungen der Schrödinger-Gleichung sind.
8. Wie groß ist die Nullpunktsenergie eines Pendels in eV, dessen Periode 1 s ist?
9. Zeigen Sie, daß die Erwartungswerte $\overline{E}_k$ und $\overline{E}_p$ der kinetischen und der potentiellen Energie eines harmonischen Oszillators durch $\overline{E}_k = \overline{E}_p = E_0/2$ gegeben sind, wenn sich der Oszillator im Grundzustand befindet. (Welche entsprechende Aussage macht die klassische Physik?)
10. Eine wichtige Eigenschaft der Eigenfunktionen eines Operators ist ihre gegenseitige Orthogonalität, was bedeutet, daß

$$\int_{-\infty}^{\infty} \psi_n^* \psi_m \, dV = 0 \qquad n \neq m.$$

Überprüfen Sie diese Beziehung für die Eigenfunktionen eines Teilchens in einem eindimensionalen Kasten mit Hilfe der Relation $\sin\theta = (e^{i\theta} - e^{-i\theta})/2i$.

11. Zeigen Sie, daß die Eigenfunktionen des harmonischen Oszillators orthogonal sind.
12. Ein Teilchen der Masse m befinde sich in einem zweidimensionalen Kasten von der Länge l_1 und der Breite l_2. Man stelle die Schrödinger-Gleichung auf und zeige, daß die zulässigen Energien des Teilchens durch

$$E = \frac{h^2}{8m}\left(\frac{a^2}{l_1^2} + \frac{b^2}{l_2^2}\right)$$

gegeben sind, wobei a und b positive ganze Zahlen sind.

7 Quantentheorie des Wasserstoffatoms

Die Quantentheorie des Atoms wurde kurz nach der Formulierung der Quantenmechanik entwickelt und stellt einen epochalen Beitrag zu unserer Kenntnis der physikalischen Welt dar. Sie hat nicht nur unsere mathematischen Methoden der Behandlung atomarer Erscheinungen revolutioniert, sondern hat uns verstehen lassen, wie Atome miteinander wechselwirken, um stabile Moleküle zu bilden, was der Grund für das Periodensystem der Elemente ist und warum feste Körper charakteristische elektrische, magnetische und mechanische Eigenschaften haben. Diese Themen werden wir in späteren Kapiteln aufgreifen. Zunächst wollen wir uns auf die Quantentheorie des Wasserstoffatoms konzentrieren und sehen, wie formale mathematische Ergebnisse durch bekannte Begriffe gedeutet werden können.

7.1 Die Schrödinger-Gleichung des Wasserstoffatoms

Ein Wasserstoffatom besteht aus einem Proton, einem Teilchen der elektrischen Ladung $+e$, und einem Elektron, einem Teilchen der Ladung $-e$, das 1836-mal leichter als das Proton ist. Zur Vereinfachung betrachten wir das Proton als stationär, wobei sich das Elektron in seiner Nachbarschaft bewegt, jedoch wegen des elektrischen Feldes des Protons nicht entweichen kann. (Wie in der Bohrschen Theorie kann man die Protonmasse leicht dadurch berücksichtigen, daß man die Elektronenmasse m durch die reduzierte Masse μ ersetzt.) Die Schrödinger-Gleichung für das Elektron in drei Dimensionen, die wir für das Wasserstoffatom verwenden müssen, lautet

$$\nabla^2 \psi + \frac{2m}{\hbar^2}(E - E_p)\psi = 0,$$

in kartesischen Koordinaten

$$\frac{\partial^2 \psi}{\partial x^2} + \frac{\partial^2 \psi}{\partial y^2} + \frac{\partial^2 \psi}{\partial z^2} + \frac{2m}{\hbar^2}(E - E_p)\psi = 0. \tag{7.1}$$

Die potentielle Energie E_p ist hier die elektrostatische Energie

$$E_p = -\frac{e^2}{4\pi\epsilon_0 r} \tag{7.2}$$

einer Ladung $-e$ im Abstand r von einer anderen Ladung $+e$.

Da E_p eine Funktion von r und nicht direkt von x, y, z abhängig ist, können wir Gl. (7.2) nicht sofort in Gl. (7.1) einsetzen. Es gibt zwei Möglichkeiten: Wir können entweder E_p durch die kartesischen Koordinaten x, y, z durch Ersetzen von r durch $\sqrt{x^2 + y^2 + z^2}$ ausdrücken, oder wir können die Schrödinger-Gleichung in den sphärischen Polarkoordinaten r, θ, ϕ schreiben, die in Bild 7.1 definiert sind. Wegen der Symmetrie der physikalischen Situation ist die zweite Möglichkeit die bessere, das Problem läßt sich wesentlich leichter lösen.

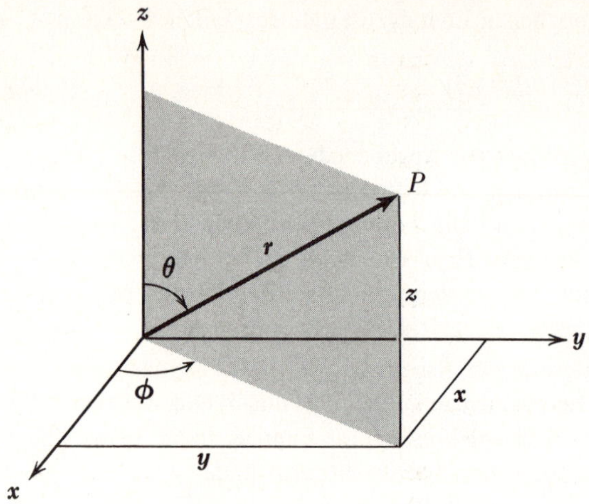

$$x = r\sin\theta\cos\phi$$
$$y = r\sin\theta\sin\phi$$
$$z = r\cos\theta$$

Bild 7.1 Sphärische Polarkoordinaten

In sphärischen Polarkoordinaten lautet die Schrödinger-Gleichung

$$\frac{1}{r^2}\frac{\partial}{\partial r}\left(r^2 \frac{\partial\psi}{\partial r}\right) + \frac{1}{r^2 \sin\theta}\frac{\partial}{\partial\theta}\left(\sin\theta\frac{\partial\psi}{\partial\theta}\right) + $$
$$+ \frac{1}{r^2\sin^2\theta}\frac{\partial^2\psi}{\partial\phi^2} + \frac{2m}{\hbar^2}(E - E_p)\psi = 0. \tag{7.3}$$

Indem wir aus Gl. (7.2) die potentielle Energie E_p einsetzen und die gesamte Gleichung mit $r^2 \sin^2\theta$ multiplizieren, erhalten wir

$$\sin^2\theta\frac{\partial}{\partial r}\left(r^2\frac{\partial\psi}{\partial r}\right) + \sin\theta\frac{\partial}{\partial\theta}\left(\sin\theta\frac{\partial\psi}{\partial\theta}\right) + \frac{\partial^2\psi}{\partial\phi^2} + $$
$$+ \frac{2mr^2\sin^2\theta}{\hbar^2}\left(\frac{e^2}{4\pi\epsilon_0 r} + E\right)\psi = 0. \tag{7.4}$$

Gl. (7.4) ist die partielle Differentialgleichung für die Wellenfunktion ψ des Elektrons im Wasserstoffatom. Zusammen mit den verschiedenen Bedingungen, die ψ erfüllen muß – ψ muß normierbar und eine eindeutige Funktion von r, θ, ϕ sein – bestimmt diese Gleichung das Verhalten des Elektrons vollständig. Wir gehen nun an die Lösung der Gl. (7.4).

7.2 Separation der Variablen

Der Vorteil, die Schrödinger-Gleichung für das Wasserstoffatom in sphärischen Polarkoordinaten zu schreiben, besteht darin, daß diese Form leicht in drei unabhängige Gleichungen separiert werden kann, von denen jede nur eine einzige Koordinate betrifft. Wir führen im wesentlichen dasselbe Verfahren durch, mit dem wir in Kapitel 6 das Problem eines Teilchens in einem dreidimensionalen Kasten behandelt haben. Wir suchen nun Lösungen, bei denen die Wellenfunktion $\psi(r, \theta, \phi)$ die Form eines Produkts von drei verschiedenen Funktionen hat: $R(r)$, das nur von r abhängt, $\Theta(\theta)$, das nur von θ abhängt, und $\Phi(\phi)$, das nur von ϕ abhängt. Wir setzen also

$$\psi(r,\theta,\phi) = R(r)\,\Theta(\theta)\,\Phi(\phi). \tag{7.5}$$

Aus Gl. (7.5) erhalten wir die partiellen Ableitungen

$$\frac{\partial\psi}{\partial r} = \Theta\Phi\frac{dR}{dr} \qquad \frac{\partial\psi}{\partial\theta} = R\Phi\frac{d\Theta}{d\theta} \qquad \frac{\partial\psi}{\partial\phi} = R\Theta\frac{d\Phi}{d\phi},$$

wobei wir zur Vereinfachung die Argumente der Funktionen weggelassen haben. Indem wir nun $R\Theta\Phi$ für ψ in die Schrödinger-Gleichung des Wasserstoffatoms einsetzen und die ganze Gleichung durch $R\Theta\Phi$ dividieren, finden wir

$$\frac{\sin^2\theta}{R}\frac{d}{dr}\left(r^2\frac{dR}{dr}\right) + \frac{\sin\theta}{\Theta}\frac{d}{d\Theta}\left(\sin\theta\frac{d\Theta}{d\theta}\right) + \frac{1}{\Phi}\frac{d^2\Phi}{d\phi^2}$$
$$+\frac{2mr^2\sin^2\theta}{\hbar^2}\left(\frac{e^2}{4\pi\epsilon_0 r}+E\right) = 0. \tag{7.6}$$

Der dritte Term in Gl. (7.6) ist nur eine Funktion des Azimutwinkels ϕ, während die anderen Terme Funktionen von r und θ sind. Wir ordnen Gl. (7.6) um und erhalten

$$\frac{\sin^2\theta}{R}\frac{d}{dr}\left(r^2\frac{dR}{dr}\right) + \frac{\sin\theta}{\Theta}\frac{d}{d\theta}\left(\sin\theta\frac{d\Theta}{d\theta}\right)$$
$$+\frac{2mr^2\sin^2\theta}{\hbar^2}\left(\frac{e^2}{4\pi\epsilon_0 r}+E\right) = -\frac{1}{\Phi}\frac{d^2\Phi}{d\phi^2}. \tag{7.7}$$

Diese Gleichung kann nur dann richtig sein, wenn die beiden Seiten der selben Konstanten gleich sind, weil sie von *verschiedenen* Variablen abhängen. Es ist zweckmäßig, wie wir noch sehen werden, diese Konstante m_l^2 zu nennen. Die Differentialgleichung für die Funktion Φ lautet daher

$$-\frac{1}{\Phi}\frac{d^2\Phi}{d\Phi^2} = m_l^2 \tag{7.8}$$

Wenn wir statt der rechten Seite von Gl. (7.7) m_l^2 einsetzen, die ganze Gleichung durch $\sin^2\theta$ dividieren und die Terme umordnen, finden wir

$$\frac{1}{R}\frac{d}{dr}\left(r^2\frac{dR}{dr}\right) + \frac{2mr^2}{\hbar^2}\left(\frac{e^2}{4\pi\epsilon_0 r}+E\right)$$
$$=\frac{m_l^2}{\sin^2\theta} - \frac{1}{\Theta\sin\theta}\frac{d}{d\theta}\left(\sin\theta\frac{d\Theta}{d\theta}\right). \tag{7.9}$$

Wiederum erhalten wir eine Gleichung, in der verschiedene Variable auf verschiedenen Seiten der Gleichung stehen, daher müssen beide Seiten derselben Konstanten gleich sein. Diese Konstante nennen wir $l(l+1)$ aus Gründen, die später klar werden. Die Gleichungen für die Funktionen Θ und R lauten daher

$$\frac{m_l^2}{\sin^2\theta} - \frac{1}{\Theta\sin\theta}\frac{d}{d\theta}\left(\sin\theta\frac{d\Theta}{d\theta}\right) = l(l+1) \tag{7.10}$$

$$\frac{1}{R}\frac{d}{dr}\left(r^2\frac{dR}{dr}\right) + \frac{2mr^2}{\hbar^2}\left(\frac{e^2}{4\pi\epsilon_0 r}+E\right) = l(l+1). \tag{7.11}$$

Üblicherweise schreibt man die Gln. (7.8), (7.10) und (7.11) in der folgenden Form:

$$\frac{d^2\Phi}{d\phi^2} + m_l^2\Phi = 0 \tag{7.12}$$

$$\frac{1}{\sin\theta}\frac{d}{d\theta}\left(\sin\theta\frac{d\Theta}{d\theta}\right) + \left(l(l+1) - \frac{m_l^2}{\sin^2\theta}\right)\Theta = 0 \tag{7.13}$$

$$\frac{1}{r^2}\frac{d}{dr}\left(r^2\frac{dR}{dr}\right) + \left[\frac{2m}{\hbar^2}\left(\frac{e^2}{4\pi\epsilon_0 r}+E\right) - \frac{l(l+1)}{r^2}\right]R$$
$$= 0. \tag{7.14}$$

Jede dieser Gleichungen ist eine gewöhnliche Differentialgleichung für eine einzige Funktion von einer einzigen Variablen. Wir haben somit die Schrödinger-Gleichung für das Wasserstoffatom vereinfacht, die anfangs eine partielle Differentialgleichung für eine Funktion ψ für drei Variablen war.

7.3 Quantenzahlen

Die Gl. (7.12) läßt sich leicht lösen. Die Lösung ist

$$\Phi(\phi) = A e^{i m_l \phi}, \tag{7.15}$$

wobei A die Integrationskonstante ist. Wir wissen bereits, daß eine Wellenfunktion eine eindeutige Funktion des Ortes sein muß. Aus Bild 7.2 sieht man jedoch, daß ϕ und $\phi + 2\pi$ dieselbe Meridianebene bezeichnen. Daher muß

$$A e^{i m_l \phi} = A e^{i m_l (\phi + 2\pi)}$$

erfüllt sein, was nur dann der Fall ist, wenn $m_l = 0$ oder eine positive oder eine negative ganze Zahl ($\pm 1, \pm 2, \ldots$) ist. Die Konstante m_l wird *magnetische Quantenzahl* des Wasserstoffatoms genannt.

Die Lösungen der Differentialgleichung (7.13) für $\Theta(\theta)$ sind Polynome, die *assoziierte Legendre-Polynome* genannt werden. Für uns ist nur wichtig, daß diese Funktionen nur dann existieren, wenn die Konstante l eine ganze Zahl ist, die nicht kleiner als $|m_l|$ ist. Diese Forderung kann auch als Bedingung für m_l in der Form

$$m_l = 0, \pm 1, \pm 2, \ldots \pm l$$

geschrieben werden. Die Konstante l wird als *Orbital-* oder *Bahndrehimpuls-Quantenzahl* bezeichnet.

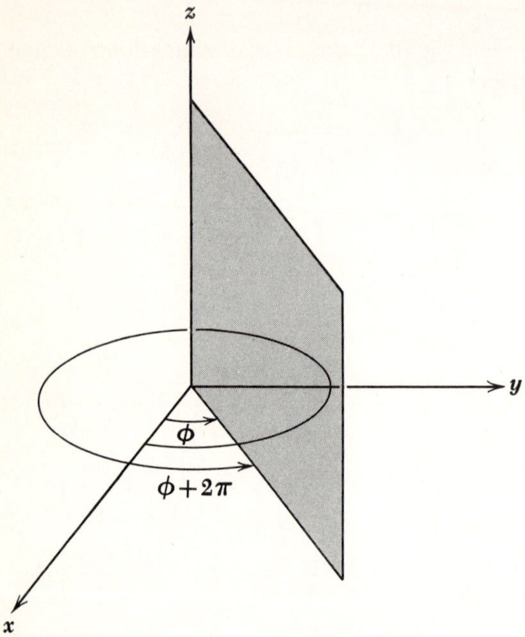

Bild 7.2 Die Winkel ϕ und $\phi + 2\pi$ entsprechen derselben Meridianebene.

Die Lösung der Gl. (7.14) für den Radialteil $R(r)$ der Wellenfunktion ψ des Wasserstoffatoms führt ebenfalls auf Polynome, die sogenannten assoziierten *Laguerre-Polynome*. Gl. (7.14) kann nur gelöst werden, wenn E positiv ist oder einen der folgenden negativen Werte E_n annimmt, die durch

$$E_n = -\frac{me^4}{32\pi^2\epsilon_0^2\hbar^2}\left(\frac{1}{n^2}\right) \tag{7.16}$$

gegeben sind, wobei n eine ganze Zahl ist (negative Energie bedeutet Bindung des Elektrons an den Kern). Wir erkennen hier die Bohrsche Formel für die Energieniveaus des Wasserstoffatoms wieder.

Eine weitere Bedingung muß erfüllt sein, damit Gl. (7.14) eine Lösung hat. n, die *Hauptquantenzahl*, muß größer oder gleich $l+1$ sein. Diese Forderung kann auch als Bedingung an l in der Form

$$l = 0, 1, 2, \ldots (n-1)$$

geschrieben werden. Wir fassen somit die drei Quantenzahlen n, l, m und ihre zulässigen Werte in folgender Weise zusammen:

$$\begin{aligned} n &= 1, 2, 3, \ldots \\ l &= 0, 1, 2, \ldots (n-1) \\ m_l &= 0, \pm 1, \pm 2, \ldots \pm l \end{aligned} \tag{7.17}$$

Die Theorie des Teilchens in einem Kasten, die wir im vorigen Kapitel betrachtet haben, hat uns gelehrt, daß im Fall einer dreidimensionalen Bewegung drei Quantenzahlen existieren. Es ist daher nicht verwunderlich, daß auch für die dreidimensionale Bewegung des Elektrons in einem Wasserstoffatom drei Quantenzahlen gebraucht werden. Wir wollen noch einmal darauf hinweisen, daß Quantenzahlen immer dann auftreten, wenn Teilchen auf einen bestimmten Bereich des Raumes beschränkt sind.

Um die Abhängigkeit der Funktionen R, Θ und Φ von den Quantenzahlen n, l, m anzudeuten, schreiben wir die Wellenfunktion des Elektrons als

$$\psi = R_{nl}\,\Theta_{lm}\,\Phi_m \tag{7.18}$$

Die Wellenfunktionen R, Θ und Φ sind zusammen mit ψ in der Tabelle 7.1 für $n = 1, 2$ und 3 angegeben.

7.4 Hauptquantenzahl

Um eine Deutung der Quantenzahlen des Wasserstoffatoms zu erhalten, stellen wir die quantenmechanische Behandlung der klassischen gegenüber. Das klassische Atommodell (siehe Kapitel 3) entspricht genau einer Planetenbewegung in einem Sonnensystem, in dem die Schwerkraft durch eine elektrische Kraft ersetzt ist, die das Elektron an den Kern bindet. Dabei sind zwei Größen *erhalten* – das heißt, sie behalten zu allen Zeiten einen konstanten Wert – : Die *Gesamtenergie*, eine skalare Größe, und der *Drehimpuls* eines jeden Planeten, eine vektorielle Größe. In der klassischen Theorie kann die Gesamtenergie jeden beliebigen Wert annehmen, sie muß allerdings negativ sein, wenn der Planet permanent im Sonnensystem gebunden sein soll. In der quantenmechanischen Theorie des Wasserstoffatoms ist die Elektronenenergie ebenfalls eine Konstante, doch während sie jeden beliebigen positiven Wert haben kann, sind die einzigen möglichen negativen Energiewerte:

$$E_n = -\frac{me^4}{32\pi\epsilon_0^2\hbar^2}\left(\frac{1}{n^2}\right). \tag{7.16}$$

Die Theorie der Planetenbewegung kann auch aus der Schrödinger-Gleichung abgeleitet werden und liefert eine Energieformel, die mit Gl. (7.16) in der Form identisch ist. Jedoch erweist sich die Hauptquantenzahl n irgendeines Planeten als so ungeheuer groß, daß der Abstand der zulässigen Energieniveaus bei weitem zu klein ist, um beobachtbar zu sein. Daher liefert die klassische Physik eine adäquate Beschreibung der Planetenbewegung, doch im Bereich des Atoms versagt sie.

Die Quantisierung der Elektronenenergie im Wasserstoffatom wird daher durch die Hauptquantenzahl n beschrieben.

7.5 Orbital-Quantenzahl

Die Deutung der Orbital-Quantenzahl l ist ein wenig schwieriger. Wir wollen dazu die Differentialgleichung für den Radialteil $R(r)$ der Wellenfunktion ψ betrachten:

$$\frac{1}{r^2}\frac{d}{dr}\left(r^2\frac{dR}{dr}\right) + \left[\frac{2m}{\hbar^2}\left(\frac{e^2}{4\pi\epsilon_0 r} + E\right) - \frac{l(l+1)}{r^2}\right]R = 0. \tag{7.14}$$

Tabelle 7.1 Wellenfunktionen des Wasserstoffatoms für $n = 1$, 2 und 3. $a_0 = h^2/me^2 = 0{,}053$ nm ist der Radius der innersten Bohrschen Bahn

n	l	m_l	$\Phi(\phi)$	$\Theta(\theta)$	$R(r)$	$\psi(r, \theta, \phi)$
1	0	0	$\frac{1}{\sqrt{2\pi}}$	$\frac{1}{\sqrt{2}}$	$\frac{2}{a_0^{3/2}} e^{-r/a_0}$	$\frac{1}{\sqrt{\pi}\, a_0^{3/2}} e^{-r/a_0}$
2	0	0	$\frac{1}{\sqrt{2\pi}}$	$\frac{1}{\sqrt{2}}$	$\frac{1}{2\sqrt{2}\, a_0^{3/2}} \left(2 - \frac{r}{a_0}\right) e^{-r/2a_0}$	$\frac{1}{4\sqrt{2\pi}\, a_0^{3/2}} \left(2 - \frac{r}{a_0}\right) e^{-r/2a_0}$
2	1	0	$\frac{1}{\sqrt{2\pi}}$	$\frac{\sqrt{6}}{2} \cos\theta$	$\frac{1}{2\sqrt{6}\, a_0^{3/2}} \frac{r}{a_0} e^{-r/2a_0}$	$\frac{1}{4\sqrt{2\pi}\, a_0^{3/2}} \frac{r}{a_0} e^{-r/2a_0} \cos\theta$
2	1	±1	$\frac{1}{\sqrt{2\pi}} e^{\pm i\phi}$	$\frac{\sqrt{3}}{2} \sin\theta$	$\frac{1}{2\sqrt{6}\, a_0^{3/2}} \frac{r}{a_0} e^{-r/2a_0}$	$\frac{1}{8\sqrt{\pi}\, a_0^{3/2}} \frac{r}{a_0} e^{-r/2a_0} \sin\theta\, e^{\pm i\phi}$
3	0	0	$\frac{1}{\sqrt{2\pi}}$	$\frac{1}{\sqrt{2}}$	$\frac{2}{81\sqrt{3}\, a_0^{3/2}} \left(27 - 18\frac{r}{a_0} + 2\frac{r^2}{a_0^2}\right) e^{-r/3a_0}$	$\frac{1}{81\sqrt{3\pi}\, a_0^{3/2}} \left(27 - 18\frac{r}{a_0} + 2\frac{r^2}{a_0^2}\right) e^{-r/3a_0}$
3	1	0	$\frac{1}{\sqrt{2\pi}}$	$\frac{\sqrt{6}}{2} \cos\theta$	$\frac{4}{81\sqrt{6}\, a_0^{3/2}} \left(6 - \frac{r}{a_0}\right) \frac{r}{a_0} e^{-r/3a_0}$	$\frac{\sqrt{2}}{81\sqrt{\pi}\, a_0^{3/2}} \left(6 - \frac{r}{a_0}\right) \frac{r}{a_0} e^{-r/3a_0} \cos\theta$
3	1	±1	$\frac{1}{\sqrt{2\pi}} e^{\pm i\phi}$	$\frac{\sqrt{3}}{2} \sin\theta$	$\frac{4}{81\sqrt{6}\, a_0^{3/2}} \left(6 - \frac{r}{a_0}\right) \frac{r}{a_0} e^{-r/3a_0}$	$\frac{1}{81\sqrt{\pi}\, a_0^{3/2}} \left(6 - \frac{r}{a_0}\right) \frac{r}{a_0} e^{-r/3a_0} \sin\theta\, e^{\pm i\phi}$
3	2	0	$\frac{1}{\sqrt{2\pi}}$	$\frac{\sqrt{10}}{4} (3\cos^2\theta - 1)$	$-\frac{4}{81\sqrt{30}\, a_0^{3/2}} \frac{r^2}{a_0^2} e^{-r/3a_0}$	$\frac{1}{81\sqrt{6\pi}\, a_0^{3/2}} \frac{r^2}{a_0^2} e^{-r/3a_0} (3\cos^2\theta - 1)$
3	2	±1	$\frac{1}{\sqrt{2\pi}} e^{\pm i\phi}$	$\frac{\sqrt{15}}{2} \sin\theta\cos\theta$	$\frac{4}{81\sqrt{30}\, a_0^{3/2}} \frac{r^2}{a_0^2} e^{-r/3a_0}$	$\frac{1}{81\sqrt{\pi}\, a_0^{3/2}} \frac{r^2}{a_0^2} e^{-r/3a_0} \sin\theta\cos\theta\, e^{\pm i\phi}$
3	2	±2	$\frac{1}{\sqrt{2\pi}} e^{\pm 2i\phi}$	$\frac{\sqrt{15}}{4} \sin^2\theta$	$\frac{4}{81\sqrt{30}\, a_0^{3/2}} \frac{r^2}{a_0^2} e^{-r/3a_0}$	$\frac{1}{162\sqrt{\pi}\, a_0^{3/2}} \frac{r^2}{a_0^2} e^{-r/3a_0} \sin^2\theta\, e^{\pm 2i\phi}$

Diese Gleichung betrifft nur die radiale Bewegung des Elektrons; trotzdem steht in dieser Gleichung E, die Gesamtenergie des Elektrons. E enthält die kinetische Energie der Bahnbewegung, die nichts mit der Radialbewegung zu tun haben sollte. Dieser Widerspruch kann auf folgende Weise gelöst werden: Die kinetische Energie E_k besteht aus zwei Teilen, $E_{k_{rad}}$ für die Bewegung in Richtung zum Kern und $E_{k_{orb}}$ für die Elektronenbewegung um den Kern. Die potentielle Energie E_p des Elektrons ist die elektrostatische Energie

$$E_p = -\frac{e^2}{4\pi\epsilon_0 r}.$$

Daher setzt sich die Gesamtenergie des Elektrons in folgender Weise zusammen:

$$E = E_{k_{rad}} + E_{k_{orb}} + E_p$$

$$= E_{k_{rad}} + E_{k_{orb}} - \frac{e^2}{4\pi\epsilon_0 r}$$

Wenn wir diesen Ausdruck für E in Gl. (7.14) einsetzen, erhalten wir nach einer geringfügigen Umordnung

$$\frac{1}{r^2}\frac{d}{dr}\left(r^2\frac{dR}{dr}\right) + \frac{2m}{\hbar^2}\left[E_{k_{rad}} + E_{k_{orb}} - \frac{\hbar^2 l(l+1)}{2mr^2}\right]R = 0. \qquad (7.19)$$

Wenn die beiden letzten Terme in der eckigen Klammer dieser Gleichung einander aufheben, haben wir, was wir wollen: eine Differentialgleichung für $R(r)$, die nur Funktionen des Radius r enthält. Wir fordern daher

$$E_{k_{orb}} = \frac{\hbar^2 l(l+1)}{2mr^2}. \qquad (7.20)$$

Die kinetische Energie der Bahnbewegung des Elektrons ist

$$E_{k_{orb}} = \tfrac{1}{2} m v_{orb}^2.$$

Da der Drehimpuls L des Elektrons

$$L = m v_{orb} r$$

beträgt, können wir für die kinetische Energie der Bahnbewegung

$$E_{k_{orb}} = \frac{L^2}{2mr^2}$$

schreiben. Daher erhalten wir aus Gl. (7.20)

$$\frac{L^2}{2mr^2} = \frac{\hbar^2 l(l+1)}{2mr^2}$$

$$L = \hbar\sqrt{l(l+1)}. \qquad (7.21)$$

Das Elektron kann also nur spezielle Drehimpulse L, deren Beträge Gl. (7.21) angibt, besitzen. Wie die Gesamtenergie E ist der *Drehimpuls sowohl erhalten als auch quantisiert*. Die Größe

$$\hbar = h/2\pi = 1{,}054 \cdot 10^{-34}\ \mathrm{Js}$$

ist daher die natürliche Einheit des Drehimpulses.

Wiederum ist in der Planetenbewegung die Drehimpulsquantenzahl so groß, daß die Quantisierung nicht beobachtet werden kann. Zum Beispiel hat ein Elektron oder ein beliebiger anderer Körper, dessen Orbital-Quantenzahl 2 ist, den Drehimpuls

$$L = \sqrt{2(2+1)}\ \hbar$$
$$= 2{,}6 \cdot 10^{-34}\ \mathrm{Js}.$$

Der Bahndrehimpuls der Erde ist hingegen $2{,}7 \cdot 10^{40}$ Js.

Üblicherweise gibt man die Drehimpulszustände durch einen Buchstaben an, wobei s dem Wert $l = 0$ entspricht, p entspricht $l = 1$ und so fort nach dem folgenden Schema:

$l = 0 \quad 1 \quad 2 \quad 3 \quad 4 \quad 5 \quad 6 \quad \ldots$

$\quad s \quad p \quad d \quad f \quad g \quad h \quad i \quad \ldots.$

Diese sonderbare Bezeichnungsweise entstand in der frühen empirischen Klassifikation der Spektren in verschiedene Reihen, die scharf, prinzipal, diffus und fundamental genannt wurden, bevor die Theorie des Atoms entwickelt wurde. Daher ist ein s-Zustand ein Zustand ohne Drehimpuls, ein p-Zustand hat den Drehimpuls $\sqrt{2}$ usw. Die Kombination der Hauptquantenzahl mit dem Buchstaben, der den Bahndrehimpuls darstellt, liefert eine häufig gebrauchte Bezeichnung für atomare Zustände. In dieser Notation ist ein Zustand mit $n = 2$, $l = 0$ ein $2s$-Zustand und einer mit $n = 4$, $l = 2$ ein $4d$-Zustand. Tabelle 7.2 gibt die Zuordnung der atomaren Zustände im Wasserstoff bis $n = 6$, $l = 5$.

Tabelle 7.2 Symbolische Darstellung der atomaren Zustände in Wasserstoff

	s $l = 0$	p $l = 1$	d $l = 2$	f $l = 3$	g $l = 4$	h $l = 5$
$n = 1$	$1s$					
$n = 2$	$2s$	$2p$				
$n = 3$	$3s$	$3p$	$3d$			
$n = 4$	$4s$	$4p$	$4d$	$4f$		
$n = 5$	$5s$	$5p$	$5d$	$5f$	$5g$	
$n = 6$	$6s$	$6p$	$6d$	$6f$	$6g$	$6h$

7.6 Magnetische Quantenzahl

Die Orbital-Quantenzahl l bestimmt die *Größe* des Drehimpulses des Elektrons. Der Drehimpuls ist jedoch wie der Linearimpuls eine vektorielle Größe, und zu seiner vollständigen Beschreibung braucht man die Angabe seiner Richtung und seines Betrags. Wir erinnern uns, daß der Vektor **L** senkrecht auf der Ebene steht, in der die Drehbewegung stattfindet, und seine Richtung ist durch die „Rechte-Hand-Regel" gegeben: Wenn die Finger der rechten Hand in die Richtung der Bewegung zeigen, gibt der Daumen die Richtung von **L** an (Bild 7.3).

Welche Bedeutung kann eine Raumrichtung für ein Wasserstoffatom überhaupt haben? Zur Beantwortung dieser Frage denken wir daran, daß ein um einen Kern rotierendes Elektron eine winzige Stromschleife darstellt und wie ein magnetischer Dipol ein Magnetfeld besitzt. In einem äußeren Magnetfeld **B** besitzt ein magnetischer Dipol eine potentielle Energie E_{pm}, die von der Größe μ seines magnetischen Momentes und der Orientierung dieses Momentes relativ zur Feldrichtung abhängt (Bild 7.4). Das Drehmo-

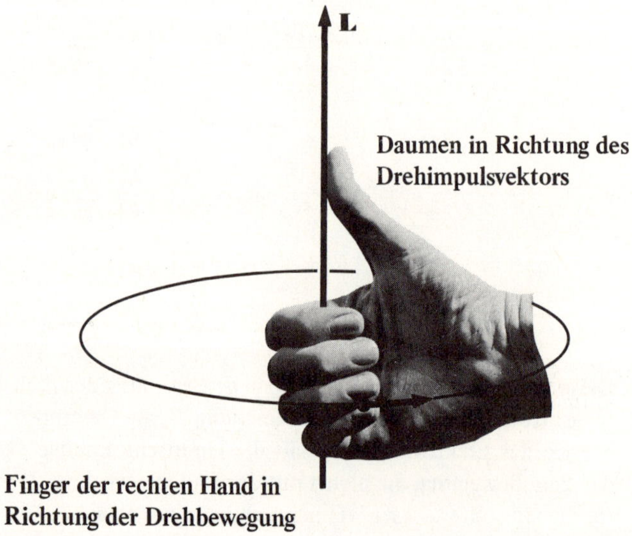

Bild 7.3 Rechte-Hand-Regel für den Drehimpuls

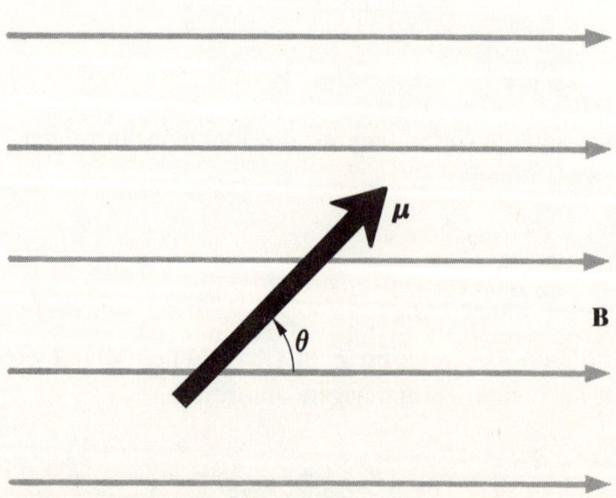

Bild 7.4 Ein magnetischer Dipol mit dem Moment μ in einem Winkel θ relativ zum Magnetfeld **B**

ment T auf einen magnetischen Dipol in einem Magnetfeld der Stärke $\mathbf{B}$ ist

$$T = \mu B \sin\theta,$$

wobei θ der Winkel zwischen μ und $\mathbf{B}$ ist. Das Drehmoment ist am größten, wenn der Dipol senkrecht zur Feldrichtung steht, und es verschwindet, wenn er parallel oder antiparallel zum Feld ist. Um die potentielle Energie E_{pm} zu berechnen, müssen wir zunächst eine Bezugskonfiguration definieren, für die E_{pm} nach Definition gleich Null ist. (Da immer nur Änderungen der potentiellen Energie beobachtet werden können, ist die Wahl einer Bezugskonfiguration willkürlich.) Zweckmäßigerweise setzt man $E_{pm} = 0$, wenn $\theta = 90°$, wenn also μ senkrecht auf $\mathbf{B}$ steht. Die potentielle Energie in einer beliebigen anderen Orientierung von μ ist gleich der Arbeit, die man aufwenden muß, um den Dipol von $\theta_0 = 90°$ zum Winkel θ zu drehen. Daher

$$E_{pm} = \int_{90°}^{\theta} T d\theta = \mu B \int_{90°}^{\theta} \sin\theta \, d\theta$$

$$= -\mu B \cos\theta. \qquad (7.22)$$

Wenn μ in dieselbe Richtung wie $\mathbf{B}$ zeigt, hat $E_{pm} = -\mu B$ seinen Minimalwert. Dies ist eine natürliche Konsequenz der Tatsache, daß sich ein magnetischer Dipol immer in die Richtung seines äußeren Feldes einstellen möchte. Da das magnetische Moment des Elektrons in einem Wasserstoffatom von seinem Drehimpuls $\mathbf{L}$ abhängt, bestimmen die Größe von $\mathbf{L}$ und die Orientierung relativ zum Feld die Größe des magnetischen Beitrages zur Gesamtenergie des Atoms, wenn es sich in einem Magnetfeld befindet. Das magnetische Moment einer Stromschleife ist

$$\mu = iA,$$

wobei i der Strom und A die eingeschlossene Fläche sind. Ein Elektron, das auf einer kreisförmigen Bahn vom Radius r in der Sekunde ν Umläufe durchführt, entspricht einem Strom der Größe $-e\nu$ (da $-e$ die Elektronenladung ist). Sein magnetisches Moment beträgt daher

$$\mu = -e\nu\pi r^2.$$

Die Geschwindigkeit des Elektrons auf seiner Bahn ist $2\pi\nu r$, und daher hat es den Drehimpuls

$$L = mvr = 2\pi m\nu r^2.$$

Durch Vergleich der Formeln für das magnetische Moment μ und den Drehimpuls L finden wir für ein Orbitalelektron

$$\mu = -\left(\frac{e}{2m}\right) \mathbf{L} \qquad (7.23)$$

Die Größe $(-e/2m)$, die nur durch die Ladung und die Masse des Elektrons bestimmt wird, wird sein *gyromagnetisches Verhältnis* genannt. Das negative Vorzeichen bedeutet, daß μ dem Drehimpuls $\mathbf{L}$ entgegengesetzt gerichtet ist. Während der obige Ausdruck für das magnetische Moment der Bahnbewegung des Elektrons durch eine klassische Rechnung erhalten wurde, liefert die Quantenmechanik dasselbe. Die potentielle Energie eines Atoms in einem Magnetfeld lautet daher

$$E_{pm} = \left(\frac{e}{2m}\right) L B \cos\theta. \qquad (7.24)$$

Wir wissen bereits, daß der Betrag L des Bahndrehimpulses des Elektrons quantisiert ist und als Funktion der Bahndrehimpuls-Quantenzahl l durch die Formel

$$L = \sqrt{l(l+1)}\,\hbar$$

gegeben ist. Es überrascht daher nicht, daß die *Richtung* von $\mathbf{L}$ ebenfalls bezüglich eines äußeren Magnetfeldes quantisiert ist. Dieser Umstand wird oft als *Richtungsquantisierung* bezeichnet. Die magnetische Quantenzahl m_l gibt die Richtung von $\mathbf{L}$ an, indem sie die Komponente des Vektors $\mathbf{L}$ in der Feldrichtung bestimmt. Wenn wir das Magnetfeld parallel zur z-Achse wählen, ist die Komponente des Drehimpulses in dieser Richtung

$$L_z = m_l \hbar. \qquad (7.25)$$

Die möglichen Werte von m_l laufen für einen vorgegebenen Wert von l von $+l$ über 0 nach $-l$, so daß die Anzahl der möglichen Einstellungen des Drehimpulsvektors $\mathbf{L}$ in einem Magnetfeld $2l+1$ beträgt. Wenn $l = 0$ ist, kann L_z nur den einzigen Wert 0 besitzen. Für $l = 1$ kann L_z $\hbar$, 0 oder $-\hbar$ sein; für $l = 2$ kann L_z die Werte $2\hbar$, $\hbar$, 0, $-\hbar$, $-2\hbar$ annehmen, usw. Wir merken, daß $\mathbf{L}$ niemals exakt parallel oder antiparallel zu $\mathbf{B}$ ausgerichtet sein kann, da L_z stets kleiner als der Betrag $\sqrt{l(l+1)}\,\hbar$ des gesamten Drehimpulses ist.

Die Richtungsquantisierung des Bahndrehimpulses im Wasserstoffatom ist im Bild 7.5 dargestellt. Ist kein Magnetfeld vorhanden, so ist die Richtung der z-Achse vollständig willkürlich; daher beträgt die Komponente von $\mathbf{L}$ in jeder *beliebigen* Richtung $m_l \hbar$. Ein äußeres Magnetfeld gibt jedoch eine experimentell ausgezeichnete Richtung an, mit deren Hilfe L_z gemessen werden kann.

Warum ist nur eine Komponente von $\mathbf{L}$ quantisiert? Die Antwort folgt daraus, daß $\mathbf{L}$ niemals in eine feste Richtung z zeigen kann, sondern im Raum einen Kegel beschreibt, dessen Projektion L_z den Wert $m_l \hbar$ besitzt. Den Grund dafür liefert das Unschärfeprinzip: Wäre $\mathbf{L}$ im Raum fixiert, so daß auch L_x und L_y bestimmte Werte hätten, dann müßte das Elektron auf eine vorgegebene Ebene beschränkt sein. Würde etwa $\mathbf{L}$ in die z-Richtung zeigen, müßte sich das Elektron in der x, y-Ebene befinden (Bild 7.6a). Dies kann nur dann der Fall sein, wenn die Impulskomponente p_z des Elektrons in der z-Richtung unendlich unscharf ist, was allerdings unmöglich ist, wenn das Elektron ein Teil des Wasserstoffatoms sein soll. Jedoch ist das Elektron nicht auf ei-

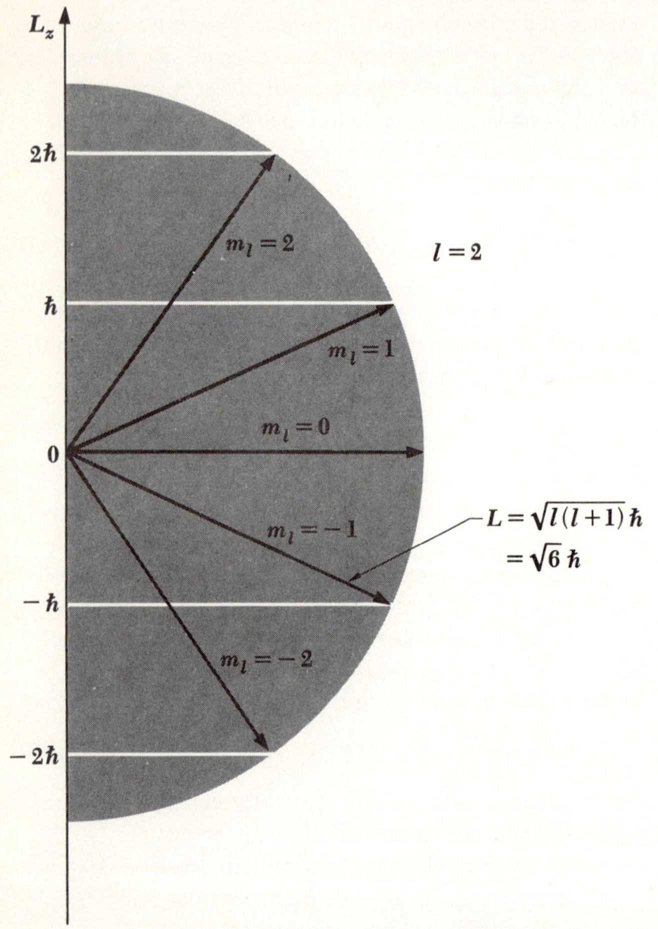

Bild 7.5 Richtungsquantisierung des Bahndrehimpulses

ne einzige Ebene beschränkt (Bild 7.6b), da ja nur eine Komponente L_z zusammen mit dem Betrag L bestimmte Werte hat und außerdem $|L| > |L_z|$ ist. Das bedeutet für die z-Koordinate des Elektrons eine natürliche Unschärfe. Die Richtung von **L** ändert sich fortwährend wie in Bild 7.7, und daher sind die Mittelwerte von L_x und L_y Null, obwohl L_z stets den Wert $m_l \hbar$ besitzt.

7.7 Der normale Zeeman-Effekt

Aus Bild 7.5 lesen wir ab, daß der Winkel θ zwischen **L** und der z-Richtung nur die durch die Beziehung

$$\cos\theta = \frac{m_l}{\sqrt{l(l+1)}}$$

gegebenen Werte annehmen kann, wobei die zulässigen Werte von L durch

$$L = \sqrt{l(l+1)}\ \hbar$$

gegeben sind. Um die magnetische Energie eines Atoms mit der magnetischen Quantenzahl m_l in einem Magnetfeld **B** zu berechnen, setzen wir den obigen Ausdruck für $\cos\theta$ und L in die Gl. (7.24) ein und erhalten

$$E_{\text{pm}} = m_l \left(\frac{e\hbar}{2\,m}\right) B. \qquad (7.26)$$

Die Größe $e\hbar/2\,m$ wird *Bohr-Magneton* genannt. Sein Wert ist $9{,}27 \cdot 10^{-24}$ J/T. In einem Magnetfeld hängt also die Energie eines speziellen Atomzustandes vom Wert m_l und von n ab. Ein Zustand mit der Hauptquantenzahl n spaltet sich in mehrere Zustände auf, wenn das Atom in einem Magnetfeld ist, und ihre Energien sind teils größer, teils kleiner als die Energie des Zustandes ohne Magnetfeld. Dies führt zu einer „Aufspaltung" der einzelnen Spektrallinien, wenn Atome in einem Magnetfeld strahlen, wobei der Ab-

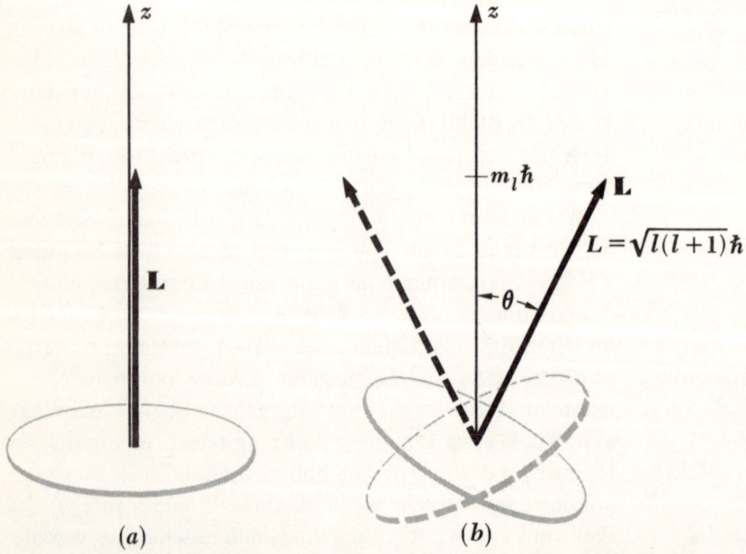

Bild 7.6 Das Unschärfeprinzip verhindert, daß der Drehimpulsvektor **L** eine feste Richtung im Raum hat.

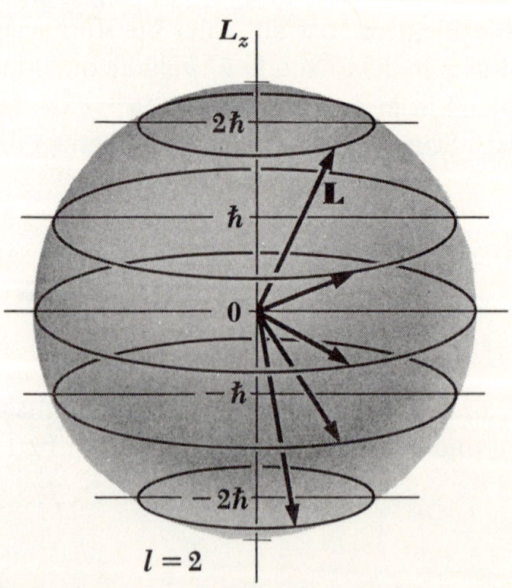

Bild 7.7
Der Drehimpulsvektor **L** präzessiert um die z-Achse.

stand der Linien von der Stärke des Feldes abhängt. Die Aufspaltung der Spektrallinien durch ein Magnetfeld wird nach dem holländischen Physiker Zeeman benannt, der diese Erscheinung 1896 als erster beobachtete. Der *Zeeman-Effekt* ist eine besonders schöne Bestätigung der Richtungsquantisierung.

7.8 Der Drehimpuls

In den Abschnitten 7.5 und 7.6 sahen wir, daß der Drehimpuls **L** des Wasserstoffatoms nach Betrag und Richtung quantisiert ist, wobei

$$L = \sqrt{l(l+1)}\ \hbar \qquad (7.21)$$

$$L_z = m_l\,\hbar. \qquad (7.25)$$

Es ist günstig, Gl. (7.21) in der äquivalenten Form

$$L^2 = l(l+1)\,\hbar^2 \qquad (7.27)$$

zu schreiben und L^2 als quantisiert aufzufassen. Da L_z und L^2 nur bestimmte Werte annehmen können, müssen sie Eigenwerte der entsprechenden Drehimpulsoperatoren $\mathbf{L_z}$ und $\mathbf{L}^2$ sein, und die Wasserstoff-Wellenfunktionen müssen Eigenfunktionen dieser Operatoren sein. Wir werden dies nun genauer untersuchen.

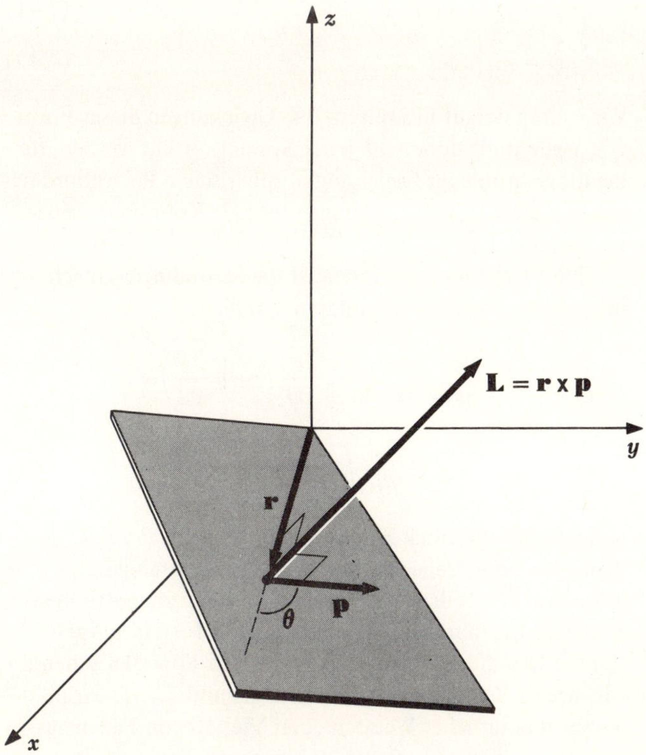

Bild 7.8 Der Drehimpuls **L** eines Teilchens am Punkt **r** mit dem Linearimpuls **p** steht senkrecht auf der Ebene, die von **r** und **p** gebildet wird, und hat den Betrag $rp\,\sin\theta$.

Um $\mathbf{L_z}$ und $\mathbf{L}^2$ zu erhalten, folgen wir den Regeln von Abschnitt 5.7: Zuerst drücken wir L_z und L^2 durch die Koordinaten x, y, z und die Linearimpulskomponenten p_x, p_y und p_z aus und ersetzen letztere durch die entsprechenden Differentialoperatoren

$$\mathbf{p_x} = \frac{\hbar}{i}\frac{\partial}{\partial x}$$

$$\mathbf{p_y} = \frac{\hbar}{i}\frac{\partial}{\partial y}$$

$$\mathbf{p_z} = \frac{\hbar}{i}\frac{\partial}{\partial z}.$$

Der Drehimpuls **L** eines Teilchens am Ort **r**, dessen Linearimpuls **p** ist, ist durch die Formel

$$\mathbf{L} = \mathbf{r}\times\mathbf{p}$$

definiert (Bild 7.8). Die kartesischen Komponenten von **L** sind nach der Definition des vektoriellen Produktes

$$L_x = yp_z - zp_y$$

$$L_y = zp_x - xp_z$$

$$L_z = xp_y - yp_x$$

und daher lauten die entsprechenden Operatoren

$$\mathbf{L_x} = \frac{\hbar}{i}\left(y\frac{\partial}{\partial z} - z\frac{\partial}{\partial y}\right) \qquad (7.28)$$

$$\mathbf{L_y} = \frac{\hbar}{i}\left(z\frac{\partial}{\partial x} - x\frac{\partial}{\partial z}\right) \qquad (7.29)$$

$$\mathbf{L_z} = \frac{\hbar}{i}\left(x\frac{\partial}{\partial y} - y\frac{\partial}{\partial x}\right) \qquad (7.30)$$

In sphärischen Polarkoordinaten lauten diese Operatoren

$$\mathbf{L_x} = \frac{\hbar}{i}\left(-\sin\phi\frac{\partial}{\partial\theta} - \cot\theta\cos\phi\frac{\partial}{\partial\phi}\right) \qquad (7.31)$$

$$\mathbf{L_y} = \frac{\hbar}{i}\left(\cos\phi\frac{\partial}{\partial\theta} - \cot\theta\sin\phi\frac{\partial}{\partial\phi}\right) \qquad (7.32)$$

$$\mathbf{L_z} = \frac{\hbar}{i}\frac{\partial}{\partial\phi}. \qquad (7.33)$$

Das Quadrat des Betrages von **L** ist

$$L^2 = L_x^2 + L_y^2 + L_z^2$$

und daher

$$\mathbf{L}^2 = \mathbf{L_x L_x} + \mathbf{L_y L_y} + \mathbf{L_z L_z}$$

Indem wir $\mathbf{L_x}$, $\mathbf{L_y}$, $\mathbf{L_z}$ aus den Gln. (7.31) bis (7.33) einsetzen und die entsprechenden Differentiationen durchführen, erhalten wir

$$\mathbf{L}^2 = -\hbar^2 \left[\frac{1}{\sin\theta} \frac{\partial}{\partial\theta} \left(\sin\theta \frac{\partial}{\partial\theta} \right) + \frac{1}{\sin^2\theta} \frac{\partial^2}{\partial\phi^2} \right]. \quad (7.34)$$

Wir wenden nun den Drehimpulsoperator $\mathbf{L_z}$ auf die Wasserstoff-Wellenfunktion

$$\psi(r, \Theta, \phi) = R(r)\,\Theta(\theta)\,\Phi(\phi) \quad (7.35)$$

an. Wir finden

$$\mathbf{L_z}\psi = \frac{\hbar}{i} \frac{\partial\psi}{\partial\phi}$$

$$= \frac{h}{i} R\,\Theta \frac{d\Phi}{d\phi}. \quad (7.36)$$

Nach Gl. (7.15) ist die Funktion $\Phi(\phi)$ durch

$$\Phi = A e^{i m_l \phi}$$

gegeben, daher

$$\frac{d\Phi}{d\phi} = i m_l A e^{i m_l \phi} = i m_l \Phi.$$

Damit wird aus Gl. (7.36)

$$\mathbf{L_z}\psi = \frac{\hbar}{i} i m_l R\,\Theta\,\Phi$$

$$= m_l \hbar \psi. \quad (7.37)$$

Dieses Ergebnis bedeutet, daß die einzig möglichen Werte von L_z, die in einem Wasserstoffatom auftreten können, durch $m_l \hbar$ bestimmt sind. Die Gl. (7.37) bestätigt daher die früher getroffene Identifizierung der magnetischen Quantenzahl m_l mit der Richtungsquantisierung des Drehimpulses.

Darauf wollen wir den Operator $\mathbf{L}^2$ auf die Wellenfunktion anwenden. Wir erhalten

$$\mathbf{L}^2\psi = -\hbar^2 \left[\frac{1}{\sin\theta} \frac{\partial}{\partial\theta} \left(\sin\theta \frac{\partial}{\partial\theta} \right) + \frac{1}{\sin^2\theta} \frac{\partial^2}{\partial\phi^2} \right] R\,\Theta\,\Phi$$

$$= -\hbar^2 R \left[\frac{\Phi}{\sin\theta} \frac{d}{d\theta} \left(\sin\theta \frac{d\Theta}{d\theta} \right) + \frac{\Theta}{\sin^2\theta} \frac{d^2\Phi}{d\phi^2} \right]$$

Indem wir

$$\Phi = A e^{i m_l \phi}$$

zweimal nach ϕ differenzieren, erhalten wir

$$\frac{d^2\Phi}{d\phi^2} = i^2 m_l^2 \Phi = -m_l^2 \Phi$$

und somit

$$\mathbf{L}^2\psi = -\hbar^2 R\,\Phi \left[\frac{1}{\sin\theta} \frac{d}{d\theta} \left(\sin\theta \frac{d\Theta}{d\theta} \right) - \frac{m_l}{\sin^2\theta} \Theta \right]. \quad (7.38)$$

Die Funktion $\Theta(\theta)$ ist eine Lösung der Gl. (7.13):

$$\frac{1}{\sin\theta} \frac{d}{d\theta} \left(\sin\theta \frac{d\Theta}{d\theta} \right) + \left[l(l+1) - \frac{m_l^2}{\sin^2\theta} \right] \Theta = 0$$

Wenn wir Gl. (7.13) in die Form

$$\frac{1}{\sin\theta} \frac{d}{d\theta} \left(\sin\theta \frac{d\Theta}{d\theta} \right) - \frac{m_l^2}{\sin^2\theta} \Theta = -l(l+1)\,\Theta$$

umschreiben, sehen wir, daß der Klammerausdruck in Gl. (7.38) $-l(l+1)\,\Theta$ ist. Daher erhalten wir

$$\mathbf{L}^2\psi = l(l+1)\hbar^2\psi \quad (7.39)$$

Die einzig möglichen Werte von L^2 in einem Wasserstoffatom sind durch $l(l+1)\hbar^2$ gegeben, eine Schlußfolgerung, die wir auf andere Weise bereits in Abschnitt 7.5 erhalten haben.

Die Wellenfunktionen ψ_{nlm_l} des Wasserstoffatoms erfüllen daher drei Eigenwertgleichungen:

$$\mathbf{H}\psi = E_n\psi \quad (7.40)$$

$$\mathbf{L}^2\psi = l(l+1)\hbar^2\psi \quad (7.41)$$

$$\mathbf{L_z}\psi = m_l\hbar\psi. \quad (7.42)$$

Wir sollten darauf hinweisen, daß Gleichungen dieser Form von Wellenfunktionen *all* jener Systeme erfüllt werden, für die die Schrödinger-Gleichung in sphärischen Polarkoordinaten in unabhängige Gleichungen für jede Koordinate separiert werden kann.

Unter welchen Umständen ist die Schrödinger-Gleichung in sphärischen Polarkoordinaten, nämlich

$$\frac{1}{r^2} \frac{\partial}{\partial r} \left(r^2 \frac{\partial\psi}{\partial r} \right) + \frac{1}{r^2 \sin^2\theta} \frac{\partial}{\partial\theta} \left(\sin\theta \frac{\partial\psi}{\partial\theta} \right) +$$

$$+ \frac{1}{r^2 \sin^2\theta} \frac{\partial^2\psi}{\partial\phi^2} + \frac{2m}{\hbar^2} \left(E - E_p \right) \psi = 0 \quad (7.3)$$

separierbar? Ein Blick zurück auf Abschnitt 7.2 zeigt: Wenn die potentielle Energie E_p nur von r abhängt, wenn also das Teilchen in einem sphärisch-symmetrischen Kraftfeld ist, führt die Substitution $R\,\Theta\,\Phi$ stets auf getrennte Gleichungen für R, Θ und Φ. In Kapitel 6 sahen wir, wie die Quantisierung der Energie und des Linearimpulses in natürlicher Weise in einer Vielfalt von Fällen auftrat. Nun haben wir gelernt, daß auch der Drehimpuls in zahlreichen physikalisch interessanten Fällen quantisiert ist. Wir werden weitere Beispiele der Drehimpulsquantisierung in späteren Kapiteln kennenlernen.

7.9 Die Wahrscheinlichkeitsdichte des Elektrons.

Im Bohrschen Modell des Wasserstoffatoms stellt man sich vor, daß das Elektron auf einer kreisförmigen Bahn um den Kern läuft. Dieses Modell ist im Bild 7.9 dargestellt. Danach würde man bei geeigneten Experimenten das Elektron stets in einem Abstand $r = n^2 a_0$ vom Kern (wobei n die Hauptquantenzahl und $a_0 = 0{,}053$ nm der Radius der innersten Bahn sind) und in der Äquatorialebene $\theta = 90°$ finden, während sich sein Azimutwinkel ϕ mit der Zeit verändert.

Die Quantentheorie des Wasserstoffatoms modifiziert die Aussage des Bohrschen Modells in zweierlei Hinsicht. Erstens können keine festen Werte für r, θ oder ϕ angegeben werden, sondern nur die relativen Wahrscheinlichkeiten, das Elektron in verschiedenen Bereichen des Raumes zu finden. Diese Ungenauigkeit ist eine Folge der Wellennatur des Elektrons. Zweitens dürfen wir uns nicht vorstellen, daß das Elektron wie ein Planet um den Kern kreist, da die Wahrscheinlichkeitsdichte $|\psi|^2$ von der Zeit unabhängig ist und stark vom Ort abhängt.

Die Wellenfunktion des Elektrons in einem Wasserstoffatom ist durch

$$\psi = R\,\Theta\,\Phi$$

gegeben, wobei

$$R = R_{nl}(r)$$

beschreibt, wie ψ vom Radius r abhängt, wenn die Orbital- und Hauptquantenzahlen die Werte l und n haben;

$$\Theta = \Theta_{lm_l}(\theta)$$

beschreibt die Variation mit θ, wenn die magnetische Quantenzahl m_l ist; und

$$\Phi = \Phi_{m_l}(\phi)$$

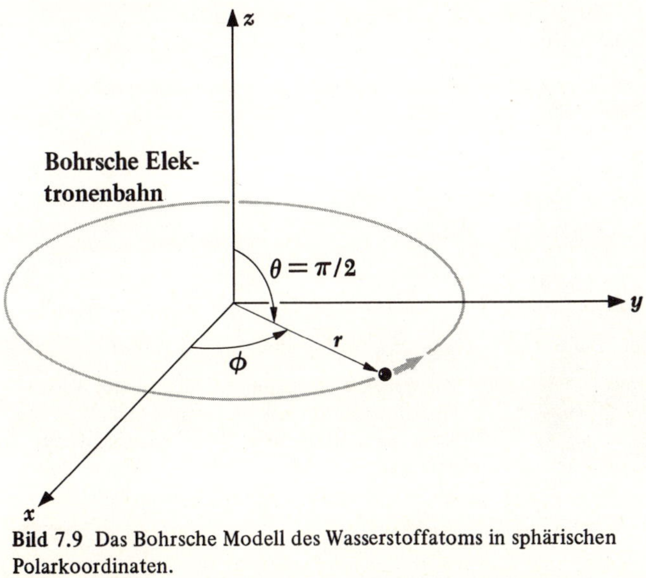

Bild 7.9 Das Bohrsche Modell des Wasserstoffatoms in sphärischen Polarkoordinaten.

beschreibt die ϕ-Abhängigkeit der Wellenfunktion für die magnetische Quantenzahl m_l. Die Wahrscheinlichkeitsdichte $|\psi|^2$ kann daher

$$|\psi|^2 = |R|^2\ |\Theta|^2\ |\Phi|^2$$

geschrieben werden. Man zeigt leicht, daß die azimutale Wahrscheinlichkeitsdichte $|\Phi|^2$, die die Wahrscheinlichkeit angibt, ein Elektron bei einem bestimmten Azimutwinkel ϕ zu finden, konstant ist und nicht von ϕ abhängt. In Gl. (7.15) fanden wir, daß

$$\Phi = A\,e^{im_l\phi}, \tag{7.15}$$

wobei A eine Integrationskonstante ist. Die zu Φ komplex konjugierte Funktion ist

$$\Phi^* = A\,e^{-im_l\phi}. \tag{7.43}$$

Daher erhalten wir

$$|\Phi|^2 = \Phi\,\Phi^* = A^2\,e^{i(m_l\phi - m_l\phi)}$$

$$= A^2$$

Dies bedeutet, daß die Aufenthaltswahrscheinlichkeit des Elektrons um die z-Achse symmetrisch und vom Quantenzustand unabhängig ist. Daher kann man das Elektron mit gleicher Wahrscheinlichkeit bei einem Winkel ϕ wie bei einem anderen Winkel finden.

Um A zu berechnen, benutzen wir die Tatsache, daß das Integral von $|\Phi|^2$ über alle Winkel eins sein muß, da das Elektron irgendwo existieren muß. Daher gilt

$$\int_0^{2\pi} |\Phi|^2\,d\phi = |A|^2 \int_0^{2\pi} d\phi$$

$$= 2\pi A^2 = 1$$

und

$$A = \frac{1}{\sqrt{2\pi}}.$$

Die normierte Azimutalwellenfunktion lautet daher

$$\Phi = \frac{1}{\sqrt{2\pi}}\,e^{im_l\phi}. \tag{7.44}$$

Der Radialteil der Wellenfunktion variiert dagegen mit r und ist auch für die verschiedenen Kombinationen der Quantenzahlen n und l (siehe Tabelle 7.1) verschieden. Bild 7.10 zeigt R als Funktion von r für die ersten sechs Zustände des Wasserstoffatoms. Offensichtlich hat R bei $r = 0$ – das ist am Kern selbst – für alle s-Zustände ein Maximum, während die Funktion bei $r = 0$ für alle Zustände, die Drehimpuls besitzen, verschwindet.

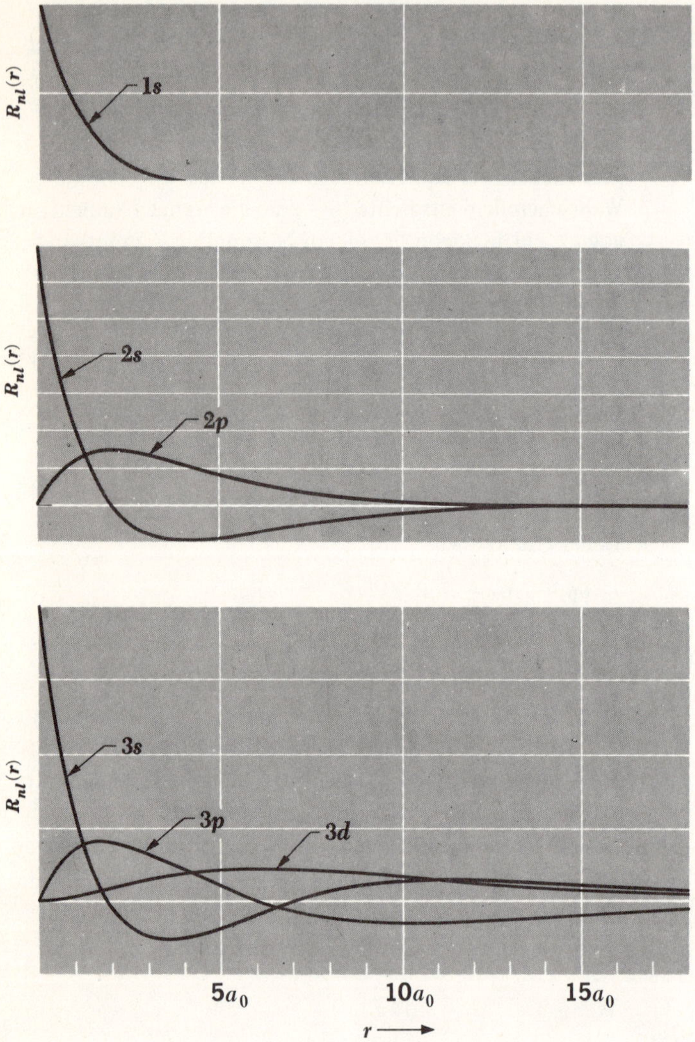

Bild 7.10

Radiale Wellenfunktionen des Elektrons im Wasserstoffatom für verschiedene Quantenzustände als Funktion des Abstands vom Kern. Die Größe $a_0 = h^2/me^2 = 0{,}053$ nm ist der Radius der ersten Bohrschen Bahn.

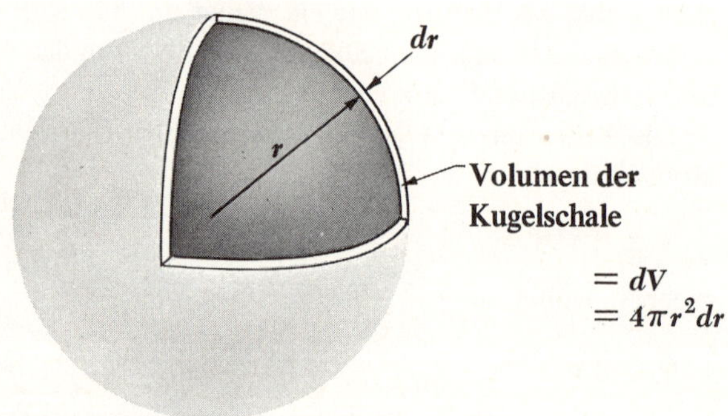

Bild 7.11 Volumen einer Kugelschale

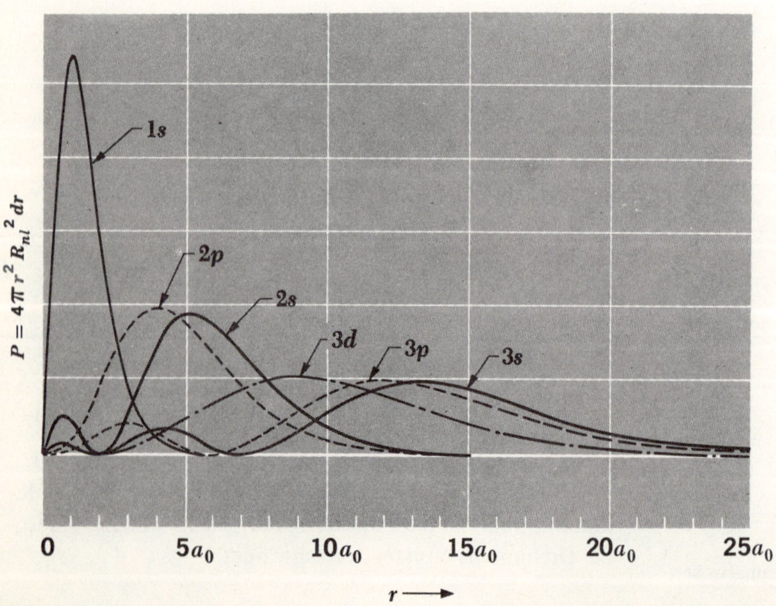

Bild 7.12

Die Wahrscheinlichkeit, das Elektron im Wasserstoffatom im Abstand zwischen r und $r + dr$ vom Kern anzutreffen, für die Quantenzustände aus Bild 7.10.

Die *Wahrscheinlichkeitsdichte*, das Elektron in einem Abstand r vom Kern anzutreffen, ist proportional zu $|R|^2$, doch ist die *tatsächliche Wahrscheinlichkeit* P, es dort zu finden, außerdem dem Volumenelement dV proportional, wobei dV ein infinitesimales Volumenelement zwischen r und $r+dr$ ist. (Wir sehen hier die Parallele mit der Massendichte; Wasser hat eine *Massendichte* von $1\,g/cm^3$, doch seine *Masse* hängt vom jeweiligen Volumen des Wassers ab.) dV ist das Volumen einer Kugelschale, deren innerer Radius r und deren äußerer Radius $r+dr$ ist (Bild 7.11), so daß

$$dV = 4\pi r^2 dr \tag{7.45}$$

ist. Wenn R eine normierte Funktion ist, dann beträgt die tatsächliche Wahrscheinlichkeit P, das Elektron im Wasserstoffatom in einem Abstand zwischen r und $r+dr$ vom Kern anzutreffen,

$$P = 4\pi r^2 |R_{nl}|^2 dr. \tag{7.46}$$

Gl. (7.46) ist in Bild 7.12 für dieselben Zustände dargestellt, deren radiale Funktionen R in Bild 7.10 zu sehen sind. Die Kurven sind im allgemeinen sehr verschieden. Man beachte, daß P am Kern ($r = 0$) für s-Zustände nicht wie die Funktion R selbst ein Maximum besitzt, sondern P sein Maximum bei einem endlichen Abstand vom Kern hat.

Erstaunlicherweise ist der wahrscheinlichste Kernabstand r für ein $1s$-Elektron genau der Bahnradius a_0 eines Elektrons im Grundzustand im Bohrschen Modell. Der Mittelwert von r ist für ein $1s$-Elektron hingegen $1{,}5\,a_0$, was zunächst überrascht, da die Energieniveaus in der quantenmechanischen Beschreibung und im Bohrschen Atommodell übereinstimmen. Diese scheinbare Diskrepanz löst sich auf, wenn wir uns daran erinnern, daß die Elektronenenergie von $1/r$ und nicht von r selbst abhängt und daß zufälligerweise der Mittelwert von $1/r$ für ein $1s$-Elektron genau $1/a_0$ ist.

Die Funktion Θ variiert mit dem Zenitwinkel θ für alle Quantenzahlen l und m_l außer für die s-Zustände mit $l = m_l = 0$. Die Wahrscheinlichkeitsdichte $|\Theta|^2$ ist für s-Zustände konstant, was zur Folge hat, daß die Wahrscheinlichkeitsdichte $|\Phi|^2$ des Elektrons für ein festes r in allen Richtungen denselben Wert hat. In anderen Zuständen bevorzugen jedoch die Elektronen gewisse Winkelbereiche, hin und wieder sehr komplizierte. Dies kann man aus der Tabelle 7.1 und in noch überzeugenderer Form aus dem Bild 7.13 ablesen, in dem die Elektronenwahrscheinlichkeitsdichten als Funktionen von r und θ für einige Atomzustände gezeigt werden. (Die aufgetragene Größe ist $|\psi|^2$, nicht $|\psi|^2 dV$.) Da $|\psi|^2$ nicht von ϕ abhängt, erhält man eine dreidimensionale Darstellung von $|\psi|^2$, indem man eine spezielle Darstellung um eine senkrechte Achse dreht. Die ausgeprägten Asymmetrien in der Elektronenverteilung vieler Zustände erweisen sich in der Chemie als wichtig, da sie die Wechselwirkungen benachbarter Atome in einem Molekül bestimmen (siehe Kapitel 11).

Ein Blick auf Bild 7.13 zeigt außerdem quantenmechanische Zustände mit einer bemerkenswerten Ähnlichkeit zu denen des Bohrschen Modells. Die Wahrscheinlichkeitsdichteverteilung für Elektronen im $2p$-Zustand mit $m_l = 1$ ist zum Beispiel einem Ring ähnlich, und die Rechnung liefert als den wahrscheinlichsten Abstand des Elektrons vom Kern $4r_0$ – genau den Radius der Bohrschen Bahn für dieselbe Quantenzahl. Ähnliche Entsprechungen mit Bohrschen Bahnen gelten für die $3d$-Zustände mit $m_l = \pm 2$, die $4f$-Zustände mit $m_l = \pm 3$, usw., also für die Zustände mit dem höchsten Drehimpuls im jeweiligen Energieniveau und mit der größten z-Projektion des Drehimpulses. So sagt das Bohrsche Modell den wahrscheinlichsten Ort des Elektrons in *einem* von mehreren möglichen Zuständen jedes Energieniveaus richtig voraus.

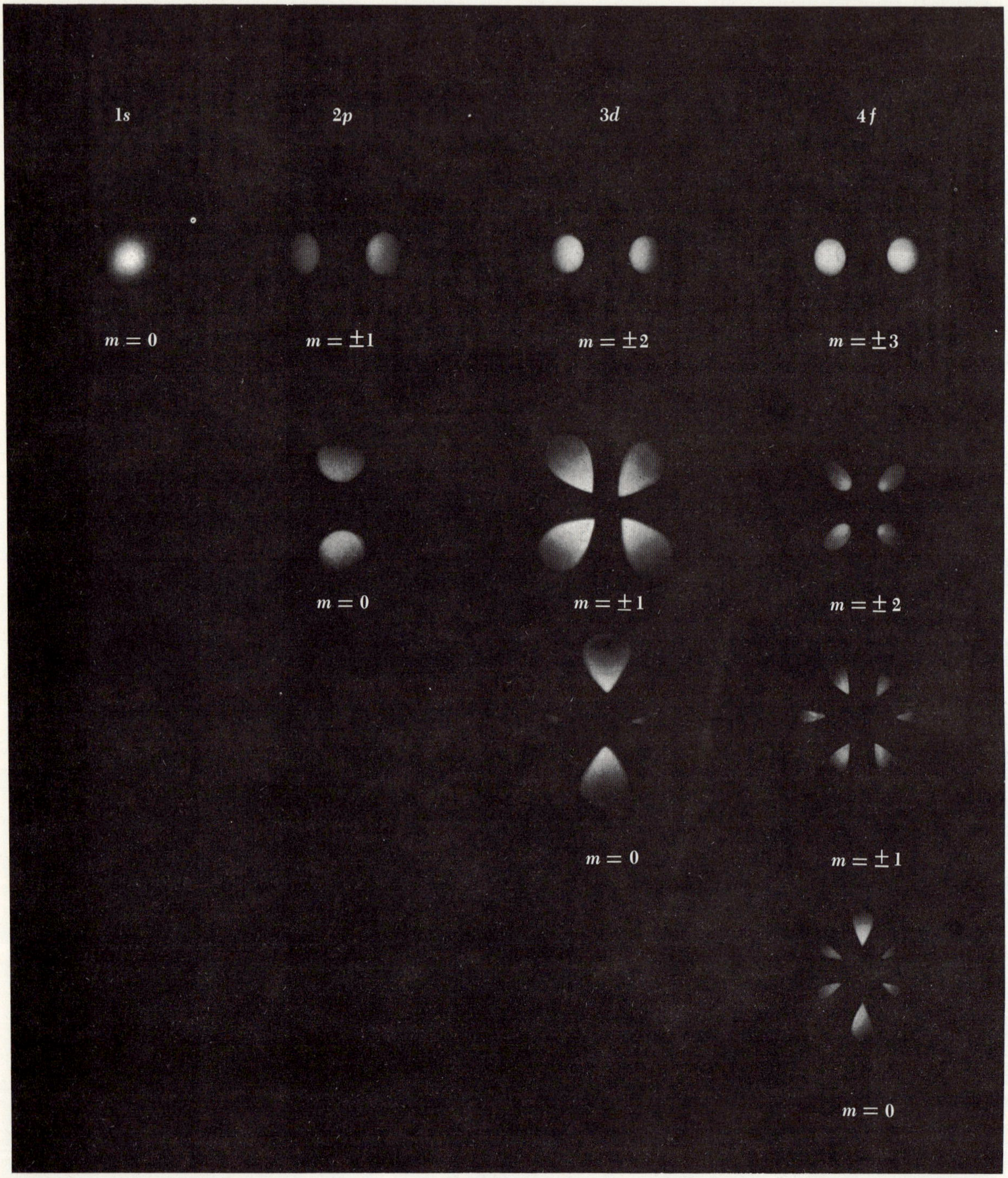

Bild 7.13 Photographische Darstellung der Elektronenwahrscheinlichkeitsdichte $|\psi|^2$ einiger Zustände. Es sind Querschnitte der Verteilungen in einer Ebene entlang der Polarachse gezeigt. Die Skala ist jeweils verschieden.

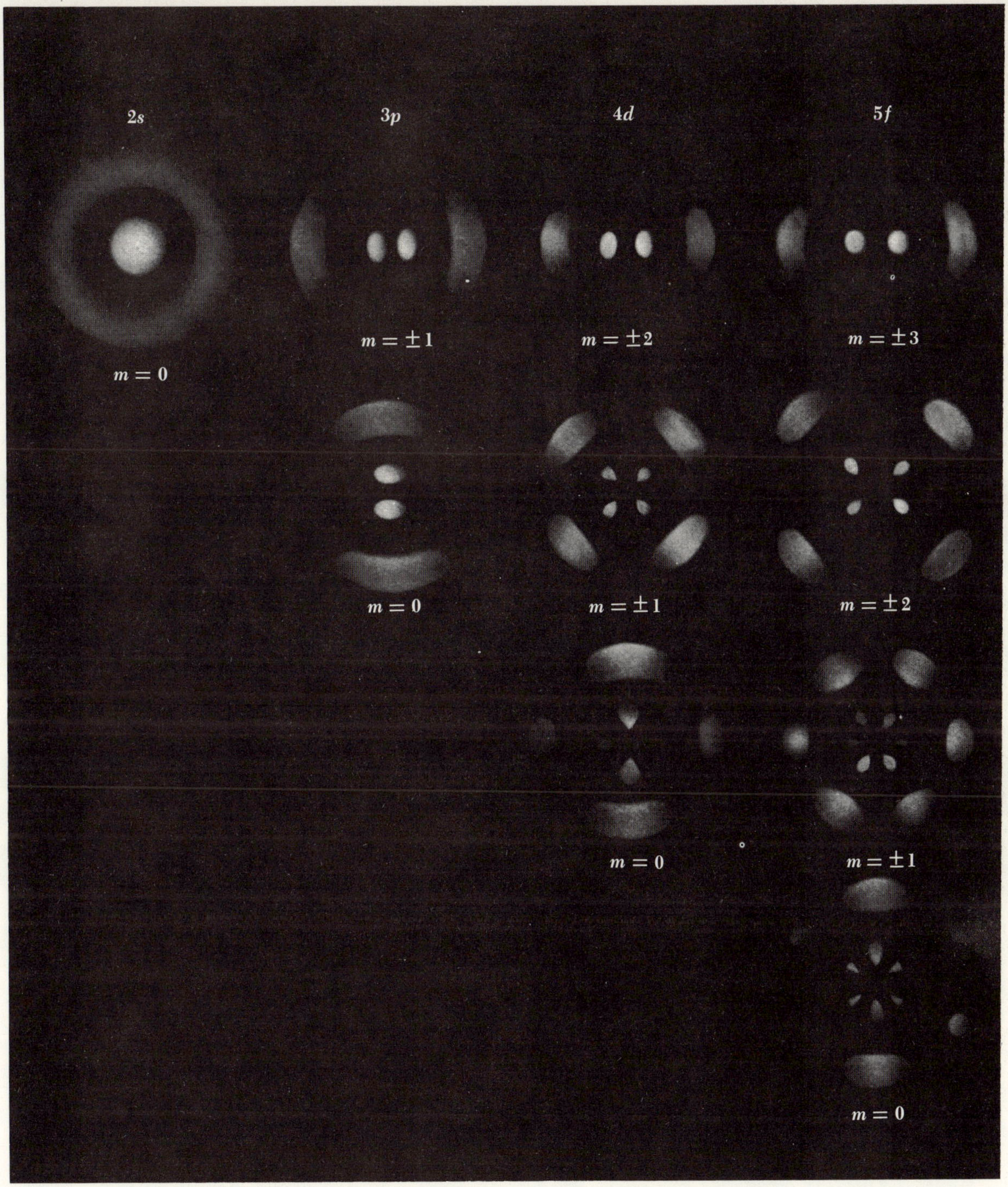

noch **Bild 7.13**

7.10 Aufgaben

1. Beweisen Sie, daß die Gln. (7.1) und (7.3) äquivalent sind.

2. Zeigen Sie, daß

$$\Theta_{20}(\theta) = \frac{\sqrt{10}}{4}\,(3\cos^2\theta - 1)$$

eine normierte Lösung von Gl. (7.13) ist.

3. Zeigen Sie, daß

$$R_{10}(r) = \frac{2}{a_0^{3/2}}\,\mathrm{e}^{-r/a_0}$$

eine normierte Lösung von Gl. (7.14) ist.

4. Mit Hilfe von Bild 7.1 und der Beziehung

$$\frac{\partial}{\partial x} = \frac{\partial r}{\partial x}\frac{\partial}{\partial r} + \frac{\partial \theta}{\partial x}\frac{\partial}{\partial \theta} + \frac{\partial \phi}{\partial x}\frac{\partial}{\partial \phi}$$

sowie ähnlicher Beziehungen für $\partial/\partial y$ und $\partial/\partial z$ ist die Umformung der Gln. (7.28) bis (7.30) in die Gln. (7.31) bis (7.33) durchzuführen.

5. Zeigen Sie die Richtigkeit von Gl. (7.34).

6. Zeigen Sie, daß für das Wasserstoffatom

$$\mathsf{L}_x\psi \neq k_1\psi$$

$$\mathsf{L}_y\psi \neq k_2\psi$$

gilt, wobei k_1 und k_2 Konstanten sind. Welche Bedeutung hat dieses Resultat?

7. Die Wahrscheinlichkeit, ein Elektron mit der radialen Wellenfunktion $R(r)$ außerhalb eines Abstandes r_0 vom Kern zu finden, ist

$$\int_{r_0}^{\infty} |R(r)|^2\, 4\pi r^2\, dr\,.$$

Die Wellenfunktion $R_{10}(r)$ von Aufgabe 3 entspricht dem Grundzustand eines Wasserstoffatoms, und a_0 ist der Radius der Bohrschen Bahn dieses Zustandes.

a) Man berechne die Wahrscheinlichkeit, ein Grundzustandselektron im Wasserstoffatom in einem Abstand vom Kern zu finden, der größer als a_0 ist.

b) Wenn das Elektron im Grundzustand des Wasserstoffatoms ist, kann es nach der klassischen Physik den Abstand $2a_0$ nicht überschreiten, da an dieser Stelle seine Gesamtenergie aus potentieller Energie besteht und seine kinetische Energie verschwindet. Man berechne die Wahrscheinlichkeit, daß man das Elektron trotzdem in Abständen $r > 2a_0$ im Grundzustand des Wasserstoffatoms findet.

8. Das Theorem vom Unsöld besagt, daß für beliebige Bahndrehimpulsquantenzahlen l die Summe der Wahrscheinlichkeitsdichten über alle möglichen Zustände mit $m_l = -l$ bis $m_l = +l$ eine von den Winkeln θ und ϕ unabhängige Konstante liefert; also

$$\sum_{m_l=-l}^{l} |\Theta|^2\,|\Phi|^2 = \text{konstant}.$$

Dieses Theorem sagt aus, daß jede abgeschlossene Schale eines Atoms oder Ions eine sphärisch symmetrische Verteilung der elektrischen Ladung besitzt. Man überprüfe das Unsöldsche Theorem für $l = 0$, $l = 1$ und $l = 2$ mit Hilfe der Tabelle 1.1.

8 Atome mit mehreren Elektronen

Trotz der Genauigkeit, mit der die Quantentheorie gewisse Eigenschaften des Wasserstoffatoms beschreibt, und trotz der Eleganz und Einfachheit dieser Theorie kann sie keine vollständige Beschreibung dieses oder anderer Atome geben, wenn man nicht die weitere Hypothese der Existenz des Elektronenspins und des damit verknüpften Ausschließungsprinzips zu Hilfe nimmt. In diesem Kapitel werden wir die Rolle des Elektronenspins in atomaren Erscheinungen und den Grund für das Ausschließungsprinzip kennenlernen, das den Schlüssel zum Verständnis der Struktur komplexer atomarer Systeme darstellt.

8.1 Der Spin des Elektrons

Zunächst werden die zwei auffälligsten Mängel der im vorigen Kapitel entwickelten Theorie angeführt. Der erste Mangel ist die experimentelle Tatsache, daß zahlreiche Spektrallinien tatsächlich aus zwei sehr nahe beieinanderliegenden Linien bestehen. Ein Beispiel dafür ist die *Feinstruktur* der ersten Linie der Balmer-Serie (Übergang von $n = 3$ nach $n = 2$). Die Theorie sagt eine einzige Linie mit der Wellenlänge 656,3 nm voraus, während es tatsächlich zwei Linien sind, die 0,14 nm voneinander getrennt sind – ein kleiner Effekt und doch ein auffälliges Versagen der Theorie.

Die zweite größere Diskrepanz zwischen der einfachen Quantentheorie des Atoms und den experimentellen Daten zeigt sich im Zeeman-Effekt, den wir in Abschnitt 7.7 kurz erwähnt haben. Wir sahen dort, daß ein Wasserstoffatom mit der magnetischen Quantenzahl m_l in einem magnetischen Feld der Stärke B die potentielle Energie

$$E_{\mathrm{pm}} = m_l \frac{e\hbar}{2m} B \qquad (8.1)$$

besitzt. m_l kann die $2l+1$ verschiedenen Werte von $+l$ über 0 nach $-l$ annehmen, so daß ein Zustand mit einer festen Orbital-Quantenzahl l in $2l+1$ Zustände aufgespalten wird, deren Energien sich um $(e\hbar/2m)B$ unterscheiden, wenn das Atom in einem Magnetfeld ist. Da jedoch Änderungen in m_l nur die Werte 0, ± 1 annehmen können (siehe Kapitel 9), wird eine Spektrallinie, die vom Übergang zwischen zwei Zuständen mit verschiedenem l stammt, nur in drei Komponenten aufgespalten (Bild 8.1). Der *normale Zeeman-Effekt* besteht also in der Aufspaltung der Spektrallinie der Frequenz ν_0 in drei Komponenten, deren Frequenzen

$$\nu_1 = \nu_0 - \frac{e\hbar}{2m}\frac{B}{h} = \nu_0 - \frac{e}{4\pi m} B$$

$$\nu_2 = \nu_0$$

$$\nu_3 = \nu_0 + \frac{e\hbar}{2m}\frac{B}{h} = \nu + \frac{e}{4\pi m} B \qquad (8.2)$$

lauten. Allerdings wird der normale Zeeman-Effekt nur bei wenigen Elementen beobachtet, oft findet man vier, sechs

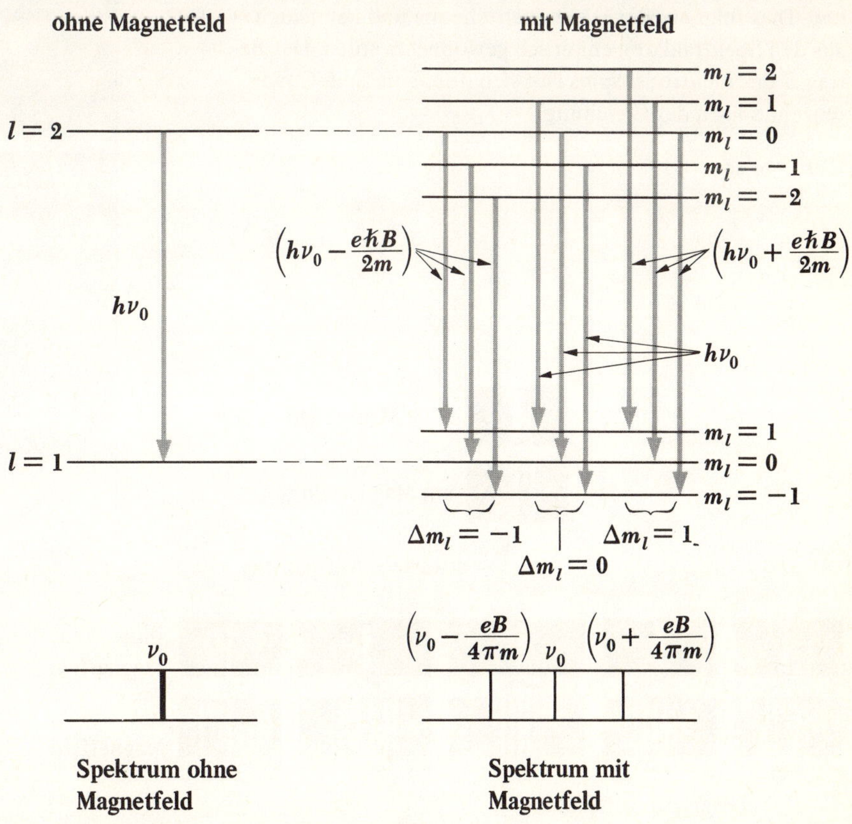

Bild 8.1
Der normale Zeemaneffekt

oder noch mehr Komponenten, und selbst wenn drei Komponenten auftreten, entspricht ihr Abstand oft nicht der Gl. (8.2). Einige Erscheinungsformen des anomalen Zeeman-Effektes sind in Bild 8.2 zusammen mit den Vorhersagen der Gl. (8.2) gezeigt.

Um sowohl die Feinstruktur der Spektrallinien als auch den anomalen Zeeman-Effekt zu erklären, schlugen 1925 S.A. Goudsmit und G.E. Uhlenbeck vor, daß *das Elektron unabhängig vom Bahndrehimpuls einen Eigendrehimpuls besitzen sollte und daß zusammen mit diesem Drehimpuls ein gewisses magnetisches Moment vorhanden wäre*. Goudsmit und Uhlenbeck dachten dabei an eine klassische Ladungsverteilung des Elektrons, das sich als geladene Kugel um seine Achse drehen sollte. Die Drehung bedeutet Drehimpuls, und da das Elektron negativ geladen ist, hat es ein magnetisches Moment μ_s entgegengesetzt zur Richtung seines Drehimpulsvektors $\mathbf{L}_s$. Die Vorstellung des *Elektronenspins* half, nicht nur die Feinstruktur und den anomalen Zeeman-Effekt, sondern auch noch zahlreiche weitere Effekte der Atomphysik zu erklären. Zwar stand die ursprüngliche Idee von rotierenden geladenen Kugeln im Widerspruch zur Quantenmechanik, doch konnte Dirac 1928 mit Hilfe einer relativistischen Quantenbeschreibung zeigen, daß Teilchen mit der Ladung und der Masse des Elektrons genau den Eigendrehimpuls und das magnetische Moment haben müßten, die ihnen von Goudsmit und Uhlenbeck zugeschrieben worden waren.

Die Quantenzahl s wird zur Angabe des Spindrehimpulses des Elektrons benutzt. s kann nur den Wert $s = 1/2$ haben. Dies folgt aus der Diracschen Theorie und kann auch aus den Spektraldaten empirisch gewonnen werden. Der Betrag S des Elektronenspins läßt sich durch die Spin-Quantenzahl s nach der Gleichung

$$S = \sqrt{s(s+1)}\,\hbar = \frac{\sqrt{3}}{2}\,\hbar \qquad (8.3)$$

ausdrücken, in völliger Analogie zur Gleichung, die den Betrag L des Bahndrehimpulses durch die Orbital-Quantenzahl l ausdrückt:

$$L = \sqrt{l(l+1)}\,\hbar .$$

Die Richtungsquantisierung des Elektronenspins wird durch die magnetische Spinquantenzahl m_s beschrieben. Wie der Bahndrehimpulsvektor $2l+1$ mögliche Orientierungen in einem Magnetfeld besitzt, hat der Drehimpulsvektor des Spins $2s+1 = 2$ Orientierungsmöglichkeiten, die durch $m_s = \pm 1/2$ gegeben werden (Bild 8.3). Die Kompo-.

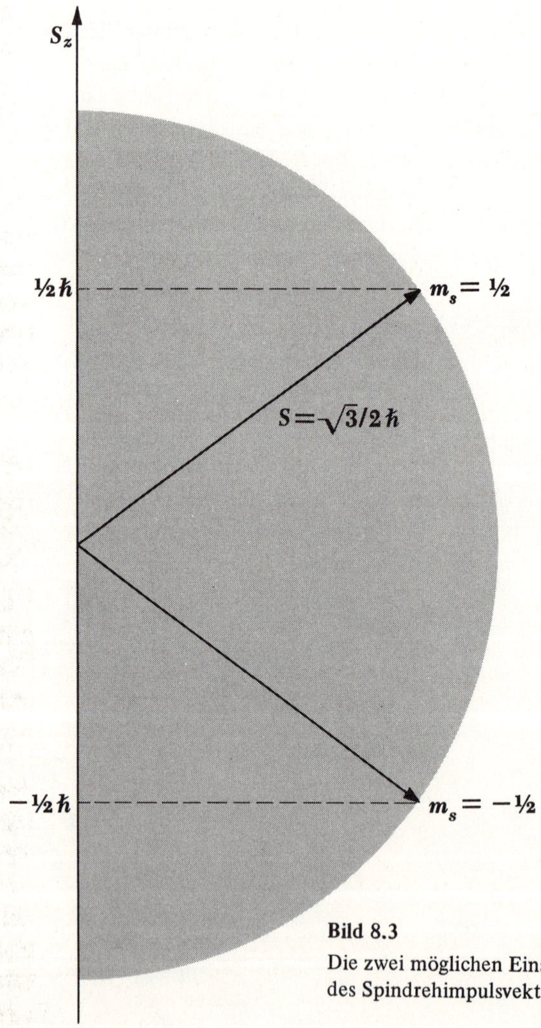

Bild 8.3
Die zwei möglichen Einstellungen des Spindrehimpulsvektors

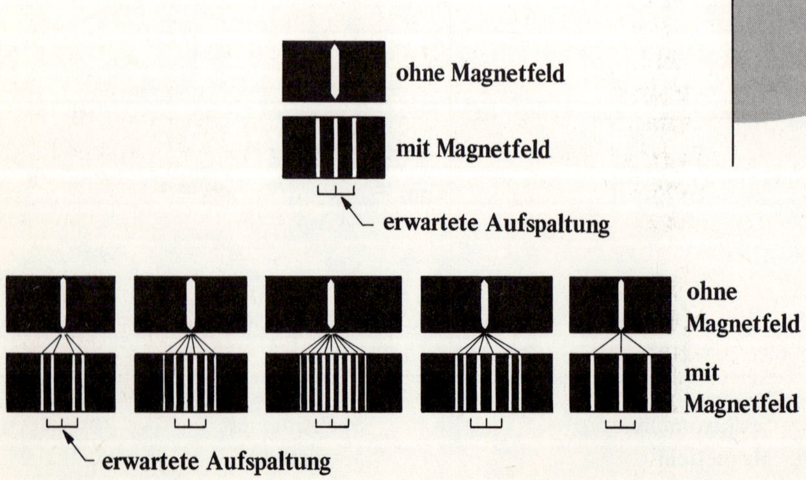

Bild 8.2
Der normale und der anomale Zeemaneffekt

nente S_z des Spins eines Elektrons in Richtung eines Magnetfeldes wird durch die magnetische Spin-Quantenzahl angegeben, so daß

$$S_z = m_s \hbar = \pm \hbar/2. \tag{8.4}$$

Das gyromagnetische Verhältnis des Elektronenspins ist nahezu genau doppelt so groß wie der entsprechende Wert für die Bahnbewegung des Elektrons. Wenn wir also dieses Verhältnis als 2 annehmen, steht das magnetische Moment μ_s des Elektronenspins zum Spin **S** durch

$$\mu_s = \frac{e}{m} \mathbf{S} \tag{8.5}$$

in Beziehung. Die möglichen Komponenten von μ_s in eine beliebige Richtung, etwa die z-Richtung, sind daher auf

$$\mu_{sz} = \pm \frac{e\hbar}{2m} \tag{8.6}$$

eingeschränkt. Wir erkennen in der Größe $(e\hbar/2m)$ das Bohr-Magneton wieder.

Die Richtungsquantisierung wurde erstmalig 1921 von O. Stern und W. Gerlach nachgewiesen. Sie ließen einen Stahl neutraler Silberatome aus einem Ofen durch eine Anordnung von Spalten in ein inhomogenes Magnetfeld eintreten (Bild 8.4). Eine Photoplatte registrierte die Form des Strahles nach seinem Durchgang durch das Feld. Im Grundzustand haben Silberatome ein magnetisches Moment nur aufgrund des Spins eines ihrer Elektronen. In einem homogenen Magnetfeld würde ein solcher Dipol bloß ein Drehmoment erfahren, das ihn in Feldrichtung ausrichten möchte. In einem inhomogenen Feld ist jedoch jeder „Pol" des Dipols Kräften verschiedener Stärke ausgesetzt, und daher hängt die auf den Dipol wirkende resultierende Kraft von seiner Stellung relativ zur Feldrichtung ab. In der klassischen Physik können alle Orientierungsmöglichkeiten in einem Atomstrahl vorhanden sein, was auf eine breite Spur auf der Photoplatte führen würde, im Gegensatz zur dünnen Linie, die sich ohne magnetisches Feld gezeigt hat. Stern und Gerlach fanden jedoch, daß der ursprüngliche Strahl in zwei verschiedene Teile aufgespalten wird, die den beiden entgegengesetzten Spinrichtungen im Magnetfeld entsprechen, die durch die Richtungsquantisierung möglich sind.

8.2 Spin-Bahn-Kopplung

Die Feinstruktur genannte Verdopplung von Spektrallinien kann als magnetische Wechselwirkung zwischen dem Spin und dem Bahndrehimpuls der Atomelektronen erklärt werden. Diese Spin-Bahn-Kopplung kann man mit einem einfachen klassischen Modell verstehen. Ein Elektron, das um ein Proton kreist, befindet sich in einem Magnetfeld: Im Ruhesystem des Elektrons kreist das Proton um das Elektron; dieser elektrische Strom ruft ein Magnetfeld hervor, das mit dem magnetischen Moment des Elektrons wechselwirkt und eine Art Zeeman-Effekt hervorruft. Die Energie E_{pm} eines magnetischen Dipols vom Moment μ in einem magnetischen Feld der Stärke **B** lautet

$$E_{pm} = -\mu B \cos\theta, \tag{8.7}$$

wobei θ der Winkel zwischen μ und **B** ist. Die Größe $\mu \cos\theta$ ist die Komponente von μ in der Richtung von **B**, also für das Elektron μ_{sz}.

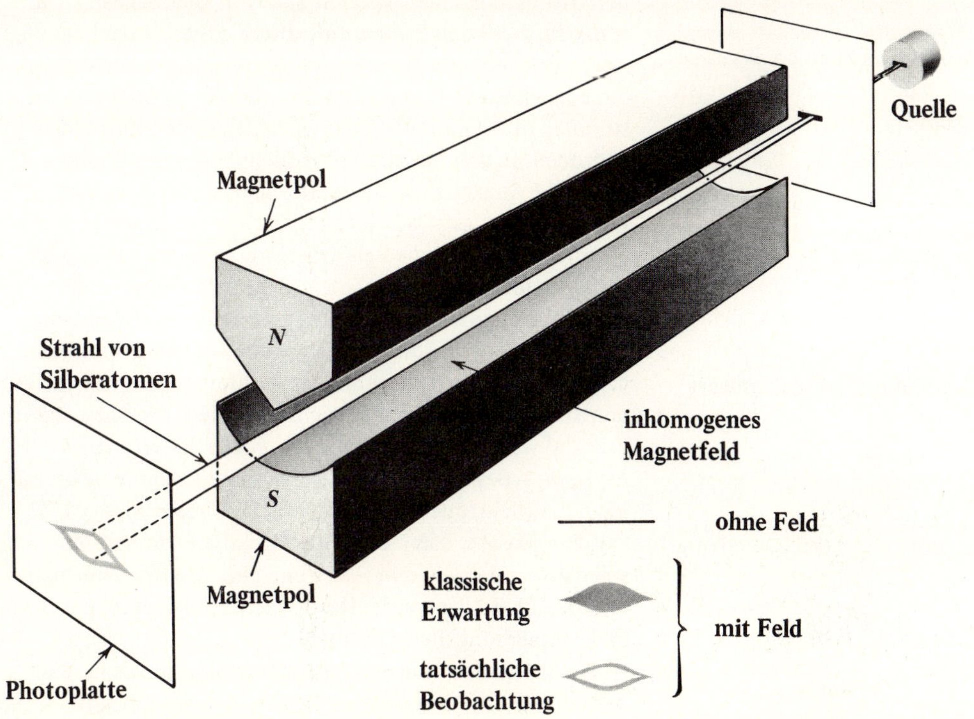

Bild 8.4
Das Stern-Gerlachexperiment

Daher finden wir mit

$$\mu \cos\theta = \mu_{sz} = \pm \frac{e\hbar}{2m}$$

$$E_{\text{pm}} = \pm \frac{e\hbar}{2m} B. \qquad (8.8)$$

Je nach der Orientierung des Spinvektors wird die Energie eines Elektrons in einem bestimmten atomaren Quantenzustand um $(e\hbar/2m)B$ höher oder tiefer liegen als bei Abwesenheit der Spin-Bahn-Kopplung. Dadurch ergibt sich die Aufspaltung aller Quantenzustände (außer der s-Zustände) in zwei verschiedene Zustände und folglich die Aufspaltung jeder Spektrallinie in zwei getrennte Komponenten.

Die Zuordnung $s = 1/2$ ist die einzige, die mit der beobachteten Feinstruktur übereinstimmt. Die Aufspaltung eines Zustands in zwei Zustände zeigt an, daß die $2s+1$ möglichen Einstellungen des Spinvektors **S** insgesamt zwei sind. Daher

$$2s + 1 = 2$$

$$s = \frac{1}{2}.$$

Um zu überprüfen, ob die beobachtete Feinstruktur der Spektrallinien den von Gl. (8.8) vorhergesagten Energieaufspaltungen entspricht, müssen wir die Größe des Magnetfeldes B berechnen, in dem sich die Atomelektronen befinden. Man kann sie leicht abschätzen. Eine kreisförmige Drahtschleife vom Radius r, die von einem Strom I durchflossen wird, hat ein Magnetfeld mit der Flußdichte

$$B = \frac{\mu_0 I}{2r}$$

in ihrem Mittelpunkt. Ein Elektron (etwa in einem Wasserstoffatom), das in der Sekunde f-mal um das Proton kreist, „fühlt" eine resultierende Flußdichte

$$B = \frac{\mu_0 fe}{2r}$$

Im Grundzustand des Bohrschen Atoms ist $f \approx 7 \cdot 10^{15}\,\text{s}^{-1}$ und $r \approx 5 \cdot 10^{-11}$ m, so daß sich für B

$$B \approx 14\,\text{Wb/m}^2$$

ergibt, was ein sehr starkes Magnetfeld ist. Der Zahlenwert des Bohr-Magnetons ist

$$\frac{e\hbar}{2m} = 9{,}27 \cdot 10^{-24}\,\text{J/(Wb/m}^2).$$

Daher beträgt die magnetische Energie E_{pm} eines solchen Elektrons nach Gl. (8.8)

$$E_{\text{pm}} = \frac{e\hbar}{2m} B \approx 9{,}27 \cdot 10^{-27}\,\text{J/(Wb/m}^2) \cdot 14\,\text{Wb/m}^2$$

$$\approx 1{,}30 \cdot 10^{-22}\,\text{J}.$$

Die entsprechende Verschiebung der Wellenlänge ist etwa 0,2 nm für eine Spektrallinie mit der ungestörten Wellenlänge 656,3 nm, etwas mehr als die beobachtete Linienaufspaltung beim $n = 3 \to n = 2$ Übergang. Jedoch ist die magnetische Flußdichte von Bahnen höherer Ordnung geringer als im Grundzustand, was den Unterschied erklärt.

8.3 Das Ausschließungsprinzip

Im Normalzustand eines Wasserstoffatoms befindet sich das Elektron in seinem niedrigsten Quantenzustand. Wie sehen die normalen Konfigurationen komplizierterer Atome aus? Sind alle 92 Elektronen eines Uranatoms im selben Quantenzustand, kreisen sie vielleicht zusammen auf einer einzigen Bohrschen Bahn? Viele Hinweise lassen diese Annahme unwahrscheinlich erscheinen. Ein Beispiel ist der große Unterschied im chemischen Verhalten gewisser Elemente, deren Atomhüllen sich um genau ein Elektron unterscheiden: Die Elemente mit den Atomzahlen 9, 10, 11 sind das Halogen Fluor, das Edelgas Neon und das Alkalimetall Natrium. Da die Elektronenstruktur eines Atomes seine Wechselwirkung mit anderen Atomen bestimmt, könnte man kaum verstehen, warum sich die chemischen Eigenschaften der Elemente so abrupt mit einer kleinen Änderung in der Anzahl der Elektronen ändern sollten, wenn alle Elektronen in einem Atom im selben Quantenzustand wären.

1925 entdeckte Wolfgang Pauli das fundamentale Prinzip, das die Elektronenhüllen von Atomen mit mehr als einem Elektron beherrscht. Sein *Ausschließungsprinzip* besagt, daß *keine zwei Elektronen in einem Atom im gleichen Quantenzustand existieren können*. Jedes Elektron in einem Atom muß einen anderen Satz von Quantenzahlen n, l, m_l, m_s besitzen. Pauli wurde durch das Studium der Atomspektren zu diesem Schluß geführt. Man kann die verschiedenen Zustände eines Atoms aus seinem Spektrum bestimmen und daraus die Quantenzahlen diesen Zuständen zuordnen. In den Spektren aller Elemente außer Wasserstoff *fehlt* eine Anzahl von Linien, die Übergängen zwischen Zuständen mit gewissen Kombinationen der Quantenzahlen entsprechen. So wurde kein Übergang in Helium vom oder zum Grundzustand beobachtet, in dem die Spins beider Elektronen in dieselbe Richtung zeigen und einen Gesamtspin 1 ergeben, obwohl entsprechende Übergänge im Falle, daß die Spins einander entgegengerichtet sind und einen Gesamtspin Null ergeben, beobachtet werden. Im fehlenden Zustand wären die Quantenzahlen *beider* Elektronen $n = 1$, $l = 0$, $m_l = 0$, $m_s = 1/2$, während in dem bekannten Zustand eines der Elektronen $m_s = 1/2$ und das andere $m_s = -1/2$ hat. Pauli zeigte, daß jeder unbeobachtbare atomare Zustand zwei oder mehrere Elektronen mit identischen Quantenzahlen besitzen würde. Das Ausschließungsprinzip ist eine Formulierung dieses Befundes.

Bevor wir die Rolle des Ausschließungsprinzips für die Atomstruktur weiter untersuchen, wollen wir einen Blick auf seine quantenmechanischen Folgerungen werfen. Wir sahen im vorigen Kapitel, daß die vollständige Wellenfunktion ψ des Elektrons in einem Wasserstoffatom als das Produkt von drei verschiedenen Wellenfunktionen geschrieben werden kann, von denen jeder Teil eine Funktion einer der drei Koordinaten r, θ, ϕ ist. Man kann in analoger Weise zeigen, daß die vollständige Wellenfunktion $\psi(1, 2, 3 \ldots n)$ eines Systems aus n Teilchen im gleichen Kraftfeld als Produkt der Wellenfunktionen $\psi(1), \psi(2), \psi(3), \ldots, \psi(n)$ der einzelnen Teilchen ausgedrückt werden kann. Es gilt

$$\psi(1, 2, 3, \ldots, n) = \psi(1)\ \psi(2)\ \psi(3)\ \ldots\ \psi(n). \quad (8.9)$$

Wir werden dieses Ergebnis verwenden, um die verschiedenen Wellenfunktionen zu suchen, die zur Beschreibung eines Systems von zwei identischen Teilchen benutzt werden können.

Wir nehmen zunächst an, daß das eine Teilchen im Quantenzustand a und das andere im Zustand b ist. Da die Teilchen identisch sind, sollte es keinen Unterschied für die Wahrscheinlichkeitsdichte $|\psi|^2$ des Systems ausmachen, wenn die Teilchen vertauscht würden. In einer symbolischen Schreibweise fordern wir

$$|\psi(1, 2)|^2 = |\psi(2, 1)|^2. \quad (8.10)$$

Daher kann die Wellenfunktion $\psi(2, 1)$, die die vertauschten Teilchen darstellt, durch

$$\psi(2, 1) = \psi(1, 2) \quad (8.11)$$

oder

$$\psi(2, 1) = -\psi(1, 2) \quad (8.12)$$

gegeben sein, wodurch Gl. (8.10) erfüllt ist. Die Wellenfunktion des Systems selbst ist nicht meßbar, sie kann also durch einen Vorzeichenwechsel bei der Vertauschung der Teilchen geändert werden. Wellenfunktionen, die durch die Vertauschung von Teilchen unverändert bleiben, nennt man *symmetrisch*, während die, die ihr Vorzeichen bei einer solchen Vertauschung umkehren, *antisymmetrisch* genannt werden. Wenn sich das Teilchen 1 im Zustand a und das Teilchen 2 im Zustand b befinden, lautet die Wellenfunktion des Systems nach Gl. (8.9)

$$\psi_{\text{I}} = \psi_a(1)\ \psi_b(2), \quad (8.13\,a)$$

während sich für die Wellenfunktion, wenn das Teilchen 2 im Zustand a und das Teilchen 1 im Zustand b ist,

$$\psi_{\text{II}} = \psi_a(2)\ \psi_b(1) \quad (8.13\,b)$$

ergibt. Weil die beiden Teilchen tatsächlich ununterscheidbar sind, können wir zu keinem Zeitpunkt wissen, ob ψ_{I} oder ψ_{II} das System beschreibt. Die Wahrscheinlichkeit, das System im Zustand I anzutreffen, ist dieselbe wie für das System im Zustand II. Daher ist eine Linearkombination von ψ_{I} und ψ_{II} die geeignete Beschreibung des Systems. Es sind jedoch zwei Kombinationen möglich: Die symmetrische

$$\psi_{\text{S}} = \frac{1}{\sqrt{2}}\,(\psi_a(1)\ \psi_b(2) + \psi_a(2)\ \psi_b(1)) \quad (8.14)$$

und die antisymmetrische

$$\psi_{\text{A}} = \frac{1}{\sqrt{2}}\,(\psi_a(1)\ \psi_b(2) - \psi_a(2)\ \psi_b(1)). \quad (8.15)$$

Der Faktor $\sqrt{2}$ wird zur Normierung von ψ_{S} und ψ_{A} gebraucht. Eine Vertauschung der Teilchen 1 und 2 läßt ψ_{S} unverändert, während sie das Vorzeichen von ψ_{A} umkehrt. Sowohl für ψ_{S} als auch für ψ_{A} gilt die Gl. (8.10).

Es gibt einige wichtige Unterschiede im Verhalten von Teilchen in Systemen, deren Wellenfunktionen antisymmetrisch sind. Der wichtigste ist, daß im ersten Fall beide Teilchen gleichzeitig im selben Zustand sein können. Im zweiten Fall finden wir jedoch für $a = b$, daß ψ_{A} verschwindet: *Die beiden Teilchen können nicht im gleichen Quantenzustand sein.* Wenn wir diese quantenmechanische Aussage mit Paulis empirischem Ausschließungsprinzip vergleichen, nach dem keine zwei Elektronen in einem Atom im gleichen Quantenzustand sein können, kommen wir zu dem Schluß, daß Systeme von Elektronen durch Wellenfunktionen beschrieben werden, die ihr Vorzeichen bei der Vertauschung eines beliebigen Paares von Elektronen umkehren.

Die Ergebnisse zahlreicher Experimente zeigen, daß *alle* Teilchen mit dem Spin 1/2 Wellenfunktionen besitzen, die vollständig antisymmetrisch sind. Solche Teilchen, nicht nur Elektronen, sondern auch Protonen, Neutronen und viele andere, gehorchen dem Ausschließungsprinzip, wenn sie im selben System sind; das heißt, wenn sie sich in einem gemeinsamen Kraftfeld bewegen, muß jedes Mitglied des Systems in einem anderen Quantenzustand sein. Teilchen mit dem Spin 1/2 werden oft als *Fermi-Teilchen* oder *Fermionen* bezeichnet, weil das Verhalten von Systemen, die aus ihnen aufgebaut sind, durch ein statistisches Verteilungsgesetz bestimmt wird, das von Fermi und Dirac entdeckt wurde.

Teilchen, deren Spin Null oder ganzzahlig ist, haben Wellenfunktionen, die unter der Vertauschung eines beliebigen Teilchenpaares symmetrisch sind. Diese Teilchen gehorchen nicht dem Ausschließungsprinzip. Sie werden oft als *Bose-Teilchen* oder *Bosonen* bezeichnet, weil das statistische Verteilungsgesetz, das ihre Vielteilchensysteme beschreibt, von Bose und Einstein entdeckt wurde. Photonen, Alphateilchen, Heliumatome und andere sind Bosonen.

Es gibt weitere wichtige Folgerungen aus der Symmetrie oder der Antisymmetrie der Teilchenwellenfunktionen außer denen, die im Ausschließungsprinzip ausgesprochen werden. Gerade diese Eigenschaften machen die Teilchenklassifikation nach der Natur ihrer Wellenfunktionen so nützlich.

8.4 Elektronenkonfigurationen

Zwei grundlegende Regeln bestimmen die Elektronenstruktur von Atomen mit mehreren Elektronen:

1. Ein System aus Teilchen ist stabil, wenn seine Gesamtenergie minimal ist.
2. Nur *ein* Elektron kann in einem speziellen Quantenzustand in einem Atom existieren.

Bevor wir diese Regeln auf tatsächliche Atome anwenden, untersuchen wir die Veränderung der Elektronenenergie mit dem Quantenzustand.

Während die verschiedenen Elektronen in einem komplizierten Atom sicherlich auch miteinander wechselwirken, kann man einen Großteil der atomaren Struktur durch die einfachere Annahme verstehen, daß sich jedes Elektron in einem konstanten mittleren Kraftfeld bewegt. Für ein gegebenes Elektron ist dieses Feld näherungsweise gleich dem elektrischen Feld der Kernladung Ze, vermindert um die teilweise Abschirmung durch die anderen Elektronen, die näher am Kern sind. Alle Elektronen, die dieselbe Hauptquantenzahl n besitzen, befinden sich im Mittel ungefähr im gleichen Abstand vom Kern. Diese Elektronen wechselwirken daher mit nahezu dem gleichen elektrischen Feld und haben ähnliche Energien. Daher sagt man, daß diese Elektronen derselben atomaren *Schale* angehören. Schalen werden durch Großbuchstaben nach dem folgenden Schema bezeichnet:

$$n = 1 \quad 2 \quad 3 \quad 4 \quad 5 \quad \ldots$$
$$\text{K} \quad \text{L} \quad \text{M} \quad \text{N} \quad \text{O} \quad \ldots$$

Die Energie eines Elektrons in einer bestimmten Schale hängt außerdem in einem gewissen Maße von seiner Bahndrehimpulsquantenzahl l ab, obwohl diese Abhängigkeit nicht so stark ist wie die Abhängigkeit von n. In einem komplizierten Atom hängt das Ausmaß, in dem die Kernladung durch die dazwischenliegenden Schalen anderer Elektronen für ein bestimmtes Elektron abgeschirmt ist, von seiner Wellenfunktion ab. Ist l groß, hat $|\psi|^2$ ungefähr kreisförmige Konturlinien, während für kleines l die Konturlinien elliptisch sind. Ein Elektron mit kleinem l findet man daher mit größerer Wahrscheinlichkeit in der Nähe des Kernes, wo

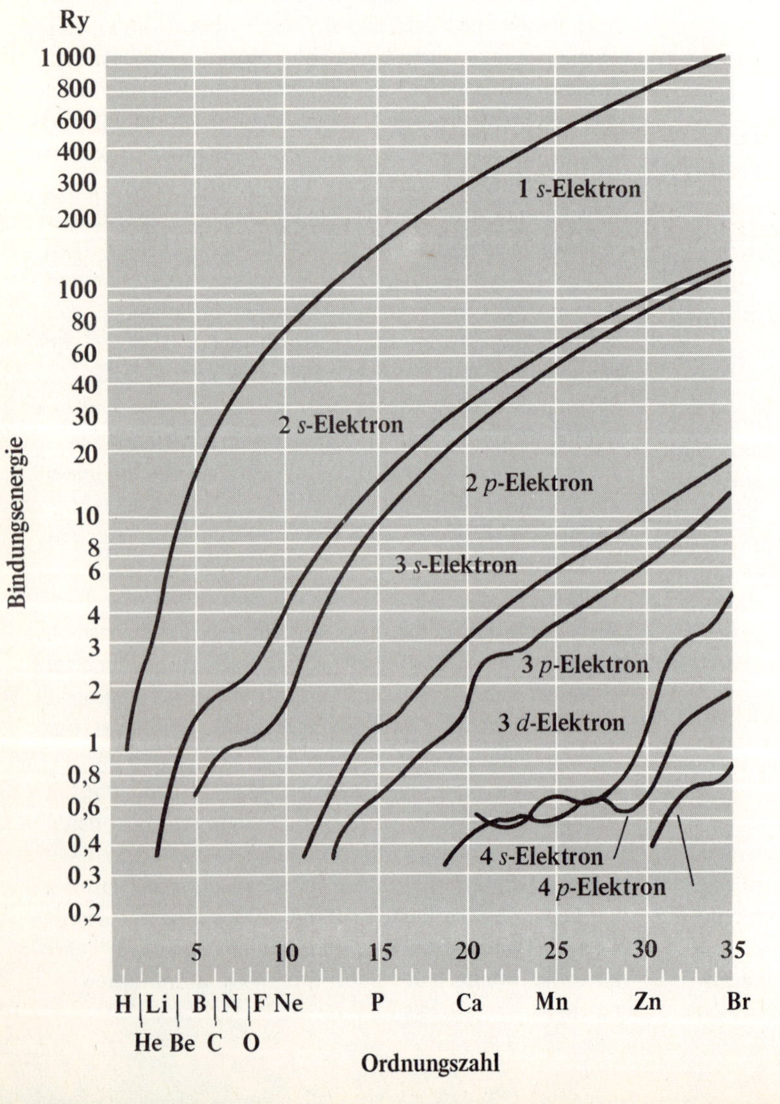

Bild 8.5
Die Bindungsenergien von Elektronen in Atomen in Ry

es von anderen Elektronen weniger abgeschirmt wird, als ein Elektron mit höherem l (Bild 7.12), was zu einer geringeren Gesamtenergie (also größeren Bindungsenergie) führt. Die Elektronen in jeder Schale haben daher mit zunehmendem l höhere Energien. Dieser Effekt ist in Bild 8.5 dargestellt, in dem die Bindungsenergien der verschiedenen atomaren Elektronen als Funktion der Ordnungszahlen aufgetragen sind.

Elektronen, die in einer Schale einen gewissen Wert von l gemeinsam haben, befinden sich in derselben *Unterschale*. Alle Elektronen in einer Unterschale haben nahezu identische Energien, da die Abhängigkeit der Elektronenenergie von m_l und m_s vergleichsweise gering ist.

Die Anzahl von Elektronen in den verschiedenen Unterschalen eines Atoms wird oft mit Hilfe einer Notation beschrieben, die für die verschiedenen Quantenzustände des Wasserstoffatoms im vorigen Kapitel eingeführt wurde. Wie in Tabelle 7.2 wird jede Unterschale durch ihre Hauptquantenzahl n und durch einen Buchstaben identifiziert, der ihrer Bahndrehimpulsquantenzahl l entspricht. Ein Exponent nach dem Buchstaben gibt die Anzahl der Elektronen in jener Unterschale an. Zum Beispiel schreibt man die Elektronenkonfiguration von Natrium als

$$1s^2\,2s^2\,2p^6\,3s^1,$$

was bedeutet, daß je zwei Elektronen in den $1s\,(n=1,\ l=0)$ und $2s\,(n=2,\ l=0)$ Unterschalen sind, daß die $2p\,(n=2,\ l=1)$ Unterschale 6 Elektronen enthält und daß sich 1 Elektron in der $3s\,(n=3,\ l=0)$ Unterschale befindet.

8.5 Das Periodensystem der Elemente

Wenn die Elemente nach ihrer Ordnungszahl geordnet werden, kehren Elemente mit ähnlichen chemischen und physikalischen Eigenschaften in regelmäßigen Abständen wieder. Diese empirische Beobachtung wurde zuerst von Dimitri Mendelejew vor mehr als 100 Jahren als *Periodengesetz* der Elemente ausgesprochen. Tabelle 8.1 ist vielleicht die einfachste Form eines *Periodensystems*. Obwohl kompliziertere Tabellen entworfen wurden, um das periodische Gesetz genauer zu zeigen, ist die Tabelle 8.1 für unsere Zwecke ausreichend.

Elemente mit ähnlichen Eigenschaften bilden *Gruppen*, die in der Tabelle 8.1 als senkrechte Spalten gezeigt werden. So besteht die Gruppe I aus Wasserstoff und den Alkalimetallen, die alle in chemischer Hinsicht sehr aktiv sind und die Valenz +1 besitzen. Gruppe VII besteht aus den Halogenen, aktiven Nichtmetallen mit den Valenzen −1, die im gasförmigen Zustand zweiatomige Moleküle bilden. Gruppe VIII besteht aus den Edelgasen, Elementen, die so inaktiv sind, daß sie fast niemals mit anderen Elementen Verbindungen eingehen und auch keine zweiatomigen Moleküle wie die Atome anderer Gase bilden.

Tabelle 8.1 Die Periodentafel der Elemente. Die Zahl über und unter dem Symbol jedes Elements sind Ordnungszahl, bzw. Atomgewicht. Die Elemente, deren Atomgewichte in Klammer gesetzt wurden, kommen in der Natur nicht vor, sondern werden künstlich in Kernreaktionen erzeugt. In diesen Fällen ist das Atomgewicht die Massenzahl des radioaktiven Isotops mit der größten Lebensdauer.

Periode	Gruppe I	Gruppe II											Gruppe III	Gruppe IV	Gruppe V	Gruppe VI	Gruppe VII	Gruppe VIII
1	1 **H** 1.00																	2 **He** 4.00
2	3 **Li** 6.94	4 **Be** 9.01											5 **B** 10.81	6 **C** 12.01	7 **N** 14.01	8 **O** 16.00	9 **F** 19.00	10 **Ne** 20.18
3	11 **Na** 22.99	12 **Mg** 24.31											13 **Al** 26.98	14 **Si** 28.09	15 **P** 30.98	16 **S** 32.07	17 **Cl** 35.46	18 **Ar** 39.94
4	19 **K** 39.10	20 **Ca** 40.08	21 **Sc** 44.96	22 **Ti** 47.90	23 **V** 50.94	24 **Cr** 52.00	25 **Mn** 54.94	26 **Fe** 55.85	27 **Co** 58.93	28 **Ni** 58.71	29 **Cu** 63.54	30 **Zn** 65.37	31 **Ga** 69.72	32 **Ge** 72.59	33 **As** 74.92	34 **Se** 78.96	35 **Br** 79.91	36 **Kr** 83.8
5	37 **Rb** 85.47	38 **Sr** 87.66	39 **Y** 88.91	40 **Zr** 91.22	41 **Nb** 92.91	42 **Mo** 95.94	43 **Tc** (99)	44 **Ru** 101.1	45 **Rh** 102.91	46 **Pd** 106.4	47 **Ag** 107.87	48 **Cd** 112.40	49 **In** 114.82	50 **Sn** 118.69	51 **Sb** 121.75	52 **Te** 127.60	53 **I** 126.90	54 **Xe** 131.30
6	55 **Cs** 132.91	56 **Ba** 137.34	57–71 *	72 **Hf** 178.49	73 **Ta** 180.95	74 **W** 183.85	75 **Re** 186.2	76 **Os** 190.2	77 **Ir** 192.2	78 **Pt** 195.09	79 **Au** 197.0	80 **Hg** 200.59	81 **Tl** 204.37	82 **Pb** 207.19	83 **Bi** 208.98	84 **Po** (210)	85 **At** (210)	86 **Rn** 222
7	87 **Fr** (223)	88 **Ra** 226.05	89–103 **															
* **Seltene Erden**			57 **La** 138.91	58 **Ce** 140.12	59 **Pr** 140.91	60 **Nd** 144.24	61 **Pm** (145)	62 **Sm** 150.35	63 **Eu** 152.0	64 **Gd** 157.25	65 **Tb** 158.92	66 **Dy** 162.50	67 **Ho** 164.92	68 **Er** 167.26	69 **Tm** 168.93	70 **Yb** 173.04	71 **Lu** 174.97	
** **Aktiniden**			89 **Ac** 227	90 **Th** 232.04	91 **Pa** 231	92 **U** 238.03	93 **Np** (237)	94 **Pu** (242)	95 **Am** (243)	96 **Cm** (247)	97 **Bk** (249)	98 **Cf** (251)	99 **Es** (254)	100 **Fm** (253)	101 **Md** (256)	102 **No** (254)	103 **Lw** (257)	

Die Zeilen in der Tabelle 8.1 werden *Perioden* genannt. Innerhalb jeder Periode vollzieht sich ein mehr oder minder stetiger Übergang von einem aktiven Metall über ein weniger aktives Metall, ein schwach aktives Nichtmetall zu sehr aktiven Nichtmetallen und schließlich zu einem Edelgas. Innerhalb jeder Spalte gibt es ebenfalls regelmäßige Veränderungen der Eigenschaften, doch sind sie weit weniger auffällig als innerhalb einer Periode. Zum Beispiel wird die Zunahme der Ordnungszahl in den Alkalimetallen von größerer chemischer Aktivität begleitet, während für die Halogene das Umgekehrte zutrifft.

Ab der 4. Periode befindet sich zwischen den Elementen der Gruppe II und III eine Gruppe von *Übergangselementen*. Die Übergangselemente sind Metalle mit einer beträchtlichen chemischen Ähnlichkeit untereinander. Mit den Elementen in den Hauptgruppen haben sie wenig Ähnlichkeit. 15 Übergangselemente in der 6. Periode sind in ihren Eigenschaften praktisch nicht unterscheidbar, sie werden als *seltene Erden* oder *Lanthaniden* bezeichnet. Eine ähnliche Gruppe von nahe verwandten Metallen, die *Aktiniden*, findet man in der 7. Periode.

Die Vorstellungen von Elektronenschalen und Unterschalen passen gut zu dem von der Periodentafel gezeigten Bild, das ein Spiegelbild der Atomstrukturen der Elemente ist. Wie entsteht dieses Bild?

Das Ausschließungsprinzip beschränkt die Anzahl der Elektronen, die sich in einer bestimmten Unterschale befinden können. Eine Unterschale wird durch eine gewisse Hauptquantenzahl n und die Bahndrehimpuls-Quantenzahl l charakterisiert, wobei

$$l = 0, 1, 2, \ldots, (n-1)$$

gilt. Wegen

$$m_l = 0, \pm 1, \pm 2, \ldots \pm l$$

gibt es für ein bestimmtes l $2l+1$ verschiedene Werte der magnetischen Quantenzahl m_l und zwei mögliche Werte der magnetischen Spin-Quantenzahl m_s $(+1/2, -1/2)$ zu jedem m_l. Daher kann jede Unterschale höchstens $2(2l+1)$ Elektronen und jede Schale höchstens

$$\sum_{l=0}^{l=n-1} 2(2l+1) = 2[1+3+5+\ldots+2(n-1)+1]$$

$$= 2[1+3+5+\ldots+2n-1]$$

enthalten. Die Größe in der Klammer enthält n Terme, deren Mittelwert $[1+(2n-1)]/2 = n$ ist, so daß die Maximalzahl der Elektronen in der n-ten Schale $2n^2$ beträgt.

Eine atomare Schale oder Unterschale, die ihre maximale Anzahl von Elektronen enthält, nennt man *abgeschlossen*. Eine abgeschlossene s-Unterschale $(l = 0)$ enthält zwei Elektronen, eine abgeschlossene p-Unterschale $(l = 1)$ 6 Elektronen, eine abgeschlossene d-Unterschale $(l = 2)$ 10 Elektronen usw.

Der gesamte Bahndrehimpuls und Spin der Elektronen in einer abgeschlossenen Unterschale sind Null, und ihre effektiven Ladungsverteilungen sind vollkommen symmetrisch (siehe Aufgabe 8 von Kapitel 7). Die Elektronen in einer abgeschlossenen Schale sind sehr fest gebunden, da die positive Kernladungszahl vergleichsweise groß gegenüber der negativen Ladung der abschirmenden inneren Elektronen ist (Bild 8.6). Da ein Atom, das nur geschlossene Schalen besitzt, kein Dipolmoment besitzt, zieht es andere Elektronen nicht an, und seine Elektronen können nicht leicht entfernt werden. Wir erwarten, daß solche Atome in chemischer Hinsicht wie die Edelgase passiv sind – und die Edelgase haben abgeschlossene Schalen.

Atome mit nur einem einzigen Elektron in ihrer äußersten Schale verlieren dieses leicht, weil es vom Kern relativ weit entfernt und durch die inneren Elektronen bis auf eine effektive Kernladung $+e$ abgeschirmt ist. Wasserstoff und die Alkalimetalle gehören in diese Kategorie und haben daher die Valenz $+1$. Atome, in deren äußeren Schalen ein einziges Elektron zum Abschluß fehlt, versuchen, ein solches Elektron durch die Anziehung aufgrund der unvollständig abgeschirmten Kernladung zu erhalten, woraus sich das chemische Verhalten der Halogene erklärt. Auf diese Weise können die Ähnlichkeiten der Mitglieder der verschiedenen Gruppen der Periodentafel beschrieben werden.

Tabelle 8.2 zeigt die Elektronenkonfigurationen der Elemente. Der Grund für das Auftreten der Übergangselemente liegt offensichtlich in der festeren Bindung von s-Elektronen im Vergleich zu d- oder f-Elektronen in komplexen Atomen, wie im vorigen Abschnitt bereits diskutiert wurde. Das erste Element, das diesen Effekt zeigt, ist Kalium, dessen äußerstes Elektron in einem $4s$-Zustand und nicht in einem $3d$-Zustand ist. Der Unterschied in der Bindungsenergie zwischen $3d$- und $4s$-Elektronen ist nicht sehr groß, wie man an den Konfigurationen von Chrom und Kupfer sehen kann. In beiden Elementen ist ein zusätzliches $3d$-Elektron vorhanden, während in der $4s$-Schale ein Elektron fehlt. In diesem Zusammenhang sollte man nochmals einen Blick auf Bild 8.5 werfen.

Wie man aus Tabelle 8.2 und Bild 8.7 sehen kann, sind die Elektronenschalen in der folgenden Reihenfolge gefüllt:

$$1s, 2s, 2p, 3s, 3p, 4s, 3d, 4p, 5s, 4d, 5p, 6s, 4f, 5d,$$

$$6p, 7s, 6d.$$

Auch die bemerkenswerten Ähnlichkeiten im chemischen Verhalten der Lanthaniden beziehungsweise der Aktiniden kann man leicht verstehen. Alle Lanthaniden haben dieselbe $5s^2 5p^6 6s^2$-Konfiguration, doch haben sie unvollständige $4f$-Unterschalen. Die Anzahl der $4f$-Elektronen hat praktisch keinen Einfluß auf die chemischen Eigenschaften der Lanthaniden, die durch die äußeren Elektronen bestimmt sind. In ähnlicher Weise haben alle Aktiniden $6s^2 6p^6 7s^2$-Konfigurationen und unterscheiden sich nur in der Anzahl ihrer $5f$- und $6d$-Elektronen.

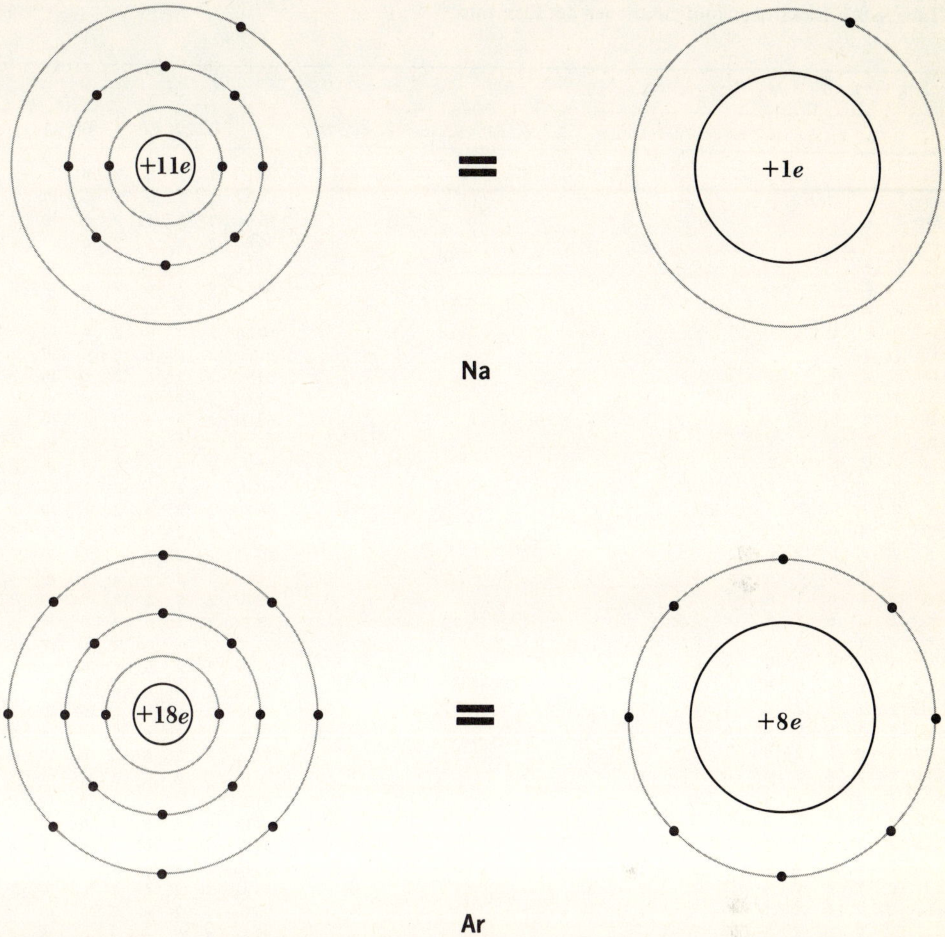

Bild 8.6 Abschirmung der Elektronen in Natrium und Argon. Auf jedes äußere Elektron wirkt in einem Argonatom eine achtmal stärkere effektive Kernladung als beim Natriumatom, obwohl die äußeren Elektronen in beiden Fällen in der M-Schale ($n = 3$) sind.

Diese Irregularitäten in der Bindungsenergie der Hüllenelektronen sind für das Fehlen vollständig gefüllter äußerer Schalen bei den schwereren Edelgasen verantwortlich. Helium ($Z = 2$) und Neon ($Z = 10$) enthalten abgeschlossene K- und L-Schalen, jedoch hat Argon ($Z = 18$) nur 8 Elektronen in seiner M-Schale, entsprechend abgeschlossenen $3s$- und $3p$-Unterschalen. Der Grund für die nichtvollständige Füllung der $3d$-Unterschale ist, daß die $4s$-Elektronen eine größere Bindungsenergie als die $3d$-Elektronen haben. Daher wird die $4s$-Unterschale beim Kalium und Calcium zuerst gefüllt. Während die $3d$-Unterschale bei den schwereren Übergangselementen langsam gefüllt wird, bestimmen die ein oder zwei äußeren $4s$-Elektronen die chemische Aktivität. Erst mit Krypton ($Z = 36$) wird ein weiteres Edelgas erreicht, und hier tritt eine ähnliche unvollständige äußere Schale auf, bei der nur die $4s$- und $4p$-Unterschalen gefüllt sind. Auf Krypton folgt Rubidium ($Z = 37$), das statt $4d$- oder $4f$-Elektronen ein $5s$-Elektron besitzt. Das nächste Edelgas ist Xenon ($Z = 54$), das gefüllte $4d$-, $5s$- und $5p$-Unterschalen besitzt, doch immer noch sind die innere $4f$-Unterschale und die $5d$- und $5f$-Unterschalen leer. Dieselbe Erscheinung zeigt sich bei den restlichen Edelgasen.

Während wir den Ursprung einiger chemischer und physikalischer Eigenschaften der Elemente aus ihren Elektronenkonfigurationen erklärt haben, können zahlreiche weitere durch ähnliche Argumente quantitativ verstanden werden.

Tabelle 8.2 Elektronenkonfigurationen der Elemente

	K	*L*		*M*			*N*				*O*				*P*			*Q*
	1*s*	2*s*	2*p*	3*s*	3*p*	3*d*	4*s*	4*p*	4*d*	4*f*	5*s*	5*p*	5*d*	5*f*	6*s*	6*p*	6*d*	7*s*
1 H	1																	
2 He	2																	
3 Li	2	1																
4 Be	2	2																
5 B	2	2	1															
6 C	2	2	2															
7 N	2	2	3															
8 O	2	2	4															
9 F	2	2	5															
10 Ne	2	2	6															
11 Na	2	2	6	1														
12 Mg	2	2	6	2														
13 Al	2	2	6	2	1													
14 Si	2	2	6	2	2													
15 P	2	2	6	2	3													
16 S	2	2	6	2	4													
17 Cl	2	2	6	2	5													
18 A	2	2	6	2	6													
19 K	2	2	6	2	6		1											
20 Ca	2	2	6	2	6		2											
21 Sc	2	2	6	2	6	1	2											
22 Ti	2	2	6	2	6	2	2											
23 V	2	2	6	2	6	3	2											
24 Cr	2	2	6	2	6	5	1											
25 Mn	2	2	6	2	6	5	2											
26 Fe	2	2	6	2	6	6	2											
27 Co	2	2	6	2	6	7	2											
28 Ni	2	2	6	2	6	8	2											
29 Cu	2	2	6	2	6	10	1											
30 Zn	2	2	6	2	6	10	2											
31 Ga	2	2	6	2	6	10	2	1										
32 Ge	2	2	6	2	6	10	2	2										
33 As	2	2	6	2	6	10	2	3										
34 Se	2	2	6	2	6	10	2	4										
35 Br	2	2	6	2	6	10	2	5										
36 Kr	2	2	6	2	6	10	2	6										
37 Rb	2	2	6	2	6	10	2	6			1							
38 Sr	2	2	6	2	6	10	2	6			2							
39 Y	2	2	6	2	6	10	2	6	1		2							
40 Zr	2	2	6	2	6	10	2	6	2		2							
41 Nb	2	2	6	2	6	10	2	6	4		1							
42 Mo	2	2	6	2	6	10	2	6	5		1							
43 Tc	2	2	6	2	6	10	2	6	5		2							
44 Ru	2	2	6	2	6	10	2	6	7		1							
45 Rh	2	2	6	2	6	10	2	6	8		1							
46 Pd	2	2	6	2	6	10	2	6	10		1							
47 Ag	2	2	6	2	6	10	2	6	10		1							
48 Cd	2	2	6	2	6	10	2	6	10		2							
49 In	2	2	6	2	6	10	2	6	10		2	1						
50 Sn	2	2	6	2	6	10	2	6	10		2	2						
51 Sb	2	2	6	2	6	10	2	6	10		2	3						
52 Te	2	2	6	2	6	10	2	6	10		2	4						
53 I	2	2	6	2	6	10	2	6	10		2	5						
54 Xe	2	2	6	2	6	10	2	6	10		2	6						
55 Cs	2	2	6	2	6	10	2	6	10		2	6			1			
56 Ba	2	2	6	2	6	10	2	6	10		2	6			2			
57 La	2	2	6	2	6	10	2	6	10		2	6	1		2			
58 Ce	2	2	6	2	6	10	2	6	10	2	2	6			2			
59 Pr	2	2	6	2	6	10	2	6	10	3	2	6			2			
60 Nd	2	2	6	2	6	10	2	6	10	4	2	6			2			
61 Pm	2	2	6	2	6	10	2	6	10	5	2	6			2			
62 Sm	2	2	6	2	6	10	2	6	10	6	2	6			2			
63 Eu	2	2	6	2	6	10	2	6	10	7	2	6			2			
64 Gd	2	2	6	2	6	10	2	6	10	7	2	6	1		2			
65 Tb	2	2	6	2	6	10	2	6	10	9	2	6			2			
66 Dy	2	2	6	2	6	10	2	6	10	10	2	6			2			
67 Ho	2	2	6	2	6	10	2	6	10	11	2	6			2			
68 Er	2	2	6	2	6	10	2	6	10	12	2	6			2			
69 Tm	2	2	6	2	6	10	2	6	10	13	2	6			2			
70 Yb	2	2	6	2	6	10	2	6	10	14	2	6			2			
71 Lu	2	2	6	2	6	10	2	6	10	14	2	6	1		2			
72 Hf	2	2	6	2	6	10	2	6	10	14	2	6	2		2			
73 Ta	2	2	6	2	6	10	2	6	10	14	2	6	3		2			
74 W	2	2	6	2	6	10	2	6	10	14	2	6	4		2			
75 Re	2	2	6	2	6	10	2	6	10	14	2	6	5		2			
76 Os	2	2	6	2	6	10	2	6	10	14	2	6	6		2			
77 Ir	2	2	6	2	6	10	2	6	10	14	2	6	7		2			
78 Pt	2	2	6	2	6	10	2	6	10	14	2	6	9		1			
79 Au	2	2	6	2	6	10	2	6	10	14	2	6	10		1			
80 Hg	2	2	6	2	6	10	2	6	10	14	2	6	10		2			
81 Tl	2	2	6	2	6	10	2	6	10	14	2	6	10		2	1		
82 Pb	2	2	6	2	6	10	2	6	10	14	2	6	10		2	2		
83 Bi	2	2	6	2	6	10	2	6	10	14	2	6	10		2	3		
84 Po	2	2	6	2	6	10	2	6	10	14	2	6	10		2	4		
85 At	2	2	6	2	6	10	2	6	10	14	2	6	10		2	5		
86 Rn	2	2	6	2	6	10	2	6	10	14	2	6	10		2	6		
87 Fr	2	2	6	2	6	10	2	6	10	14	2	6	10		2	6		1
88 Ra	2	2	6	2	6	10	2	6	10	14	2	6	10		2	6		2
89 Ac	2	2	6	2	6	10	2	6	10	14	2	6	10		2	6	1	2
90 Th	2	2	6	2	6	10	2	6	10	14	2	6	10		2	6	2	2
91 Pa	2	2	6	2	6	10	2	6	10	14	2	6	10	2	2	6	1	2
92 U	2	2	6	2	6	10	2	6	10	14	2	6	10	3	2	6	1	2
93 Np	2	2	6	2	6	10	2	6	10	14	2	6	10	4	2	6	1	2
94 Pu	2	2	6	2	6	10	2	6	10	14	2	6	10	5	2	6	1	2
95 Am	2	2	6	2	6	10	2	6	10	14	2	6	10	6	2	6	1	2
96 Cm	2	2	6	2	6	10	2	6	10	14	2	6	10	7	2	6	1	2
97 Bk	2	2	6	2	6	10	2	6	10	14	2	6	10	8	2	6	1	2
98 Cf	2	2	6	2	6	10	2	6	10	14	2	6	10	10	2	6		2
99 E	2	2	6	2	6	10	2	6	10	14	2	6	10	11	2	6		2
100 Fm	2	2	6	2	6	10	2	6	10	14	2	6	10	12	2	6		2
101 Md	2	2	6	2	6	10	2	6	10	14	2	6	10	13	2	6		2
102 No	2	2	6	2	6	10	2	6	10	14	2	6	10	14	2	6		2
103 Lw	2	2	6	2	6	10	2	6	10	14	2	6	10	14	2	6	1	2

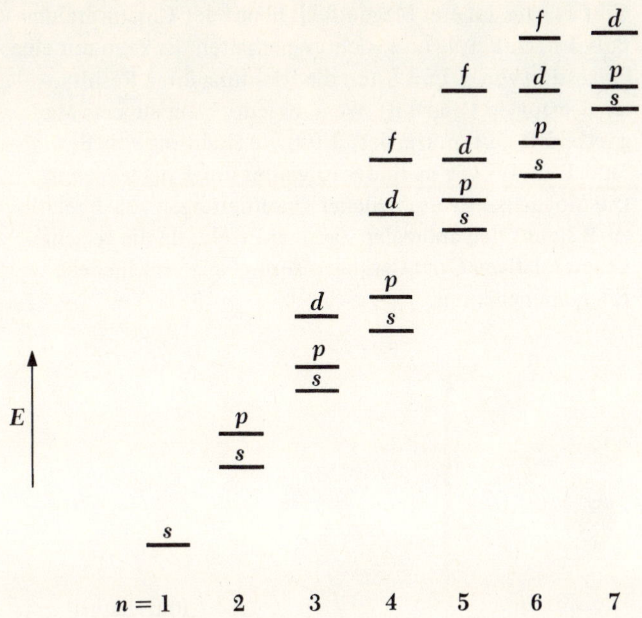

Bild 8.7 Folge der Quantenzustände in einem Atom (nicht maßstäblich)

8.6 Die Hundsche Regel

Im allgemeinen bleiben die Elektronen eines Atomes ungepaart – d.h., sie haben parallele Spins – , so weit dies möglich ist. Dieses Prinzip wird *Hundsche Regel* genannt. Der Ferromagnetismus von Eisen, Kobalt und Nickel ist eine Konsequenz der Hundschen Regel: Ihre $3d$-Unterschalen sind nur teilweise besetzt, und die Elektronen in diesen Unterschalen sind ungepaart, so daß sich die magnetischen Momente der Spins addieren. Zum Beispiel sind die Spins von fünf der sechs $3d$-Elektronen im Eisen parallel, so daß jedes Eisenatom ein großes magnetisches Moment hat. Wir werden andere Folgerungen aus der Hundschen Regel im Kapitel 11 im Zusammenhang mit der molekularen Bindung untersuchen.

Der Grund für die Hundsche Regel liegt in der gegenseitigen Abstoßung der atomaren Elektronen. Wegen dieser Abstoßung ist die Energie des Atoms um so größer, je weiter die Elektronen im Atom voneinander entfernt sind. Die Elektronen in derselben Unterschale mit demselben Spin müssen verschiedene m_l-Werte besitzen und werden daher durch Wellenfunktionen beschrieben, deren räumliche Verteilungen verschieden sind. Elektronen mit parallelen Spins sind daher im Raum weiter voneinander entfernt, als wenn sie antiparallele Spins hätten; daher ist diese Anordnung die stabilere.

8.7 Der Gesamtdrehimpuls

Jedes Elektron in einem Atom hat einen gewissen Bahndrehimpuls **L** und einen gewissen Spindrehimpuls **S**, die beide zum Gesamtdrehimpuls **J** des Atoms beitragen. Wie alle Drehimpulse ist auch **J** quantisiert, sein Betrag ist durch

$$J = \sqrt{j(j+1)}\,\hbar \tag{8.16}$$

und seine Komponente in die z-Richtung durch

$$J_z = m_j \hbar \tag{8.17}$$

gegeben, wobei j und m_j die entsprechenden Quantenzahlen sind. Wir wollen nun die Eigenschaften von **J** mit Hilfe des halbklassischen Vektormodelles studieren, das ein leichteres Verständnis des Drehimpulses gewährt als ein rein quantenmechanischer Zugang.

Zunächst wollen wir ein Atom betrachten, dessen Gesamtdrehimpuls von einem einzigen Elektron stammt. Atome der Elemente aus der Gruppe I des Periodensystems – Wasserstoff, Lithium, Natrium usw. – haben diese Eigenschaft, da sie außerhalb der abgeschlossenen inneren Schalen nur ein einzelnes Elektron besitzen und da uns das Ausschließungsprinzip sagt, daß der Gesamtdrehimpuls und das magnetische Moment einer abgeschlossenen Schale verschwinden. Zu dieser Kategorie gehören auch die Ionen He^+, Be^+, Mg^+, B^{++}, Al^{++} usw.

Der Betrag L des Bahndrehimpulses **L** eines Elektrons in einem Atom ist durch seine Bahndrehimpulsquantenzahl l nach der Gleichung

$$L = \sqrt{l(l+1)}\,\hbar \tag{8.18}$$

gegeben, während sich die Komponente L_z von **L** in der z-Richtung durch die magnetische Quantenzahl m_l nach der Gleichung

$$L_z = m_l \hbar \tag{8.19}$$

bestimmt. In ähnlicher Weise ist der Betrag S des Spins **S** durch die Spin-Quantenzahl s (die nur den Wert $+1/2$ haben kann) nach der Formel

$$S = \sqrt{s(s+1)}\,\hbar \tag{8.20}$$

gegeben, während die Komponente S_z von **S** in der z-Richtung durch die magnetische Spin-Quantenzahl m_s

$$S_z = m_s \hbar \tag{8.21}$$

bestimmt ist. Da **L** und **S** Vektoren sind, müssen sie vektoriell zum Gesamtdrehimpuls **J** addiert werden.

$$\mathbf{J} = \mathbf{L} + \mathbf{S}. \tag{8.22}$$

Wir haben bereits die Symbole j und m_j für die Quantenzahlen, die J und J_z für ein einzelnes Elektron entsprechen, eingeführt:

$$J = \sqrt{j(j+1)}\,\hbar \tag{8.23}$$

$$J_z = m_j \hbar. \tag{8.24}$$

Um die Beziehungen zwischen den verschiedenen Drehimpuls-Quantenzahlen zu erhalten, ist es am einfachsten, mit den z-Komponenten der Vektoren **J**, **L**, **S** zu beginnen. Da J_z, L_z und S_z skalare Größen sind, gilt

$$J_z = L_z + S_z$$

$$m_j \hbar = m_l \hbar + m_s \hbar$$

und daher

$$m_j = m_l + m_s. \tag{8.25}$$

Die möglichen Werte von m_l laufen von $+l$ über 0 nach $-l$, die von m_s sind $\pm s$. Die Quantenzahl l ist stets Null oder eine ganze Zahl, während $s = 1/2$ ist; daher muß m_j halbzahlig sein. Die möglichen Werte von m_j laufen von $+j$ über 0 nach $-j$ in ganzzahligen Schritten, für jeden Wert für l gibt es zwei Werte für j

$$j = l \pm s. \tag{8.26}$$

Wie m_j ist auch j stets halbzahlig.

Da **J**, **L** und **S** gleichzeitig quantisiert sind, können sie nur bestimmte relative Orientierungen besitzen. Im Fall eines Einelektronenatoms gibt es nur zwei mögliche relative Orientierungen. Die eine entspricht $j = l + s$, so daß $J > L$, die andere $j = l - s$, so daß $J < L$. Bild 8.8 zeigt die beiden Möglichkeiten für $l = 1$, in denen sich **L** und **S** zum Gesamtdrehimpuls **J** kombinieren. Offensichtlich können der Bahndrehimpulsvektor und der Spindrehimpulsvektor niemals genau parallel oder antiparallel zueinander oder zum Gesamtdrehimpuls sein.

Die Drehimpulse **L** und **S** stehen miteinander in magnetischer Wechselwirkung, wie wir in Abschnitt 8.2 gesehen haben, und sie üben daher aufeinander Drehmomente aus. Gibt es kein äußeres Magnetfeld, bleibt der Gesamtdrehimpuls **J** nach Betrag und Richtung erhalten. Es kann nur eine Präzession von **L** und **S** um die Richtung ihrer Resultanten **J** erfolgen (Bild 8.9). Wenn es jedoch ein äußeres Magnetfeld **B** gibt, präzessiert **J** um die Richtung von **B**, während **L** und **S** wie in Bild 8.10 weiter um **J** präzessieren. Die Möglichkeit verschiedener Orientierungen von **J** relativ zu **B** liefert den anomalen Zeeman-Effekt, da die verschiedenen relativen Orientierungen geringfügig verschiedene Energien bedeuten.

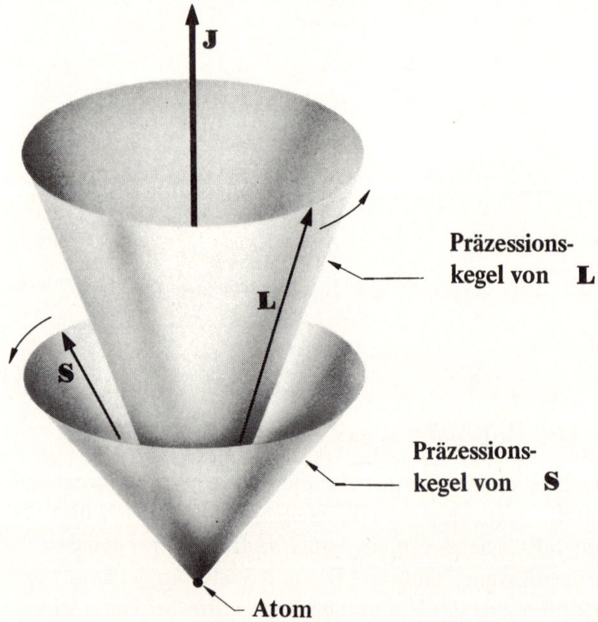

Bild 8.9 Nach dem Vektormodell des Atoms präzessieren Bahndrehimpulsvektor **L** und Spinvektor **S** um **J**.

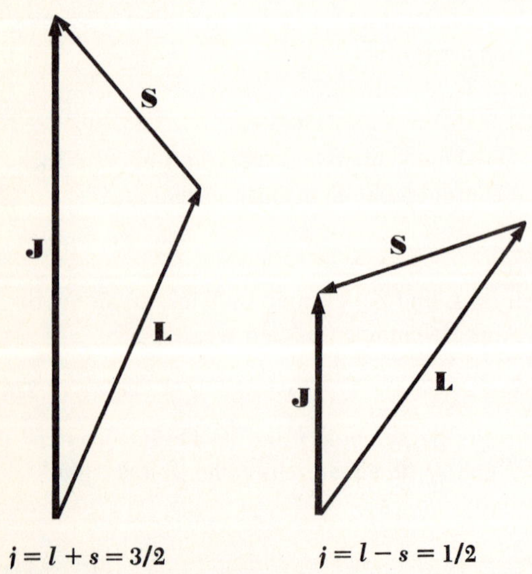

Bild 8.8 Die beiden Möglichkeiten, L und S für $l = 1$, $s = 1/2$ zu J zu koppeln.

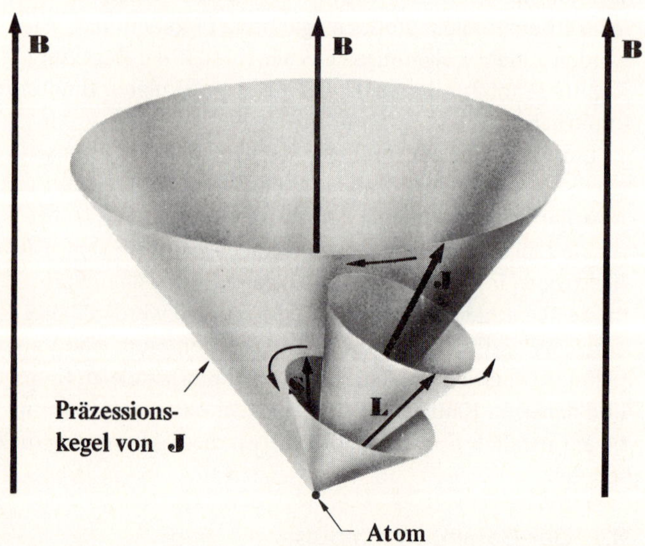

Bild 8.10 Bei Anwesenheit eines äußeren Magnetfelds präzessiert der Vektor des Gesamtdrehimpulses **J** um **B**.

Auch die Atomkerne haben Drehimpulse und magnetische Momente. Sie tragen zum Gesamtdrehimpuls des Atoms und zum gesamtmagnetischen Moment bei. Diese Beiträge sind jedoch klein, weil die magnetischen Momente der Kerne etwa 1/1000 der magnetischen Momente der Elektronen sind; sie führen zur Hyperfeinstruktur der Spektrallinien, wobei der typische Abstand zwischen den Komponenten der Linien etwa 10^{-3} nm beträgt.

8.8 LS-Kopplung

Sind mehrere Elektronen vorhanden, so ist der Gesamtdrehimpuls **J** weiterhin die vektorielle Summe der einzelnen Drehimpulse. Da die betroffenen Elektronen miteinander wechselwirken, hängt die Addition der einzelnen Drehimpulse $\mathbf{L}_i$ und $\mathbf{S}_i$ zum Gesamtdrehimpuls **J** von gewissen Regeln ab. Außer für die schwersten Elemente gilt, daß die Bahndrehimpulse $\mathbf{L}_i$ der einzelnen Elektronen durch elektrostatische Kräfte zu einem einzigen resultierenden Bahndrehimpuls **L** gekoppelt sind und daß sich die einzelnen Spins $\mathbf{S}_i$ davon unabhängig zu einem Gesamtspin **S** addieren. Den Grund dafür werden wir weiter unten kennenlernen. Die Drehimpulse **L** und **S** stehen miteinander über die Spinbahnkopplung in magnetischer Wechselwirkung und ergeben den Gesamtdrehimpuls **J**. Dieses Schema, *LS-Kopplung* genannt, kann in folgender Weise zusammengefaßt werden:

$$\mathbf{L} = \Sigma \mathbf{L}_i$$

$$\mathbf{S} = \Sigma \mathbf{S}_i$$

$$\mathbf{J} = \mathbf{L} + \mathbf{S}. \tag{8.27}$$

Wie immer sind L, S, J, L_z, S_z und J_z quantisiert, wobei die entsprechenden Quantenzahlen L, S, J, $\mathsf{M_L}$, $\mathsf{M_S}$, $\mathsf{M_J}$ sind. Daher gilt

$$L = \sqrt{\mathsf{L}(\mathsf{L}+1)}\,\hbar \tag{8.28}$$

$$L_z = \mathsf{M_L}\,\hbar \tag{8.29}$$

$$S = \sqrt{\mathsf{S}(\mathsf{S}+1)}\,\hbar \tag{8.30}$$

$$S_z = \mathsf{M_S}\,\hbar \tag{8.31}$$

$$J = \sqrt{\mathsf{J}(\mathsf{J}+1)}\,\hbar \tag{8.32}$$

$$J_z = \mathsf{M_J}\,\hbar \tag{8.33}$$

Sowohl L als auch $\mathsf{M_L}$ sind stets ganze Zahlen oder Null, während die anderen Quantenzahlen halbzahlig sind, wenn die Elektronenzahl ungerade ist, oder ganzzahlig, wenn die Elektronenzahl gerade ist.

Als Beispiel wollen wir zwei Elektronen betrachten, eines mit $l_1 = 1$, das andere mit $l_2 = 2$. In drei verschiedenen Weisen können $\mathbf{L}_1$ und $\mathbf{L}_2$ zu einem einzigen Vektor **L** zusammengefaßt werden, der nach Gl. (8.28) quantisiert ist (Bild 8.10). Diese entsprechen $\mathsf{L} = 1, 2$ und 3, da L alle Werte zwischen $l_1 + l_2$ und $l_1 - l_2$ annehmen kann. Die Spin-Quantenzahl s ist stets $+1/2$, so daß für die Summe $\mathbf{S}_1 + \mathbf{S}_2$ zwei Möglichkeiten bleiben, die $\mathsf{S} = 0$ und $\mathsf{S} = 1$ entsprechen (Bild 8.11). Die Quantenzahl J kann alle Werte zwischen $\mathsf{L} + \mathsf{S}$ und $\mathsf{L} - \mathsf{S}$ annehmen, was in unserem Fall bedeutet, daß $\mathsf{J} = 0, 1, 2, 3$ oder 4 sein kann. Bei der Bestimmung der möglichen Werte von L, S und J für ein Mehrelektronenatom muß man berücksichtigen, daß das Ausschließungsprinzip die möglichen Quantenzahlen der Elektronen einschränkt.

Das *LS*-Schema verdankt seine Existenz den relativen Stärken der elektrostatischen Kräfte, die die einzelnen Bahndrehimpulse zu einem Gesamtdrehimpuls **L** und die einzelnen Spins zu **S** koppeln. Der Ursprung dieser Kräfte ist interessant. Die Kopplung zwischen den Bahndrehimpulsen kann nach einem Blick auf Bild 7.13 verstanden werden, das zeigt, wie die Wahrscheinlichkeitsdichte $|\psi|^2$ des Elektrons im Wasserstoff für die verschiedenen Quantenzustände räumlich variiert. Die entsprechenden Bilder für Elektronen in komplizierteren Atomen werden allerdings etwas anders aussehen, doch wird weiterhin $|\psi|^2$ nur für *s*-Zustände sphärisch symmetrisch sein. (In diesem Fall ist $l = 0$, und das Elektron hat keinen Bahndrehimpuls, der beitragen könnte.) Wegen der unsymmetrischen Ladungsdichtenverteilungen hängen die elektrostatischen Kräfte zwischen den Elektronen in einem Atom von den relativen

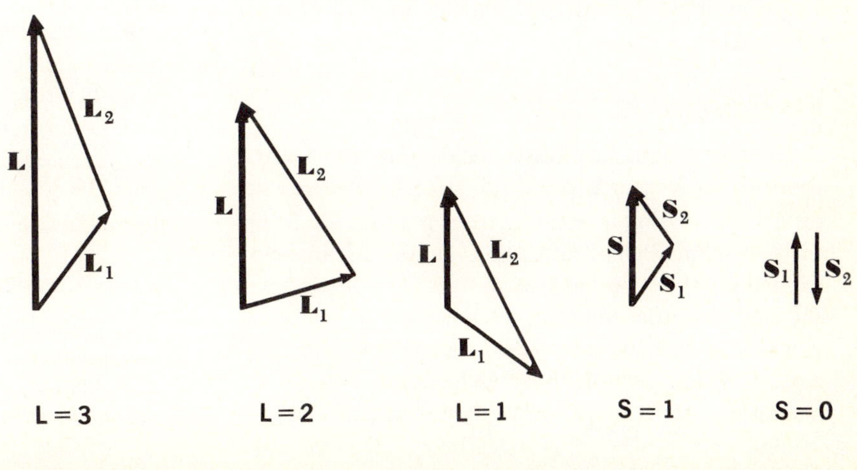

Bild 8.11
Bei $l_1 = 1$, $l_2 = 2$, $s_1 = 1/2$ und $s_2 = 1/2$ gibt es drei Möglichkeiten, $\mathbf{L}_1$ und $\mathbf{L}_2$ zu **L**, und zwei Möglichkeiten, $\mathbf{S}_1$ und $\mathbf{S}_2$ zu **S** zu koppeln.

Orientierungen ihrer Bahndrehimpulsvektoren ab, und nur gewisse relative Orientierungen sind stabil. Diese stabilen Konfigurationen entsprechen einem totalen Bahndrehimpuls $L = \sqrt{\mathbf{L}(\mathbf{L}+1)}\,\hbar$. Die Kopplung zwischen den einzelnen $\mathbf{L}_i$ erfolgt meist in der Weise, daß die Konfiguration mit der niedrigsten Energie den größten Gesamtbahndrehimpuls L besitzt. Dies läßt sich leicht verstehen, wenn man an zwei Elektronen in derselben Bohrschen Bahn denkt. Da sich die Elektronen gegenseitig abstoßen, kreisen sie vorzugsweise in derselben Richtung um den Kern, wodurch L am größten wird. Würden sie durch entgegengesetzte Umlaufsrichtungen L minimieren, würden sie sich trotz ihrer gegenseitigen Abstoßung begegnen, was höhere Energie erfordert.

Den Grund für die starke Kopplung zwischen den Elektronenspins kann man nicht so leicht anschaulich machen, da er ein rein quantenmechanischer Effekt ohne klassische Entsprechung ist. (Die direkte Wechselwirkung zwischen den magnetischen Momenten der Elektronen ist unbedeutend und ist nicht für die Kopplung der Elektronenspins verantwortlich.) Die gesamte Wellenfunktion $\psi(1, 2, \ldots n)$ eines Systems von n Elektronen kann als Produkt einer Wellenfunktion $u(1, 2, \ldots n)$, die die Koordinaten der Elektronen beschreibt, und einer Spinfunktion $s(1, 2, \ldots n)$, die die Spins der Elektronen beschreibt, geschrieben werden. Wie wir in Abschnitt 8.3 gesehen haben, muß die gesamte Wellenfunktion $\psi(1, 2, \ldots n)$ antisymmetrisch sein, weshalb $u(1, 2, \ldots n)$ und $s(1, 2, \ldots n)$ nicht voneinander unabhängig sind. Eine Änderung der Ausrichtung von Spinvektoren muß daher von einer Änderung der Elektronenkonfiguration des Atoms begleitet sein, wodurch die elektrostatische Energie des Atoms verändert wird. Die $\mathbf{S}_i$ bilden stets eine Grundzustandskonfiguration, in der S am größten ist. Dies ist ein weiteres Beispiel für die Hundsche Regel. Wie wir früher erwähnten, haben Elektronen mit parallelen Spins verschiedene m_l-Werte und werden durch verschiedene Wellenfunktionen beschrieben, was bedeutet, daß sie im Mittel einen größeren räumlichen Abstand voneinander haben und daher eine niedrigere Gesamtenergie besitzen.

Jene Kombination von $\mathbf{L}$ und $\mathbf{S}$, die J *minimiert*, führt auf die niedrigste Energie, was wir allerdings hier nicht weiter begründen können.

8.9 jj-Kopplung

Die elektrostatischen Kräfte, die die einzelnen $\mathbf{L}_i$ zu einem einzigen Vektor $\mathbf{L}$ und die $\mathbf{S}_i$ zu einem weiteren Vektor $\mathbf{S}$ koppeln, sind in leichten Atomen stärker als die magnetischen Spin-Bahn-Kräfte, die $\mathbf{L}$ und $\mathbf{S}$ zu $\mathbf{J}$ koppeln. Sie sind selbst bei Vorhandensein eines nicht allzu starken äußeren magnetischen Feldes die wesentlichen Kräfte. In schweren Atomen ist jedoch die Ladung des Kernes groß genug, so daß eine Spin-Bahn-Wechselwirkung zustande kommt, die mit den elektrostatischen Wechselwirkungen zwischen den $\mathbf{L}_i$ und den $\mathbf{S}_i$ vergleichbar wird, und das LS-Kopplungsschema beginnt zu versagen. Ein ähnliches Versagen tritt in starken äußeren Magnetfeldern (von der Größenordnung 10 T) ein, wodurch der Paschen-Back-Effekt in den Atomspektren hervorgerufen wird. Dabei koppeln die Gesamtdrehimpulse $\mathbf{J}_i$ der einzelnen Elektronen direkt zum Gesamtdrehimpuls $\mathbf{J}$ des Atoms, eine Situation, die als *jj-Kopplung* bezeichnet wird, weil jedes $\mathbf{J}_i$ durch eine Quantenzahl j (siehe Abschnitt 8.7) beschrieben wird. Daher gilt

$$\mathbf{J}_i = \mathbf{L}_i + \mathbf{S}_i$$

$$\mathbf{J} = \Sigma\, \mathbf{J}_i. \qquad (8.34)$$

In Abschnitt 7.5 sahen wir, daß die einzelnen Bahndrehimpulszustände üblicherweise durch Kleinbuchstaben bezeichnet werden, wobei s dem Zustand mit $l = 0$ entspricht, p dem Zustand mit $l = 1$ und so weiter. Man verwendet eine ähnliche Bezeichnungsweise mit Großbuchstaben, um den Elektronenzustand eines Atoms nach seinem Gesamtbahndrehimpuls $\mathbf{L}$ zu klassifizieren:

$$\mathbf{L} = 0 \quad 1 \quad 2 \quad 3 \quad 4 \quad 5 \quad 6 \ldots$$

$$S \quad P \quad D \quad F \quad G \quad H \quad I \ldots.$$

Ein hochgestellter Index vor den Buchstaben (z.B. ^2P) soll die *Multiplizität* des Zustands anzeigen, nämlich die Anzahl der verschiedenen möglichen Orientierungen von $\mathbf{L}$ und $\mathbf{S}$ und daher die Anzahl der verschiedenen möglichen Werte von J. Die Multiplizität ist $2\mathbf{S}+1$ im üblichen Fall, in dem $\mathbf{L} > \mathbf{S}$ ist, da $\mathbf{J}$ von $\mathbf{L}+\mathbf{S}$ bis $\mathbf{L}-\mathbf{S}$ läuft. Für $\mathbf{S} = 0$ ist die Multiplizität 1 (ein *Singulett-Zustand*) und $\mathbf{J} = \mathbf{L}$; wenn $\mathbf{S} = 1/2$ ist, beträgt die Multiplizität 2 (ein *Dublett-Zustand*) und $\mathbf{J} = \mathbf{L} \pm 1/2$; für $\mathbf{S} = 1$ ist die Multiplizität 3 (ein *Triplett-Zustand*) und $\mathbf{J} = \mathbf{L}+1$, $\mathbf{L}$ oder $\mathbf{L}-1$; usw. (Wenn $\mathbf{S} > \mathbf{L}$ ist, ist die Multiplizität durch $2\mathbf{L}+1$ gegeben). Die Gesamtdrehimpulsquantenzahl wird als tiefgestellter Index hinter den Buchstaben gesetzt, so daß ein $^2P_{3/2}$-Zustand (sprich Dublett $P\,3/2$) eine Elektronenkonfiguration bezeichnet, für die $\mathbf{S} = 1/2$, $\mathbf{L} = 1$ und $\mathbf{J} = 3/2$ gilt. Aus historischen Gründen werden diese Bezeichnungen *Termsymbole* genannt.

Wenn der Drehimpuls des Atoms von einem einzigen äußeren Elektron stammt, kann die Gesamtquantenzahl n dieses Elektrons ebenfalls vorangesetzt werden: Daher wird der Grundzustand des Natriumatoms mit $3^2S_{1/2}$ bezeichnet, da seine Elektronenkonfiguration ein Elektron mit $n = 3$, $l = 0$ und $s = 1/2$ (und daher $j = 1/2$) außerhalb der abgeschlossenen $n = 1$ und $n = 2$ Schalen besitzt.

8.10 Aufgaben

1. Wenn Atome Elektronen mit Hauptquantenzahlen bis zu $n = 6$ enthalten könnten, wie viele Elemente würde es geben?
2. Die Ionisierungsenergien der Elemente mit den Ordnungszahlen 20 bis 29 sind nahezu gleich. Warum?

3. Bestimmen Sie die Werte von **S**, **L** und **J**, die den folgenden Zuständen entsprechen:

$^1S_0$, $^3P_2$, $^2D_{3/2}$, $^5F_5$, $^6H_{5/2}$

4. Das Kohlenstoffatom hat zwei $2s$-Elektronen und zwei $2p$-Elektronen außerhalb einer gefüllten inneren Schale. Sein Grundzustand ist ein $^3P_0$-Zustand. Wie würde man andere mögliche Zustände bezeichnen? Warum ist der $^3P_0$-Zustand der Grundzustand?
5. Das Lithiumatom hat ein $2s$-Elektron außerhalb einer gefüllten inneren Schale. Sein Grundzustand ist $^2S_{1/2}$. Wenn es weitere mögliche Zustände gibt, wie würde man sie bezeichnen? Warum ist der $^2S_{1/2}$-Zustand der Grundzustand?
6. Das Magnesiumatom hat zwei $3s$-Elektronen außerhalb gefüllter innerer Schalen. Wie lautet das Termsymbol für seinen Grundzustand?
7. Das Aluminiumatom hat zwei $3s$-Elektronen und ein $3p$-Elektron außerhalb innerer gefüllter Schalen. Wie lautet das Termsymbol für seinen Grundzustand?
8. Vor vielen Jahren wurde darauf hingewiesen, daß die Ordnungszahlen der Edelgase durch folgendes Schema gegeben sind:

$$Z\,(\mathrm{He}) = 2\,(1^2) = 2$$
$$Z\,(\mathrm{Ne}) = 2\,(1^2 + 2^2) = 10$$
$$Z\,(\mathrm{Ar}) = 2\,(1^2 + 2^2 + 2^2) = 18$$
$$Z\,(\mathrm{Kr}) = 2\,(1^2 + 2^2 + 2^2 + 3^2) = 36$$
$$Z\,(\mathrm{Xe}) = 2\,(1^2 + 2^2 + 2^2 + 3^2 + 3^2) = 54$$
$$Z\,(\mathrm{Rn}) = 2\,(1^2 + 2^2 + 2^2 + 3^2 + 3^2 + 4^2) = 86$$

Erklären Sie den Ursprung dieses Schemas mit Hilfe der Atomtheorie.
9. Ein Elektronenstrahl tritt in ein homogenes Magnetfeld mit der Flußdichte 1,2 Wb/m² ein. Bestimmen Sie den Energieunterschied zwischen Elektronen, deren Spins parallel und deren Spins antiparallel zum Feld stehen.
10. Warum stützt die Übereinstimmung von Theorie und Beobachtung beim normalen Zeeman-Effekt die Annahme der Existenz von Elektronen als unabhängigen Bestandteilen innerhalb des Atoms?
11. Eine Probe eines gewissen Elementes wird in ein Magnetfeld mit der Flußdichte 0,3 Wb/m² gebracht. Welchen Abstand haben die Zeeman-Komponenten einer Spektrallinie mit der Wellenlänge 450 nm?
12. Warum tritt der normale Zeeman-Effekt nur bei Atomen mit einer geraden Anzahl von Elektronen auf?
13. Die Spin-Bahn-Wechselwirkung spaltet den $3P \to 3S$-Übergang im Natrium in zwei Linien auf, wobei die Linie mit 589 nm dem $3P_{3/2} \to 3S_{1/2}$-Übergang und die Linie mit 589,6 nm dem $3P_{1/2} \to 3S_{1/2}$-Übergang entspricht. Bestimmen Sie mit Hilfe dieser Wellenlänge die effektive magnetische Induktion, die das äußere Elektron im Natriumatom aufgrund seiner Bahnbewegung fühlt.
14. Das magnetische Moment μ_J eines Atoms, das dem LS-Kopplungsschema entspricht, beträgt

$$\mu_J = \sqrt{\mathbf{J}\,(\mathbf{J}+1)}\; g_J\, \mu_B$$

wobei $\mu_B = e\hbar/2m$ das Bohr-Magneton und

$$g_J = 1 + \frac{\mathbf{J}\,(\mathbf{J}+1) - \mathbf{L}\,(\mathbf{L}+1) + \mathbf{S}\,(\mathbf{S}+1)}{2\,\mathbf{J}\,(\mathbf{J}+1)}$$

der *Landé-Faktor* ist.

a) Leiten Sie dieses Resultat mit Hilfe des Cosinussatzes ab und benützen Sie die Tatsache, daß nach einer Mittelung über die Zeit nur die Komponenten von μ_L und μ_S parallel zu **J** zum magnetischen Moment μ_J beitragen.

b) In wieviel Zustände spaltet ein Zustand mit dem Gesamtdrehimpuls **J** eines Atoms auf, das LS-Kopplung zeigt und sich in einem schwachen Magnetfeld **B** befindet? Wie viele Zustände gibt es für einen bestimmten Wert von **J**? Wie groß ist die Energiedifferenz zwischen den verschiedenen Zuständen?
15. Der Grundzustand von Chlor ist $^2P_{3/2}$. Wie groß ist sein magnetisches Moment (siehe Aufgabe 14)? In wieviele Zustände wird der Grundzustand in einem schwachen Magnetfeld aufgespalten?
16. Zeigen Sie, daß der Kosinus des Winkels θ zwischen den Richtungen von **L** und **S** in Bild 8.8 durch

$$\cos\theta = \frac{j\,(j+1) - l\,(l+1) - s\,(s+1)}{2\sqrt{l\,(l+1)\; s\,(s+1)}}$$

gegeben ist.

9 Atomspektren

Wegen der Bedeutung, die die Linienspektren der Elemente für die Entwicklung der Quantentheorie gehabt haben und die sie als Prüfstein für die Gültigkeit dieser Theorie weiterhin besitzen, werden wir in diesem Kapitel zunächst das Entstehen der Spektrallinien im Rahmen der Quantentheorie und dann einige typische Beispiele von Atomspektren behandeln, um zu sehen, wie sie in das in den Kapiteln 7 und 8 entwickelte Bild vom Atom passen.

9.1 Der Ursprung der Spektrallinien

Bei der Formulierung seiner Theorie des Wasserstoffatoms mußte Bohr postulieren, daß die Frequenz ν der Strahlung, die von einem Atom beim Übergang von einem Energieniveau E_m zu einem niedrigeren Niveau E_n emittiert wird, durch

$$\nu = \frac{E_m - E_n}{h}$$

gegeben ist. Man kann leicht zeigen, daß diese Beziehung in der Quantentheorie des Atoms in natürlicher Weise zustande kommt. Wir gehen von der naheliegenden Annahme aus, daß ein atomares Elektron, dessen mittlere Position gegenüber dem Kern zeitlich konstant ist, nicht strahlt, daß es hingegen elektromagnetische Wellen emittiert, wenn seine mittlere Position gegenüber dem Kern oszilliert, wobei die Frequenz der Strahlung die Schwingungsfrequenz ist. Zur Vereinfachung betrachten wir nur eine Bewegung des Elektrons in der x-Richtung.

Die zeitabhängige Wellenfunktion Ψ_n eines Elektrons in einem Zustand mit der Quantenzahl n und der Energie E_n ist das Produkt einer zeitunabhängigen Wellenfunktion ψ_n und einer zeitlich variierenden Funktion mit der Frequenz

$$\nu_n = \frac{E_n}{h}.$$

Daher ist

$$\Psi_n = \psi_n \, e^{-iE_n t/\hbar} \tag{9.1}$$

und

$$\Psi_n^* = \psi_n^* e^{+iE_n t/\hbar} \tag{9.2}$$

Die mittlere Position eines solchen Elektrons ist der Erwartungswert (Abschnitt 5.6) von x, nämlich

$$\bar{x} = \int \Psi_n^* \, x \, \Psi_n \, dx\,. \tag{9.3}$$

Indem wir die Wellenfunktion aus den Gln. (9.1) und (9.2) einsetzen, erhalten wir

$$\bar{x} = \int_{-\infty}^{\infty} \psi_n^* x \, \psi_n e^{(iE_n t/\hbar) - (iE_n t/\hbar)} \, dx = \int_{-\infty}^{\infty} \psi_n^* x \, \psi_n \, dx\,, \tag{9.4}$$

was von der Zeit nicht abhängt, da ψ_n und ψ_n^* nach Definition nur vom Ort abhängen. Das Elektron oszilliert nicht, und es ergibt sich keine Strahlung. Daher sagt die Quantentheorie, daß ein Atom in einem reinen Quantenzustand nicht strahlt; dies stimmt mit der Beobachtung, nicht aber mit der klassischen Physik überein.

Wir wollen nun ein Atom betrachten, das von einem Energiezustand zu einem anderen übergeht. Daher betrachten wir folgendes Problem: Ein Atom befindet sich zunächst in seinem Grundzustand, worauf zur Zeit $t = 0$ eine Anregung (zum Beispiel durch Stöße mit anderen Teilchen oder durch Strahlung) erfolgt. Daran anschließend stellen wir fest, daß das Atom Strahlung emittiert, die einem Übergang von einem angeregten Zustand der Energie E_m in den Grundzustand entspricht, und wir schließen daraus, daß zu irgendeinem dazwischenliegenden Zeitpunkt das Atom im Zustand m war. Die Wellenfunktion Ψ eines Elektrons, das in den Zuständen m oder n sein kann, kann als

$$\Psi = a\Psi_n + b\Psi_m \tag{9.5}$$

geschrieben werden, wobei a^*a die Wahrscheinlichkeit angibt, daß das Elektron im Zustand n ist, und b^*b, daß es im Zustand m ist. Es muß $a^*a + b^*b = 1$ sein. Zur Zeit $t = 0$ ist $a = 1$ und $b = 0$. Wenn das Elektron im angeregten Zustand ist, ist $a = 0$ und $b = 1$. Nach der Emission ist schließlich $a = 1$ und $b = 0$. Während sich das Elektron in einem der beiden Zustände befindet, gibt es keine Strahlung ab, doch beim Übergang von m nach n (wenn also sowohl a als auch b nichtverschwindende Werte haben), werden elektromagnetische Wellen produziert. Indem wir die Wellenfunktionen aus Gl. (9.5) in Gl. (9.3) einsetzen, erhalten wir als mittlere Elektronenposition

$$\begin{aligned}\bar{x} &= \int_{-\infty}^{\infty} (a^* \Psi_n^* + b^* \Psi_m^*) \, x \, (a \Psi_n + b \Psi_m) dx \\ &= \int_{-\infty}^{\infty} x \, (a^2 \Psi_n^* \Psi_n + b^* a \Psi_m \Psi_n + a^* b \Psi_n^* \Psi_m + \\ &\quad + b^2 \Psi_m^* \Psi_m) dx\,,\end{aligned} \tag{9.6}$$

wobei wir $a^*a = a^2$, $b^*b = b^2$ gesetzt haben. Das erste und das letzte Integral sind nach Gl. (9.4) zeitlich konstant, nur das zweite und das dritte Integral geben eine Zeitabhängigkeit von $\bar{x}$.

Mit Hilfe der Gln. (9.1), (9.2) erhalten wir aus Gl. (9.6)

$$\bar{x} = a^2 \int_{-\infty}^{\infty} x\psi_n^* \psi_n dx +$$

$$+ b^*a \int_{-\infty}^{\infty} x\psi_m^* \, e^{+(iE_m t/\hbar)} \psi_n \, e^{-(iE_n t/\hbar)} dx +$$

$$+ a^*b \int_{-\infty}^{\infty} x\psi_n^* \, e^{+(iE_n t/\hbar)} \psi_m \, e^{-(iE_m t/\hbar)} dx +$$

$$+ b^2 \int_{-\infty}^{\infty} x\psi_m^* \psi_m dx . \qquad (9.7)$$

Wenn wir zur Vereinfachung

$$\psi_n^* \psi_m = \psi_m^* \psi_n \quad \text{und} \quad a^*b = ab^*$$

annehmen (andernfalls würden wir Gl. 9.10 einen weiteren zeitabhängigen Term erhalten, der die Schlußfolgerung nicht ändern würde), können wir die zeitlich variierenden Terme in Gl. (9.7) zu dem einzigen Ausdruck

$$a^*b \int x\psi_n^* \psi_m \left[e^{i(E_m - E_n)t/\hbar} + \right.$$
$$\left. + e^{-i(E_m - E_n)t/\hbar} \right] dx \qquad (9.8)$$

zusammenfassen. Mit

$$e^{i\theta} + e^{-i\theta} = 2\cos\theta$$

vereinfacht sich Gl. (9.8) zu

$$2a^*b \cos \frac{(E_m - E_n)}{\hbar} t \int_{-\infty}^{\infty} x\psi_n^* \psi_m dx$$

mit dem zeitabhängigen Faktor

$$\cos \left(\frac{E_m - E_n}{\hbar}\right) t = \cos \left(\frac{E_m - E_n}{h}\right) 2\pi t = \cos 2\pi\nu t .$$

Der Ort des Elektrons oszilliert daher mit der Frequenz

$$\nu = \frac{E_m - E_n}{h} . \qquad (9.9)$$

Das Endresultat für $\bar{x}$, die mittlere Position des Elektrons, lautet

$$\bar{x} = a^2 \int_{-\infty}^{\infty} x\psi_n^* \psi_n dx + b^2 \int_{-\infty}^{\infty} x\psi_m^* \psi_m dx +$$

$$+ 2\, a^*b \cos 2\pi\nu t \int_{-\infty}^{\infty} x\psi_m^* \psi_n dx . \qquad (9.10)$$

Ist das Elektron entweder im Zustand n oder m, sind die entsprechenden Wahrscheinlichkeiten b^2 bzw. a^2 Null und das Elektron ist im Mittel stationär. Wenn das Elektron einen Übergang zwischen diesen Zuständen durchmacht, oszilliert sein mittlerer Kernabstand mit der Frequenz ν. Diese Frequenz ist genau die von Bohr postulierte und durch das Experiment verifizierte Frequenz. Gl. (9.9) kann mit Hilfe der Quantenmechanik ohne besondere Annahmen abgeleitet werden, wie wir gesehen haben.

9.2 Auswahlregeln

Zur Bestimmung von ν mußten wir weder die Werte der Wahrscheinlichkeitsamplituden a und b noch die der Elektronenwellenfunktionen ψ_n und ψ_m kennen. Wollen wir jedoch die tatsächliche Rate berechnen, mit der Strahlung emittiert wird, müssen wir diese Größen kennen. Das Unschärfeprinzip gestattet uns die Bestimmung von a und b für ein einzelnes Atom nur mit beschränkter Genauigkeit, doch kann man ihre Mittelwerte für ein System von vielen Atomen feststellen. Selbst wenn a und b ungleich Null sind, muß das Integral

$$\int_{-\infty}^{\infty} x\psi_n^* \psi_m dx$$

ungleich Null sein, wenn ein Übergang zwischen den beiden Zuständen möglich sein soll, da die Strahlungsintensität diesem Integral proportional ist. Übergänge, für die dieses Integral einen endlichen Wert hat, werden *erlaubte Übergänge* genannt, während man diejenigen *verbotene Übergänge* nennt, für die das Integral Null ist.

Beim Wasserstoffatom braucht man zur Angabe des Anfangs- und des Endzustandes bei einem Strahlungsübergang drei Quantenzahlen, und das Integral muß sich über den gesamten Raum erstrecken. Wenn die Haupt-, die Bahndrehimpuls- und die magnetische Quantenzahl des Anfangszustandes n', l', m_l' und die des Endzustandes n, l, m_l heißen und wenn die Koordinate u entweder die x-, y- oder z-Koordinate bedeutet, lautet die Bedingung für einen erlaubten Übergang

$$\int_{-\infty}^{\infty} u\psi_{n,l,m_l} \psi_{n',l',m_l'}^* dV \neq 0 . \qquad (9.11)$$

Wird x für u eingesetzt, entspricht die erzeugte Strahlung der einer gewöhnlichen, in der x-Achse liegenden Dipolantenne. Da die Wellenfunktionen ψ_{n,l,m_l} für das Wasserstoffatom bekannt sind, kann die Gl. (9.11) für $u = x$, $u = y$ und $u = z$ für alle Paare von Zuständen berechnet werden, die sich in mindestens einer Quantenzahl unterscheiden. Man findet dann, daß Übergänge nur erfolgen können, wenn sich die Bahndrehimpulsquantenzahl l um $+1$ oder -1 ändert und wenn sich die magnetische

Quantenzahl m_l entweder nicht ändert oder um $+1$ oder um -1 ändert. Mit anderen Worten: Die Bedingungen für einen erlaubten Übergang lauten

$$\Delta l = \pm 1 \tag{9.12}$$

$$\Delta m = 0, \pm 1 . \tag{9.13}$$

Für die Änderung der Hauptquantenzahl n bestehen keine Einschränkungen. Die Gln. (9.12) und (9.13) heißen *Auswahlregeln* der erlaubten Übergänge.

Um eine Vorstellung über die Grundlage dieser Auswahlregeln zu erhalten, betrachten wir Bild 7.13. Wir sehen dort zum Beispiel, daß ein Übergang von einem $2p$-Zustand in einen $1s$-Zustand eine Änderung der Wahrscheinlichkeitsdichtenverteilung hervorruft, so daß sich die oszillierende Ladung beim Übergang wie eine elektrische Dipolantenne verhält. Andererseits führt ein Übergang von einem $2s$- in einen $1s$-Zustand zu einer Änderung von einer sphärisch symmetrischen Wahrscheinlichkeitsdichteverteilung zu einer anderen sphärisch sysmmetrischen Verteilung. Die Oszillationen der Ladungsverteilung entsprechen denen einer geladenen Kugel, die sich abwechselnd ausdehnt oder zusammenzieht. Schwingungen dieser Art führen nicht auf die Abstrahlung elektro-magnetischer Wellen.

Die Auswahlregel, daß sich l um ± 1 ändern muß, wenn ein Atom strahlen soll, bedeutet, daß das emittierte Photon einen Drehimpuls mit sich nimmt, der der Differenz zwischen den Drehimpulsen des Anfangs- und des Endzustandes des Atoms gleich ist. Die klassische Entsprechung eines Photons mit Drehimpuls ist eine zirkularpolarisierte elektromagnetische Welle. Daher ist diese Vorstellung in der Quantentheorie nicht neu.

Die Auswahlregel für die magnetische Quantenzahl m_l kann man leicht für das Wasserstoffatom ableiten. Wir erinnern uns, daß x, y, z in sphärischen Polarkoordinaten durch die Gleichungen

$$x = r \sin\theta \cos\phi$$

$$y = r \sin\theta \sin\phi$$

$$z = r \cos\theta$$

gegeben sind und daß das Volumenelement dV in diesen Koordinaten

$$dV = r^2 \sin\theta \, dr \, d\theta \, d\phi$$

lautet. Daher ergibt sich für $\overline{x}$:

$$\overline{x} = \int_{-\infty}^{\infty} x \, \psi^*_{n,l,m_l} \psi'_{n',l,m'_l} dV$$

$$= \int_0^{\infty}\int_0^{\pi}\int_0^{2\pi} r \sin\theta \cos\phi \, \psi^*_{n,l,m_l} \psi'_{n',l,m'_l} r^2 \sin\theta \, dr \, d\theta \, d\phi . \tag{9.14}$$

Aus Kapitel 7 wissen wir, daß die Wellenfunktion ψ_{n,l,m_l} des Wasserstoffatoms in der Form

$$\psi_{n,l,m_l}(r,\theta,\phi) = R_{n,l}(r)\, \Theta_{l,m_l}(\theta)\, \Phi_{m_l}(\phi) \tag{9.15}$$

geschrieben werden kann. Daher erhalten wir

$$\overline{x} = \int_0^{\infty} r^3 R^*_{n,l} R_{n'l'} \, dr \int_0^{\pi} \sin^2\theta \, \Theta^*_{l,m_l} \Theta_{l',m'_l} \, d\theta$$

$$\int_0^{2\pi} \Phi^*_{m_l} \Phi_{m'_l} \cos\phi \, d\phi \tag{9.16}$$

Aus Gl. (7.44) entnehmen wir die normierte azimutale Wellenfunktion

$$\Phi_{m_l}(\phi) = \frac{1}{\sqrt{2\pi}} e^{i m_l \phi}$$

und unterhalten mit Hilfe der Beziehungen

$$\Phi^*_{m_l} = \frac{1}{\sqrt{2\pi}} e^{-i m_l \phi} \tag{9.17}$$

$$\Phi_{m'_l} = \frac{1}{\sqrt{2\pi}} e^{i m'_l \phi} \tag{9.18}$$

$$\cos\phi = \frac{e^{i\phi} + e^{-i\phi}}{2}$$

für das dritte Integral in Gl. (9.16)

$$\int_0^{2\pi} \Phi^*_{m_l} \Phi_{m'_l} \cos\phi \, d\phi = \frac{1}{4\pi} \int_0^{2\pi} [e^{-i(m_l - m'_l + 1)\phi} + e^{-i(m_l - m'_l - 1)\phi}] \, d\phi \tag{9.19}$$

wobei $(m_l - m'_l + 1)$ und $(m_l - m'_l - 1)$ entweder Null oder $k = \pm 1, \pm 2, \pm 3, \ldots$ ist, weil m_l und m'_l nur die Werte $0, \pm 1, \pm 2, \ldots \pm l$ bzw. $0, \pm 1, \pm 2, \ldots \pm l'$ annehmen können. Mit

$$e^{-ik\phi} = \cos k\phi - i \sin k\phi$$

und

$$\int_0^{2\pi} e^{-ik\phi} d\phi = \int_0^{2\pi} \cos k\phi \, d\phi - i \int_0^{2\pi} \sin k\phi \, d\phi$$

$$= 0; \quad k = \pm 1, \pm 2, \pm 3, \ldots \tag{9.20}$$

sehen wir, daß die Gln. (9.19) und (9.16) nur für

$$m_l - m'_l + 1 = 0$$

oder

$$m_l - m'_l - 1 = 0$$

nicht Null ergeben, was gleichbedeutend mit

$$\Delta m_l = m_l - m_l' = \pm 1 \tag{9.21}$$

ist. Diese Auswahlregel erhält man auch, indem man Gl. (9.11) mit $u = y$ berechnet.

Für $u = z$ erhalten wir

$$\bar{z} = \int_{-\infty}^{\infty} z\, \psi^*_{n,l,m_l}\, \psi_{n',l',m'_l}\, dV$$

$$= \int_0^{\infty} r^3 R^*_{n,l} R_{n',l'}\, dr \int_0^{\pi} \sin\theta \cos\theta\, \Theta_{l,m}\, \Theta_{l',m'_l}\, d\theta$$

$$\int_0^{2\pi} \Phi^*_{m_l}\, \Phi_{m'_l}\, d\phi. \tag{9.22}$$

Das dritte Integral lautet

$$\int_0^{2\pi} \Phi^*_{m_l}\, \Phi_{m'_l}\, d\phi = \frac{1}{2\pi} \int_0^{2\pi} e^{-i(m_l - m'_l)\phi} d\phi$$

und ist nur dann nicht Null, wenn

$$m_l = m_l' \qquad \Delta m_l = 0$$

erfüllt ist. Die vollständige Auswahlregel für m_l im Wasserstoffatom ist daher

$$\Delta m_l = 0, \pm 1, \tag{9.23}$$

wie in Gl. (9.13) behauptet wurde.

Obwohl wir Gl. (9.13) nur für das Wasserstoffatom verifiziert haben, gilt sie und die Gl. (9.12) ($\Delta l = \pm 1$) auch für Übergänge, die ein einzelnes Elektron einer äußeren Schale in einem beliebigen Atom betreffen.

9.3 Spektren von Einelektronsystemen

Wir wollen nun die Hauptzüge der Spektren der verschiedenen Elemente besprechen. Bevor wir auf einige repräsentative Beispiele eingehen, sollten wir weitere Komplikationen erwähnen, die wir bisher nicht berücksichtigt haben, zum Beispiel die, die ihre Ursache in relativistischen Effekten und in der Kopplung der Elektronen mit den Vakuumfluktuationen des elektromagnetischen Feldes (siehe Abschnitt 14.7) haben. Diese zusätzlichen Faktoren spalten gewisse Energiezustände in nahe benachbarte Zustände auf und stellen daher weitere Ursachen für die Feinstruktur von Spektrallinien dar.

Das Bild 9.1 zeigt die verschiedenen Zustände des Wasserstoffatoms mit ihrer Klassifizierung nach Hauptquantenzahl n und Bahndrehimpuls-Quantenzahl l. Die Auswahlregel für erlaubte Übergänge lautet hier $\Delta l = \pm 1$, und ist für die gezeigten Übergänge eingezeichnet. Um zu verstehen,

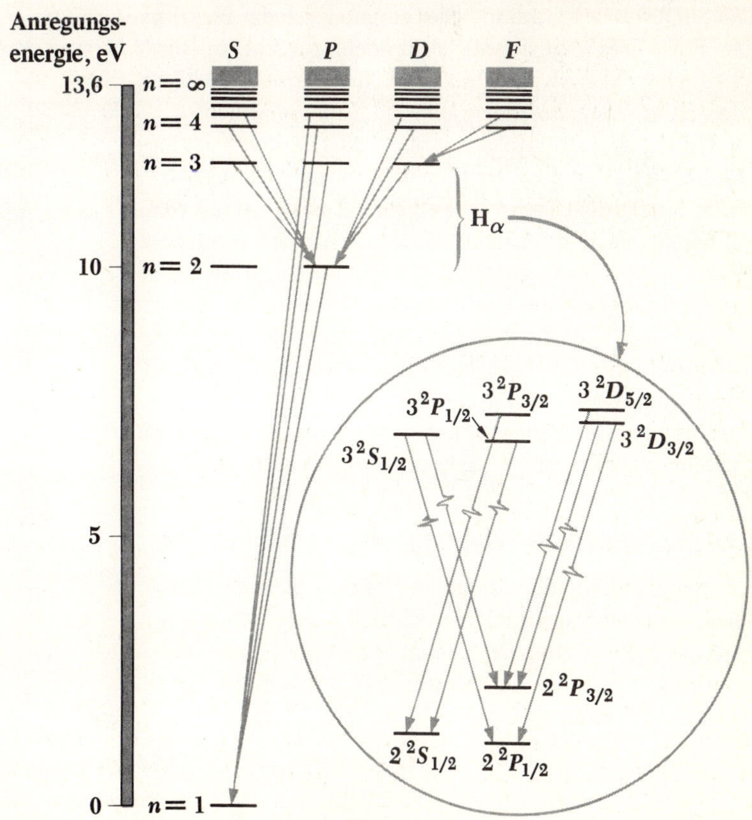

Bild 9.1

Energieniveaudiagram des Wasserstoffs mit einigen wichtigen Spektrallinien. Die genaue Struktur der $n = 2$ und $n = 3$ Niveaus mit den Übergängen, die auf die verschiedenen Komponenten der H_α-Linie führen, sind im Einsatz gezeigt.

welche Information in einem solchen einfachen Diagramm nicht enthalten ist, sind die genauen Strukturen der $n = 2$- und $n = 3$-Niveaus herausgezeichnet. Es haben nicht nur alle Unterzustände mit gleichen n und verschiedenen j verschiedene Energien, sondern auch die Zustände sind nicht entartet, die sich nur durch die Bahndrehimpulsquantenzahl l unterscheiden. Dieser Effekt ist für Zustände mit kleinen n und l besonders ausgeprägt und wurde zuerst bei der „Lamb-Verschiebung" des $2^2S_{1/2}$-Zustandes relativ zum $2^2P_{1/2}$-Zustand nachgewiesen. Die verschiedenen Aufspaltungen ergeben insgesamt eine Aufspaltung der H_α-Spektrallinie (Bild 4.5) in 7 nahe benachbarte Komponenten.

Das Natriumatom hat ein einzelnes $3s$-Elektron außerhalb der geschlossenen inneren Schalen, darauf wirkt gerade wie im Wasserstoffatom eine effektive Kernladung von $+e$, wenn wir annehmen, daß die 10 Elektronen in den inneren Schalen $+10e$ von der Kernladung vollständig abschirmen. Daher erwarten wir in erster Näherung, daß die Energieniveaus des Natriums gleich denen des Wasserstoffs sein werden, außer daß für den niedrigsten Zustand $n = 3$ statt $n = 1$ gilt. Bild 9.2 zeigt die Energieniveaus des Natriums (zum Vergleich sind die Wasserstoffniveaus ebenfalls eingezeichnet). Tatsächlich besteht für die Zustände mit dem höchsten l eine Übereinstimmung. Zum Verständnis der Nichtübereinstimmung bei kleineren Werten von l müssen wir auf Bild 7.12 zurückgehen, um zu sehen, wie die Wahrscheinlichkeit, ein Elektron in einem Wasserstoffatom anzutreffen, mit dem Abstand vom Kern variiert. Je kleiner l für ein festes n ist, um so näher befindet sich das Elektron am Kern. Dies zeigt sich vielleicht noch deutlicher in Bild 7.13. Obwohl die Wellenfunktionen des Natriums nicht mit denen des Wasserstoff identisch sind, ist ihr allgemeines Verhalten ähnlich. Infolgedessen erwarten wir, daß das äussere Elektron in einem Natriumatom die inneren Schalen öfter durchdringt, wenn es in einem s-Zustand ist, als wenn es sich in einem p-Zustand befindet. Je weniger ein äußeres Elektron von der Gesamtkernladung abgeschirmt ist, um so größer ist die mittlere Kraft zwischen ihnen und um so stärker negativ ist die Gesamtenergie. Daher sind die Zustände mit kleinem l gegenüber den entsprechenden Zuständen im Wasserstoff nach unten verschoben (Bild 9.2) und es treten ausgeprägte Energieunterschiede zwischen Zuständen mit gleichem n, aber unterschiedlichem l auf.

9.4 Spektren von Systemen mit zwei Elektronen

Im Grundzustand des Helium gibt es zwei $1s$-Elektronen, daher wollen wir nun den Einfluß der LS-Kopplung auf die Eigenschaften des Heliumatoms untersuchen. Dazu geben wir zuerst die Auswahlregeln für erlaubte Übergänge im LS-Schema an

$$\Delta \mathbf{L} = 0, \pm 1 \tag{9.24}$$

$$\Delta \mathbf{J} = 0, \pm 1 \tag{9.25}$$

$$\Delta \mathbf{S} = 0. \tag{9.26}$$

Wenn nur ein einziges Elektron am Übergang beteiligt ist, ist $\Delta \mathbf{L} = 0$ verboten und $\Delta \mathbf{L} = \Delta l = \pm 1$ ist die einzige Möglichkeit. Außerdem sind Übergänge von $\mathbf{J} = 0$ nach $\mathbf{J} = 0$ verboten.

Die Energieniveaus des Heliums sind in Bild 9.3 dargestellt. Die einzelnen Niveaus entsprechen Konfigurationen, in denen ein Elektron in seinem Grundzustand und das andere in einem angeregten Zustand ist. Drei Unterschiede zwischen diesem Diagramm und den entsprechenden für Wasserstoff und Natrium fallen sofort auf. Erstens gibt es die Teilung in Singulett- und Triplett-Zustände, die Zuständen mit antiparallelen Spins ($\mathbf{S} = 0$) und parallelen Spins ($\mathbf{S} = 1$) entsprechen. Wegen der Auswahlregeln $\Delta \mathbf{S} = 0$ können zwischen Singulett- und Triplett-Zuständen keine erlaubten Übergänge erfolgen, und das Heliumspektrum ergibt sich aus den Übergängen in

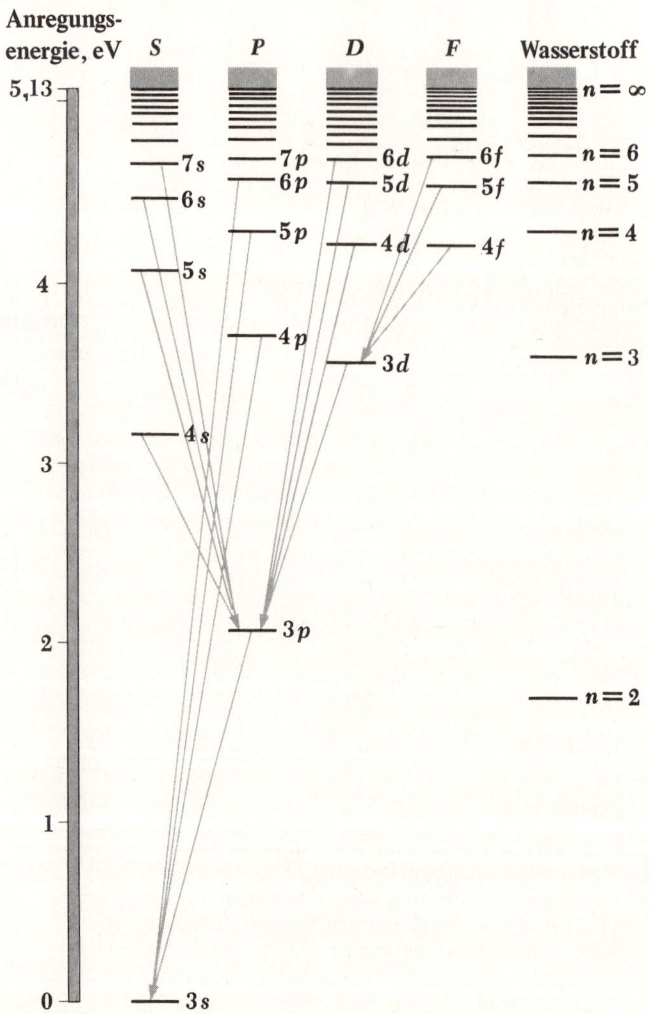

Bild 9.2 Energieniveaus des Natriumatoms. Zum Vergleich sind rechts die entsprechenden Wasserstoffniveaus eingezeichnet.

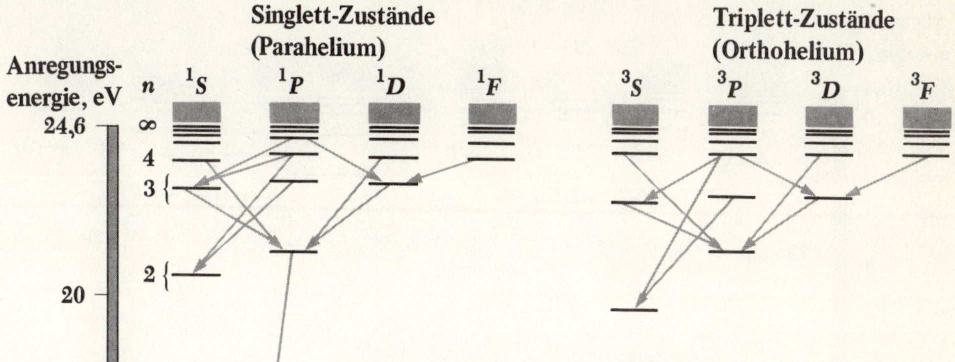
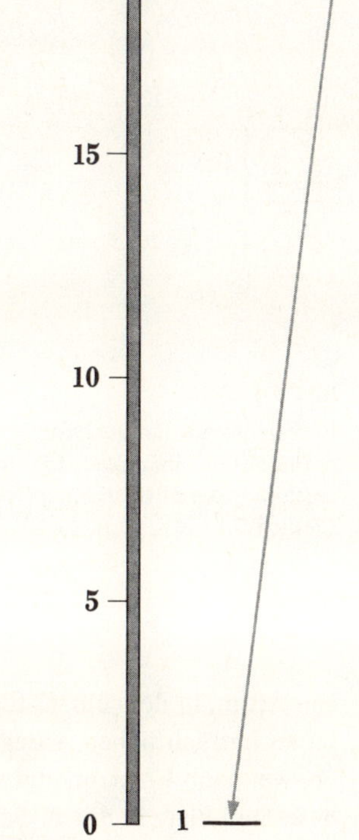

Bild 9.3
Energieniveaus des Heliumatoms zerfallen in Singlett (Parahelium) und Triplet (Orthohelium) Zustände. Es gibt keinen 1^3S_1-Zustand.

zwei getrennten Termsystemen. Heliumatome in Singulett-Zuständen nennt man *Parahelium*, in Triplett-Zuständen *Orthohelium*. Ein Orthoheliumatom kann in einem Stoß Anregungsenergie verlieren und zu einem Paraheliumatom werden, während ein Paraheliumatom in einem Stoß Anregungsenergie gewinnen und zu einem Orthoheliumatom werden kann. Gewöhnliches flüssiges oder gasförmiges Helium ist daher eine Mischung aus beiden Arten. Die niedrigsten Triplett-Zustände werden *metastabil* genannt, weil ein Atom in einem solchen Zustand, wenn keine Stöße erfolgen, seine Anregungsenergie relativ lange Zeit (eine Sekunde oder länger) behalten kann, bevor es strahlt.

Die zweite Auffälligkeit in Bild 9.3 ist das Fehlen des 1^3S-Zustandes. Der niedrigste Triplett-Zustand ist der 2^3S-Zustand, obwohl der niedrigste Singulett-Zustand der 1^1S-Zustand ist. Der 1^3S-Zustand fehlt wegen des Ausschließungsprinzips, da in diesem Zustand die zwei Elektronen paralelle Spins und infolgedessen identische Quantenzahlen hätten. Der dritte Unterschied besteht darin, daß die Energiedifferenz zwischen dem Grundzustand und dem niedrigsten angeregten Zustand vergleichsweise groß ist, was die in Kapitel 8 diskutierte feste Bindung von Elektronen in abgeschlossenen Schalen zeigt. Die Ionisierungsenergie von Helium – die Arbeit, die man zur Entfernung eines Elektrons aus einem Heliumatom aufwenden muß – beträgt 24,6 eV, die größte für irgendein Element.

Schließlich wollen wir noch das Energieniveaudiagramm von Quecksilber betrachten, das außer 78 inneren Elektronen in abgeschlossenen Schalen zwei äußere Elektronen besitzt (Tabelle 8.2). Wir erwarten wie bei Helium eine Unterteilung in Singulett- und Triplett-Zustände. Da das Atom jedoch schwer ist, können wir auch Anzeichen für das Versagen der *LS*-Kopplung erwarten. Bild 9.4 zeigt, daß beide Erwartungen erfüllt sind. Einige wichtige Linien im Quecksilberspektrum stammen von Übergängen, die die Auswahlregel $\Delta \mathbf{S} = 0$ verletzen. Der Übergang $^3P_1 \rightarrow {}^1S_0$ ist ein Beispiel und führt auf die starke Linie mit 253,7 nm im ultravioletten Bereich. Die Stärke dieser Linie bedeutet nicht, daß die Übergangswahrscheinlichkeit sehr hoch ist, sondern daß die $^3P_1$-Zustände die niedrigsten Triplett-Zustände sind und daher im angeregten Quecksilberdampf stark besetzt sind. Die $^3P_0 \rightarrow {}^1S_0$ und $^3P_2 \rightarrow {}^1S_0$-Übergänge verletzen die Regeln $\Delta \mathbf{S} = 0$, $\mathbf{J} = 0 \nleftrightarrow \mathbf{J} = 0$ und $\Delta \mathbf{J} = 0, \pm 1$ und treten daher beträchtlich weniger wahrscheinlich auf als die $^3P_1 \rightarrow {}^1S_0$-Übergänge. Die $^3P_0$ und $^3P_2$-Zustände sind daher metastabil, und ein Atom kann in ihnen relativ lange verweilen, wenn keine Stöße erfolgen. Die starke Spin-Bahn-Wechselwirkung im Quecksilber, die zum teilweisen Versagen der *LS*-Kopplung führt, ist auch für die große Aufspaltung des ^3P-Tripletts verantwortlich.

9.5 Röntgenspektren

In Kapitel 1 haben wir gesehen, daß die Röntgenspektren neben einer kontinuierlichen Wellenlängenverteilung scharfe Spitzen bei Wellenlängen aufweisen, die für das Beschußmaterial charakteristisch sind. Das kontinuierliche Röntgenspektrum ergibt sich durch den inversen Photoeffekt, bei dem kinetische Energie der Elektronen in Energie der Photonen umgewandelt wird. Das diskrete Spektrum hat hingegen seinen Ursprung in Übergängen von Elektronen innerhalb der Atome, die durch die eingeschossenen Elektronen gestört wurden.

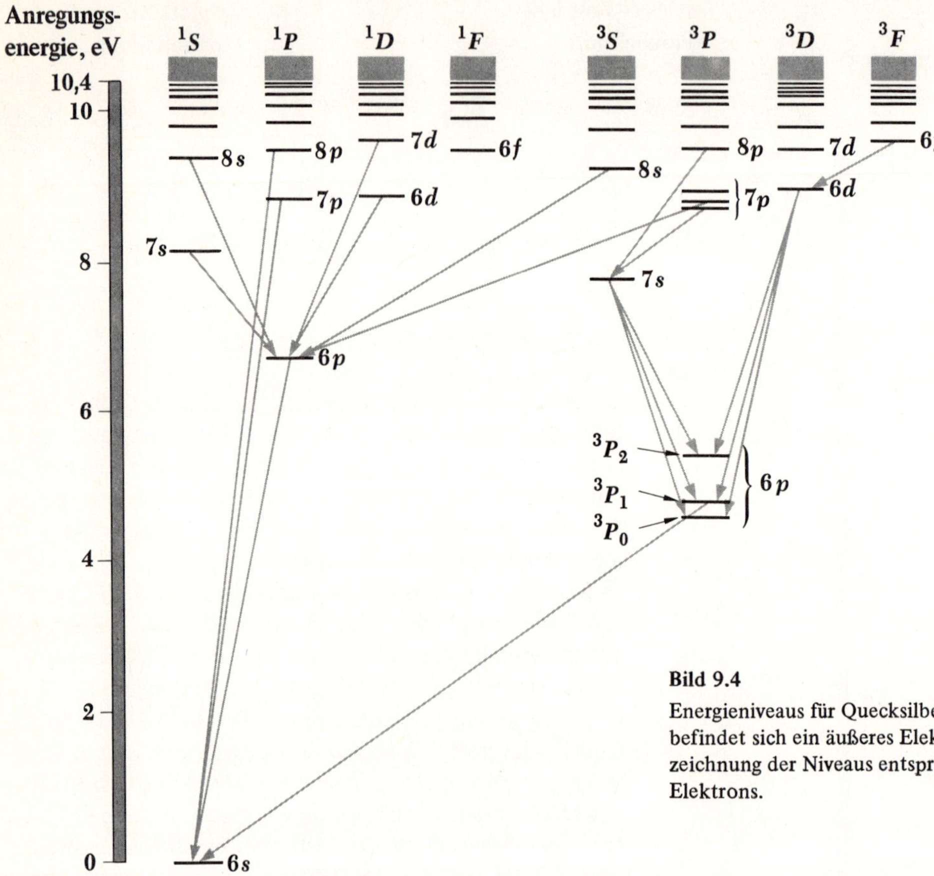

Bild 9.4

Energieniveaus für Quecksilber. In jedem angeregten Niveau befindet sich ein äußeres Elektron im Grundzustand. Die Bezeichnung der Niveaus entspricht dem Zustand des anderen Elektrons.

Übergänge von äußeren Elektronen eines Atoms bedeuten Energiedifferenzen von wenigen Elektronenvolt, selbst die Entfernung eines äußeren Elektrons erfordert höchstens 24,6 eV (beim Helium). Diese Übergänge entsprechen daher Photonen, deren Wellenlänge im oder nahe dem sichtbaren Bereich des elektromagnetischen Spektrums sind. Die inneren Elektronen schwerer Elemente verhalten sich jedoch völlig anders, weil sie einen Großteil der Kernladung ohne Abschirmung spüren und folglich sehr fest gebunden sind. Zum Beispiel braucht man beim Natrium nur 5,13 eV, um das äußerste Elektron zu entfernen, während die entsprechenden Zahlen für die inneren Elektronen lauten: 31 eV für jedes $2p$-Elektron, 63 eV für jedes $2s$-Elektron und 1041 eV für jedes $1s$-Elektron. Übergänge der inneren Elektronen eines Atoms geben Anlaß zu den diskreten Röntgenlinien, in denen hohe Photoenergien auftreten.

Bild 9.5 zeigt die Energieniveaus eines schweren Atoms mit ihrer Klassifikation nach der Hauptquantenzahl n. Energiedifferenzen zwischen Drehimpulszuständen innerhalb einer Schale sind gegenüber den Energiedifferenzen zwischen den Schalen klein. Überlegen wir, was passiert, wenn ein energiereiches Elektron auf das Atom trifft und ein K-Schalenelektron herausschlägt. (Das K-Elektron könnte auch in einen der unbesetzten oberen Quantenzustände des Atoms gehoben werden, doch wird dafür kaum weniger Energie als für die vollständige Ionisation benötigt.) Ein Atom, in dem ein K-Elektron fehlt, gibt den Großteil seiner beträchtlichen Anregungsenergie als Röntgenphoton ab, wenn ein Elektron aus einer äußeren Schale auf den unbesetzten Platz in der K-Schale fällt. Wie in Bild 9.5 gezeigt, besteht die K-Serie im Röntgenspektrum eines Elements aus Wellenlängen, die von Übergängen aus den $L, M, N, \ldots$ Niveaus zum K-Niveau stammen. Gleicherweise entspricht die L-Serie mit ihren größeren Wellenlängen dem Fall, daß ein L-Elektron aus dem Atom geschlagen wird. Die zwei Spitzen im Röntgenspektrum von Molybdän in Bild 1.7 sind die K_α- und K_β- Linien seiner K-Serie.

Ein Atom mit einem fehlenden inneren Elektron kann seine Anregungsenergie auch durch den *Auger-Effekt* ohne Emission eines Röntgenquants abgeben. Im Auger-Effekt wird ein Elektron der äußeren Schale aus dem Atom ausgestoßen, während ein weiteres Elektron der äußeren Schale in die unvollständig gefüllte Schale springt; das ausgestoßene Elektron trägt die Anregungsenergie des Atoms mit sich. In gewisser Weise stellt der Auger-Effekt einen inneren Photoeffekt dar, obwohl das Photon innerhalb des Atoms niemals tatsächlich existiert. Der Auger-Effekt tritt in den meisten Atomen neben der Röntgenemission auf, doch werden die entsprechenden Elektronen meist im Targetmaterial absorbiert, während die Röntgenstrahlen dieses durchdringen und beobachtet werden.

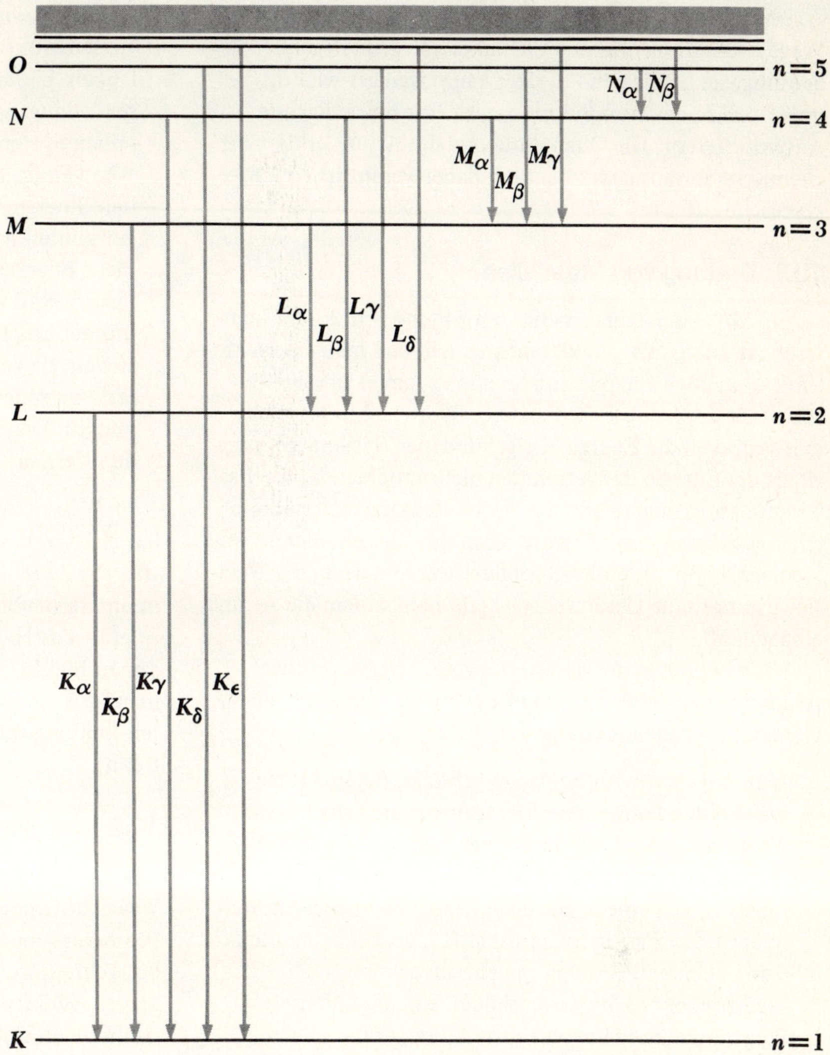

Bild 9.5
Röntgenspektren

9.6 Aufgaben

1. Mittels der Wellenfunktionen aus der Tabelle 7.1 soll bewiesen werden, daß für $n = 2 \rightarrow n = 1$ Übergänge im Wasserstoffatom $\Delta l = \pm 1$ gilt.
2. Die Auswahlregel für Übergänge zwischen Zuständen in einem harmonischen Oszillator lautet $\Delta n = \pm 1$.
   a) Begründen Sie diese Regeln mit klassischen Argumenten.
   b) Verifizieren Sie mit Hilfe der entsprechenden Wellenfunktionen, daß die Übergänge $n = 1 \rightarrow n = 0$ und $n = 1 \rightarrow n = 2$ bei einem harmonischen Oszillator möglich sind, während $n = 1 \rightarrow n = 3$ verboten ist.
3. Erklären Sie, warum die Röntgenspektren von Elementen mit ähnlichen Ordnungszahlen qualitativ sehr ähnlich sind, während die optischen Spektren dieser Elemente beträchtlich verschieden sein können.
4. Zeigen Sie, daß die Frequenz der K_α-Röntgenlinie eines Elementes mit der Ordnungszahl Z durch
$$\nu = \frac{3cR_\infty(Z-1)^2}{4}$$
gegeben ist, wobei R_∞ die Rydberg-Konstante ist. Nehmen Sie an, daß jedes L-Elektron in einem Atom wie das einzige Elektron in einem wasserstoffartigen Atom aufgefaßt werden kann, dessen effektive Kernladung durch die Anwesenheit von K-Elektronen reduziert ist. (Die Proportionalität zwischen ν und $(Z-1)^2$ wurde 1913 von Moseley benützt, um die Ordnungszahlen von Elementen aus ihren Röntgenspektren zu bestimmen. Diese Proportionalität bezeichnet man als das *Gesetz von Moseley*.)
5. Welches Element hat eine K_α-Röntgenlinie mit der Wellenlänge 178,5 nm?
6. Verifizieren Sie, daß die Energie eines K_α-Photons eines Atoms mit der Ordnungszahl Z ungefähr $10\,(Z-1)^2$ eV beträgt.

10 Die chemische Bindung

Welche Kräfte binden die Atome zu Molekülen? Diese Frage ist nicht nur für den Chemiker von grundlegender Bedeutung, sie ist für den Physiker kaum weniger wichtig, muß doch seine Atomtheorie darauf eine befriedigende Antwort liefern. Die Quantentheorie des Atoms erklärt die chemische Bindung und benötigt dabei wesentliche nichtklassische Effekte.

10.1 Bildung von Molekülen

Ein Molekül ist eine stabile Anordnung von 2 oder mehreren Atomen. Mit „stabil" meinen wir, daß man einem Molekül von außen Energie zuführen muß, um es in seine Bestandteile zu zerlegen. Mit anderen Worten: Ein Molekül existiert, weil die Energie des gebundenen Systems geringer ist als die Energie der getrennten nicht miteinander wechselwirkenden Atome. Wenn die Wechselwirkungen innerhalb einer gewissen Gruppe von Atomen ihre Gesamtenergie verkleinern, kann ein Molekül gebildet werden; wenn die Wechselwirkungen die Gesamtenergie erhöhen, stoßen die Atome einander ab.

Wir wollen nun überlegen, was geschieht, wenn zwei Atome immer näher zu einander gebracht werden. Drei Grenzfälle können eintreten:

1. Eine *kovalente Bindung* wird gebildet. Beide Atome haben ein oder mehrere Elektronenpaare gemeinsam. Wenn diese Elektronen zwischen den Atomen kreisen, verbringen sie mehr Zeit zwischen den Atomen als sonstwo, was eine anziehende Kraft hervorruft. Ein Beispiel ist das Wasserstoffmolekül H_2, dessen beide Elektronen beiden Protonen gemeinsam gehören (Bild 10.1a).
2. Eine *Ionenbindung* wird gebildet. Ein oder mehrere Elektronen können von einem Atom auf das andere übergehen. Die entstehenden positiven und negativen Ionen ziehen einander an. Ein Beispiel ist NaCl, bei dem die Bindung zwischen Na^+- und Cl^--Ionen und nicht zwischen Na- und Cl-Atomen erfolgt (Bild 10.1b).
3. Es wird *keine* Bindung eingegangen. Wenn die Elektronenstrukturen der beiden Atome einander überlappen, bilden sie ein einziges System. Nach dem Ausschließungsprinzip können keine zwei Elektronen im selben System im selben Quantenzustand existieren. Wenn einige der wechselwirkenden Elektronen dabei höhere Energiezustände einnehmen müßten, als sie in den getrennten Atomen besetzt hatten, kann das System viel mehr Energie als zuvor besitzen und instabil sein. Um uns ein Bild von diesem Effekt zu machen, können wir uns die Elektronen auf der „Flucht" voreinander vorstellen, sie versuchen möglichst weit voneinander entfernt zu sein, damit sie kein einheitliches System bilden müssen. Dies führt auf eine abstoßende Kraft zwischen den Kernen.

Im Wasserstoffmolekül ist die Bindung rein kovalent und bei NaCl rein ionisch, doch in vielen anderen Molekülen tritt ein Zwischentyp auf, in dem die Atome die Elektronen in unterschiedlichem Ausmaß gemeinsam haben. Ein Beispiel ist das HCl-Molekül, in dem das Cl-Atom die gemeinsamen Elektronen stärker anzieht als das H-Atom. Oft sagt man, daß die Ionenbindung nur ein Extremfall der kovalenten Bindung wäre, doch üblicherweise analysiert man sie getrennt.

10.2 Kovalente Bindung

Das einfachste molekulare System ist H_2^+, das Ion des Wasserstoffmoleküls, in dem ein einziges Elektron an zwei Protonen gebunden ist. Bevor wir diese Bindung im Detail betrachten, wollen wir allgemein überlegen, wie zwei Protonen ein Elektron gemeinsam besitzen können und warum dadurch ein stabiles System entstehen kann.

Im Kapitel 6 diskutierten wir den quantenmechanischen Tunneleffekt: Ein Teilchen kann einen Kasten selbst dann verlassen, wenn es nicht genügend Energie besitzt, die Wand zu überspringen, weil sich die Teilchenwellenfunktion über

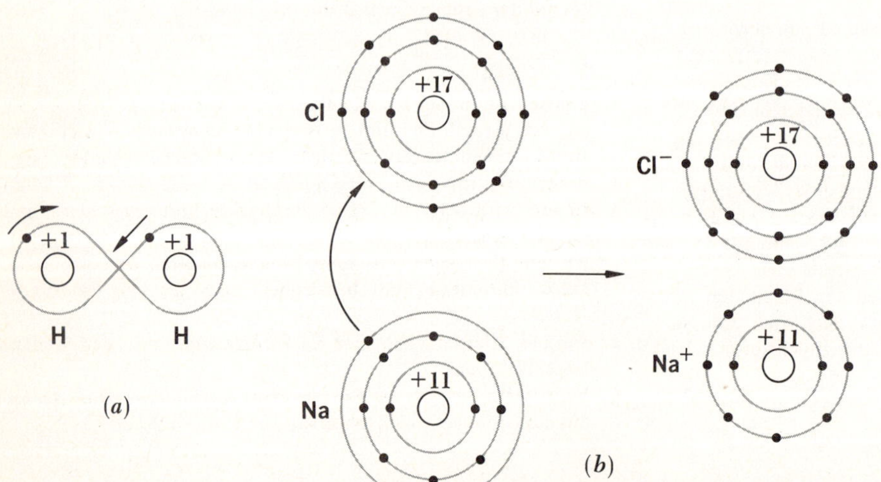

Bild 10.1
(a) Kovalente Bindung. Die gemeinsamen Elektronen verbringen im Mittel mehr Zeit zwischen den Kernen und führen dadurch zu einer Anziehung. (b) Ionenbindung. Natrium und Chlor werden durch die Abgabe eines Elektrons vom Natrium an das Chlor elektrostatisch angezogen.

den Wandbereich hinaus erstreckt. Nur wenn die Wand unendlich hoch ist, ist die Wellenfunktion gänzlich auf den Kasten beschränkt. Das elektrische Feld in der Umgebung eines Protons stellt für ein Elektron einen endlichen Kasten dar, und zwei benachbarte Protonen entsprechen einem Paar von Kästen mit einer Wand dazwischen (Bild 10.2). In der klassischen Physik gibt es für das Elektron in einem Wasserstoffatom keine Möglichkeit, von einem Proton zu einem benachbarten Proton zu gelangen. In der Quantenphysik existiert jedoch ein solcher Mechanismus. Die Wahrscheinlichkeit, daß ein Elektron, das in einem Kasten gefangen ist, durch die Wand tunnelt und in den anderen Kasten gelangen wird, ist nicht Null, und es kann mit derselben Wahrscheinlichkeit zurücktunneln. Man kann auch sagen, daß das Elektron den Protonen gemeinsam ist.

Natürlich hängt die Wahrscheinlichkeit, mit der Elektronen den Bereich hoher potentieller Energie, die „Wand" zwischen den beiden Protonen, durchtunneln, sehr von der Entfernung der Protonen ab. Wenn die Entfernung der Protonen 0,1nm beträgt, wechselt das Elektron etwa alle 10^{-15} s von einem Potentialtopf in den anderen, weshalb man es berechtigterweise als beiden Protonen gemeinsam auffassen kann. Wenn der Proton-Proton-Abstand 1 nm beträgt, wechselt das Elektron von einem Proton zum anderen nur etwa einmal pro Sekunde, was auf einer atomaren Zeitskala praktisch unendlich lang ist. Da der effektive Radius der 1s-Wellenfunktion im Wasserstoffatom 0,053 nm beträgt, schließen wir, daß Elektronen nur dann Atomen gemeinsam sind, wenn sich die Wellenfunktionen hinreichend überlappen.

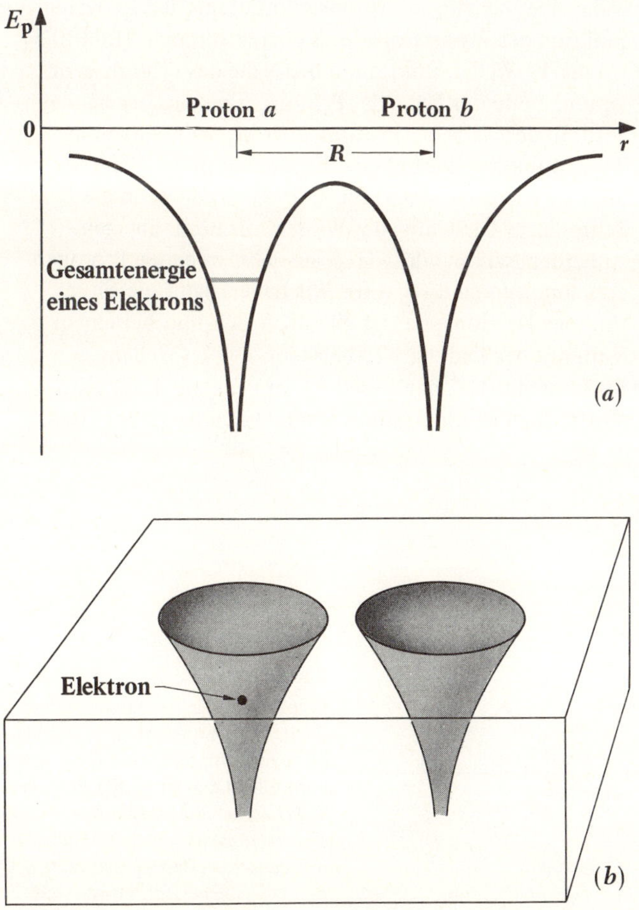

Bild 10.2 (a) Potentielle Energie eines Elektrons im elektrischen Feld zweier benachbarter Protonen. Die Gesamtenergie eines Elektrons im Wasserstoffgrundzustand ist eingezeichnet. (b) Zwei benachbarte Protonen entsprechen quantenmechanisch einem Paar von Kästen, die durch eine Wand getrennt sind.

Haben zwei Protonen ein Elektron gemeinsam, kann man in einfacher Weise sehen, warum die Energie eines solchen Systems niedriger sein kann als die eines getrennten Wasserstoffatoms und eines Protons. Nach dem Unschärfeprinzip muß der Impuls und daher die kinetische Energie um so größer sein, je kleiner der Bereich ist, auf den wir ein Teilchen beschränken. Ein Elektron, das zu zwei Protonen gehört, ist weniger beschränkt als eines, das nur zu einem einzigen Proton gehört, daher hat es geringere kinetische Energie. Die Gesamtenergie des Elektrons im H_2^+ ist daher geringer als die eines Elektrons im H^++H , und wenn die Abstoßung der Protonen in H_2^+ nicht zu groß ist, sollte H_2^+ stabil sein.

Diese Argumente entstammen der Quantenmechanik, während wir meist von der Wechselwirkung zwischen geladenen Teilchen mit Hilfe der elektrostatischen Kräfte ausgehen. Ein sehr wichtiges Theorem, das unabhängig voneinander von Feynman und Hellmann bewiesen wurde, sagt, daß beide Betrachtungsweisen identische Resultate liefern. Nach dem Feynman-Hellmann-Theorem kann die Energie des Systems klassisch berechnet werden und führt zum selben Resultat wie eine rein quantenmechanische Rechnung, wenn die Elektronenverteilung im Molekül bekannt ist. Das Feynman-Hellmann-Theorem ist nicht trivial, da die Behandlung eines Moleküles mit Hilfe der elektrostatischen Kräfte die kinetische Energie der Elektronen nicht explizit berücksichtigt, während eine quantenmechanische Behandlung die Gesamtenergie des Elektrons in Rechnung stellt. Trotzdem können beide Verfahren benützt werden, sobald die Wellenfunktion des Elektrons bestimmt ist.

10.3 Das H_2^+-Ion

Um die Energie als Funktion des Abstands R der Protonen zu berechnen, brauchen wir die Kenntnis der Wellenfunktion ψ des Elektrons in H_2^+ . Besitzt $E(R)$ ein Minimum, so wissen wir, daß eine Bindung existieren kann, und es ist möglich, die Bindungsenergie und den Gleichgewichtsabstand der Protonen zu bestimmen.

Die Schrödinger-Gleichung für ein Elektron lautet

$$\nabla^2\psi + \frac{2m}{\hbar^2}(E - E_p)\,\psi = 0\,. \tag{10.1}$$

Wenn der Abstand zwischen Elektron und Proton a mit r_a und der zwischen Elektron und Proton b mit r_b bezeichnet

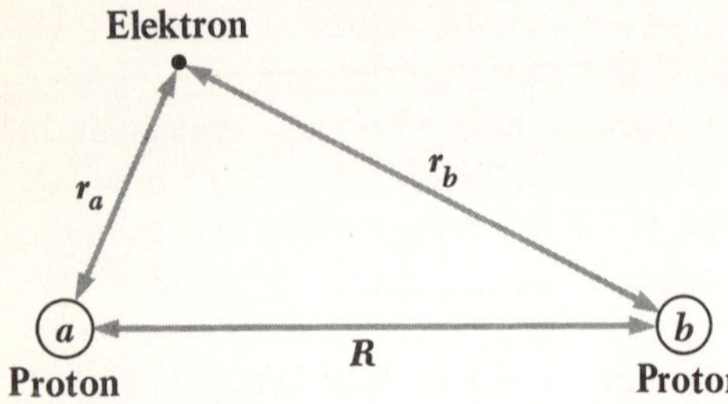

Bild 10.3 System aus zwei Protonen und einem Elektron

wird (Bild 10.3), ist die potentielle Energie des Elektrons

$$E_p = -\frac{e^2}{4\pi\epsilon_0 r_a} - \frac{e^2}{4\pi\epsilon_0 r_b} \tag{10.2}$$

und die Schrödinger-Gleichung lautet

$$\nabla^2\psi + \frac{2m}{\hbar^2}\left[E + \frac{e^2}{4\pi\epsilon_0}\left(\frac{1}{r_a} + \frac{1}{r_b}\right)\right]\psi = 0. \tag{10.3}$$

Um Gl. (10.3) zu lösen, müssen wir ein spezielles Koordinatensystem einführen, das System der elliptischen Koordinaten. Diese Koordinaten heißen ζ, η und ϕ, wobei

$$\zeta = \frac{r_a + r_b}{R} \qquad \eta = \frac{r_a - r_b}{R}$$

und ϕ der Azimutwinkel um die Molekülachse ist. Flächen mit konstantem ζ sind gestreckte Ellipsoide, in deren Brennpunkten die Protonen stehen. Flächen mit konstantem η sind Hyperboloide mit denselben Brennpunkten. Flächen mit konstantem ϕ sind Ebenen durch die Molekülachse (Bild 10.4). Durch den Übergang zu diesem ungewohnten Koordinatensystem kann die Schrödinger-Gleichung für das Elektron durch Auflösung in drei gewöhnliche Differentialgleichungen gelöst werden. Wir erinnern an ein analoges Verfahren, bei dem wir mittels sphärischer Polarkoordinaten die Schrödinger-Gleichung des Wasserstoffatoms in drei Gleichungen in den Variablen r, θ und ϕ aufgelöst haben, die daraufhin exakt gelöst werden konnten.

Die exakte Lösung der Gl. (10.3) ist deshalb wichtig, weil sie mit dem Experiment verglichen werden kann und die Anwendbarkeit der Quantenmechanik auf molekulare Systeme überprüfen läßt. Weiterhin kann die Gültigkeit von Näherungsmethoden, die man bei komplizierteren Molekülen verwenden muß, durch den Vergleich ihrer Ergebnisse für H_2^+ mit denen der exakten Rechnung überprüft werden. Jedoch ist die Lösung von Gl. (10.3) eine lange und komplizierte Geschichte, deren Einzelheiten uns nicht interessieren. Stattdessen werden wir ein Näherungsverfahren benützen, um die Elektronenwellenfunktion und die Bindungsenergie von H_2^+ zu ermitteln.

Versuchen wir einmal die H_2^+-Elektronenwellenfunktion vorherzusagen, wenn R, der Abstand zwischen den Protonen, groß gegen a_0 ist, den Radius der ersten Bohrschen Bahn im Wasserstoffatom. In diesem Fall muß ψ in der Nähe eines beliebigen Protons sehr gut mit der $1s$-Wellenfunktion des Wasserstoffatoms übereinstimmen (Bild 10.5), wo die $1s$-Wellenfunktion in der Nähe des Protons a mit ψ_a und die in der Nähe des Protons b mit ψ_b bezeichnet wird. In der Nähe des Protons a ist ψ_a sehr ähnlich der Wellenfunktion ψ. Entsprechendes gilt in der Nähe des Protons b, da Gl. (10.3) für $r_a \gg r_b$, $r_b \gg r_a$ in die Schrödinger-Gleichung des Wasserstoffatoms übergeht. Außerdem wissen wir, wie ψ aussieht, wenn die Protonen verschmolzen sind ($R = 0$). Wir haben dann die Situation des He^+-Ions, da das Elektron sich nun bei einem Kern mit der Ladung $+2e$ befindet. Die $1s$-Wellenfunktion des He^+ hat dieselbe Form wie die des Wasserstoffs, doch ist die Amplitude am Ursprung größer (Bild

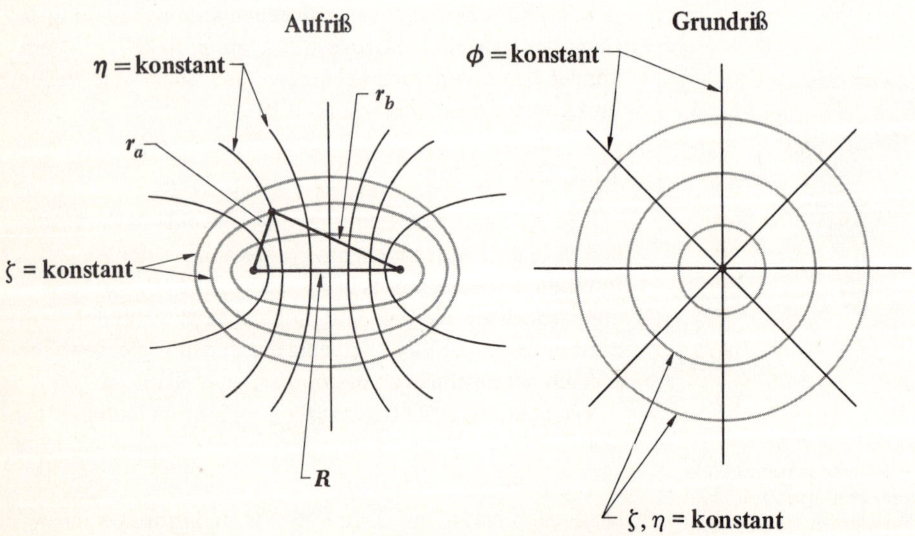

Bild 10.4
Elliptische Koordinaten. Oberflächen mit konstantem ζ sind abgeflachte Ellipsoide mit den Brennpunkten an den Orten der Protonen, Oberflächen mit konstantem η sind zweiblättrige Hyperboloide mit denselben Brennpunkten, und Oberflächen mit konstantem ϕ sind Ebenen, die die Molekülachse enthalten.

10.5 e). Offensichtlich muß ψ etwa die Form haben, die in Bild 10.5 d skizziert ist, wenn R die Größenordnung a_0 hat. Die Wahrscheinlichkeit, das Elektron im Bereich zwischen den Protonen anzutreffen, ist vergrößert, weshalb wir von einem Elektron gesprochen haben, das beiden Protonen gemeinsam ist. Daher besteht im Mittel zwischen den Protonen ein Überschuß an negativer Ladung, und diese bindet sie zusammen. Wir müssen noch nachweisen, daß die Größe dieser Anziehung ausreicht, die gegenseitige Abstoßung der Protonen zu überwinden.

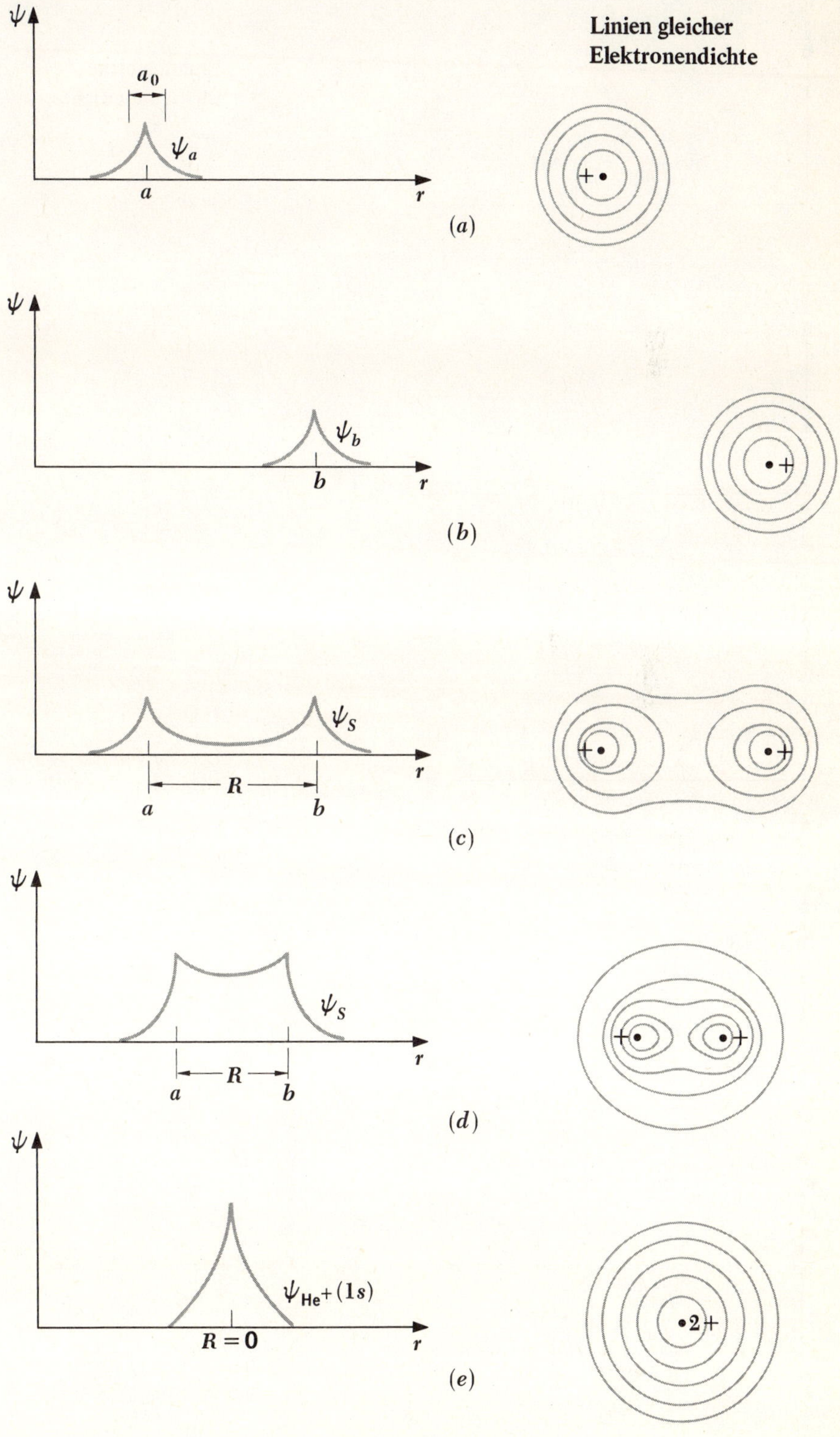

Bild 10.5
Die Kombination von zwei 1*s*-Wasserstoffwellenfunktionen zur symmetrischen H_2^+-Wellenfunktion ψ_S.

Die Kombination von ψ_a und ψ_b in Bild 10.5 ist symmetrisch bezüglich einer Vertauschung von a und b (siehe Abschnitt 8.3). Jedoch könnte man genausogut eine antisymmetrische Kombination von ψ_a und ψ_b ansetzen (Bild 10.6). Hier gibt es einen Knoten zwischen a und b, an dem ψ verschwindet, was eine verringerte Wahrscheinlichkeit bedeutet, das Elektron zwischen den Protonen anzutreffen. Deshalb trägt das Elektron nichts zur Bindung bei, und die abstoßenden Kräfte zwischen den Protonen verhindern eine Molekülbindung.

Für $R \to 0$ wird ψ_A nicht zur $1s$-Wellenfunktion von He^+, sondern zur $2p$-Wellenfunktion vom He^+ (Bild 10.6 e), die einen Knoten im Ursprung besitzt. Da der $2p$-Zustand von He^+ ein angeregter Zustand ist, während der $1s$-Zu-

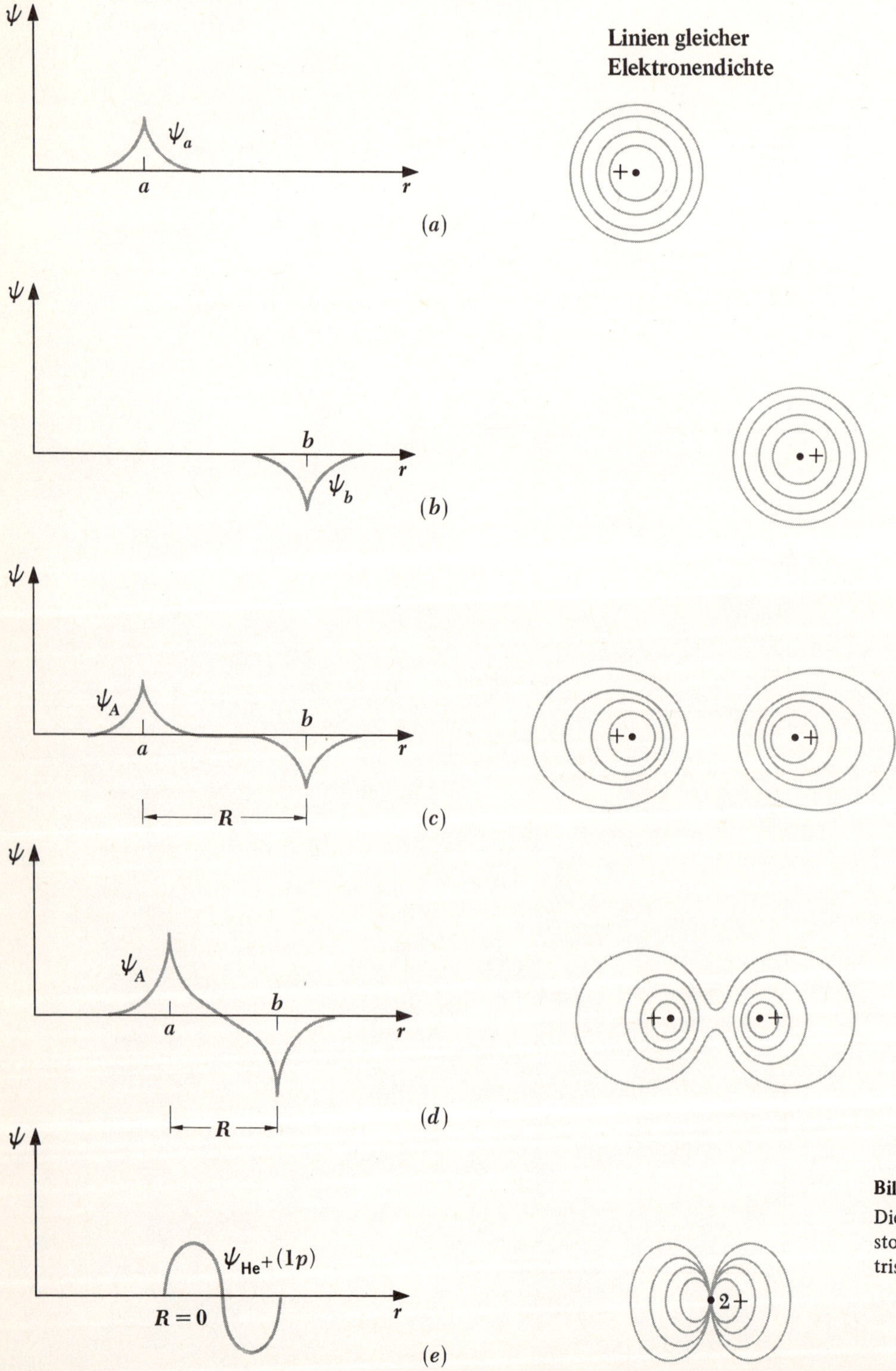

Bild 10.6

Die Kombination von zwei $1s$-Wasserstoffwellenfunktionen zur antisymmetrischen H_2^+-Wellenfunktion ψ_A.

stand der Grundzustand ist, sollte H_2^+ im antisymmetrischen Zustand mehr Energie besitzen als im symmetrischen, wie wir bereits aus der Gestalt der Wellenfunktionen ψ_A und ψ_S geschlossen haben.

In ähnlicher Weise können wir die Gesamtenergie des H_2^+-Systems als Funktion von R abschätzen. Wir betrachten zunächst den symmetrischen Zustand. Ist R groß, muß die Elektronenenergie E_S – 13,6 eV betragen, während die elektrostatische Energie E_{pp} der Protonen

$$E_{pp} = \frac{e^2}{4\pi\epsilon_0 R} \tag{10.4}$$

mit $R \to \infty$ verschwindet. E_{pp} ist wegen der abstoßenden Kraft eine positive Größe. Für $R = 0$ muß die Elektronenenergie der des He^+ entsprechen, die viermal so groß ist wie die des Wasserstoffatoms. Daher hat E_S für $R = 0$ den Wert −54,4 eV. Für $R \to 0$ geht zusätzlich $E_{pp} \to \infty$ wie $^1/R$. Das Verhalten von E_S und E_{pp} ist in Bild 10.7 als Funktion von R dargestellt. Die genaue Form der Kurve für E_S kann ohne Rechnung nur näherungsweise angegeben werden, doch haben wir ihren Wert bei $R = 0$ und $R = \infty$, außerdem gilt für E_{pp} die Gl. (10.4).

Die Gesamtenergie E_S^{total} des Systems ist die Summe aus der Elektronenenergie E_S und der potentiellen Energie E_{pp} der Protonen. Offensichtlich hat E_S^{total} ein Minimum, das einem stabilen Molekularzustand entspricht. Dieses Ergebnis wird durch die experimentellen Daten beim H_2^+ bestätigt, die eine Bindungsenergie von 2,65 eV und einen Gleichgewichtsabstand R von 0,106 nm ergeben. Mit der Bindungsenergie meinen wir die Energie, die man braucht, um H_2^+ in $H + H^+$ zu spalten. Die Gesamtenergie von H_2^+ ist −13,6 eV zuzüglich der −2,65 eV-Bindungsenergie oder −16,3 eV im Ganzen.

Im antisymmetrischen Zustand kann man eine ähnliche Analyse durchführen: Für $R = 0$ haben wir die Elektronenenergie E_A des $2p$-Zustandes von He^+ (−13,6 eV). Da für $R \to \infty$ E_A gegen −13,6 eV strebt, könnten wir glauben, daß die Elektronenenergie konstant ist, doch in Wirklichkeit hat sie bei mittleren Abständen ein kleines Minimum. Jedoch ist das Minimum nicht tief genug, um auch ein Minimum der Gesamtenergie zu ergeben, daher gibt es im antisymmetrischen Zustand keine Bindung.

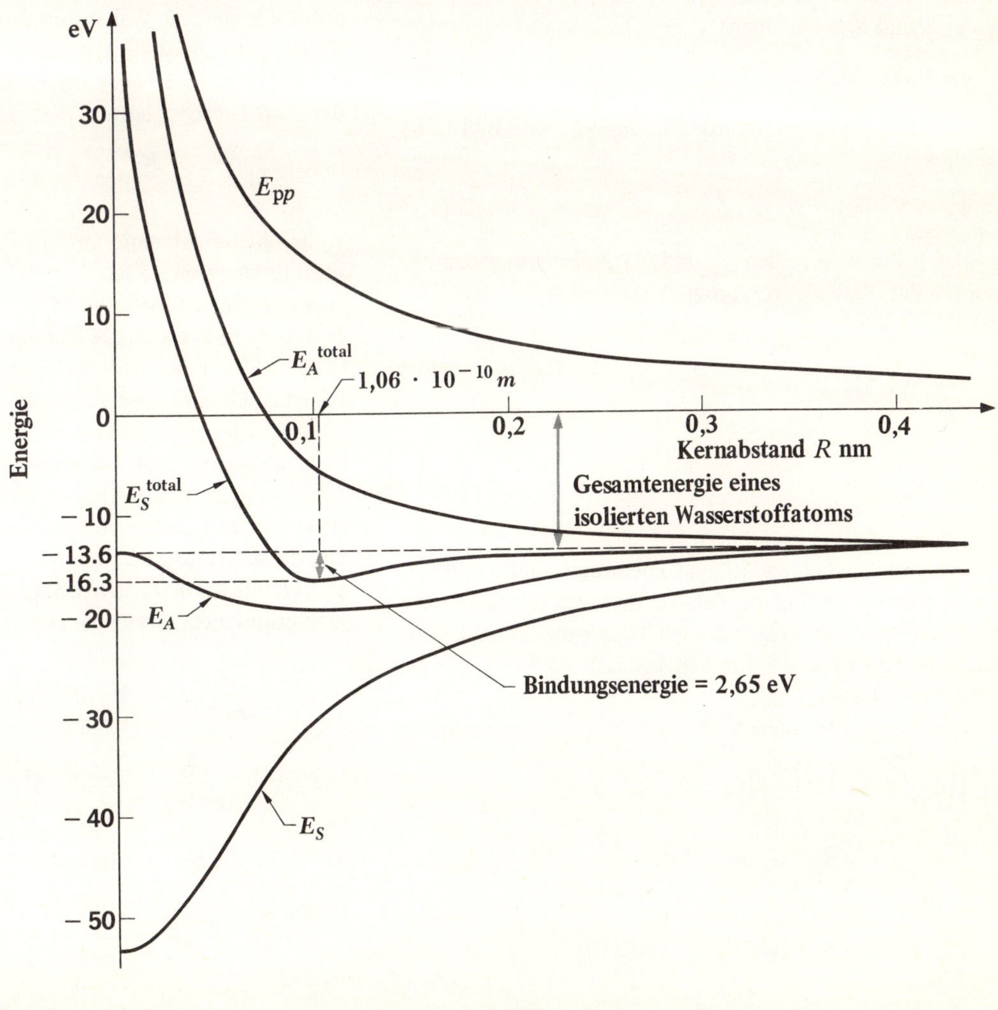

Bild 10.7 Teilbeiträge zur Energie und Gesamtenergie für H_2^+ als Funktion des Kernabstands R für die symmetrischen und antisymmetrischen Zustände. Der antisymmetrische Zustand hat kein Minimum der Gesamtenergie.

10.4 Die LCAO-Methode

Im vorigen Abschnitt sahen wir, wie weit wir die Molekülwellenfunktionen bestimmen können, indem wir die entsprechenden atomaren Wellenfunktionen betrachten. Eine viel verwendete Abart dieser Methode, die sogenannte LCAO-Methode, geht von der Annahme aus, daß die Molekülwellenfunktion in befriedigender Weise durch Summen und Differenzen unmodifizierter atomarer Wellenfunktionen angenähert werden können. Umfangreiche Rechnungen werden auf dieser Grundlage durchgeführt. Wie man erwarten könnte, ist diese Methode im wesentlichen exakt, wenn R groß ist; sie ist meist hinreichend genau, wenn die atomaren Wellenfunktionen anfangen einander zu überlappen, und sie wird immer schlechter, je kleiner R wird.

In der Chemie bezeichnet man üblicherweise die Wellenfunktion ψ_{n,l,m_l} als *Orbital*. Jedes Orbital kann zwei Elektronen enthalten, eines mit $m_s = \frac{1}{2}$, das andere mit $m_s = -\frac{1}{2}$. Die LCAO-Methode erhält ihren Namen aus der Verwendung von Linearkombinationen aus Atom-Orbitalen.

Die Atom-Orbitale, die man braucht, um das H_2^+-Orbital zu erhalten, sind die Grundzustandswellenfunktionen ψ_a und ψ_b des Wasserstoffs, die die Wasserstoffatome in den Punkten a und b beschreiben. Für ψ gibt es zwei Möglichkeiten: die symmetrische Kombination ψ_S von Bild 10.5, nämlich

$$\psi_S = N_S\,(\psi_a + \psi_b) \tag{10.5}$$

und die antisymmetrische Kombination ψ_A von Bild 10.6, nämlich

$$\psi_A = N_A\,(\psi_a - \psi_b). \tag{10.6}$$

In diesen Formeln stellen N_S und N_A Normierungskonstanten dar, deren Werte durch

$$\int_{-\infty}^{\infty} |\psi_S|^2\, dV = 1 \tag{10.7}$$

$$\int_{-\infty}^{\infty} |\psi_A|^2\, dV = 1 \tag{10.8}$$

fixiert sind. Die beiden letzten Gleichungen müssen erfüllt sein, da sie die Bedingung, daß das Elektron irgendwo existiert, darstellen. Im folgenden wollen wir die Integrationsgrenzen nicht mehr anschreiben, sondern als $+\infty$ und $-\infty$ verstanden wissen.

Für die symmetrische Kombination ψ_S erhalten wir

$$\begin{aligned}\int |\psi_S|^2\, dV = 1 &= \int N_S^2 |\psi_a + \psi_b|^2\, dV \\ &= N_S^2 \int |\psi_a + \psi_b|^2\, dV \\ &= N_S^2 \left(\int |\psi_a|^2\, dV + \int |\psi_b|^2\, dV + 2\int \psi_a\, \psi_b\, dV\right)\end{aligned}$$

Da ψ_a und ψ_b reelle $1s$-Wasserstoffwellenfunktionen sind ($\psi_a = \psi_a^*$ und $\psi_b = \psi_b^*$), konnten wir die obige Gleichung in dieser Form schreiben. ψ_a und ψ_b sind bereits normiert,

$$\int |\psi_a|^2\, dV = \int |\psi_b|^2\, dV = 1,$$

daher erhalten wir

$$\int |\psi_S|^2\, dV = 1 = N_S^2\,(2 + 2\int \psi_a\, \psi_b\, dV).$$

Wenn wir

$$S = \int \psi_a\, \psi_b\, dV \tag{10.9}$$

setzen, erhalten wir

$$N_S = \frac{1}{2\,(1+S)} \tag{10.10}$$

Eine ähnliche Rechnung für N_A ergibt

$$N_A = \frac{1}{2\,(1-S)} \tag{10.11}$$

Die Größe S wird *Überlappungsintegral* genannt, da sie mißt, wie weit die Wellenfunktion ψ_a und ψ_b einander überlappen. Um die Integration auszuführen, müssen die in Abschnitt 10.3 verwendeten Koordinaten benützt werden. Das Ergebnis lautet

$$S = \left(1 + R' + \frac{R'^2}{3}\right) e^{-R'} \tag{10.12}$$

wobei R' der Abstand zwischen den Protonen a und b in Einheiten von a_0 ist, dem Radius der ersten Bohrschen Bahn im Wasserstoffatom. S variiert zwischen 0 für $R' = \infty$ (verschwindende Überlappung bei großen Abständen) bis $S = 1$ bei $R' = 0$ (Verschmelzen der beiden Protonen zu einem neuen Kern). Im Fall von H_2^+ beträgt der Gleichgewichtsabstand der Protonen $R' = 2$ und $S = 0{,}6$.

Nachdem wir nun Näherungsausdrücke für die Molekülorbitale ψ_S und ψ_A erhalten haben, wollen wir die entsprechenden Elektronenenergien E_S und E_A bestimmen. Um die Rechnung zu vereinfachen, drücken wir alle Längen in Einheiten von a_0, alle Energien als Vielfache der Wasserstoffgrundzustandsenergie aus. Aus Kapitel 4 haben wir

$$a_0 = \frac{4\,\pi\epsilon_0 \hbar^2}{m e^2} = 5{,}3 \cdot 10^{-11}\ \text{m} = 0{,}053\ \text{nm}$$

$$1\ \text{Ry} = \frac{m e^4}{32\pi^2 \epsilon_0^2 \hbar^2} = 2{,}2 \cdot 10^{-18}\ \text{J} = 13{,}6\ \text{eV}.$$

Die Schrödinger-Gleichung für das Elektron in H_2^+ lautet

$$\nabla^2 \psi + \frac{2m}{\hbar^2}\left[E + \frac{e^2}{4\pi\epsilon_0}\left(\frac{1}{r_a} + \frac{1}{r_b}\right)\right]\psi = 0.$$

Wenn wir gestrichene Größen verwenden, um die dimensionslosen Längen und Energien zu bezeichnen, erhalten wir

$$\left(\frac{me^2}{4\pi\epsilon_0\hbar^2}\right)^2 \nabla^2\psi + \frac{2m}{h^2}\left[\frac{me^4}{32\pi^2\epsilon_0^2\hbar}E' + \right.$$

$$\left. + \frac{e^2}{4\pi\epsilon_0}\left(\frac{me^2}{4\pi\epsilon_0\hbar^2}\right)\left(\frac{1}{r_a'}+\frac{1}{r_b'}\right)\right] = 0$$

$$\nabla^2\psi + \left[E' + \left(\frac{2}{r_a'}+\frac{2}{r_b'}\right)\right]\psi = 0. \tag{10.13}$$

Die Bestimmung der Elektronenenergie E' aus Gl. (10.13) wird dadurch vereinfacht, daß wir die Wellenfunktion ψ bereits kennen. Wir schreiben zunächst Gl. (10.13) in die Form

$$-\nabla^2\psi - \left(\frac{2}{r_a'}+\frac{2}{r_b'}\right)\psi = E'\psi$$

um. Darauf multiplizieren wir sie mit ψ^* und integrieren über den gesamten Raum:

$$\int\psi^*\left[-\nabla^2\psi - \left(\frac{2}{r_a'}+\frac{2}{r_b'}\right)\psi\right]dV = E'\int|\psi|^2\,dV.$$

Da ψ normiert ist, erhalten wir die gewünschte Formel

$$E' = -\int\psi^*\left[\nabla^2\psi + \left(\frac{2}{r_a'}+\frac{2}{r_b'}\right)\psi\right]dV. \tag{10.14}$$

Um die Gesamtenergie von H_2^+ zu erhalten, müssen wir später die wechselseitige potentielle Energie der beiden Protonen zur Elektronenenergie E' addieren.

Wir wollen nun Gl. (10.14) für die symmetrische Wellenfunktion

$$\psi_S = N_S(\psi_a + \psi_b)$$

auswerten. Wir erhalten

$$E_S' = -N_S^2\int(\psi_a^* + \psi_b^*)\left(\nabla^2\psi_a + \nabla^2\psi_b + \right.$$

$$\left. + \frac{2}{r_a'}\psi_a + \frac{2}{r_a'}\psi_b + \frac{2}{r_b'}\psi_a + \frac{2}{r_b'}\psi_b\right)dV. \tag{10.15}$$

Dieser Ausdruck kann vereinfacht werden, da ψ_a und ψ_b Grundzustandswellenfunktionen des Wasserstoffatoms zum Energieeigenwert E_1' sind:

$$-\nabla^2\psi_a - \frac{2}{r_a'}\psi_a = E_1'\psi_a$$

$$-\nabla^2\psi_b - \frac{2}{r_b'}\psi_b = E_2'\psi_b.$$

Nach Definition ist $E_1' = -1$ ($E_1 = -1\,Ry$), und wir erhalten

$$-\nabla^2\psi_a - \frac{2}{r_a'}\psi_a = -\psi_a$$

$$-\nabla^2\psi_b - \frac{2}{r_b'}\psi_b = -\psi_b.$$

Gl. (10.15) erhält daher die Form

$$E_S' = -N_S^2\int(\psi_a^* + \psi_b^*)\left[\left(1+\frac{2}{r_b'}\right)\psi_a + \left(1+\frac{2}{r_a'}\right)\psi_b\right]dV$$

$$= -N_S^2\int|\psi_a + \psi_b|^2\,dV - 2N_S^2\int\frac{1}{r_b'}|\psi_a|^2\,dV$$

$$-2N_S^2\int\frac{1}{r_a'}|\psi_b|^2\,dV - 2N_S^2\int\frac{1}{r_b'}\psi_a\psi_b^*\,dV$$

$$-2N_S^2\int\frac{1}{r_a'}\psi_a^*\psi_b\,dV \tag{10.16}$$

Nach den Gln. (10.5) und (10.7) ist der erste Ausdruck dieser Formel genau -1, man kann ihn deuten als die Summe aus der kinetischen Energie des Elektrons, der potentiellen Energie der Elektronenwolke um a im Feld des Protons a und der potentiellen Energie der Elektronenwolke um b im Feld des Protons b.

Die beiden nächsten Terme werden *Coulomb-Integrale* genannt. Der erste stellt die potentielle Energie der Elektronenwolke a im Feld des Protons b und der zweite die potentielle Energie der Elektronenwolke b im Feld des Protons a dar. Es gibt zwar nur ein einziges Elektron, mit dessen Wahrscheinlichkeitsdichte wir rechnen. Trotzdem ist es zweckmäßig, sich das Elektron als eine Ladungswolke vorzustellen, dessen Dichte der Wahrscheinlichkeitsdichte $|\psi|^2$ entspricht, dadurch wird die Interpretation leichter.

Die letzten beiden Terme in Gl. (10.16) werden *Austauschintegrale* genannt, und sie enthalten das gemischte Produkt der Wellenfunktionen ψ_a und ψ_b anstelle der Wahrscheinlichkeitsdichten $|\psi_a|^2$ und $|\psi_b|^2$. Im Gegensatz zu den anderen drei Termen können diese Integrale nicht auf der Grundlage klassischer Vorstellungen interpretiert werden, sondern stellen eine rein quantenmechanische Erscheinung dar.

Die Coulomb-Integrale in Gl. (10.16) sind gleich, da die Protonen a und b vertauscht werden können, ohne daß sich etwas ändert, und sie haben den Wert

$$N_S^2 C = -2N_S^2\int\frac{1}{r_b'}|\psi_a|^2\,dV$$

$$= -2N_S^2\left[-\frac{1}{R'} + \left(\frac{1}{R'}+1\right)e^{-2R'}\right]. \tag{10.17}$$

Die Austauschintegrale sind ebenfalls gleich und haben den Wert

$$N_S^2 A = -2N_S^2 \int \frac{1}{r_b'} \psi_a^* \psi_b \, dV$$
$$= -2N_S^2(1 + R')\,e^{-R'}. \tag{10.18}$$

Die Elektronenenergie kann daher in der Form

$$E_S' = -1 + N_S^2(2C + 2A)$$
$$= -1 + \frac{C + A}{1 + S} \tag{10.19}$$

geschrieben werden. Jede der Größen C, A und S ist eine Funktion von R', dem Proton-Proton-Abstand in Einheiten von a_0.

Mit Hilfe der Gln. (10.12), (10.17) und (10.18) sehen wir, wie E_S' mit R' variiert. Für $R' \to \infty$ strebt E_S' nach -1, der Energie eines isolierten Wasserstoffatoms. Für $R' = 0$ wird jedoch $E_S' = -3$, was nicht die Energie eines He^+-Ions (-4) ist, wie es sein sollte. Der Grund für diese Diskrepanz ist das Versagen der LCAO Methode, wenn R' klein ist. Ein Vergleich zwischen der durch Gl. (10.19) gegebenen Energie $E_S'(R')$ und dem exakten Wert ist in Bild 10.8 zu sehen. Offensichtlich ist die LCAO-Näherung für $R' = 2$, die Gleichgewichtslage der Protonen in H_2, noch hinreichend gut, doch wird sie immer ungenauer, wenn R' unter diesen Wert sinkt.

Eine ähnliche Rechnung ergibt für den antisymmetrischen Fall

$$E_A' = -1 + \frac{C - A}{1 - S}. \tag{10.20}$$

Um die Gesamtenergie des H_2^+-Molekül zu finden, müssen wir die gegenseitige potentielle Energie E_{pp} der beiden Protonen zur Elektronenenergie E' addieren. Da

$$E_{pp} = \frac{e^2}{4\pi\epsilon_0 R}$$

ergibt sich

$$E_{pp}' = \frac{2}{R'}. \tag{10.21}$$

Somit erhalten wir

$$E_{S,A}'^{\text{total}} = -1 + \frac{2}{R'} + \frac{C \pm A}{1 \pm S}, \tag{10.22}$$

wobei das Pluszeichen für $E_S'^{\text{total}}$ und das Minuszeichen für $E_A'^{\text{total}}$ zu verwenden ist. Gl. (10.22) ist in Bild 10.9 gezeichnet. Die Kurve für den symmetrischen Zustand zeigt eine Bindungsenergie von 1,8 eV bei einem Gleichgewichts-

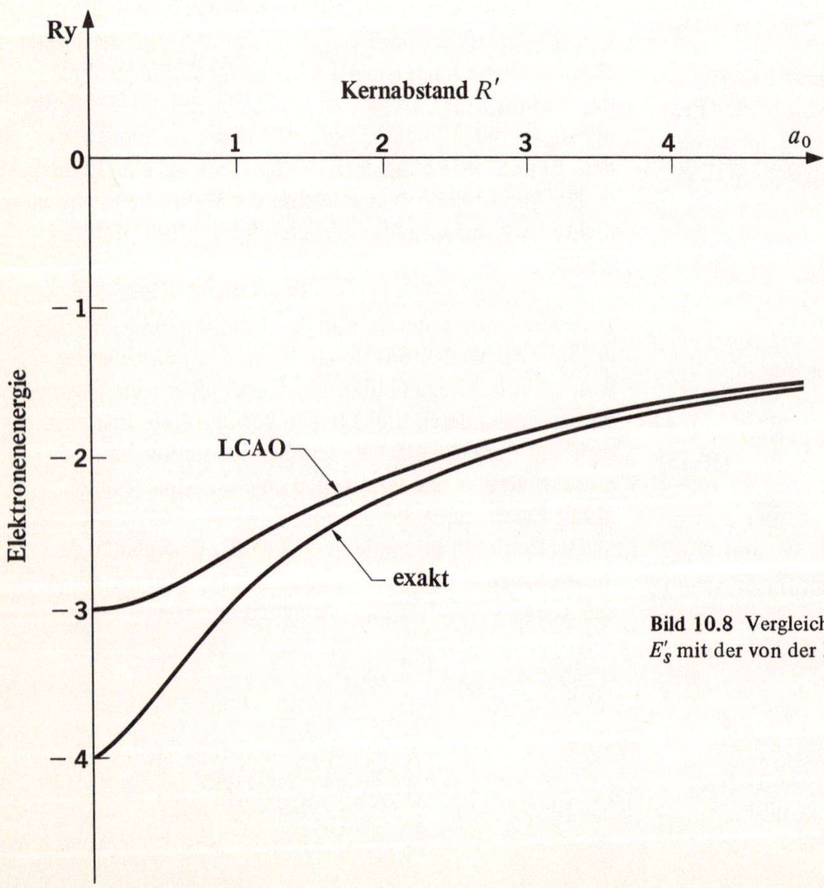

Bild 10.8 Vergleich zwischen der tatsächlichen R'-Abhängigkeit von E_S' mit der von der LCAO-Näherung vorhergesagten Elektronenenergie

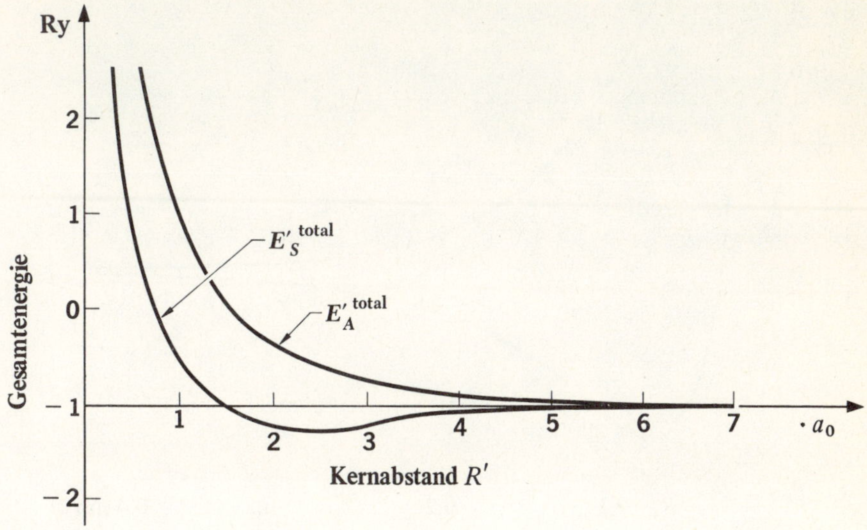

Bild 10.9

Gesamtenergie von H_2^+ für den symmetrischen und den antisymmetrischen Zustand nach Gl. 10.22.
Die exakten Kurven sind in Bild 10.7 gezeigt.

abstand $R' = 2{,}5$ an, während die Kurve für den antisymmetrischen Zustand kein Minimum hat. Die exakten Zahlen sind allerdings 2,65 eV und $R' = 2$. Die Tatsache, daß die LCAO-Methode nur eine Näherung ist, ist für den Unterschied zwischen diesen zwei Ergebnissen verantwortlich.

Zwei wichtige Aspekte der LCAO-Methode sind in ihrer Anwendung auf H_2^+ deutlich geworden. Der erste ist, daß sie in ihrer einfachsten Version keine vollständig genauen Resultate liefert und daß genauere Verfahren verwendet werden müssen, wenn exakte Antworten gewünscht werden. Der zweite Punkt ist, daß die LCAO-Methode trotz ihrer Mängel eine qualitative Einsicht in viele Beispiele der Molekülbindung liefert, was besonders für komplexe Moleküle wertvoll ist.

10.5 Das H_2-Molekül

Das H_2-Molekül enthält zwei Elektronen. Nach dem Ausschließungsprinzip können beide Elektronen im selben Orbital sein (also durch dieselbe Wellenfunktion ψ_{nlm_l} beschrieben werden), wenn ihre Spins antiparallel sind. Da zwei Elektronen zur Bindung beitragen, sollte H_2 stabiler sein als H_2^+ – auf den ersten Blick würde man annehmen, daß es doppelt so stabil wäre mit einer Bindungsenergie von 5,3 eV im Vergleich zu 2,65 eV für H_2^+. Wegen der elektrostatischen Abstoßung zwischen den beiden Elektronen sind jedoch die H_2-Orbitale nicht dieselben wie beim H_2^+. Diese Abstoßung verringert die Bindung des H_2, so daß die tatsächliche Bindungsenergie 4.72 eV beträgt. Der allgemeine Schluß im Fall H_2^+, daß die symmetrische Wellenfunktion ψ_S auf einen gebundenen Zustand und die antisymmetrische Wellenfunktion ψ_A auf einen ungebundenen führt, bleibt für H_2 richtig.

In Abschnitt 8.3 wurde das Ausschließungsprinzip mit Hilfe von symmetrischen und antisymmetrischen Wellenfunktionen formuliert. Wir fanden, daß Systeme von Elektronen stets durch antisymmetrische Wellenfunktionen beschrieben werden (d.h. durch Wellenfunktionen, die ihr Vorzeichen unter der Vertauschung eines beliebigen Paares von Elektronen umkehren). Wir haben jedoch gerade gesagt, daß der gebundene Zustand in H_2 einem Zustand entspricht, in dem beide Elektronen durch eine symmetrische Wellenfunktion ψ_S beschrieben werden, was dem obigen Schluß zu widersprechen scheint.

Es gibt hier jedoch keinen Widerspruch. Die *vollständige* Wellenfunktion $\Psi(1,2)$ eines Systems aus zwei Elektronen ist das Produkt einer räumlichen Wellenfunktion $\psi(1,2)$, die die Koordinaten der Elektronen beschreibt, und einer Spinfunktion $s(1,2)$, die die Orientierungen ihrer Spins angibt. Das Ausschließungsprinzip fordert, daß die vollständige Wellenfunktion

$$\Psi(1,2) = \psi(1,2)\, s(1,2)$$

unter der gleichzeitigen Vertauschung von Koordinaten und Spins antisymmetrisch ist (das Molekülorbital $\psi(1,2)$ selbst braucht nicht antisymmetrisch zu sein). Eine antisymmetrische Gesamtwellenfunktion Ψ_A kann man durch die Kombination einer symmetrischen Ortswellenfunktion ψ_S und einer antisymmetrischen Spinfunktion s_A oder durch Kombination einer antisymmetrischen Ortswellenfunktion ψ_A und einer symmetrischen Spinwellenfunktion s_S erhalten. Also sind nur

$$\Psi = \psi_S\, s_A$$

oder

$$\Psi = \psi_A\, s_S$$

annehmbar. Wenn die Spins der beiden Elektronen parallel sind, ist ihre Spinfunktion symmetrisch, da sie bei einer Vertauschung der Elektronen ihr Vorzeichen nicht ändert. Daher muß die Ortswellenfunktion ψ für zwei Elektronen

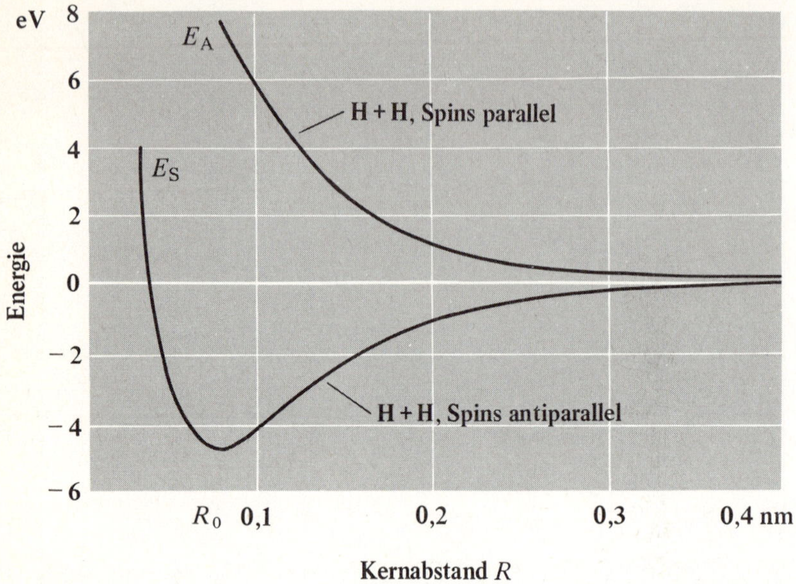

Bild 10.10

Die Entfernungsabhängigkeit der Energie des Systems H + H für parallele und antiparallele Elektronenspins

mit parallelen Spins antisymmetrisch sein; wir schreiben dies als

$$\psi\uparrow\uparrow = \psi_A .$$

Andererseits ist ihre Spinfunktion antisymmetrisch, wenn die Spins der beiden Elektronen antiparallel sind. Daher muß die räumliche Wellenfunktion ψ für zwei Elektronen mit antiparallelen Spins symmetrisch sein, und wir schreiben dies als

$$\psi\uparrow\downarrow = \psi_S .$$

Die Schrödinger-Gleichung für das H_2-Molekül hat keine exakte Lösung. Nur H_2^+ hat eine exakte Lösung, alle anderen Molekülsysteme müssen näherungsweise behandelt werden. Die Resultate einer umfangreichen Analyse des H_2-Molekül durch James und Coolidge mit Hilfe der LCAO-Methode sind im Bild (10.10) wiedergegeben.

10.6 Die Ionenbindung

Nachdem wir das eine Extrem der molekularen Bindung, die rein kovalente Bindung, wie sie sich im Wasserstoffmolekül zeigt, ausführlich besprochen haben, wollen wir nun das andere Extrem, die Ionenbindung, an Hand des NaCl genauer untersuchen; dies ist viel einfacher als die Untersuchung der kovalenten Bindung im H_2 .

Die stabilste Elektronenkonfiguration eines Atoms besteht aus abgeschlossenen Schalen (Abschnitt 8.5). Atome mit unvollständigen äußeren Schalen geben leicht Elektronen ab oder nehmen sie auf, um stabile Konfigurationen zu erreichen, und werden dadurch zu negativen oder positiven Ionen. Die *Ionisationsenergie* eines Elementes ist die Energie, die man aufwenden muß, um ein Elektron aus einem Atom dieses Elementes zu entfernen; sie ist daher ein Maß, wie fest die äußersten Elektronen gebunden sind. Tabelle 10.1 enthält die Ionisationsenergien der Elemente, und Bild 10.11 zeigt, wie diese Energien von der Ordnungszahl abhängen.

Man sieht leicht, warum die Ionisationsenergien der Elemente in der gezeigten Weise variieren. Zum Beispiel hat ein Atom eines beliebigen Alkalimetalls der Gruppe I ein einziges s-Elektron außerhalb einer geschlossenen Unterschale. Die Elektronen in den inneren Schalen schirmen das äußere Elektron teilweise vor der Kernladung $+Ze$ ab, so daß die effektive Ladung, die das äußere Elektron an das Atom bindet, eher $+e$ als $+Ze$ ist. Relativ wenig Arbeit muß aufgewendet werden, um ein Elektron aus einem solchen Atom zu entfernen, und die Alkalimetalle bilden leicht positive Ionen. Je größer das Atom ist, desto weiter ist das äußere Elektron vom Kern entfernt und desto schwächer ist die entsprechende elektrostatische Kraft. Daher nimmt die Ionisationsenergie im allgemeinen ab, wenn wir innerhalb einer Gruppe nach unten gehen. Die Zunahme der Ionisationsenergie von links nach rechts innerhalb einer Periode wird durch die Zunahme der Kernladung erklärt, während die Anzahl der inneren, abschirmenden Elektronen gleich bleibt. Es gibt zwei Elektronen in der gemeinsamen inneren Schale der Elemente der zweiten Periode. Die effektive Kernladung, die auf die äußeren Elektronen dieser Atome wirkt, ist daher $+(Z-2)\,e$. Das äußere Elektron in einem Lithium-Atom wird an das Atom durch eine effektive Ladung $+e$ gebunden, während jedes äußere Elektron in Beryllium, Bor, Kohlenstoff, usw. durch effektive Ladungen der Größe $+2e$, $+3e$, $+4e$, ... an den jeweiligen Kern gebunden ist.

Das Gegenstück zu den Alkalimetallen, die ihre äußersten Elektronen sehr leicht verlieren, sind die Halogene, die ihre äußeren p-Schalen durch Aufnahme eines zusätzlichen Elektrons zu vervollständigen trachten. Die *Elektronenaffinität* eines Elementes wird als die Energie definiert, die

Tabelle 10.1 Ionisierungsenergien der Elemente (in eV)

1																	**2**
H																	He
13,6																	24,6
3	**4**											**5**	**6**	**7**	**8**	**9**	**10**
Li	Be											B	C	N	O	F	Ne
5,4	9,3											8,3	11,3	14,5	13,6	17,4	21,6
11	**12**											**13**	**14**	**15**	**16**	**17**	**18**
Na	Mg											Al	Si	P	S	Cl	Ar
5,1	7,6											6,0	8,1	11,0	10,4	13,0	15,8
19	**20**	**21**	**22**	**23**	**24**	**25**	**26**	**27**	**28**	**29**	**30**	**31**	**32**	**33**	**34**	**35**	**36**
K	Ca	Sc	Ti	V	Cr	Mn	Fe	Co	Ni	Cu	Zn	Ga	Ge	As	Se	Br	Kr
4,3	6,1	6,6	6,8	6,7	6,8	7,4	7,9	7,9	7,6	7,7	9,4	6,0	7,9	9,8	9,8	11,8	14,0
37	**38**	**39**	**40**	**41**	**42**	**43**	**44**	**45**	**46**	**47**	**48**	**49**	**50**	**51**	**52**	**53**	**54**
Rb	Sr	Y	Zr	Nb	Mo	Tc	Ru	Rh	Pd	Ag	Cd	In	Sn	Sb	Te	I	Xe
4,2	5,7	6,5	7,0	6,8	7,1	7,3	7,4	7,5	8,3	7,6	9,0	5,8	7,3	8,6	9,0	10,5	12,1
55	**56**	*	**72**	**73**	**74**	**75**	**76**	**77**	**78**	**79**	**80**	**81**	**82**	**83**	**84**	**85**	**86**
Cs	Ba		Hf	Ta	W	Re	Os	Ir	Pt	Au	Hg	Tl	Pb	Bi	Po	At	Rn
3,9	5,2		5,5	7,9	8,0	7,9	8,7	9,2	9,0	9,2	10,4	6,1	7,4	7,3	8,4	—	10,7
87	**88**	†															
Fr	Ra																
—	5,3																
	*	**57**	**58**	**59**	**60**	**61**	**62**	**63**	**64**	**65**	**66**	**67**	**68**	**69**	**70**	**71**	
		La	Ce	Pr	Nd	Pm	Sm	Eu	Gd	Tb	Dy	Ho	Er	Tm	Yb	Lu	
		5,6	6,9	5,8	6,3	—	5,6	5,7	6,2	6,7	6,8	—	6,1	5,8	6,2	5,0	
	†	**89**	**90**	**91**	**92**	**93**	**94**	**95**	**96**	**97**	**98**	**99**	**100**	**101**	**102**	**103**	
		Ac	Th	Pa	U	Np	Pu	Am	Cm	Bk	Cf	Es	Fm	Md	No	Lw	
		—	7,0	—	6,1	—	5,1	6,0	—	—	—	—	—	—	—		

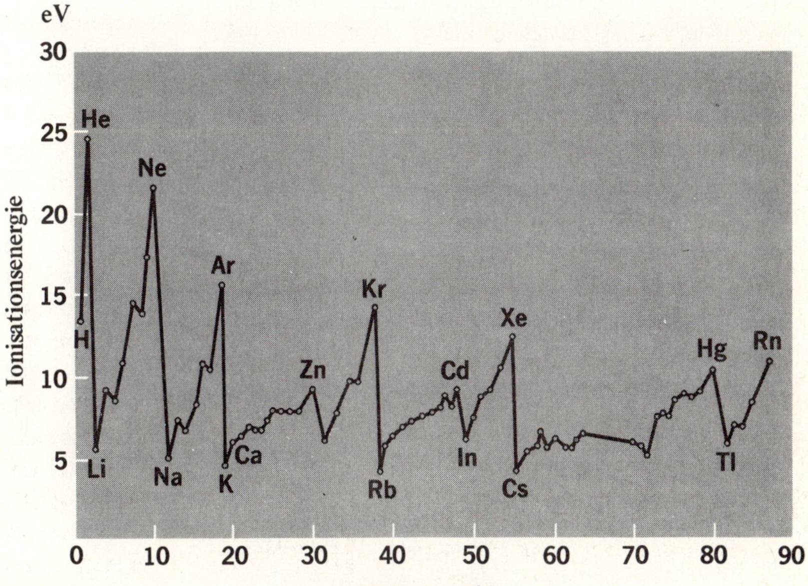

Bild 10.11
Abhängigkeit der Ionisierungsenergie von der Ordnungszahl

durch die Aufnahme eines Elektrons in ein Atom des Elementes frei wird. Je größer die Elektronenaffinität, um so fester ist das zusätzliche Elektron gebunden. Die Tabelle 10.2 zeigt die Elektronenaffinitäten der Halogene. Im allgemeinen nehmen die Affinitäten ab, wenn man in einer Gruppe der Periodentafel nach unten fortschreitet; innerhalb einer Periode nehmen sie von links nach rechts zu. Die experimentelle Bestimmung der Elektronenaffinitäten ist sehr schwierig, daher sind sie nur für wenige Elemente genau bekannt.

Eine Ionenbindung zwischen zwei Atomen kann zustande kommen, wenn eines von ihnen eine niedrige Ionisationsenergie hat und leicht zu einem positiven Ion wird, während das andere eine hohe Elektronenaffinität hat und daher die Tendenz zeigt, ein negatives Ion zu werden. Natrium mit einer Ionisationsenergie von 5,1 eV ist ein Beispiel für ein Element des ersten Typs und Chlor mit einer Elektronenaffinität von 3,6 eV ist ein Beispiel für ein solches des zweiten Typs. Ein stabiles NaCl-Molekül entsteht nur, weil die Gesamtenergie des Systems der zwei Ionen kleiner als die Gesamtenergie eines Systems aus zwei Atomen dieser Elemente ist. Im anderen Fall würde das zusätzliche Elektron vom Cl^--Ion zum Na^+ wandern, und die neutralen Na- und Cl-Atome wären nicht länger aneinander gebunden. Wir wollen sehen, wie diese Bedingungen beim NaCl erfüllt sind.

Betrachten wir zunächst ein Na-Atom und ein Cl-Atom, die voneinander unendlich weit entfernt sind. Um das äußere Elektron vom Na-Atom zu entfernen, müssen 5,1 eV aufgebracht werden:

$$Na + 5{,}1\,eV = Na^+ + e^- . \qquad (10.23)$$

Wenn dieses Elektron zum Chlor gelangt, wird es in die äußere Elektronenschale eingebaut und macht aus dem Chlor-Atom ein Chlor-Ion. Da die Elektronenaffinität von Chlor 3,6 eV ist, heißt dies, daß man diese Arbeit aufbringen müßte, um das zusätzliche Elektron vom Chlor-Ion zu entfernen. Also lautet die Reaktionsgleichung

$$Cl + e^- \rightarrow Cl^- + 3{,}6\,eV . \qquad (10.24)$$

Das Gesamtresultat dieser beiden Prozesse ist die Summe der beiden Gln. (10.23) und (10.24).

$$Na + Cl + 1{,}5\,eV \rightarrow Na^+ + Cl^- . \qquad (10.25)$$

Tabelle 10.2 Elektronenaffinitäten der Halogene (in eV)

Fluor	3.45
Chlor	3.61
Brom	3.36
Jod	3.06

Der Nettoaufwand an Energie, der zur Bildung von Na^+ und Cl^- aus den entsprechenden Atomen notwendig ist, beträgt nur 1,5 eV.

Was geschieht, wenn die elektrostatische Anziehung die Natrium- und Chlor-Ionen zum Beispiel auf einen Abstand von 0,4nm zusammenführt? Die dabei frei werdende Energie entspricht der potentiellen Energie eines Systems einer Ladung $+e$ im Abstand von 0,4nm von einer Ladung $-e$. Diese Energie beträgt

$$E_p = -\frac{e^2}{4\pi\epsilon_0 R}$$

$$= -\frac{9 \cdot 10^9 Nm^2/C^2 \cdot (1{,}6 \cdot 10^{-19}\,C)^2}{4 \cdot 10^{-10}\,m}$$

$$= -5{,}8 \cdot 10^{-19}\,J = -3{,}6\,eV ,$$

oder schematisch

$$\underset{\leftarrow\ \infty\ \rightarrow}{Na^+ + Cl^-} \rightarrow \underset{\leftarrow 0{,}4\,nm \rightarrow}{Na^+ + Cl^-} + 3{,}6\,eV . \qquad (10.26)$$

Wenn wir ein Elektron von einem Natrium-Atom auf ein unendlich entferntes Chlor-Atom übertragen und dann die entstehenden Ionen zusammenkommen lassen, wird in dem Gesamtprozeß eine Energie von 3,6 eV − 1,5 eV = 2,1 eV frei:

$$\underset{\leftarrow\ \infty\ \rightarrow}{Na + Cl} \rightarrow \underset{\leftarrow 0{,}4\,nm \rightarrow}{Na^+ + Cl^-} + 2{,}1\,eV \qquad (10.27)$$

Offensichtlich ist das NaCl-Molekül stabil, da Arbeit aufgewendet werden muß, um ein solches Molekül in Na- und Cl-Atome zu spalten.

Die zwei Ionen nähern sich allerdings einander nicht so weit, daß sich ihre Elektronenhüllen überlappen. In einem solchen Fall wären die positiv geladenen Kerne der Ionen nicht mehr durch die umgebenden Elektronen vollständig abgeschirmt und würden einander elektrostatisch abstoßen. Es gibt jedoch einen weiteren Effekt, der die Ionen noch kräftiger getrennt hält. Nach dem Paulischen Ausschließungsprinzip können keine zwei Elektronen im selben atomaren System im gleichen Quantenzustand existieren. Wenn sich die Elektronenstrukturen von Na^+ und Cl^- überlappen, stellen sie ein einziges atomares System und nicht zwei getrennte unabhängige Systeme dar. Folgt ein solches System dem Ausschließungsprinzip, müssen einige Elektronen in höhere Quantenzustände übergehen, als sie sonst besetzen würden. Diese Zustände haben eine erhöhte Energie, daher nimmt die Gesamtenergie des NaCl-Moleküls stark zu, wenn die Ionen einander zu nahe kommen.

Eine zunehmende potentielle Energie zwischen Körpern bedeutet eine abstoßende Kraft zwischen ihnen. Bild 10.12 zeigt, wie die potentielle Energie E_p des Systems aus einem Na^+-Ion und einem Cl^--Ion mit dem Abstand R variiert. Für $R = \infty$ wird $E_p = +1{,}5$ eV. Wenn die Ionen einander näher kommen, beginnt die anziehende elektrostatische

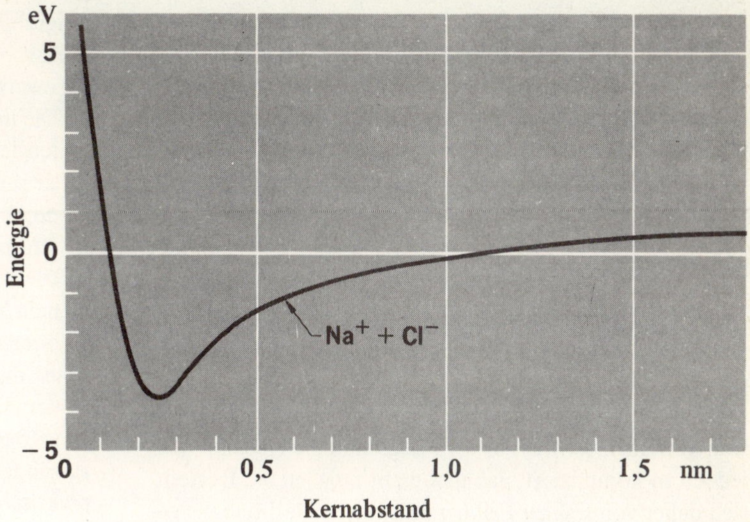

Bild 10.12
Abhängigkeit der Energie des Systems Na^+ und Cl^- vom gegenseitigen Abstand

Kraft zwischen ihnen zu wirken und die potentielle Energie nimmt ab. Wenn sie schließlich 0,4nm von einander entfernt sind, beginnen sich ihre Elektronenhüllen zu überlappen, und eine abstoßende Kraft beginnt zu wirken. Das Minimum der Potentialkurve liegt bei $R = 0{,}24$ nm mit $E_p = -4{,}2$ eV. Bei diesem Abstand halten sich die anziehenden und abstoßenden Kräfte zwischen den Ionen die Waage, das System ist im Gleichgewicht. Um ein NaCl-Molekül in seine Atome zu *zerlegen*, braucht man eine Energie von 4,2 eV.

Ionenbindungen führen meist nicht zur Bildung von Molekülen. Genau genommen ist ein Molekül ein elektrisch neutrales Aggregat von Atomen, die so stark aneinander gebunden sind, daß sie im Experiment als ein Teilchen beobachtbar sind. Die einzelnen Teilchen des gasförmigen Wasserstoffs enthalten zwei Wasserstoff-Atome und werden mit Recht als Moleküle bezeichnet. Andererseits sind Steinsalzkristalle (NaCl) Aggregate aus Natrium- und Chlor-Ionen, die sich nicht zu Einzelmolekülen aus jeweils einem Na^+-Ion und einem Cl^--Ion zusammengefunden haben, obwohl sie stets in einer gewissen Struktur angeordnet sind. Steinsalzkristalle können fast jede beliebige Größe erreichen. Es gibt zwar stets eine gleiche Anzahl von Na^+-Ionen und Cl^--Ionen, so daß die Formel NaCl seine Zusammensetzung richtig wiedergibt, diese Ionen bilden jedoch Moleküle (statt Kristallen) nur im gasförmigen Zustand. Trotz des Fehlens von individuellen NaCl-Molekülen im festen Steinsalz gibt es zwischen den benachbarten Na^+- und Cl^--Ionen im Steinsalzkristall eine sehr spezifische Wechselwirkung, und gerade die Eigenschaften dieser Wechselwirkung machen NaCl zu einem ebenso wichtigen Beispiel für die chemische Bindung wie H_2.

10.7 Aufgaben

1. Mit Hilfe der im Text angegebenen Zahlen soll die Ionisationsenergie von H_2 bestimmt werden und mit der Ionisationsenergie von H verglichen werden. Erklären Sie den Unterschied.
2. Leiten Sie Gl. (10.20) ab.
3. Natriumatome zeigen größere chemische Aktivität als Natriumionen. Warum?
4. Chlor-Atome zeigen größere chemische Aktivität als Chlor-Ionen. Warum?
5. Warum sind Lithium und Natrium in chemischer Hinsicht so ähnlich?
6. Warum sind Fluor und Chlor in chemischer Hinsicht so ähnlich?

7.a) Wieviel Energie braucht man, um ein K^+- und ein Cl^--Ionenpaar aus den entsprechenden Atomen zu erzeugen?
b) Wie groß muß der Abstand zwischen einem K^+- und einem Cl^--Ion sein, wenn ihre Gesamtenergie Null sein soll?

8.a) Wieviel Energie braucht man, um ein K^+- und ein I^--Ion aus den entsprechenden Atomen zu bilden?
b) Wie groß muß der Abstand zwischen den Ionen sein, wenn ihre Gesamtenergie Null sein soll?

9.a) Wieviel Energie braucht man, um ein Li^+- und ein Br^--Ion aus den entsprechenden Atomen zu erzeugen?
b) Wie groß muß der Abstand zwischen einem Li^+- und einem Br^--Ion sein, wenn ihre Gesamtenergie Null sein soll?

11 Molekülstruktur

Im letzten Kapitel wurden die Ursachen für kovalente Bindungen und Ionenbindungen mit Hilfe der besonders einfachen Beispiele H_2 und NaCl besprochen. Bindung in zweiatomigen und mehratomigen Molekülen ist meist komplizierter. Wir wollen nun überlegen, wie die im vorigen Kapitel eingeführten Ideen zu einem Verständnis von allgemeinen molekularen Systemen verwendet werden können.

11.1 Verschiedene Theorien

Zwei verschiedene theoretische Methoden werden verwendet, um kovalente Bindungen zu untersuchen. Obwohl sie sich in ihren Einzelheiten unterscheiden, liefern beide Methoden im Prinzip dasselbe Ergebnis, wenn sie genügend weit getrieben werden. In der Praxis sind die Rechnungen jedoch so kompliziert, daß dies nicht möglich ist. Es stellt sich daher von Fall zu Fall heraus, welche Methode die geeignetere ist.

In der *Valenz-Bindungs-Methode* wird ein Molekül als Anordnung individueller Atome aufgefaßt, die durch lokalisierte kovalente Bindungen zusammengehalten werden. Eine kovalente Bindung wird aus zwei Elektronen mit entgegengesetzten Spins gebildet, von denen je eines von jedem Atom geliefert wird. Die Elektronen verbringen im Mittel mehr Zeit zwischen den Atomen als irgendwo sonst, was auf eine Kraft führt, die die Atome zusammenhält. Wenn man ein Molekül mit Hilfe der Valenz-Bindungs-Methode untersucht, wird jede Einzelbindung getrennt betrachtet, und die Orbitale eines jeden Atompaares, die in einer Bindung beteiligt sind, werden zunächst als die Orbitale isolierter Atome aufgefaßt. Um quantitative Ergebnisse zu erhalten, müssen diese Orbitale modifiziert werden, um den verschiedenen Wechselwirkungen Rechnung zu tragen.

In der *Methode der Molekülorbitale* wird ein Molekül von Anfang an als eine Einheit betrachtet, deren äußerste Elektronen Teil des Gesamtsystems sind. Die Orbitale gehören zum Molekül und nicht zu den Einzelatomen. Das Molekül existiert, weil die Elektronenladungsverteilung zwischen den Atomkernen konzentriert ist. Dies ist genau derselbe Mechanismus wie bei der Valenz-Bindungs-Methode, doch beginnt die Analyse etwas anders.

Eine wesentliche Rechtfertigung für die Valenz-Bindungs-Methode besteht darin, daß sie der Beobachtung Rechnung trägt, daß bei vielen Molekülen Bindungen zwischen den Atompaaren mehr oder weniger voneinander unabhängig sind. So haben alle C–H-Bindungen in den Kohlenwasserstoffmolekülen nahezu identische Eigenschaften. Die Valenz-Bindungs-Methode liefert in der Praxis jedoch nicht soviel Detailinformation über die Molekülstruktur wie die Methode der Molekülorbitale. Letztere ist in der Regel die bessere Methode, um die verschiedenen Aspekte der molekularen Bindung zu verstehen.

Sowohl die Valenz-Bindungs- als auch die Molekülorbital-Methode werden durch die Tatsache vereinfacht, daß sich jede Änderung der Elektronenstruktur eines Atoms aufgrund der Nähe zum anderen Atom auf die äußerste Elektronenschale, die *Valenzschale*, beschränkt. Es gibt dafür zwei Gründe:

1. Die inneren Elektronen sind viel stärker gebunden und reagieren daher weniger auf äußere Einflüsse, teils weil sie ihren Kernen näher sind, teils weil die Kernladung durch weniger dazwischenliegende Elektronen abgeschirmt wird.
2. Die abstoßenden interatomaren Kräfte beginnen in einem Molekül zu überwiegen, wenn die inneren Schalen ihrer Atome noch relativ weit entfernt sind.

Einen direkten Hinweis dafür, daß nur die Valenzelektronen an der chemischen Bindung beteiligt sind, erhält man aus den Röntgenspektren, die von Übergängen zu Elektronenzuständen der inneren Schale stammen. Diese Spektren sind praktisch davon unabhängig, wie die Atome zu Molekülen oder Festkörpern vereinigt sind.

11.2 Die Valenz-Bindungs-Methode

Die Beschreibung der chemischen Bindung mit Hilfe der Valenz-Bindungs-Methode erlaubt eine zweckmäßige Bezeichnungsweise für Molekülstrukturen. Jedes gemeinsame Elektronenpaar wird entweder durch zwei Punkte oder einen Strich zwischen den von ihnen gebundenen Atomen bezeichnet. Daher werden die Moleküle H_2, O_2 und N_2, die durch ein, zwei, beziehungsweise drei Elektronenpaare gebunden sind, durch

H : H O : : O N : : : N

oder

H—H O=O N≡N

dargestellt.

Im Rahmen der Valenz-Bindungs-Methode können nur Atome mit wenigstens einem ungepaarten Elektronenspin Moleküle bilden. Da die Hundsche Regel (Abschnitt 8.6) sagt, daß Elektronen in derselben Unterschale (mit derselben Bahndrehimpulsquantenzahl l) möglichst viele parallele Spins haben, enthalten alle Atome mit nichtabgeschlossenen Unterschalen ungepaarte Elektronen und können daher chemische Bindungen eingehen. Wir wollen die Bildung zweiatomiger Moleküle der Elemente in der ersten und der zweiten Periode des Periodensystems mit Hilfe der Valenz-Bindungs-Methode untersuchen. Die Tabelle 11.1 zeigt die Elemente und ihre Atomstrukturen. Wir erinnern uns, daß es nur ein s-Orbital gibt, das $m_l = 0$ entspricht ($l = 0$), während es drei p-Orbitale mit $m_l = +1, 0, -1$ ($l = 1$) gibt. Jedes Orbital kann zwei Elektronen enthalten, doch müssen diese Elektronen entgegengesetzte Spins besitzen. Daher enthält eine p-Unterschale höchstens drei ungepaarte Spins, wie dies beim Stickstoff der Fall ist, dessen Struktur $1s^2 2s^2 2p^3$ ist. Das N_2-Molekül hat daher drei Valenzen: N≡N. Sauerstoff mit vier $2p$-Elektronen muß zwei davon in einem der drei $2p$-Orbitale gepaart haben und hat daher

Tabelle 11.1 Atomstruktur der Elemente der ersten und zweiten Periode und Struktur ihrer zweiatomigen Moleküle nach der Valenzbindungsmethode

Element	Ordnungszahl	Atomstruktur	Besetzung der Orbitale 1s 2s $2p_x$ $2p_y$ $2p_z$	ungepaarte Elektronen	Molekülstruktur	Bindungsenergie, eV
Wasserstoff	1	$1s$	↑	1 (1s)	H–H	4,72
Helium, He	2	$1s^2$	↑↓	0	kein Molekül	
Lithium, Li	3	$1s^2 2s$	↑↓ ↑	1 (2s)	Li–Li	1,03
Beryllium, Be	4	$1s^2 2s^2$	↑↓ ↑↓	0	kein Molekül	
Bor, B	5	$1s^2 2s^2 2p$	↑↓ ↑↓ ↑	1 (2p)	B–B	3,0
Kohlenstoff	6	$1s^2 2s^2 2p^2$	↑↓ ↑↓ ↑ ↑	2 (2p)	C=C	6,5
Stickstoff	7	$1s^2 2s^2 2p^3$	↑↓ ↑↓ ↑ ↑ ↑	3 (2p)	N≡N	9,8
Sauerstoff	8	$1s^2 2s^2 2p^4$	↑↓ ↑↓ ↑↓ ↑ ↑	2 (2p)	O=O	5,1
Fluor, F	9	$1s^2 2s^2 2p^5$	↑↓ ↑↓ ↑↓ ↑↓ ↑	1 (2p)	F–F	1,6
Neon, Ne	10	$1s^2 2s^2 2p^6$	↑↓ ↑↓ ↑↓ ↑↓ ↑↓	0	kein Molekül	

nur zwei ungepaarte Elektronen. Das O_2-Molekül hat daher zwei Valenzen: O=O.

Obwohl Beryllium-Atome mit der Struktur $1s^2 2s^2$ miteinander keine Valenzbindungen bilden können, erlauben die unbesetzten $2p$-Orbitale, die nur eine geringfügig größere Energie als die $2s$-Orbitale haben, daß Beryllium mittels der metallischen Bindung (siehe Kapitel 15) einen Festkörper bildet. Die unbesetzten $2p$-Orbitale ermöglichen auch die Bindung von Beryllium-Atomen mit gewissen anderen Atomen, z.B. mit Sauerstoff-Atomen zu BeO und mit Chlor-Atomen zu $BeCl_2$.

Auch die Bindungsenergien in Tabelle 11.1 stützen die Valenz-Bindungs-Methode. Moleküle, die durch eine einzige Bindung zusammengehalten werden, die die L-Schale ($n = 2$) betrifft, haben Bindungsenergien von 1...3 eV, die mit Doppelbindungen von 5...6 eV, und das N_2-Molekül mit einer Dreifachbindung hat eine Bindungsenergie von fast 10 eV. Je mehr Bindungen in einem zweiatomigen Molekül vorhanden sind, um so fester ist es gebunden. Außerdem sind die Abstände zwischen den Kernen kleiner, je größer die Anzahl der Bindungen ist.

Die Valenz-Bindungs-Methode scheint gut zu funktionieren, doch ein genauerer Blick zeigt eine schwerwiegende Diskrepanz: Im Valenzmodell des zweiatomigen Moleküls sind alle Elektronen mit Partnern mit entgegengesetztem Spin gepaart. Es gibt kein magnetisches Gesamtmoment, und das Molekül ist diamagnetisch. Im Experiment findet man jedoch, daß B_2 und O_2 *paramagnetisch* sind, wobei die Daten zwei ungepaarte Elektronen pro Molekül anzeigen. Wir werden sehen, daß die Methode der Molekülorbitale diesen ungepaarten Elektronen leicht Rechnung trägt und dasselbe Erscheinungsbild von einfachen, doppelten und dreifachen Bindungen wie in Tabelle 11.1 liefert. (Der Paramagnetismus von O_2 ist sehr auffällig: Wenn flüssiger Sauerstoff über einen Magneten gegossen wird, sammelt er sich ähnlich wie Eisenfeilspäne an den Polen.)

11.3 Molekülorbitale

Bei der Diskussion der chemischen Bindung mit Hilfe der Molekülorbitale ist es zweckmäßig, die räumlichen Verteilungen der verschiedenen Atomorbitale zu veranschaulichen, die qualitativ die des Wasserstoffs wiederspiegeln. Die zweidimensionalen Abbildungen in Bild 7.13 sind dafür nicht sehr geeignet. Es ist besser, in jedem Fall Flächen von konstantem $|\psi|^2$ zu zeichnen, die Regionen umschließen, innerhalb deren die gesamte Aufenthaltswahrscheinlichkeit des Elektrons einen bestimmten Wert, etwa 90 %, hat. Außerdem kann in einer solchen Zeichnung das Vorzeichen der Wellenfunktion eingetragen werden. Bild 11.1 zeigt solche Diagramme für s, p und d Orbitale. Die Diagramme zeigen $|\Theta\,\Phi|^2$. Um die entsprechenden radialen Wahrscheinlichkeitsdichten $|R|^2$ zu sehen, muß man die Bilder 7.10 und 7.12 zu Hilfe nehmen. Die Gesamtwahrscheinlichkeitsdichte $|\psi|^2$ ist ja das Produkt von $|\Theta\,\Phi|^2$ und $|R|^2$.

Wenn zwei Atome einander nahekommen, überlappen sich ihre Orbitale, und es wird sich entweder eine vermehrte Elektronenwahrscheinlichkeitsdichte zwischen ihnen ergeben, was ein *bindendes Molekülorbital* anzeigt, oder eine verminderte Konzentration, die auf ein *antibindendes Molekülorbital* hinweist. Im vorigen Kapitel sahen wir, wie die $1s$-Orbitale von 2 Wasserstoffatomen entweder ein bindendes Orbital ψ_S oder ein antibindendes Orbital ψ_A formen konnten. In der Sprache der Molekülphysik bezeichnet man ψ_S als ein $1s\sigma_g$-Orbital und ψ_A als ein $1s\sigma_u^*$-Orbital. „$1s$" identifiziert die Atomorbitale, aus denen man sich die Bildung des Molekülorbitals mit Hilfe der LCAO-Methode vorstellen muß. Der griechische Buchstabe σ zeigt an, daß der Molekülzustand keinen Drehimpuls um die Bindungsachse hat, die als z-Achse gewählt wird. Diese Komponente des Drehimpulses eines Moleküls ist quantisiert und auf die Werte $\lambda\hbar$ beschränkt ($\lambda = 0, 1, 2, \ldots$). Molekülzustände mit $\lambda = 0$ werden mit σ bezeichnet, die mit $\lambda = 1$ mit π, mit $\lambda = 2$ mit δ und so weiter in alphabetischer Ord-

Orbital	n	l	m_l
s	1,2,3, . . .	0	0
p_x	2,3,4, . . .	1	+1
p_y	2,3,4, . . .	1	−1
p_z	2,3,4, . . .	1	0

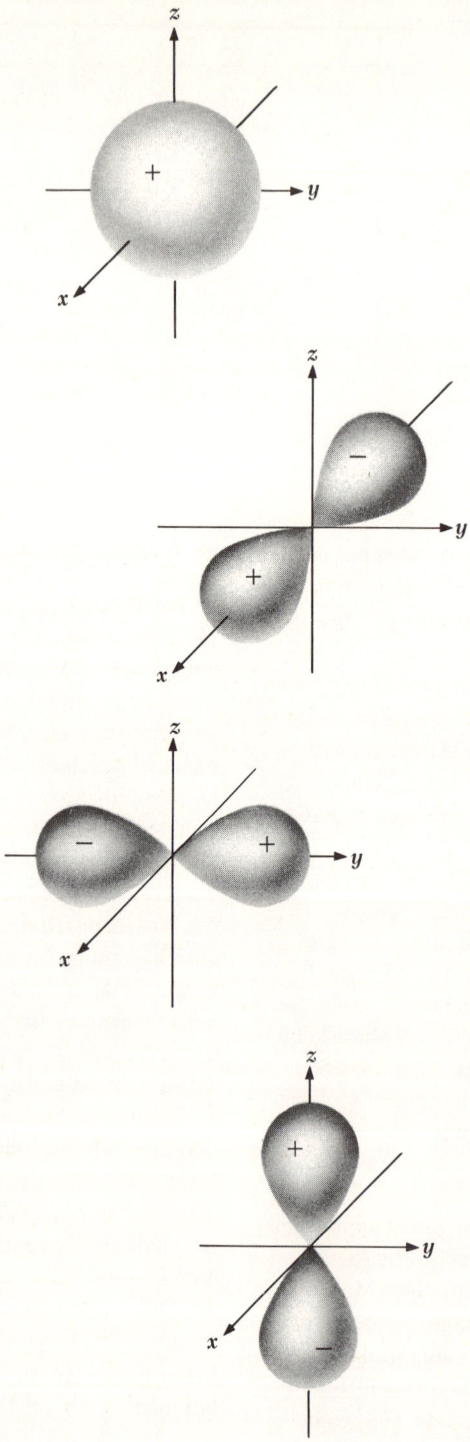

Bild 11.1
Flächendarstellungen der *s*-, *p*- und *d*-Atomorbitale. Die Vorzeichen geben das Vorzeichen der Wellenfunktion in jeder Region an.

nung. Ein symmetrisches Orbital wird mit g (= „gerade“) und ein antisymmetrisches Orbital mit u (= „ungerade“) bezeichnet. Mit „symmetrisch“ meinen wir wie zuvor, daß das Orbital sein Vorzeichen nicht ändert, wenn es am Mittelpunkt zwischen den Kernen gespiegelt wird, während das antisymmetrische Orbital sein Vorzeichen ändert. (Die g- und u-Unterscheidung ist nur für zweiatomige Moleküle mit gleichen Kernen von Bedeutung, z.B. H_2, N_2, O_2, ...)

Schließlich wird ein antibindendes Orbital mit einem Stern bezeichnet, wie wir das bei $1s\sigma_u^*$ für das H_2-Orbital ψ_A getan haben.

Bild 11.2 zeigt die Bildung von σ- und π-Molekülorbitalen aus s- und p-Atomorbitalen in zweiatomigen Molekülen mit gleichen Kernen. Offensichtlich zeigen σ-Orbitale Rotationssymmetrie um die Bindungsrichtung, während π-Orbitale ihr Vorzeichen bei einer Drehung um 180° um

Fortsetzung Bild 11.1

d_{xy} 3,4,5, . . . 2 −2

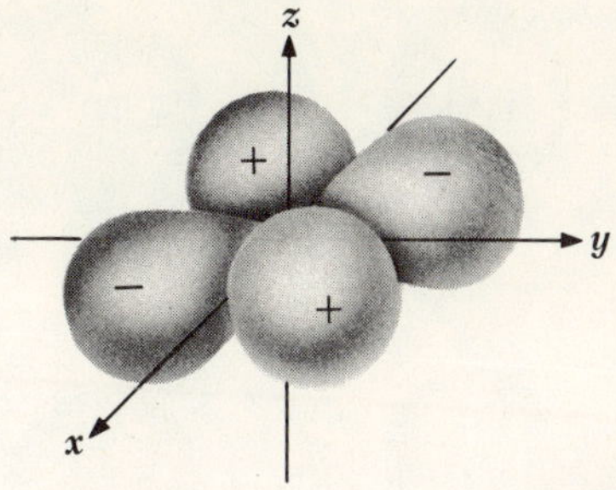

d_{xz} 3,4,5, . . . 2 +1

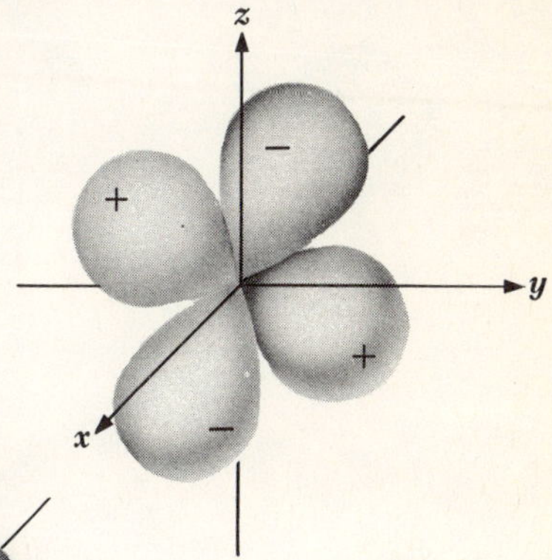

d_{yz} 3,4,5, . . . 2 −1

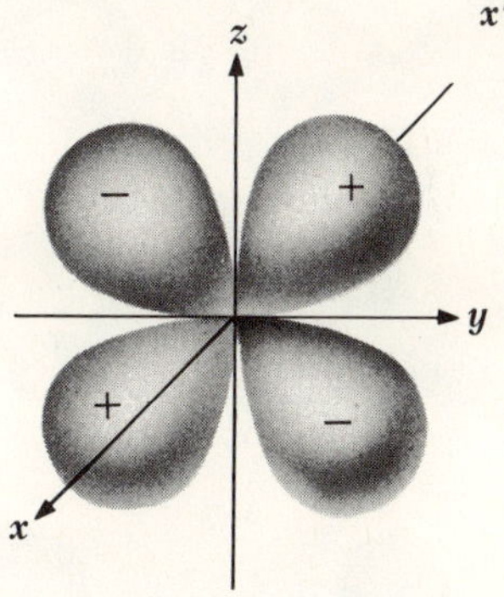

d_{z^2} 3,4,5, . . . 2 0

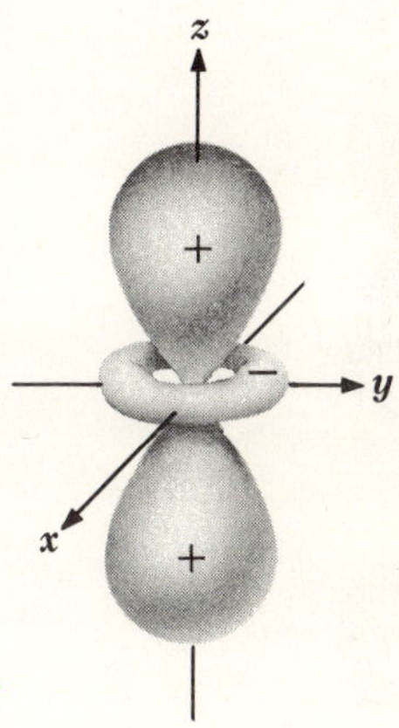

$d_{x^2-y^2}$ 3,4,5, . . . 2 +2

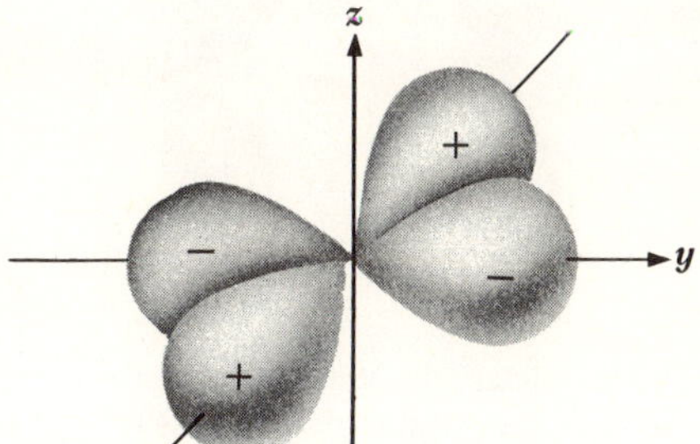

die Bindungsachse ändern. Da die p_Z-Orbitale sich längs der Bindungsachse erstrecken, bilden diese Atomorbitale ebenfalls σ-Molekülorbitale. Die p_X- und p_Y-Orbitale bilden jeweils π-Molekülorbitale.

Wir wollen nun die relativen Energien der verschiedenen Molekül-Orbitale kennenlernen, damit wir die Reihenfolge festlegen können, in der sie in einem Molekül besetzt werden. Die Anordnung der molekularen Energieniveaus kann mit Hilfe der in Abschnitt 10.3 zur Abschätzung der Energie des H_2^+-Ions verwendeten Methode erfolgen. Hier wollen wir die zwei Grenzfälle des Abstands der Kerne in einem Molekül betrachten, das *verschmolzene Atom*, wenn $R = 0$ ist, und die *getrennten Atome* mit $R = \infty$. Darauf zeichnen wir die bekannte Reihenfolge der Energieniveaus im verschmolzenen Atom auf der einen Seite und die bekannte Folge von Energieniveaus in den getrennten Atomen

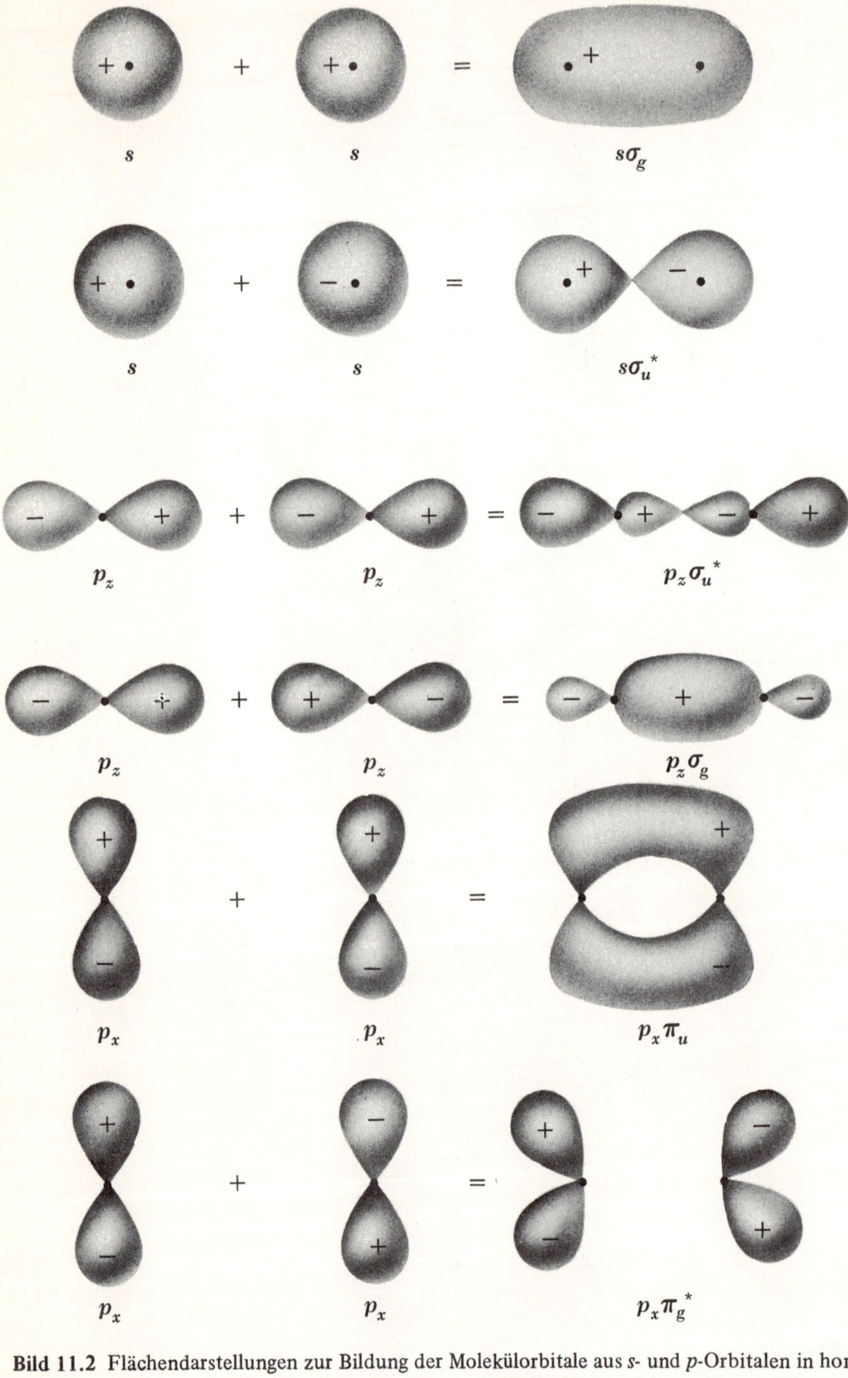

Bild 11.2 Flächendarstellungen zur Bildung der Molekülorbitale aus s- und p-Orbitalen in homonuklearen zweiatomigen Molekülen. Die z-Achse ist parallel zur Verbindungsachse der Kerne, die Papierebene ist die xz-Ebene. Die $p_y\pi_u$- und $p_y\pi_g$-Orbitale sind bis auf eine Drehung um 90° gleich mit den $p_x\pi_u$ und $p_x\pi_g$ Orbitalen.

auf der anderen Seite in ein *Korrelationsdiagramm* ein. Zustände mit dem gleichen Wert von λ werden verbunden, und es zeigt sich die Folge der molekularen Energieniveaus als Funktion von R.

Durch Vergleich der Bilder 11.1 und 11.2 können wir bestimmen, welche Orbitale des verschmolzenen Atoms Orbitalen der getrennten Atome entsprechen. Offensichtlich ergeben zwei s-Orbitale getrennter Atome, die ein $s\sigma_g$-Molekülorbital ergeben, ein s-Orbital des verschmolzenen Atoms, während zwei s-Atomorbitale der getrennten Atome, die ein $s\sigma_u^*$-Molekülorbital ergeben, einem p_z-Orbital des verschmolzenen Atoms entsprechen. Bild 11.3 zeigt einige dieser Beziehungen für Orbitale getrennter H-Atome, H_2-Molekülorbitale und He-Orbitale (verschmolzenes Atom).

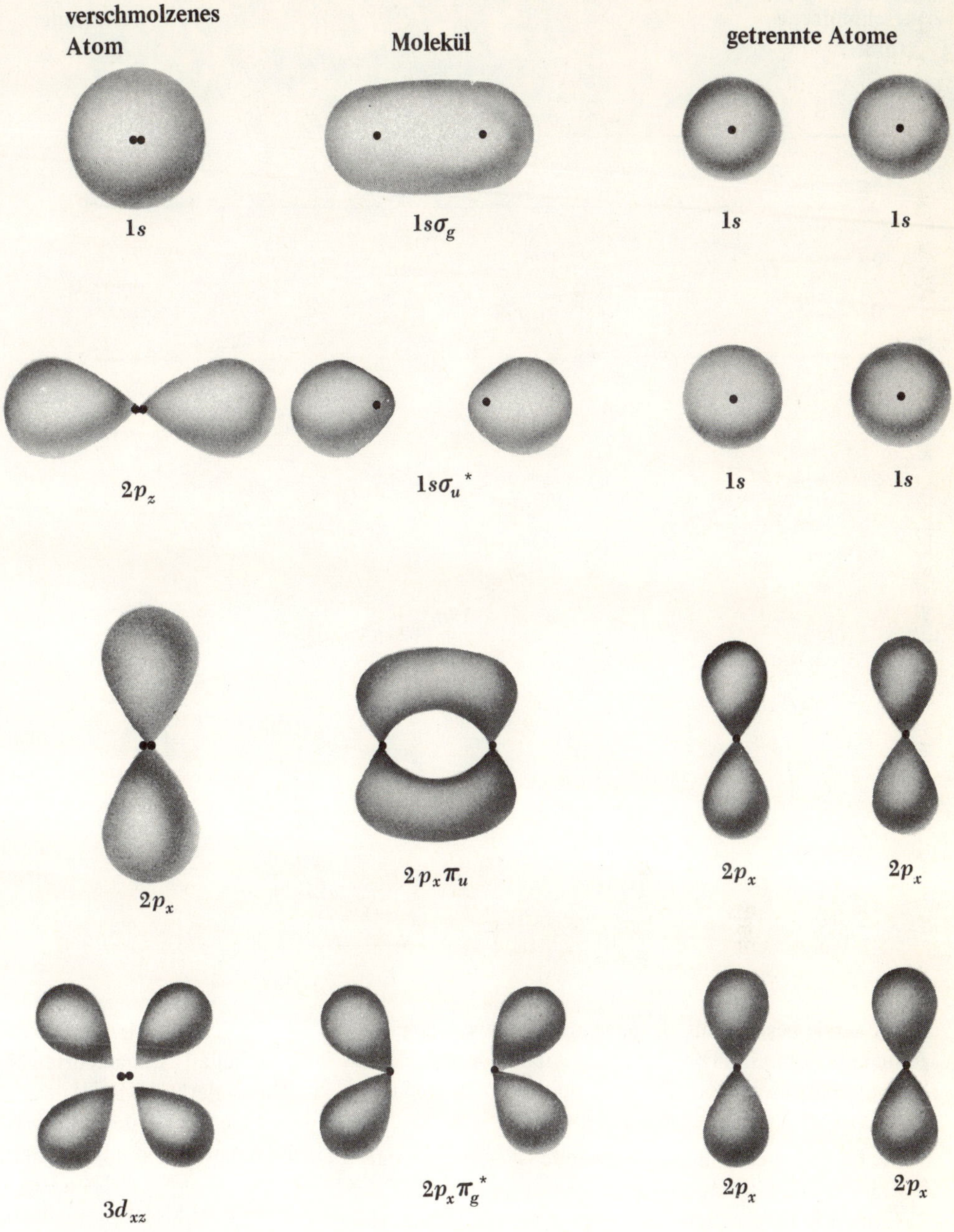

Bild 11.3 Beziehung zwischen den Orbitalen getrennter H-Atome, von H_2-Molekülen und den Orbitalen des verschmolzenen He-Atoms

Ein Korrelationsdiagramm für zweiatomige Moleküle mit gleichen Kernen kann nun konstruiert werden (Bild 11.4). Die verschiedenen Niveaus des verschmolzenen Atoms liegen tiefer als die entsprechenden Niveaus der getrennten Atome, weil die größere Kernladungszahl zu einer größeren Bindungsenergie der Elektronen und daher zu einer niedrigeren Gesamtenergie führt. Die genaue Folge von Energieniveaus in einem bestimmten Molekül hängt von dem Abstand R seiner Kerne ab.

Wir können nun die Einzelheiten der Bindung untersuchen, durch die sich die zweiatomigen Moleküle der ersten 10 Elemente des Periodensystems bilden. Vom H_2-Molekül erwarten wir, daß es stabil ist, da beide Elektronen das $1s\sigma_g$-Orbital besetzen können, dessen Energie niedriger ist als die des Orbitals der getrennten Atome. Die Elektronenkonfiguration des H_2-Moleküls wird als $1s\sigma_g^2$ geschrieben, wobei der obere Index 2 die Besetzung dieses Orbitals durch zwei Elektronen angibt. Das Ausschließungsprinzip beschränkt das $1s\sigma_g$-Orbital auf zwei Elektronen, so daß die anderen beiden Elektronen in He_2 in das $1s\sigma_u^*$ abstoßende Orbital gehen müßten, dessen Energie größer als die des $1s$-Atomorbitals des Heliums ist. Daher würde das He_2-Molekül

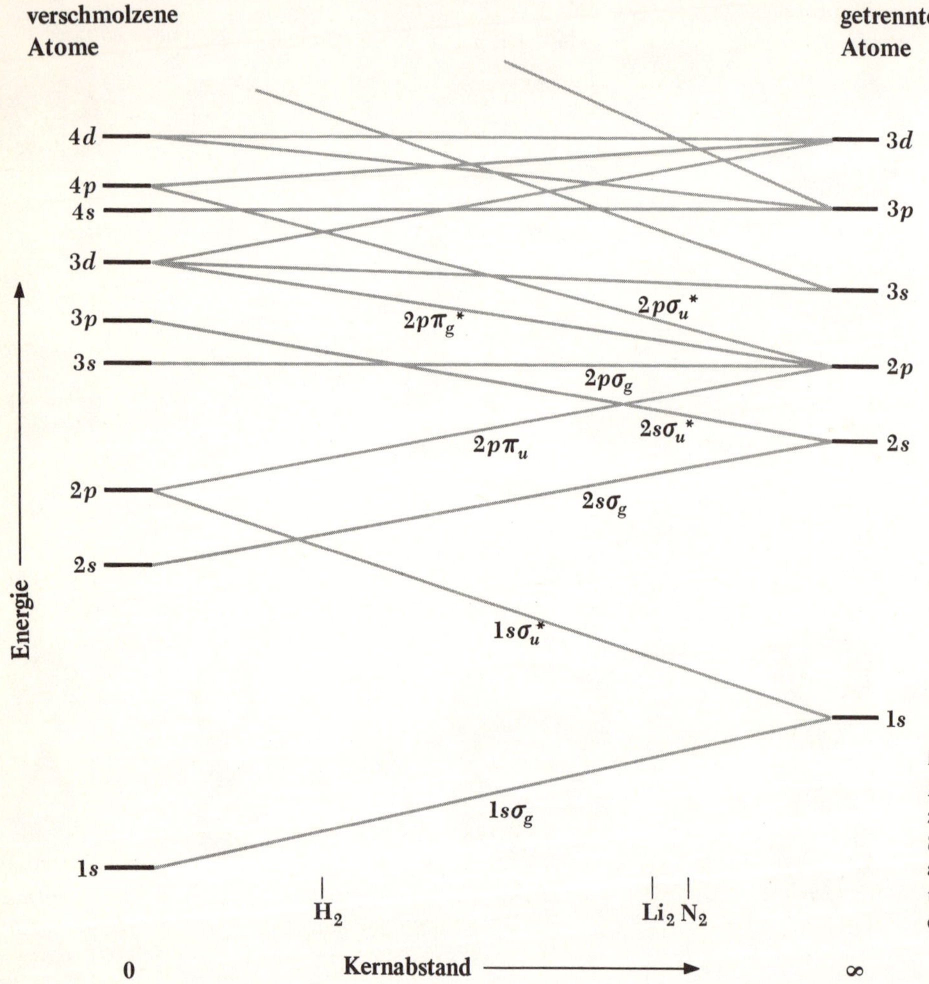

Bild 11.4

Korrelationsdiagramm für homonukleare zweiatomige Moleküle. Die Energie des Systems nimmt für bindende Orbitale ab, für bindungslockernde zu. Die relativen Kernabstände einiger Moleküle sind eingezeichnet.

mehr Energie besitzen als ein getrenntes Paar von Heliumatomen und kann deshalb nicht existieren. Würde es existieren, würde man seine Konfiguration in der Form $1s\sigma_g^2\, 1s\sigma_u^{*2}$ schreiben.

Wie in der Valenz-Bindungs-Methode ist es auch in der Molekülorbital-Methode zweckmäßig, sich vorzustellen, daß eine volle Bindung zwischen Atomen jeweils zwei Elektronen benötigt. Auch kann man sich in erster Näherung vorstellen, daß Elektronen in bindenden Orbitalen und Elektronen in antibindenden Orbitalen ungefähr gleich starke, allerdings entgegengesetzte Auswirkungen auf die Stabilität des Moleküls haben, so daß jedes besetzte antibindende Orbital in einem Molekül ein besetztes bindendes Orbital kompensiert. Die Anzahl der Valenzen in einem Molekül ist daher durch die Formel

$$\text{Anzahl der Bindungen} = \frac{1}{2}\,(\text{Anzahl der Elektronen in bindenden Orbitalen minus Anzahl der Elektronen in antibindenden Orbitalen})$$

gegeben. In H_2 gibt es nach dieser Formel eine einzige Bindung und in He_2 keine Bindung.

Die Tabelle 11.2 zeigt die Elektronenkonfigurationen der in Tabelle 11.1 angeführten Moleküle aufgrund der Molekülorbital-Methode. Die Anzahl der Bindungen pro Molekül ist dieselbe wie bei der Valenz-Bindungs-Methode, doch folgt die Existenz von ungepaarten Elektronen in B_2 und O_2 direkt aus der Hundschen Regel, daß Elektronen in einem Atom oder Molekül möglichst ungepaart bleiben. Die $2p_x\pi_u$ und $2p_y\pi_u$ bindenden Orbitale haben dieselbe Energie, und so wird jedes von ihnen von einem Elektron in B_2 eingenommen. Die zwei ungepaarten Elektronen pro Molekül führen auf den beobachteten Paramagnetismus des B_2. In O_2 sind diese Orbitale durch jeweils zwei Elektronen besetzt, doch gibt es zwei weitere Elektronen für die $2p_x\pi_g^*$ und $2p_y\pi_g^*$ Orbitale. In jedes von ihnen geht ein Elektron, wodurch es wieder zwei ungepaarte Elektronen pro Molekül gibt.

Die Eigenschaften der Ionen O_2^+, O_2^- und O_2^{--} bestätigen weiter die Molekülorbitalanalyse dieses Moleküls. Wenn aus O_2 ein Elektron entfernt wird, wodurch O_2^+ entsteht, stammt es aus einem der antibindenden Orbitale, so daß nun ein antibindendes Elektron weniger ist. Die Nettoanzahl von Bindungen erhöht sich daher auf $2\frac{1}{2}$, was sich in der ver-

Tabelle 11.2 Elektronenstrukturen homonuklearer zweiatomiger Moleküle nach der Molekülorbitalmethode. Jedes einfach besetzte Orbital stellt ein ungepaartes Elektron dar.

Molekül	$1s$	$2s$	$2p_x$	$2p_y$	$2p_z$	**Netto-bindungen**	**Molekül-struktur**
H_2	σ^2					1	H—H
(He_2)	$\sigma^2\sigma^{*2}$					0	**kein Molekül**
Li_2	$\sigma^2\sigma^{*2}$	σ^2				1	Li—Li
(Be_2)	$\sigma^2\sigma^{*2}$	$\sigma^2\sigma^{*2}$				0	**kein Molekül**
B_2	$\sigma^2\sigma^{*2}$	$\sigma^2\sigma^{*2}$	π	π		1	B—B
C_2	$\sigma^2\sigma^{*2}$	$\sigma^2\sigma^{*2}$	π^2	π^2		2	C=C
N_2	$\sigma^2\sigma^{*2}$	$\sigma^2\sigma^{*2}$	π^2	π^2	σ^2	3	N≡N
O_2	$\sigma^2\sigma^{*2}$	$\sigma^2\sigma^{*2}$	$\pi^2\pi^*$	$\pi^2\pi^*$	σ^2	2	O=O
F_2	$\sigma^2\sigma^{*2}$	$\sigma^2\sigma^{*2}$	$\pi^2\pi^{*2}$	$\pi^2\pi^{*2}$	σ^2	1	F—F
(Ne_2)	$\sigma^2\sigma^{*2}$	$\sigma^2\sigma^{*2}$	$\pi^2\pi^{*2}$	$\pi^2\pi^{*2}$	$\sigma^2\sigma^{*2}$	0	**kein Molekül**

ringerten Kerndistanz $R = 0{,}112$ nm wiederspiegelt. (In O_2 ist $R = 0{,}121$ nm: O_2^+ ist fester gebunden.) Wenn man 1 oder 2 Elektronen zu O_2 hinzufügt, hat dies den umgekehrten Effekt, da diese Elektronen in antibindende Orbitale gehen. Daher hat O_2^- nur $1\frac{1}{2}$ Bindungen und O_2^{--} nur eine Bindung, die beobachteten Werte von R sind $R = 0{,}126$ nm in O_2^- und $R = 0{,}149$ nm in O_2^{--}.

Im Gegensatz dazu sind alle Valenzelektronen in N_2 in bindenden Orbitalen. Wenn man ein Elektron aus N_2 entfernt, um das Ion N_2^+ zu erhalten, bedeutet dies ein bindendes Elektron weniger, wodurch sich $2\frac{1}{2}$ Bindungen statt 3 ergeben. Daher ist N_2^+ schwächer gebunden als N_2.

11.4 Elektronegativität

Heteronukleare zweiatomige Moleküle bestehen aus zwei verschiedenen Atomen. Im allgemeinen sind die Molekülorbitale in solchen Molekülen nicht symmetrisch, so daß die Elektronen nicht gleichmäßig auf beide Atome verteilt sind.

LiH ist das einfachste heteronukleare Molekül und ist für diesen Effekt ein gutes Beispiel. Die normale Konfiguration des H-Atoms ist $1s$, die des Li-Atoms ist $1s^2\,2s$, was bedeutet, daß in jedem Falle ein einzelnes Valenzelektron vorhanden ist. Das $1s$-Orbital des H und das $2s$-Orbital des Li bilden ein bindendes σ-Orbital in LiH, das von den beiden Valenzelektronen besetzt ist und dadurch eine einzige Bindung darstellt (Bild 11.5). Jedoch beträgt die Elektro-

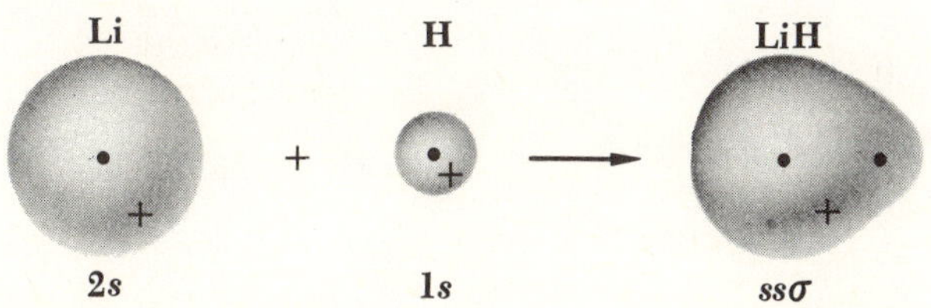

Bild 11.5 Die bindenden Elektronen in LiH besetzen ein Molekülorbital, das aus dem $1s$-Orbital des H-Atoms und dem $2s$-Orbital des Li-Atoms gebildet wird.

nenaffinität von H 0,75 eV, die des Li 0,54 eV. Auf das Valenzelektron in jedem der beiden Atome wirkt eine effektive Kernladung $+e$ (im Lithium schirmen die zwei $1s$-Elektronen $+2e$ von der Gesamtkernladung $+3e$ ab), doch befindet sich im Li das Valenzelektron im Mittel wesentlich weiter vom Kern entfernt als im H. Die entsprechenden Ionisierungsenergien zeigen diesen Unterschied, sie betragen im H 13,6 eV, im Li 5,4 eV. Daher befinden sich die Elektronen in dem σ-Orbital des LiH vorzugsweise in der Nähe des H-Kerns, und es tritt eine teilweise Ladungstrennung im Molekül auf. Gäbe es eine vollständige Ladungstrennung im LiH, wie sie im NaCl auftritt, würde das Molekül aus einem Li^+-Ion und einem H^--Ion bestehen, und die Bindung wäre eine reine Ionenbindung. Stattdessen ist sie nur eine teilweise Ionenbindung, wobei die beiden Bindungselektronen etwa 80 % ihrer Zeit in der Nähe des H-Kerns und 20 % in der Nähe des Li-Kernes verbringen. Im Gegensatz dazu verbringen die Bindungselektronen in einem homonuklearen Molekül (z.B. H_2) 50 % ihrer Zeit in der Nähe jedes Kernes. Moleküle, deren Bindungen weder rein kovalent noch rein ionisch sind, besitzen elektrische Dipolmomente.

Die Tendenz eines Atoms, in einem Molekül gemeinsame Elektronen an sich zu reißen, wird seine *Elektronegativität* genannt. Zum Beispiel ist im LiH-Molekül der Wasserstoff elektronegativer als das Lithium. Hauptsächlich durch die Arbeiten von Linus Pauling wurde eine Skala der Elektronegativitäten auf der Grundlage der beobachteten Bindungsenergien aufgestellt. Eine teilweise Ionenbindung bedeutet größere Stabilität als eine rein kovalente Bindung, da die Anziehung durch die negative Ladungsverteilung zwischen den Atomen um eine direkte gegenseitige Anziehung zwischen dem positiveren und dem negativeren Atom verstärkt ist. Daher ist der Unterschied zwischen der tatsächlichen Bindungsenergie in einem Molekül und der aufgrund einer angenommenen gleichmäßigen Elektronenverteilung berechneten Energie ein Maß für die Differenz zwischen den Elektronegativitäten der betroffenen Atome.

Um diese Idee in quantitativer Weise etwas weiter zu verfolgen, betrachten wir die zweiatomigen Moleküle A_2 und B_2 und das Molekül AB. A_2 und B_2 sind rein kovalent und verteilen ihre Kovalenzelektronen gleichmäßig. Wenn in AB die Elektronenverteilung ebenfalls gleichmäßig ist, sollte die Bindungsenergie E_{AB} für AB der Mittelwert der Bindungsenergien E_{A_2} des A_2 und E_{B_2} des B_2 sein. Bei ungleicher Elektronenaufteilung ist die Bindung stärker, und E_{AB} wird den Mittelwert von E_{A_2} und E_{B_2} um einen Betrag Δ überschreiten. Ursprünglich verwendete man den arithmetischen Mittelwert, doch fand man später, daß sich konsistentere Werte für die Elektronegativitäten ergaben, wenn man stattdessen den geometrischen Mittelwert $\sqrt{E_{A_2} . E_{B_2}}$ verwendete. Daher gilt

$$\Delta = E_{AB} - \sqrt{E_{A_2} \cdot E_{B_2}} \,. \tag{11.1}$$

Wenn die Elektronegativität des Atoms A im Molekül AB mit X_A und die des Atoms B mit X_B bezeichnet wird, ist der Unterschied zwischen ihnen durch

$$X_A - X_B = \sqrt{\Delta} \tag{11.2}$$

definiert, wobei Δ in eV gemessen wird. Dieses Verfahren liefert nur relative Werte der Elektronegativität. Um eine Skala aufzustellen, muß einem Atom ein beliebiger X-Wert zugeordnet werden. Pauling wählte als Bezugselement Fluor und setzte $X_F = 4{,}0$, was der höchste Wert von X ist, weil Fluor das am stärksten elektronegative Element ist. In älteren Büchern werden Bindungsenergien in kcal/mol statt in eV/mol angegeben. Da 1 eV/mol = 23 kcal/mol ist, erhalten wir statt Gl. (11.2)

$$X_A - X_B = \sqrt{\frac{\Delta}{23}} = 0{,}208\sqrt{\Delta} \tag{11.3}$$

wobei Δ in kcal/mol angegeben ist.

Als Beispiel wollen wir die Elektronegativität von Wasserstoff aus den Bindungsenergien von H_2, F_2 und HF berechnen. Diese betragen 4,48 eV/mol, 1,65 eV/mol und 5,83 eV/mol. Daher erhalten wir

$$\begin{aligned} \Delta &= E_{HF} - \sqrt{E_{H_2} \cdot E_{F_2}} \\ &= 5{,}83 - \sqrt{4{,}48 \cdot 1{,}65}\ \text{eV/mol} \\ &= 3{,}11\,\text{eV/mol} \end{aligned}$$

und

$$X_F - X_H = \sqrt{3{,}11} = 1{,}8 \,.$$

Da nach Definition $X_F = 4$, beträgt die Elektronegativität von H 2,2. Die Tabelle 11.3 stellt eine Liste der Elektronegativitäten der Atome dar, die auf diese Weise erhalten wurden.

Tabelle 11.3 Elektronegativitäten der Elemente

1																	**2**
H																	He
2,2																	—
3	**4**											**5**	**6**	**7**	**8**	**9**	**10**
Li	Be											B	C	N	O	F	Ne
1,0	1,6											2,0	2,6	3,0	3,4	4,0	—
11	**12**											**13**	**14**	**15**	**16**	**17**	**18**
Na	Mg											Al	Si	P	S	Cl	Ar
0,9	1,3											1,6	1,9	2,2	2,6	3,1	—
19	**20**	**21**	**22**	**23**	**24**	**25**	**26**	**27**	**28**	**29**	**30**	**31**	**32**	**33**	**34**	**35**	**36**
K	Ca	Sc	Ti	V	Cr	Mn	Fe	Co	Ni	Cu	Zn	Ga	Ge	As	Se	Br	Kr
0,8	1,0	1,4	1,5	1,6	1,7	1,6	1,8	1,9	1,9	1,9	1,7	1,8	2,0	2,2	2,6	3,0	—
37	**38**	**39**	**40**	**41**	**42**	**43**	**44**	**45**	**46**	**47**	**48**	**49**	**50**	**51**	**52**	**53**	**54**
Rb	Sr	Y	Zr	Nb	Mo	Tc	Ru	Rh	Pd	Ag	Cd	In	Sn	Sb	Te	I	Xe
0,8	1,0	1,2	1,3	1,6	2,2	1,9	2,2	2,3	2,2	1,9	1,7	1,8	2,0	2,0	2,1	2,7	—
55	**56**	**57–71**	**72**	**73**	**74**	**75**	**76**	**77**	**78**	**79**	**80**	**81**	**82**	**83**	**84**	**85**	**86**
Cs	Ba	—	Hf	Ta	W	Re	Os	Ir	Pt	Au	Hg	Tl	Pb	Bi	Po	At	Rn
0,8	0,9	1,1··1,3	1,3	1,5	2,4	1,9	2,2	2,2	2,3	2,5	2,0	2,0	2,3	2,0	2,0	2,2	—
87	**88**	**89–94**															
Fr	Ra	—															
0,7	0,9	1,1··1,4															

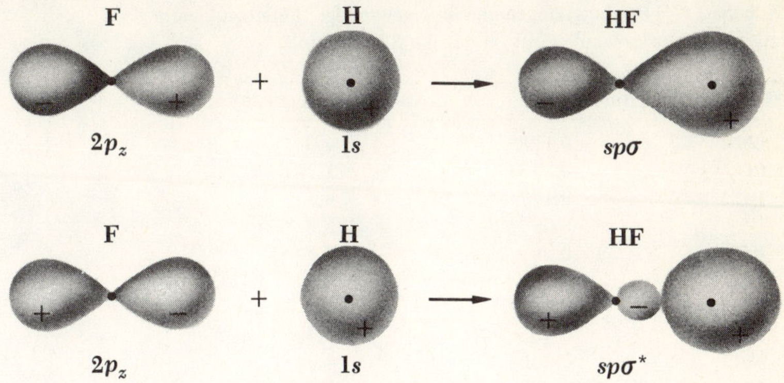

Bild 11.6
Bindende und bindungslockernde Orbitale in HF

Die Tabelle 11.3 hilft uns vorherzusagen, wie die Elektronen in einem heteronuklearen Molekül verteilt sind. So beträgt die Elektronegativität von H = 2,2 und von Li = 1,0 in Übereinstimmung mit der Tatsache, daß die gemeinsamen Elektronen hauptsächlich in der Nähe des H-Atoms zu finden sind. Andererseits ist die Elektronegativität von Fluor in HF gleich 4, daher bevorzugen die gemeinsamen Elektronen die Nähe des F-Atoms. In BH sind die entsprechenden Elektronegativitäten 2,0 und 2,2, und die Verteilung ist gleichmäßiger als in LiH und HF.

Man könnte mit einiger Berechtigung annehmen, daß die Elektronegativität eines Atoms der Summe aus seiner Ionisierungsenergie und seiner Elektronenaffinität proportional ist: Eine große Ionisierungsenergie bedeutet eine geringe Tendenz, ein Elektron abzugeben, und eine große Elektronenaffinität bedeutet eine beträchtliche Tendenz, ein Elektron anzuziehen. Aus der Tabelle 10.1 finden wir als Ionisierungsenergien für F 17,4 eV, für Cl 13,0 eV, für Br 11,8 eV und für J 10,5 eV, während wir aus der Tabelle 10.2 die entsprechenden Elektronenaffinitäten mit 3,45, 3,61, 3,36 und 3,06 eV finden. Daher sollten die Elektronegativitäten im folgenden Verhältnis stehen: F : Cl : Br : J = 20,9 : 16,6 : 15,2 : 13,6, – und diese Verhältnisse sind tatsächlich mit den Verhältnissen nach Tabelle 11.3, nämlich F : Cl : Br : J = 4,0 : 3,1 : 3,0 : 2,7, konsistent. Ein Proportionalitätsfaktor von etwa 0,19 bringt die beiden Skalen in ungefähre Übereinstimmung. Das ergibt

$$X \approx 0{,}19 \,.\, (\text{Ionisierungsenergie} + \text{Elektronenaffinität}). \tag{11.4}$$

Die Übereinstimmung ist nicht exakt, da die Elektronegativität ein zwar nützliches, jedoch nicht präzise definiertes Konzept ist und da die beiden Methoden zur Berechnung von X etwas verschiedene physikalische Eigenschaften verwenden.

11.5 Mehratomige Moleküle

In einem heteronuklearen Molekül können die Atomorbitale, aus denen sich das Molekülorbital bildet, in jedem Atom verschieden sein. Als Beispiel betrachten wir HF, wo sich das $1s$-Atomorbital des H mit dem $2p_z$-Orbital des F verbindet. Es gibt dabei zwei Möglichkeiten (Bild 11.6): ein bindendes $sp\sigma$-Molekülorbital und ein nichtbindendes $sp\sigma^*$-Orbital. Da das $1s$-Orbital des H und das $2p_z$-Orbital des F jeweils ein Elektron enthalten (Tabelle 11.1), wird das $sp\sigma$-Orbital in HF von zwei Elektronen bestzt, und wir können HF als einfach gebundenes Molekül auffassen. Die Elektronenstruktur des HF-Moleküls zeigt Bild 11.7.

Die Konfigurationen der drei p-Atomorbitale ermöglichen es, die Geometrien vieler mehratomiger Moleküle zu verstehen. Das Wassermolekül H_2O ist ein Beispiel. Zunächst könnte man ein lineares Molekül, H—O—H, erwarten, da Sauerstoff elektronegativer als Wasserstoff ist und jedes H-Atom im H_2O daher eine kleine positive Ladung zeigt. Die dabei auftretende Abstoßung zwischen den H-Atomen sollte sie soweit wie möglich voneinander entfernen, nämlich auf gegenüberliegende Seiten des Sauerstoffatoms. Tatsächlich hat das Wassermolekül eher eine rechtwinklige Form, wobei der Winkel zwischen den beiden O—H-Bindungen 104,5° beträgt.

Die abgewinkelte Gestalt des Wassermoleküls kann man leicht verstehen. Aus der Tabelle 11.1 sehen wir, daß die

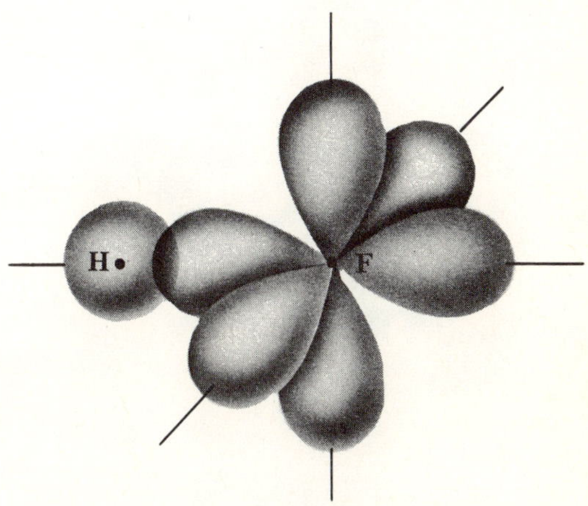

Bild 11.7 Atomorbitale der Valenzelektronen in HF. Die überlappend gezeichneten Atomorbitale bilden ein bindendes σ-Molekülorbital.

Tabelle 11.4 Bindungslängen und -energien einiger heteronuklearer zweiatomiger Moleküle (1 eV/Molekül = 23 kcal/Mol)

Molekül	Bindungslänge, nm	Bindungsenergie, eV
BN	0,128	4,0
CO	0,113	11,2
HCl	0,127	4,4
HF	0,092	5,8
KCl	0,267	4,4
LiH	0,160	2,5
NO	0,115	7,0
NaF	0,185	4,7
NaCl	0,236	4,3
NaBr	0,250	3,8
NaI	0,271	3,1
PbO	0,192	4,1
PbS	0,239	3,3

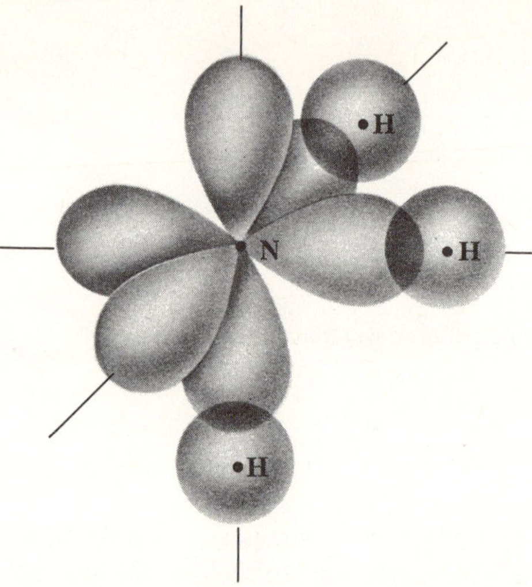

Bild 11.9 Valenzorbitale in NH_3. Die Bindungswinkel betragen 107,5°.

$2\,p_y$- und $2\,p_z$-Orbitale in O nur einfach besetzt sind, so daß sich jedes mit dem $1s$-Orbital eines H-Atoms verbinden kann, um ein $sp\sigma$-Orbital zu bilden (Bild 11.8). Der Winkel zwischen den y- und z-Achsen beträgt 90°, und der gefundene Winkel von 104,5° läßt sich aus der gegenseitigen Abstoßung der H-Atome erklären. Dies wird durch die Tatsache bekräftigt, daß die Bindungswinkel in den sonst ähnlichen Molekülen H_2S und H_2Se 92° bzw. 90° betragen, was wir mit der größeren Entfernung zwischen den H-Atomen bei ihrer Bindung an die S-Atome (Ordnungszahl $Z = 16$) beziehungsweise Se-Atome ($Z = 34$) begründen können.

In ähnlicher Weise läßt sich die Pyramidenform des Ammoniak-Moleküls NH_3 erklären. Aus der Tabelle 11.1 finden wir, daß die $2p_x$, $2p_y$ und $2p_z$-Atomorbitale im Stickstoff einfach besetzt sind, wodurch jedes von ihnen mit dem $1s$-Orbital eines Wasserstoffatoms ein bindendes $sp\sigma$-Orbital bilden kann. Die bindenden Molekülorbitale in NH_3 sollten daher entlang der x-, y- bzw. z-Achse (Bild 11.9) gerichtet sein, so daß die N—H-Bindungen einen Winkel von 90° einschließen. Wie beim Wasser sind die tatsächlichen Bindungswinkel im Ammoniak etwas größer als 90°, nämlich 107,5°. Die ähnlichen Hydride der größeren Atome P ($Z = 15$) und As ($Z = 33$) zeigen die kleineren Bindungswinkel von 94° bzw. 90°, was wiederum eine Folge der verringerten gegenseitigen Abstoßung zwischen den nun weiter entfernten Wasserstoffatomen ist.

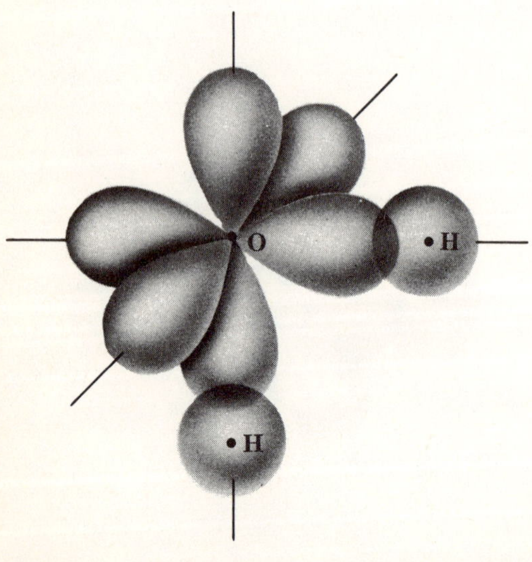

Bild 11.8 Atomorbitale der Valenzelektronen in H_2O. Der Bindungswinkel beträgt 104,5°.

11.6 Hybrid-Orbitale

Die Struktur von Methan, CH_4, läßt sich nicht so einfach wie die Struktur von Wasser und Ammoniak erklären. Ein Kohlenstoffatom hat zwei Elektronen in seinem $2s$-Orbital und je eines in seinen $2p_x$- und $2p_y$-Orbitalen. Daher würden wir die Kohlenwasserstoffverbindung CH_2 erwarten, wobei 2 bindende $sp\sigma$-Orbitale mit einem Winkel von 90° auftreten sollten. Doch existiert CH_4 und zeigt außerdem eine vollständig symmetrische Struktur in Form von tetraedrischen Molekülen, wobei die C—H-Bindungen einander genau gleichwertig sind.

Wir können das Kohlenstoffatom nicht als einzige Ausnahme ansehen, da dieselben Probleme auch bei anderen Atomen auftreten. Ein Bor-Atom hat zum Beispiel die Konfiguration $1s^2\,2s^2\,2p$ und bildet BF_3 und BCl_3 statt BF und BCl.

Offensichtlich beteiligen sich die $2s$-Orbitale, obwohl sie durch Elektronenpaare besetzt sind und niedrigere Energie als die $2p$-Orbitale haben, irgendwie an der Bildung der Molekülorbitale und erlauben somit, daß die $2s$-Elektronen zu den Bindungen von C und B mit anderen Atomen beitragen. Ein Kohlenstoffatom hat insgesamt vier $n = 2$-Elektronen und bildet CH_4, während ein B-Atom drei $n = 2$-Elektronen besitzt und BF_3 bildet.

Am einfachsten läßt sich die Existenz von CH_4 durch die Annahme erklären, daß eines der beiden $2s$-Elektronen im Kohlenstoff in das freie $2p_z$-Orbital gehoben wird, so daß nun je ein Elektron in den $2s$-, $2p_x$-, $2p_y$- und $2p_z$-Orbitalen ist und 4 Bindungen gebildet werden können. Der Übergang eines Elektrons aus einem $2s$- in einen $2p$-Zustand bedeutet eine Zunahme der Energie des C-Atoms, doch wird dies durch die Bildung von 4 Bindungen (für CH_4) statt nur zweien (für CH_2) kompensiert. Diese Vorstellung legt nahe, daß im CH_4 drei $sp\sigma$-Bindungen und eine $ss\sigma$-Bindung existieren; experimentell findet man jedoch, daß alle vier Bindungen identisch sind.

Die richtige Erklärung für CH_4 beruht auf der Erscheinung der *Hybridisierung,* die auftreten kann, wenn sich die Energien der $2s$- und $2p$-Zustände eines Atoms in einem Molekül nur geringfügig unterscheiden. In diesem Fall kann das Atom eine Linearkombination der beiden Atomorbitale zu *jedem* Molekülorbital beitragen, wenn dabei die entsprechenden Bindungen stabiler werden. Die Möglichkeit dazu folgt aus der Form der Schrödinger-Gleichung: Wenn die entsprechenden Energien entartet sind, sind nicht nur die $2s$- und die $2p$-Wellenfunktionen eines Atoms Lösungen der Schrödinger-Gleichung, sondern auch eine Linearkombination aus ihnen ist ebenfalls eine Lösung. In einem isolierten Atom hat ein Elektron in einem $2s$-Orbital weniger Energie als ein Elektron in einem $2p$-Orbital, und daher treten Hybridorbitale bei Atomen nicht auf. Sie sind nur in Molekülen zu finden, wenn die resultierende Bindungsenergie größer als die Bindungsenergie reiner Orbitale ist, was in der Praxis dann auftritt, wenn die s- und p-Niveaus eines Atoms nahe beieinander liegen.

Im CH_4 hat also der Kohlenstoff 4 gleichwertige Hybridorbitale, die an der Bindung teilnehmen. Diese 4 Orbitale sind Hybride aus einem $2s$- und drei $2p$-Orbitalen, und wir dürfen jedes als eine Kombination von $\frac{1}{4}\,s$ und $\frac{3}{4}\,p$ betrachten. Man nennt sie daher sp^3-Hybridorbitale. Diese Konfiguration kann man durch ein Flächendiagramm wie in Bild 11.10 darstellen. Offensichtlich ist ein sp^3-Hybridorbital in einer einzigen Richtung konzentriert, wodurch eine besonders starke Bindung zustandekommt – so stark, daß ein $2s$-Elektron in einen $2p$-Zustand gebracht werden kann.

Man darf nicht vergessen, daß Hybridorbitale in isolierten Atomen auch in angeregten Zuständen nicht existieren, sondern sie kommen zustande, wenn das Atom mit anderen Atomen ein Molekül bildet.

Bild 11.11 stellt das CH_4-Molekül dar. Außerdem ist ein Modell dieses Moleküls gezeichnet, das aus einem Kohlenstoffatom im Mittelpunkt eines Einheitswürfels und Wasserstoffatomen in jedem zweiten Eckpunkt dieses Würfels besteht. Ein Dreieck mit dem Kohlenstoffatom und zwei beliebigen Wasserstoffatomen als Eckpunkten hat die Seitenlängen $\sqrt{3}/2$, $\sqrt{3}/2$ und $\sqrt{2}$. Wenn wir den Winkel zwischen den CH-Bindungen mit θ bezeichnen, folgt aus dem Kosinussatz ($a^2 = b^2 + c^2 - 2\,bc\cos\theta$)

$$\cos\theta = -\frac{a^2 - b^2 - c^2}{2\,bc}$$

$$= -\frac{2 - \frac{3}{4} - \frac{3}{4}}{2 \cdot \frac{3}{4}} = -\frac{1}{3}$$

$$\theta = 109{,}5^\circ,$$

was mit dem experimentell bestimmten Winkel übereinstimmt.

Die Bindungswinkel von $104{,}5^\circ$ in H_2O und $107{,}5^\circ$ in NH_3 sind offensichtlich näher dem Tetraederwinkel $109{,}5^\circ$, der bei der sp^3-Hybridbindung auftritt, als dem Winkel von 90°, den man bei reinen p-Orbitalen in den O- und N-Atomen erwarten würde. Dies ermöglicht uns, die Abstoßung zwischen den H-Atomen in diesen Molekülen, die wir bereits früher besprochen haben, in die Molekülorbitalbeschreibung der Bindung aufzunehmen. Im NH_3 gibt es drei doppeltbesetzte bindende Orbitale, während ein Elektronenpaar nicht an der Bindung teilnimmt, von dem wir früher angenommen haben, daß es im $2s$-Orbital des Stickstoffs wäre. Wenn es statt der p-Orbitale sp^3-Hybridorbitale im Stickstoff gibt, ergibt sich durch den vergrößerten Bindungswinkel eine niedrigere Energie des Ammoniaks. Diesem Gewinn an molekularer Stabilität steht die Notwendigkeit gegenüber, das Paar von nicht bin-

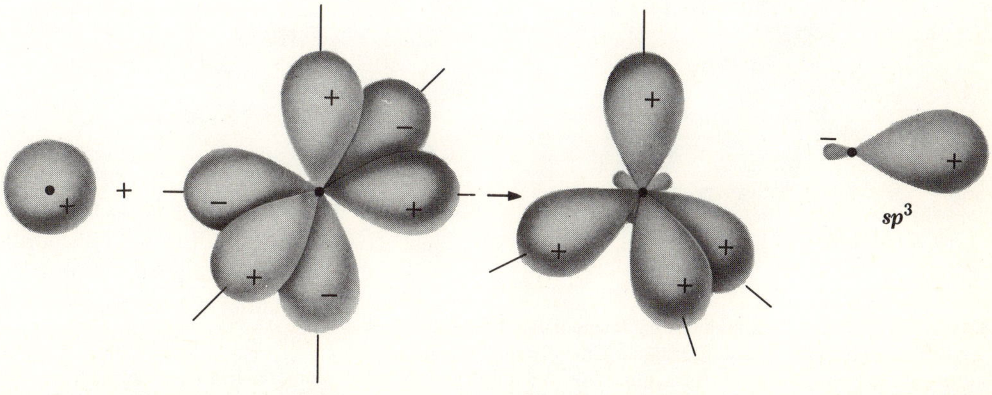

Bild 11.10
In der sp^3-Hybridisierung bilden ein s-Orbital und drei p-Orbitale im selben Atom vier sp^3-Hybridorbitale.

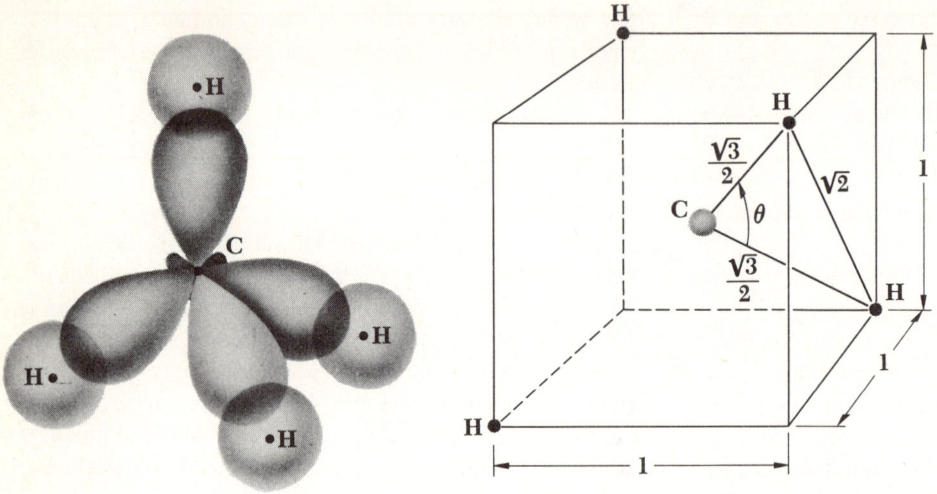

Bild 11.11
Tetraederstruktur von Methan (CH_4). Die überlappenden *sp*-Hybridorbitale des C-Atoms und die 1*s*-Orbitale der H-Atome bilden bindende Molekülorbitale.

denden 2*s*-Elektronen in den sp^3-Hybridzustand zu bringen, wobei sie keinen Beitrag zur Bindung leisten dürfen (im Gegensatz zum CH_4, wo alle vier sp^3-Orbitale an den Bindungen teilnehmen). Wir dürfen daher den Bindungswinkel 107,5° in NH_3 als das Ergebnis eines Kompromisses zwischen den beiden Extremfällen von vier sp^3-Hybridorbitalen in N (wobei eines von ihnen nicht bindet) und von drei 2*p*-Orbitalen und einem nicht bindenden 2*s*-Orbital betrachten. Bild 11.12 stellt das NH_3-Molekül auf der Basis der sp^3-Hybridisierung dar und sollte mit Bild 11.9 verglichen werden, das auf der Grundlage von *p*-Orbitalen gezeichnet wurde.

Da im Sauerstoff zwei bindende und zwei nichtbindende Orbitale vorhanden sind, ist beim H_2O die Tendenz, Hybridorbitale zu bilden, geringer als bei NH_3, das drei bindende und nur ein nicht bindendes Orbital besitzt. Der kleinere Bindungswinkel in H_2O steht mit diesem Schluß in Übereinstimmung.

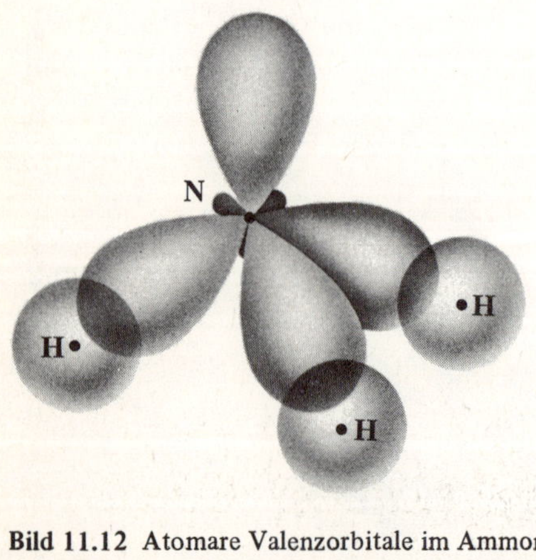

Bild 11.12 Atomare Valenzorbitale im Ammoniakmolekül (NH_3) bei sp^3-Hybridisierung der Stickstofforbitale. Eines der sp^3-Orbitale ist mit zwei Elektronen besetzt und trägt nicht zur Bindung bei.

11.7 Kohlenstoff-Kohlenstoff-Bindungen

Neben den sp^3-Orbitalen treten bei den Kohlenstoffatomen zwei weitere Typen von Hybridorbitalen auf. Bei der sp^2-Hybridisierung ist ein Valenzelektron in einem reinen *p*-Orbital, und die anderen drei sind in Hybridorbitalen, die aus $\frac{1}{3}\,s$ und $\frac{2}{3}\,p$ bestehen. Bei der *sp*-Hybridisierung sind zwei Valenzelektronen in reinen *p*-Orbitalen, die beiden anderen sind in Hybridorbitalen von der Form $\frac{1}{2}\,s$ und $\frac{1}{2}\,p$.

Äthylen C_2H_4 ist ein Beispiel für die sp^2-Hybridisierung, bei der die beiden Kohlenstoffatome durch eine Doppelbindung gebunden sind. Bild 11.13 zeigt die drei sp^3-Hybridorbitale, die miteinander einen Winkel von je 120° einschließen, und das reine p_x-Orbital jedes Kohlenstoffes. Zwei sp^2-Orbitale überlappen sich in jedem Kohlenstoffatom mit *s*-Orbitalen der Wasserstoffatome und bilden bindende Orbitale, das dritte sp^2-Orbital jedes Kohlenstoffatoms bildet mit demselben Orbital des anderen C-Atoms ein bindendes σ-Orbital. Die p_x-Orbitale der C-Atome bilden miteinander eine π-Bindung, so daß eine der Bindungen zwischen den Kohlenstoffatomen eine σ-Bindung, die andere eine π-Bindung ist. Die Strukturformel für Äthylen lautet daher

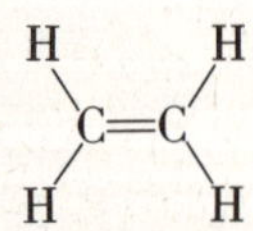

Azetylen C_2H_2, ist ein Beispiel für die *sp*-Hybridisierung, wobei zwei Kohlenstoffatome durch drei Bindungen verknüpft sind. Ein *sp*-Hybridorbital in jedem C-Atom bildet eine σ-Bindung mit einem H-Atom, das zweite bildet eine σ-Bindung mit dem anderen C-Atom. Die $2p_x$- und $2p_y$-Orbitale in jedem C-Atom bilden π-Bindungen, so daß eine der drei Bindungen zwischen den Kohlenstoffatomen eine

(a)
(b)
(c)

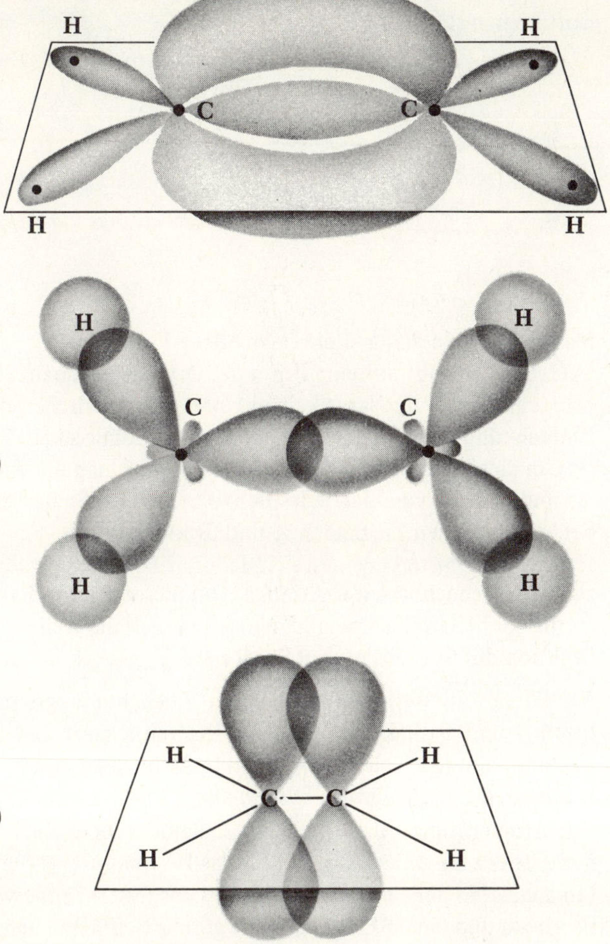

Bild 11.13 (a) Das Äthylenmolekül (C_2H_4). (b) Die Ansicht von oben zeigt die sp^2-Hybridorbitale, die σ-Bindungen zwischen den C-Atomen und zwischen den einzelnen C-Atomen und den H-Atomen bilden. (c) Die Seitenansicht zeigt die reinen p_x-Orbitale, die eine π-Bindung zwischen den C-Atomen bilden.

σ_z-Bindung und die anderen π_x- und π_y-Bindungen sind (Bild 11.14). Die Strukturformel für Azetylen lautet

$$H-C\equiv C-H$$

In Äthylen und Azetylen liegen die Elektronen der π-Orbitale „ungeschützt" auf der Außenseite der Moleküle. Diese Verbindungen reagieren chemisch viel leichter als Moleküle mit nur einfachen σ-Bindungen zwischen den Kohlenstoffatomen wie zum Beispiel Äthan

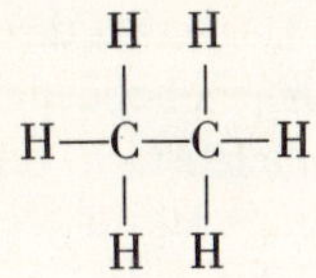

bei dem alle Bindungen aus den sp^3-Hybridorbitalen der Kohlenstoffatome bestehen. Kohlenstoffverbindungen mit Doppel- und Dreifachbindungen werden *ungesättigt* genannt, weil sie in Reaktionen wie

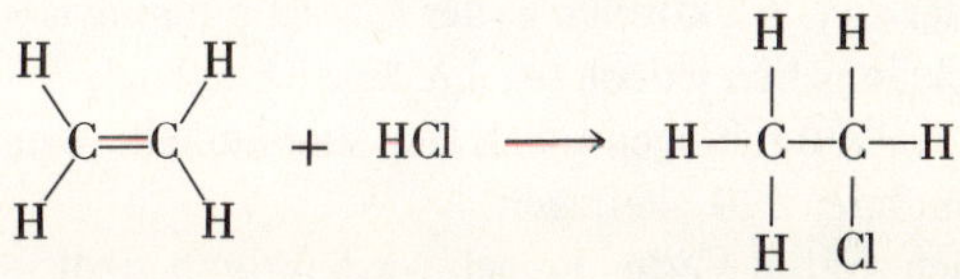

Atome in ihre Moleküle einbauen können. In einer *gesättigten* Verbindung (zum Beispiel Methan oder Äthan) gibt es nur einfache Bindungen.

11.8 Der Benzol-Ring

Benzol, C_6H_6, ist eine besonders interessante Kohlenwasserstoffverbindung, weil seine 6 Kohlenstoffatome in einem ebenen, sechseckigen Ring angeordnet sind. Wenn wir in Valenzbindungen denken, gibt es zwischen den Kohlenstoffatomen im Benzol drei Einfach- und drei Doppelbindungen, so daß seine Struktur in den folgenden zwei Arten beschrieben werden kann:

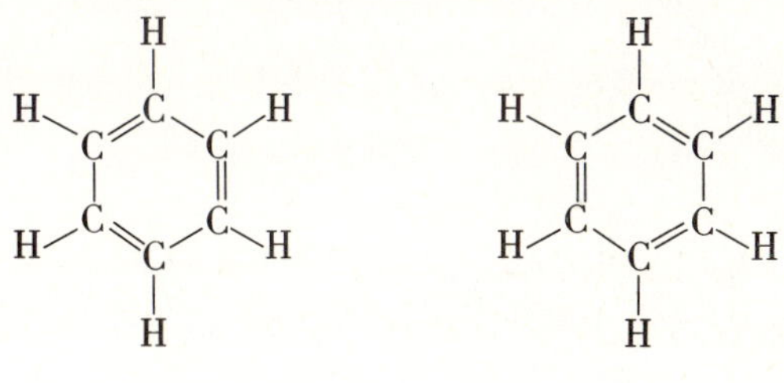

(A) (B)

Bild 11.14
Das Azetylenmolekül (C_2H_2). Zwischen den C-Atomen bestehen drei Bindungen: eine σ-Bindung zwischen sp-Hybridorbitalen und zwei π-Bindungen zwischen reinen p_x- und p_y-Orbitalen.

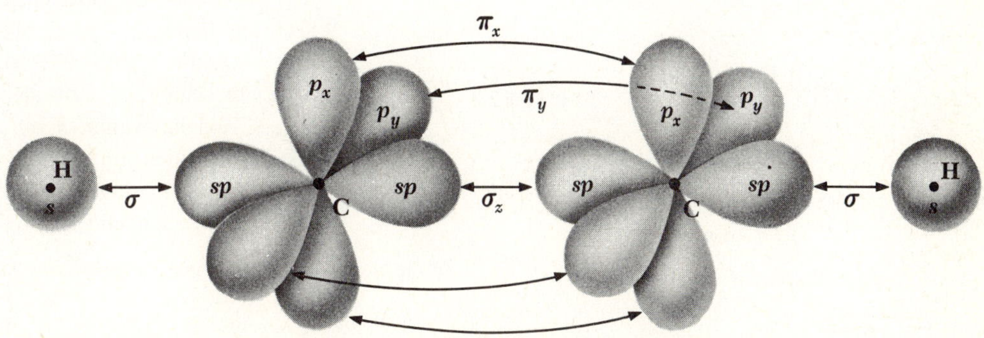

Gegen dieses einfache Valenzbindungsbild für Benzol gibt es einige gewichtige Einwände, von denen wir drei erwähnen wollen. Der erste Einwand sagt, daß Doppelbindungen nicht besonders stabil sind, so daß Benzol wie Äthylen Additionsverbindungen eingehen sollte. Im Gegensatz dazu bildet Benzol jedoch Substitutionsverbindungen, bei denen ein oder mehrere Wasserstoffatome durch andere Atome oder Atomgruppen ersetzt werden, so daß die Ringstruktur erhalten bleibt. Der Benzolring ist also stärker gebunden, als die einfache Strukturformel andeuten würde.

Der zweite Einwand ergibt sich daraus, daß C—C-Bindungen im Mittel 0,154 nm und C=C-Bindungen 0,135 nm lang sind. Die geringere Länge der C=C-Bindung kommt von der Teilnahme von vier Elektronen an der Doppelbindung statt der zwei Elektronen in der Einfachbindung C—C. Benzolmoleküle haben jedoch regelmäßige hexagonale Form, wobei alle Bindungen gleich lang sind und alle Winkel zwischen ihnen 120° betragen.

Schließlich sollten Verbindungen wie Dibrombenzol $C_6H_4Br_2$ in vier verschiedenen Formen auftreten, wenn Einfach- und Doppelbindungen abwechselnd vorkämen:

1. Br-Atome an gegenüberliegenden C-Atomen (Paradibrombenzol):

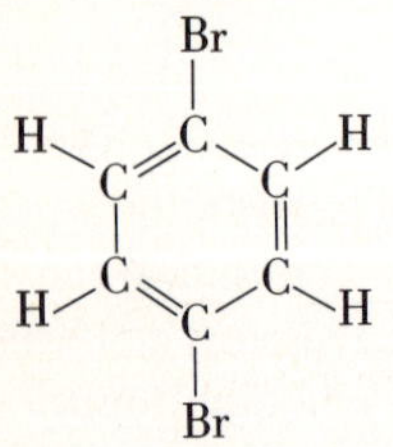

2. Br-Atome an übernächsten C-Atomen (Metadibrombenzol):

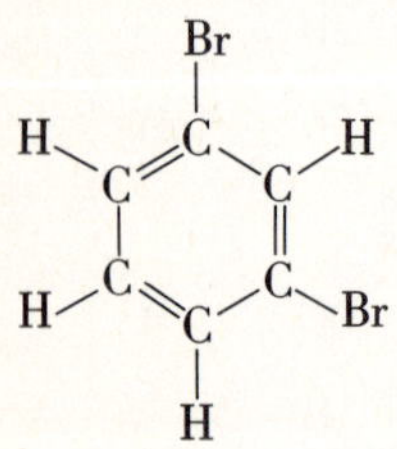

3. Br-Atome an benachbarten doppeltgebundenen Kohlenstoffatomen (Orthodibrombenzol):

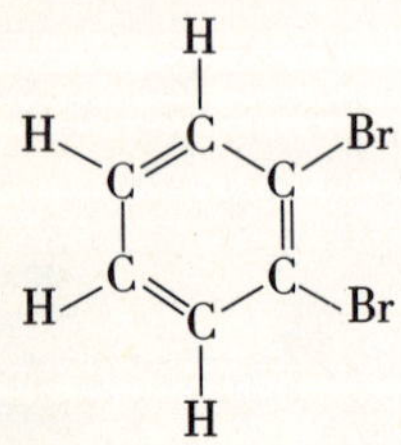

4. Br-Atome an benachbarten einfachgebundenen Kohlenstoffatomen (Orthodibrombenzol):

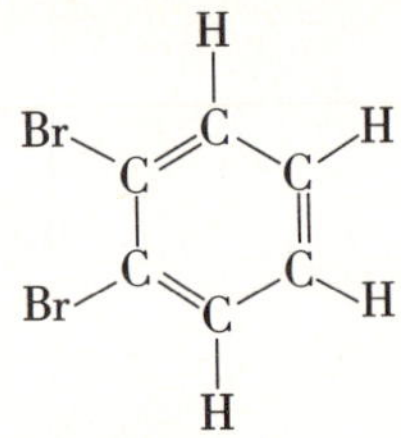

Man findet jedoch nur drei verschiedene Formen von $C_6H_4Br_2$ – es gibt nur eine Form des Orthodibrombenzol. Daher gibt es in der Natur keinen Unterschied zwischen den Einfach- und den Doppelbindungen im Benzolmolekül.

Um diese Schwierigkeiten zu lösen, nimmt man im Valenzbindungsbild an, daß jedes Benzolmolekül zwischen den beiden möglichen Zuständen A und B hin und her schwingt. Im Mittel ergeben sich dadurch $1\frac{1}{2}$ Bindungen zwischen benachbarten C-Atomen. Um diesen Sachverhalt formal zu beschreiben, würde man sagen, daß die Wellenfunktion des Systems proportional zu $\psi_A + \psi_B$ ist, wobei ψ_A und ψ_B die Wellenfunktionen der Valenzbindungsstrukturen A und B sind. Eine genauere Rechnung zeigt, daß die Kombination der Wellenfunktionen tatsächlich zu einer niedrigeren Energie für das System aus 6 C-Atomen und 6 H-Atomen führt, als ψ_A oder ψ_B alleine. (Diese Rechnung ist der im vorigen Kapitel für das H^+-Ion durchgeführten analog, in der sich gezeigt hat, daß das System aus zwei Protonen und einem Elektron seine geringste Energie hat, wenn das Elektron durch eine Wellenfunktion beschrieben wird, die eine Superposition der Wellenfunktionen der beiden alternativen, jedoch äquivalenten Zustände ist.) Das Benzolmolekül ist daher in einem gewissen Sinn ein *Resonanzhybrid* der beiden Konfigurationen A und B.

Ein besseres Verständnis des Benzolmoleküls ergibt sich durch die Betrachtung seiner Molekülorbitale. Da die Kohlenstoff-Kohlenstoff-Bindungen im Benzolring einen Winkel von 120° einschließen, folgern wir, daß sich die Ringstruktur des Moleküls durch sp^2-Hybridorbitale ergibt. Von den drei sp^2-Orbitalen pro C-Atom bildet eines ein bindendes σ-Orbital mit dem $1s$-Orbital eines H-Atoms, und die beiden anderen bilden bindende σ-Orbitale mit den entsprechenden $2sp^2$-Orbitalen der C-Atome auf jeder Seite (Bild 11.15). Dadurch bleibt ein $2p_x$-Orbital pro Kohlenstoffatom über, dessen „Keulen" auf der Ringebene senkrecht stehen. Die insgesamt sechs $2p_x$-Orbitale im Molekül können auf 6 verschiedene Weisen 3 bindende und 3 antibindende π-Orbitale bilden. Im Benzolmolekül haben die bindenden π-Orbitale die niedrigste Energie und werden von den zur Verfügung stehenden Elektronen besetzt. Es ergibt sich eine

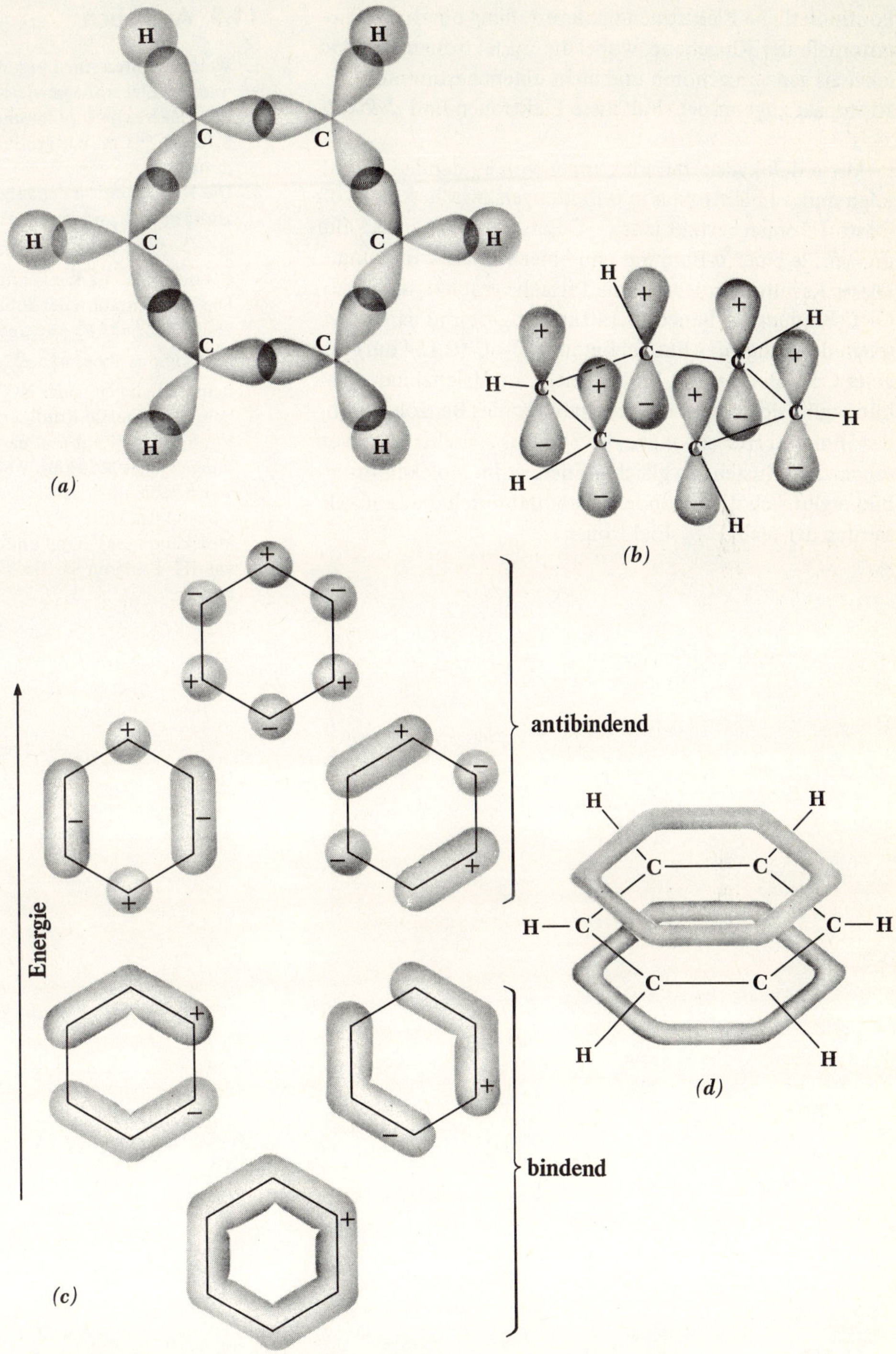

Bild 11.15 Das Benzolmolekül (C_6H_6). (a) Die Überlappung der sp^2-Hybridorbitale in den C-Atomen unter einander und mit den *s*-Orbitalen der H-Atome führt auf σ-Bindungen. (b) Jedes C-Atom hat ein reines p_x-Orbital, das mit einem Elektron besetzt ist. (c) Die sechs möglichen π-Molekülorbitale in Benzol. (d) Die drei bindenden Orbitale stellen eine kontinuierliche Elektronenverteilung rund um das Molekül dar, die sechs delokalisierte Elektronen enthält.

kontinuierliche Elektronendichteverteilung oberhalb und unterhalb der Ringebene, wobei die 6 Elektronen zum Molekül als ganzem gehören und nicht einem bestimmten Atompaar zugeordnet sind; diese Elektronen sind *delokalisiert*.

Mit 6 delokalisierten Elektronen von bindenden π-Orbitalen und 12 Elektronen in σ-Bindungen zwischen den Kohlenstoffatomen besteht jede C—C-Bindung netto aus $1\frac{1}{2}$ Bindungen, je einer σ-Bindung und einer halben π-Bindung. Dieses Resultat wird durch die Tatsache gestützt, daß jede C┅C-Bindung im Benzol 0,140 nm lang ist und damit zwischen der Länge der Einfachbindung C—C (0,154 nm) und einer C=C-Bindung (0,135 nm) liegt. Im Valenzbindungsbild ergibt sich die besondere Stabilität des Benzols durch das Hin- und Herschwingen des Systems zwischen zwei verschiedenen Zuständen gleicher Energie. Im Molekülorbitalbild ergibt sich die besondere Stabilität durch die Delokalisierung der sechs $2p_x$-Elektronen.

11.9 Aufgaben

1. Welcher Unterschied besteht zwischen der Elektronenaffinität und der Elektronegativität?
2. Das elektrische Dipolmoment des H_2O-Moleküls beträgt $6{,}13 \cdot 10^{-30}$ Cm. Wie groß ist das Dipolmoment jeder O—H-Bindung?
3. Die Konfiguration der äußeren Elektronen des CO-Moleküls kann als $\sigma_s^2\,\sigma_s^{*2}\,\pi_{x,y}^4\,\sigma_z^2$ geschrieben werden, jene des CO^+-Molekülions als $\sigma_s^2\,\sigma_s^{*2}\,\pi_{x,y}^4\,\sigma_z$. Wie viele Bindungen gibt es in jedem Fall? Ist CO oder CO^+ stärker gebunden?
4. Die Konfiguration der äußeren Elektronen des NO-Moleküls kann als $\sigma_s^2\,\sigma_s^{*2}\,\pi_{x,y}^4\,\pi_{x,y}^*\,\sigma_z^2$ geschrieben werden, die des NO^+-Molekülions als $\sigma_s^2\,\sigma_s^{*2}\,\pi_{x,y}^4\,\sigma_z^2$. Welche Bindungen gibt es in jedem Fall? Ist NO oder NO^+ stärker gebunden?
5. Schreiben Sie die Konfiguration der äußeren Elektronen von F_2, F_2^+ und F_2^- auf und bestimmen Sie die Anzahl der Nettobindungen jedes Moleküls. Welches hat die höchste Bindungsenergie, welches die niedrigste?
6. Obwohl das Molekül He_2 instabil ist und nicht vorkommt, ist das Molekülion He_2^+ stabil und hat etwa die gleiche Bindungsenergie wie H_2^+. Erklären Sie diese Tatsache mit Hilfe des Molekülorbitalbildes.

12 Molekülspektren

Energiezustände der Moleküle haben ihre Ursache entweder in der Rotation des Gesamtmoleküls, in den Schwingungen der Einzelatome gegeneinander oder in Veränderungen der Elektronenstruktur. Rotationszustände haben sehr kleine Energieabstände (etwa 10^{-3} eV), und die den Übergängen zwischen diesen Zuständen entsprechenden Spektren liegen in der Mikrowellenregion mit Wellenlängen von 0,1 mm bis 1 cm. Schwingungszustände haben etwas größere Energieabstände (etwa 0,1 eV), und die entsprechenden Spektren liegen im infraroten Bereich mit Wellenlängen von 1000 nm bis 0,1 mm. Elektronenzustände der Moleküle haben noch höhere Energien; typische Abstände zwischen den Energieniveaus der Valenzelektronen betragen einige Elektronenvolt, und die Spektren befinden sich im sichtbaren und im ultravioletten Bereich. Ein genaues Bild eines speziellen Moleküls, insbesondere der Bindungslängen, Kraftkonstanten und Bindungswinkel, kann oft aus seinen Spektren erschlossen werden.

12.1 Energieniveaus der Rotation: Zweiatomige Moleküle

Zuerst wollen wir die Energieniveaus der Rotation zweiatomiger Moleküle betrachten. Wir können uns ein solches Molekül durch zwei Atome der Massen m_1 und m_2 in einem Abstand R (siehe Bild 12.1) veranschaulichen. Das Trägheitsmoment dieses Moleküls bezüglich einer Achse durch seinen Schwerpunkt, die senkrecht auf die Verbindungslinie der Atome steht, beträgt

$$I = m_1 r_1^2 + m_2 r_2^2, \qquad (12.1)$$

wobei r_1 und r_2 die Abstände der Atome 1 und 2 vom Schwerpunkt sind. Da nach Definition

$$m_1 r_1 = m_2 r_2, \qquad (12.2)$$

kann das Trägheitsmoment auch als

$$I = \left(\frac{m_1 m_2}{m_1 + m_2}\right) (r_1 + r_2)^2 = \mu R^2 \qquad (12.3)$$

geschrieben werden, wobei

$$\mu = \frac{m_1 m_2}{m_1 + m_2} \qquad (12.4)$$

die reduzierte Masse des Moleküls (siehe Abschnitt 4.7) ist.

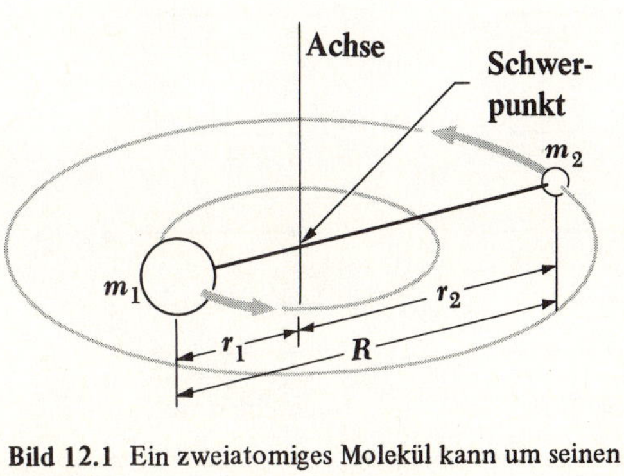

Bild 12.1 Ein zweiatomiges Molekül kann um seinen Schwerpunkt rotieren.

Der Drehimpuls **L** des Moleküls hat den Betrag

$$L = I\omega, \qquad (12.5)$$

wobei ω seine Winkelgeschwindigkeit ist. Wie wir wissen, ist der Drehimpuls stets quantisiert. Wenn wir die entsprechende Quantenzahl mit J bezeichnen, gilt

$$L = \sqrt{J(J+1)}\,\hbar \qquad J = 0, 1, 2, 3, \ldots \qquad (12.6)$$

Die Energie eines rotierenden Moleküls ist $\frac{1}{2} I\omega^2$, und daher sind die Energieniveaus durch

$$E_J = \tfrac{1}{2} I\omega^2 = \frac{L^2}{2I}$$

$$= \frac{J(J+1)\,\hbar^2}{2I} \qquad (12.7)$$

gegeben.

Welche Energien und Winkelgeschwindigkeiten treten bei der Rotation von Molekülen auf? Das Kohlenmonoxid-(CO)-Molekül hat eine Bindungslänge R von 0,113 nm, und die Massen der C^{12}- und O^{16}-Atome betragen $1{,}99 \cdot 10^{-26}$ kg, bzw. $2{,}66 \cdot 10^{-26}$ kg. Daher ergibt sich als reduzierte Masse μ des CO-Moleküls

$$\mu = \frac{m_1 m_2}{m_1 + m_2} = \frac{1{,}99 \cdot 2{,}66}{1{,}99 + 2{,}66} \cdot 10^{-26}$$

$$= 1{,}14 \cdot 10^{-26}\,\text{kg}$$

und als Trägheitsmoment

$$I = \mu R^2 = 1{,}14 \cdot 10^{-26}\,\text{kg} \cdot (1{,}13 \cdot 10^{-10}\,\text{m})^2$$

$$= 1{,}46 \cdot 10^{-46}\,\text{kg}\,\text{m}^2$$

Das niedrigste Energieniveau der Rotation entspricht $J = 1$, und für dieses Niveau ergibt sich in CO

$$E_{J=1} = \frac{J(J+1)\,\hbar^2}{2I} = \frac{\hbar^2}{I}$$

$$= \frac{(1{,}054 \cdot 10^{-34}\,Js)^2}{1{,}46 \cdot 10^{-46}\,\text{kg}\,\text{m}^2}$$

$$= 7{,}61 \cdot 10^{-23} J = 5{,}07 \cdot 10^{-4}\,\text{eV}.$$

Dies ist eine sehr kleine Energie, und es befinden sich bei Raumtemperatur, für die kT ungefähr $2{,}6 \cdot 10^{-2}$ eV ist, nahezu alle Moleküle einer Probe von CO-Molekülen in angeregten Rotationszuständen (siehe Abschnitt 13.6). Die Winkelgeschwindigkeit des CO-Moleküls beträgt für $J = 1$

$$\omega = \sqrt{\frac{2E}{I}}$$

$$= \sqrt{\frac{2 \cdot 7{,}61 \cdot 10^{-23} J}{1{,}46 \cdot 10^{-46}\,\text{kg}\,\text{m}^2}}$$

$$= 3{,}23 \cdot 10^{11}\,\text{rad/s}.$$

Die durchgeführten Rechnungen gingen davon aus, daß das Molekül starr ist und sich bei hohen Winkelgeschwindigkeiten nicht dehnt. Da Molekülbindungen elastisch sind, tritt jedoch in der Natur eine gewisse Zentrifugalverformung auf: Die Bindungslänge in HF beträgt im J=1-Zustand 0,0929 nm, im J=5-Zustand 0,0941 nm und im J=10-Zustand 0,0969 nm. Um den Einfluß der Verlängerung der Bindungsabstände auf die Energieniveaus der Rotation zu bestimmen, wollen wir uns vorstellen, daß ein zweiatomiges Molekül durch eine Bindung zusammengehalten wird, für die das Hookesche Gesetz gilt. Mit der Kraftkonstanten k beträgt die rücktreibende Kraft, wenn die Bindung von ihrer normalen Länge R_0 auf die Länge R gedehnt wird, $k(R - R_0)$. Diese rücktreibende Kraft entspricht der Zentripetalkraft, die auf die rotierenden Atome wirkt. Die Zentripetalkraft eines Teilchens der Masse μ, das auf einem Kreis mit dem Radius R und mit der Winkelgeschwindigkeit ω rotiert, beträgt $\mu\omega^2 R$, und wir erhalten daher

$$k(R - R_0) = \mu\omega^2 R \tag{12.8}$$

$$R = \frac{kR_0}{k - \mu\omega^2}\,.$$

Die Gesamtenergie des rotierenden Moleküls setzt sich aus seiner kinetischen Energie und der elastischen (potentiellen) Energie der gedehnten Bindung, nämlich $(R - R_0)^2$ zusammen, daher ist

$$E = \tfrac{1}{2}I\omega^2 + \tfrac{1}{2}k(R - R_0)^2$$

$$= \tfrac{1}{2}I\omega^2 + \tfrac{1}{2}\,\frac{\mu^2\omega^4 R^2}{k}$$

$$= \tfrac{1}{2}I\omega^2 + \tfrac{1}{2}\,\frac{(I\omega^2)^2}{kR^2}$$

$$= \frac{L^2}{2I} + \frac{L^4}{2I^2R^2k}\,,$$

wobei L der Betrag des Drehimpulses des Moleküls ist. Da L nur die Werte $\sqrt{J(J+1)}\,\hbar$ haben kann, betragen die Energieniveaus der Rotation

$$E_J = \frac{J(J+1)\hbar^2}{2I} + \frac{J^2(J+1)^2\hbar^4}{2I^2R^2k}\,. \tag{12.9}$$

In dieser Gleichung beziehen sich sowohl das Trägheitsmoment I als auch die Bindungslänge R auf das rotierende Molekül, so daß diese Größen von J abhängig sind. Mit Hilfe der Gl. (12.8) und der Beziehung

$$I\omega = \mu R^2\omega = \sqrt{J(J+1)}\,\hbar$$

finden wir einen Ausdruck für E_J, nämlich

$$E_J \approx \frac{J(J+1)\hbar^2}{2\mu R_0^2} - \frac{J^2(J+1)^2\hbar^4}{2\mu^2 R_0^6 k}\,, \tag{12.10}$$

der von der reduzierten Masse μ und der Gleichgewichtsbindungslänge R_0 abhängt. Ein Vergleich mit Gl. (12.7) zeigt, daß die Rotationsniveaus eines nichtstarren Moleküls niedriger liegen als die entsprechenden Niveaus eines starren Moleküls, wobei sich der Unterschied mit zunehmendem J verstärkt (Bild 12.2). Je größer die Kraftkonstante k ist, desto starrer wird die Bindung und desto weniger deformiert sich das Molekül bei der Rotation, was durch die $1/k$-Abhängigkeit des zweiten Terms in Gl. (12.10) unterstrichen wird.

Bisher haben wir nur eine Rotation um eine Achse senkrecht zur Symmetrieachse eines zweiatomigen Moleküls betrachtet (Bild 12.1). Wie steht es mit Rotationen um die Symmetrieachse des Moleküls? Letztere können vernachlässigt werden, weil die Masse eines Atoms fast vollständig in seinem Kern konzentriert ist, dessen Radius etwa 10^{-4} mal kleiner als der Atomradius ist. Der Hauptbeitrag zum Trägheitsmoment eines zweiatomigen Moleküls um seine Symmetrieachse kommt statt dessen von seinen Elektronen, die in einer Region konzentriert sind, deren Radius bezüglich der Achse etwa halb so groß wie die Bindungslänge R ist, die Gesamtmasse beträgt jedoch nur etwa 1/4000 der Gesamtmasse des Moleküls. Da die erlaubten Rotationsniveaus zu $1/I$ proportional sind, muß die Rotation um die Symmetrieachse Energien betreffen, die etwa 10000 mal größer sind als die in Gl. (12.7) gegebenen Energiewerte. Daher würden Energien von wenigstens einigen Elektronenvolt zu Rotationen um die Symmetrieachse eines zweiatomigen Moleküls gehören. Da die Bindungsenergien von derselben Größenordnung sind, würde das Molekül mit größter

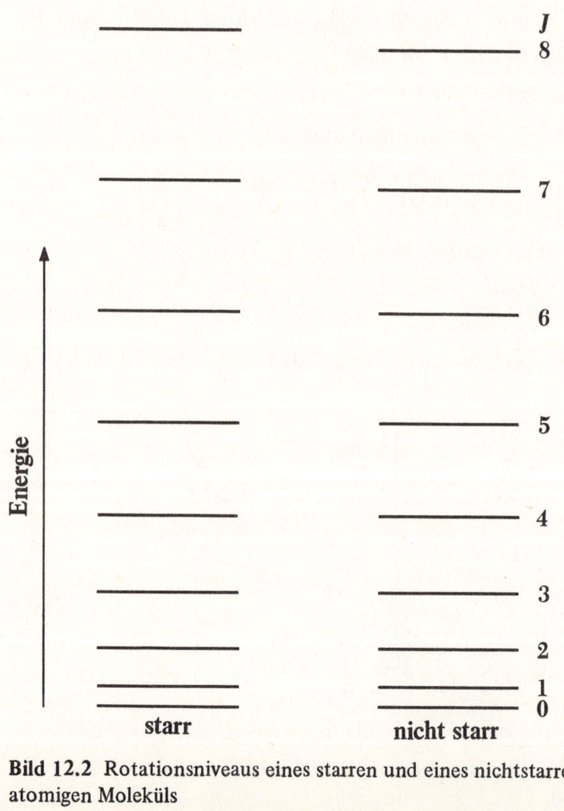

Bild 12.2 Rotationsniveaus eines starren und eines nichtstarren zweiatomigen Moleküls

Wahrscheinlichkeit dissoziieren, wenn man versuchen wollte, es zu einer solchen Rotation anzuregen. Bei CO beträgt das Trägheitsmoment der Kerne um die Symmetrieachse $1{,}6 \cdot 10^{-55}$ kg m², das der Elektronenhülle $1{,}4 \cdot 10^{-50}$ kg m². Das Trägheitsmoment des Moleküls um eine senkrechte Achse wurde früher zu $1{,}46 \cdot 10^{-46}$ kg m² berechnet, was bedeutet, daß die Energie des niedrigsten Rotationszustandes von CO um seine Symmetrieachse etwa 5 eV betragen würde. $kT = 5$ eV entspricht jedoch einer Temperatur von 58000 K! Die Bindungsenergie des CO beträgt 11 eV (Tabelle 11.4), ein untypisch hoher Wert, der durch die Anwesenheit von drei Bindungen zwischen den Atomen (einer σ- und zwei π-Bindungen) zu erklären ist; im dynamisch ähnlichen Modell NO beträgt sie nur 7 eV.

12.2 Energieniveaus der Rotation: Mehratomige Moleküle

Wenn die Atome mehratomiger Moleküle geradlinig angeordnet sind, gilt der Großteil der Überlegungen des vorigen Abschnittes unverändert. Beispiele für solche Moleküle sind Carbonoxysulfid (OCS) und Chlorazetylen (HC ≡ CCl). Der Hauptunterschied besteht darin, daß die Trägheitsmomente linearer mehratomiger Moleküle beträchtlich größer sind als die zweiatomiger Moleküle, was auf einen wesentlich geringeren Niveauabstand führt. Das Trägheitsmoment von OCS ist zum Beispiel 9,48 mal größer als das von CO, und daher ist die niedrigste Rotationsenergie von OCS $0{,}53 \cdot 10^{-4}$ eV (verglichen mit $5{,}07 \cdot 10^{-4}$ eV für CO).

Die meisten mehratomigen Moleküle sind nicht linear, und ihre Rotationen können sehr kompliziert sein. Wie in der klassischen Physik ist es zweckmäßig, drei aufeinander senkrechte *Hauptachsen* in einem mehratomigen Molekül festzulegen und alle Rotationsbewegungen auf diese Achsen zu beziehen. Wenn wir diese Achsen A, B und C nennen, beträgt die Rotationsenergie eines (starren) mehratomigen Moleküls

$$E = \frac{L_A^2}{2I_A} + \frac{L_B^2}{2I_B} + \frac{L_C^2}{2I_C}. \qquad (12.11)$$

Der Gesamtdrehimpuls $\mathbf{L}$ ist durch

$$\mathbf{L} = \mathbf{L}_A + \mathbf{L}_B + \mathbf{L}_C$$

gegeben. Da die drei Drehimpulse aufeinander senkrecht stehen, beträgt die Länge von $\mathbf{L}$

$$L = \sqrt{L_A^2 + L_B^2 + L_C^2} = \sqrt{J(J+1)}\,\hbar \qquad J = 0, 1, 2, \ldots \qquad (12.12)$$

Im allgemeinen sind alle drei Trägheitsmomente verschieden, und das dynamische Verhalten des Moleküls entspricht dem eines unsymmetrischen Kreisels. Bevor wir solche Moleküle betrachten, wollen wir die einfacheren Moleküle (symmetrische Kreisel) untersuchen, bei denen zwei Trägheitsmomente gleich sind. Wenn die Achse A Symmetrieachse ist, dann ist $I_B = I_C$, und die Rotationsenergie des Moleküls ergibt sich zu

$$E = \frac{L_A^2}{2I_A} + \frac{L_B^2 + L_C^2}{2I_B}. \qquad (12.13)$$

Die Symmetrieachse eines symmetrischen Kreiselmoleküls legt eine eindeutige Richtung fest, und für die Komponente L_A des Gesamtdrehimpulses in diese Richtung gilt die Quantisierungsbedingung

$$L_A = K\hbar \qquad K = 0, \pm 1, \pm 2 \ldots \pm J \qquad (12.14)$$

Die A-Achse spielt hier dieselbe Rolle wie die z-Achse in einem Atom, so daß K der atomaren magnetischen Quantenzahl entspricht. Die beiden Vorzeichen von K entsprechen den beiden möglichen Drehrichtungen. In Übereinstimmung mit dem Unschärfeprinzip ist der Maximalbetrag von $|L_A|$ kleiner als L, da $|L_A| = L$ die Richtung von $\mathbf{L}$ mit unendlicher Genauigkeit festlegen würde.

Aus

$$L_A^2 = K^2\hbar^2 \qquad (12.15)$$

und

$$L_A^2 + L_B^2 + L_C^2 = J(J+1)\,\hbar^2 \qquad (12.16)$$

folgt

$$L_B^2 + L_C^2 = J(J+1)\,\hbar^2 - K^2\hbar^2. \qquad (12.17)$$

Die Rotationsenergie eines symmetrischen Kreiselmoleküls kann daher in folgender Weise geschrieben werden:

$$E_{J,K} = \frac{K^2\hbar^2}{2I_A} + \frac{J(J+1)\,\hbar^2}{2I_B} - \frac{K^2\hbar^2}{2I_B}$$
$$= \frac{J(J+1)\,\hbar^2}{2I_B} + K^2\left(\frac{\hbar^2}{2I_A} - \frac{\hbar^2}{2I_B}\right). \qquad (12.18)$$

Bild 12.3 zeigt Beispiele symmetrischer Kreiselmoleküle. Aus Gl. (12.18) sehen wir, daß der Koeffizient von K^2 für Moleküle, die abgeflachten Ellipsoiden entsprechen, negativ ist, und daß die Rotationsenergien für festes J mit zunehmendem K abnehmen. Das Gegenteil trifft für verlängerte Ellipsoidmoleküle zu, nur ein Kugelkreiselmolekül wie etwa Methan verhält sich bezüglich der Rotation wie ein lineares Molekül, wobei E nur von J abhängt.

Zentrifugale Deformation tritt auch bei rotierenden mehratomigen Molekülen auf, wodurch die Energieniveaus geringfügig gesenkt werden. Die Korrektur zur Gl. (12.18) enthält nicht nur einen Term proportional zu $J^2(J+1)^2$ wie für zweiatomige Moleküle (Gl. (12.10)), sondern auch Terme proportional zu $J(J+1)K^2$ und K^4. Bild 12.4 zeigt den Effekt der Rotation um die A-Achse für das Molekül CH_3F. Neben I_A wird auch I_B geändert, was wichtige spektroskopische Folgerungen hat.

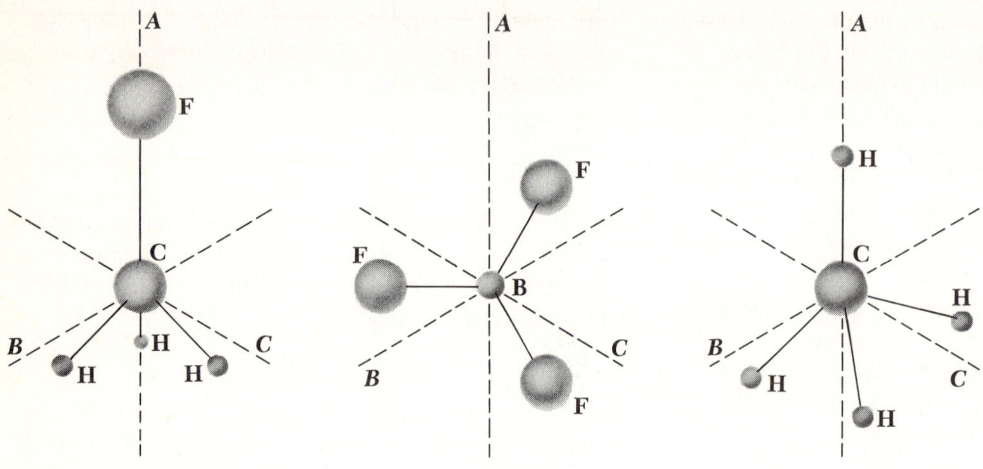

(a) **Methylfluorid, CH_3F** *(b)* **Bortrifluorid, BF_3** *(c)* **Methan, CH_4**

Bild 12.3 Beispiele für symmetrische Kreisel-Moleküle ($I_B = I_C$). (a) gestreckt, $I_A < I_B$; (b) abgeplattet, $I_A > I_B$; (c) kugelsymmetrisch, $I_A = I_B$

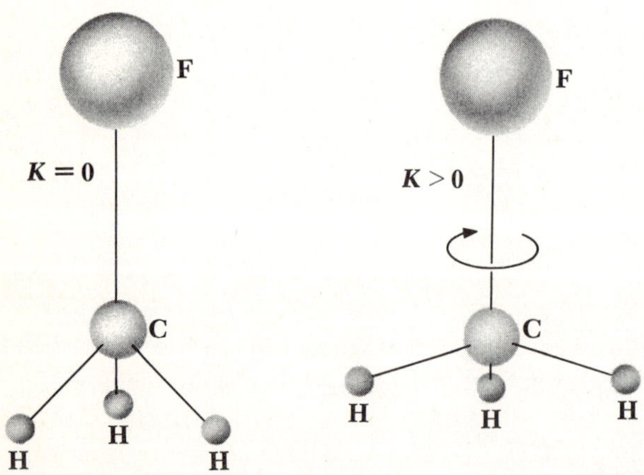

Bild 12.4 Zentrifugale Deformation eines rotierenden Moleküls

In einem unsymmetrischen Kreiselmolekül gibt es keine ausgezeichnete Richtung, und daher ist keine der Komponenten L_A, L_B, L_C quantisiert. Wenn die Schrödinger-Gleichung für ein solches Molekül gelöst wird, ergeben sich $2J+1$ verschiedene Eigenfunktionen und Eigenwerte für jedes J. Es gibt keine allgemeine Formel für solche Moleküle, und jedes Molekül muß gesondert analysiert werden. In der Praxis liegen die Energieniveaus von unsymmetrischen Kreiselmolekülen zwischen denen der abgeflachten und der verlängerten elliptischen Moleküle, und ein gutes Bild der Energieniveaus kann durch entsprechende Interpolation erhalten werden.

12.3 Rotationsspektren

Nur Moleküle mit elektrischen Dipolmomenten können bei Übergängen zwischen Rotationsniveaus elektromagnetische Strahlung absorbieren oder emittieren; daher zeigen nichtpolare zweiatomige Moleküle (wie H_2), symmetrische lineare Moleküle (wie CO_2) und mehratomige kugelsymmetrische Moleküle (zum Beispiel CH_4) keine Rotationsspektren. (Bei diesen Molekülen erfolgen Übergänge zwischen verschiedenen Rotationszuständen nur bei Stößen.) Selbst wenn Moleküle permanente Dipolmomente besitzen, wird nicht bei allen Übergängen zwischen Rotationszuständen Strahlung emittiert. Wie bei den Atomspektren (Abschnitt 9.2) fassen gewisse *Auswahlregeln* die Bedingungen für das Auftreten von Strahlungsübergängen zwischen Rotationszuständen zusammen:

$$\Delta J = \pm 1$$
$$\Delta K = 0. \tag{12.19}$$

Die Auswahlregel $\Delta J = \pm 1$ hat denselben Grund wie die Auswahlregel $\Delta l = \pm 1$ für Übergänge im Wasserstoffatom. Die Auswahlregel $\Delta K = 0$ ergibt sich aus der Tatsache, daß sich die Quantenzahl K auf Drehungen um die Symmetrieachse eines symmetrischen Kreiselmoleküls bezieht und daß es nach Definition in solchen Molekülen um diese Achse kein Dipolmoment gibt. Daher kann elektromagnetische Strahlung nicht mit den Drehungen eines rotationssymmetrischen Moleküls um seine A-Achse wechselwirken, was mit der Auswahlregel $\Delta K = 0$ ausgedrückt wird.

In der Praxis erhält man die Rotationsspektren bei der Absorption, so daß bei jedem gefundenen Übergang ein Wechsel von einem Anfangszustand mit der Quantenzahl J zum nächsthöheren Zustand mit der Quantenzahl $J+1$ auftritt. Im Falle eines starren Moleküls beträgt die Frequenz des absorbierten Photons

$$\nu_{J \to J+1} = \frac{\Delta E}{h} = \frac{E_{J+1} - E_J}{h}$$
$$= \frac{\hbar}{2\pi I_B}(J+1). \tag{12.20}$$

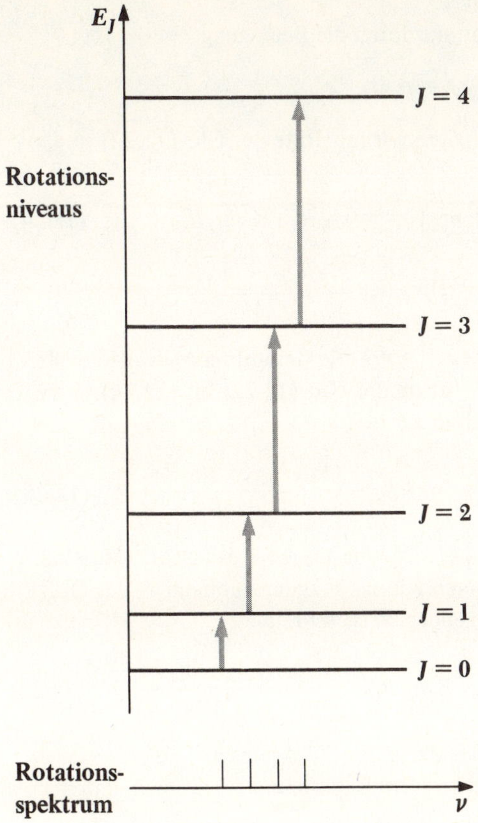

Bild 12.5 Energieniveaus und Rotationsspektrum von Molekülen

Das Spektrum eines starren Moleküls besteht daher aus Linien im gleichen Abstand (Bild 12.5); aus solchen Daten können die Trägheitsmomente von Molekülen leicht bestimmt werden. Zum Beispiel tritt bei CO die $J = 0 \rightarrow J = 1$-Absorptionslinie bei einer Frequenz von $1{,}153 \cdot 10^{11}$ Hz auf. Daher ergibt sich ein Trägheitsmoment

$$I_{CO} = \frac{\hbar}{2\pi\nu}(J+1) = \frac{1{,}054 \cdot 10^{-34}\,\mathrm{J\,s}}{2\pi \cdot 1{,}153 \cdot 10^{11}\,\mathrm{s}^{-1}}$$

$$= 1{,}46 \cdot 10^{-46}\,\mathrm{kg\,m^2}.$$

Da die reduzierte Masse des CO-Moleküls $1{,}14 \cdot 10^{-26}$ kg beträgt, ergibt sich eine Bindungslänge R_{CO} von $\sqrt{I/\mu}$ = = 0,13 nm. Auf diese Weise wurde die schon in diesem Kapitel erwähnte Bindungslänge für CO bestimmt.

Das Spektrum eines nichtstarren Moleküls unterscheidet sich von dem eines starren Moleküls nur dadurch, daß der Linienabstand mit zunehmendem J abnimmt, weil die Energieniveaus zu niedrigeren Energien verschoben sind (Bild 12.2). Aus dem zweiten Term von Gl. (12.10) sehen wir, daß die Verschiebung der Spektrallinien zu $(J+1)^3$ proportional ist und daher für große J-Werte besonders wichtig ist. Man sollte sich außerdem daran erinnern, daß Zustände mit großem J recht häufig auftreten und zu Absorptionslinien führen, da der Abstand der Rotationsniveaus klein gegenüber kT ist. Bei Raumtemperatur befinden sich mehr CO-Moleküle im Zustand $J = 7$ als in irgendeinem anderen Zustand. Bei Molekülen mit größeren Trägheitsmomenten treten noch höhere J-Werte auf: Der wahrscheinlichste J-Wert beträgt für N_2O bei Raumtemperatur $J = 15$. Im Gegensatz dazu gilt für Atomspektren $h\nu \gg kT$, und daher findet man in Absorptionsspektren bei Raumtemperatur nur Linien, die Übergängen aus dem Grundzustand eines Atoms entsprechen.

Der Einfluß der Zentrifugalverformung auf das Spektrum von symmetrischen Kreiselmolekülen ist sehr interessant. Trotz der Auswahlregel $\Delta K = 0$, die Änderungen der Rotationsenergie um die A-Achse durch Strahlungsabsorption verbietet, hängt das Spektrum nun von K und J ab. Den Grund sieht man aus dem Bild 12.4; die Gestalt des Moleküls hängt von der Rotation um die A-Achse ab, die Trägheitsmomente I_A und I_B variieren mit K. Wie wir schon erwähnt haben, enthält die Formel für die Energieniveaus nichtstarrer symmetrischer Kreiselmoleküle Terme proportional zu $J(J+1)\,K^2$ und zu K^4. Wegen $\Delta K = 0$ hat der letzte Term keine spektroskopische Bedeutung, während der erste Term zu einer Frequenz von Absorptionslinien führt, die nicht nur von $J+1$ und $(J+1)^3$, wie beim nichtstarren linearen Molekül, sondern auch von $(J+1)\,K^2$ abhängen. Wegen $K = 0, \pm 1, \dots \pm J$ kann K^2

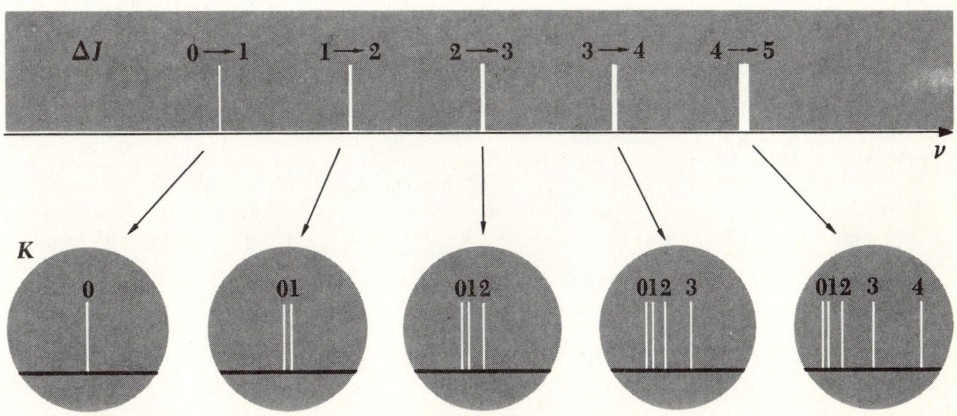

Bild 12.6
Das Rotationsspektrum eines symmetrischen Kreisel-Moleküls

insgesamt $J+1$ verschiedene Werte annehmen, und jede Spektrallinie, die einem Übergang aus einem Energieniveau J entspricht, ist in $J+1$ Komponenten aufgespalten. Den Einfluß zentrifugaler Verformung auf das Rotationsspektrum eines symmetrischen Kreiselmoleküls sieht man in Bild 12.6. Die Aufspaltung liefert drei wichtige Hinweise:

1. Es läßt sich feststellen, ob ein bestimmtes Molekül linear ist oder einem symmetrischen Kreisel entspricht.
2. Aus der Multiplizität jeder Linie kann auf die Anfangs- und Endwerte des Drehimpulses geschlossen werden.
3. Aus der genauen Abhängigkeit der beobachteten Frequenzen von K und J läßt sich auf die Struktur-Parameter des Moleküls schließen.

12.4 Isotopieeffekte

In einem mehratomigen Molekül gibt es mehrere Bindungen. Daher genügt die Kenntnis des Trägheitsmomentes nicht, um auf die Geometrie des Moleküls schließen zu können. In solchen Fällen hilft die Methode der Substitution von Isotopen. Wir wollen diese Technik an der Bestimmung der C–O- und C–S-Bindungslängen in Carbonoxysulfid (OCS) kennenlernen. Man mißt die Absorptionslinien in $O^{16}C^{12}S^{32}$ und $O^{16}C^{12}S^{34}$ und nimmt an, daß die Bindungslängen R_{CO} und R_{CS} in beiden Molekülen dieselben sind, obwohl die Schwefelisotope verschiedene Masse haben. (Diese Annahme ist vernünftig, weil die Elektronenstruktur eines Atoms und nicht die Massen seiner Kerne sein chemisches Verhalten bestimmt.) Es ergeben sich zwei Gleichungen mit den zwei Größen R_{CO} und R_{CS}, die dadurch bestimmt werden können.

Das Trägheitsmoment des OCS-Moleküls für Drehungen um seinen Schwerpunkt lautet (Bild 12.7)

$$I = m_O r_O^2 + m_C r_C^2 + m_S r_S^2 \,, \tag{12.21}$$

wobei r_O, r_C und r_S die Abstände der O-, C- und S-Atome vom Schwerpunkt sind. Um diese Abstände durch die Bindungslängen R_{CO} und R_{CS} auszudrücken, lesen wir aus Bild 12.7

$$r_O = R_{CO} + r_C \tag{12.22}$$

$$r_S = R_{CS} - r_S \tag{12.23}$$

ab.

Da der Schwerpunkt durch die Bedingung

$$m_O r_O + m_C r_C = m_S r_S$$

definiert ist, erhalten wir mit Hilfe der Gln. (12.22) und (12.23)

$$(m_O + m_C + m_S)\, r_C = m_S R_{CS} - m_O R_{CO} \tag{12.24}$$

$$r_C = \frac{m_S R_{CS} - m_O R_{CO}}{M} \,,$$

wobei $M = m_O + m_C + m_S$ die Gesamtmasse des Moleküls ist. Durch Substitution der Gln. (12.22) bis (12.24) in die Gl. (12.21) erhalten wir

$$I = m_O R_{CO}^2 + m_S R_{CS}^2 - \frac{(m_O R_{CO} - m_S R_{CS})^2}{M} \,. \tag{12.25}$$

Wenn wir Gl. (12.25) als gültig für das OCS^{32}-Molekül annehmen, können wir das Trägheitsmoment I' des OCS^{34}-Moleküls in folgender Weise schreiben:

$$I' = m_O R_{CO}^2 + m'_S R_{CS}^2 - \frac{(m_O R_{CO} - m'_S R_{CS})^2}{M'} \,. \tag{12.26}$$

Dabei ist m'_S die Masse des S^{34}-Atoms und M' die Masse des OCS^{34}-Moleküls. Im Experiment findet man, daß der Abstand der Rotationslinien in OCS^{32} $1{,}216 \cdot 10^{10}$ Hz und in OCS^{34} $1{,}187 \cdot 10^{10}$ Hz beträgt. Daraus erhalten wir

$$I = 1{,}380 \cdot 10^{-47}\ \mathrm{kg\,m^2}$$

$$I' = 1{,}414 \cdot 10^{-47}\ \mathrm{kg\,m^2}.$$

Die einzigen unbekannten Größen in den Gln. (12.25) und (12.26) sind R_{CO} und R_{CS}. Für sie ergibt sich

$$R_{CO} = 0{,}1161\ \mathrm{nm}$$

$$R_{CS} = 0{,}1559\ \mathrm{nm}.$$

Kompliziertere mehratomige Moleküle als OCS können mit derselben Technik untersucht werden, und man hat recht genaue Information über Bindungslängen und Winkel auf diese Weise erhalten. Für das in Bild 12.3 gezeigte CH_3F-Molekül hat man die Bindungslängen zu $R_{CH} = 0{,}1109$ nm und $R_{CF} = 0{,}1385$ nm und den Winkel H–C–H zu 110° bestimmt.

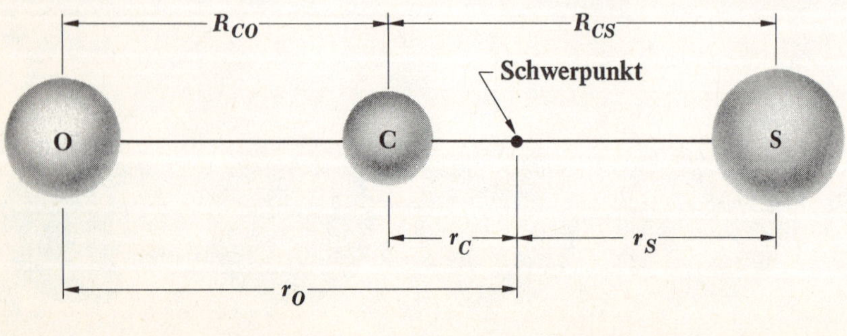

Bild 12.7
Das OCS-Molekül

12.5 Schwingungen zweiatomiger Moleküle: Energieniveaus

Wenn ein Molekül genügend angeregt ist, kann es rotieren und auch vibrieren. Wie zuvor werden wir zunächst ein zweiatomiges Molekül betrachten. Bild 12.8 zeigt, wie die potentielle Energie eines Moleküls vom Abstand R der Kerne abhängt. In der Nähe des Minimums der Kurve, das der normalen Konfiguration des Moleküls entspricht, ist die Gestalt der Kurve nahezu eine Parabel. Dort gilt

$$E_p = E_{p0} + \tfrac{1}{2} k (R - R_0)^2, \tag{12.27}$$

wobei R_0 der Gleichgewichtsabstand der Atome ist. Die Kraft zwischen den Atomen, die aus dieser potentiellen Energie folgt, kann durch Differentiation von E_p bestimmt werden:

$$F = -\frac{dE_p}{dR} = -k(R - R_0). \tag{12.28}$$

Wir haben hier jedoch eine etwas andere Situation, nämlich zwei Körper mit den Massen m_1 und m_2, die durch eine Feder verbunden sind (Bild 12.9). Wenn keine äußeren Kräfte wirken, bleibt der Gesamtimpuls des Systems konstant und die Massen m_1 und m_2 schwingen relativ zum Schwerpunkt in entgegengesetzten Richtungen hin und her. Die Länge der Feder ist zu einer bestimmten Zeit $x_2 - x_1$, was der Gleichgewichtslänge l der Feder zuzüglich ihrer Dehnung x entspricht:

$$l + x = x_2 - x_1$$

$$x = x_2 - x_1 - l. \tag{12.30}$$

x ist positiv, wenn die Feder gedehnt ist, und negativ, wenn sie zusammengedrückt ist.

Die rücktreibenden Kräfte F_1 und F_2, die die Feder auf jeden Körper ausübt, sind einander entgegengesetzt und haben den gleichen Betrag; daher gilt

$$F_1 = kx$$

$$F_2 = -kx,$$

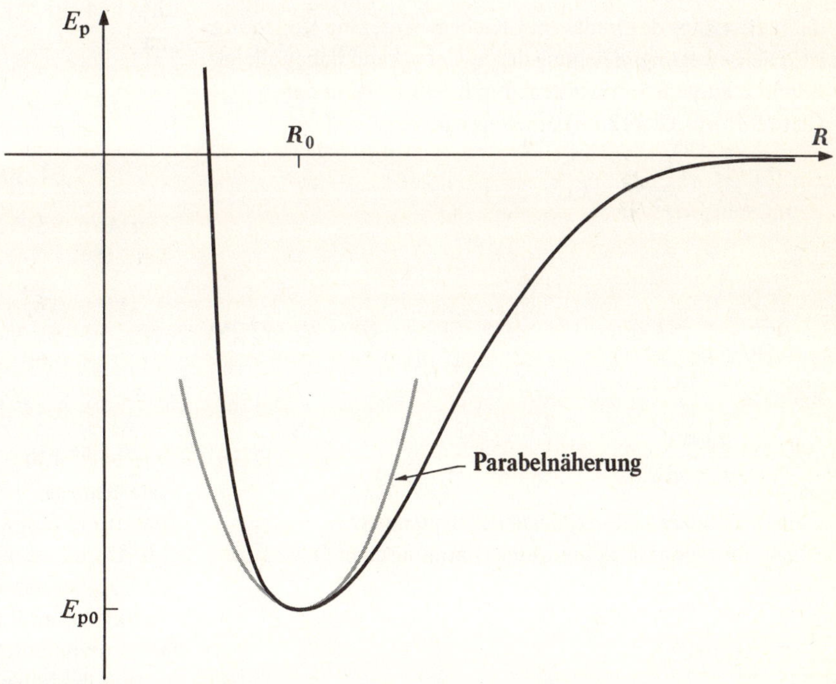

Bild 12.8
Die potentielle Energie eines zweiatomigen Moleküls als Funktion des Kernabstands

Dies ist gerade das Hookesche Kraftgesetz: Wie eine Feder kann ein Molekül bei geeigneter Anregung harmonische Schwingungen durchführen.

In der klassischen Physik findet man als Frequenz eines schwingenden Körpers der Masse m, der an einer Feder mit der Kraftkonstanten k befestigt ist,

$$\nu_0 = \frac{1}{2\pi}\sqrt{\frac{k}{m}}. \tag{12.29}$$

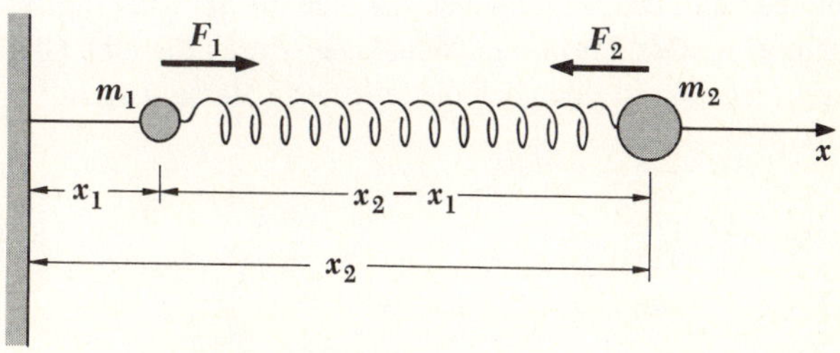

Bild 12.9 Ein Oszillator mit zwei schwingenden Massen

wobei k die Federkonstante ist. Nach dem zweiten Newtonschen Axiom, $\mathbf{F} = m\,\mathbf{a}$, haben wir

$$m_1 a_1 = m_1 \frac{d^2 x_1}{dt^2} = kx \tag{12.31}$$

$$m_2 a_2 = m_2 \frac{d^2 x_2}{dt^2} = -kx\,. \tag{12.32}$$

Durch Multiplikation der ersten Gleichung mit m_2 und der zweiten mit m_1 und Subtraktion der beiden Gleichungen erhalten wir

$$m_1 m_2 \frac{d^2 x_2}{dt^2} - m_1 m_2 \frac{d^2 x_1}{dt^2} = -m_1 kx - m_2 kx$$

$$\frac{m_1 m_2}{m_1 + m_2}\left(\frac{d^2 x_2}{dt^2} - \frac{d^2 x_1}{dt^2}\right) = -kx\,. \tag{12.33}$$

Wir differenzieren nun Gl. (12.30) zweimal nach der Zeit und erhalten

$$\frac{d^2 x}{dt^2} = \frac{d^2 x_2}{dt^2} - \frac{d^2 x_1}{dt^2}\,, \tag{12.34}$$

da l, die Länge der Feder im Gleichgewicht, eine Konstante ist. Die Bewegungsgleichung des Systems kann daher allein durch x ausgedrückt werden; durch Substitution der Gl. (12.34) in Gl. (12.33) erhalten wir

$$\frac{m_1 m_2}{m_1 + m_2} \frac{d^2 x}{dt^2} = -kx$$

oder

$$\mu \frac{d^2 x}{dt^2} = -kx \tag{12.35}$$

wobei

$$\mu = \frac{m_1 m_2}{m_1 + m_2} \tag{12.36}$$

wiederum die reduzierte Masse des Systems ist.

Die Bewegungsgleichung eines harmonischen Oszillators lautet

$$m \frac{d^2 x}{dt^2} = -kx\,,$$

deren Lösung die in Gl. (12.29) angegebene Schwingungsfrequenz hat. Daraus schließen wir, daß die Schwingungsfrequenz eines Oszillators aus zwei Massen durch dieselbe Gleichung gegeben ist, lediglich die reduzierte Masse μ steht statt m:

$$\nu_0 = \frac{1}{2\pi}\sqrt{\frac{k}{\mu}} \tag{12.37}$$

Wenn das Problem des harmonischen Oszillators quantenmechanisch gelöst wird (siehe Kapitel 6), findet man als Energie des Oszillators

$$E_v = (v + \tfrac{1}{2})\, h\nu_0 \tag{12.38}$$

wobei v, die *Schwingungs-Quantenzahl*, die Werte

$$v = 0, 1, 2, 3 \ldots$$

haben kann. Der niedrigste Schwingungszustand $v = 0$ hat die endliche Energie $\frac{1}{2} h\nu_0$, nicht den klassischen Wert Null; wir haben in Kapitel 6 diskutiert, daß dieses Resultat aus dem Unschärfeprinzip folgt. Wegen Gl. (12.37) sind die Energieniveaus der Schwingung zweiatomiger Moleküle durch

$$E_v = (v + \tfrac{1}{2})\, \hbar \sqrt{\frac{k}{\mu}} \tag{12.39}$$

gegeben.

Wir wollen nun die Schwingungsfrequenz des CO-Moleküls und den Abstand zwischen seinen Schwingungsenergieniveaus berechnen. Die Konstante k der Bindung in CO beträgt 187 N/m, die reduzierte Masse des CO-Moleküls ist $\mu = 1{,}14 \cdot 10^{-26}$ kg. Die Schwingungsfrequenz ergibt sich also zu

$$\nu_0 = \frac{1}{2\pi}\sqrt{\frac{k}{\mu}} = \frac{1}{2\pi}\sqrt{\frac{187\ \mathrm{N/m}}{1{,}14 \cdot 10^{-26}\ \mathrm{kg}}}$$
$$= 2{,}04 \cdot 10^{13}\,\mathrm{s}^{-1}\,.$$

Der Abstand ΔE zwischen den Schwingungsniveaus in CO beträgt

$$\Delta E = \Delta E_{v+1} - \Delta E_v = h\nu_0$$
$$= 6{,}63 \cdot 10^{-34}\,\mathrm{Js} \cdot 2{,}04 \cdot 10^{-13}\,\mathrm{s}^{-1}$$
$$= 8{,}44 \cdot 10^{-2}\,\mathrm{eV},$$

was beträchtlich mehr ist als der Abstand zwischen den Rotationsniveaus. Da für Schwingungszustände bei Raumtemperatur $\Delta E > kT$ ist, befinden sich die meisten Moleküle im Grundzustand mit $v = 0$. Die Situation ist hier völlig anders als bei den Rotationszuständen, bei denen wegen der viel kleineren Energien die Mehrzahl der Moleküle bei Raumtemperatur in höheren Energiezuständen ist.

Für die höheren Schwingungszustände eines zweiatomigen Moleküls gilt nicht die Gl. (12.39), weil die Parabelnäherung für die Potentialkurve mit zunehmender Energie schlechter wird. Eine bessere Näherung für die potentielle Energie des Moleküls stellt das *Morsepotential*

$$E_p(R) = E_d\,[1 - e^{-a(R-R_0)}]^2 \tag{12.40}$$

dar, in dem E_d die Dissoziationsenergie des Moleküls ist und a die Breite des Potentialtopfs bestimmt. Bild 12.10

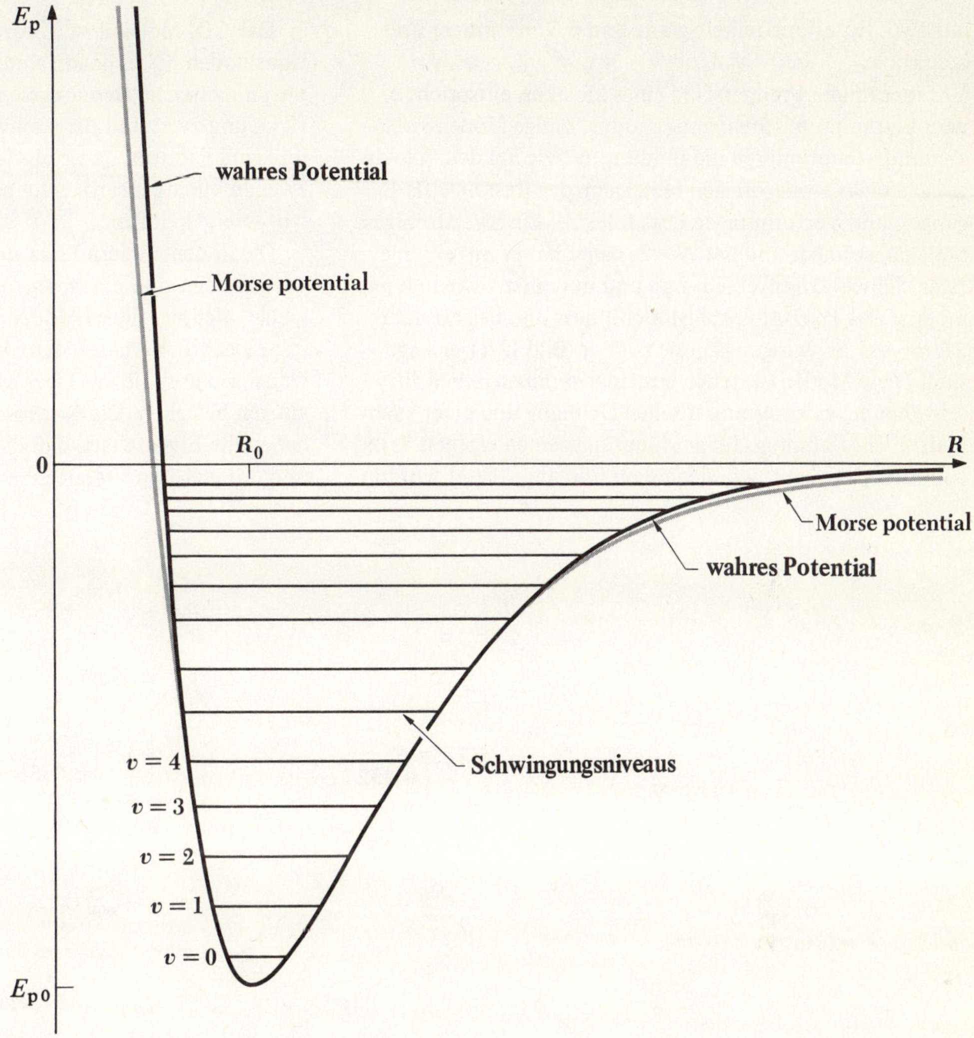

Bild 12.10
Das Morsepotential ist eine ausgezeichnete Näherung zum wahren Potential eines zweiatomigen Moleküls. Da die Schwingungen eines solchen Moleküls anharmonisch sind, haben die Schwingungsniveaus nicht gleiche Abstände.

zeigt einen Vergleich zwischen dem wahren Potential $E_p(R)$ für ein zweiatomiges Molekül und einer angepaßten Morsekurve. Offensichtlich ist das Morsepotential in der betrachteten Region, nämlich im Bereich $E_p(R) < 0$, eine ausgezeichnete Näherung. Der wesentliche Vorteil des Morsepotentials liegt nicht so sehr in seiner Genauigkeit, mit der es $E_p(R)$ nähert – andere empirische Formeln könnten dies genauso gut –, als in der Tatsache, daß die Schrödinger-Gleichung für die Schwingungsenergieniveaus eines zweiatomigen Moleküls mit dem Morsepotential exakt gelöst werden kann. Das Resultat lautet

$$E_v = (v + \tfrac{1}{2})\, \hbar \sqrt{\frac{k}{\mu}} - (v + \tfrac{1}{2})^2 \frac{\hbar^2 k}{4 E_d \mu}. \qquad (12.41)$$

Offensichtlich nimmt der Abstand der Energieniveaus mit zunehmender Quantenzahl v ab. Dies würde man aus der Quantentheorie eines Teilchens in einem Kasten (Kapitel 6) erwarten: Je größer der Kasten, das heißt, je mehr die Potentialkurve von einer Parabel abweicht, um so enger liegen die Energieniveaus.

12.6 Energieniveaus mehratomiger Moleküle

Zur Angabe des Ortes eines freien Atoms braucht man drei unabhängige Koordinaten, und daher sagt man, daß ein solches Atom drei *Freiheitsgrade* besitzt. N Atome haben $3N$ Freiheitsgrade, drei pro Atom. Wenn die N Atome zu einem Molekül gebunden sind, hat das System immer noch $3N$ Freiheitsgrade, doch ist es nun zweckmäßiger, das System als Molekül und nicht als Anhäufung einzelner Atome zu betrachten. Daher schreiben wir dem Molekül selbst drei Freiheitsgrade der Translation zu, entsprechend den drei Koordinaten, die zur Angabe des Ortes seines Schwerpunktes gebraucht werden. Wenn es ein nichtlineares Molekül ist, hat es außerdem drei Freiheitsgrade der Rotation, entsprechend den drei Winkelkoordinaten, die man zur Angabe seiner Orientierung im Raum braucht. Die restlichen $3N - 6$ Freiheitsgrade beschreiben Änderungen der relativen Lagen der Atome innerhalb des Moleküls, sie sind die inneren Freiheitsgrade. Da bei linearen Molekülen die Rotation um die Verbindungslinie der Kerne nicht angeregt wird, haben sie nur zwei Rotationsfreiheitsgrade und $3N-5$ innere Freiheitsgrade.

Jeder innere Freiheitsgrad eines Moleküls entspricht einem bestimmten Schwingungsmodus. Einige Moden strekken und komprimieren die Bindungen (wie bei den Schwingungen eines zweiatomigen Moleküls), der Rest betrifft Biegungen und Verformungen des Moleküls. Ein zweiatomiges Molekül ist linear und hat $N = 2$, daher hat es nur einen einzigen Schwingungsfreiheitsgrad und nur einen Schwingungsmodus. Das H_2O-Molekül ist nichtlinear und besitzt daher $3N-6 = 3$ Schwingungsmoden, die in Bild 12.11 gezeigt sind. Diese Moden bestehen aus einer symmetrischen Biegeschwingung, einer symmetrischen Dehnung und einer asymmetrischen Dehnung. Jeder Modus hat seinen eigenen Satz von Energieniveaus, wie sie in dem Bild angedeutet wurden.

Das CO_2-Molekül ist linear und hat $3N-5 = 4$ Vibrationsmoden. Zwei davon sind eine symmetrische und eine unsymmetrische Dehnungsschwingung, wie im Fall von H_2O, und zwei sind Biegeschwingungen (Bild 12.12). Letztere sind entartet, da sie aus identischen Bewegungen in zwei aufeinander senkrechten Ebenen bestehen, die dieselben Energien haben.

Die in den Bildern 12.11 und 12.12 gezeigten Schwingungsmoden sind die *Normalmoden* für H_2O- und CO_2-Moleküle. Mehrere dieser Moden können gleichzeitig angeregt sein, die Atome führen dann wesentlich kompliziertere Bewegungen aus, die aus Überlagerungen von Normalschwingungen bestehen. Die Normalschwingungen eines Systems haben die Eigenschaft, daß die beteiligten Teilchen in Phase und mit gleichen Frequenzen schwingen; wenn für die Kräf-

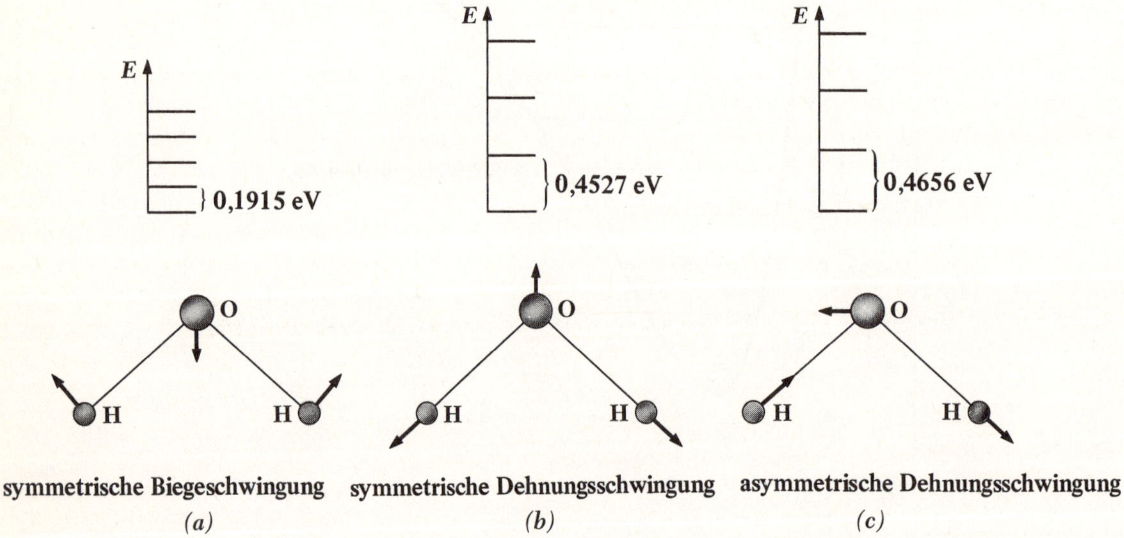

Bild 12.11 Die Normalschwingungsmoden des H_2O-Moleküls und die zugehörigen Energieniveaus

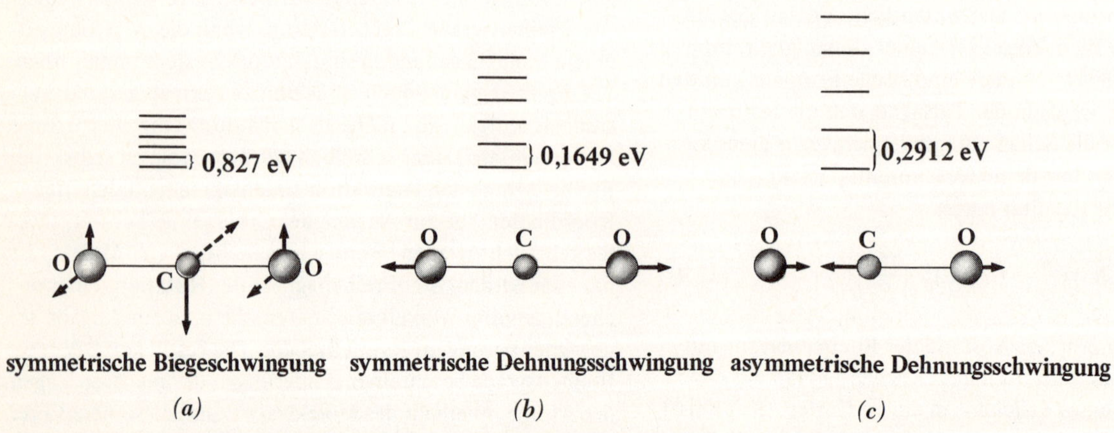

Bild 12.12 Die Normalschwingungsmoden des CO_2-Moleküls und die zugehörigen Energieniveaus. Die symmetrische Biegeschwingung ist entartet.

te und die Drehmomente das Hookesche Gesetz gilt, sind die Schwingungen harmonisch. Der Vorteil, die inneren Bewegungen eines Moleküls durch Normalschwingungen zu beschreiben, liegt darin, daß jeder Modus unabhängig von den anderen auftritt, was die Analyse beträchtlich erleichtert.

Ein Molekül, das aus vielen Atomen besteht, kann eine große Anzahl verschiedener Normalschwingungen besitzen. Einige dieser Schwingungen betreffen das Gesamtmolekül, andere jedoch nur Atomgruppen, deren Schwingungen mehr oder weniger unabhängig vom Rest des Moleküls auftreten. So hat die –OH-Gruppe eine charakteristische Schwingungsfrequenz von $1{,}1 \cdot 10^{14}$ Hz, und die $-NH_2$-Gruppe hat eine Frequenz von $1{,}0 \cdot 10^{14}$ Hz. Die charakteristische Schwingungsfrequenz einer Kohlenstoff-Kohlenstoff-Gruppe hängt von der Anzahl der Bindungen zwischen den Kohlenstoffatomen ab: Die ⩾C–C⩽-Gruppe schwingt mit etwa $3{,}3 \cdot 10^{13}$ Hz, die >C=C<-Gruppe mit etwa $5{,}0 \cdot 10^{13}$ Hz und die –C≡C–-Gruppe mit etwa $6{,}7 \cdot 10^{13}$ Hz. (Wie wir erwarten würden, bestimmt die Anzahl der Kohlenstoff-Kohlenstoff-Bindungen den Wert der Konstanten k.) Für diese Kohlenstoffbindungen hängt die Frequenz nicht vom speziellen Molekül oder dem Ort der Gruppe im Molekül ab. Diese Unabhängigkeit macht die Schwingungsspektren zu einem wertvollen Werkzeug bei der Bestimmung der Molekülstrukturen. Als Beispiel nehmen wir die Thioessigsäure, deren Struktur entweder $CH_3CO{-}SH$ oder $CH_3CS{-}OH$ sein könnte. Das Infrarotabsorptionsspektrum dieser Säure enthält Linien, deren Frequenzen mit den Schwingungsfrequenzen der >C=O- und –SH-Gruppen übereinstimmen, aber keine Linien, die den >C=S- oder –OH-Gruppen entsprechen.

12.7 Rotations-Schwingungs-Spektren

Die Auswahlregel für Übergänge zwischen Schwingungszuständen lautet in der Näherung des harmonischen Oszillators $\Delta v = \pm 1$. Dies kann man leicht verstehen. Ein oszillierender Dipol mit der Frequenz ν_0 kann nur elektromagnetische Strahlung derselben Frequenz absorbieren oder emittieren. Aus Gl. (12.38) folgt unmittelbar die Auswahlregel.

In formaler Weise kann die Auswahlregel für den harmonischen Oszillator durch Berechnung des Integrals

$$\int_{-\infty}^{\infty} \psi_n^* x \, \psi_m \, dx$$

erhalten werden, wobei ψ_n^* und ψ_m die Wellenfunktionen zu den Zuständen m und n des harmonischen Oszillators sind. Wie in Abschnitt 9.2 diskutiert wurde, ist die Wahrscheinlichkeit, daß der Oszillator einen Übergang aus dem Zustand n in den Zustand m unternimmt, diesem Integral proportional, dessen Wert sich außer für $m = n \pm 1$ zu Null ergibt (siehe Aufgabe 2 von Kapitel 9).

Die Auswahlregeln für einen unharmonischen Oszillator lauten $\Delta v = \pm 1, \pm 2, \pm 3, \ldots$. Je größer allerdings die Änderung in v ist, um so geringer wird die Wahrscheinlichkeit für den Übergang, so daß in der Praxis Übergänge mit $\Delta v = \pm 1$ weitaus am häufigsten sind. Außerdem befinden sich wegen $h\nu_0 > kT$ nur wenige Moleküle bei Raumtemperatur in angeregten Schwingungszuständen, so daß nur Übergänge von $v = 0$ nach $v = 1$ im infraroten Absorptionsspektrum leicht beobachtet werden. Übergänge von $v = 0$ nach $v = 2$ und $v = 3$ und von $v = 1$ nach $v = 2$ treten daneben auf, sie sind jedoch relativ selten und führen zu schwächeren Absorptionslinien als der Übergang von $v = 0$ nach $v = 1$.

Reine Schwingungsspektren werden nur in Flüssigkeiten beobachtet, in denen die Wechselwirkungen zwischen benachbarten Molekülen die Rotation verhindern. Da die Anregungsenergien für Rotation des Moleküls beträchtlich kleiner als für Schwingungen sind, rotieren die sich frei bewegenden Moleküle eines Gases unabhängig von ihrem Schwingungszustand nahezu immer. Die Spektren solcher Moleküle zeigen keine isolierten Linien, die einzelnen Übergänge zwischen Schwingungsniveaus entsprechen, sondern eine größere Anzahl von eng benachbarten Linien, die durch Übergänge zwischen den verschiedenen Rotationszuständen eines Schwingungsniveaus und denen eines anderen entstehen. In Spektren, die mit einem Spektrometer mit ungenügender Auflösung erhalten werden, erscheinen diese Linien als breites Band, eine Rotations-Schwingungs-Bande.

In erster Näherung sind die Schwingungen und Rotationen eines Moleküls voneinander unabhängig, und wir können auch den Einfluß der zentrifugalen Verformung und der Nichtharmonizität ignorieren. Unter diesen Umständen sind die Energieniveaus eines zweiatomigen Moleküls durch die Formel

$$E_{v,J} = (v + \tfrac{1}{2})\, \hbar \sqrt{\frac{k}{\mu}} + J(J+1) \frac{\hbar^2}{2I} \tag{12.42}$$

gegeben. Bild 12.13 zeigt die $J = 0, 1, 2, 3, 4$-Niveaus eines zweiatomigen Moleküls für die $v = 0$- und $v = 1$-Schwingungszustände, außerdem die Spektrallinien, die mit den Auswahlregeln $\Delta v = \pm 1$ und $\Delta J = \pm 1$ verträglich sind. Die Übergänge $v = 0 \to v = 1$ werden in zwei Zweigen zusammengefaßt, dem *P-Zweig*, für den $\Delta J = -1$ gilt (das heißt $J \to J - 1$), und dem *R-Zweig*, mit $\Delta J = +1$ (das heißt $J \to J + 1$). Aus Gl. (12.42) erhalten wir die Frequenzen der Spektrallinien für jeden Zweig

$$\begin{aligned} \nu_P &= (E_{1,J-1} - E_{0,J})/h \\ &= \frac{1}{2\pi} \sqrt{\frac{k}{\mu}} + [(J-1)J - J(J+1)] \frac{\hbar}{4\pi I} \\ &= \nu_0 - J \frac{\hbar}{2\pi I} \qquad J = 1, 2, 3, \ldots \end{aligned} \tag{12.43}$$

$$\begin{aligned} \nu_R &= (E_{1,J+1} - E_{0,J})/h \\ &= \frac{1}{2\pi} \sqrt{\frac{k}{\mu}} + [(J+1)(J+2) - J(J+1)] \frac{\hbar}{4\pi I} \\ &= \nu_0 + (J+1) \frac{\hbar}{2\pi I} \qquad J = 0, 1, 2, \ldots . \end{aligned} \tag{12.44}$$

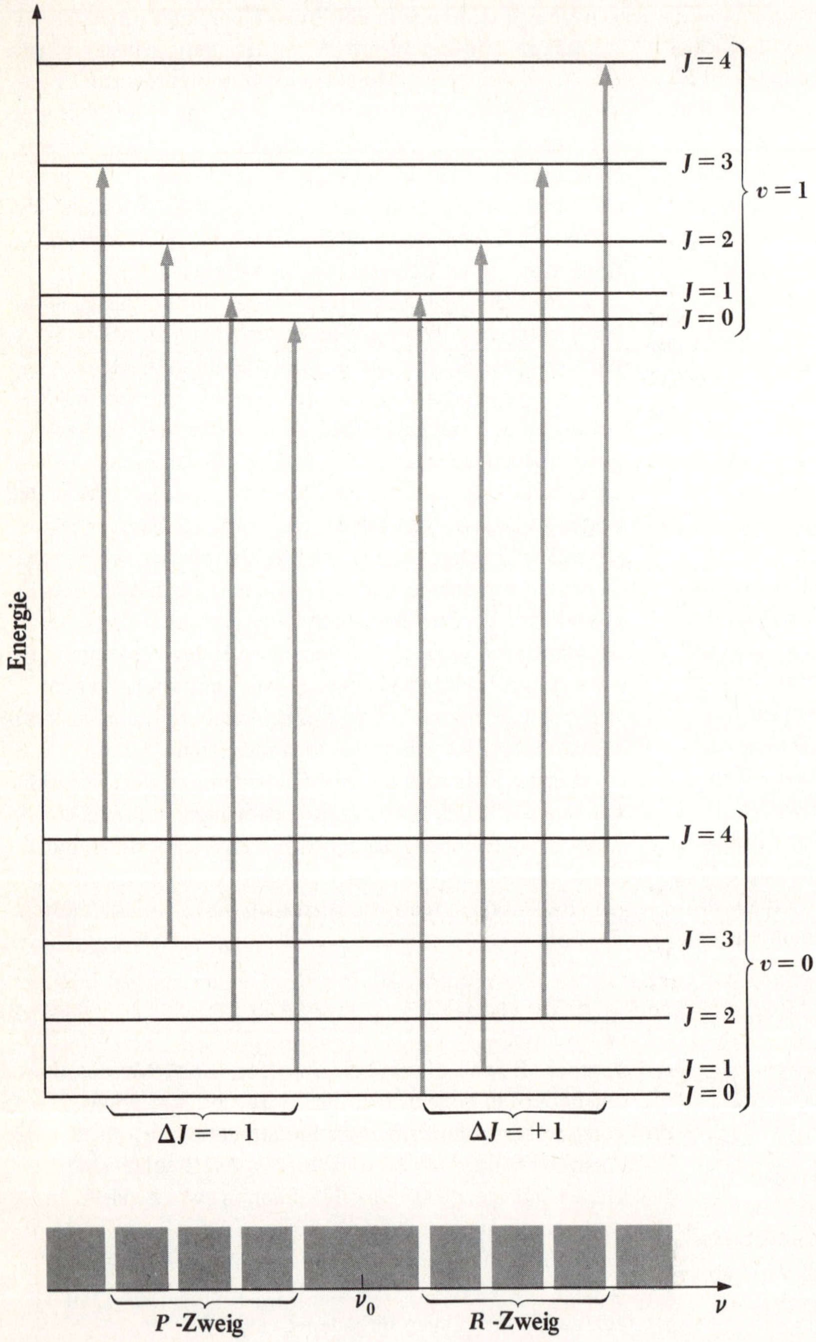

Bild 12.13
Rotationsstruktur der $\nu = 0 \rightarrow \nu = 1$-Übergänge in einem zweiatomigen Molekül. Die Linie bei $\nu = \nu_0$ (*Q*-Zweig) fehlt wegen der Auswahlregel $\Delta J = \pm 1$.

Es gibt keine Linie mit $\nu = \nu_0$, weil Übergänge mit $\Delta J = 0$ in zweiatomigen Molekülen verboten sind. Der Abstand zwischen den Linien beträgt im *P*-Zweig und im *R*-Zweig $\Delta \nu = \hbar/2\,\pi I$, daher kann das Trägheitsmoment eines Moleküls nicht nur aus seinem reinen Rotationsspektrum (Mikrowellenbereich), sondern auch aus seinem Rotations-Schwingungs-Spektrum (Infrarotbereich) geschlossen werden.

Die Abstände der einzelnen Linien im Rotations-Schwingungs-Spektrum eines zweiatomigen Moleküls sind allerdings wegen der Kopplung zwischen den Schwingungen und den Rotationen nicht vollständig identisch. (Auch die zentrifugale Deformation und die Anhormonizität tragen, wenn auch in geringerem Maße, zu diesen Diskrepanzen bei.) Während jeder Umdrehung schwingt ein Molekül etwa tausendmal hin und her, so daß sich die Bindungslänge R ständig verändert. In einem einfachen harmonischen Oszillator beträgt der Mittelwert von R stets R_0 und hängt nicht von der Schwingungsenergie ab, doch ist die Größe $\hbar/2\,\pi I$ in Gl. (12.42) zu $1/R^2$ proportional, was von der Schwingungsenergie abhängig ist. Zur Illustration dieser Tatsache betrachten wir eine Bindung, die in einem Schwingungszustand zwischen 0,09 nm und 0,11 nm und in einem anderen Zustand höherer Energie zwischen 0,08 nm und 0,12 nm schwingt. Im ersten Zustand haben wir

$$\overline{r} = \frac{1}{2}(0{,}09 + 0{,}11)\ \text{nm} = 0{,}1\ \text{nm}$$

$$\overline{\frac{1}{r^2}} = \frac{1}{2}\left(\frac{1}{0{,}09^2} + \frac{1}{0{,}11^2} \quad \frac{1}{\text{nm}^2}\right) = 0{,}0103\ \text{nm}^{-2},$$

im zweiten Zustand hingegen

$$\overline{r} = \frac{1}{2}(0{,}08 + 0{,}12)\ \text{nm} = 0{,}1\ \text{nm}$$

$$\overline{\frac{1}{r^2}} = \frac{1}{2}\left(\frac{1}{0{,}08^2} + \frac{1}{0{,}12^2}\right)\frac{1}{\text{nm}^2} = 0{,}0112\ \text{nm}^{-2}$$

Daher enthält $E_{\upsilon,J}$ in einer realistischeren Approximation einen Term proportional zu $(\upsilon + \frac{1}{2})\ J(J+1)$, wodurch die Energie eines jeden Zustands verkleinert wird.

Zusätzliche Komplikationen gibt es bei den Rotations-Schwingungs-Spektren mehratomiger Moleküle. Die einfachsten mehratomigen Moleküle sind linear. Es gelten verschiedene Auswahlregeln für υ und J, wenn die schwingenden Dipolmomente parallel bzw. senkrecht zur Molekülachse stehen. Bei CO_2 ist die asymmetrische Dehnungsschwingung einem oszillierenden Dipol äquivalent, der zur Achse parallel ist, während die Biegeschwingung einem oszillierenden Dipol senkrecht zur Achse entspricht. (Im symmetrischen Dehnungsmodus bleibt das Dipolmoment von CO_2 Null.) Die Auswahlregeln für parallele Schwingungen sind $\Delta\upsilon = \pm 1$ (oder $\Delta\upsilon = \pm 1, \pm 2, \pm 3, \ldots$, wenn die Anharmonizität groß ist) und $\Delta J = \pm 1$ wie in zweiatomigen Molekülen, die natürlich lineare Moleküle sind, deren Schwingungen stets parallel zur Molekülachse erfolgen. Die entsprechenden Spektren mehratomiger linearer Moleküle sind daher denen zweiatomiger Moleküle ähnlich, lediglich die wesentlich größeren Trägheitsmomente führen auf kleinere Abstände zwischen den Linien in den P- und R-Zweigen. Die Auswahlregeln für Schwingungen senkrecht zur Achse sind $\Delta\upsilon = \pm 1$ und $\Delta J = 0, \pm 1$. Daher gibt es nun auch eine Linie bei $\nu = \nu_0$, welche *Q-Zweig* genannt wird. Der *Q-Zweig* ist sehr intensiv, weil alle besetzten J-Niveaus in den Anfangszuständen eines Ensembles von Molekülen zu einem $\Delta J = 0$-Übergang beitragen können, während die anderen Linien von Übergängen aus lediglich einem J-Niveau stammen.

Symmetrische Kreiselmoleküle haben zwei Sätze von Auswahlregeln für Rotations-Schwingungs-Übergänge. Die Auswahlregeln für parallele Schwingungen (d.h., die Dipolmomente schwingen parallel zur Dipolachse) lauten $\Delta\upsilon = \pm 1$, $\Delta J = 0, \pm 1$ und $\Delta K = 0$, so daß die Spektren denen der senkrechten Schwingungen eines linearen Moleküls ähnlich sind. Die Auswahlregeln für senkrechte Schwingungen lauten $\Delta\upsilon = \pm 1$, $\Delta J = 0, \pm 1$ und $\Delta K = \pm 1$. Wegen der letzten Regel hat der *Q-Zweig* nun Linien oberhalb und unterhalb von ν_0, und es gibt sehr viele Linien im P- und R-Zweig, die so nahe beieinander liegen, daß ihre Auflösung unmöglich sein kann.

12.8 Elektronenspektren

Neben der Rotation und Schwingung von Molekülen können auch die Elektronen des Moleküls zu höheren Energieniveaus angeregt werden, obwohl die Abstände dieser Niveaus viel größer als die Abstände der Rotations- oder Schwingungsniveaus sind. Übergänge der Elektronen betreffen Strahlung im sichtbaren oder ultravioletten Teil des Spektrums, wobei jeder Übergang als eine Serie von eng benachbarten Linien, eine Bande, auftritt, weil in jedem Elektronenzustand verschiedene Rotations- und Schwingungszustände enthalten sind (siehe Bild 4.3). Alle Moleküle zeigen solche Spektren, und daher können auch bei homonuklearen Molekülen wie etwa H_2 und N_2, die wegen des Fehlens permanenter Dipolmomente weder Rotations- noch Schwingungsspektren haben, Trägheitsmomente und Kraftkonstanten aus der Rotations- und Schwingungsfeinstruktur ihrer Spektren geschlossen werden.

Elektronenübergänge erfolgen in einem kleinen Bruchteil einer Schwingungsperiode. Daher können wir den augenblicklichen Abstand der Kerne in einem Molekül während dieses Übergangs als konstant annehmen. Dies wird als *Prinzip von Franck und Condon* bezeichnet.

Zum Verständnis der Elektronenspektren brauchen wir ein weiteres allgemeines Prinzip, das die Wahrscheinlichkeitsverteilungen $|\psi|^2$ in den verschiedenen Schwingungsniveaus eines jeden Elektronenzustands zum Inhalt hat. Bild 12.14 zeigt die potentielle Energie als Funktion des Abstands der Kerne für den Grundzustand und den ersten angeregten Zustand der Elektronen eines typischen zweiatomigen Moleküls mit den Schwingungsniveaus für jeden Zustand. Außerdem sind die entsprechenden Wahrscheinlichkeitsdichten eines harmonischen Oszillators eingezeichnet (siehe Kapitel 6). Je größer der Wert von $|\psi|^2$ an einer bestimmten Stelle R im Schwingungsniveau ist, um so größer ist die Wahrscheinlichkeit, daß die Kerne diesen Abstand haben. Offensichtlich hat $|\psi|^2$ für jedes $\upsilon = 0$-Niveau das Maximum bei der klassischen Ruhelage und für alle höheren Schwingungsniveaus an den klassischen Umkehrpunkten. Im allgemeinen sind Übergänge begünstigt, die eine Anfangskonfiguration hoher Wahrscheinlichkeit mit einer Endkonfiguration hoher Wahrscheinlichkeit verbinden; daher treten Elektronenübergänge in einem zweiatomigen Molekül besonders dann auf, wenn der Kernabstand R für $\upsilon = 0$ in der Mitte des erlaubten Bereiches und für $\upsilon = 1, 2, 3, \ldots$ an einem der beiden Ränder dieses Bereiches ist.

Wir können nun Übergänge zwischen zwei Elektronenzuständen in einem zweiatomigen Molekül untersuchen. Für υ gibt es dabei keine Auswahlregel. Bild 12.15 zeigt drei mögliche Situationen. In (a) sind die mittleren Kernabstän-

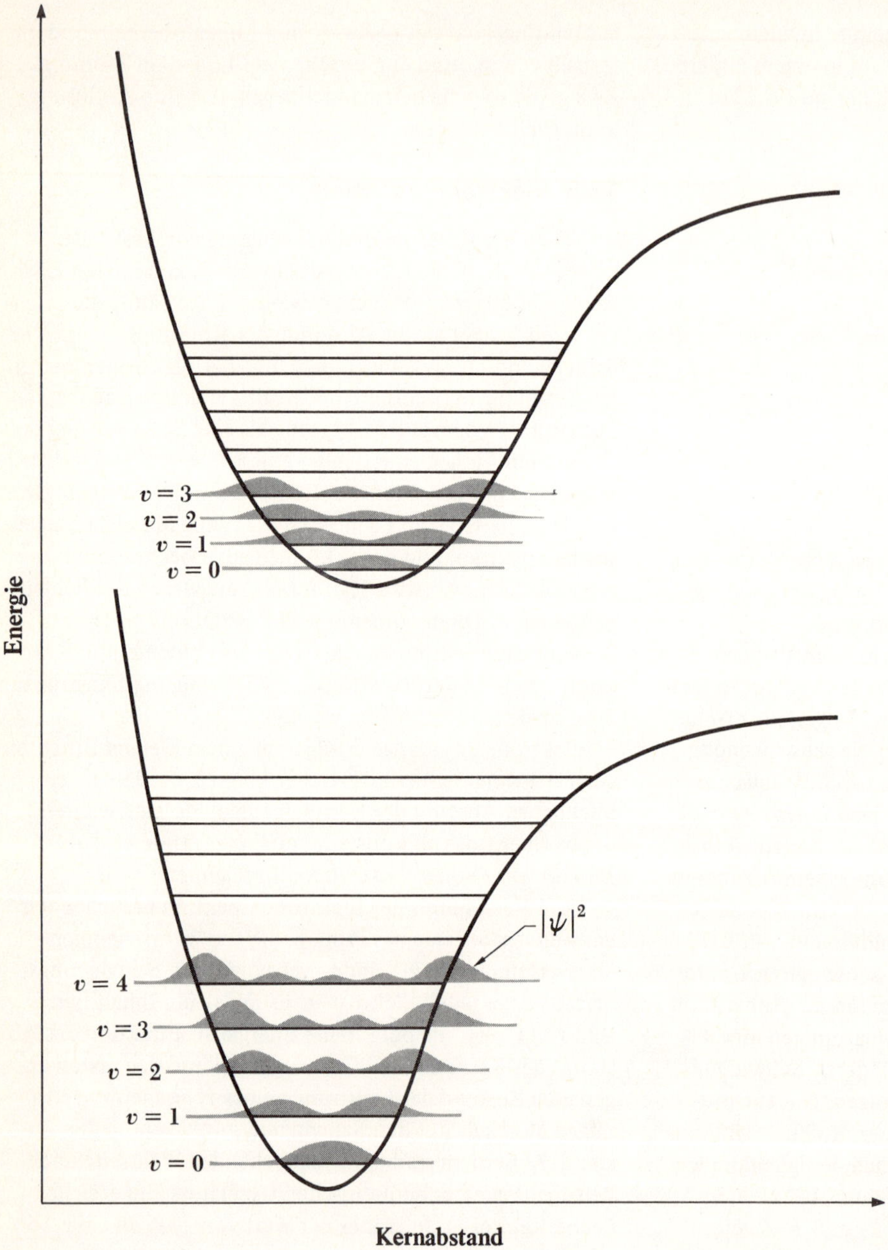

Bild 12.14

Schwingungsniveaus und zugehörige Wahrscheinlichkeitsdichten $|\psi|^2$ für ein zweiatomiges Molekül, dessen Elektronen im Grundzustand, bzw. im ersten angeregten Zustand sind.

de in beiden Elektronenzuständen gleich, in (b) ist er im oberen Zustand geringfügig größer, und in (c) ist er im oberen Zustand wesentlich größer. Wenn sich das Molekül in seinem Grundzustand befindet, ist der wahrscheinlichste Wert von R durch einen Punkt im niedrigsten Schwingungsniveau bezeichnet. Nach dem Franck-Condon-Prinzip treten Elektronenübergänge als senkrechte Linien in Diagrammen dieser Art auf, da sich R dabei nicht ändert. In (a) ist ein Übergang zum $v = 0$-Niveau des oberen Zustandes begünstigt, weil dabei Konfigurationen hoher Wahrscheinlichkeit verknüpft werden. Übergänge zu anderen Schwingungsniveaus des oberen Zustandes treten ebenfalls, jedoch weniger oft, auf, und sie führen auf schwache Absorptionslinien. In (b) ist der bevorzugte Übergang zum $v = 1$-Niveau des oberen Zustandes, da $|\psi|^2$ ein Maximum an den klassischen Wendepunkten in den höheren Schwingungsniveaus hat. Übergänge zu den $v = 0, 2, 3, 4, \ldots$-Niveaus existieren ebenfalls, sie führen jedoch auf schwache Linien. In (c) ruft ein Elektronenübergang mit großer Wahrscheinlichkeit die Dissoziation des Moleküls hervor; eine senkrechte Linie vom Mittelpunkt des untersten Niveaus schneidet die obere Potentialkurve in einem Punkt, in dem gebundene Zustände nicht möglich sind. Trotzdem können Übergänge zu gebundenen Zuständen auftreten, ihre Wahrscheinlichkeit ist jedoch klein, und das Spektrum besteht aus einigen schwachen Linien und einem Kontinuum ohne Linienstruktur.

Eine interessante Erscheinung, die sogenannte *Prädissoziation*, findet man, wenn sich die $E_p(R)$-Kurven zweier

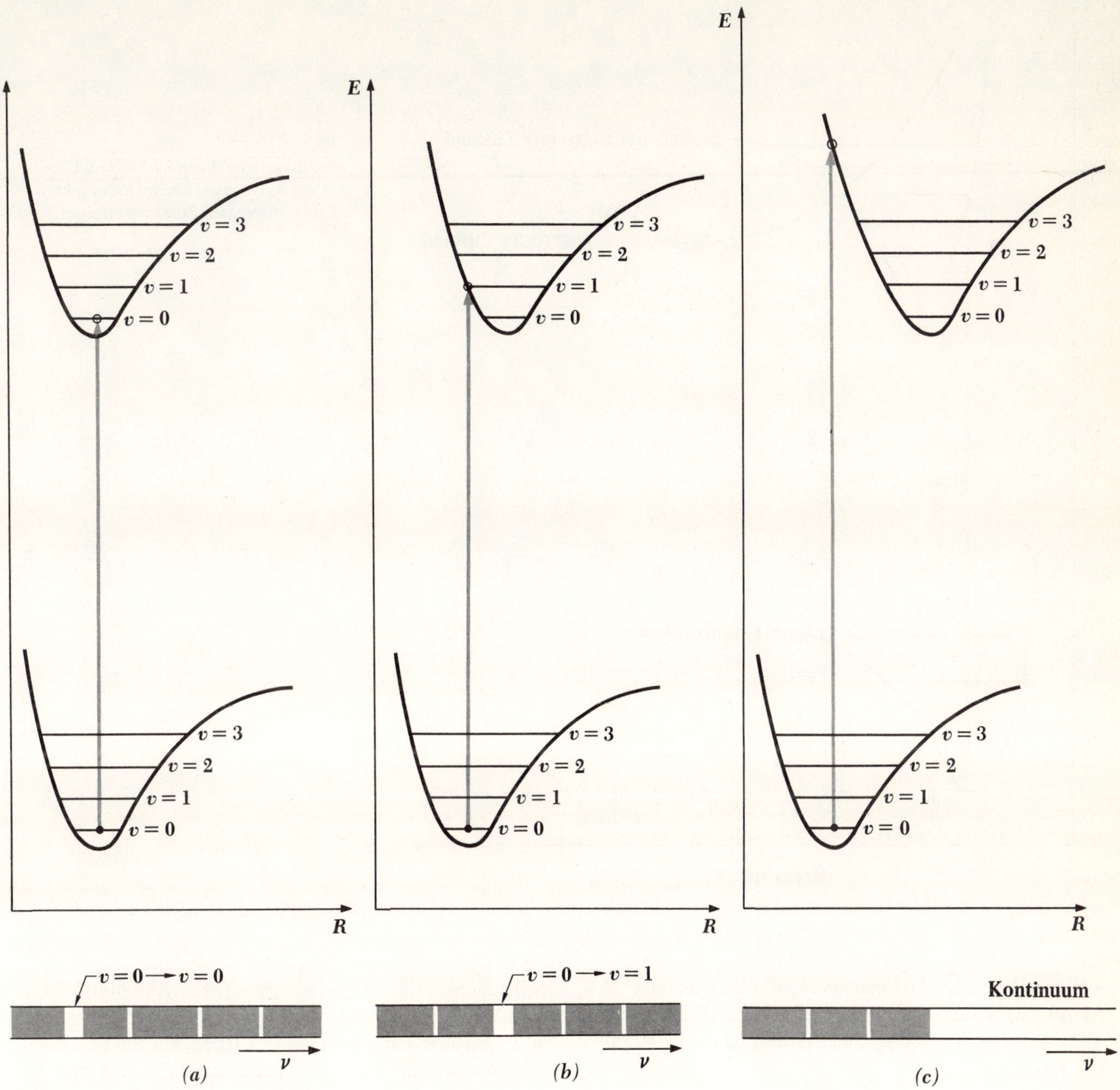

Bild 12.15 Das Franck-Condonprinzip

verschiedener angeregter Zustände überschneiden (Bild 12.16). Einer der Zustände hat ein Minimum und die üblichen Schwingungsniveaus, während der andere kein Minimum besitzt und daher instabil ist. Ein Übergang vom Grundzustand zum Niveau d ermöglicht es, daß das Molekül in den ungebundenen Zustand übergeht, während es sich bei der Schwingung bei großen R befindet. Ein Übergang zu einem der *höheren* Niveaus $e, f, \ldots$ wird jedoch meist nicht auf Dissoziation führen, weil am Schnittpunkt der $E_p(R)$-Kurve des ungebundenen Zustands mit diesen Schwingungsniveaus der Wert von $|\psi|^2$ klein ist. Daher die Bezeichnung Prädissoziation.

Elektronenanregung in einem mehratomigen Molekül führt oft auf eine Änderung seiner Gestalt, die aus der Rotationsfeinstruktur in ihrem Bandenspektrum bestimmt werden kann. Der Grund für solche Änderungen liegt im unterschiedlichen Verhalten der Wellenfunktionen in verschiedenen Zuständen, was zu unterschiedlichen Bindungsarten führt. Zum Beispiel kann ein Elektronenübergang in einem Molekül, dessen Bindungen durch sp-Hybridorbitale zustandekommen, in einen Zustand höherer Energie erfolgen, in dem die Bindungen durch reine p-Orbitale erfolgen. Aus den Zeichnungen im vorigen Kapitel sehen wir, daß in einem Molekül wie BeH_2 der Bindungswinkel im Fall der

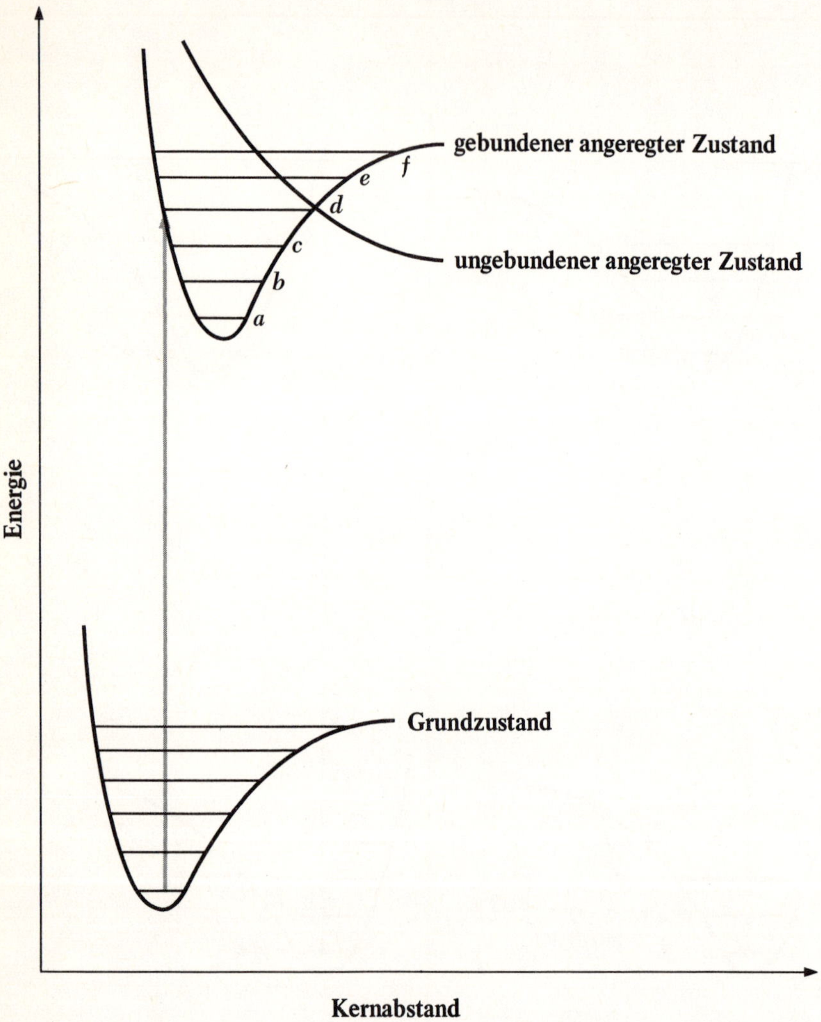

Bild 12.16
Prädissoziation kann nach einem Übergang in das Schwingungsniveau *d* des gebundenen angeregten Zustands erfolgen.

sp-Hybridisierung 180° beträgt und das Molekül linear ist (H–Be–H), während der Bindungswinkel im Fall eines reinen *p*-Orbitals 90° beträgt und das Molekül gewinkelt ist (H–Be).
   |
   H

Ein Molekül in einem angeregten Elektronenzustand kann in verschiedener Weise Energie abgeben und in seinen Grundzustand zurückkehren. Das Molekül kann einerseits ein Photon mit derselben Frequenz wie bei der vorangegangenen Absorption emittieren und kehrt dabei in einem einzigen Schritt in den Grundzustand zurück. Eine weitere Möglichkeit ist die *Fluoreszenz*: Das Molekül gibt einen Teil seiner Schwingungsenergie in Stößen mit anderen Molekülen ab, so daß der Strahlungsübergang von einem niedrigeren Schwingungsniveau im oberen Elektronenzustand ausgeht (Bild 12.17a). Fluoreszenzstrahlung hat daher eine niedrigere Frequenz als die absorbierte Strahlung.

In Molekülspektren sind wie in Atomspektren Strahlungsübergänge zwischen Elektronenzuständen mit unterschiedlichem Gesamtspin verboten (siehe Abschnitt 9.4). Bild 12.17b zeigt eine Situation, in der das Molekül in seinem Singulett-Grundzustand (**S** = 0) ein Photon absorbiert und in einen angeregten Singulettzustand gehoben wird. In Stößen kann das Molekül strahlungslos auf einen niedrigeren Schwingungszustand übergehen, der zufällig etwa die gleiche Energie wie eines der Triplettniveaus haben kann, und es besteht eine gewisse Wahrscheinlichkeit, daß das Molekül in den Triplettzustand übergeht. Weitere Stöße im Triplettzustand bringen die Energie des Moleküls unter die des $v = 0$-Singulettniveaus, so daß das Molekül im Triplettzustand gefangen ist und schließlich den $v = 0$-Triplettzustand erreicht. Ein Strahlungsübergang aus einem Triplett- in einen Singulettzustand ist durch die Auswahlregeln verboten, was nicht heißt, daß er überhaupt nicht auftreten kann, sondern daß seine Wahrscheinlichkeit sehr klein ist. Solche Übergänge haben lange Lebensdauern, und die entsprechende *Phosphoreszensstrahlung* kann Minuten oder sogar Stunden nach der ursprünglichen Absorption erfolgen.

Bild 12.17
(a) Das Entstehen der Fluoreszenz. (b) Das Entstehen der Phosphoreszenz. Der letzte Übergang ist verzögert, da er die Auswahlregeln für Elektronenübergänge verletzt.

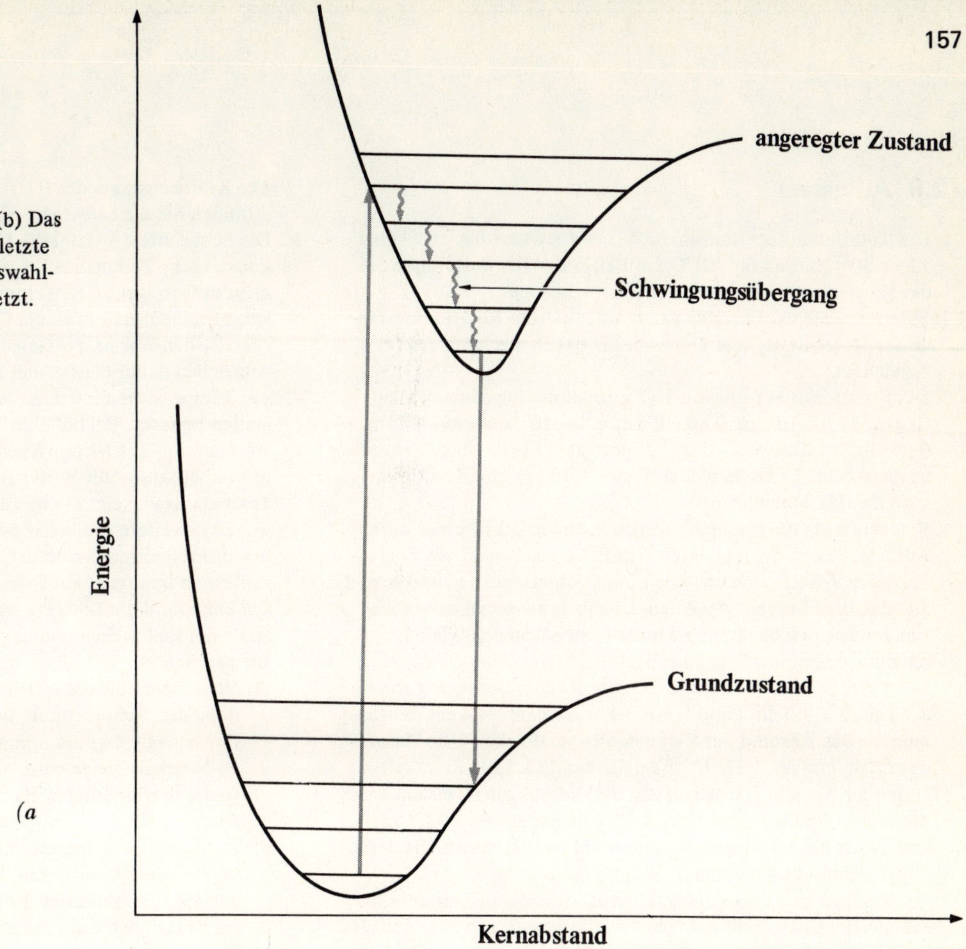

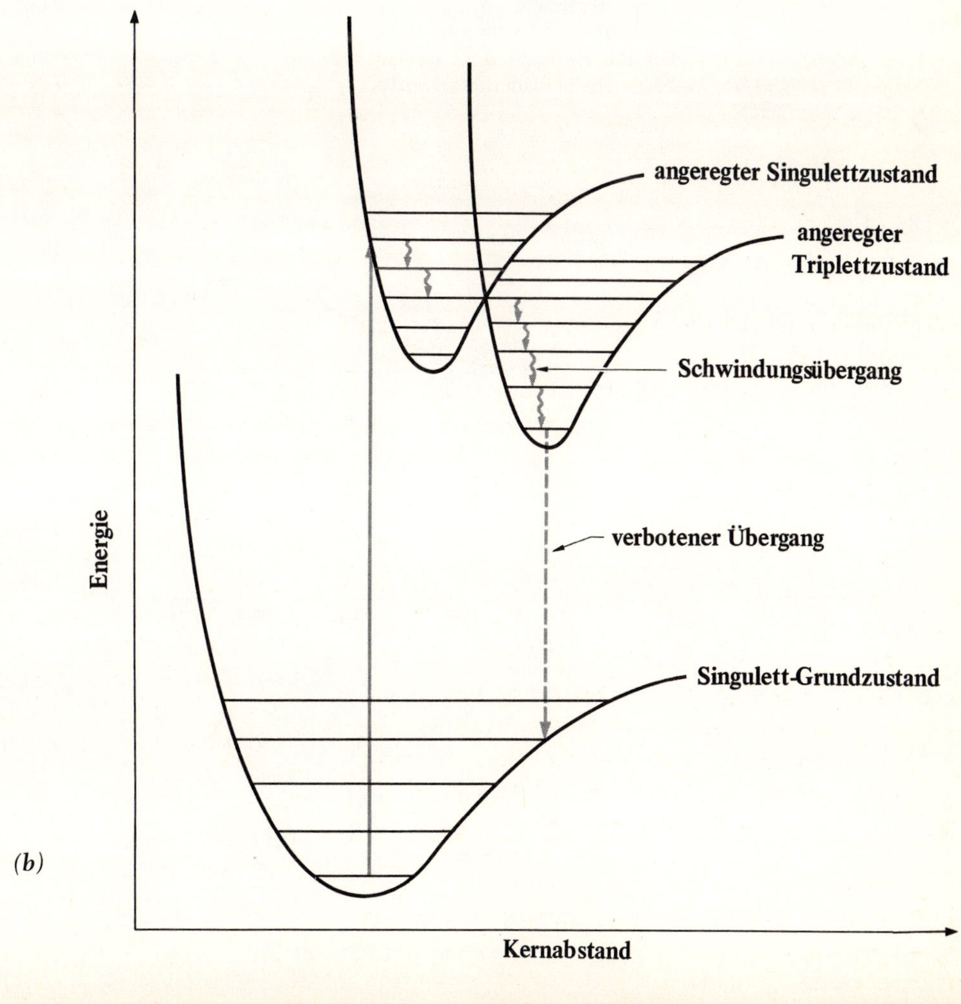

12.9 Aufgaben

1. Die Rotationsabsorptionslinie $J = 0 \rightarrow J = 1$ liegt für $^{12}C^{16}O$ bei $1{,}153 \cdot 10^{11}$ Hz und für $^{?}C^{16}O$ bei $1{,}102 \cdot 10^{11}$ Hz. Bestimmen Sie die Masse des unbekannten Kohlenstoffisotopes.
2. Berechnen Sie die Energien der vier niedrigsten Rotationszustände der Moleküle H_2 und D_2, wobei D das Deuteriumatom ^2_1H bezeichnet.
3. Das Rotationsspektrum von HCl enthält die folgenden Wellenlängen: $12{,}03 \cdot 10^{-5}$ m, $9{,}60 \cdot 10^{-5}$ m, $8{,}04 \cdot 10^{-5}$ m, $6{,}89 \cdot 10^{-5}$ m, $6{,}04 \cdot 10^{-5}$ m. Die Masse des ^{35}Cl beträgt $5{,}81 \cdot 10^{-26}$ kg. Wie groß ist der Abstand zwischen dem Wasserstoffkern und dem Chlorkern im HCl-Molekül?
4. Berechnen Sie die klassische Winkelgeschwindigkeit eines starren Körpers, dessen Energie durch Gl. (12.7) gegeben ist, für Zustände, deren J-Werte sich um eine Einheit unterscheiden, und zeigen Sie, daß die Frequenz der einem Übergang zwischen diesen Zuständen entsprechenden Spektrallinie zwischen den Winkelgeschwindigkeiten der Zustände liegt.
5. Ein $^{200}Hg^{35}Cl$-Molekül emittiert beim Rotationsübergang von $J = 1$ nach $J = 0$ ein Photon mit der Wellenlänge 4,4 cm. Bestimmen Sie den Abstand der Kerne in diesem Molekül. (Die Masse des ^{200}Hg beträgt $3{,}32 \cdot 10^{-25}$ kg, die des ^{35}Cl $5{,}81 \cdot 10^{-26}$ kg.)
6. Unter der Annahme, daß sich das H_2-Molekül genau wie ein harmonischer Oszillator mit einer Kraftkonstanten von 573 N/m verhält, ist die Schwingungsquantenzahl zu bestimmen, die der Dissoziationsenergie von 4,5 eV entspricht.
7. Die Bindung zwischen dem Wasserstoff- und dem Chloratom in einem $^1H^{35}Cl$-Molekül hat eine Kraftkonstante von 516 N/m. Ist es wahrscheinlich, daß ein HCl-Molekül bei Raumtemperatur in seinem ersten angeregten Schwingungszustand schwingt?
8. Das Wasserstoffisotop Deuterium hat etwa die doppelte Masse des gewöhnlichen Wasserstoffes. Hat H_2 oder HD die größere Nullpunktsenergie? Wie wird dadurch die Bindungsenergie des Moleküls beeinflußt?
9. Die Kraftkonstante des $H^{19}F$-Moleküls beträgt 966 N/m. Bestimmen Sie die Schwingungsfrequenz des Moleküls.
10. Die beobachtete spezifische Molwärme von Wasserstoffgas bei konstantem Volumen ist in Bild 12.18 gegen die absolute Temperatur aufgetragen. (Die Temperaturskala ist logarithmisch.) Da jeder Freiheitsgrad in einem Gasmolekül ~4,2 kJ/kmol K zur spezifischen Wärme des Gases beiträgt, kann man diese Kurve als Anzeichen dafür deuten, daß Wasserstoffmoleküle bei sehr niedrigen Temperaturen nur Translationsbewegung mit drei Freiheitsgraden besitzen. Bei höheren Temperaturen steigt die spezifische Wärme auf ~21 kJ/kmol K, was darauf hinweist, daß zwei weitere Freiheitsgrade zur Verfügung stehen. Und bei noch höheren Temperaturen steigt die spezifische Wärme auf ~30 kJ/kmol K, was zwei weitere Freiheitsgrade ankündigt. Die zusätzlichen Paare von Freiheitsgraden stellen die Rotation, die um 2 unabhängige Achsen senkrecht zur Symmetrieachse des H_2-Moleküls erfolgen kann, und die Schwingung dar, in der die beiden Freiheitsgrade der kinetischen und der potentiellen Energie des Moleküls entsprechen.
    a) Verifizieren Sie diese Deutung von Bild 12.18 durch Berechnung der Temperaturen, bei denen kT der minimalen Rotationsenergie und der minimalen Schwingungsenergie eines H_2-Moleküls gleich wird. Nehmen Sie an, daß die Kraftkonstante der Bindung in H_2 573 N/m beträgt und daß die H-Atome $7{,}42 \cdot 10^{-11}$ m voneinander entfernt sind.
    b) Zur Rechtfertigung, daß nur zwei Rotationsfreiheitsgrade im H_2-Molekül auftreten, berechnen Sie die Temperatur, bei der kT der minimalen Rotationsenergie eines H_2-Moleküls für Rotationen um seine Symmetrieachse gleich wird.
    c) Wie viele Rotationen führt ein H_2-Molekül im $J = 1$- und $\upsilon = 1$-Zustand pro Schwingung aus?

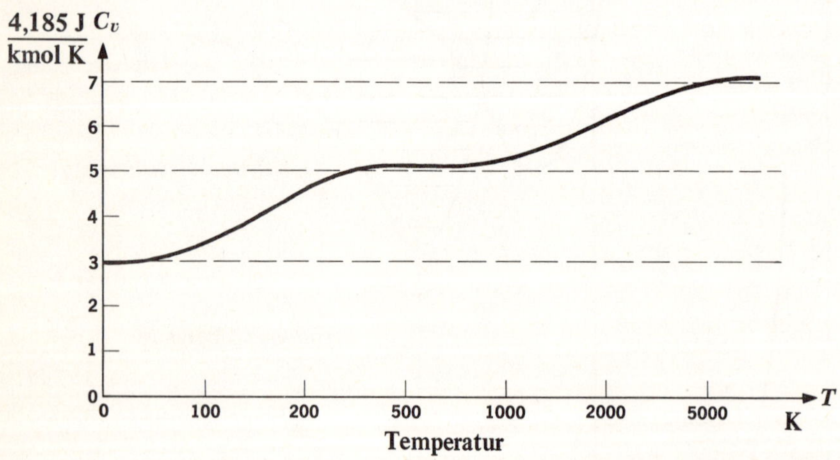

Bild 12.18
Molare spezifische Wärme von Wasserstoff bei konstantem Volumen

13 Statistische Mechanik

Die *statistische Mechanik* unternimmt den Versuch, die makroskopischen Eigenschaften eines Systems von Teilchen zu den mikroskopischen Eigenschaften der Teilchen selbst in Beziehung zu setzen. Sie untersucht nicht die tatsächlichen Bewegungen und Wechselwirkungen der einzelnen Teilchen, sondern ihr *wahrscheinlichstes Verhalten.* Während uns die statistische Mechanik bei der Bestimmung der Lebensgeschichte eines bestimmten Teilchens nicht helfen kann, informiert sie uns über die Wahrscheinlichkeit, daß ein Teilchen (welches es ist, können wir im vorhinein nicht wissen) zu einem bestimmten Zeitpunkt an einem bestimmten Ort ist und einen bestimmten Impuls besitzt. Da in der physikalischen Welt so viele Erscheinungen Systeme von Teilchen betreffen, ist der Vorteil einer statistischen Betrachtung gegenüber einer deterministischen Methode klar. Wegen ihrer Allgemeinheit kann die statistische Mechanik in gleicher Weise auf klassische Probleme (z. B. die Moleküle eines Gases) und auf quantenmechanische Probleme (wie die freien Elektronen in einem Metall oder Photonen in einem Kasten) angewendet werden. Sie ist eine der wichtigsten Methoden des theoretischen Physikers.

13.1 Der Phasenraum

In der klassischen Physik ist der Zustand eines Systems von Teilchen zu einem bestimmten Zeitpunkt vollständig bestimmt, wenn der Ort und der Impuls jedes enthaltenen Teilchens bekannt sind. Da Ort und Impuls Vektoren mit jeweils drei Komponenten sind, müssen wir für jedes Teilchen sechs Größen

$$x, y, z, p_x, p_y, p_z$$

kennen.

Der Ort eines Teilchens im gewöhnlichen dreidimensionalen Raum ist ein Punkt mit den Koordinaten x, y, z. Zweckmäßigerweise verallgemeinert man diesen Begriff durch die Einführung eines sechsdimensionalen Raumes, in dem ein Punkt die Koordinaten x, y, z, p_x, p_y, p_z hat. Dieser kombinierte Orts- und Impulsraum wird *Phasenraum* genannt. (Der Begriff des Phasenraums wird eingeführt, um die statistische Mechanik in geometrischer Weise entwickeln zu können, wodurch die Untersuchung sehr erleichtert wird.) Ein Punkt im Phasenraum entspricht der Angabe eines bestimmten Ortes *und* eines bestimmten Impulses, während ein Punkt im gewöhnlichen dreidimensionalen Raum nur einer Ortsangabe entspricht. Daher wird jedes Teilchen durch einen Punkt im Phasenraum vollständig beschrieben, und der Zustand eines Systems von Teilchen entspricht einer gewissen Verteilung von Punkten im Phasenraum.

Das Unschärfeprinzip zwingt uns allerdings genauer festzulegen, was wir unter einem „Punkt" im Phasenraum verstehen. Wir wollen den Phasenraum in kleine sechsdimensionale Zellen unterteilen, deren Seiten $dx, dy, dz, dp_x, dp_y, dp_z$ sind. Wenn wir die Größe der Zellen reduzieren, nähern wir uns immer mehr einem Punkt im Phasenraum. Jedoch beträgt das Volumen jeder dieser Zellen

$$\tau = dx\, dy\, dz\, dp_x\, dp_y\, dp_z.$$

Nach dem Unschärfeprinzip gilt

$$dx\, dp_x \geqslant \hbar$$
$$dx\, dp_y \geqslant \hbar$$
$$dz\, dp_z \geqslant \hbar.$$

Daher sehen wir, daß

$$\tau \geqslant \hbar^3$$

sein muß. Ein „Punkt" im Phasenraum ist also eine Zelle, deren kleinstes Volumen von der Größenordnung $\hbar^3$ ist. Wir müssen uns die Lokalisierung eines Teilchens im Phasenraum in der Weise vorstellen, daß das Teilchen in einer Zelle mit dem Mittelpunkt x, y, z, p_x, p_y, p_z und nicht genau in diesem Punkt selbst ist.

Eine genauere Analyse zeigt, daß jede Phasenraumzelle tatsächlich das Volumen h^3 hat, was dem Argument des Unschärfeprinzips nicht widerspricht, da $h^3 > \hbar^3$ ist. Im allgemeinen besitzt jede Zelle in einem Phasenraum, der k Koordinaten und k Impulse hat, das Volumen h^k. Diese Aussage läßt sich leicht für ein Teilchen im eindimensionalen Kasten mit unendlich hohen Wänden verifizieren ($k = 1$). Die Impulse eines Teilchens in einem Kasten mit der Breite l sind nach Gl. (6.11) $\pm n\pi\hbar/l$. Bild 13.1 zeigt die möglichen Wege im Phasenraum, die das Teilchen durchlaufen kann. Jeder Weg ist von seinen Nachbarn auf jeder Seite durch ein Rechteck von der Fläche $l \cdot \pi\hbar/l = \pi\hbar$ getrennt, und wir können sagen, daß jeder Impulseigenzustand eine Fläche $\pi\hbar$ einnimmt. Es gibt jedoch *zwei* Impulseigenzustände für jeden Energieeigenzustand, einen für die Bewegung in die $+x$-Richtung, den anderen für die Bewegung in die $-x$-Richtung. Die Gesamtfläche im Phasenraum, die ein Teilchen in einem Quantenzustand mit der Quantenzahl n einnimmt, ist daher $2\pi\hbar = h$. Die Tatsache, daß in diesem Fall die Zellen zwei Teile haben, braucht uns nicht zu kümmern, da in Bild 13.1 der Phasenraum und nicht der Ortsraum abgebildet ist.

Die statistische Mechanik bestimmt den Zustand eines Systems durch die Untersuchung, wie sich die enthaltenen Teilchen im Phasenraum verteilen. Wenn wir die Wahrscheinlichkeiten für das Auftreten aller möglichen Verteilungen finden können, die durch die Beschaffenheit des Systems erlaubt sind, können wir sofort die wahrscheinlichste auswählen und es ist klar, daß das System gegen diese Verteilung von Teilchenorten und Impulsen strebt. Genauer gesagt entspricht der Zustand eines Systems, das sich im thermischen Gleichgewicht befindet, der wahrscheinlichsten Verteilung der Teilchen im Phasenraum.

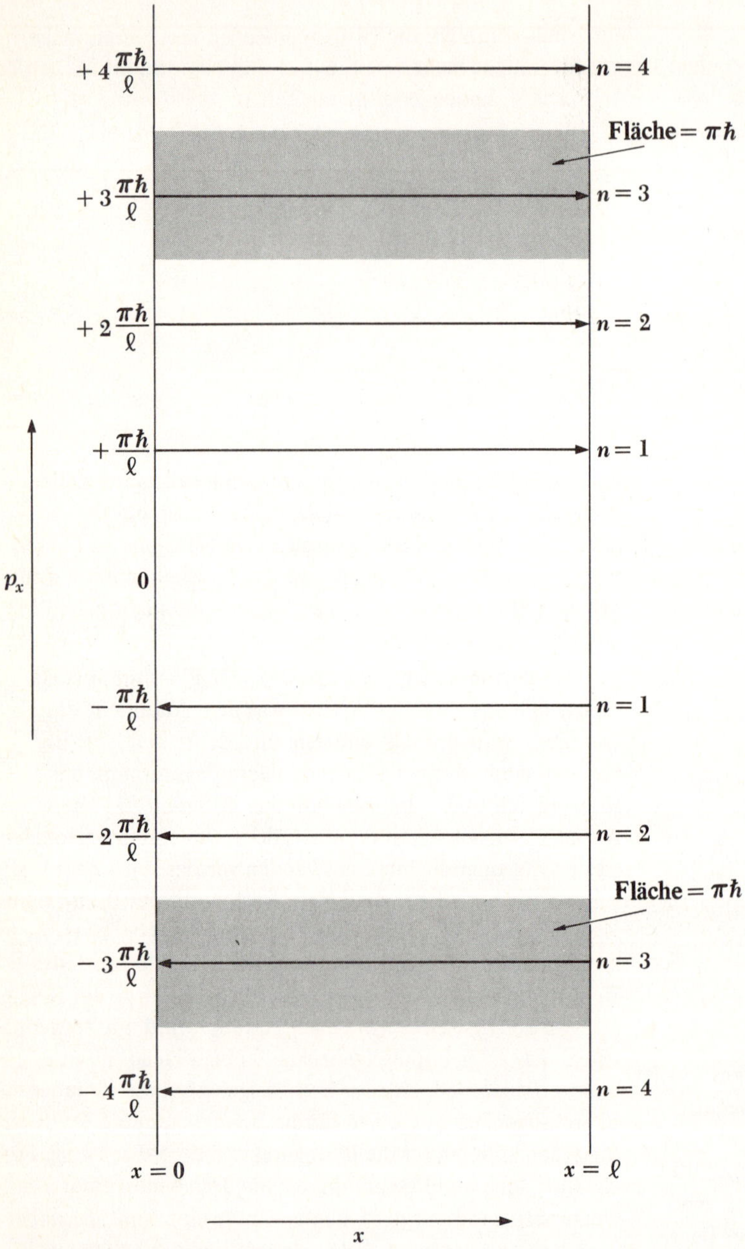

Bild 13.1

Phasenraum eines Teilchens in einem eindimensionalen Kasten. Die horizontalen Linien stellen die möglichen Bahnen des Teilchens im Phasenraum dar, wobei zu jedem Energieeigenzustand zwei Bahnen (für jede Bewegungsrichtung je eine) gehören. Zu jedem Energieeigenzustand gehört daher eine Gesamtfläche $2\pi\hbar = h$.

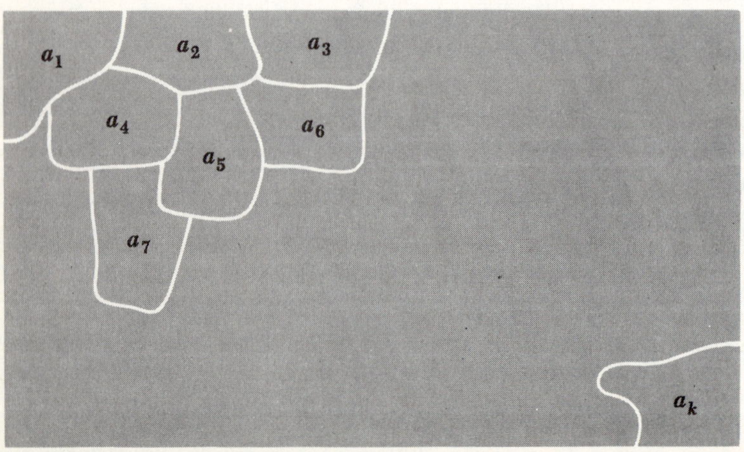

Bild 13.2

Ein Kasten der Fläche A ist in k Zellen unterteilt

13.2 Die Wahrscheinlichkeit einer Verteilung

Um die notwendigen mathematischen Methoden einzuführen, betrachten wir nun ein einfaches Beispiel. Wir wollen annehmen, daß wir einen großen Kasten wie in Bild 13.2 in k Zellen mit den Flächen $a_1, a_2, \dots, a_k$ unterteilt haben. Darauf werfen wir N Kugeln in vollständig willkürlicher Weise in den Kasten, so daß kein Teil des Kastens bevorzugt wird. Darauf zählen wir, wieviele Kugeln in jede Zelle gefallen sind und wiederholen dann das Experiment. Nach sehr vielen solchen Versuchen werden wir feststellen, daß eine gewisse Verteilung von Kugeln auf die verschiedenen Zellen öfter als jede andere eintritt; wir nennen dies die wahrscheinlichste Verteilung. Klarerweise ist die wahrscheinlichste Verteilung diejenige, in der die Anzahl der Kugeln in jeder Zelle dem Volumen der Zelle proportional ist: Eine große Zelle wird leichter getroffen als eine kleine. Wir wollen nun die entsprechende Rechnung durchführen und die Wahrscheinlichkeiten der verschiedenen möglichen Verteilungen bestimmen.

Die Wahrscheinlichkeit W, daß sich die Kugeln in einer bestimmten Weise auf die Zellen aufteilen, hängt von zwei Faktoren ab: 1. von der *apriori-Wahrscheinlichkeit* G der Verteilung, die von den Eigenschaften der Zellen abhängt, und 2. von der *thermodynamischen Wahrscheinlichkeit* M der Verteilung, nämlich der Anzahl von verschiedenen Möglichkeiten, die Kugeln auf die Zellen aufzuteilen, wobei die Anzahl der Kugeln in jeder Zelle unverändert bleibt. Wir nehmen also explizit an, daß die Kugeln zwar identisch, aber unterscheidbar sind.

In unserem Fall ist die apriori-Wahrscheinlichkeit g_i, daß eine Kugel in die i-te Zelle fällt, das Verhältnis der Fläche a_i der Zelle zur Gesamtfläche A des gesamten Kastens:

$$g_i = \frac{a_i}{A} \tag{13.1}$$

wobei

$$A = a_1 + a_2 + \dots + a_k \tag{13.2}$$

ist. Die Summe der apriori-Wahrscheinlichkeiten aller Zellen muß 1 sein, da nach Annahme die Kugel irgendwohin in den Kasten fällt:

$$\Sigma g_i = g_1 + g_2 + \dots + g_k = 1 \tag{13.3}$$

Die Wahrscheinlichkeit, daß *zwei* Kugeln in die i-te Zelle fallen, ist g_i^2, das Produkt der Wahrscheinlichkeiten g_i und g_i, daß jede Kugel für sich in die i-te Zelle fällt. Die apriori-Wahrscheinlichkeit, daß n_i Kugeln in die i-te Zelle fallen, ist $g_i^{n_i}$. Die Wahrscheinlichkeit G einer bestimmten Verteilung von N Kugeln auf k Zellen ist daher das Produkt von k Wahrscheinlichkeiten der Form $g_i^{n_i}$, also

$$G = g_1^{n_1} \cdot g_2^{n_2} \cdot \dots \cdot g_k^{n_k} \tag{13.4}$$

mit der Nebenbedingung

$$\Sigma n_i = n_1 + n_2 + \dots + n_k = N. \tag{13.5}$$

Wenn die Zellen gleiche Größe haben, haben sie alle dieselbe apriori-Wahrscheinlichkeit g, und $G = g^N$.

Die Gesamtanzahl von Permutationen von N Kugeln ist $N!$; mit anderen Worten, N Kugeln können in $N!$ verschiedenen Anordnungen auftreten. Zum Beispiel könnten wir mit vier Kugeln (a, b, c, d) die folgenden 24 Anordnungen haben:

a b c d	*b a c d*	*c a b d*	*d a b c*
a b c d	*b a c d*	*c a d b*	*d a c b*
a b d c	*b a d c*	*c b a d*	*d b a c*
a c b d	*b c a d*	*c b d a*	*d b c a*
a d b c	*b d a c*	*c d a b*	*d c a b*
a d c b	*b d c a*	*c d b a*	*d c b a.*

Wenn sich in einer Zelle mehrere Kugeln befinden, hat ihre Vertauschung keine Bedeutung. Wenn sich zum Beispiel in der Zelle j die Kugeln a, b, c befinden, ist es unwichtig, ob wir sie mit *abc, acb, bca, bac, cab* oder *cba* bezeichnen. Diese 6 Verteilungen sind äquivalent, da für uns nur $n_j = 3$ wichtig ist. Daher tragen n_i Kugeln in der i-ten Zelle $n_i!$ irrelevante Permutationen bei. Wenn es n_1 Kugeln in der Zelle 1 gibt, n_2 Kugeln in der Zelle 2 und so weiter, dann gibt es $n_1!n_2!n_3!\dots n_k!$ irrelevante Permutationen. Daher ist die thermodynamische Wahrscheinlichkeit M der Verteilung die Gesamtanzahl von möglichen Permutationen $N!$ dividiert durch die Gesamtanzahl der irrelevanten Permutationen, also

$$M = \frac{N!}{n_1!n_2!\dots n_k!}. \tag{13.6}$$

Die Gesamtwahrscheinlichkeit W der Verteilung ist das Produkt GM der apriori-Wahrscheinlichkeit (Gl. (13.4)) und der thermodynamischen Wahrscheinlichkeit (Gl. (13.6)):

$$W = \frac{N!}{n_1!n_2!\dots n_k!} g_1^{n_1} g_2^{n_2} \dots g_k^{n_k}. \tag{13.7}$$

Um zu überprüfen, ob Gl. (13.7) richtig ist, addieren wir die Wahrscheinlichkeiten aller möglichen Verteilungen und erhalten

$$\sum W = \sum \frac{N!}{n_1!n_2!\dots n_k!} g_1^{n_1} g_2^{n_2} \dots g_k^{n_k}$$

$$= (g_1 + g_2 + \dots g_k)^N$$

Nach Gl. (13.3) ergibt die Summe der apriori-Wahrscheinlichkeiten g_i genau 1, die Summe der Wahrscheinlichkeiten aller möglichen Verteilungen ist daher $1^N = 1$. Das bedeutet, daß alle Kugeln mit Gewißheit irgendwohin in den Kasten fallen, was mit unserer ursprünglichen Annahme übereinstimmt und die Richtigkeit von Gl. (13.7) bestätigt.

13.3 Die wahrscheinlichste Verteilung

Wir müssen nun die wahrscheinlichste Verteilung der Kugeln bestimmen, also die, für die W den größten Wert annimmt. Dazu leiten wir zunächst eine Näherungsformel für die Faktorielle einer großen Zahl ab. Da

$$n! = n \cdot (n-1) \cdot (n-2) \cdot \ldots \cdot 3 \cdot 2,$$

ist der natürliche Logarithmus von $n!$

$$\ln n! = \ln 2 + \ln 3 + \ln 4 + \ldots + \ln(n-1) + \ln n$$

In Bild 13.3 ist $\ln n$ gegen n aufgetragen. Die Fläche unter der Stufenkurve ist $\ln n!$. Wird n sehr groß, werden die Stufenkurve und die glatte Kurve ununterscheidbar und wir können $\ln n!$ durch Integration von $\ln n$ von $n = 1$ bis $n = n$ erhalten:

$$\ln n! = \int_1^n \ln n \, dn = n \ln n - n + 1$$

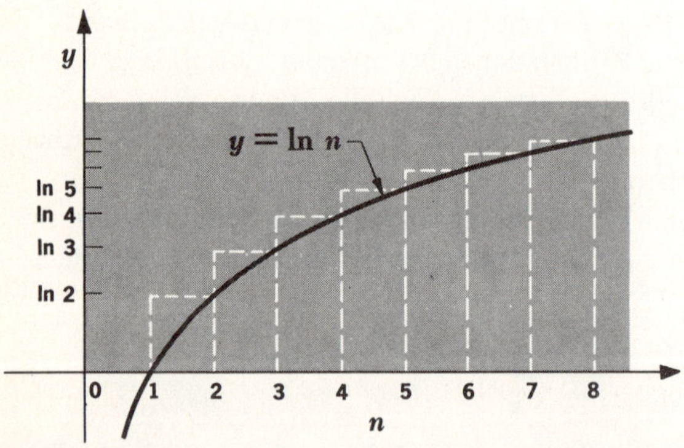

Bild 13.3 Die Fläche unter der Stufenkurve ist $\ln n!$. Für sehr großes n ist die glatte Kurve eine gute Näherung der Stufenkurve, und $\ln n!$ kann durch Integration von $\ln n$ von $n = 1$ bis $n = n$ bestimmt werden.

Da wir annehmen, daß n wesentlich größer als 1 ist, können wir im obigen Ergebnis die 1 vernachlässigen und erhalten die *Stirlingsche Formel*

$$\ln n! = n \ln n - n \qquad n \gg 1. \tag{13.8}$$

Der natürliche Logarithmus von Gl. (13.7) ist

$$\ln W = \ln N! - \Sigma \ln n_i! + \Sigma n_i \ln g_i$$

Mit der Stirlingschen Formel können wir diesen Ausdruck in der Form

$$\ln W = N \ln N - N - \Sigma n_i \ln n_i + \Sigma n_i + \Sigma n_i \ln g_i$$

schreiben und erhalten mit $\Sigma n_i = N$

$$\ln W = N \ln N - \Sigma n_i \ln n_i + \Sigma n_i \ln g_i. \tag{13.9}$$

Wir haben nun eine Gleichung für $\ln W$ statt für W selbst, doch ist dies kein Nachteil, da

$$(\ln W)_{max} = \ln W_{max}$$

Eine Verteilung ist dann am wahrscheinlichsten, wenn kleine Änderungen δn_i in beliebigen n_i den Wert von W nicht beeinflussen. (Wären die n_i nicht ganzzahlig, sondern kontinuierlich, könnten wir diese Bedingung in der üblichen Weise als $\partial W / \partial n_i = 0$ ausdrücken.) Nach Gl. (13.9) erhalten wir für die Änderung $\delta \ln W$ entsprechend einer Änderung δn_i der Besetzungszahlen n_i

$$\delta \ln W_{max} = -\Sigma n_i \, \delta \ln n_i - \Sigma \ln n_i \, \delta n_i + \Sigma \ln g_i \, \delta n_i = 0 \tag{13.10}$$

da $N \ln N$ konstant ist. Weiter gilt:

$$\delta \ln n_i = \frac{1}{n_i} \delta n_i$$

und daher

$$\Sigma n_i \, \delta \ln n_i = \Sigma \delta n_i.$$

Da die Gesamtanzahl der Kugeln konstant ist, muß die Summe $\Sigma \delta n_i$ aller Änderungen der Kugelanzahl in jeder Zelle verschwinden, woraus

$$\Sigma n_i \, \delta \ln n_i = 0$$

folgt. Daher erhalten wir aus Gl. (13.10)

$$-\Sigma \ln n_i \, \delta n_i + \Sigma \ln g_i \, \delta n_i = 0. \tag{13.11}$$

Obwohl Gl. (13.11) von der wahrscheinlichsten Verteilung erfüllt sein muß, bestimmt sie diese Verteilung doch nicht vollständig. Wir müssen berücksichtigen, daß die Variationen $\delta n_1, \delta n_2, \ldots$ der Kugelanzahlen in jeder der k Zellen nicht unabhängig sind, sondern die Beziehung

$$\Sigma \delta n_i = \delta n_1 + \delta n_2 + \ldots + \delta n_k = 0 \tag{13.12}$$

erfüllen, da die Gesamtanzahl der Kugeln fest ist. Dazu benützen wir die Lagrangesche Methode der unbestimmten Multiplikatoren. α sei eine von den n_i unabhängige Größe. Wir multiplizieren Gl. (13.12) mit α und erhalten

$$\Sigma \alpha \, \delta n_i = 0. \tag{13.13}$$

Nun addieren wir diese Gleichung zu Gl. (13.11) und erhalten

$$-\Sigma \ln n_i \, \delta n_i + \Sigma \ln g_i \, \delta n_i + \Sigma \alpha \, \delta n_i$$
$$= \Sigma(-\ln n_i + \ln g_i + \alpha) \, \delta n_i = 0. \tag{13.14}$$

In jeder der k Gleichungen, die addiert Gl. (13.14) ergeben, ist die Variation δn_i eine unabhängige Variable. Damit Gl. (13.14) erfüllt ist, muß also die in Klammer stehende Größe unabhängig von den speziellen Werten δn_i stets Null sein. Daher haben wir

$$-\ln n_i + \ln g_i + \alpha = 0 \qquad n_i = g_i \, e^{\alpha} \tag{13.15}$$

Indem wir die n_i addieren und beachten, daß α nicht von i abhängt, erhalten wir

$$\Sigma n_i = e^{\alpha} \, \Sigma g_i$$

Wir erinnern uns: g_i ist die apriori-Wahrscheinlichkeit, daß eine Kugel in die i-te Zelle fällt, und nach Gl. (13.3) gilt:

$$\Sigma g_i = 1.$$

Daher wird

$$\Sigma n_i = e^{\alpha}.$$

Weil N die Gesamtanzahl der Kugeln Σn_i ist, sehen wir, daß

$$e^{\alpha} = N.$$

Gl. (13.15) läßt sich also in der Form

$$n_i = N g_i$$

schreiben: Die wahrscheinlichste Anzahl von Kugeln in jeder beliebigen Zelle ist sowohl zur Gesamtanzahl N der Kugeln wie zur apriori-Wahrscheinlichkeit g_i proportional, die der relativen Zellengröße gleich ist. Mit Gl. (13.1) erhalten wir

$$g_i = \frac{a_i}{A}$$

$$n_i = \frac{N}{A} a_i.$$

Die wahrscheinlichste Anzahl von Kugeln in jeder Zelle ist gleich der mittleren Dichte der Kugeln, multipliziert mit der Fläche der Zelle.

13.4 Die Maxwell-Boltzmann-Statistik

Wir werden nun die Methoden der statistischen Mechanik verwenden, um zu bestimmen, wie sich ein bestimmter Energiebetrag auf die einzelnen Mitglieder eines Ensembles identischer Teilchen verteilt. Wir wollen also herausfinden, wie viele Teilchen im Mittel eine bestimmte Energie u_i besitzen. Wir werden drei verschiedene Teilchenarten betrachten:

a) Identische Teilchen mit beliebigem Spin, die genügend weit von einander entfernt sind, so daß sie unterschieden werden können. Die Moleküle eines Gases sind Teilchen dieser Art.
b) Identische Teilchen mit dem Spin 0 oder ganzzahligem Spin, die nicht unterschieden werden können. Diese Teilchen heißen Bose-Teilchen und gehorchen nicht dem Ausschließungsprinzip.
c) Identische Teilchen mit dem Spin 1/2, die nicht unterschieden werden können. Diese Teilchen heißen Fermi-Teilchen und gehorchen dem Ausschließungsprinzip.

In diesem Abschnitt werden wir uns auf die Ableitung des Verteilungsgesetzes für Teilchen des Typs a) beschränken, die wir allgemein als *Moleküle* bezeichnen wollen, da Gasmoleküle das wichtigste Beispiel solcher Teilchen sind.

Wir betrachten nun ein System von N Molekülen, deren Energien nur die k Werte $u_1, u_2, \ldots u_k$ (nach zunehmender Energie geordnet) annehmen können. Diese Energien sollen entweder diskrete Energiezustände oder mittlere Energien in einer Folge von Energieintervallen darstellen. Wenn es n_i Moleküle mit der Energie u_i gibt und die Gesamtenergie des Systems E ist, gelten für die wahrscheinlichste Verteilung der Moleküle auf diese k Energien zwei Bedingungen, nämlich Erhaltung der Molekülanzahl,

$$\Sigma n_i = n_1 + n_2 + \ldots + n_k = N \tag{13.16}$$

und Erhaltung der Energie

$$\Sigma n_i u_i = n_1 u_1 + n_2 u_2 + \ldots + n_k u_k = U. \tag{13.17}$$

Wenn die apriori-Wahrscheinlichkeit, daß ein Molekül die Energie u_i hat, g_i ist, ist die Wahrscheinlichkeit W für eine beliebige Verteilung durch Gl. (13.7) gegeben. Wie zuvor muß die Verteilung mit der maximalen Wahrscheinlichkeit der Gl. (13.11) genügen, doch müssen nun *zwei* Bedingungen durch die δn_i erfüllt werden. Diese Bedingungen folgen aus den Gln. (13.16) und (13.17):

$$\Sigma \delta n_i = \delta n_1 + \delta n_2 + \ldots + \delta n_k = 0 \tag{13.18}$$

$$\Sigma u_i \delta n_i = u_1 \delta n_1 + u_2 \delta n_2 + \ldots + u_k \delta n_k = 0. \tag{13.19}$$

Um diese Bedingungen in der Gl. (13.11) zu berücksichtigen, multiplizieren wir Gl. (13.18) mit $-\alpha$ und Gl. (13.19) mit $-\beta$, wobei α und β von den n_i unabhängige Größen sind und addieren diese Ausdrücke zur Gl. (13.11):

$$\Sigma(-\ln n_i + \ln g_i - \alpha - \beta u_i) \delta n_i = 0.$$

Wiederum sind die δn_i voneinander unabhängig und der Klammerausdruck muß für jeden Wert von i Null sein. Daher erhalten wir

$$-\ln n_i + \ln g_i - \alpha - \beta u_i = 0$$

$$n_i = g_i e^{-\alpha} e^{-\beta u_i} \tag{13.20}$$

Dieses Resultat wird das *Maxwell-Boltzmannsche Verteilungsgesetz* genannt.

Wir berechnen nun $e^{-\alpha}$ und β. Dazu ist es zweckmäßig, statt des diskreten Satzes $u_1, u_2, \ldots u_k$ eine kontinuierliche Verteilung der Molekülenergien zu betrachten, so daß aus Gl. (13.20)

$$n(u)\,du = g(u)\, e^{-\alpha}\, e^{-\beta u}\, du \tag{13.21}$$

wird. (Dies ist für die Moleküle eines Gases eine sehr gute Näherung, in dem die Energiequantisierung keine Rolle spielt und die Gesamtanzahl der Moleküle sehr groß sein kann.) In Gl. (13.21) ist $n(u)\,du$ als die Anzahl der Moleküle anzusehen, deren Energien zwischen u und $u + du$ liegen. Wir drücken u durch den Impuls der Moleküle aus,

$$u = \frac{p^2}{2m}$$

und erhalten

$$n(p)\,dp = g(p)\, e^{-\alpha}\, e^{-\beta p^2/2m}\, dp.$$

Die apriori-Wahrscheinlichkeit $g(p)$, daß ein Molekül einen Impuls zwischen p und $p + dp$ hat, ist gleich der Anzahl der Zellen im Phasenraum, innerhalb der ein solches Molekül existieren kann. Wenn jede Zelle das Volumen h^3 hat, gilt

$$g(p)\,dp = \frac{1}{h^3}\iiiint\!\!\iint dx\; dy\; dz\; dp_x\; dp_y\; dp_z,$$

wobei der Zähler das Phasenraumvolumen ist, das von Teilchen mit den angegebenen Impulsen eingenommen wird. Hier gilt

$$\iiint dx\; dy\; dz = V,$$

wobei V das Volumen des Gases im gewöhnlichen Ortsraum ist, und

$$\iiint dp_x\; dp_y\; dp_z = 4\,\pi\,p^2\,dp$$

wobei $4\,\pi\,p^2\,dp$ das Volumen einer Kugelschale vom Radius p und der Dicke dp im Impulsraum ist (siehe Bild 7.11). Daher erhalten wir

$$g(p)\,dp = \frac{4\,\pi\,V p^2\,dp}{h^3} \tag{13.22}$$

und

$$n(p)\,dp = \frac{4\,\pi\,V p^2\,e^{-\alpha}\,e^{-\beta p^2/2\,m}}{h^3}\,dp. \tag{13.23}$$

Wir können nun $e^{-\alpha}$ bestimmen. Wegen

$$\int_0^\infty n(p)\,dp = N$$

finden wir durch Integration von Gl. (13.23)

$$N = \frac{4\,\pi\,V e^{-\alpha}}{h^3}\int_0^\infty p^2\,e^{-p^2/2\,m}\,dp$$

$$= \frac{e^{-\alpha}\,V}{h^3}\left(\frac{2\,\pi\,m}{\beta}\right)^{3/2},$$

wobei wir das bestimmte Integral

$$\int_0^\infty x^2\,e^{-ax^2}\,dx = \frac{1}{4}\sqrt{\frac{\pi}{a^2}}$$

benützt haben. Somit erhalten wir

$$e^{-\alpha} = \frac{N h^3}{V}\left(\frac{\beta}{2\,\pi\,m}\right)^{3/2}$$

und

$$n(p)\,dp = 4\,\pi\,N\left(\frac{\beta}{2\,\pi\,m}\right)^{3/2} p^2\,e^{-\beta p^2/2\,m}\,dp. \tag{13.24}$$

Um β zu bestimmen, berechnen wir die Gesamtenergie U des Systems von Molekülen. Wegen

$$p^2 = 2\,m\,u \qquad \text{und} \qquad dp = \frac{m\,du}{\sqrt{2mu}}$$

können wir Gl. (13.24) in der Form

$$n(u)\,du = \frac{2\,N\beta^{3/2}}{\sqrt{\pi}}\sqrt{u}\,e^{-\beta u}\,du \tag{13.25}$$

schreiben. Die Gesamtenergie ist

$$U = \int_0^\infty u\,n\,(u)\,du$$

$$= \frac{2N\beta^{3/2}}{\sqrt{\pi}}\int_0^\infty u^{3/2}\,e^{-\beta u}\,du$$

$$= \frac{3}{2}\frac{N}{\beta}, \tag{13.26}$$

wobei wir das bestimmte Integral

$$\int_0^\infty x^{3/2}\,e^{-ax}\,dx = \frac{3}{4a^2}\sqrt{\frac{\pi}{a}}$$

benützt haben. Nach der kinetischen Gastheorie beträgt die Gesamtenergie U von N Molekülen eines idealen Gases (das wir gerade betrachten) bei der absoluten Temperatur T

$$U = \frac{3}{2}N\,k\,T \tag{13.27}$$

wobei k die Boltzmann-Konstante $k = 1{,}38 \cdot 10^{-23}$ J/K ist. Die Gln. (13.26) und (13.27) stimmen für

$$\beta = \frac{1}{k\,T}\,. \tag{13.28}$$

überein.

Wir haben nun die Parameter α und β bestimmt und können das Boltzmannsche Verteilungsgesetz in seiner endgültigen Form

$$n(u)\,du = \frac{2\,\pi N}{(\pi\,k\,T)^{3/2}}\sqrt{u}\,e^{-u/kT}\,du \tag{13.29}$$

schreiben. Diese Gleichung bestimmt die Anzahl der Moleküle eines idealen Gases aus N Molekülen mit der absoluten Temperatur T, deren Energien zwischen u und $u + du$ liegen. Die Boltzmannsche Energieverteilung ist in Bild 13.4 gezeichnet. Die Kurve ist nicht symmetrisch, weil die untere Grenze für u Null beträgt, während es im Prinzip keine obere Grenze gibt (obwohl die Wahrscheinlichkeit für das Auftreten von Energien, die um ein Vielfaches größer als kT sind, klein ist).

Nach Gl. (13.26) beträgt die Gesamtenergie U eines Systems von N Molekülen

$$U = \frac{3}{2}\frac{N}{\beta}.$$

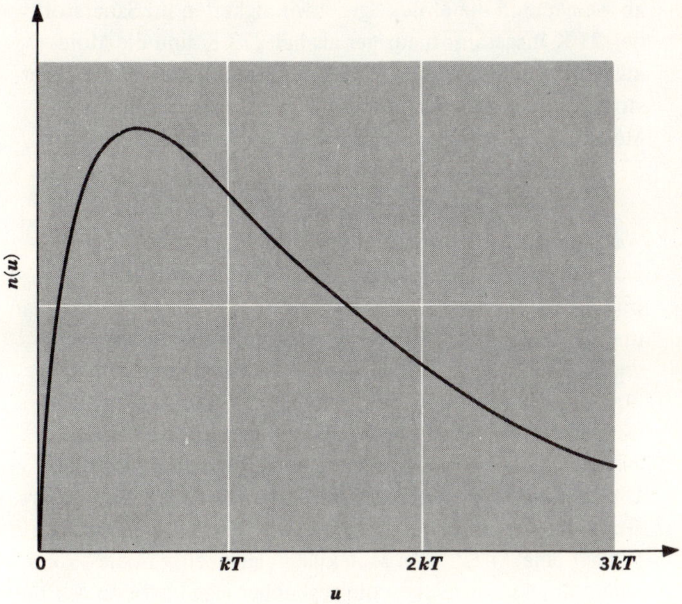

Bild 13.4 Die Maxwell-Boltzmannverteilung der Energie

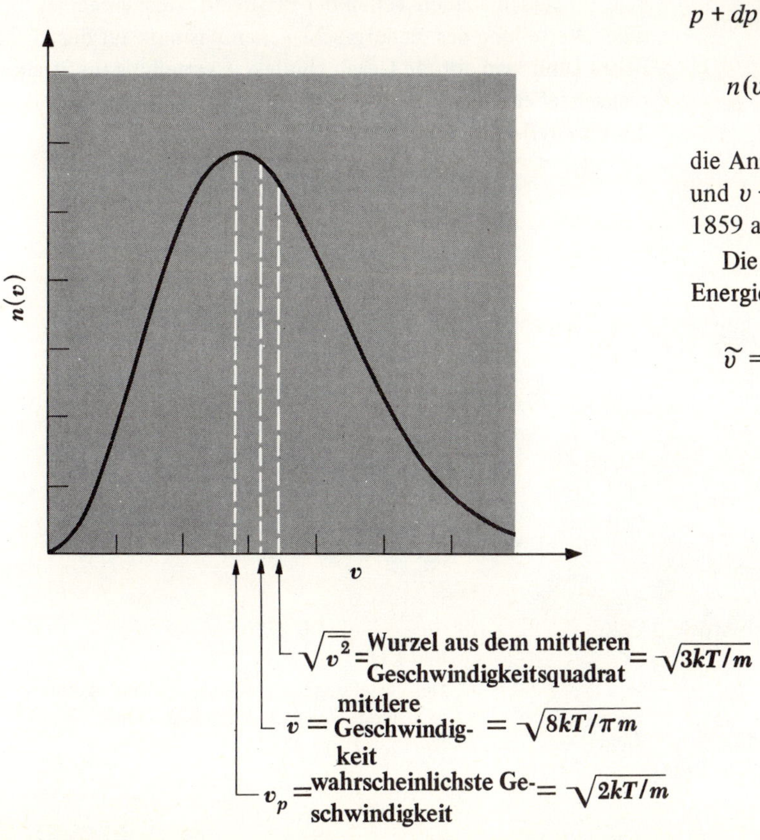

Bild 13.5
Die Maxwell-Boltzmannverteilung der Geschwindigkeit

Die *mittlere Energie* $\bar{u}$ pro Molekül ist U/N, so daß

$$\bar{u} = \frac{3}{2}\frac{1}{\beta} = \frac{3}{2}kT. \tag{13.30}$$

Bei 300 K, ungefähr Zimmertemperatur, beträgt

$$\bar{u} = 6{,}21 \cdot 10^{-21}\ \text{J/Molekül} \approx \frac{1}{25}\ \text{eV/Molekül}.$$

Diese mittlere Energie ist für alle Moleküle unabhängig von ihren Massen gleich und hängt nur von der Temperatur ab.

13.5 Molekülgeschwindigkeiten

Die Boltzmannverteilung der Impulse und Geschwindigkeiten der Moleküle kann nach Gl. (13.29) mittels

$$u = \frac{p^2}{2m} = \frac{1}{2}mv^2$$

$$du = \frac{p}{m}dp = m\,v\,dv$$

gewonnen werden. Wir finden, daß

$$n(p)\,dp = \frac{\sqrt{2}\pi N}{(\pi m k T)^{3/2}}\,p^2\,e^{-p^2/2mkT}\,dp \tag{13.31}$$

die Anzahl der Moleküle mit Impulsen zwischen p und $p + dp$ und

$$n(v)\,dv = \frac{\sqrt{2}\pi N m^{3/2}}{(\pi kT)^{3/2}}\,v^2\,e^{-mv^2/2kT}\,dv \tag{13.32}$$

die Anzahl der Moleküle mit Geschwindigkeiten zwischen v und $v + dv$ ist. Die letzte Formel wurde zuerst von Maxwell 1859 abgeleitet, sie ist in Bild 13.5 gezeigt.

Die Geschwindigkeit eines Moleküls mit der mittleren Energie $3\,kT/2$ beträgt

$$\tilde{v} = \sqrt{\overline{v^2}} = \sqrt{\frac{3\,kT}{m}} \tag{13.33}$$

Diese Geschwindigkeit $\tilde{v}$ ist die Wurzel aus dem mittleren Geschwindigkeitsquadrat und stimmt nicht mit dem einfachen arithmetischen Mittelwert der Geschwindigkeit v überein. Ein einfaches Beispiel soll den Unterschied zwischen den beiden Mittelwerten zeigen. Betrachten wir ein System aus zwei Molekülen mit den Geschwindigkeiten 1 m/s und 3 m/s. Die mittlere Geschwindigkeit der zwei Moleküle beträgt

$$\bar{v} = \frac{v_1 + v_2}{2} = \frac{1+3}{2}\ \text{m/s} = 2\ \text{m/s},$$

während das mittlere Geschwindigkeitsquadrat den Wert

$$\tilde{v} = \sqrt{\frac{v_1^2 + v_2^2}{2}} = \sqrt{\frac{1+9}{2}}\ \text{m/s} = 2{,}24\ \text{m/s}$$

hat. Die Beziehung zwischen $\bar{v}$ und $\tilde{v}$ hängt von dem Verteilungsgesetz ab, das für die Molekülgeschwindigkeiten gilt. Für die Boltzmannsche Verteilung gilt

$$\tilde{v} = \sqrt{\frac{3\pi}{8}}\,\bar{v} \approx 1{,}09\,\bar{v},$$

so daß die Wurzel aus dem mittleren Geschwindigkeitsquadrat etwa 9 % größer als das arithmetische Geschwindigkeitsmittel ist.

Weil die Boltzmannsche Geschwindigkeitsverteilung nicht symmetrisch ist, ist die wahrscheinlichste Geschwindigkeit v_p kleiner als die anderen beiden Geschwindigkeiten. Um v_p zu finden, setzen wir die Ableitung von $n(v)$ bezüglich v Null und lösen die entsprechende Gleichung nach v auf. Wir erhalten

$$v_p = \sqrt{\frac{2kT}{m}}. \tag{13.34}$$

Die Geschwindigkeiten der Moleküle in einem Gas streuen beträchtlich nach beiden Seiten von v_p. Bild 13.6 zeigt die Verteilung der Molekülgeschwindigkeiten in Sauerstoff bei 73 K (− 200 °C) und bei 273 K (0 °C) und in Wasserstoff bei 273 K. Die wahrscheinlichste Molekülgeschwindigkeit nimmt mit der Temperatur zu und mit der Molekülmasse ab. Daher sind die Molekülgeschwindigkeiten im Sauerstoff bei 73 K insgesamt niedriger als bei 273 K und die Molekülgeschwindigkeiten im Wasserstoff sind höher als im Sauerstoff bei derselben Temperatur (die mittlere Energie pro Molekül ist allerdings im Sauerstoff und im Wasserstoff bei 273 K dieselbe).

Ein Strahl von Molekülen, der aus einer Öffnung in der Wand eines Ofens austrat, lieferte die Möglichkeit, die Maxwell-Boltzmann-Geschwindigkeitsverteilung direkt zu überprüfen. Dieses Experiment wurde um 1930 von I. F. Zartman und C. C. Ko durchgeführt; sie verwendeten einen Apparat wie in Bild 13.7. Der Ofen enthält Wismutdampf von etwa 800 °C, von dem ein Teil durch einen Schlitz entweicht und durch einen weiteren Schlitz gebündelt wird. Hinter dem zweiten Schlitz befindet sich eine Trommel, die mit 6000 Umdrehungen pro Minute um eine horizontale Achse rotiert. Wenn der Schlitz in der Trommel den Wismutstrahl kreuzt, gelangt eine Anzahl von Molekülen gleichzeitig in die Trommel. Diese Moleküle erreichen die gegenüberliegende Seite der Trommel, auf der sich eine Glasplatte befindet, je nach ihren Geschwindigkeiten zu verschiedenen Zeiten. Da sich die Trommel dreht, treffen die langsameren und die schnelleren Moleküle auf verschiedenen Teilen der Platte auf. Aus der gemessenen Verteilung des niedergeschlagenen Wismuts auf der Platte kann man auf die Geschwindigkeitsverteilung im Strahl rückschließen, diese Verteilung stimmt mit der Vorhersage der Maxwell-Boltzmann-Statistik überein.

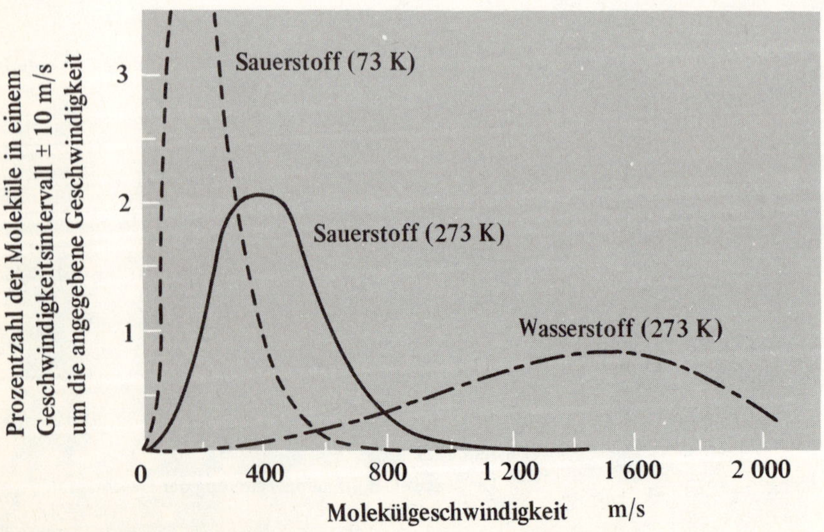

Bild 13.6
Die Verteilung der Molekülgeschwindigkeiten in Sauerstoff bei 73 K und 273 K und in Wasserstoff bei 273 K.

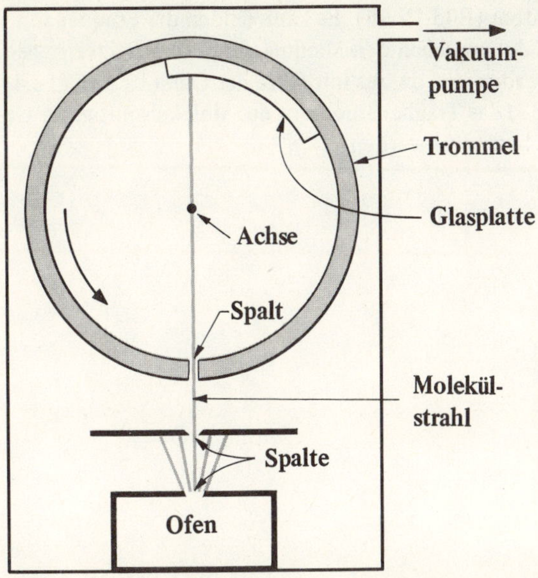

Bild 13.7 Das Experiment von Zartman und Ko

13.6 Rotationsspektren

Eine kontinuierliche Energieverteilung tritt nur bei der Translationsbewegung von Molekülen auf. Wie wir in Kapitel 12 gesehen haben, sind die Rotationen und Schwingungen der Moleküle quantisiert, so daß nur spezifische Energiewerte E_i möglich sind. Das Boltzmannsche Verteilungsgesetz für diese Energiearten kann

$$n_i = n_0\, g_i\, \mathrm{e}^{-E_i/kT} \qquad (13.35)$$

geschrieben werden. Diese Gleichung stimmt mit Gl. (13.20) überein, wenn man $\mathrm{e}^{-\alpha}$ durch n_0 und βu_i durch E_i/kT ersetzt. Der Faktor $\mathrm{e}^{-E_i/kT}$ wird oft *Boltzmannfaktor* genannt, er gibt die relative Wahrscheinlichkeit an, daß ein Quantenzustand mit der Energie E_i bei der Temperatur T besetzt ist. Der Faktor g_i, die Multiplizität (oder das *statistische Gewicht*) des Niveaus, ist die Anzahl der Quantenzustände mit derselben Energie E_i. Es wird angenommen, daß alle Quantenzahlen die gleiche apriori-Wahrscheinlichkeit besitzen – daß also die Zellen, die die Zustände im Phasenraum darstellen, dieselben Volumina besitzen – so daß die apriori-Wahrscheinlichkeit g_i, daß das Energieniveau E_i-besetzt ist, der Anzahl von Zuständen gleich ist, die in diesem Niveau enthalten sind.

Wir wollen Gl. (13.35) auf die Rotationsniveaus eines Moleküls anwenden. (Die relativen Besetzungen von Energieniveaus von Atomen können in der gleichen Weise behandelt werden.) Wie wir wissen, gehören im allgemeinen mehrere Rotationszustände zu einer gegebenen Rotationsquantenzahl J. Die Entartung ergibt sich dadurch, daß die Drehimpulskomponente L_z insgesamt $2J+1$ verschiedene Werte zwischen $J\hbar$ und $-J\hbar$ annehmen kann. Daher hat ein Energieniveau mit der Rotationsquantenzahl J ein statistisches Gewicht

$$g_J = 2J+1.$$

Für ein starres zweiatomiges Molekül fanden wir

$$E_J = J(J+1)\,\frac{\hbar^2}{2I}$$

und somit ergibt sich der Boltzmannfaktor zu

$$\mathrm{e}^{-J(J+1)\hbar^2/2IkT}.$$

Die Boltzmannsche Verteilungsfunktion für die Besetzungszahlen der Rotationsniveaus eines starren zweiatomigen Moleküls lautet daher

$$n_J = (2J+1)\, n_0\, \mathrm{e}^{-J(J+1)\hbar^2/2IkT}. \qquad (13.36)$$

Die Größe n_0 gibt die Anzahl der Moleküle im $J = 0$ Rotationszustand an.

In Abschnitt 12.1 fanden wir, daß das Trägheitsmoment des CO-Moleküls $1{,}46 \cdot 10^{-46}$ kg m² beträgt. Bei Raumtemperatur (293 K = 20 °C) erhalten wir

$$\frac{\hbar^2}{2IkT} = \frac{(1{,}054 \cdot 10^{-34}\ \mathrm{Js})^2}{2 \cdot 1{,}46 \cdot 10^{-46}\ \mathrm{kg\,m^2} \cdot 1{,}38 \cdot 10^{-23}\ \mathrm{J/K} \cdot 293\ \mathrm{K}} = 0{,}00941$$

und damit

$$n_J = (2J+1)\, n_0\, \mathrm{e}^{-0{,}00941 J(J+1)}.$$

Bild 13.8 zeigt das statistische Gewicht $2J+1$, den Boltzmannfaktor $\mathrm{e}^{-0{,}00941 J(J+1)}$ und die relative Besetzungszahl n_J/n_0 für CO bei 20 °C in Abhängigkeit von J. Offensichtlich ist das $J = 7$-Rotationsniveau das höchstbesetzte, und es befinden sich in einer Probe von CO bei Raumtemperatur gleichviel Moleküle im $J = 19$-Niveau wie im $J = 0$-Niveau.

Um das Energieniveau mit der höchsten Besetzung zu bestimmen, brauchen wir nur n_J nach J zu differenzieren und dn_J/dJ Null zu setzen. Der entsprechende Ausdruck ergibt sich zu

$$J_{\max} = \frac{\sqrt{IkT}}{\hbar} - \frac{1}{2}, \qquad (13.37)$$

was wir allerdings auf die nächste ganze Zahl runden müssen. Gl. (13.37) ergibt für CO den Wert $J = 7{,}29$, und $J = 7$ ist daher die Quantenzahl für das Energieniveau mit der höchsten Besetzung.

Die Intensitäten der Rotationslinien in einem Molekülspektrum sind den Besetzungszahlen der verschiedenen Rotationsniveaus proportional. Wir erwarten daher die höchsten Intensitäten bei Linien, deren Ausgangsniveaus in der Nähe von $J_{\max}$ liegen, wobei die Intensitäten nach beiden Seiten abfallen. Bild 13.9a zeigt die Rotationsschwingungsbande von CO für den Schwingungsübergang $v = 0 \rightarrow v = 1$ bei hoher Auflösung; den Linien sind die entsprechenden J-Werte des Ausgangsniveaus zugeordnet. Der P-Zweig und der R-Zweig haben ihre Maxima bei $J = 7$. Bei geringerer Auflösung ist die Rotationsfeinstruktur derselben Bande nicht mehr sichtbar (Bild 15.9b). Es kann jedoch die Frequenzdifferenz $\Delta\nu$ zwischen den Maxima der P- und R-Zweige gemessen werden und daraus mit Hilfe der Gln. (12.43), (12.44) und (13.37) das Trägheitsmoment des Moleküls mit guter Genauigkeit bestimmt werden.

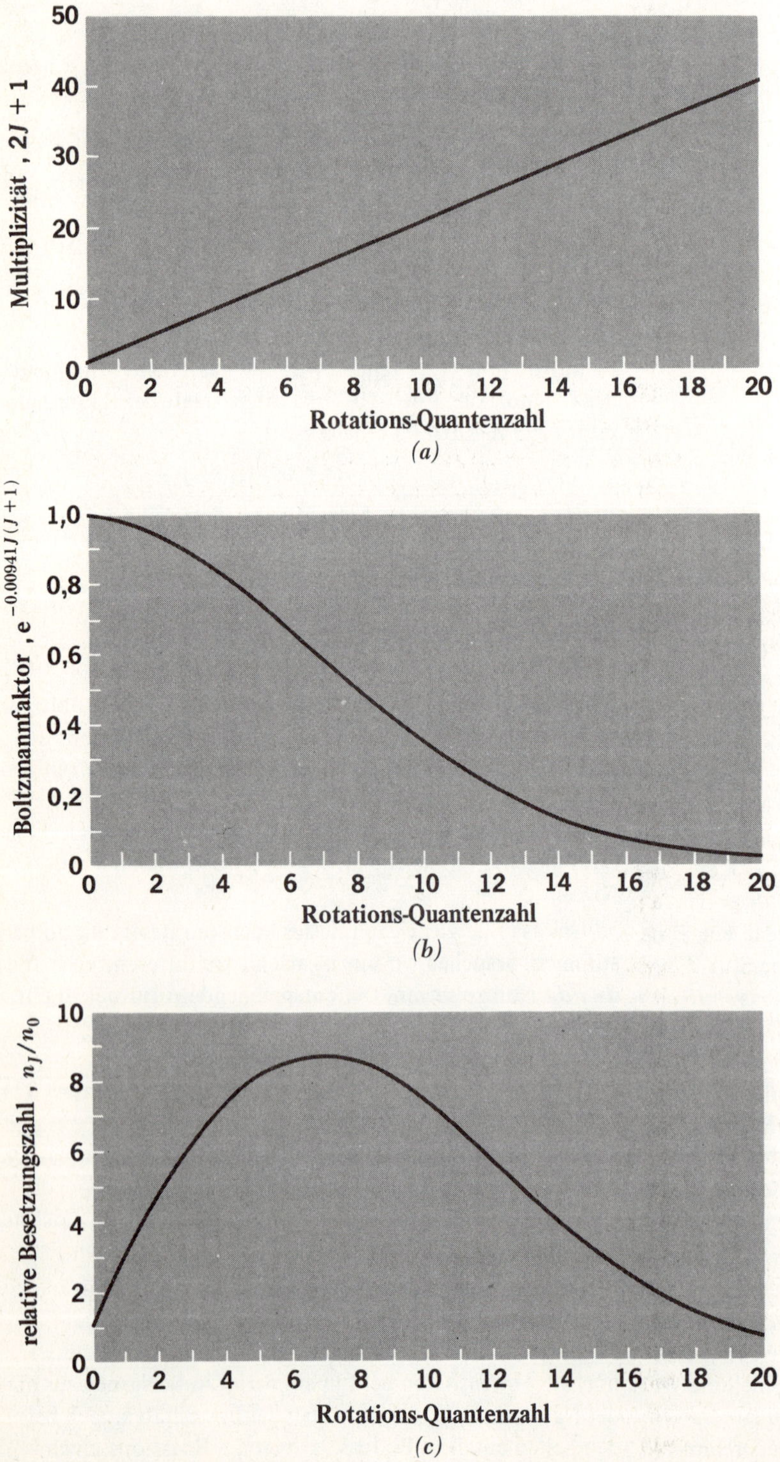

Bild 13.8
Die Multiplizitäten (a), Boltzmannfaktoren (b) und relativen Besetzungszahlen (c) der Rotationsenergieniveaus des CO-Moleküls bei 20 °C.

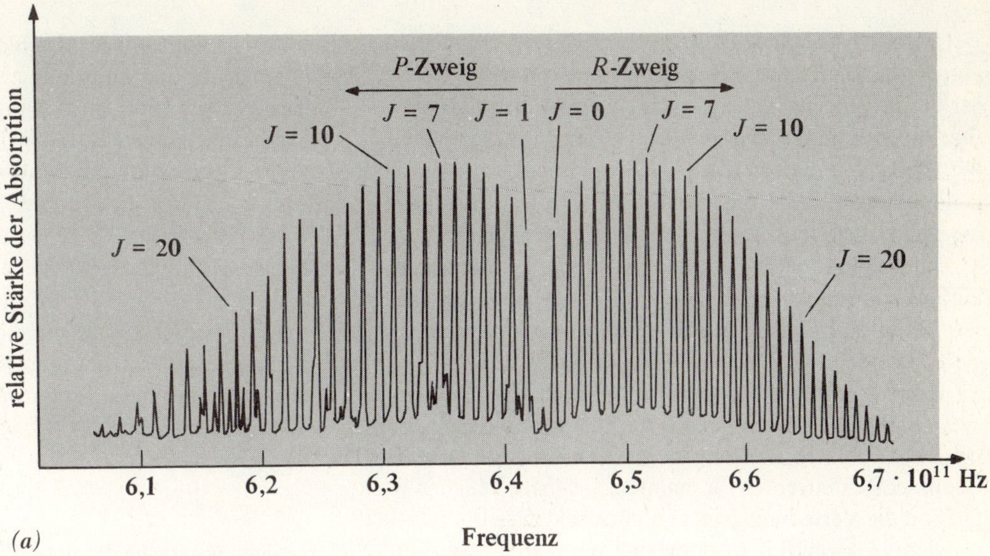

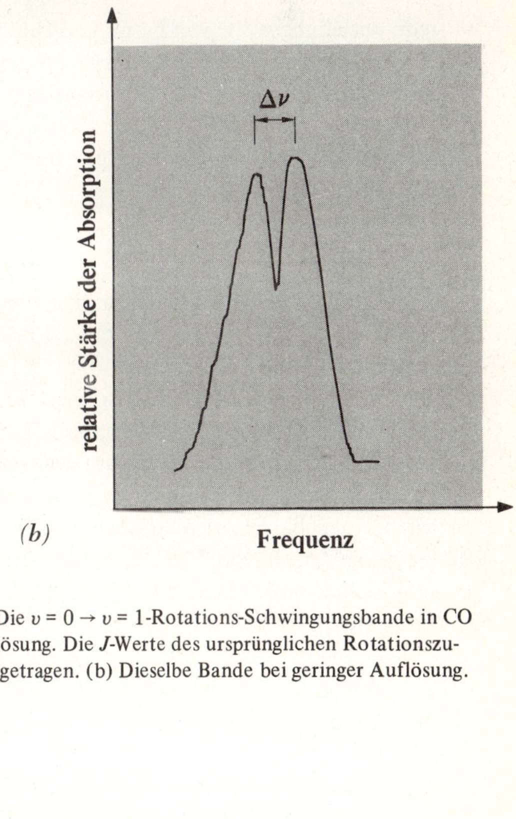

Bild 13.9 (a) Die $\upsilon = 0 \to \upsilon = 1$-Rotations-Schwingungsbande in CO bei hoher Auflösung. Die J-Werte des ursprünglichen Rotationszustands sind eingetragen. (b) Dieselbe Bande bei geringer Auflösung.

13.7 Aufgaben

1. Bestimmen Sie die thermodynamische Wahrscheinlichkeit der wahrscheinlichsten Verteilung von 10^6 identischen Teilchen auf $5 \cdot 10^5$ identische Zellen.
2. Bestimmen Sie die thermodynamische Wahrscheinlichkeit der unwahrscheinlichsten Verteilung von 10^6 identischen Teilchen auf $5 \cdot 10^5$ identische Zellen.
3. Beweisen Sie, daß die wahrscheinlichste Geschwindigkeit eines Teilchens in einem idealen Gas $\sqrt{2kT/m}$ beträgt.
4. Beweisen Sie, daß die mittlere Geschwindigkeit eines Moleküls eines idealen Gases $\sqrt{8kT/\pi m}$ beträgt.
5. Bestimmen Sie den Mittelwert von $1/\upsilon$ in einem Gas, für das die Maxwell-Boltzmann-Statistik gilt.
6. Welcher Teil der Moleküle eines idealen Gases hat Geschwindigkeitskomponenten in beliebiger Richtung, die mehr als doppelt so groß sind wie die wahrscheinlichste Geschwindigkeit.
7. Aus einer Öffnung in einem Kernrekator treten pro Sekunde und Quadratmeter 10^{12} Neutronen aus. Wenn diese Neutronen eine Maxwell-Boltzmannsche Energieverteilung mit T = 300 K haben, wie groß ist die Dichte der Neutronen im Strahl?
8. Die Schwingungsfrequenz des H_2-Moleküls beträgt $1{,}32 \cdot 10^{14}$ Hz.
   a) Bestimmen Sie die relativen Besetzungszahlen der $\upsilon = 0, 1, 2, 3$ und 4 Schwingungszustände bei 5000 K.
   b) Können die Besetzungen der $\upsilon = 2$- und $\upsilon = 3$-Zustände jemals gleich sein? Wenn ja, bei welcher Temperatur erfolgt dies?
9. Das Trägheitsmoment des H_2-Moleküls beträgt $4{,}64 \cdot 10^{-48}\,\mathrm{kg \cdot m^2}$.
   a) Bestimmen Sie die relativen Besetzungszahlen der Rotationszustände mit $J = 0, 1, 2, 3, 4$ bei 300 K.
   b) Können die Besetzungszahlen der Zustände mit $J = 2$ und $J = 3$ jemals gleich sein? Wenn ja, bei welcher Temperatur tritt dies auf?
10. Beweisen Sie Gl. (13.37).
11. Die Temperatur der Chromosphäre der Sonne beträgt ungefähr 5000 K. Bestimmen Sie die relativen Häufigkeiten von Wasserstoffatomen in der Chromosphäre in den Energieniveaus mit $n = 1, 2, 3, 4$. (Beachten Sie die Multiplizität jedes Niveaus!)
12. Das N_2O-Molekül ist linear, die N–N-Bindungslänge beträgt 0,1126 nm und die N–O-Bindungslänge 0,1191 nm. Die Masse des ^{18}O Atoms beträgt $2{,}66 \cdot 10^{-26}$ kg, und die des ^{14}N-Atoms $2{,}32 \cdot 10^{-26}$ kg.
    a) Welche Quantenzahl hat das am stärksten besetzte Rotationsenergieniveau bei 300 K?
    b) Zeichnen Sie die Größe n_J/n_0 gegen J für 300 K.

14 Quantenstatistik

Obwohl das Maxwell-Boltzmannsche Verteilungsgesetz im vorigen Kapitel auf eine Weise abgeleitet wurde, die mit der Quantenmechanik verträglich ist, erhält man dieselben Ergebnisse auch bei einer rein klassischen Vorgangsweise. Wir haben außerdem gesehen, daß es zwischen einer Situation, in der eine kontinuierliche Energieverteilung möglich ist, wie bei den Translationsbewegungen der Moleküle eines Gases, und einer Situation, in der die Energien nur bestimmte diskrete Werte annehmen können, wie bei den Rotationszuständen eines Moleküls, keinen wesentlichen Unterschied gibt. In beiden Fällen haben wir die betrachteten Teilchen als unterscheidbare Objekte angenommen, was für Moleküle in einem Gas erlaubt ist, jedoch für Photonen in einem Hohlraum oder Elektronen in einem Metall nicht mehr zutrifft. Quanteneffekte werden für ununterscheidbare Teilchen wichtig, und die Verteilungsgesetze unterscheiden sich wesentlich von dem Maxwell-Boltzmannschen Gesetz. In diesem Kapitel wollen wir die statistischen Verteilungsgesetze von Bose und Einstein, beziehungsweise von Fermi und Dirac ableiten. Die Bose-Einstein-Statistik gilt für identische, ununterscheidbare Teilchen, die nicht dem Ausschließungsprinzip unterliegen (Photonen), während die Fermi-Dirac-Statistik für solche Teilchen gilt, auf die das Ausschließungsprinzip angewendet werden muß (Elektronen).

14.1 Die Bose-Einstein-Statistik

Der grundlegende Unterschied zwischen der Maxwell-Boltzmann- und der Bose-Einstein-Statistik besteht darin, daß erstere identische Teilchen beschreibt, die irgendwie voneinander unterschieden werden können, während letztere identische Teilchen beschreibt, die zwar gezählt werden können, jedoch nicht voneinander unterscheidbar sind. Bei der Bose-Einstein-Statistik nimmt man an, daß alle Quantenzustände gleiche apriori-Wahrscheinlichkeiten haben, so daß die g_i die Anzahl von Zuständen zur Energie u_i angeben. (Diese Annahme wurde bereits in Abschnitt 13.6 im Zusammenhang mit den Rotationszuständen eines Moleküls gemacht.) Jeder Quantenzustand entspricht einer Zelle im Phasenraum, und zunächst wollen wir die Anzahl der Möglichkeiten bestimmen, n_i ununterscheidbare Teilchen auf g_i Zellen zu verteilen.

Um die notwendige Abzählung durchzuführen, betrachten wir zunächst eine Anordnung von $n_i + g_i - 1$ Objekten auf einer Geraden (Bild 14.1). Davon werden $g_i - 1$ Objekte als Trennwände aufgefaßt, die g_i Intervalle definieren, so daß die gesamte Anordnung daher n_i Teilchen in g_i Zellen darstellt. Im Bild ist $g_i = 12$ und $n_i = 20$. 11 Trennwände teilen die 20 Teilchen auf 12 Zellen auf. Die erste Zelle enthält zwei Teilchen, die zweite keines, die dritte eines und so weiter. Es gibt $(n_i + g_i - 1)!$ mögliche Permutationen unter $n_i + g_i - 1$ Objekten, aber von diesen sind die $n_i!$ Permutationen der n_i Teilchen untereinander bzw. die $(g_i - 1)!$ Permutationen der $g_i - 1$ Trennwände nicht unterscheidbar. Daher gibt es

$$\frac{(n_i + g_i - 1)!}{n_i!\,(g_i - 1)!}$$

mögliche unterscheidbare und verschiedene Anordnungen der n_i ununterscheidbaren Teilchen auf die g_i Zellen.

Die Wahrscheinlichkeit W für die gesamte Verteilung von N Teilchen ist das Produkt

$$W = \Pi \frac{(n_i + g_i - 1)!}{n_i!\,(g_i - 1)!} \tag{14.1}$$

aus der Anzahl der verschiedenen Anordnungen der Teilchen auf die Zustände. Wir nehmen nun an, daß

$$(n_i + g_i) \gg 1,$$

so daß $(n_i + g_i - 1)$ durch $(n_i + g_i)$ ersetzt werden kann: wir nehmen den natürlichen Logarithmus auf beiden Seiten von Gl. (14.1) und erhalten

$$\ln W = \Sigma\,(\ln (n_i + g_i)! - \ln n_i! - \ln (g_i - 1)!.$$

Die Stirlingsche Formel

$$\ln n! = n \ln n - n$$

läßt uns $\ln W$ in der Form

$$\ln W = \Sigma\,((n_i + g_i) \ln (n_i + g_i) - n_i \ln n_i - \ln (g_i - 1)! - g_i) \tag{14.2}$$

schreiben. Wie zuvor bedeutet die Bedingung, daß diese Verteilung die wahrscheinlichste ist, daß kleine Änderungen δn_i beliebiger n_i den Wert von W nicht beeinflussen, die mit der

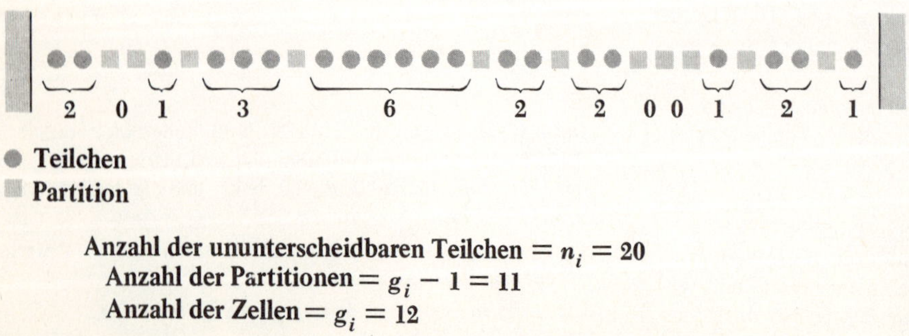

Bild 14.1

Eine Kette von n_i ununterscheidbaren Teilch Teilchen, die durch g_i-1 Partitionen in g_i Zellen unterteilt ist.

Änderung verknüpfte Änderung des $\ln W$ wird mit $\delta \ln W$ bezeichnet, so daß obige Bedingung in der Form

$$\delta \ln W_{\max} = 0$$

geschrieben werden kann. Wenn daher W aus Gl. (14.2) ein Maximum annimmt, gilt

$$\delta \ln W_{\max} = \Sigma[\ln(n_i + g_i) - \ln n_i]\,\delta n_i = 0, \qquad (14.3)$$

wobei wir

$$\delta \ln n = \frac{1}{n}\,\delta n$$

benützt haben.

Wie im Abschnitt 13.4 berücksichtigen wir die Teilchenzahlerhaltung, ausgedrückt in der Form

$$\Sigma\, \delta n_i = 0 \qquad (14.4)$$

und die Energieerhaltung, ausgedrückt in der Form

$$\Sigma\, u_i \delta n_i = 0, \qquad (14.5)$$

indem wir Gl. (14.4) mit $-\alpha$ und Gl. (14.5) mit $-\beta$ multiplizieren und zu Gl. (14.3) addieren. Wir finden

$$\Sigma[\ln(n_i + g_i) - \ln n_i - \alpha - \beta u_i]\,\delta n_i = 0.$$

Da die δn_i unabhängig sind, muß die Größe in Klammern für jeden Wert von i verschwinden. Daher erhalten wir

$$\ln \frac{n_i + g_i}{n_i} - \alpha - \beta u_i = 0$$

$$1 + \frac{g_i}{n_i} = \mathrm{e}^{\alpha}\, \mathrm{e}^{\beta u_i}$$

und

$$n_i = \frac{g_i}{\mathrm{e}^{\alpha}\, \mathrm{e}^{\beta u_i} - 1}\;. \qquad (14.6)$$

Indem wir aus Gl. (13.28)

$$\beta = \frac{1}{kT} \qquad (14.7)$$

einsetzen, erhalten wir das *Bose-Einsteinsche Verteilungsgesetz*

$$n_i = \frac{g_i}{\mathrm{e}^{\alpha}\, \mathrm{e}^{u_i/kT} - 1}\,. \qquad (14.8)$$

14.2 Hohlraumstrahlung

Jeder Körper emittiert elektromagnetische Strahlung, deren Beschaffenheit von der Natur und der Temperatur des Körpers abhängt. Wir haben bereits die diskreten Spektren angeregter Gase diskutiert, die durch Elektronenübergänge innerhalb einzelner Atome zustande kommen. Im anderen Extrem stehen die dichten Körper (z. B. Festkörper), die kontinuierliche Spektren abstrahlen, in denen alle Frequenzen vertreten sind. Die Atome in einem Festkörper sind einander so nahe, daß ihre gegenseitigen Wechselwirkungen zu einer Vielzahl benachbarter Quantenzustände führt, die von einer kontinuierlichen Energieverteilung nicht zu unterscheiden sind.

Die Fähigkeit eines Körpers, Strahlung zu emittieren, und seine Fähigkeit, Strahlung zu absorbieren, stehen in engem Zusammenhang. Dies ist zu erwarten, da ein Körper bei konstanter Temperatur mit seiner Umgebung im thermischen Gleichgewicht ist und aus ihr genausoviel Energie absorbiert, wie er emittiert. Man nennt einen idealen Körper, der *alle* auf ihn treffende Strahlung absorbiert, einen *schwarzen Körper*.

Man kann durch ein Experiment leicht zeigen, daß ein schwarzer Körper besser als jeder andere Strahlung emittiert. Das Experiment benützt zwei identische Paare von verschiedenen Oberflächen (Bild 14.2). Man beobachtet zwischen den Oberflächen I′ und II′ keine Temperaturdifferenz. Bei festgehaltener Temperatur strahlen die Oberflächen I und I′ mit einer Leistung e_1, während II und II′ mit der davon verschiedenen Leistung e_2 strahlen. Die Oberflächen I und I′ absorbieren einen Bruchteil a_1 der auf sie fallenden Strahlung, II und II′ absorbieren den im allgemeinen verschiedenen Bruchteil a_2. Daher absorbiert I′ von II Strahlung mit einer Leistung proportional $a_1 e_2$ und II′ absorbiert Energie von I mit einer Leistung $a_2 e_1$. Da I′ und II′ dieselbe Temperatur behalten, muß

$$a_1 e_2 = a_2 e_1$$

und damit

$$\frac{e_1}{a_1} = \frac{e_2}{a_2} \qquad (14.9)$$

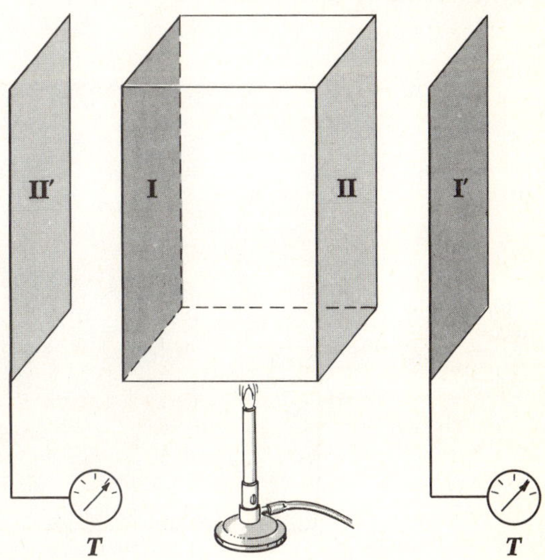

Bild 14.2 Die Oberflächen *I* und *I′*, bzw. *II* und *II′* sind identisch

gelten. Das Emissionsvermögen eines Körpers ist seinem Absorptionsvermögen proportional. Wir wollen annehmen, daß I und I′ schwarze Körper sind, also $a_1 = 1$, während II und II′ dies nicht sind, so daß $a_2 < 1$. Daher erhalten wir

$$e_1 = \frac{e_2}{a_2}$$

und wegen $a_2 < 1$ folgt $e_1 > e_2$. Ein schwarzer Körper strahlt daher Energie schneller ab als ein beliebiger anderer Körper gleicher Temperatur.

Der schwarze Körper ist eine Idealisierung. Seine Einführung erlaubt es uns, die genaue Beschaffenheit des strahlenden Körpers außer acht zu lassen, da sich alle schwarzen Körper in gleicher Weise verhalten. Im Labor kann ein scharzer Körper durch einen Hohlraum angenähert werden, in dessen Wand sich ein sehr kleines Loch befindet (Bild 14.3). Jede auf das Loch treffende Strahlung dringt in den Hohlraum ein, wo sie durch fortgesetzte Reflexion gefangen ist, bis sie absorbiert wird. Die Wände des Hohlraums emittieren und absorbieren ständig Stahlung, und es sind gerade die Eigenschaften dieser Strahlung (der *Hohlraumstrahlung*), die uns interessieren. Wir können die Hohlraumstrahlung experimentell untersuchen, indem wir beobachten, was aus dem Loch heraustritt. Die Resultate stimmen mit unserer täglichen Erfahrung überein: Ein schwarzer Körper strahlt um so stärker, je heißer er ist. Das Spektrum eines heißen schwarzen Körpers hat sein Maximum bei höheren Frequenzen als das Spektrum eines kühleren scharzen Körpers. Wir erinnern uns an das bekannte Verhalten einer erhitzten Eisenstange: Zunächst beginnt sie dunkelrot zu glühen, dann wird sie hellorangerot und schließlich weißglühend. Das Spektrum der Hohlraumstrahlung ist für zwei verschiedene Temperaturen in Bild 14.4 gezeigt.

Gewisse Aspekte der Hohlraumstrahlung können verstanden werden, indem man den schwarzen Körper als thermodynamisches System auffaßt, dessen Komponenten die elek-

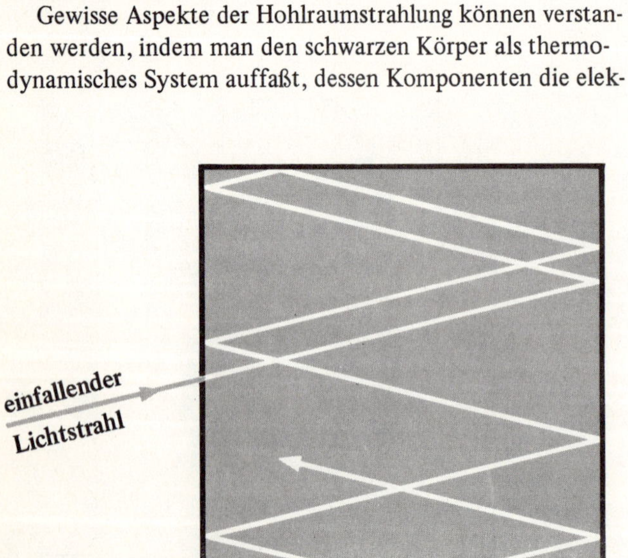

Bild 14.3 Ein Loch in der Wand eines Hohlraums ist eine ausgezeichnete Näherung für einen schwarzen Strahler.

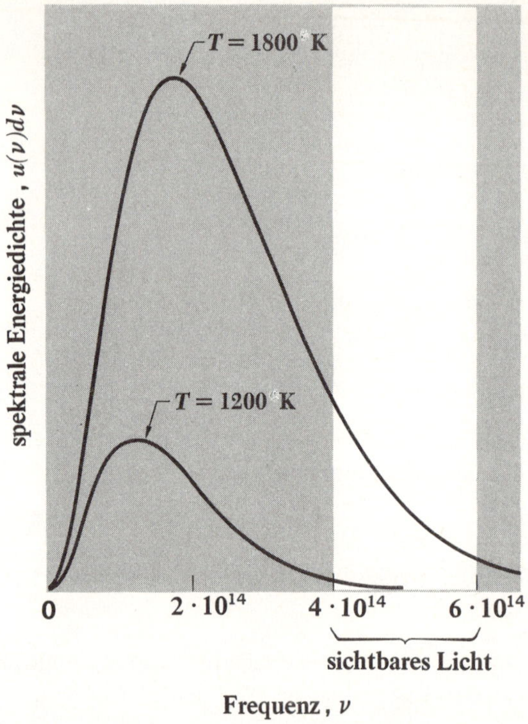

Bild 14.4 Spektren von schwarzen Körpern hängen nur von der Temperatur der Körper ab.

tromagnetische Strahlung sind. Auf diese Weise kann man zeigen, daß die Energiedichte der Hohlraumstrahlung innerhalb eines Hohlraumes nur von der Temperatur seiner Wände abhängt. Wir wollen versuchsweise annehmen, daß diese Aussage *nicht* zutrifft, und daß es möglich ist, zwei Hohlräume A und B zu haben, deren Wände die gleiche Temperatur besitzen, wobei der Hohlraum A eine höhere Energiedichte als B besitzt (Bild 14.5a). Wie in Bild 14.5b bringt man die Hohlräume in gegenseitigen Kontakt, so daß Strahlungsenergie von A nach B übergeht, bis die Energiedichten in den beiden Hohlräumen gleich sind. Darauf werden sie wieder getrennt und verschlossen. Anschließend muß der Strahlungsverlust des Hohlraumes A ausgeglichen werden und es beginnt Wärmeenergie von den Wänden des Hohlraumes A in Strahlung überzugehen, so daß der Hohlraum A nach Erreichen des Gleichgewichtes eine niedrigere Temperatur haben wird als zuvor. In der Zwischenzeit wird ein Teil der auf den Hohlraum B übergegangenen Strahlung von seinen Wänden absorbiert. Nach Erreichen des Gleichgewichts wird der Hohlraum B eines höhere Temperatur haben als zuvor (Bild 14.5c). Wir haben somit zwei Wärmereservoirs unterschiedlicher Temperaturen, die wir nun an eine Wärmekraftmaschine koppeln können, wodurch wir dem System Arbeit entnehmen können, bis die beiden Hohlräume wiederum die gleiche Temperatur besitzen, die nun niedriger als zuvor ist. Darauf trennen wir die Hohlräume von der Wärmekraftmaschine und bringen sie wieder in gegenseitigen Kontakt wie in Bild 14.5a, so daß der ganze Zyklus wieder durchlaufen werden kann. Wir wieder-

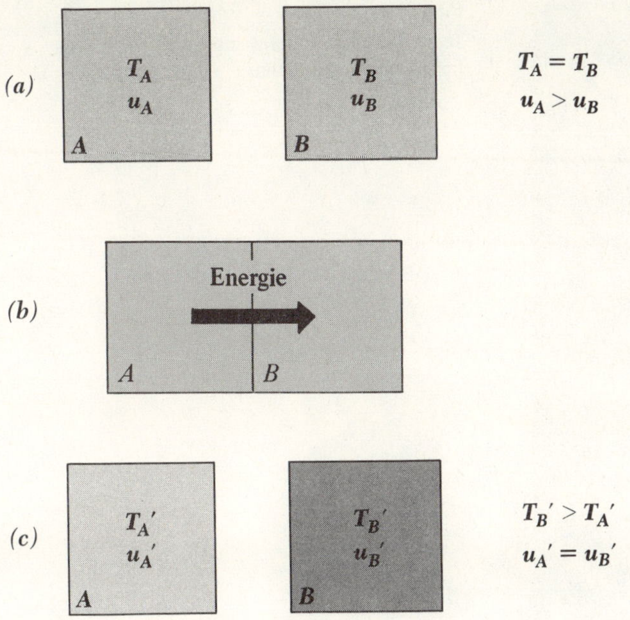

Bild 14.5 Die spektrale Energiedichte u der Hohlraumstrahlung hängt nur von der Temperatur T des Körpers ab. Andernfalls könnte Strahlungsenergie auch bei gleicher Temperatur der Körper von einem Körper auf den anderen übergehen, wodurch der zweite Hauptsatz der Thermodynamik verletzt wäre. Die hier gezeigte hypothetische Situation kann nicht eintreten.

holen den Vorgang, bis in den Hohlräumen keine Energie mehr enthalten ist. Der zweite Hauptsatz der Thermodynamik sagt jedoch, daß es unmöglich ist, eine periodisch arbeitende Maschine zu konstruieren, die lediglich Wärme einem Reservoir entnimmt und Arbeit verrichtet – die Hohlräume A und B, die ursprünglich dieselbe Temperatur besaßen, stellen vom Standpunkt der Thermodynamik ein einziges Wärmereservoir dar. Daraus folgt also, daß die Energiedichte der Strahlung innerhalb eines Hohlraumes nur von seiner Temperatur abhängt, da sich die einzige Alternative als falsch erwiesen hat.

14.3 Die Formel von Rayleigh und Jeans

Die Kurven in Bild 14.4 wurden empirisch gewonnen, die Suche nach einer allgemeinen Formel für das Spektrum der Hohlraumstrahlung ist das Thema dieses und des nächsten Abschnittes.

Zunächst wollen wir noch zeigen, daß die Form des Spektrums, die Verteilung der Energie auf die verschiedenen Wellenlängen, nur von der Temperatur des schwarzen Körpers abhängt. Das Argument ist dasselbe wie im vorigen Abschnitt, in dem wir zeigten, daß die gesamte Strahlungsleistung nur eine Funktion der Temperatur ist. Wir ändern die Beweisführung nur insofern ab, daß wir ein Filter zwischen die Hohlräume einfügen, wenn sie in Kontakt gebracht werden, so daß nur Strahlung in einem engen Wellenlängenbereich vom Hohlraum A auf Hohlraum B übergehen kann. Wir kommen zu dem Schluß, daß die Strahlungsleistung in diesem Wellenlängenintervall für alle schwarzen Körper gleicher Temperatur gleich ist. Daher sollte eine einzige Formel alle Spektren schwarzer Körper beschreiben.

Rayleigh und Jeans untersuchten am Ende des 19. Jahrhunderts mit Hilfe klassischer Methoden das Problem der Hohlraumstrahlung. Sie faßten die Strahlung innerhalb des Hohlraumes mit der Temperatur T, dessen Wände vollständig reflektieren, als stehende elektromagnetische Wellen auf. Stehende Wellen ergeben sich in einem Hohlraum nur dann, wenn die Weglänge von Wand zu Wand in beliebiger Richtung ein ganzzahliges Vielfaches der halben Wellenlänge beträgt, so daß an jeder reflektierenden Oberfläche ein Schwingungsknoten auftritt. Ist der Hohlraum ein Würfel mit der Seitenlänge l, können stehende Wellen in den x-, y-, z-Richtungen nur die folgenden Wellenlängen haben:

$$j_x = \frac{2l}{\lambda} = 1, 2, 3, \ldots \tag{14.10}$$

$$j_y = \frac{2l}{\lambda} = 1, 2, 3, \ldots \tag{14.11}$$

$$j_z = \frac{2l}{\lambda} = 1, 2, 3, \ldots \tag{14.12}$$

Für eine stehende Welle in beliebiger Richtung muß die Beziehung

$$j_x^2 + j_y^2 + j_z^2 = \left(\frac{2l}{\lambda}\right)^2 \qquad \begin{matrix} j_x = 0, 1, 2, 3 \ldots \\ j_y = 0, 1, 2, 3 \ldots \\ j_z = 0, 1, 2, 3 \end{matrix} \tag{14.13}$$

erfüllt sein, damit die Welle an jedem Ende einen Knoten besitzt. (Wenn allerdings $j_x = j_y = j_z = 0$ ist, gibt es keine Welle.)

Um die Anzahl der stehenden Wellen $n(\lambda)d\lambda$ im Einheitsvolumen innerhalb des Hohlraumes abzuzählen, deren Wellenlängen zwischen λ und $\lambda + d\lambda$ liegen, brauchen wir nur die Anzahl der möglichen Kombinationen von j_x, j_y, j_z-Werten abzuzählen, die Wellenlängen in diesem Intervall ergeben, und durch das Volumen des Hohlraumes zu dividieren. Wir wollen uns einen j-Raum vorstellen, dessen Koordinatenachsen j_x, j_y, und j_z sind; Bild 14.6 zeigt einen Teil der j_x-, j_y-Ebene eines solchen Raumes. Jeder Punkt in diesem j-Raum entspricht einem zulässigen Satz von j_x, j_y, j_z-Werten und daher einer stehenden Welle. Wenn j ein Vektor vom Ursprung zu einem speziellen Punkt j_x, j_y, j_z ist, beträgt sein Betrag

$$j = \sqrt{j_x^2 + j_y^2 + j_z^2}. \tag{14.14}$$

Die Gesamtanzahl von Wellenlängen zwischen λ und $\lambda + d\lambda$ ist dieselbe wie die Anzahl der Punkte im j-Raum, deren Abstände vom Ursprung zwischen j und $j + dj$ liegen. Das Volumen einer Kugelschale vom Radius j und der Dicke dj beträgt $4\pi j^2 dj$. Für uns ist aber nur der Oktant dieser Schale interessant, der positive Werte von j_x, j_y, j_z enthält.

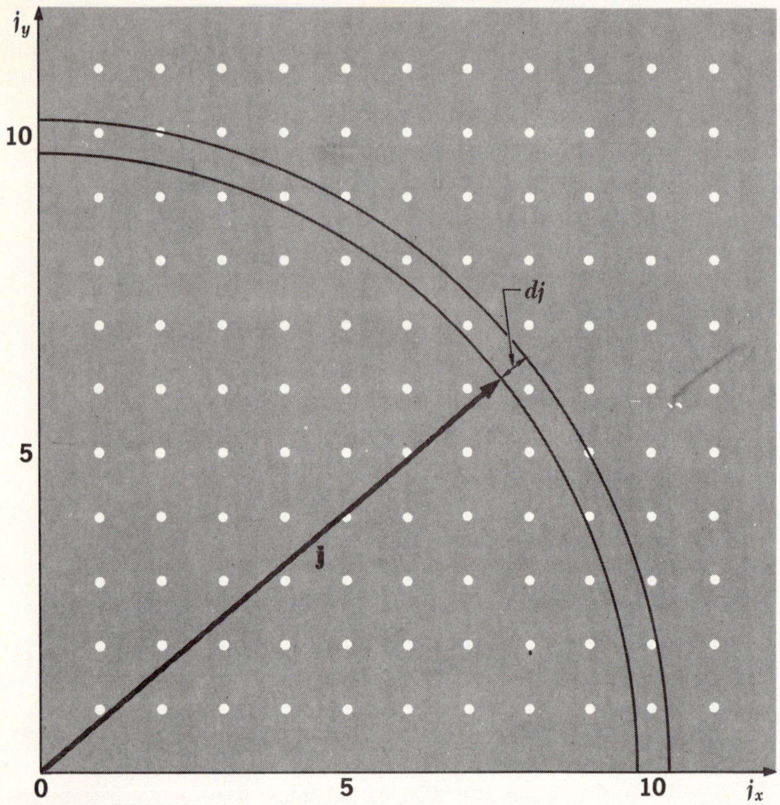

Bild 14.6
Jeder Punkt im j-Raum entspricht einer möglichen stehenden Welle.

Daher ergibt sich

$$N(j)dj = \frac{1}{8} \cdot 4\pi j^2 dj = \frac{\pi}{2} j^2 dj. \tag{14.15}$$

Aus den Gln. (14.13) und (14.14) finden wir

$$j = \frac{2l}{\lambda} \tag{14.16}$$

$$dj = -\frac{2l}{\lambda^2} d\lambda. \tag{14.17}$$

Da eine Zunahme in λ einer Abnahme in j entspricht, beträgt die Gesamtanzahl der möglichen Wellenlängen im Hohlraum

$$\begin{aligned} N(\lambda)d\lambda &= -N(j)\,dj \\ &= \frac{\pi}{2}\left(\frac{2l}{\lambda}\right)^2 \frac{2l}{\lambda^2} d\lambda \\ &= \frac{4\pi l^3 d\lambda}{\lambda^4}. \end{aligned} \tag{14.18}$$

Das Hohlraumvolumen ist l^3, daher ergibt sich die Anzahl der stehenden Wellen im Einheitsvolumen zu

$$\begin{aligned} n(\lambda)\,d\lambda &= \frac{1}{l^3} N(\lambda)\,d\lambda \\ &= \frac{4\pi\, d\lambda}{\lambda^4}. \end{aligned} \tag{14.19}$$

Gl. (14.19), die von Rayleigh abgeleitet wurde, hängt nicht von der Form des Hohlraumes ab, obwohl wir einen kubischen Hohlraum zur Erleichterung der Ableitung verwendet haben. Je kleiner die Wellenlänge, desto größer ist die Anzahl der auftretenden stehenden Wellen. Jeans verbesserte dieses Bild, indem er darauf hinwies, daß für jede stehende Welle zwei senkrechte Polarisationsrichtungen auftreten. Daher ist die tatsächliche Anzahl unabhängiger stehender Wellen im Hohlraum doppelt so groß, nämlich

$$n(\lambda)\,d\lambda = \frac{8\pi\, d\lambda}{\lambda^4} \tag{14.20}$$

Im nächsten Schritt bestimmen wir die mittlere Energie pro stehender Welle. Nach dem Gleichverteilungssatz beträgt die mittlere Energie eines Gasmoleküls, eines harmonischen Oszillators oder eines starren Rotors, die Teil eines Systems im thermischen Gleichgewicht bei der Temperatur T sind, pro Freiheitsgrad $1/2\; kT$. (Dieses Ergebnis werden wir für den harmonischen Oszillator im Abschnitt 17.2 ableiten.) Jeder stehenden Welle in einem strahlungserfüllten Hohlraum entsprechen zwei Freiheitsgrade. Dieser Schluß folgt aus der Beobachtung, daß jede Welle ihren Ursprung in einem atomaren Oszillator in der Hohlraumwand hat und daß ein solcher Oszillator zwei Freiheitsgrade besitzt, nämlich kinetische Energie und potentielle Energie. (Wir könnten auch anders argumentieren und bedenken, daß eine elektromagnetische Welle sowohl elektrische als auch magnetische Energie enthält, was wiederum zwei Freiheitsgrade bedeutet.) Jede stehende Welle hat daher eine mittlere Energie von $2 \cdot 1/2\, kT$. Die Gesamtenergie $u(\lambda)d\lambda$ pro Einheitsvolumen im Hohlraum und im Wellenlängenintervall von λ bis $\lambda + d\lambda$ ergibt sich zu

$$u(\lambda)d\lambda = kT\,n(\lambda)d\lambda$$

$$= \frac{8\pi\, kT\, d\lambda}{\lambda^4} \tag{14.21}$$

Gl. (14.21), die *Rayleigh-Jeans-Formel,* ist ein Ausdruck für die spektrale Energieverteilung.

Um Gl. (14.21) durch die Frequenz ν statt durch die Wellenlänge auszudrücken, beachten wir

$$\lambda = \frac{c}{\nu}$$

$$d\lambda = -\frac{c\,d\nu}{\nu^2}$$

und (wegen der Wellenlängenabnahme bei einer Frequenzzunahme)

$$u(\lambda)d\lambda = -u(\nu)d\nu.$$

Somit erhalten wir

$$u(\nu)d\nu = \frac{8\pi\nu^2 kT}{c^3}d\nu. \tag{14.22}$$

Ein Blick auf eine der beiden Formulierungen der Rayleigh-Jeans-Formel, die eine strenge Folgerung aus der klassischen Physik ist, zeigt ihr hoffnungsloses Versagen. Im ultravioletten Bereich des Spektrums folgt aus Gl. (14.22), daß die Strahlungs leistung wie ν^2 zunimmt, und daß $u(\nu)d\nu$ im Grenzfall unendlich hoher Frequenzen gegen unendlich geht. Aus Bild 14.4 sehen wir jedoch das Gegenteil: $u(\nu)d\nu$ verschwindet mit $\nu \to 0$. Die Diskrepanz zwischen Theorie und Experiment wurde damals sogleich als wesentlich erkannt und als „Ultraviolettkatastrophe" bezeichnet.

14.4 Die Plancksche Strahlungsformel

Welchen Fehler begingen Rayleigh und Jeans? Der Gleichverteilungssatz gilt nur für eine kontinuierliche Verteilung der möglichen Energien, während der Energieinhalt einer elektromagnetischen Welle mit der Frequenz ν, wie wir heute wissen, in Einheiten von $h\nu$ quantisiert ist. Wir wollen die mittlere Energie $\bar{E}$ eines Oszillators bestimmen, der die Energiestufen $E_n = nh\nu$ besitzt, wobei n die Werte 0, 1, 2, ... annehmen kann. Die *relative* Wahrscheinlichkeit, daß der Oszillator die Energie E_n bei der Temperatur T besitzt, ist durch den Boltzmann-Faktor $e^{-E_n/kT}$ gegeben. Um $\bar{E}$ zu bestimmen, müssen wir $E_n\, e^{-E_n/kT}$ über alle n von $n = 0$ bis $n = \infty$ summieren und das Resultat durch die Summe aller $e^{-E_n/kT}$ dividieren, um das Ergebnis zu normieren. Auf diese Weise erhalten wir

$$\bar{E} = \frac{\sum_{n=0}^{\infty} E_n\, e^{-E_n/kT}}{\sum_{n=0}^{\infty} e^{-E_n/kT}}$$

$$= \frac{\sum_{n=0}^{\infty} nh\nu\, e^{-nh\nu/kT}}{\sum_{n=0}^{\infty} e^{-nh\nu/kT}}$$

$$= \frac{h\nu(e^{-h\nu/kT} + 2e^{-2h\nu/kT} + \ldots)}{(1 + e^{-h\nu/kT} + e^{-2h\nu/kT} + \ldots)}$$

$$= h\nu \frac{d}{d(-h\nu/kT)} \ln(1 + e^{-h\nu/kT} + e^{-2h\nu/kT} + \ldots)$$

Die Größe in der Klammer der letzten Zeile stellt eine geometrische Reihe dar, in der aufeinander folgende Terme das Verhältnis $e^{-h\nu/kT}$ haben. Die Summe dieser Reihe beträgt $1/(1 - e^{-h\nu/kT})$. So erhalten wir

$$\bar{E} = h\nu \frac{d}{d(-h\nu/kT)} \ln \frac{1}{1 - e^{-h\nu/kT}}$$

$$= \frac{h\nu}{e^{h\nu/kT} - 1} \tag{14.23}$$

Die entsprechende Formel für die spektrale Energiedichte in einem Hohlraum wurde 1900 von Max Planck gefunden und lautet

$$u(\nu)d\nu = \frac{8\pi h}{c^3} \frac{\nu^3 d\nu}{e^{h\nu/kT} - 1} \tag{14.24}$$

Die Plancksche Formel stimmt mit den Daten bestens überein. Sie stellte zusammen mit der Aufstellung der Quantentheorie des Photoeffektes durch Einstein (1905) den ersten Schritt zur modernen Physik dar.

Wir wollen nun Gl. (14.24) mit Hilfe des Bose-Einstein-Verteilungsgesetzes als Übung in den Methoden der Quantenstatistik ableiten. Wie zuvor soll unser Modell eines schwarzen Körpers aus einem Hohlraum in einem lichtundurchlässigen Material bestehen. Das Volumen dieses Hohlraums sei V. Er enthält eine große Anzahl von ununterscheidbaren Photonen von verschiedenen Frequenzen. Für Photonen gilt nicht das Ausschließungsprinzip; sie sind daher Bose-Teilchen, die dem Bose-Einstein-Verteilungsgesetz folgen. Die Apriori-Wahrscheinlichkeit $g(p)$, daß ein Photon einen Impuls zwischen p und $p + dp$ hat, beträgt das Doppelte der Zellenanzahl im Phasenraum, innerhalb derer ein solches Photon existieren kann. Der Grund für die Möglichkeit der doppelten Besetzung jeder Zelle liegt darin, daß Photonen der gleichen Frequenz zwei verschiedene Polarisationsrichtungen (zirkularpolarisiert im Uhrzeigersinn und im Gegenuhrzeigersinn) haben können.

Daher erhalten wir (siehe Gl. (13.22))

$$g(p)dp = \frac{8\pi V p^2 dp}{h^3}.$$

Da der Impuls eines Photons $p = h\nu/c$ beträgt, gilt

$$p^2 dp = \frac{h^3 \nu^2 d\nu}{c^3}$$

und

$$g(\nu)d\nu = \frac{8\pi V}{c^3} \nu^2 d\nu. \qquad (14.25)$$

Wir müssen nun den Langrangeschen Multiplikator in Gl. (14.8) bestimmen. Dazu beachten wir, daß die Anzahl der Photonen in dem Hohlraum *nicht* konstant ist. Im Gegensatz zu Gasmolekülen oder Elektronen werden Photonen erzeugt und vernichtet. Daher kann sich die Anzahl der Photonen verändern, während die gesamte Strahlungsenergie im Hohlraum konstant bleiben muß. Zum Beispiel können zwei Photonen mit der Energie $h\nu$ gleichzeitig mit der Absorption eines einzigen Photons der Energie $2h\nu$ emittiert werden. Daher ist

$$\Sigma \delta n_i \neq 0,$$

was wir durch Nullsetzen von α erreichen können, da Gl. (14.4) mit α multipliziert wird.

Indem wir für g_i die Gl. (14.25) und u_i für $h\nu$ einsetzen und im Bose-Einstein-Verteilungsgesetz (Gl. (14.8)) $\alpha = 0$ setzen, finden wir die Anzahl der Photonen mit Frequenzen zwischen ν und $\nu + d\nu$ in der Strahlung eines Hohlraumes mit dem Volumen V, dessen Wände die absolute Temperatur T besitzen,

$$n(\nu)d\nu = \frac{8\pi V}{c^3} \frac{\nu^2 d\nu}{e^{h\nu/kT} - 1}. \qquad (14.26)$$

Die entsprechende spektrale Energiedichte $u(\nu)d\nu$, also die räumliche Energiedichte der Strahlung mit Frequenzen zwischen ν und $\nu + d\nu$, ist durch

$$u(\nu)d\nu = \frac{h\nu\, n(\nu)d\nu}{V}$$

$$= \frac{8\pi h}{c^2} \frac{\nu^3 d\nu}{e^{h\nu/kT} - 1} \qquad (14.24)$$

gegeben. Dies ist die Plancksche Strahlungsformel, die mit dem Experiment übereinstimmt.

Zwei interessante Ergebnisse können aus der Planckschen Strahlungsformel abgeleitet werden. Um die Wellenlänge zu bestimmen, bei der die Energiedichte am größten ist, drücken wir die Gl. (14.24) durch die Wellenlängen aus und setzen

$$\frac{du(\lambda)}{d\lambda} = 0,$$

worauf wir nach $\lambda = \lambda_{max}$ auflösen:

$$\frac{hc}{kT\lambda_{max}} = 4{,}965,$$

was zweckmäßiger in der Form

$$\lambda_{max} T = \frac{hc}{4{,}965\, k}$$

$$= 2{,}898 \cdot 10^{-3}\ \mathrm{mK} \qquad (14.27)$$

geschrieben werden kann. Gl. (14.27) wird als *Wiensches Verschiebungsgesetz* bezeichnet. Es drückt in quantitativer Weise die empirische Tatsache aus, daß das Maximum im Spektrum des schwarzen Körpers zu immer kürzeren Wellenlängen verschoben wird, wenn man die Temperatur erhöht.

Weiter kann aus Gl. (14.24) abgeleitet werden: Die Gesamtenergiedichte innerhalb des Hohlraums ist das Integral der Energiedichte über alle Frequenzen

$$u = \int_0^\infty u(\nu)d\nu = \frac{8\pi^5 k^4}{15 c^3 h^3} T^4 = aT^4,$$

wobei a eine universelle Konstante ist. Die Gesamtenergiedichte ist der vierten Potenz der absoluten Temperatur der Wände des Hohlraums proportional. Wir erwarten, daß die von einem schwarzen Körper abgegebene Strahlungsleistung ebenfalls proportional zu T^4 ist, daß also das *Stefan-Boltzmann-Gesetz*

$$e = \sigma T^4 \qquad (14.28)$$

gilt. Der Wert der Stefan-Boltzmann-Strahlungskonstanten σ beträgt

$$\sigma = 5{,}67 \cdot 10^{-8}\ \mathrm{W/m^2K^4}.$$

Sowohl das Wiensche Verschiebungsgesetz als auch das Stefan-Boltzmann-Gesetz sind in Bild 14.4 in qualitativer Hinsicht erkennbar: Die Maxima der verschiedenen Kurven verschieben sich zu höheren Frequenzen und die Gesamtfläche unterhalb der Kurven nimmt mit zunehmender Temperatur rasch zu.

14.5 Die Fermi-Dirac-Statistik

Die Fermi-Dirac-Statistik gilt für ununterscheidbare Teilchen, für die das Ausschließungsprinzip gilt. Unsere Ableitung des Fermi-Diracschen-Verteilungsgesetzes wird daher parallel zur Ableitung des Verteilungsgesetzes von Bose und Einstein mit der Ausnahme erfolgen, daß nun jede Zelle (also jeder Quantenzustand) von höchstens einem Teilchen besetzt werden kann.

Wenn es g_i Zellen mit der gleichen Energie u_i gibt, und wenn n_i Teilchen vorhanden sind, sind n_i Zellen gefüllt und $(g_i - n_i)$ Zellen unbesetzt. Die g_i Zellen können auf $g_i!$ verschiedene Weise angeordnet werden, doch sind die $n_i!$ Permutationen der besetzten Zellen untereinander irrelevant, da die Teilchen nicht unterscheidbar sind. Die $(g_i - n_i)!$ Permutationen der freien Zellen sind ebenfalls irrelevant, da die Zellen nicht besetzt sind. Die Anzahl der unterscheidbaren Anordnungen von Teilchen in den Zellen ist daher

$$\frac{g_i!}{n!(g_i - n_i)!}.$$

Die Wahrscheinlichkeit W für die Gesamtverteilung der Teilchen ist das Produkt

$$W = \Pi \frac{g_i!}{n_i!(g_i - n_i)!}. \qquad (14.29)$$

Indem wir beide Seiten logarithmieren, erhalten wir

$$\ln W = \Sigma(\ln g_i! - \ln n_i! - \ln(g_i - n_i)!)$$

und mit der Stirlingschen Formel

$$\ln n! = n \ln n - n$$

können wir schreiben:

$$\ln W = \Sigma(g_i \ln g_i - n_i \ln n_i - (g_i - n_i)\ln(g_i - n_i)). \qquad (14.30)$$

Wenn diese Verteilung die wahrscheinlichste sein soll, dürfen kleine Änderungen δn_i der einzelnen n_i die Größe W nicht ändern. Daher gilt

$$\delta \ln W_{max} = \Sigma[-\ln n_i + \ln(g_i - n_i)]\delta n_i = 0 \qquad (14.31)$$

Wie zuvor berücksichtigen wir die Erhaltung der Teilchenanzahl und der Energie durch Addition von

$$-\alpha\,\Sigma\delta n_i = 0 \quad \text{und} \quad -\beta\,\Sigma u_i\,\delta n_i = 0$$

so daß sich

$$\Sigma(-\ln n_i + \ln(g_i - n_i) - \alpha - \beta u_i)\delta n_i = 0 \qquad (14.32)$$

ergibt. Da die δn_i unabhängig sind, muß der Klammerausdruck für alle Werte von i verschwinden und wir erhalten

$$\ln \frac{g_i - n_i}{n_i} - \alpha - \beta u_i = 0$$

$$\frac{g_i}{n_i} - 1 = e^{\alpha}\, e^{\beta u_i}$$

$$n_i = \frac{g_i}{e^{\alpha}\, e^{\beta u_i} + 1}. \qquad (14.33)$$

Durch die Substitution

$$\beta = \frac{1}{kT}$$

erhalten wir das *Fermi-Diracsche-Verteilungsgesetz*

$$n_i = \frac{g_i}{e^{\alpha}\, e^{u_i/kT} + 1} \qquad (14.34)$$

Die wichtigste Anwendung dieses Verteilungsgesetz finden wir in der Theorie der freien Elektronen in Metallen (siehe Kapitel 17).

14.6 Vergleich der Ergebnisse

Die drei statistischen Verteilungsgesetze lauten:

$$n_i = \frac{g_i}{e^{\alpha}\, e^{u_i/kT}} \qquad \textit{Maxwell-Boltzmannsches-Verteilungsgesetz} \qquad (14.35)$$

$$n_i = \frac{g_i}{e^{\alpha}\, e^{u_i/kT} - 1} \qquad \textit{Bose-Einsteinsches-Verteilungsgesetz} \qquad (14.36)$$

$$n_i = \frac{g_i}{e^{\alpha}\, e^{u_i/kT} + 1} \qquad \textit{Fermi-Diracsches-Verteilungsgesetz} \qquad (14.37)$$

In diesen Formeln bezeichnen n_i die Anzahl der Teilchen mit der Energie u_i und g_i die Anzahl der Zustände mit derselben Energie u_i. Die Größe

$$f(u_i) = \frac{n_i}{g_i} \qquad (14.38)$$

wird *Besetzungsindex* eines Zustands der Energie u_i genannt, sie ist daher die mittlere Teilchenanzahl in jedem einzelnen Zustand dieser Energie. Da der Besetzungsindex nicht davon abhängt, wie die Energieniveaus eines Systems von Teilchen verteilt sind, lassen sich mit seiner Hilfe die wesentlichen Züge der drei Verteilungsgesetze vergleichen.

In Bild 14.7 ist der Besetzungsindex der Maxwell-Boltzmannschen-Verteilung für drei verschiedene Werte von T und α dargestellt. Dieser Index ist eine reine Exponentialfunktion und fällt um den Faktor 1/e bei jedem Zuwachs von u_i um kT. Während $f(u_i)$ vom Parameter α abhängt, ist dies für das Verhältnis zwischen den Besetzungsindizes $f(u_i)$ und $f(u_j)$ der zwei Energieniveaus u_i und u_j nicht der Fall:

$$\frac{f(u_i)}{f(u_j)} = e^{(u_j - u_i)/kT}. \qquad (14.39)$$

Diese Beziehung wird als Boltzmannfaktor bezeichnet. Er ist deswegen nützlich, weil unter gewissen Umständen die Bose-Einstein- und die Fermi-Dirac-Verteilungen der Maxwell-Boltzmann-Verteilung ähnlich werden, und weil sie es uns ermöglicht, die relative Besetzung zweier Quantenzustände zu bestimmen.

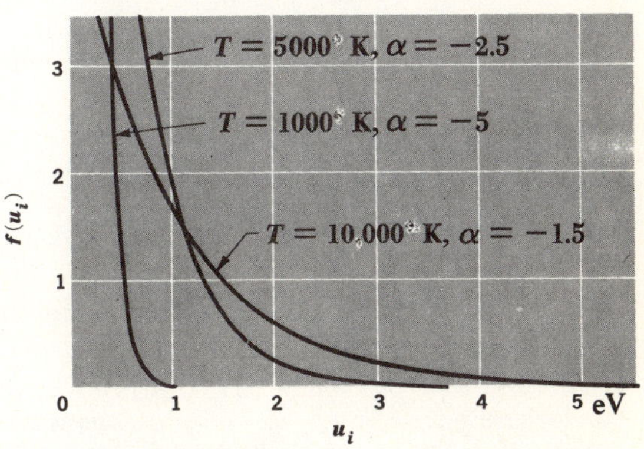

Bild 14.7 Die Besetzungsindizes für drei Maxwell-Boltzmannverteilungen

In Bild 14.8 ist der Besetzungsindex der Bose-Einstein-Verteilung für drei Temperaturen und $\alpha = 0$ (entsprechend einem Photonengas) dargestellt. Für $u_i \gg kT$ nähert sich die Bose-Einstein-Verteilung der Maxwell-Boltzmann-Verteilung, während für $u_i \ll kT$ der Term -1 im Nenner von Gl. (14.26) (14.36) den Besetzungsindex der Bose-Einstein-Verteilung wesentlich größer werden läßt.

In Bild (14.9) ist der Besetzungsindex der Fermi-Dirac-Verteilung für verschiedene Werte von T und α dargestellt. Er überschreitet niemals den Wert 1, das heißt, als Folge des Ausschließungsprinzips kann höchstens ein Teilchen in jedem Zustand sein. Bei niedrigen Temperaturen sind nahezu alle Zustände niedrigerer Energie besetzt, während ab einer bestimmten kritischen Energie, der *Fermi-Energie,* der Besetzungsindex schnell abfällt. Bei hohen Temperaturen ist der Besetzungsindex bei allen Energien hinreichend klein, so daß die Effekte des Ausschließungsprinzips unwichtig werden und die Fermi-Dirac-Verteilung der Maxwell-Boltzmann-Verteilung ähnlich wird.

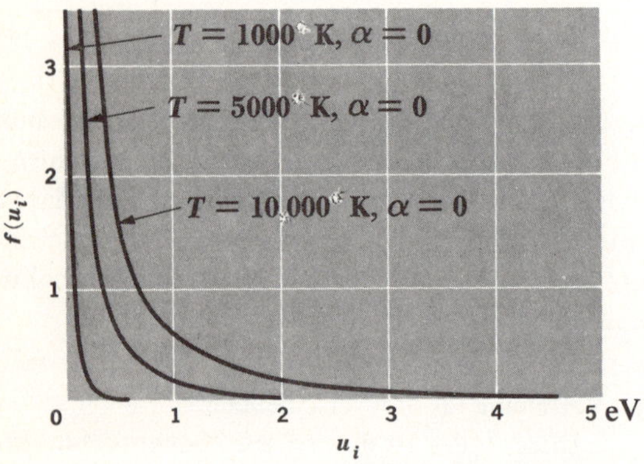

Bild 14.8 Die Besetzungsindizes für drei Bose-Einsteinverteilungen

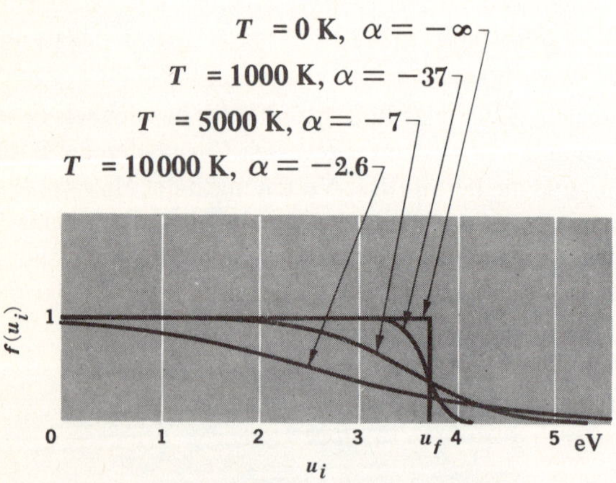

Bild 14.9 Die Besetzungsindizes für drei Fermi-Diracverteilungen

14.7 Übergänge zwischen Zuständen

Wir wollen nun die bisher entwickelten Ideen verwenden, um die Übergänge zwischen verschiedenen Energiezuständen von Atomen zu untersuchen.

Wir betrachten zwei Energieniveaus in einem Atom und bezeichnen das niedrigere mit i und das höhere mit j (Bild 14.10). Wenn sich das Atom ursprünglich im Zustand i befindet, kann es durch Absorption eines Photons mit der Frequenz

$$\nu = \frac{E_j - E_i}{h} \tag{14.40}$$

in den Zustand j gehoben werden. (Bei unseren Überlegungen wollen wir Rückstoßeffekte vernachlässigen.) Die Wahrscheinlichkeit, daß das Atom tatsächlich diesen Übergang durchführt, ist der Intensität proportional, mit der Photonen der Frequenz ν auf das Atom treffen, also proportional zur spektralen Energiedichte $u(\nu)$. Tatsächlich hängt die Übergangswahrscheinlichkeit auch von den Eigenschaften der Zustände i und j ab, doch können wir diese Abhängigkeit für beliebige Zustandspaare in einigen Konstanten B_{ij} zusammenfassen. Lassen wir daher Licht mit der Frequenz ν und der Energiedichte $u(\nu)$ auf das Atom fallen, wenn es sich im Zustand i befindet, dann beträgt die Übergangswahrscheinlichkeit in den höheren Zustand j

$$P_{i \to j} = B_{ij} u(\nu). \tag{14.41}$$

Wenn sich das Atom anfangs im höheren Zustand j befindet, geht es mit einer gewissen Wahrscheinlichkeit A_{ji} spontan in den Zustand i durch Emission eines Photons der Frequenz ν über. Wir nehmen außerdem an, daß das Einstrahlen von Licht mit der Frequenz ν auf das Atom im oberen Zustand irgendwie einen Übergang in den niedrigeren Zustand induziert. Eine spektrale Energiedichte $u(\nu)$ führt daher zu einer *induzierten Emissionswahrscheinlichkeit*

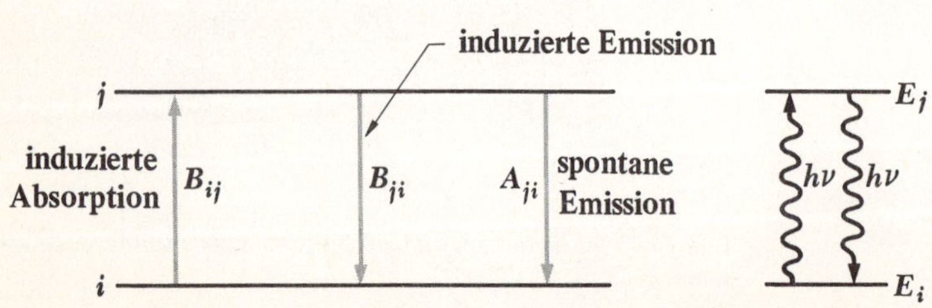

Bild 14.10
Übergänge zwischen Energieniveaus in einem Atom können durch induzierte Absorption, spontane und induzierte Emission erfolgen.

$B_{ji}u(\nu)$, wobei B_{ji} ebenso wie B_{ij} und A_{ji} von den Eigenschaften der Zustände i und j abhängt. Die Gesamtwahrscheinlichkeit, daß ein Atom vom Zustand j in den niedrigeren Zustand i übergeht, beträgt daher

$$P_{j\to i} = A_{ji} + B_{ji}\,u(\nu). \tag{14.42}$$

(Wir sollten hier darauf hinweisen, daß die induzierte Emission nichts Neues ist. Betrachten wir einen harmonischen Oszillator, zum Beispiel ein Pendel, auf den eine sinusförmige Kraft wirkt, deren Frequenz mit der Schwingungsfrequenz des Oszillators übereinstimmt. Wenn die wirkende Kraft mit den Pendelschwingungen genau in Phase ist, nimmt die Amplitude des Pendels zu; dies entspricht der induzierten Absorption von Energie. Ist jedoch die Kraft um 180° gegen die Pendelschwingung phasenverschoben, nimmt die Amplitude des Pendels ab; dies entspricht der induzierten Emission von Energie. Hat die wirkende Kraft gegenüber dem Pendel zufällige Phasendifferenzen, sind die Wahrscheinlichkeiten für induzierte Absorption und induzierte Emission gleich; – bei einer größeren Anzahl von Versuchen wird die Hälfte der Versuche auf Absorption, die andere Hälfte auf Emission führen. Dies entspricht dem Fall $B_{ij} = B_{ji}$, den wir im folgenden ableiten wollen. Auf keinen Fall haben wir angenommen, daß induzierte Emission auftreten muß, sondern nur, daß sie auftreten kann.)

Wir betrachten nun ein Ensemble von N_i Atomen im Zustand i und N_j Atomen im Zustand j, die sich bei der Temperatur T mit Licht der Frequenz ν und der Energiedichte $u(\nu)$ im thermischen Gleichgewicht befinden. Die Anzahl von Atomen im Zustand i, die ein Photon absorbieren und in den Zustand j übergehen, beträgt pro Sekunde

$$N_i P_{i\to j} = N_i B_{ij}\,u(\nu),$$

während die entsprechende Anzahl für den Übergang von j nach i durch spontane oder induzierte Emission

$$N_j P_{j\to i} = N_j[A_{ji} + B_{ji}\,u(\nu)]$$

beträgt. Im Fall des thermischen Gleichgewichts müssen beide Prozesse gleich häufig auftreten, damit das Gleichgewicht weiter erhalten bleibt. Daher gilt

$$N_i P_{i\to j} = N_j P_{j\to i}$$

$$N_i B_{ij}\,u(\nu) = N_j\,[A_{ji} + B_{ji}\,u(\nu)].$$

Indem wir beide Seiten der zweiten Gleichung durch $N_j B_{ji}$ dividieren und nach $u(\nu)$ auflösen, erhalten wir

$$\left(\frac{N_i}{N_j}\right)\left(\frac{B_{ij}}{B_{ji}}\right)u(\nu) = \frac{A_{ji}}{B_{ji}} + u(\nu)$$

$$u(\nu) = \frac{A_{ji}/B_{ji}}{\left(\frac{N_i}{N_j}\right)\left(\frac{B_{ij}}{B_{ji}}\right) - 1}\;. \tag{14.43}$$

Schließlich benützen wir Gl. (14.39), die das Verhältnis der Besetzungen der Zustände i und j angibt:

$$\frac{N_i}{N_j} = e^{(E_j - E_i)/kT} = e^{h\nu/kT}$$

und erhalten

$$u(\nu) = \frac{A_{ji}/B_{ji}}{(B_{ij}/B_{ji})\,e^{h\nu/kT} - 1}\;. \tag{14.44}$$

Gl. (14.44) stellt die Energiedichte von Photonen der Frequenz ν im Gleichgewicht mit Atomen, deren mögliche Energiewerte E_i und E_j sind, bei der Temperatur T dar. Wir sehen sofort, daß

$$B_{ij} = B_{ji} \tag{14.45}$$

$$\frac{A_{ji}}{B_{ji}} = \frac{8\pi h\nu^3}{c^3} \tag{14.46}$$

gelten muß, wenn Gl. (14.44) mit der Planckschen Strahlungsformel (Gl. (14.24)) übereinstimmen soll.

Diese Betrachtungen wurden erstmals 1917 von Einstein durchgeführt. Sie zeigen nicht nur, daß induzierte Emission auftreten kann, sondern auch, daß ihr Übergangskoeffizient derselbe ist wie bei der induzierten Absorption. Zusätzlich ergibt sich ein festes Verhältnis zwischen den Koeffizienten der spontanen und der induzierten Emission, das von ν^3 abhängt, so daß die relative Wahrscheinlichkeit der spontanen Emission mit zunehmender Energiedifferenz zwischen den beiden Zuständen schnell zunimmt.

Aus Abschnitt 14.6 folgt, daß die mittlere Anzahl N_ν von Photonen der Frequenz ν bei der Temperatur T

$$N_\nu = f(u_\nu) = \frac{1}{e^{h\nu/kT} - 1} \tag{14.47}$$

beträgt ($\alpha = 0$ für Photonen). Daher kann die Plancksche Formel in folgender Weise ausgedrückt werden

$$u(\nu) = \frac{8\pi h\nu^3}{c^3}N_\nu\;. \tag{14.48}$$

Nun wollen wir auch noch Gln. (14.41) und (14.42) für die Übergangswahrscheinlichkeiten durch N_ν und einen der Übergangskoeffizienten (z. B. B_{ij}) ausdrücken:

$$P_{i\to j} = \left(\frac{8\pi h\nu^3}{c^3}B_{ij}\right)N_\nu \tag{14.49}$$

$$P_{j\to i} = \left(\frac{8\pi h\nu^3}{c^3}B_{ij}\right)(N_\nu + 1)\;. \tag{14.50}$$

Bei Anwesenheit von N_ν Photonen ist die Wahrscheinlichkeit, daß ein Atom im niedrigeren Zustand i ein Photon absorbiert zu N_ν proportional, und die Wahrscheinlichkeit, daß ein Atom im oberen Zustand j ein Photon emittiert, zu $(N_\nu + 1)$ proportional. Offensichtlich ist der Prozeß der spontanen Emission, der im letzteren Fall den zusätzlichen Faktor eins beiträgt, mit dem Prozeß der induzierten Emission und induzierten Absorption eng verknüpft. Induzierte Emission und Absorption kann man leicht durch Betrachtung der Wechselwirkung zwischen einem Atom und einer elektromagnetischen Welle der Frequenz ν verstehen, doch tritt spontane Emission auch ohne eine solche Welle auf. Ein Vergleich der obigen Formeln legt nahe, daß es stets ähnliche Wechselwirkungen sind. Dieses Rätsel löst sich bei einer quantentheoretischen Behandlung des elektromagnetischen Feldes, bei der sich zeigt, daß die wahren Felder beständig um die klassischen Mittelwerte schwanken. Die Schwankungen treten sogar dann auf, wenn elektromagnetische Wellen fehlen und klassisch gesprochen $\mathbf{E} = \mathbf{B} = 0$ ist. Es sind diese Schwankungen (oft „Vakuumfluktuationen" genannt, die in gewissem Sinne den Nullpunktsschwingungen eines harmonischen Oszillators entsprechen), die die spontane Emission von Photonen durch Atome in angeregten Zuständen induzieren.

14.8 Maser und Laser

Bei der Strahlung von Atomen und Molekülen ist normalerweise $h\nu$ viel größer als kT, so daß im thermischen Gleichgewicht die Besetzung der oberen Energiezustände in einem System von Atomen wesentlich geringer ist als die des Grundzustands. Wenn wir Licht der Frequenz ν auf ein System wirken lassen, in dem die Energiedifferenz zwischen dem Grundzustand E_0 und einem angeregten Zustand E_1 den Wert $E_1 - E_0 = h\nu$ hat, wird es wenig induzierte Emission geben und es wird hauptsächlich Absorption der einfallenden Photonen durch Atome im Grundzustand und darauffolgende spontane Abstrahlung von Photonen derselben Frequenz auftreten.

Gewisse atomare Systeme können invertierte Besetzungen aufrecht erhalten, wobei ein höherer Zustand stärker besetzt ist als der Grundzustand (diese Situation entspricht einer negativen absoluten Temperatur T in Gl. (14.39)). Bild 14.11 zeigt ein System mit drei Niveaus, in dem der Zwischenzustand 1 metastabil ist (Abschnitt 9.4), was bedeutet, daß der Übergang zum Grundzustand durch Auswahlregeln verboten ist. Durch Strahlung der Frequenz $\nu' = (E_2 - E_0)/h$ kann das System in den oberen Zustand 2 „gepumpt" werden. Atome haben im Zustand 2 Lebensdauern von etwa 10^{-8} s und gehen durch spontane Emission in den metastabilen Zustand 1 oder in den Grundzustand über. Metastabile Zustände können Lebensdauern bis zu 1 s haben. Daher kann man den Pumpprozeß solange fortsetzen, bis im Zustand 1 eine höhere Besetzung vorliegt als im Grundzustand. Wenn nun Strahlung der Frequenz $\nu = (E_1 - E_0)/h$ auf das System einwirkt, wird die induzierte Emission von Photonen dieser Frequenz ihre Absorption übersteigen, da sich mehr Atome im höheren Zustand befinden. Dieses Prinzip liegt dem *Maser* (Abkürzung aus „microwave amplification by stimulated emission of

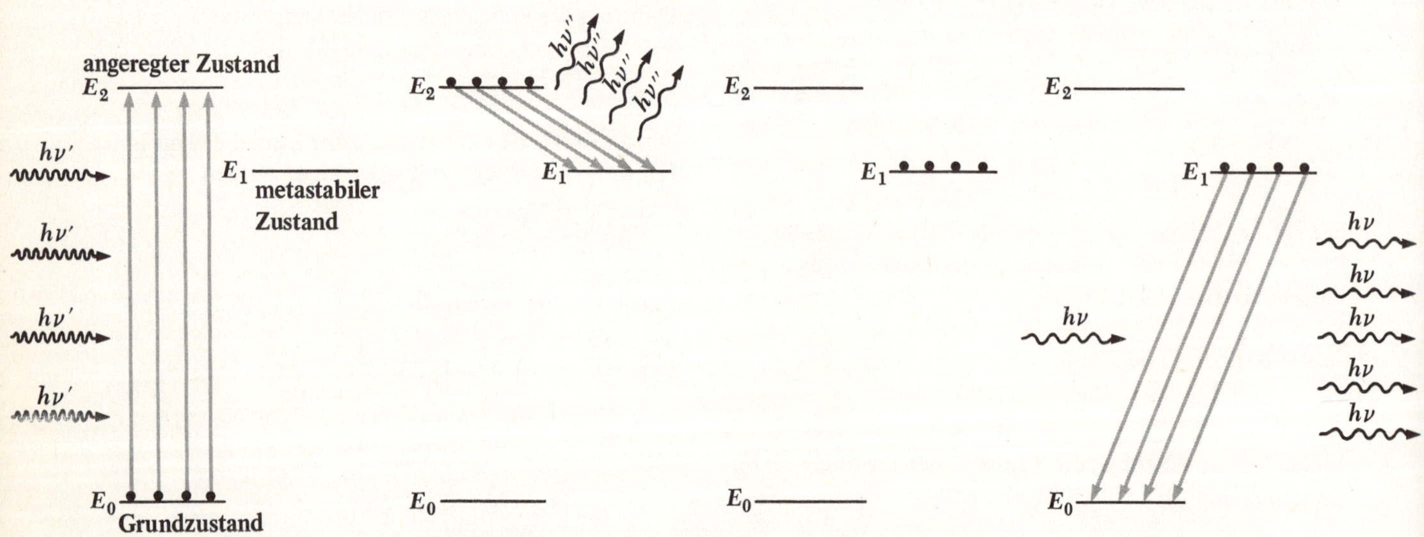

Atome im Grundzustand werden durch Photonen mit $h\nu' = E_2 - E_0$ in den Zustand E_2 gehoben

schneller Übergang zum metastabilen Zustand E_1 durch spontane Emission von Photonen mit $h\nu'' = E_2 - E_1$

invertierte Besetzung der Energieniveaus

induzierte Emission erfolgt, wenn Photonen mit $h\nu = E_1 - E_0$ einfallen, wobei die Sekundärphotonen selbst weitere Übergänge induzieren

Bild 14.11 Prinzip des Masers und des Lasers

radiation“) und dem *Laser* (Abkürzung aus „light amplification by stimulated emission of radiation“) zugrunde.

Die durch spontane Emission abgestrahlten Wellen sind inkohärent, da es zwischen den Atomen keine Abstimmung gibt und die Phasenbeziehungen zufällig sind. Im Gegensatz dazu sind die durch induzierte Emission abgestrahlten Wellen mit den induzierenden Wellen in Phase, so daß ein Laser oder Maser einen vollständig kohärenten Strahl liefern kann. Ein typischer Laser besteht aus einer gasgefüllten Röhre oder einem transparenten Festkörper, der an beiden Enden Spiegel besitzt, von denen einer teilweise durchlässig ist, so daß ein Teil des produzierten Lichtes austreten kann. Das Pumplicht der Frequenz ν' strahlt von der Seite auf das aktive Medium, während das zwischen den Spiegeln gefangene Licht die Emission der Frequenz ν stimuliert und die Bündelung des entstehenden Strahls bewirkt.

14.9 Aufgaben

1. Ersetzen Sie im Planckschen Strahlungsgesetz die Frequenz durch die Wellenlänge und zeigen sie, daß sich im Grenzfall $\lambda \to \infty$ die Formel von Rayleigh und Jeans ergibt.
2. Nehmen Sie an, daß der Wolframdraht einer Glühlampe einem schwarzen Körper bei 2900 K entspricht. Welcher Bruchteil der emittierten Strahlungsenergie wird als sichtbares Licht mit Frequenzen zwischen $4 \cdot 10^{14}$ Hz und $7 \cdot 10^{14}$ Hz emittiert.
3. Wenn die Sonne im Zenit steht, empfängt die Erde Sonnenlicht mit einer Leistung von etwa 1400 W/m^2. Der Sonnenradius beträgt $6{,}96 \cdot 10^8$ m, der mittlere Bahnradius der Erde $1{,}49 \cdot 10^{11}$ m. Bestimmen Sie aus diesen Daten die Oberflächentemperatur der Sonne unter der Annahme, daß sie wie ein schwarzer Körper strahlt.
4. Bei welcher Temperatur sind die Wahrscheinlichkeiten für spontane und induzierte Emission gleich?
5. Wird bei gleicher Temperatur ein Gas aus klassischen Molekülen, ein Gas aus Bosonen (Teilchen, für die die Bose-Einstein-Statistik gilt) oder ein Gas von Fermionen (Teilchen, die der Fermi-Dirac-Statistik unterliegen) den größten Druck ausüben? Bei welcher Temperatur ist der Druck am geringsten?
6. Leiten Sie das Stefan-Boltzmannsche-Gesetz in der folgenden Weise ab: Betrachten Sie eine Carnot-Maschine, die aus einem Zylinder und einem Kolben besteht, deren innere Oberflächen perfekte Reflektoren sind, und die elektromagnetische Strahlung als Arbeitsmittel verwendet. Der Arbeitszyklus dieser Maschine hat vier Schritte: isotherme Ausdehnung bei der Temperatur T, wobei der Druck p konstant bleibt; adiabatische Ausdehnung, bei der die Temperatur um dT und der Druck um dp fallen; isotherme Kompression bei der Temperatur $T - dT$ und beim Druck $p - dp$; und adiabatische Kompression zum ursprünglichen Volumen, Druck und Temperaturzustand. Der von der Strahlung mit der Energiedichte u in einem Gefäß mit reflektierenden Wänden ausgeübte Druck beträgt $u/3$ und der Wirkungsgrad aller Carnot-Maschinen beträgt $dW/Q = 1 - (T - dT)/T$, wobei Q die bei der isothermen Expansion zugeführte Wärme und dW die von der Maschine im vollständigen Zyklus abgegebene Arbeit bedeutet. Drücken sie mit Hilfe eines p, V-Diagramms den Wirkungsgrad dieser Maschine durch u und T aus und zeigen Sie, daß $u = aT^4$, wobei a eine Konstante ist.
7. In einem kontinuierlich arbeitenden Helium-Neon-Laser werden Helium- und Neonatome in metastabile Zustände mit Energien von 20,61 eV bzw. 20,66 eV über ihrem Grundzustand durch Elektronenstöße gepumpt. Einige der angeregten Heliumatome übertragen in Stößen Energie auf Neonatome, wobei die fehlenden 0,05 eV aus der kinetischen Energie der Atome stammen. Ein angeregtes Neonatom emittiert ein 632,8-nm-Photon in dem verbotenen Übergang, der zur Laserwirkung führt. Darauf wird ein 668,0-nm-Photon in einem erlaubten Übergang zu einem weiteren metastabilen Zustand emittiert und die restliche Anregungsenergie geht in Stößen mit den Wänden der Röhre verloren. Wie groß sind die Anregungsenergien der beiden Zwischenzustände im Neon. Warum braucht man die Heliumatome?

15 Bindung in Festkörpern

Ein Festkörper besteht aus dichtgepackten Atomen, Ionen oder Molekülen. Ihre gegenseitige Nähe ist für die Eigenschaften dieses Zustands der Materie verantwortlich. Die Ionen- und die kovalenten Bindungen, die zur Bildung von Molekülen führen, haben im festen Zustand wichtige Gegenstücke. *Van der Waals-* und *metallische Bindungen* liefern die Kohäsionskräfte in Molekülkristallen und in Metallen. Diese Bindungen sind elektrostatischen Ursprungs. Die hauptsächliche Unterscheidung zwischen ihnen betrifft die Aufteilung der Elektronen auf die verschiedenen Teilchen, deren regelmäßige Anordnung einen Kristall ergibt.

15.1 Amorphe Festkörper

Die meisten Festkörper sind kristallin, d. h., ihre Atome, Ionen oder Moleküle bilden regelmäßige, sich wiederholende dreidimensionale Muster. Die Existenz einer *Fernordnung* definiert daher einen Kristall. Andere Festkörper zeigen in der Anordnung ihrer Bestandteile keine Fernordnung und können daher als unterkühlte Flüssigkeiten aufgefaßt werden, deren Härte durch eine besonders hohe Viskosität verursacht ist. Glas, Pech und viele Kunststoffe sind Beispiel solcher amorpher Festkörper.

Amorphe Festkörper zeigen jedoch in ihren Strukturen *Nahordnung*. Der Unterschied zwischen beiden Ordnungsarten wird am Bortrioxyd (B_2O_3) deutlich, das sowohl in kristalliner, als auch in amorpher Form auftritt. In beiden Fällen ist jedes Boratom von drei Sauerstoffatomen umgeben, was eine Nahordnung darstellt. Im B_2O_3-Kristall sind die Sauerstoffatome hexagonal angeordnet (Bild 15.1), was eine Fernordnung darstellt, während amorphes B_2O_3 diese zusätzliche Regelmäßigkeit nicht aufweist und eine glasartige Substanz ist. Zum besseren Verständnis beider Zustände der Materie lohnt es sich, die Analogie zwischen einem amorphen Festkörper und einer Flüssigkeit weiter zu verfolgen. Die Dichten von Flüssigkeiten und festen Körpern sind nicht sehr unterschiedlich, was nahelegt, daß sie ähnlich dicht gepackt sind. Dieser Schluß wird auch durch die Ähnlichkeit der Kompressibilitäten beider Materiezustände unterstützt. Außerdem zeigen Röntgenbeugungsaufnahmen, daß viele Flüssigkeiten Nahordnungsstrukturen aufweisen, die der Struktur amorpher Festkörper bis auf den Unterschied, daß sich die Anordnungen der Flüssigkeitsmoleküle beständig verändern, sehr ähnlich sind.

Ein wichtiges Beispiel für Nahordnung in einer Flüssigkeit stellt Wasser knapp über dem Schmelzpunkt dar. Die Dichte ist geringer als bei höheren Temperaturen, da die Wassermoleküle weniger dicht gepackt sind, wenn sie in Kristallen angeordnet sind, als wenn sie sich frei bewegen können (Abschnitt 15.5). Noch interessanter sind „flüssige Kristalle", die in einem engen Temperaturbereich über dem Schmelzpunkt Doppelbrechung zeigen, eine Eigenschaft, die sonst nur von anisotropen Kristallen wie Quarz und Kalzit bekannt ist.

Was geschieht, wenn eine Flüssigkeit bis zu ihrem Gefrierpunkt abgekühlt wird? Der Übergang vom flüssigen in den festen Zustand setzt mit dem Auftreten winziger Kristalle, den *Kristallisationskernen,* ein, die stetig wachsen, bis die Umwandlung vollständig ist. Die Kristallisationskerne können spontan auftreten oder in Form von Fremdteilchen (Staubkörnern oder Verunreinigungen) vorhanden sein. Ist die Flüssigkeit rein und ungestört, kann man sie unter bestimmten Bedingungen ohne Kristallisation unter den Gefrierpunkt abkühlen. Gewöhnlich ist eine solche unterkühlte Flüssigkeit instabil und kristallisiert bei der geringsten Störung, doch ist in manchen Fällen die Viskosität bei tiefen Temperaturen so groß, daß sich die Moleküle nicht zur Kristallstruktur umordnen können. Es ergibt sich ein Festkörper, dessen innerer Zustand dem einer Flüssigkeit entspricht. Durch die Verringerung der molekularen Beweglichkeit wurde die augenblickliche Molekülanordnung der Flüssigkeit eingefroren. Ein glasartiger Festkörper ist daher metastabil, da seine innere Energie kleiner wäre, wenn er bei derselben Temperatur ein kristalliner Festkörper würde. Kristallisation aus dem glasartigen Zustand erfolgt so langsam, daß sie kaum beobachtbar ist, doch gibt es Ausnahmen. Wenn Glas bis knapp vor dem Punkt, an dem es weich wird, erhitzt wird, kann es seine glasartige Beschaffenheit verlieren, und auch bei sehr alten Glasstücken findet man gelegentlich, daß sie kristallisiert sind.

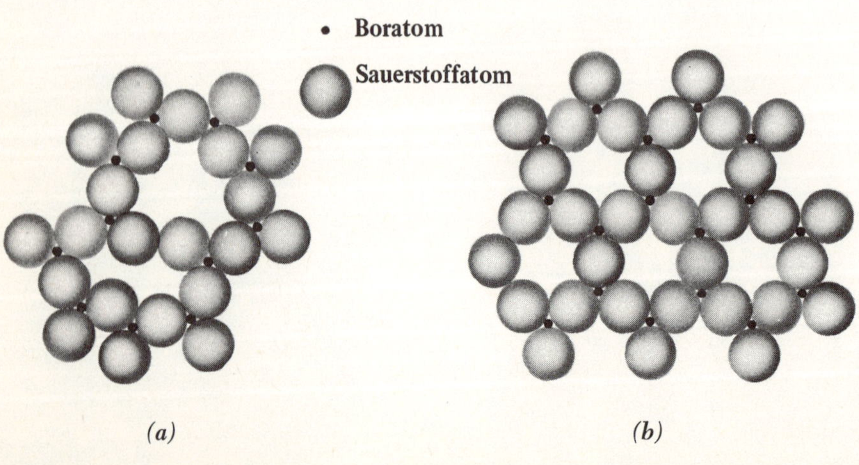

Bild 15.1
(a) Amorphes B_2O_3 zeigt nur Nahordnung. (b) Kristallines B_2O_3 zeigt auch Fernordnung.

Da amorphe Festkörper im wesentlichen Flüssigkeiten sind, haben sie keine scharfen Schmelzpunkte. Wir können dieses Verhalten dadurch deuten, daß in einem amorphen Festkörper keine Fernodnung existiert und die Bindungen zwischen den Molekülen verschieden stark sind. Bei der Erwärmung des Festkörpers brechen die schwächsten Bindungen bei niedrigeren Temperaturen als die anderen, so daß der Festkörper langsam weicher wird. In einem kristallinen Festkörper werden beim Übergang von der Fernordnung zur Nahordnung (oder keine Ordnung) Bindungen aufgebrochen, deren Stärken praktisch gleich sind. Daher tritt das Schmelzen bei einer genau definierten Temperatur ein.

15.2 Ionenkristalle

Ionenbindungen in Kristallen sind Ionenbindungen in Molekülen sehr ähnlich. Solche Bindungen kommen zustande, wenn Atome mit niedrigen Ionisierungsenergien, die daher leicht Elektronen verlieren, mit Atomen mit hohen Elektronenaffinitäten wechselwirken. Die Atome der ersten Art geben Elektronen an die Atome der zweiten Art ab, wodurch sie positive bzw. negative Ionen werden. In einem Ionenkristall bilden diese Ionen eine Gleichgewichtskonfiguration, in der die anziehenden Kräfte zwischen positiven und negativen Ionen stärker als die abstoßenden Kräfte zwischen gleichgeladenen Ionen sind. Wie im Fall der Moleküle verhindert auch hier das Ausschließungsprinzip den Kollaps von Kristallen unter dem Einfluß der Kohäsionskräfte, da die höheren Energiezustände besetzt werden müssen, wenn die Elektronenschalen verschiedener Atome überlappen und verschmelzen.

Zwei häufige Typen von Strukturen bei Ionenkristallen sind in den Bildern 15.2 und 15.3 gezeigt. In Bild 15.2 sieht man die Anordnung der Na^+- und Cl^--Ionen in einem Steinsalzkristall. Man kann sich die Ionen jeder der beiden Arten an den Ecken und in den Mittelpunkten der Flächen einer Reihe von Würfeln vorstellen, wobei sich die Na^+- und Cl^--Würfel überschneiden. Jedes Ion hat daher sechs nächste Nachbarn der anderen Art. Ein solcher Kristall wird *kubisch flächenzentriert* genannt. Im NaCl-Kristall beträgt der Abstand zwischen gleichen Ionen 0,562 nm. Eine andere Anordnung findet man beim Cäsiumchlorid-Kristall, bei dem jedes Ion im Mittelpunkt eines Würfels sitzt, an dessen Ecken sich Ionen der anderen Art befinden (Bild 15.3). Diese Form heißt *kubisch raumzentriert* und jedes Ion hat acht nächste Nachbarn der anderen Art. Im CsCl-Kristall beträgt der Abstand gleicher Ionen 0,411 nm.

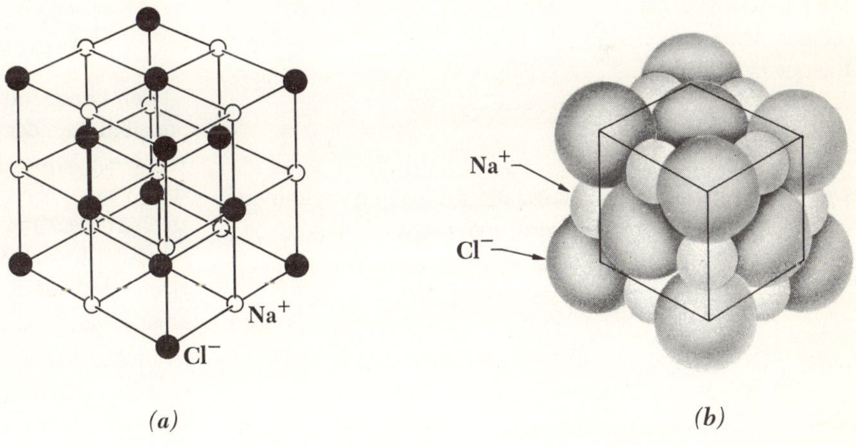

Bild 15.2
(a) Die kubisch-flächenzentrierte Struktur des NaCl-Kristalls. Jedes Ion hat 6 nächste Nachbarn. (b) Modell des NaCl-Kristalls

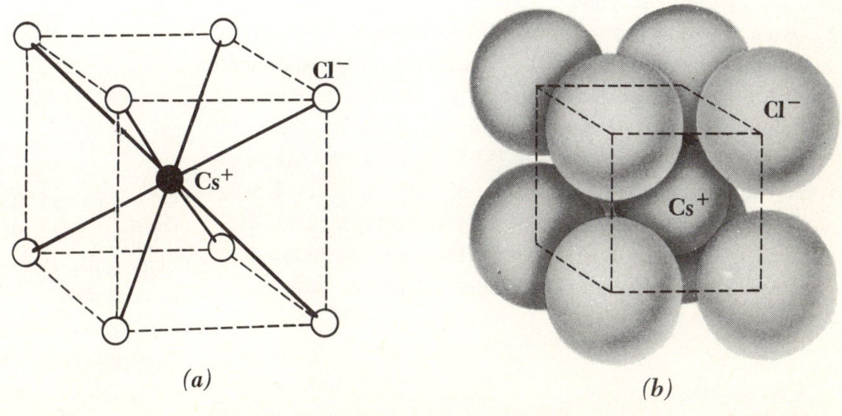

Bild 15.3
(a) Die kubisch-raumzentrierte Struktur des CsCl-Kristalls. Jedes Ion hat 8 nächste Nachbarn. (b) Modell des CsCl-Kristalls

Wegen der Stärke der Bindungen zwischen ihren Bestandteilen sind die meisten Ionenkristalle hart und haben hohe Schmelzpunkte. Außerdem sind sie meist spröde, da das Aneinandergleiten von Atomen, auf dem die Verformbarkeit von Metallen beruht, durch die Anordnung der positiven und negativen Ionen verhindert wird. Polare Flüssigkeiten (z. B. Wasser) lösen viele Ionenkristalle auf, doch kovalente Flüssigkeiten (z. B. Benzin) können dies im allgemeinen nicht.

Die *Kohäsionsenergie* eines Ionenkristalls ist die Energie, die bei der Bindung des Kristalls aus einzelnen neutralen Atomen frei würde. Üblicherweise wird sie in eV/Atom, in eV/Molekül oder in J/mol angegeben, selbst wenn Moleküle im engeren Sinn im Kristall nicht vorhanden sind. Die Bindungsenergie eines durch Ionenbindung zusammengehaltenen Moleküls unterscheidet sich von der Kohäsionsenergie des entsprechenden Kristalls, weil im Kristall jedes Ion mit allen anderen vorhandenen Ionen wechselwirkt.

Der Hauptbeitrag zur Kohäsionsenergie eines Ionenkristalls kommt von der elektrostatischen Energie E_{Coulomb} der Ionen. Greifen wir ein Na^+-Ion im Steinsalz heraus. Seine nächsten Nachbarn sind Cl^--Ionen im Abstand r. Die entsprechende potentielle Energie beträgt daher

$$E_{\text{p1}} = -\frac{6e^2}{4\pi\epsilon_0 r} \; .$$

Die übernächsten Nachbarn sind 12 Na^+-Ionen im gegenseitigen Abstand von $\sqrt{2}r$. Die entsprechende potentielle Energie beträgt

$$E_{\text{p2}} = \frac{12e^2}{4\pi\epsilon_0\sqrt{2}r} \; .$$

Wenn über alle positiven und negativen Ionen im Kristall unendlicher Größen summiert wird, ergibt sich

$$\begin{aligned} E_{\text{Coulomb}} &= -\frac{e^2}{4\pi\epsilon_0 r}\left(6 - \frac{12}{\sqrt{2}} + \ldots\right) \\ &= -1{,}748\,\frac{e^2}{4\pi\epsilon_0 r} \\ &= -\alpha\,\frac{e^2}{4\pi\epsilon_0 r} \; . \end{aligned} \tag{15.1}$$

(Dieses Ergebnis gilt genauso für die potentielle Energie eines Cl^--Ions.) Die Größe α wird *Madelung-Konstante* des Kristalls genannt und hat für alle Kristalle derselben Art denselben Wert. Ähnliche Rechnungen für andere Kristallarten liefern andere Madelung-Konstanten: Kubisch raumzentrierte Kristalle wie Cäsiumchloridkristalle (Bild 15.3) haben $\alpha = 1{,}763$, und Kristalle wie Zinkblende haben $\alpha = 1{,}638$. Bei einfachen Kristallstrukturen haben Madelung-Konstanten Werte zwischen 1,6 und 1,8. Das Ausschließungsprinzip führt auf abstoßende Kräfte, deren Beitrag zur potentiellen Energie in guter Näherung durch

$$E_{\text{p,abstoßend}} = \frac{B}{r^n} \tag{15.2}$$

ausgedrückt werden kann. Das Vorzeichen von $E_{\text{p,abstoßend}}$ ist positiv (entsprechend einer abstoßenden Wechselwirkung), und die Abhängigkeit mit r^{-n} (wobei n eine große Zahl ist) zeigt den kurzreichweitigen Charakter dieser Kraft, die mit abnehmendem Abstand zwischen den Kernen schnell zunimmt. Die gesamte potentielle Energie E_p jedes Ions auf Grund seiner Wechselwirkungen mit den anderen Ionen ist daher

$$\begin{aligned} E_\text{p} &= E_{\text{Coulomb}} + E_{\text{p,abstoßend}} \\ &= -\frac{\alpha e^2}{4\pi\epsilon_0 r} + \frac{B}{r^n} \end{aligned} \tag{15.3}$$

Beim Gleichgewichtsabstand r_0 der Ionen hat E_p nach Definition ein Minimum, daher verschwindet dE_p/dr für $r = r_0$. Wir erhalten

$$\left(\frac{dE_\text{p}}{dr}\right)_{r=r_0} = \frac{\alpha e^2}{4\pi\epsilon_0 r_0^2} - \frac{nB}{r_0^{n+1}} = 0$$

$$\frac{\alpha e^2}{4\pi\epsilon_0 r_0^2} = \frac{nB}{r_0^{n+1}}$$

$$B = \frac{\alpha e^2}{4\pi\epsilon_0 n}\, r_0^{n-1} \tag{15.4}$$

und die gesamte potentielle Energie beträgt

$$E_\text{p} = -\frac{\alpha e^2}{4\pi\epsilon_0 r_0}\left(1 - \frac{1}{n}\right). \tag{15.5}$$

Den Exponenten n kann man aus den beobachteten Kompressibilitäten der Ionenkristalle abschätzen. Es ergeben sich Werte $n \approx 9$, was bedeutet, daß die abstoßende Kraft sehr stark von r abhängt: Die Ionen sind „hart" und leisten einer zu engen Packung starken Widerstand. Am Gleichgewichtsabstand der Ionen verringert die gegenseitige Abstoßung auf Grund des Ausschließungsprinzips die potentielle Energie um etwa 11 %.

Im NaCl-Kristall beträgt der Gleichgewichtsabstand r_0 zwischen Ionen 0,281 nm. Mit $\alpha = 1{,}748$ und $n = 9$ ergibt sich die potentielle Energie jedes Ions zu

$$\begin{aligned} E_\text{p} &= -\frac{\alpha e^2}{4\pi\epsilon_0 r_0}\left(1 - \frac{1}{n}\right) \\ &= \frac{9 \cdot 10^9\,\text{N m}^2/\text{C}^2 \cdot 1{,}748 \cdot (1{,}60 \cdot 10^{-19}\,\text{C})^2}{2{,}81 \cdot 10^{-10}\,\text{m}}\left(1 - \frac{1}{9}\right) \\ &= -1{,}27 \cdot 10^{-18}\,\text{J} \\ &= -7{,}97\,\text{eV}. \end{aligned}$$

Da wir jedes Ion nur einmal zählen dürfen, stellt nur die Hälfte dieser potentiellen Energie, nämlich − 3,99 eV, den Beitrag pro Ion zur Kohäsionsenergie des Kristalls dar. Wir müssen außerdem die Energie berücksichtigen, die für den Übergang des Elektrons vom Natriumatom zum Chloratom benötigt wird. Diese Energie ergibt sich als die Differenz zwischen der Ionisierungsenergie von Natrium (+ 5,14 eV) und der Elektronenaffinität von Chlor (– 3,61 eV), also + 1,53 eV. Pro Atom ergibt dies 0,77 eV. Die gesamte Kohäsionsenergie pro Atom beträgt daher

$$E_{\text{Kohäsion}} = (-3{,}99 + 0{,}77)\ \text{eV/Atom} = -3{,}22\ \text{eV/Atom}.$$

In Abschnitt 10.6 haben wir gesehen, daß die Bindungsenergie eines NaCl-Moleküls 4,2 eV oder 2,1 eV/Atom beträgt. Da die Kohäsionsenergie im kristallinen NaCl so viel größer als die Bindungsenergie im molekularen NaCl ist, findet man einzelne NaCl-Moleküle nur in Natriumchloriddampf. (Empirisch läßt sich die Kohäsionsenergie eines Ionenkristalls nur indirekt bestimmen. Man findet für NaCl 3,28 eV in guter Übereinstimmung mit dem berechneten Wert).

Zwei weitere Beiträge zur Kohäsionsenergie eines Ionenkristalls wurden bisher nicht betrachtet:

1. die van der Waals-Anziehung zwischen benachbarten Ionen (siehe Abschnitt 15.4), die die Kohäsionsenergie vergrößert, und
2. die Nullpunktsschwingungen der Ionen um ihre Gleichgewichtslagen (siehe Abschnitt 17.4), die die Kohäsionsenergie verringern.

Beide Effekte sind in Ionenkristallen klein und können meist vernachlässigt werden.

15.3 Kovalente Kristalle

Die Bindungskräfte in kovalenten Kristallen stammen von den Elektronen zwischen benachbarten Atomen. Jedes Atom, das an einer kovalenten Bindung beteiligt ist, trägt ein Elektron zur Bindung bei, und diese Elektronen sind beiden Atomen gemeinsam. Diamant ist ein Beispiel für einen Kristall, dessen Atome durch kovalente Bindungen verknüpft sind. Bild 15.4 zeigt die Struktur eines Diamantkristalls; die Tetraederanordnung folgt aus der Fähigkeit jedes Kohlenstoffatoms, mit vier weiteren Atomen kovalente Bindungen einzugehen (siehe Bild 11.11). Die Länge jeder Bindung im Diamant beträgt 0,154 nm.

Es gibt relativ wenige rein kovalente Kristalle. Neben Diamant sind weitere Beispiele Silicium, Germanium und Siliciumcarbid. Im Siliciumcarbid (SiC) ist jedes Atom von vier Atomen des anderen Elementes in derselben Tetraederstruktur wie beim Diamant umgeben. Alle kovalenten Kristalle sind hart – Diamant ist die härteste bekannte Substanz und SiC ist das Schleifmittel Karborund –, sie haben hohe Schmelzpunkte und sind in allen gewöhnlichen Flüssigkeiten unlöslich, was eine Folge der Stärke ihrer kovalenten Bindungen ist. Typische Kohäsionsenergien kovalenter Kristalle betragen 3 ... 5 eV pro Atom.

Es gibt mehrere Möglichkeiten festzustellen, ob die Bindungen in einem bestimmten nichtmetallischen und nichtmolekularen Kristall vorwiegend ionisch oder kovalent sind. Im allgemeinen zeigt eine Verbindung aus einem Element der Gruppe I oder II der Periodentafel (Tabelle 8.1) mit einem aus Gruppe VI oder VII im festen Zustand Ionenbindung. Ein weiterer Hinweis ist die Anzahl der nächsten Nachbarn jedes Bestandteils. Ist diese groß, deutet das auf einen Ionenkristall hin, da man sich schwer vorstellen kann, wie ein Atom mit sechs weiteren Atomen (wie beim kubisch flächenzentrierten Steinsalz) oder gar mit acht Atomen (beim kubisch raumzentrierten Gitter) kovalente Bindungen eingehen kann. Ist die Anzahl der nächsten Nachbarn 4 wie beim Diamant, so ist dies mit einer rein kovalenten Bindung verträglich. Wie bei Molekülen ist es jedoch nicht immer möglich, einen bestimmten Kristall als rein ionisch oder rein kovalent zu bezeichnen: AgCl mit einer Struktur wie NaCl und CuCl mit einer Diamant-Struktur haben Bindungen, die weder rein ionisch noch rein kovalent sind.

Auch direktere Methoden können zur Aufklärung des Wesens der Bindung in einem Kristall angewendet werden. Man kann die Elektronendichte im Kristall mittels sehr genauer Röntgenstrahlmethoden messen. Wenn leichte Atome vorhanden sind (z. B. in LiF), kann die Existenz von positiven und negativen Ionen nachgewiesen werden. Bei einer anderen Methode vergleicht man die Dielektrizitätskonstante eines Kristalls, die bei niedrigen Frequenzen gemessen wird, mit

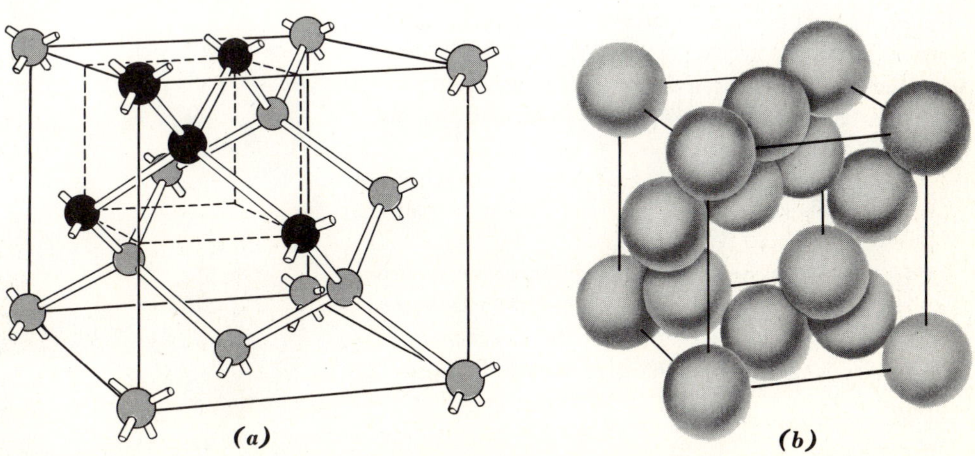

Bild 15.4

(a) Tetraederstruktur von Diamant. (b) Modell des Diamantkristalls der Dielektrizitätskonstanten, wie sie bei hohen Frequenzen ($> 10^{13}$ Hz) gemessen wird. Letztere ist das Quadrat des optischen Berechnungsindex. Bei niederen Frequenzen, wenn die Ionen mit dem elektromagnetischen Feld mitschwingen, ist die Reaktion eines Ionenkristalls auf ein angelegtes elektrisches Feld (und daher die Dielektrizitätskonstante) anders als bei hohen Frequenzen, wenn nur die Elektronen mitschwingen. Bei KCl beträgt die Dielektrizitätskonstante bei niedrigen Frequenzen 4,7 und bei hohen Frequenzen 2,1. In einem kovalenten Kristall ist hingegen die Dielektrizitätskonstante von der Frequenz unabhängig.

15.4 Van der Waalssche Kräfte

Alle Atome und Moleküle – selbst Edelgasatome – ziehen einander mit schwachen, kurzreichweitigen Kräften aufgrund der *van der Waals-Wechselwirkung* an. Diese Kräfte sind für die Kondensation von Gasen und das Gefrieren von Flüssigkeiten selbst bei Abwesenheit von ionischen, kovalenten oder metallischen Bindungen verantwortlich. Wohl bekannte makroskopische Eigenschaften der Materie wie Reibung, Oberflächenspannung und Viskosität stammen von den van der Waalsschen Kräften. Wie wir sehen werden, ist die van der Waals-Anziehung zwischen zwei Molekülen im Abstand r zu r^{-7} proportional und daher ist sie nur für sehr kleine Molekülabstände wichtig.

Viele Moleküle, sogenannte *polare Moleküle*, besitzen permanente elektrische Dipolmomente. Ein Beispiel dafür ist das H_2O-Molekül, in dem die Konzentration der Elektronen in der Nähe des Sauerstoffatoms diese Seite des Moleküls negativer macht als die Seite mit den Wasserstoffatomen (Bild 15.5). Solche Moleküle tendieren dazu, sich so auszurichten, daß die Seiten mit entgegengesetzten Ladungen benachbart sind (siehe Bild 15.6), und in dieser Orientierung ziehen sich die Moleküle gegenseitig an.

Außerdem kann ein polares Molekül Moleküle anziehen, die normalerweise kein permanentes Dipolmoment besitzen. Bild 15.7 zeigt, wie das elektrische Feld des polaren Moleküls im anderen Molekül eine Ladungstrennung hervorruft, wobei das induzierte Moment dieselbe Richtung wie beim polaren Molekül hat. Es ergibt sich eine Anziehung. (Der Effekt entspricht der Anziehung eines nichtmagnetisierten Eisenstücks durch einen Magneten.) Man kann leicht die wesentlichen Eigenschaften dieser Anziehung bestimmen. Das elektrische Feld $\mathbf{E}$ im Abstand r von einem Dipol mit dem Moment $\mathbf{p}$ ist durch

$$\mathbf{E} = \frac{1}{4\pi\epsilon_0}\left[\frac{\mathbf{p}}{r^3} - \frac{3(\mathbf{p}\cdot\mathbf{r})\mathbf{r}}{r^5}\right] \tag{15.6}$$

gegeben. ($\mathbf{p}\cdot\mathbf{r} = pr\cos\theta$, wobei θ der Winkel zwischen $\mathbf{p}$ und $\mathbf{r}$ ist). Das Feld induziert im anderen (normalerweise nichtpolaren) Molekül ein elektrisches Dipolmoment $\mathbf{p}'$, das zu $\mathbf{E}$ proportional ist und im Idealfall dieselbe Richtung hat. Somit gilt

$$\mathbf{p}' = \alpha\,\mathbf{E}, \tag{15.7}$$

wobei die Konstante α die *Polarisierbarkeit* des Moleküls bedeutet. Die Energie des induzierten Dipols im elektrischen Feld $\mathbf{E}$ beträgt

$$\begin{aligned} E_\mathrm{p} &= -\mathbf{p}'\cdot\mathbf{E} \\ &= -\frac{\alpha}{(4\pi\epsilon_0)^2}\left(\frac{p^2}{r^6} - \frac{3p^2}{r^6}\cos^2\theta - \frac{3p^2}{r^6}\cos^2\theta + \frac{9p^2}{r^6}\cos^2\theta\right) \\ &= -\frac{\alpha}{(4\pi\epsilon_0)^2}\,(1 + 3\cos^2\theta)\,\frac{p^2}{r^6} \end{aligned} \tag{15.8}$$

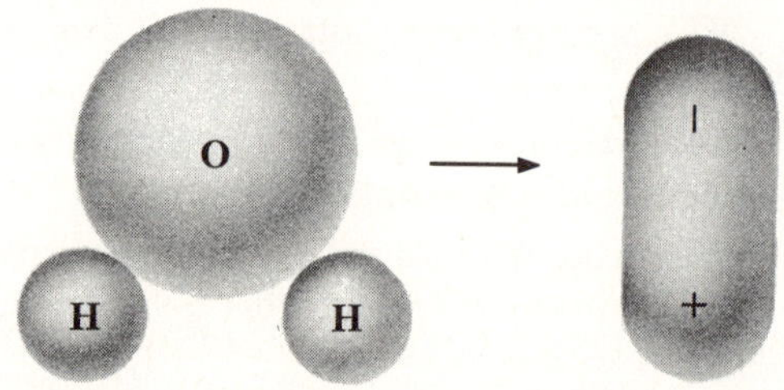

Bild 15.5 Wassermoleküle sind polar, weil die gemeinsamen Elektronen zwischen den Sauerstoff- und den Wasserstoffatomen liegen.

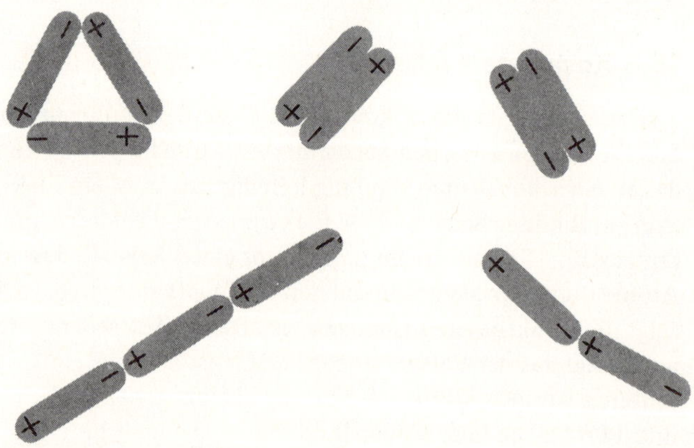

Bild 15.6 Polare Moleküle ziehen einander an.

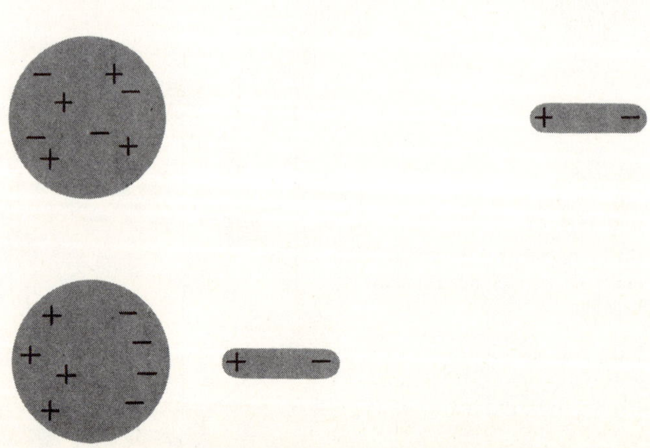

Bild 15.7 Polare Moleküle ziehen polarisierbare Moleküle an.

Die Wechselwirkungsenergie der beiden Moleküle ist daher negativ, weshalb zwischen ihnen eine Anziehungskraft besteht. Die Kraft selbst ist $-dE_p/dr$ und daher zu $1/r^7$ proportional. Daher nimmt sie mit zunehmendem Abstand sehr rasch ab. Eine Verdopplung des Abstands zwischen den Molekülen reduziert die Anziehungskraft zwischen ihnen auf 0,8 % ihres ursprünglichen Wertes.

Obwohl nur eine beschränkte Anzahl von Molekülen polar sind, wirkt die van der Waals-Kraft zwischen *allen* Molekülen. Dies ist kein Widerspruch, weil die Wechselwirkungsenergie zu p^2, dem Quadrat des Dipolmoments proportional ist. Obwohl die Elektronenverteilung in einem nichtpolaren Molekül *im Mittel* symmetrisch ist, ist sie in jedem Augenblick asymmetrisch und daher existiert ein elektrisches Dipolmoment. Dieses augenblickliche Moment schwankt nach Betrag und Richtung, doch ist der Mittelwert des Quadrates des Moments $\overline{p^2}$ *nicht* Null, sondern hat einen endlichen Wert, während der Mittelwert $\overline{p}$ verschwindet. Die Kräfte, die durch solche fluktuierenden molekularen Momente zustande kommen, wirken nicht nur zwischen allen Molekülen sondern auch zwischen Atomen, die wie die Edelgase sonst nicht wechselwirken (Bild 15.8). Die Werte von $\overline{p^2}$ und α haben für die meisten Moleküle die gleiche Größenordnung. Dies ist zum Teil der Grund, warum die Dichten und Verdampfungswärmen von Flüssigkeiten, die von der Stärke der intermolekularen Kräfte abhängen, in einem sehr engen Bereich liegen.

Die van der Waals-Kräfte sind viel schwächer als die Kräfte bei der Ionen- und der kovalenten Bindung, daher haben molekülare Kristalle im allgemeinen niedrige Schmelz- und Siedepunkte und geringe mechanische Festigkeiten. Die Kohäsionsenergien sind klein, sie betragen für festes Argon (Schmelzpunkt − 189 °C) nur 0,08 eV pro Atom, bei festem Wasserstoff (Schmelzpunkt − 259 °C) 0,01 eV pro Molekül und bei festem Methan (Schmelzpunkt − 183 °C) 0,1 eV pro Molekül.

15.5 Wasserstoffbrücken

Gewisse Verbindungen (z. B. Wasser) haben wesentlich höhere Schmelz- und Siedepunkte, als man erwarten würde, wenn für sie das im letzten Abschnitt beschriebene Verhalten gelten würden. Zum Beispiel haben die nichtmetallischen Hybride H_2Te, H_2Se und H_2S die Siedepunkte − 2 °C, − 42 °C, bzw. − 60 °C, während H_2O bei 100 °C siedet. Ähnliche, wenn auch weniger ausgeprägte Anomalien zeigen sich bei Ammoniak NH_3 und Flußsäure HF. Die intermolekularen Kräfte im H_2O, NH_3 und HF entstehen durch *Wasserstoffbrücken,* die stärker als die gewöhnlichen van der Waals-Bindungen, jedoch schwächer als Ionen- oder kovalente Bindungen sind.

Wasserstoffbrücken treten in Hydriden von stark elektronegativen Atomen auf. Die Elektronenverteilung in einem solchen Molekül wird durch die Affinität des Nichtwasser-

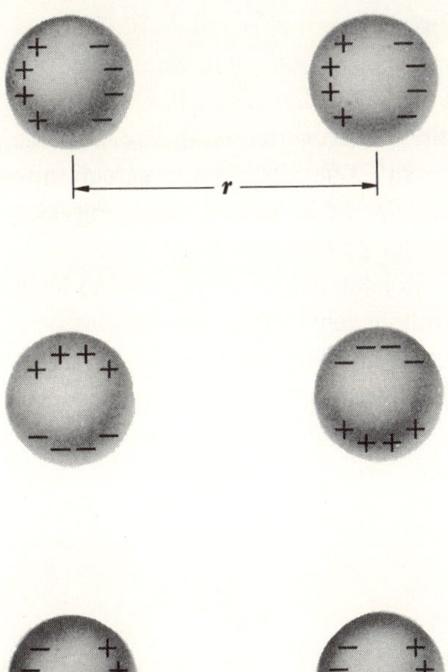

Bild 15.8 Im Mittel haben nichtpolare Moleküle symmetrische Ladungsverteilungen, doch sind diese zu jedem Zeitpunkt unsymmetrisch. Die Schwankungen der Ladungsverteilung benachbarter Moleküle sind in Phase, wodurch eine anziehende Kraft zustande kommt, deren Größe zu r^{-7} proportional ist.

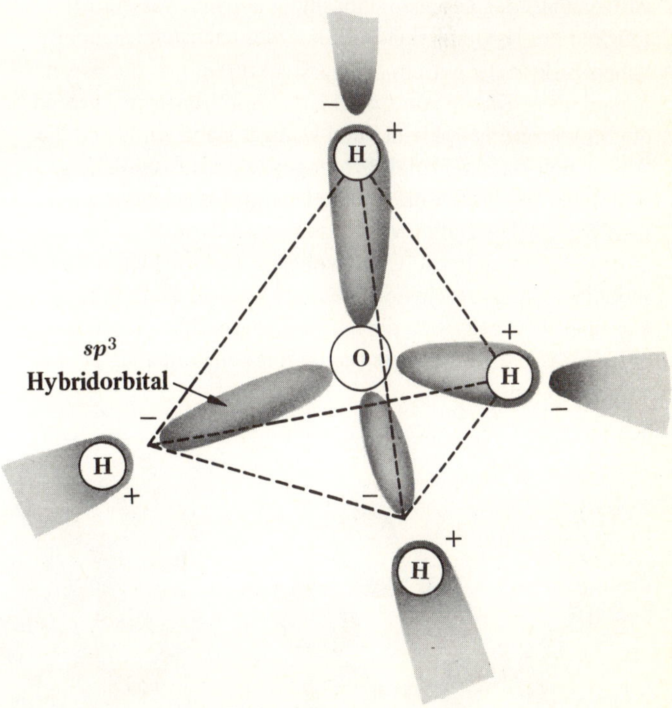

Bild 15.9 Im H_2O-Molekül besetzen vier Paare von Valenzelektronen vier sp^3-Hybridorbitale, die eine Tetraederstruktur bilden. Jedes H_2O-Molekül kann mit vier weiteren H_2O-Molekülen Wasserstoffbrücken bilden.

stoffatoms so gestört, daß jedes Wasserstoffatom den Großteil seiner negativen Ladung an den Partner abgegeben hat, wodurch ein kaum abgeschirmter Wasserstoffkern zurückbleibt. Im Falle des HF ergibt sich ein Molekül mit einer starken positiven Ladung an einem Ende, die die negative Ladung am entgegengesetzten Ende eines weiteren HF-Moleküls anzieht. Die Wasserstoffbrücken in Fluorwasserstoffen sind so stark, daß selbst in der Gasphase Riesenmoleküle, wie H_2F_2, H_3F_3, H_4F_4, H_5F_5, und H_6F_6 – oder besser HF · HF, HF · HF · HF usw. – häufig auftreten.

Wassermoleküle bilden besonders gerne Wasserstoffbrücken, weil die vier Elektronenpaare des Sauerstoffatoms sp^3-Hybridorbitale besetzen, die wie die Ecken eines Tetraeders nach außen zeigen (Bild 15.9). An zwei dieser Ecken sitzen Wasserstoffatome, die entsprechend lokalisierte positive Ladungen zeigen, während die beiden anderen Ecken weniger lokalisierte negative Ladungen besitzen. Jedes H_2O-Molekül kann daher mit *vier* weiteren H_2O-Molekülen Wasserstoffbrücken bilden; für zwei Bindungen liefert das zentrale Molekül die Brückenprotonen, für die weiteren zwei die angehefteten Moleküle. Im flüssigen Zustand werden die Wasserstoffbrücken zwischen benachbarten Wassermolekülen durch die thermischen Bewegungen beständig aufgebrochen und neugebildet, trotzdem bilden sie in jedem Augenblick regelmäßige Anordnungen. Im festen Zustand werden diese Molekülgruppen groß und stabil und stellen Eiskristalle dar.

Die charakteristische hexagonale Form (Bild 15.10) ergibt sich aus der Tetraederanordnung der vier Wasserstoffbrücken des H_2O-Moleküls. Mit nur vier nächsten Nachbarn haben Eiskristalle extrem offene Strukturen, was die besonders niedrige Dichte von Eis erklärt. Da im flüssigen Zustand die Molekülgruppen kleiner und weniger stabil sind, sind die Wassermoleküle im Mittel dichter gepackt als Eismoleküle, und daher hat Wasser die höhere Dichte: Eis schwimmt auf dem Wasser. Die Dichte von Wasser nimmt von 0 °C bis zu einem Maximum bei 4 °C zu, wobei große Molekülgruppen in kleinere aufgebrochen werden, die weniger Platz brauchen; erst über 4 °C zeigt sich die normale thermische Ausdehnung einer Flüssigkeit, wobei die Dichte mit zunehmender Temperatur abnimmt.

15.6 Die metallische Bindung

Nach der modernen Theorie der Metalle sind die Valenzelektronen der Atome eines Metalls dem Gesamtsystem gemeinsam und bewegen sich darinnen wir ein „Gas" von freien Elektronen. Die Wechselwirkung zwischen diesem Elektronengas und den positiven Metallionen führt zu einer starken Anziehung. Das Vorhandensein solch freier Elektronen erklärt die hohe elektrische und thermische Leitfähigkeit, die Undurchsichtigkeit, den Oberflächenglanz und andere Eigenschaften von Metallen. Natürlich können sich die Elektronen selbst in einem Metall nicht mit völliger Freiheit bewegen. Sie stehen in einem gewissen Ausmaß unter dem Einfluß anderer Teilchen, und wenn dies in der Theorie der Metalle berücksichtigt wird, ergibt sich ein umfassendes Bild, das in bester Übereinstimmung mit dem Experiment steht. In diesem Abschnitt wollen wir nur einige allgemeine Betrachtungen zur metallischen Bindung anstellen und weitere Aspekte der Metallphysik in den Kapiteln 17 und 18 darstellen.

Ein erstes Verständnis der Fähigkeit von Metallatomen, Kristalle von unbeschränkter Größe zu bilden, kann durch die Auffassung der metallischen Bindung als ungesättigter kovalenter Bindung gefunden werden. Vergleichen wir den Bindungsvorgang in Wasserstoff und in Lithium, die beide Mitglieder der I. Gruppe der Periodensysteme sind. Ein H_2-Molekül enthält zwei 1*s*-Elektronen mit entgegengesetzten Spins. Das H_2-Molekül ist gesättigt, da das Ausschließungsprinzip fordert, daß jedes weitere Elektron in einem Zustand höherer Energie sein muß, während eine stabile Bindung mit weiteren H-Atomen nur eintreten kann, wenn ihre Elektronen in 1*s*-Zuständen sind. Auf den ersten Blick könnte man meinen, daß sich Lithium ähnlich verhalten müßte, da seine Elektronenkonfiguration $1s^2 2s$ beträgt. Es gibt jedoch in jedem Li-Atom sechs *ungefüllte* 2*p*-Zustände, deren Energien geringfügig größer als die der 2*s*-Zustände sind. Wenn ein Lithiumatom einem Li_2-Molekül nahe kommt, wird es leicht mit einer kovalenten Bindung gebunden, ohne daß das Ausschließungsprinzip verletzt wird. Das entstehende Li_3-Molekül ist stabil, da seine Valenzelektronen in *L*-Schalen ver-

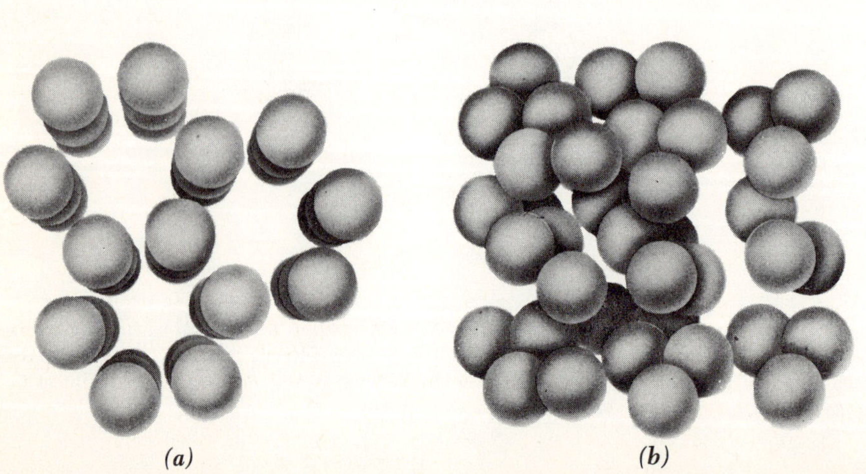

Bild 15.10
(a) Aufsicht und (b) Seitensicht von Eiskristallen zur Darstellung der offenen hexagonalen Anordnung der H_2O-Moleküle. Jedes Molekül hat vier nächste Nachbarn, an die es durch Wasserstoffbrücken gebunden ist.

bleiben. Eine unbeschränkte Anzahl von Li-Atomen kann sich auf diese Weise verbinden, denn Lithium bildet kubisch raumzentrierte Kristalle (Bild 15.3), bei denen jedes Atom 8 nächste Nachbarn besitzt. Da nur ein Elektron pro Atom für diese Bindungen vorhanden ist, besteht jede Bindung im Mittel aus einem Viertel Elektron (statt zwei Elektronen bei der gewöhnlichen kovalenten Bindung). Daher sind die Bindungen nicht gesättigt; dies gilt auch für andere Metalle.

Eine Konsequenz der ungesättigten Natur der metallischen Bindung ist die Weichheit von Metallen, wenn man sie mit Ionen- und kovalenten Kristallen vergleicht, die gesättigte Bindungen besitzen. Eine weitere Konsequenz ist die leichte Verformbarkeit von Metallen. Da sie weder lokalisierte Bindungen zwischen benachbarten Atomen (wie im kovalenten Kristall) noch eine Anordnung von abwechselnd positiven und negativen Ionen (wie im Ionenkristall) besitzen, können die Atome eines Metalls ohne Zerstörung des Kristalls verschoben werden. Aus demselben Grund hängen die Eigenschaften einer Legierung aus verschiedenen Metallen nicht sehr vom Mischungsverhältnis ab, wenn die Atomgrößen ähnlich sind. In ähnlicher Weise verändern sich die Eigenschaften einer Legierung mit ihrer Zusammensetzung, was im Gegensatz zu den genauen Atomverhältnissen steht, die für Ionenkristalle und kovalente Festkörper (etwa SiC) gelten.

Die wichtigste Folgerung aus der ungesättigten Bindung im Metall ist die Fähigkeit der Valenzelektronen, sich frei von einem Atom zum anderen zu bewegen. Um dieses Phänomen leichter zu verstehen, stellen wir uns vor, daß jedes Valenzelektron beständig von Bindung zu Bindung wechselt. In festem Lithium nimmt jedes Elektron an 8 Bindungen teil, daher verbringt es nur eine kurze Zeit zwischen einem bestimmten Paar von Li^+-Ionen. Bildlich gesprochen scheint es so, als ob sich das Elektron nicht erinnern könnte, zu welchem der beiden Ionen es tatsächlich gehört, und es bewegt sich mit gleicher Wahrscheinlichkeit zu einer Bindung, die nicht sein Ursprungsion ist. Die Valenzelektronen eines Metalls verhalten sich daher ähnlich wie Moleküle eines Gases.

Tabelle 15.1 Kristalltypen

Typ		**Bindung**	**Beispiel**	**Eigenschaften**
ionisch	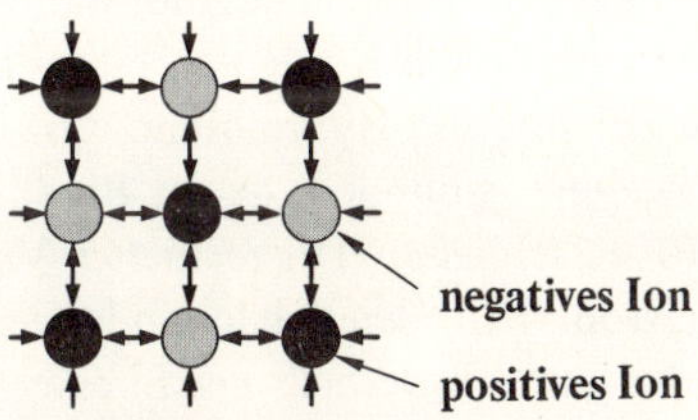	elektrostatische Anziehung	Steinsalz NaCl E_{Koh} = 3,28 eV/Atom	Hart, hoher Schmelzpunkt, evtl. in polaren Flüssigkeiten, wie Wasser, löslich
kovalent	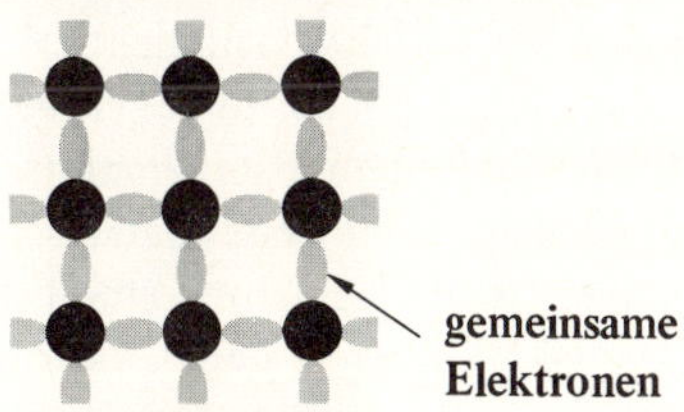	gemeinsame Elektronen	Diamant C E_{Koh} = 7,4 eV/Atom	sehr hart, hoher Schmelzpunkt unlöslich in fast allen Lösungsmitteln
metallisch	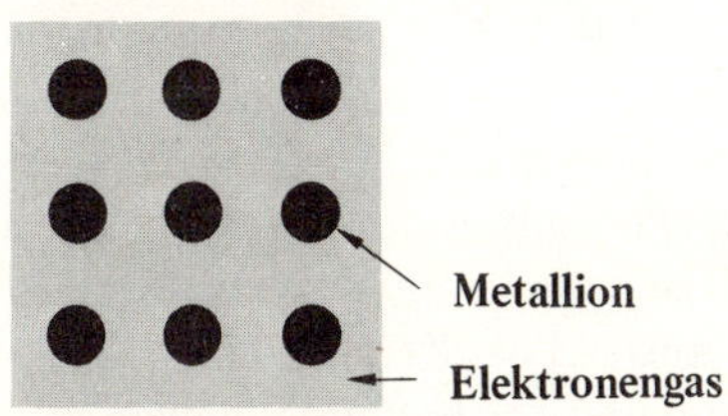	Elektronengas	Natrium Na E_{Koh} = 1,1 eV/Atom	verformbar, hohe elektrische und thermische Leitfähigkeit
molekular	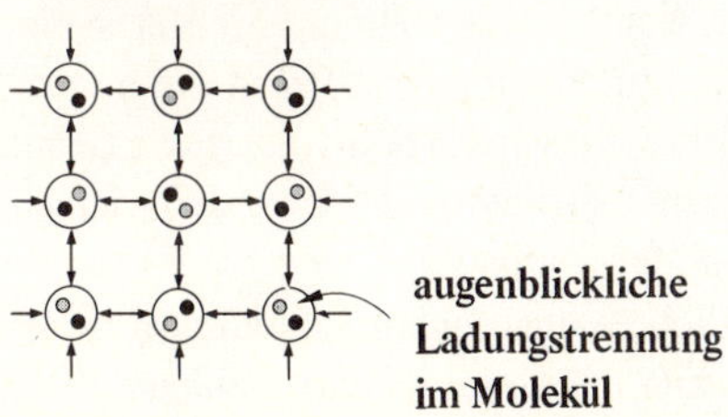	Van der Waals-Kräfte	Methan CH_4 E_{Koh} = 0,1 eV/Atom	weich, niedriger Schmelz- und Siedepunkt, löslich in kovalenten Flüssigkeiten

Wie bei jedem anderen Festkörper sind die Metallatome deshalb aneinander gebunden, weil ihre Gesamtenergie im gebundenen Zustand niedriger ist, als wenn sie als Einzelatome existieren würden. Zum Verständnis dieser Erniedrigung der Energie in einem metallischen Kristall überlegen wir uns, daß jedes Valenzelektron wegen der Nähe der Ionen im Mittel einem Kern näher ist, als wenn es zu einem isolierten Atom gehört. Daher ist die potentielle Energie eines Elektrons im Kristall geringer als im Atom, und diese Abnahme der potentiellen Energie ist für die metallische Bindung verantwortlich.

Einen weiteren Faktor sollten wir jedoch beachten. Während die potentielle Energie des Elektrons in einem metallischen Kristall erniedrigt wird, wird die kinetische Energie des Elektrons erhöht. Die freien Elektronen in einem Metall stellen ein einziges System von Elektronen dar und das Ausschließungsprinzip verbietet, daß mehr als zwei Elektronen (je eines für jede Spinrichtung) jedes Energieniveaus besetzen. Auf den ersten Blick könnte es scheinen, daß nur acht Valenzelektronen (wenn wir wiederum Lithium als Beispiel nehmen) in einem Li-Kristall die $n = 2$ Quantenzustände besetzen könnten, wobei der Rest in höhere und immer höhere Zustände gehen müßte, so daß schließlich die gesamte Struktur zerstört würde. Tatsächlich werden die Valenzenergieniveaus der einzelnen Metallatome durch ihre Wechselwirkungen geringfügig geändert. Es entsteht ein *Energieband,* das aus so vielen benachbarten Energieniveaus besteht, wie die Gesamtzahl von Valenzniveaus in allen Atomen des Kristalls beträgt. Die freien Elektronen haben daher kinetische Energie von Null bis zu einer gewissen Maximalenergie u_F, der sogenannten Fermienergie; die Fermienergie beträgt bei Lithium 4,72 eV, die mittlere kinetische Energie der freien Elektronen in metallischem Lithium 2,8 eV (siehe Kapitel 17). Da die kinetische Energie der Elektronen eine positive Größe ist, führt ihre Zunahme im Metall (verglichen zu ihrem Wert in Einzelatomen) zu einer Abstoßung.

Metallische Bindung erfolgt, wenn die Anziehung zwischen den positiven Metallionen und dem Elektronengas die gegenseitige Abstoßung der Elektronen im Gas übersteigt, also wenn die Erniedrigung der potentiellen Energie des Elektrons den gleichzeitigen Zuwachs an kinetischer Energie übersteigt. Je größer die Anzahl von Valenzelektronen pro Atom ist, desto höher wird die mittlere kinetische Energie in einem Metall sein, ohne daß sich jedoch eine entsprechende Erniedrigung der potentiellen Energie ergibt. Daher findet man metallische Elemente nahezu ausschließlich in den ersten drei Gruppen des Periodensystems, einige Elemente sind Grenzfälle und können sowohl metallische als auch kovalente Kristalle bilden. Ein gutes Beispiel dafür ist Zinn. Oberhalb von 13,2 °C existiert das Metall „weißes Zinn", dessen Atome eine raumzentrierte tetragonale Struktur mit sechs nächsten Nachbarn bilden. Unter 13,2 °C existiert der kovalente Festkörper „graues Zinn" mit einer Diamantstruktur und vier nächsten Nachbarn. Graues Zinn und weißes Zinn sind völlig verschiedene Substanzen. Sie haben zum Beispiel die Dichten 5,8 g/cm^3 bzw. 7,3 g/cm^3. Graues Zinn ist ein Halbleiter, während weißes Zinn die typische elektrische Leitfähigkeit eines Metalls aufweist.

Wie bereits erwähnt sind metallische Bindungen im allgemeinen nicht so stark wie kovalente oder Ionenbindungen, sie sind jedoch viel stärker als van der Waals-Bindungen. Beispiele für die Kohäsionsenergie von Metallen sind 1,4 eV/Atom für Zink, 1,6 eV/Atom für Lithium, 2,0 eV/Atom für Blei und 3,5 eV/Atom in Kupfer.

15.7 Ein- und zweidimensionale Kristalle

In gewissen Festkörpern gibt es mehrere Arten von Bindungen. In festem Methan, einem molekularen Kristall, halten kovalente Bindungen jedes CH_4-Molekül als Einheit zusammen, während van der Waals-Kräfte die Moleküle zu einem Festkörper binden. In einem Ionenkristall wie Ammoniumchlorid, das aus NH_4^+- und Cl^--Ionen besteht, wird jedes NH_4^+-Ion durch kovalente Bindungen zusammengehalten. Interessanter sind die Festkörper, die aus gigantischen ein- und zweidimensionalen Molekülen bestehen, die durch van der Waals-Bindungen oder in einigen Fällen durch Ionenbindungen zusammengehalten werden, so daß dreidimensionale Strukturen entstehen.

Graphit besteht aus Lagen von Kohlenstoffatomen, wobei jede Lage eine flache hexagonale Anordnung von Atomen darstellt (Bild 15.11). Jedes Kohlenstoffatom ist nach unseren Vorstellungen mit sp^2-Hybridbindungen (Abschnitt 11.7) an drei weitere gebunden, da die Bindungen einen Winkel von 120° einschließen. Die restlichen Valenzelektronen (eines pro Atom) befinden sich in bindenden π-Orbitalen und sind oberhalb und unterhalb der Ebene, die aus den Kohlenstoffatomen gebildet wird, konzentriert. Wie im Benzolmolekül sind die π-Elektronen nicht lokalisiert und können sich in der ganzen Ebene, zu der sie gehören, relativ leicht bewegen. Die Bindung in jeder Graphitschicht ist daher teilweise kovalent und teilweise metallisch. Ein Stück Graphit hat parallel zu den Schichten eine beträchtliche elektrische Leitfähigkeit, quer zu den Schichten jedoch eine wesentlich geringere.

Die van der Waals-Kräfte, die die Graphitschichten binden, sind im Gegensatz zu den starken Bindungskräften innerhalb der Schichten eher schwach. Die Schichten können daher leicht aneinander gleiten und leicht gespalten werden, weshalb Graphit als Schmiermittel und in Bleistiften sehr nützlich ist. Der Abstand der Kerne in einer Graphitschicht beträgt 0,142 nm und der Abstand zwischen den Schichten 0,340 nm, während bei Diamant die Kerne einen Abstand in jeder Richtung von jeweils 0,154 nm haben (Bild 15.4). Die weniger dicht gepackte Struktur von Graphit zeigt sich auch an seiner geringeren Dichte, sie beträgt 2,25 g/cm^3 (3,51 g/cm^3 für Diamant).

Zusätzlich zu den beiden Kristallisationsformen des Diamants und des Graphits tritt Kohlenstoff als amorpher

Bild 15.11
Graphit besteht aus Schichten von Kohlenstoffatomen in hexagonaler Anordnung, wobei jedes Atom an drei andere gebunden ist. Van der Waals-Kräfte binden die Schichten an einander.

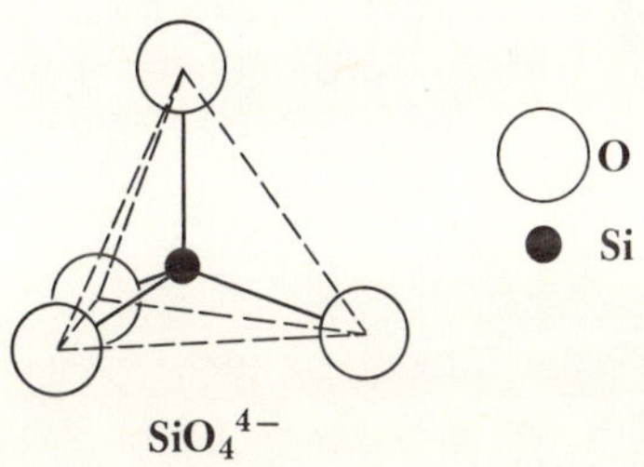

Bild 15.12 Die Si-O-Bindungen sind teils kovalent, teils ionisch.

Festkörper auf. Holzkohle und Koks sind im wesentlichen amorpher Kohlenstoff, obwohl sich in den Kohlekörnern, aus denen sie bestehen, hin und wieder Spuren von Graphitstrukturen zeigen.

Die zahlreichen verschiedenen Silicatstrukturen schließen vertraute Beispiele von ein- und zweidimensionalen Kristallen ein, die schwach an einander gebunden sind: beispielsweise Asbest und Glimmer. Die grundlegende Struktureinheit der Silicate ist das SiO_4-Tetraeder (Bild 15.12), in dem die recht starken Bindungen zum Teil kovalent, zum Teil ionisch sind. Jedes Sauerstoffatom trägt in solchen Tetraedern eine negative Ladung und kann entweder mit einem Metallatom oder einem weiteren Siliciumatom eine Bindung eingehen. Im Mg_2SiO_4- sind die SiO_4-Tetraeder an Mg^{++}-Ionen gebunden und bilden einen Ionenkristall mit abwechselnden SiO_4^{4-}- und Mg^{++}-Ionen. Im Quarz (SiO_2) gehört jedes Sauerstoffatom zu zwei benachbarten Tetraedern, so daß die Gesamtstruktur durch Si–O-Bindungen zusammen gehalten wird und daher relativ hart ist. Quarz tritt in zwei Formen auf, kristallinem Quarz, der in seiner Struktur eine langreichweitige Ordnung zeigt, und glasartigem Quarz, der als Glas dieselbe kurzreichweitige Ordnung, jedoch nicht das feste sich wiederholende Muster des kristallinen Quarzes zeigt.

Zwischen den beiden Extremen von SiO_4-Tetraedern, die nur durch Metallionen bzw. nur durch gemeinsame Sauerstoffatome verbunden sind, liegen Silicatsstrukturen mit beiden Bindungstypen. Bild 15.13 zeigt eine Kette von SiO_4-Tetraedern, die je zwei Atome mit ihren Nachbarn teilen, so daß zwei O^--Ionen freibleiben und Ionenbindungen mit Metallionen eingehen können. In Bild 15.14 sind solche Ketten dargestellt, die an Mg^{++}-Ionen im Mineral Enstatit $MgSiO_3$ gebunden sind. Die Ionenbindungen zwischen den Ketten sind schwächer als die kovalenten Ionenbindungen jeder Kette. Dies erklärt die fasrige Beschaffenheit der verschiedenen Mineralien, die Asbest genannt werden.

Ton, Talkum und Glimmer sind Beispiele für zweidimensionale Silicatstrukturen. Kaolinit, der einfachste Ton, ist der Hauptbestandteil der Porzellanerde. Koalinit hat eine zweischichtige Lagenstruktur, die aus einer Schicht SiO_4-Tetraedern (Bild 15.15) und einer Schicht von $Al(OH)_3$, in der jedes Al^{+++}-Ion sechs OH^--Ionen als nächste Nachbarn besitzt (Bild 15.16). In der SiO_4-Schicht sind drei Sauerstoffatome jedes Tetraeders benachbarten Tetraedern gemeinsam, so daß ein O^--Ion pro Tetraeder auf einer Seite der Schicht freibleibt. Jedes freie O^--Ion ersetzt ein OH^--Ion in der $Al(OH)_3$-Schicht, wodurch die beiden Schichten zu einem festgebundenen flachen Kristall verknüpft werden (Bild 15.17). Benachbarte Schichten werden durch van der Waalssche Kräfte zusammengehalten, wodurch Ton entsteht,

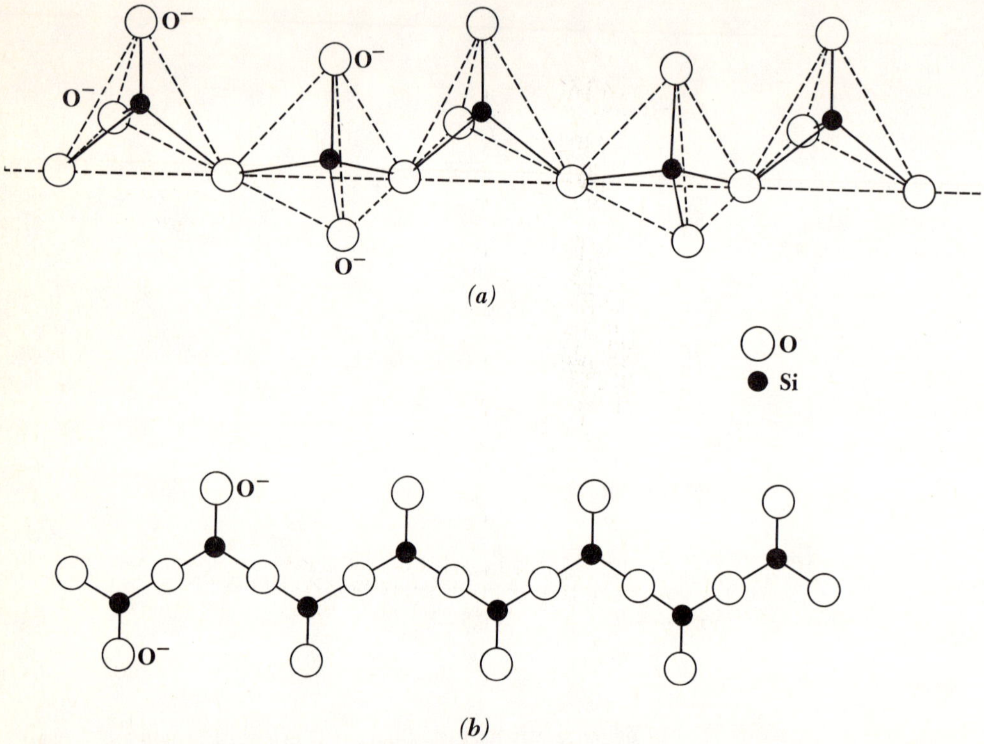

Bild 15.13 (a) Einfache Kette von SiO_4-Tetraedern. Jede Einheit hat die Formel $[SiO_3]^{=}$. Die O^--Ionen können Ionenbindungen mit Metallen eingehen. (b) Eine zweidimensionale Darstellung der Kette. Die Linien stellen die Si-O-Bindungen dar.

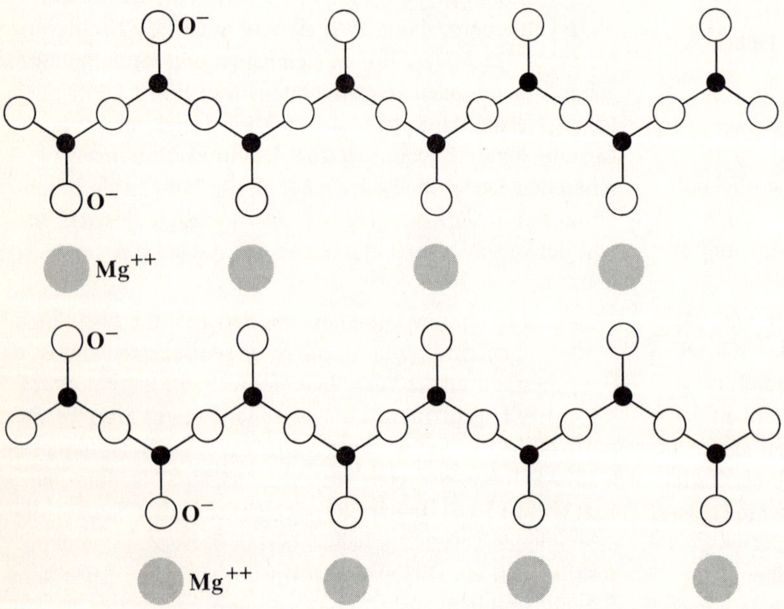

Bild 15.14
In $MgSiO_3$ sind benachbarte $[SiO_3]^{=}$-Ketten durch Mg^{++}-Ionen gebunden.

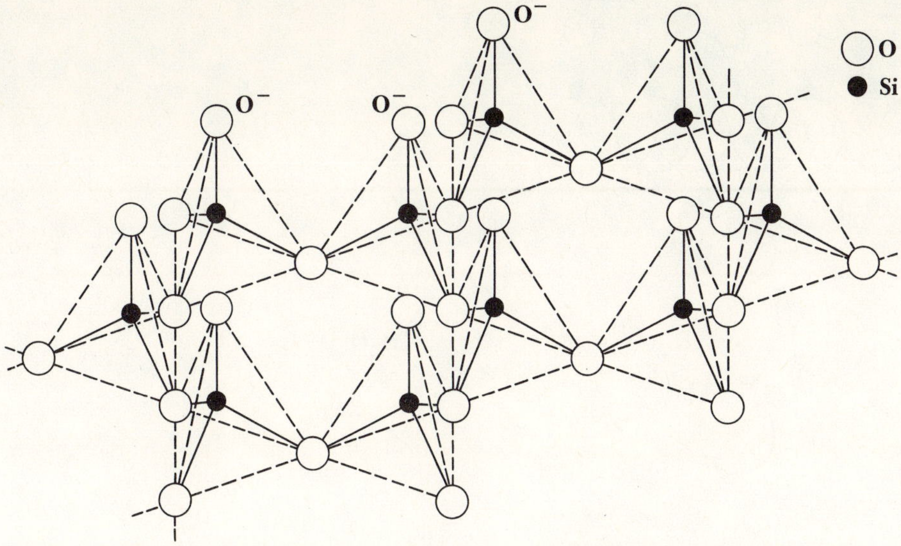

Bild 15.15 Schicht von SiO_4-Tetraedern. Jede Einheit hat die Formel $[Si_2O_5]^=$. Die O^--Ionen können Ionenbindungen mit Metallen eingehen.

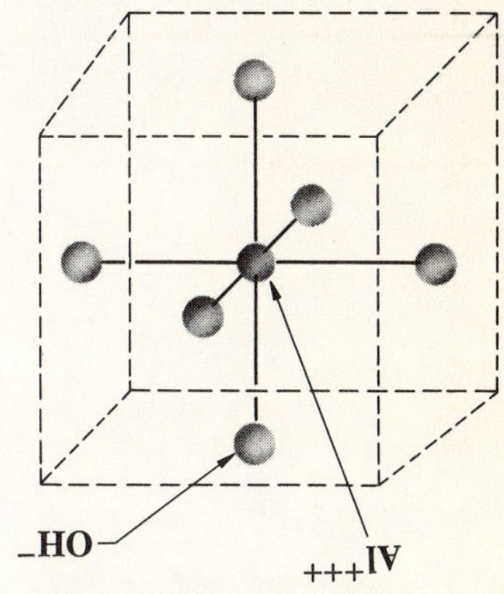

Bild 15.16
Struktur von $Al(OH)_3$

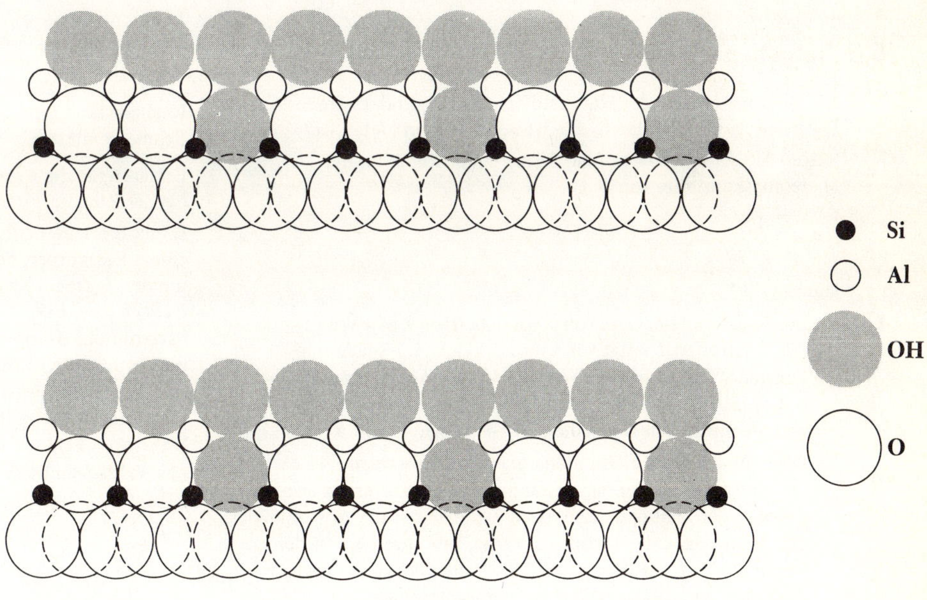

Bild 15.17
Seitenansicht des Minerals Kaolin. Die einzelnen Schichten sind durch schwache van der Waals-Kräfte an einander gebunden.

dessen Plastizität das Ergebnis der schwachen Bindungen zwischen den Schichten ist.

Die van der Waalsschen Kräfte sind im Ton allerdings stärker als sonst, weil jede Tonschicht polarisiert ist, da die Sauerstoffatome auf der Siliciumseite eine geringe negative Ladung zeigen, während die OH-Gruppen auf der Aluminiumseite eine geringe positive Ladung aufweisen. Daher absorbiert Ton leicht Wasser, weil die polaren Wassermoleküle zwischen benachbarte Tonschichten passen. Einige Schichten Wassermoleküle können so zwischen benachbarten Tonschichten gefangen sein (Bild 15.18), woraus sich die Fähigkeit von Ton, große Mengen Wasser in seiner Struktur aufzunehmen, und die besondere Plastizität von feuchtem Ton erklärt. Talkum, ein weiteres geschichtetes Silicatmineral hat eine symmetrischere Struktur und besteht aus einer Schicht $Mg(OH)_2$ mit einer SiO_4-Schicht auf beiden Seiten. Die nichtpolaren Schichten des Talkums zeigen daher eine entsprechend geringere Tendenz als Ton aneinander zu kleben und absorbieren Wasser wesentlich weniger leicht.

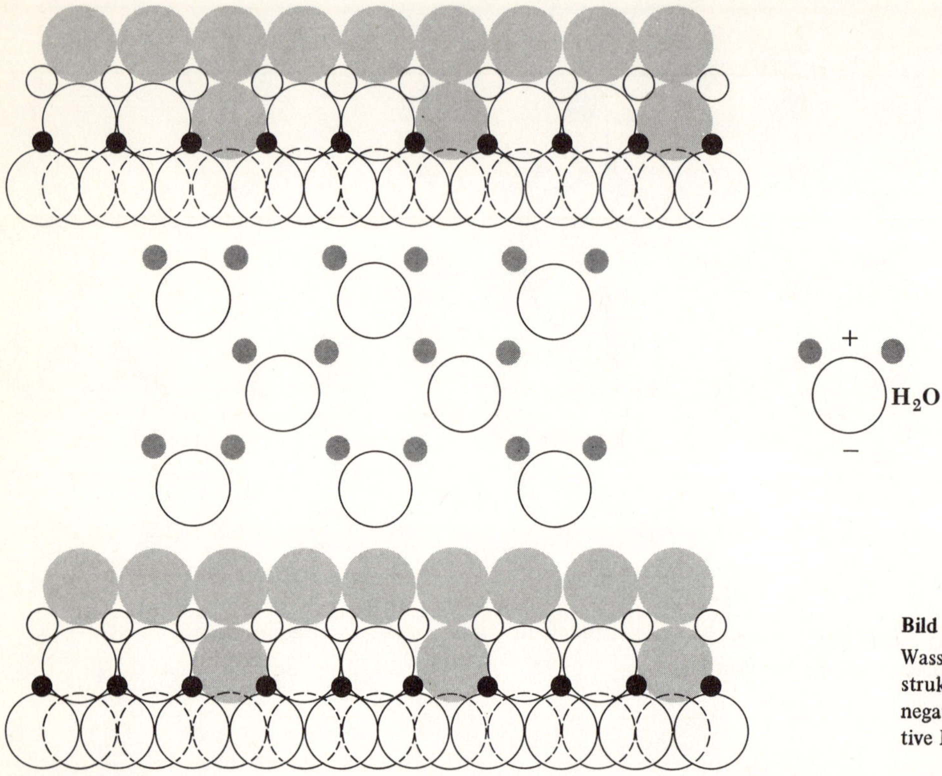

Bild 15.18

Wassermoleküle werden leicht in die Koalinstruktur eingebaut, da die O-Atome leicht negative und die OH-Gruppen leicht positive Ladung zeigen.

15.8 Aufgaben

1. Die Bindungsenergie des Wasserstoffmoleküls ist relativ hoch. Läßt sich dadurch erklären, daß Wasserstoff kein Metall ist?
2. Zeigen Sie, daß die ersten fünf Terme in der Reihe für die Madelungskonstante von NaCl

$$\alpha = 6 - \frac{12}{\sqrt{2}} + \frac{8}{\sqrt{3}} - \frac{6}{2} + \frac{24}{\sqrt{5}} - \ldots$$

lauten.

3. a) Die Ionisierungsenergie von Kalium beträgt 4,34 eV und die Elektronenaffinität von Chlor 3,61 eV. Die Madelungkonstante von Cl hat den Wert 1,748, der Abstand zwischen Ionen entgegengesetzter Ladung beträgt 0,314 nm. Berechnen Sie mit diesen Daten die Kohäsionsenergie von KCl.
   b) Die beobachtete Kohäsionsenergie von KCl beträgt 6,42 eV pro Ionenpaar. Unter der Annahme, daß die Differenz zwischen dieser Zahl und der in (a) erhaltenen auf die Abstoßung durch das Ausschließungsprinzip zurückzuführen ist, ist der Exponent n in der Formel $B\,r^{-n}$ für die potentielle Energie, die dieser Abstoßung entspricht, zu bestimmen.
4. Wiederholen Sie Aufgabe 3 für LiCl, für das die Madelungkonstante 1,748, der Ionenabstand 0,257 nm und die beobachtete Kohäsionsenergie 6,8 eV pro Ionenpaar beträgt. Lithium hat die Ionisierungsenergie 5,4 eV.
5. Der Joule-Thomson-Effekt beschreibt den Temperaturabfall eines Gases, wenn es langsam aus einem gefüllten Gefäß durch eine poröse Öffnung in ein leeres Gefäß ausströmt. Da die Expansion in einen starren Behälter erfolgt, wird keine mechanische Arbeit verrichtet. Erklären Sie den Joule-Thomson-Effekt mit Hilfe der van der Waalsschen Anziehung zwischen Molekülen.
6. Die Ionenabstände und Schmelzpunkte der Natriumsalze lauten:

	NaF	NaCl	NaBr	NaI
Ionenabstand, nm	0,23	0,28	0,29	0,32
Schmelzpunkt, °C	988	801	740	660

Erklären Sie die regelmäßigen Veränderungen dieser Größen bei der Zunahme der Ordnungszahl des Halogens.

7. Die potentielle Energie $E_p(x)$ eines Paares von Atomen in einem Festkörper, deren Gleichgewichtsabstand bei $T = 0$ K um den Betrag x verändert wurde, kann in der Form $E_p(x) = ax - bx^3 - cx^4$ geschrieben werden, wobei der anharmonische Term $-bx^3$ die Asymmetrie darstellt, die durch die abstoßenden Kräfte zwischen den Atomen zustande kommt, und $-cx^4$ die Abnahme der anziehenden Kräfte für große Verschiebungen (siehe Bild 12.8). Bei der Temperatur T ist die Wahrscheinlichkeit, daß eine Verschiebung x auftritt, relativ zur Wahrscheinlichkeit, daß keine Verschiebung auftritt, $e^{-E_p/kT}$, so daß die mittlere Verschiebung bei dieser Temperatur

$$\overline{x} = \frac{\int_{-\infty}^{+\infty} x\, e^{-E_p/kT}\, dx}{\int_{-\infty}^{\infty} e^{-E_p/kT}\, dx},$$

beträgt. Zeigen Sie, daß für kleine Verschiebungen gilt: $\overline{x} \approx 3\,b\,kT/4a^2$. (Daher ändert sich die Länge eines Festkörpers mit der Temperatur proportional zur Temperaturänderung.)

8. Die van der Waalssche Anziehung zwischen zwei Heliumatomen führt auf eine Bindungsenergie von $6 \cdot 10^{-5}$ eV bei einem Gleichgewichtsabstand von etwa 0,3 nm. Benützen Sie die Unschärferelation, um zu zeigen, daß festes Helium bei gewöhnlichen Drücken (< 25 bar) nicht existieren kann.

16 Kristallstruktur

Im Kapitel 15 haben wir die verschiedenen Bindungsmechanismen besprochen, die für die Existenz von Festkörpern verantwortlich sind. Wir wollen nun tatsächliche Kristalle selbst untersuchen und sehen, wie sich ihre Strukturen und die Unvollkommenheiten in diesen Strukturen auf die physikalischen Eigenschaften der Festkörper auswirken. Wir müssen allerdings stets bedenken, daß die meistem Festkörper aus sehr vielen winzigen Kristellen bestehen, und daß das Verhalten kristalliner Materie von dem Verhalten seiner Einzelteile abweichen kann.

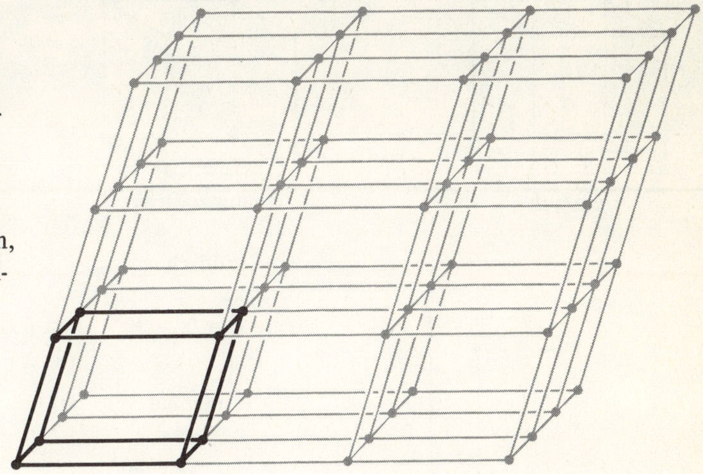

Bild 16.1 Ein Raumgitter kann durch wiederholte Verschiebung einer Einheitszelle entlang ihrer Kanten konstruiert werden.

16.1 Bravais-Gitter

Die Atome sind in einem Kristall periodisch angeordnet. Man kann daher eine typische Einheitszelle in jeder Kristallart isolieren, – es kann eine Gruppe von Ionen, von Atomen oder Molekülen sein, – und man kann den Kristall durch wiederholte Verschiebung der Einheitszelle in die drei Raumrichtungen aufbauen (Bild 16.1).

Entsprechend den 14 möglichen verschiedenen Raumgittern lassen sich die Einheitszellen in 14 Gruppen einteilen. In den einfachsten Kristallen befindet sich ein einziges Atom an jedem Gitterpunkt, doch oft sind zwei oder mehr Atome an jedem Gitterpunkt vorhanden, wobei sich jede dieser Anordnungen in Zusammensetzung und Orientierung wiederholt. Dementsprechend unterscheidet man zwischen der Struktur eines Kristalls, nämlich der tatsächlichen räumlichen Anordnung seiner einzelnen Atome, Ionen oder Moleküle, und dem entsprechenden Kristallgitter, das eine geometrische Abstraktion zum Zweck der Klassifikation des Kristalls ist. Bild 16.2 zeigt die 14 Bravais-Gitter, die nach dem Wissenschaftler benannt sind, der bewies, daß dies die einzigen möglichen Gitterarten sind.

Aus Bild 16.2 sehen wir, daß 7 Sätze von Achsen ausreichend sind, um die 14 Bravais-Gitter zu konstruieren, was auf die Klassifikation aller Kristalle nach sieben Kristallsystemen führt. (Gelegentlich werden das trigonale und das hexagonale System gemeinsam als ein einziges System betrachtet.) Diese Systeme haben die folgenden Eigenschaften:

1. *Kubisches System:* Die Kristallachsen stehen aufeinander senkrecht und das Wiederholungsintervall ist in allen drei Achsenrichtungen gleich. Kubische Gitter können einfach, raumzentriert oder flächenzentriert sein.
2. *Tetragonales System:* Die Kristallachsen stehen aufeinander senkrecht, doch sind die Wiederholungsintervalle nur entlang zweier Achsen gleich, das Intervall in der dritten Achse ist davon verschieden. Tetragonale Gitter können einfach oder raumzentriert sein.
3. *Orthorhombisches System:* Die Kristallachsen stehen aufeinander senkrecht, doch sind die Wiederholungsintervalle in jeder der drei Achsenrichtungen verschieden. Orthorhombische Gitter können einfach, basenzentriert, raumzentriert oder flächenzentriert sein.
4. *Monoklines System:* Zwei Kristallachsen stehen nicht aufeinander senkrecht, die dritte steht jedoch auf den beiden anderen senkrecht. Die Wiederholungsintervalle sind in allen drei Achsenrichtungen verschieden. Monokline Gitter können einfach oder basenzentriert sein.
5. *Triklines System:* Keine der Kristallachsen steht senkrecht auf einer anderen, die Wiederholungsintervalle sind in den drei Achsenrichtungen verschieden.
6. *Trigonales oder rhomboedrisches System:* Die Winkel zwischen jedem Achsenpaar sind gleich, betragen aber nicht 90°. Die Wiederholungsintervalle in allen drei Achsenrichtungen sind gleich.
7. *Hexagonales System:* Zwei Kristallachsen schließen miteinander einen Winkel von 60° ein, während die dritte auf den beiden anderen senkrecht steht. Die Wiederholungsintervalle entlang der beiden erstgenannten Achsen sind gleich, das Intervall entlang der dritten Achse verschieden.

Das hexagonale System wird so genannt, weil aus seinen Einheitszellen eine einfache sechseckige Struktur gebildet werden kann (Bild 16.3). Daher ist es meist zweckmäßig eine hexagonale Struktur durch eine hexagonale Einheitszelle (wie in Bild 16.3) statt durch eine rhombische Zelle (wie in Bild 16.2) zu beschreiben. Eine hexagonale Einheitszelle hat vier Achsen, von denen drei jeweils einen Winkel von 120° einschließen und in einer Ebene liegen, während die vierte Achse auf dieser Ebene senkrecht steht. Das Wiederholungsintervall ist in den drei koplanaren Achsen gleich, in der vierten Achse verschieden.

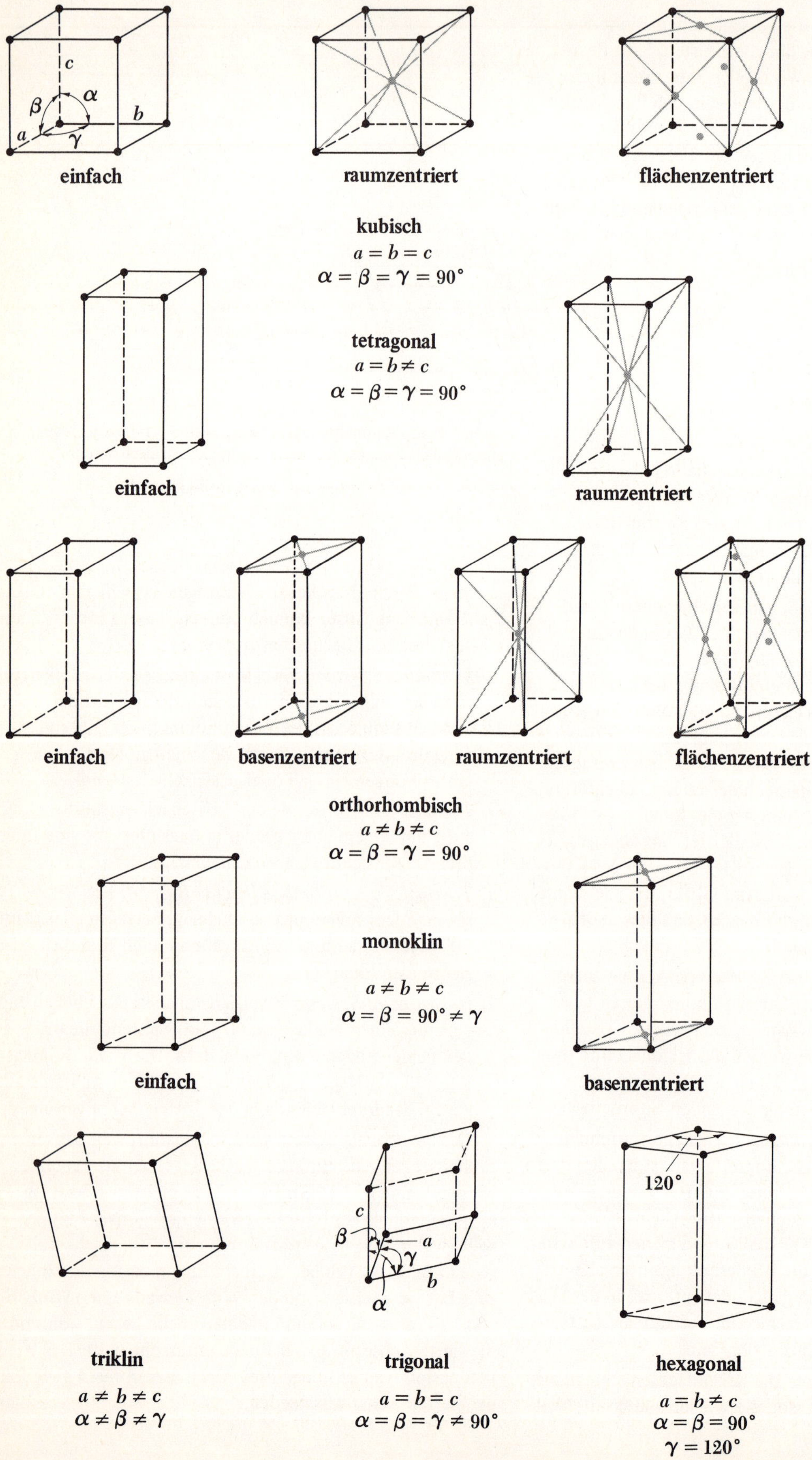

Bild 16.2
Die vierzehn Bravais-Raumgitter und die darauf zurückgehenden sieben Kristallsysteme

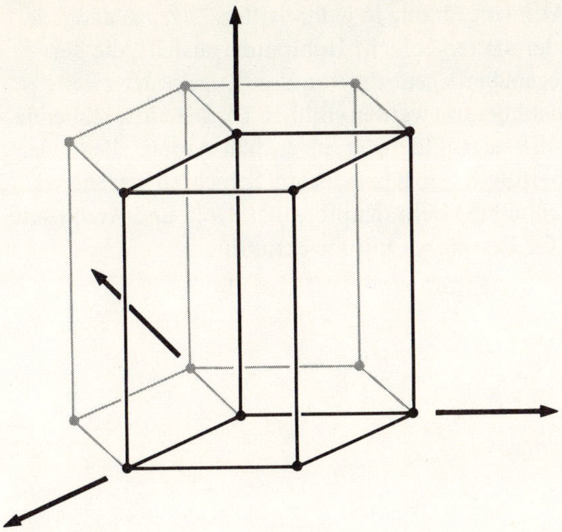

Bild 16.3 Eine einfache Hexagonalstruktur kann aus drei hexagonalen Einheitszellen aus Bild 16.2 gebildet werden. Der Wiederholungsabstand ist entlang der drei Achsen, die in einer Ebene liegen und jeweils einen Winkel von 120° einschließen, gleich; entlang der vierten Achse kann er verschieden sein.

16.2 Einige Kristallstrukturen

Insgesamt 230 verschiedene periodische Anordnungen lassen sich aus den Einheitszellen von Bild 16.2 aufbauen. Zum Aufbau der wichtigsten Kristalle genügen jedoch wenige, die wir daher nun betrachten wollen.

Man nennt einen Kristall, dessen Einzelatome so angeordnet sind, daß sie das kleinstmögliche Volumen einnehmen, eine *dichtgepackte Struktur.* Dichtgepackte Strukturen treten auf, wenn die Bindungskräfte wie bei Edelgasen sphärisch symmetrisch oder nahezu sphärisch symmetrisch wie bei Metallen sind. Die Anzahl nächster Nachbarn in einem dichtgepackten Kristall beträgt 12. Um diese Zahl zu erhalten, bedenken wir, daß eine Lage von identischen Kugeln eine hexagonale Anordnung einnimmt, wenn die Kugeln so weit wie möglich zusammengedrückt werden (Bild 16.4), so daß jede Kugel sechs andere berührt. Man kann solche hexagonale Schichten auf zwei verschiedene Arten übereinander stapeln, so daß eine dichtgepackte dreidimensionale Anordnung entsteht. In jedem Fall paßt jede Kugel einer einzelnen Schicht in den Hohlraum zwischen drei Kugeln in der Schicht darunter. Daher steht jede Kugel mit drei Kugeln in der Schicht darunter und mit drei Kugeln in der Schicht darüber in Kontakt. Wenn wir zu diesen 6 Kugeln jene 6 Kugeln addieren, die die Kugel in ihrer eigenen Schicht berührt, hat jede Kugel in einem dichtgepackten Gitter offensichtlich 12 nächste Nachbarn. Dabei werden 74 % des zur Verfügung stehenden Raumes durch die Kugeln eingenommen.

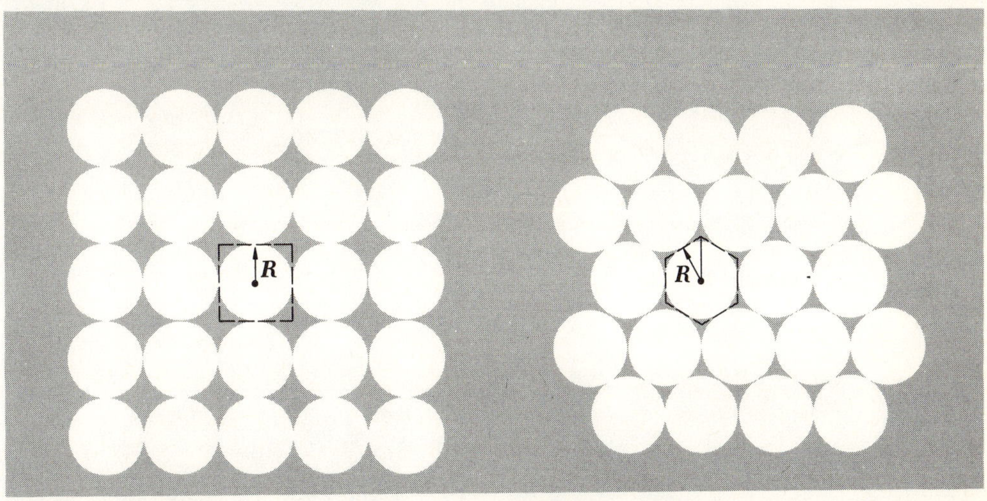

$$\frac{\text{Fläche des Kreises}}{\text{Fläche des Quadrates}} = \frac{\pi R^2}{4R^2} = \frac{\pi}{4} = 0{,}785$$

(a)

$$\frac{\text{Fläche des Kreises}}{\text{Fläche des Sechsecks}} = \frac{\pi R^2}{2\sqrt{3}R^2} = \frac{\pi}{2\sqrt{3}} = 0{,}907$$

(b)

Bild 16.4 Schichten aus identischen Kugeln. (a) In quadratischer Anordnung bedecken die Kugeln 78,5 % der verfügbaren Fläche. (b) In hexagonaler Anordnung bedecken die Kugeln 90,7 % der verfügbaren Fläche.

Für raumzentrierte kubische Anordnungen auf identischen Kugeln (mit 8 nächsten Nachbarn) beträgt diese Zahl 68 % und für das Diamantgitter gar nur 34 %.

In einer dichtgepackten hexagonalen Struktur (hcp-Struktur) liegen die Kugeln in jeder zweiten Schicht direkt übereinander (Bild 16.5). Beryllium, Magnesium, Kobald und Zink gehören zu den Elementen mit hcp-Struktur. In einer kubisch flächenzentrierten Struktur (fcc) wiederholt sich die Atomanordnung in jeder dritten Lage, so daß jede Kugel in der dritten Schicht Hohlräume ausfüllt, die denjenigen gegenüberliegen, die von den Kugeln der zweiten Schicht nicht besetzt werden (Bild 16.6). Die entsprechende Einheitszelle zeigt Bild 16.7: Sie enthält Atome, die in vier aufeinanderfolgenden hexagonalen Schichten liegen, wie man in Teilbild (a) sieht. Kupfer, Blei, Gold und Argon sind Beispiele für Festkörper mit fcc-Struktur.

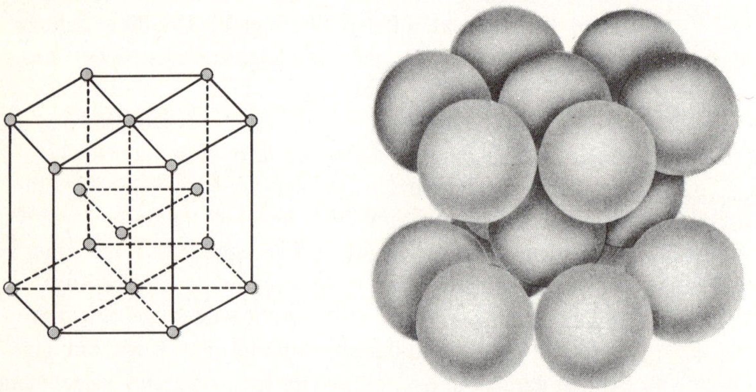

(*a*) (*b*)

Bild 16.5

Dichte Kugelpackung (hexagonal). (a) schematisch (b) Modell

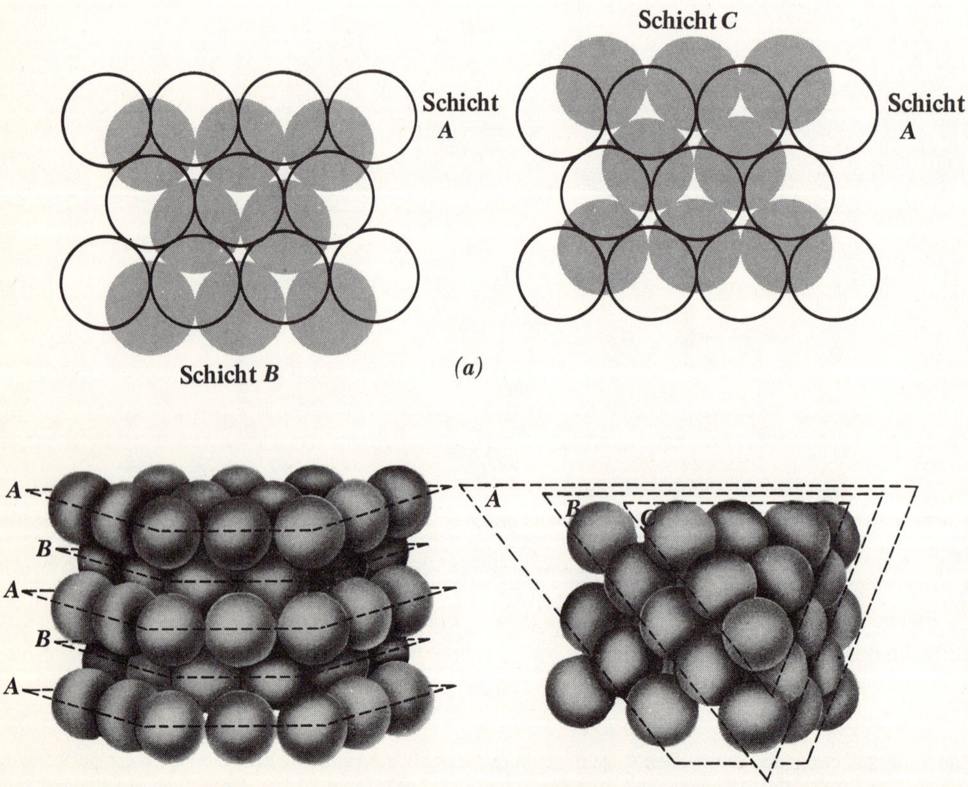

Bild 16.6

(a) Die Atome in den dicht gepackten Schichten *B* und *C* liegen über verschiedenen Sätzen von Hohlräumen in der dicht gepackten Schicht *A*. (b) Die hexagonale dichte Packung besteht aus abwechselnden Schichten *A* und *B*. (c) Die kubisch flächenzentrierte Struktur besteht abwechselnd aus den Schichten *A, B, C*.

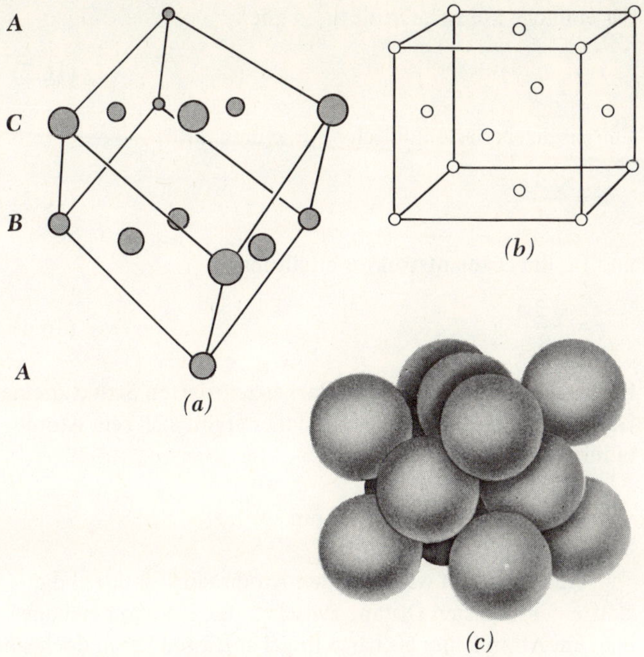

Bild 16.7 Kubisch flächenzentrierte Struktur. (a) Ansicht der dicht gepackten Schichten. (b) Schema (c) Modell

Im Kapitel 15 wurden die Strukturen von NaCl, CsCl und Diamantkristallen besprochen. Wie wir aus Bild 15.2 sehen können, hat NaCl eine flächenzentrierte kubische Struktur, bei der jeder Gitterpunkt durch ein Na^+–Cl^--Ionenpaar in derselben Orientierung besetzt ist: genausogut könnte man Steinsalz durch zwei verschachtelte Na^+- und Cl^--Untergitter vom Typ fcc beschreiben. Die Koordinationszahl (Anzahl nächster Nachbarn) beträgt 6. Zu Kristallen mit dieser Struktur gehören u. a. LiH, KBr, PbS, NH_4I und AgBr.

Auch Cäsiumchlorid (Bild 15.3) kann in zweierlei Weise betrachtet werden: als kubisch raumzentrierte Struktur (bcc) mit abwechselnden Cs^+- und Cl^--Ionen an den Gitterpunkten oder als gegeneinander verschobene einfache kubische Gitter aus Cs^+- und Cl^--Ionen. Die Koordinationszahl beträgt 8. Diese Struktur findet man unter anderem bei NH_4Cl, BeCu und CuZn (einer Art Messing).

Die Diamantstruktur (Bild 15.4) besteht aus versetzten fcc-Untergittern von denen das eine gegenüber dem anderen um 1/4 der Länge einer Einheitszelle in jeder Achsenrichtung verschoben ist. Die Koordinationszahl beträgt 4, entsprechend der Anzahl von kovalenten Bindungen, an denen jedes Kohlenstoffatom teilnehmen kann. Ge, Si und graues Zinn haben dieselbe Struktur.

Zinkblende ZnS hat dieselbe Struktur wie Diamant, es besteht aus zwei fcc-Untergittern, von denen das eine aus Zn-Atomen und das andere aus S-Atomen gebildet wird. Bild 16.8 zeigt die Struktur der Zinkblende. Wie beim Diamant beträgt die Koordinationszahl 4. CuCl, AgI, CdS und SiC haben dieselbe Struktur wie Zinkblende.

CaF_2 ist ein Beispiel für einen Kristall, bei dem die Koordinationszahl für jede vorhandene Atomart verschieden ist. Wie man aus Bild 16.9 sieht, ist jedes Ca-Atom von 8 F-Atomen umgeben, während jedes F-Atom von nur 4 Ca-Atomen umgeben ist. UO_2, K_2O, und $AuAl_2$ haben dieselbe Struktur.

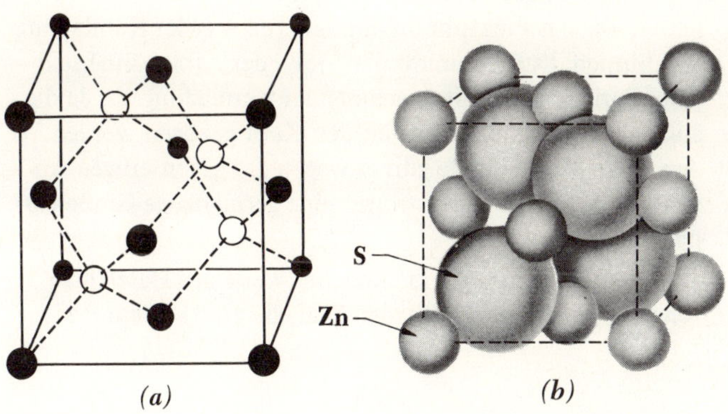

Bild 16.8 Struktur der Zinkblende (ZnS). (a) schematisch, (b) Modell

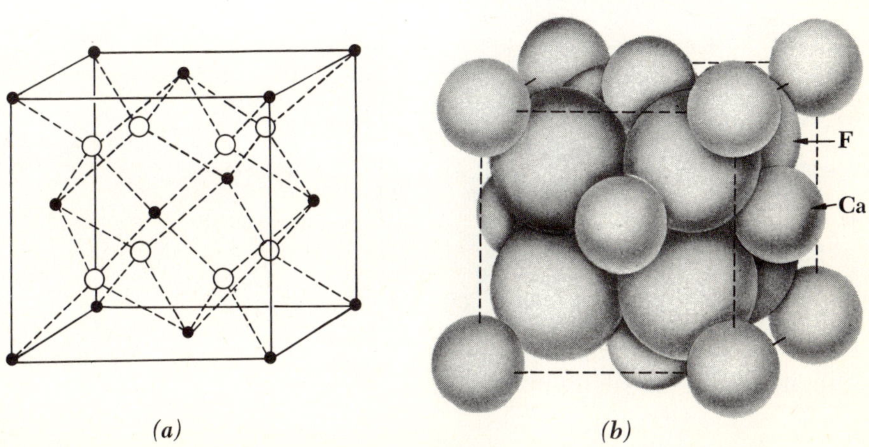

Bild 16.9
Struktur des Fluorit (CaF_2).
(a) schematisch,
(b) Modell

16.3 Atomradien

Wenn man annimmt, daß die Atome sich berührende Kugeln sind, kann man ihre Radien leicht aus der Kenntnis der Kristallstruktur und der Gitterparameter berechnen. Bild 16.10 zeigt eine kubisch flächenzentrierte Einheitszelle, deren Gitterkonstante – die Kantenlänge des Würfels – a beträgt. Für den Atomradius r hat die Diagonale einer Fläche die Länge $4r$, wir erhalten daher für flächenzentrierte kubische Strukturen

$$(4r)^2 = a^2 + a^2$$

$$r = \frac{\sqrt{2}\,a}{4}. \tag{16.1}$$

Tabelle 16.1 Kristallstruktur wichtiger Elemente

Element	Struktur	Gitterkonstante, nm *a*	*c*
Aluminium	fcc	0,404	
Argon (20 K)	fcc	0,543	
Beryllium	hcp	0,227	0,359
Blei	fcc	0,494	
Calcium	fcc	0,556	
Eisen	bcc	0,286	
Helium (2 K)	hcp	0,357	0,583
Kobalt	hcp	0,251	0,407
Kohlenstoff	Diamant	0,356	
Kupfer	fcc	0,361	
Lithium	bcc	0,350	
Neon (20 K)	fcc	0,452	
Silber	fcc	0,408	
Silicium	Diamant	0,543	
Titan	hcp	0,345	0,551
Wismuth	rhomboedrisch	0,474	(α = 58°)
Wolfram	bcc	0,316	
Zink	hcp	0,266	0,494

Für einfache kubische Strukturen gilt

$$r = \frac{a}{2}. \tag{16.2}$$

Für basenzentrierte kubische Strukturen gilt

$$r = \frac{\sqrt{3}\,a}{4} \tag{16.3}$$

und für die Diamantstruktur erhält man

$$r = \frac{\sqrt{3}\,a}{8}. \tag{16.4}$$

Kupfer hat bei einer kubisch flächenzentrierten Struktur eine Gitterkonstante a = 0,361 nm, daher ergibt sich sein Atomradius zu

$$r = \frac{\sqrt{2} \cdot 0{,}361 \text{ nm}}{4} = 0{,}128 \text{ nm}.$$

Natürlich haben wir nicht den Atomradius, sondern die Hälfte der kleinsten Distanz zwischen den Kernen berechnet, da man ein Atom kaum als harte Kugel auffassen kann, doch sind die sich ergebenden Zahlen trotzdem interessant und nützlich. Bild 16.11 zeigt die auf diese Weise erhaltenen Atomradien der Elemente. In jeder Periode der Periodentafel sind die Alkalimetalle am größten, da ihre Atomstrukturen ein einziges Elektron außerhalb abgeschlossener innerer Schalen enthalten, die das Elektron bis auf den Teil $+e$ der Kernladung abschirmen. Darauf nimmt die Größe der Atome innerhalb jeder Periodenzahl mit zunehmender Kernladung ab, da die äußeren Elektronen näher an den Kern gezogen werden. Am Ende jeder Periode gibt es wegen der gegenseitigen Abstoßung der äußeren Elektronen eine geringfügige Größenzunahme.

Ionenradien können in ähnlicher Weise aus Daten über Ionenkristalle erhalten werden (Tabelle 16.3). Diese Radien

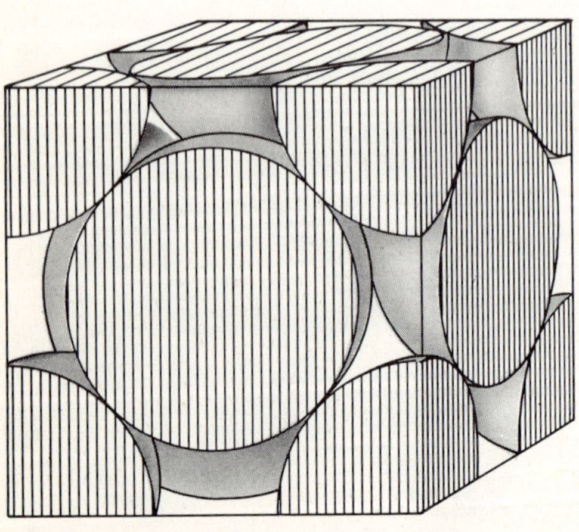

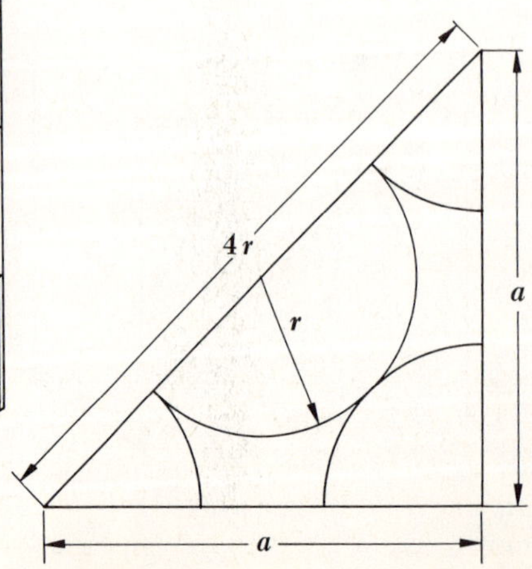

Bild 16.10
Geometrie der kubisch-flächenzentrierten Einheitszelle

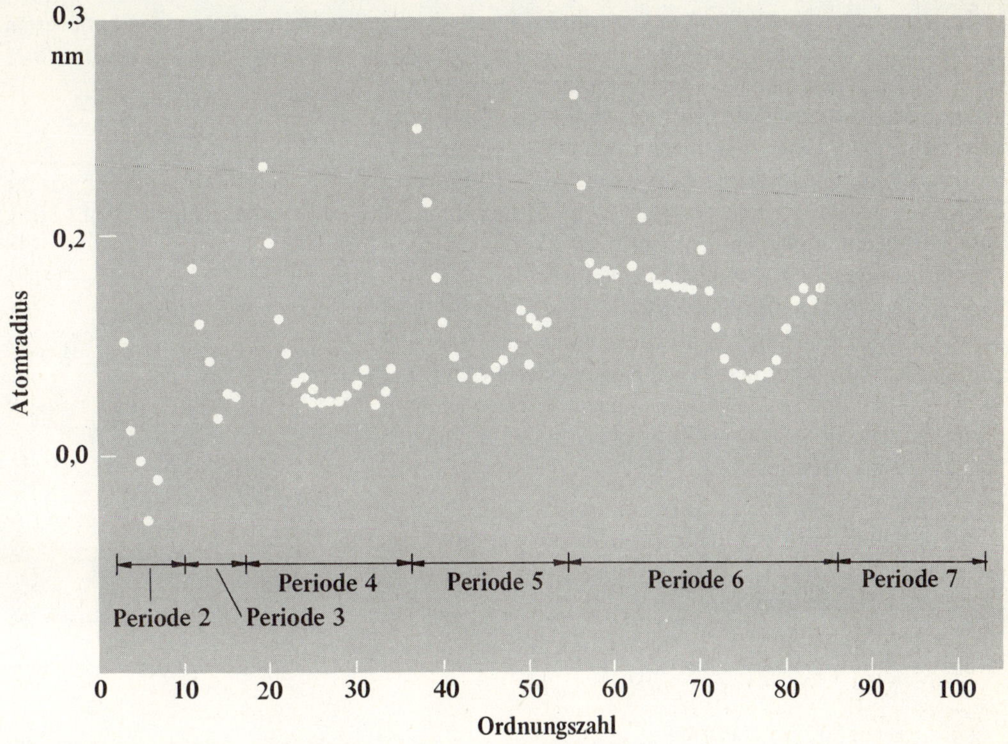

Bild 16.11
Atomradien der Elemente. Manche haben zwei verschiedene Radien entsprechend verschiedenen Kristallstrukturen.

Tabelle 16.2 Kristallstruktur wichtiger Verbindungen

Verbindung	Struktur	Gitterkonstante, nm a
AgBr	NaCl	0,577
AgI	ZnS	0,647
$AuAl_2$	CdF_2	0,600
BeCu	CsCl	0,270
CaF_2	CaF_2	0,545
CdS	ZnS	0,582
CsCl	CsCl	0,411
CuCl	ZnS	0,541
CuZn	CsCl	0,294
KBr	NaCl	0,659
K_2O	CaF_2	0,644
LiH	NaCl	0,408
NH_4Cl	CsCl	0,387
NH_4I	NaCl	0,724
NaCl	NaCl	0,563
PbS	NaCl	0,592
SiC	ZnS	0,435
UO_2	CaF_2	0,547

Tabelle 16.3 Einige Ionenradien

positive Ionen	Radius, nm	negative Ionen	Radius, nm
Li^+	0,060	H^-	0,208
Na^+	0,095	F^-	0,136
K^+	0,133	Cl^-	0,181
Rb^+	0,148	Br^-	0,195
Cs^+	0,169	I^-	0,216
Be^{++}	0,031	O^-	0,140
Mg^{++}	0,065	S^-	0,184
Ca^{++}	0,099	N^{3-}	0,171
Sr^{++}	0,113	P^{3-}	0,212
Ba^{++}	0,135	C^{4-}	0,260
Al^{3+}	0,050	Si^{4-}	0,271

unterscheiden sich von den Radien der entsprechenden neutralen Atome oft beträchtlich. Die Entfernung eines oder mehrerer Elektronen führt zu einer Verringerung der Größe, da die verbleibenden Elektronen stärker gebunden sind, und wenn alle Elektronen der äußersten Schale entfernt werden, sinkt die Atomgröße unter die Größe von Edelgasatomen der vorangegangen Periode. So beträgt der Radius von Na-Atomen 0,186 nm, von Na^+-Ionen nur 0,095 nm. Er ist damit kleiner als der Radius des Neonatoms 0,11 nm, das dieselbe Struktur wie Na^+ hat. Ein negatives Ion hat hingegen einen Überschuß an Elektronen, wodurch sie schwächer gebunden sind und sich ein größerer Ionenradius als beim neutralen Atom ergibt. So beträgt der Radius des S-Atoms 0,127 nm, beim S^--Ion dagegen 0,184 nm. Diese Unterschiede sind besonders auffällig bei Kohlenstoff, wo die Radien von C, C^{4+} und C^{4-} 0,072 nm, 0,015 nm bzw. 0,260 nm betragen.

Im allgemeinen ist die Struktur eines Ionenkristalls durch die Forderung bestimmt, daß jedes Ion mit möglichst vielen Ionen des entgegengesetzten Vorzeichens im Kontakt steht, wodurch sich die maximale Bindungsenergie ergibt. Die relativen Größen der Ionen bestimmen daher die auftretende Struktur. Bild 16.12 zeigt die Bedeutung des Verhältnisses der Radien in einer binären Verbindung. In (a) stehen die drei negativen B^--Ionen mit dem positiven A^+-Ion, jedoch nicht untereinander in Kontakt. Ein viertes B^--Ion hätte nicht Platz, daher ist dies eine stabile Konfiguration. In (b) ist das A^+-Ion kleiner und die B^--Ionen berühren sich nun gegenseitig. Diese Anordnung ist gerade noch stabil. In (c) ist das A^+-Ion so klein, daß es von keinem der B^--Ionen berührt wird. Die abstoßenden Kräfte zwischen den B^--Ionen übersteigen die Anziehungskraft des A^+-Ions, daher ist diese Anordnung nicht stabil.

Um den Grenzwert des Radienverhältnisses von Ionen bei drei nächsten Nachbarn zu berechnen, gehen wir von Bild 16.13 aus. Offensichtlich ist

$$\cos 30° = \frac{r_B}{r_B + r_A}$$

$$\frac{r_A}{r_B} = \frac{1 - \cos 30°}{\cos 30°} = \frac{1 - 0{,}866}{0{,}866} = 0{,}155.$$

Das Radienverhältnis der Ionen muß bei drei nächsten Nachbarn 0,155 übersteigen, damit sich eine stabile Struktur ergibt. Bei vier nächsten Nachbarn ergibt eine ähnliche Rechnung als Minimum des Radienverhältnisses 0,225, was bedeutet, daß binäre Ionenverbindungen mit einem Radienverhältnis zwischen 0,155 und 0,225 in Strukturen mit der Koordinationszahl 3 kristallisieren. Tabelle 16.4 zeigt die den einzelnen Koordinationszahlen entsprechenden Radienverhältnisse. Trotz einiger Ausnahmen stimmen die Vorhersagen der Tabelle 16.4 mit den beobachteten Kristallstrukturen im allgemeinen gut überein. Zum Beispiel beträgt das Radienverhältnis in NaCl

$$\frac{r_{Na^+}}{r_{Cl^-}} = \frac{0{,}095\ \text{nm}}{0{,}181\ \text{nm}} = 0{,}525.$$

Aus dieser Zahl schließen wir die Koordinationszahl 6, was mit der tatsächlichen NaCl-Struktur (Bild 15.2) übereinstimmt.

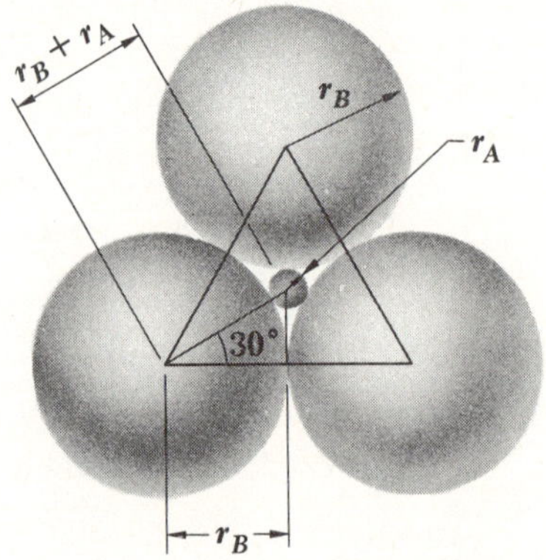

Bild 16.13 Das minimale Radienverhältnis bei dreifacher Koordination

Tabelle 16.4 Radienverhältnisse und Koordinationszahlen bei Ionenkristallen

Radienverhältnis	Koordinationszahl
0,155 ... 0,225	3
0,225 ... 0,414	4
0,414 ... 0,732	6
0,732 ... 1,000	8
1,000	12

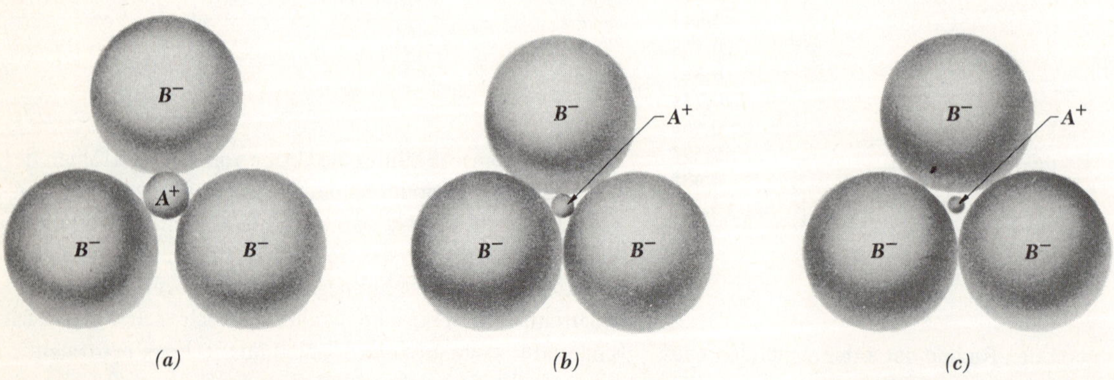

Bild 16.12 Dreifache Koordination bei verschiedenen Radienverhältnissen

16.4 Punktdefekte

Wir haben bisher ideale Kristalle diskutiert, in denen jedes Atom eine genau definierte Stelle in einer regelmäßigen Anordnung besetzt. Tatsächliche Kristalle weichen jedoch von dieser Idealvorstellung beträchtlich ab. Einerseits sind ihre Atome in ständiger Wärmebewegung, was wir im nächsten Kapitel genauer untersuchen werden. Solche Schwingungen stellen nur in einem begrenzten Sinn Unvollkommenheiten des Kristalls dar, da die Gleichgewichtslagen der Atome weiterhin als perfektes Gitter angesehen werden können. Wesentlich schwerwiegender sind tatsächliche Mängel in der Struktur eines Kristalls: fehlende Atome, Atome an Zwischengitterpositionen, Störungen der Periodizität des Gitters in gewissen Richtungen usw. Diese Defekte haben oft für die physikalischen Eigenschaften der Festkörper beträchtliche Bedeutung. Zum Beispiel sind die mechanische Festigkeit eines Festkörpers und das elektrische Verhalten eines Halbleiters zum Großteil durch die Natur und die Anzahl der Defekte in seinem Aufbau bestimmt. Andererseits sind Eigenschaften wie Paramagnetismus und elektrische Leitfähigkeit von Metallen von der Kristallstruktur praktisch unabhängig.

Am einfachsten sind die lokalisierten *Punktdefekte.* Bild 16.14 zeigt die drei Arten von Punktdefekten: Fehlstelle (a), Zwischengitterplatz (b) und Verunreinigung (c). Fehlstellen und Zwischengitteratome treten in allen Kristallen mit einer Wahrscheinlichkeit auf, die mit der Temperatur stark zunimmt. Wenn wir die fraglichen Energien betrachten, sehen wir die Ursachen für dieses Verhalten. Um eine Fehlstelle zu produzieren, müssen die Bindungen aufgebrochen werden, die ein Atom an seinem Platz halten, was in einem typischen Kristall 0,5 eV pro Bindung erfordert. Bei 8 nächsten Nachbarn entspricht dies 4 eV. Das fehlende Atom verschwindet jedoch nicht, sondern wird wahrscheinlich an der Oberfläche stecken bleiben, wo es mit weniger Bindungen als im Inneren, vielleicht 4 in unserem Falle, festgehalten wird. Daher reduziert sich die notwendige Energie auf 2 eV. Zusätzlich werden die Atome in der Umgebung der Fehlstelle teilweise zur Fehlstelle hin verschoben (siehe Bild 16.14a), wodurch ihre Energien etwas abnehmen und die erforderliche Energie w_v auf etwa 1 eV reduziert wird.

Die relative Wahrscheinlichkeit, daß ein Atom in einem Kristall zusätzlich zu seiner normalen Energie eine thermische Energie w_v besitzt, hat bei der Temperatur T den Wert $e^{-w_v/kT}$. Sind im Kristall N Atome vorhanden, ist die Anzahl von Fehlstellen n_v in erster Näherung durch

$$n_v = N\,e^{-w_v/kT} \tag{16.5}$$

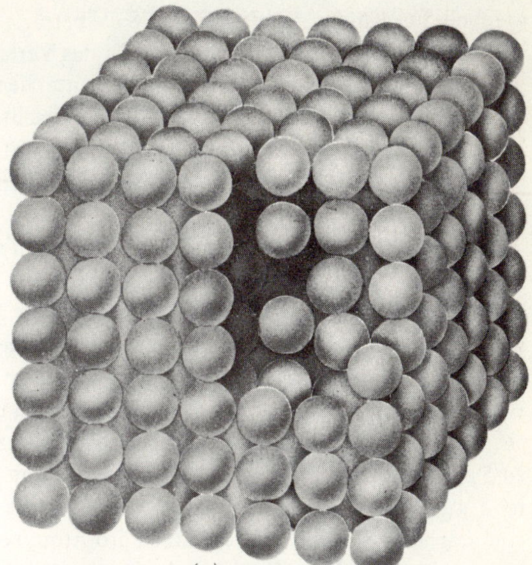
(a)

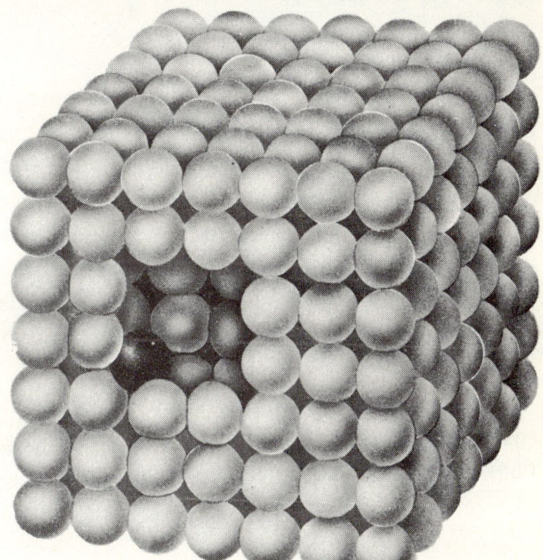
(b)

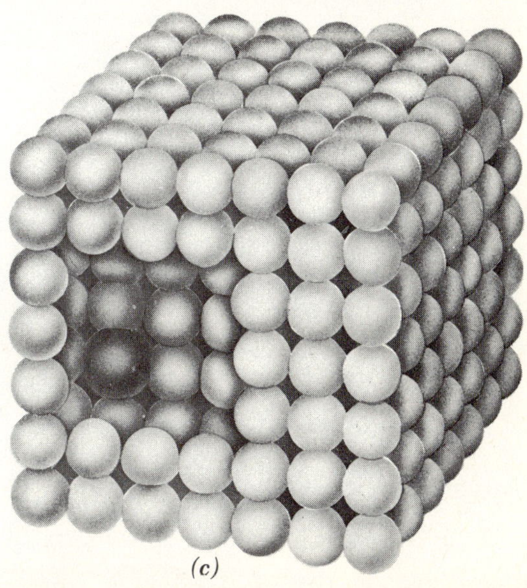
(c)

Bild 16.14 Drei Arten von Punktdefekten in Kristallen: (a) Fehlstelle; (b) Zwischengitterplatz; (c) Fremdatom. Das Auftreten eines Punktdefekts stört die regelmäßige Kristallstruktur in der Umgebung.

gegeben. Für Kupfer, für das $w_v \approx 0{,}8$ eV beträgt, ergibt sich bei Raumtemperatur eine Vorhersage für das Verhältnis n_v/N von $3 \cdot 10^{-15}$, während bei 1350 K (knapp unter dem Schmelzpunkt) $n_v/N = 6 \cdot 10^{-4}$ ist. Die tatsächlich beobachtete Häufigkeit von Fehlstellen in Metallen ist geringfügig größer als nach Gl. (16.5) zu erwarten wäre, doch gilt im allgemeinen die Abhängigkeit von $e^{-w_v/kT}$.

Um ein Atom auf einen Zwischengitterplatz in einem Kristall einzufügen, braucht man Energie, weil zur Schaffung des notwendigen Platzes die benachbarten Atome gegen ihre wechselseitigen Abstoßungen stärker aneinander gepreßt werden müssen. Die erforderliche Energie w_i hängt von der Kristallstruktur ab und ist in einem dichtgepackten Kristall größer als in einem Kristall mit einer offeneren Struktur; sie kann bis zu 5 eV betragen. Für Aluminium ist w_i ungefähr 3 eV, während w_v nur 0,76 eV beträgt. Wenn wir mit A die Anzahl von möglichen Zwischengitterplätzen pro Atom bezeichnen, beträgt die Anzahl von Zwischengitteratomen n_i in einem Kristall bei der Temperatur T

$$n_i = A\,N\,e^{-w_i/kT}. \qquad (16.6)$$

Da A keine große Zahl ist, treten Fehlstellen wegen $w_v < w_i$ wesentlich häufiger als Besetzungen von Zwischengitterplätzen auf.

Fremdatome, die kleiner als die Atome des Kristalls sind, passen leichter an Zwischengitterstellen und können unter gewissen Umständen zahlreich vorhanden sein. Wasserstoff, Kohlenstoff, Sauerstoff und Stickstoffatome werden zum Beispiel in vielen Metallen leicht an Zwischengitterplätzen aufgenommen.

Punktdefekte in Ionenkristallen müssen den Kristall elektrisch neutral lassen. Ein *Schottky-Defekt* ist das gleichzeitige Fehlen eines positiven und eines negativen Ions (Bild 16.15a). Die erforderliche Energie ist die Summe der Energien zur Erzeugung jeder einzelnen Fehlstelle. Ein *Frenkel-Defekt* ist das gleichzeitige Auftreten eines positiven Ions an einem Zwischengitterplatz und das Fehlen eines positiven Ions an einem Gitterplatz (Bild 16.15b). Hier beträgt die erforderliche Energie die Summe der entsprechenden w_v und w_i.

Frenkel- und Schottky-Defekte treten in allen ionischen Festkörper auf, doch überwiegt für einen bestimmten Kristall die eine oder die andere Art, weil ihre Bildungsenergien üblicherweise verschieden sind. Schottky-Defekte treten besonders in Alkalisalzen auf (z. B. NaCl) und Frenkel-Defekte in Silbersalzen (z. B. AgCl).

Punktdefekte lassen sich über ihre thermisch bedingte Anzahl hinaus in unterschiedlicher Weise erzeugen. Eine einfache Methode besteht darin, einen Festkörper zu erhitzen, so daß viele Defekte vorhanden sind, und ihn dann rasch abzukühlen, wodurch einige zusätzliche Defekte bei der Endtemperatur erhalten bleiben. Große Bedeutung hat auch die Entstehung von Defekten durch Bestrahlung mit Teilchen. In einem Kernreaktor rufen hochenergetische Neutronen Punktdefekte dadurch hervor, daß sie Atome aus ihren ursprünglichen Plätzen herausschlagen. Starke Bestrahlung verändert die Eigenschaften nahezu aller Festkörper; so führt Strahlungsschädigung bei den meisten Metallen zur Versprödung.

Das Vorhandensein von Punktdefekten in einem Kristall ermöglicht die Diffusion von Atomen im Kristall – eine auf den ersten Blick überraschende Vorstellung, doch ist sie weniger erstaunlich, wenn man an die Verbindung verschiedener Metalle beim Löten, Schweißen und Galvanisieren denkt. Ist eine Fehlstelle vorhanden, erfolgt Diffusion dadurch, daß ein benachbartes Atom auf den leeren Gitterplatz springt und eine neue Fehlstelle hinterläßt, auf die ein weiteres Atom springen kann, usw. Effektiv bewegt sich die Fehlstelle durch

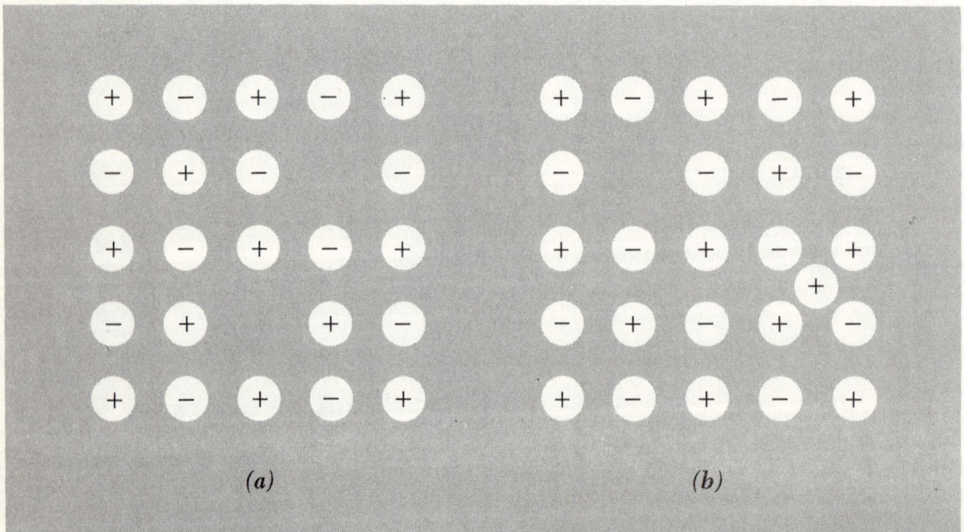

Bild 16.15
Punktdefekte im Ionenkristall: (a) Schottkydefekt; (b) Frenkeldefekt. Die elektrische Neutralität bleibt erhalten.

den Kristall von Gitterplatz zu Gitterplatz. Wenn ein Zwischengitteratom vorhanden ist, erfolgt die Diffusion dadurch, daß das Atom von einem Zwischengitterplatz zu einem benachbarten wandert. In beiden Fällen erfordert der Ortswechsel eine bestimmte zusätzliche Energie, typischerweise 1 eV, um das bewegte Atom hinter die Atome zu bringen, die auf seinem Weg liegen. Die Diffusion in einem Festkörper hängt stark von der Temperatur ab und ist bei Zimmertemperatur meist vernachlässigbar klein.

Diffusion in einem Ionenkristall ermöglicht seine elektrische Leitfähigkeit, da die bewegten Defekte entweder geladene Zwischengitterionen oder Fehlstellen sind, die sich so verhalten, als ob sie Ladungen entgegengesetzt zu denen der fehlenden Ionen trügen. Tatsächlich führt die Untersuchung der elektrischen Leitfähigkeit von Ionenkristallen auf genaue Information über Punktdefekte, die man auf andere Weise schwer erhalten hätte.

16.5 Versetzungen

Liniendefekte heißen *Versetzungen* und treten in zwei Hauptarten auf. Bild 16.16 zeigt eine *Stufenversetzung,* die man sich mit Hilfe einer teilweisen Entfernung einer Atom-Ebene und einer darauffolgenden Neuordnung des Gitters vorstellen kann. Die Versetzung selbst ist durch das Zeichen $\perp$ angedeutet, in seiner unmittelbaren Nachbarschaft ist die Kristallstruktur schwer gestört.

Die zweite Art von Versetzung ist die *Schraubenversetzung* (Bild 16.17). Wir können uns die Bildung dieser Versetzung so vorstellen, als ob ein perfekter Kristall ein Stück eingeschnitten wäre und eine Seite des Schnittes gegen die andere verschoben wäre. Die Atomebenen drehen sich um die Versetzung, wodurch sie ihren Namen bekommen hat. Beobachtete Versetzungen in Kristallen sind meist Kombinationen aus der Schrauben- und der Kantenversetzung.

Versetzungen sind der Schlüssel zum Verständnis des plastischen Verhaltens von Festkörpern. Wenn angelegte äußere Spannungen die Elastizitätsgrenze übersteigen, erfährt ein Material eine permanente Verformung. Die meisten Metalle lassen sich beträchtlich verformen, bevor sie brechen; bei anderen Festkörpern ist der Plastizitätsbereich meist kleiner. Die Elastizität eines Festkörpers versteht man leicht mit Hilfe der Bindungskräfte in seinem Inneren, die wie das Hookesche Gesetz kleine Abweichungen von der Gleichgewichtslage ausgleichen wollen. Doch versagt diese Methode beim plastischen Verhalten, weil die nach ihr berechneten Kräfte, die notwendig wären, um eine Atomebene in einem Kristall an einer anderen entlang gleiten zu lassen, etwa 1000 mal größer sind als die beobachteten.

Mit Hilfe der Versetzungen läßt sich verstehen, warum Festkörper 1000 mal leichter als perfekte Kristalle verformt werden können. Bild 16.18 zeigt, wie ein Kristall mit einer Stufenversetzung durch relativ geringe Scherungskräfte permanent verformt werden kann. Die Reihe der Atome unterhalb der Versetzung wechselt ihre Bindungen von den Atomen rechts von der Versetzung zu denen direkt über der Versetzung, wenn die Scherungsspannung angelegt wird, wodurch die Versetzung um einen Atomabstand nach rechts wandert. Dies wiederholt sich, bis die Versetzung am Rand des Kristalls ankommt, und die Deformation damit permanent wird. Diesen Prozeß nennt man *Gleiten* und die Ebene, an der entlang

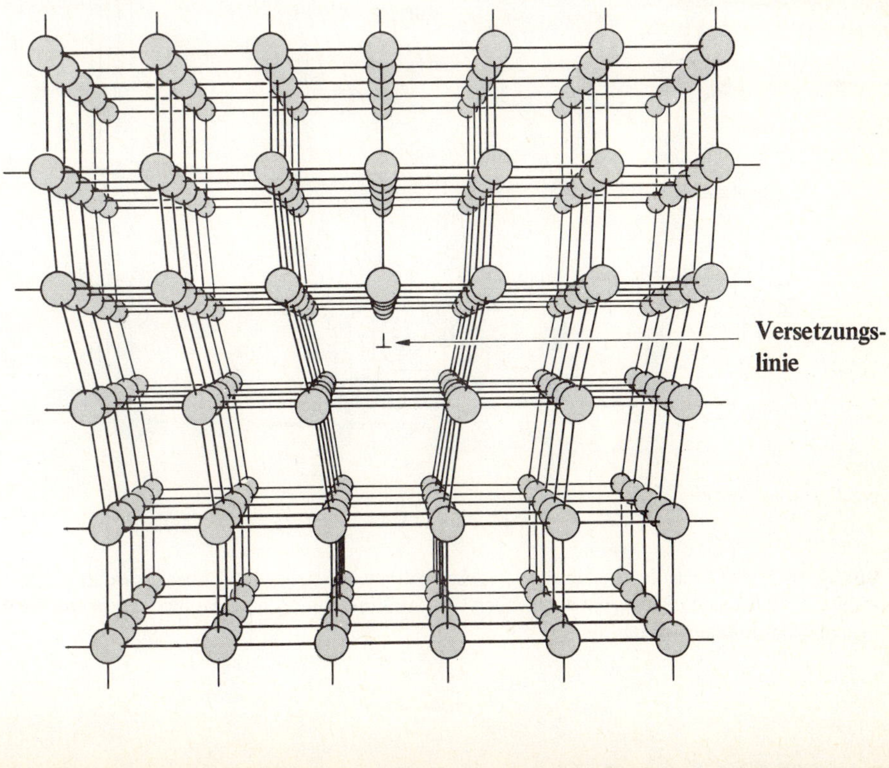

Bild 16.16
Eine Kantenversetzung in einem einfachen kubischen Kristall.

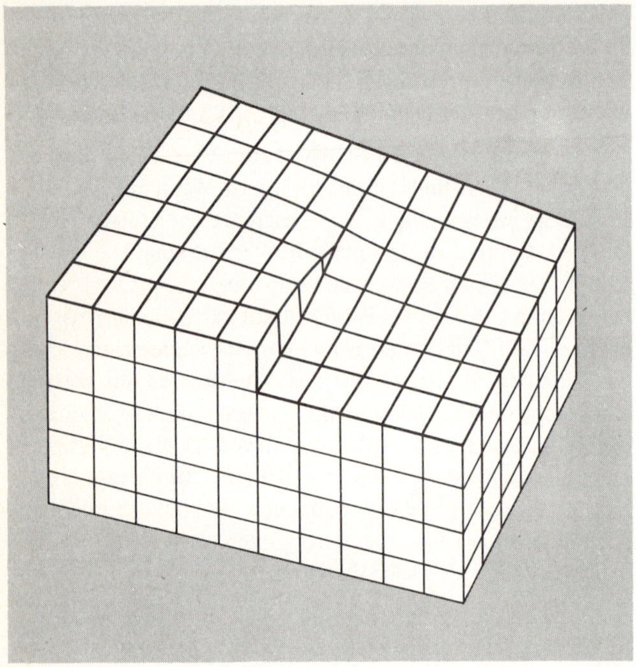

Bild 16.17 Schraubenversetzung

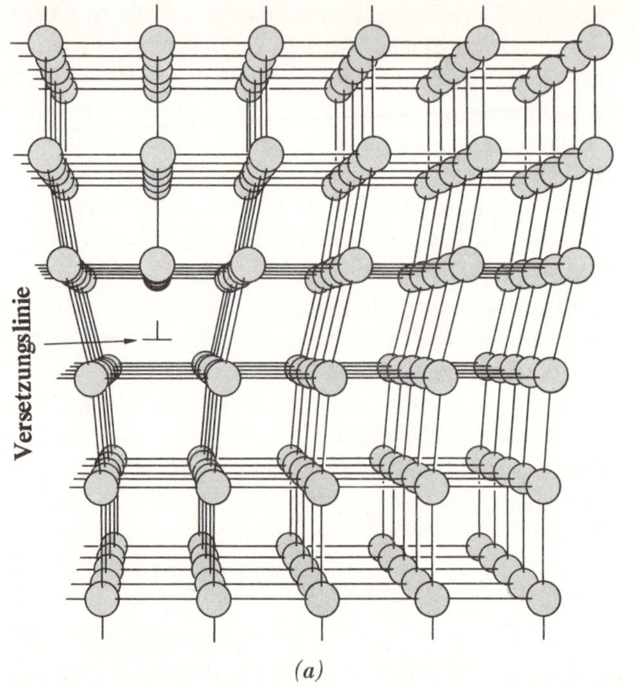

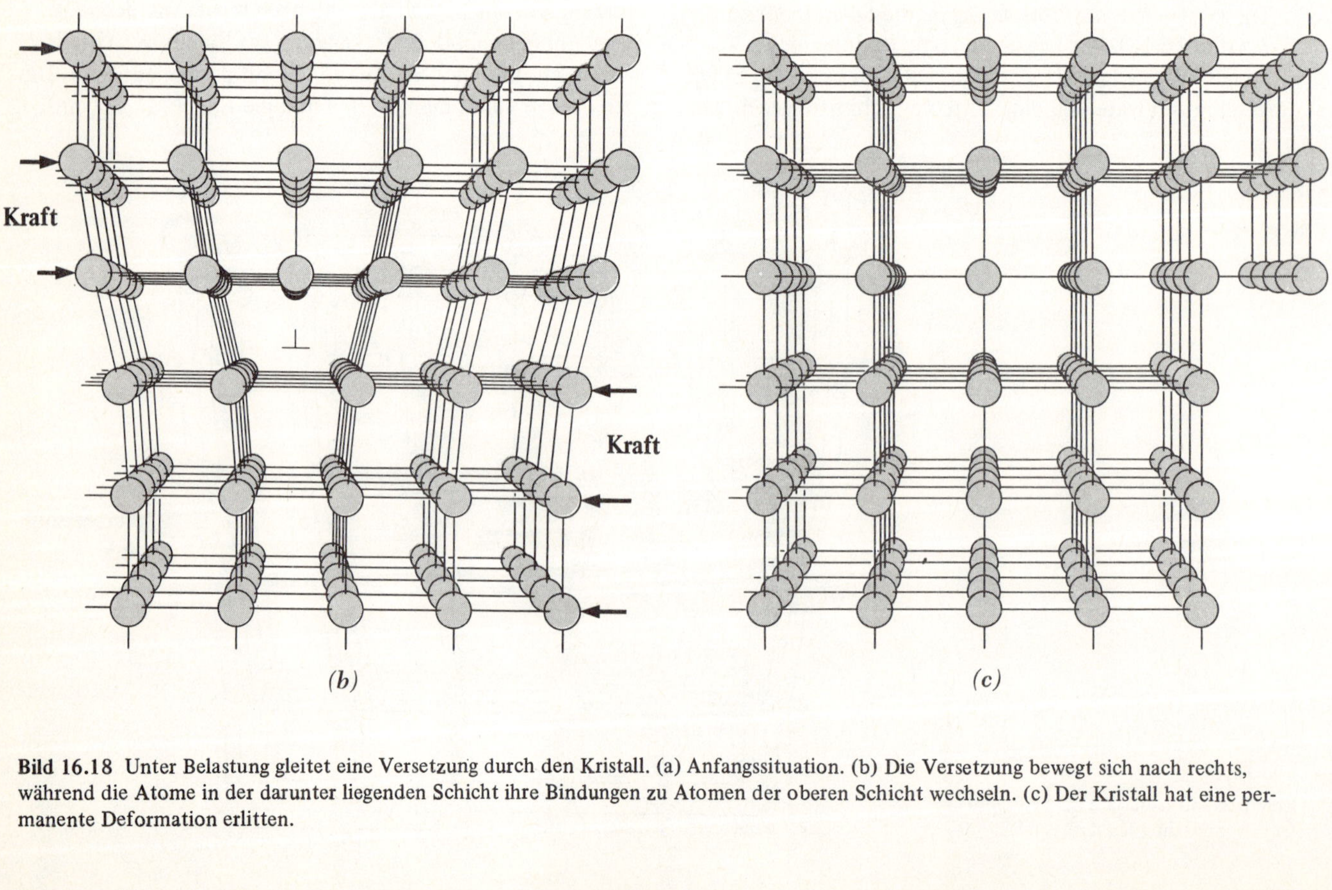

Bild 16.18 Unter Belastung gleitet eine Versetzung durch den Kristall. (a) Anfangssituation. (b) Die Versetzung bewegt sich nach rechts, während die Atome in der darunter liegenden Schicht ihre Bindungen zu Atomen der oberen Schicht wechseln. (c) Der Kristall hat eine permanente Deformation erlitten.

sich die Versetzung bewegt, heißt *Gleitebene*. Bei diesem Prozeß werden die Bindungen zwischen den Atomen zweier Schichten nur jeweils für eine Reihe aufgebrochen, während in perfekten Kristallen beim plastischen Fließen alle Bindungen zwischen zwei Schichten mehr oder minder gleichzeitig aufgebrochen werden müssen.

Die Energie, die zur Erzeugung einer Versetzung notwendig ist, liegt zwischen etwa 3 eV und 10 eV pro Atomabstand. Da eine Versetzung einige 10000 Atomabstände lang sein kann, treten wegen der erforderlichen hohen Energie Versetzungen im Gegensatz zu Punktdefekten in einem Kristall praktisch nicht spontan auf. Es deutet alles darauf hin, daß Versetzungen bei der Bildung der Kristalle entstehen. Es ist sehr schwierig, Kristalle ohne Versetzungen zu erzeugen. Versetzungen vermehren sich beim plastischen Fließen auf komplizierte Weise: Bild 16.19 zeigt, wie durch den *Frank-Read-Mechanismus* eine anfängliche Versetzung weitere Versetzungen in einem Kristall, der unter dem Einfluß äußerer Spannungen steht, hervorruft.

Da die Versetzungen beim plastischen Fließen zunehmen, erhöht die fortgesetzte Deformation eines Festkörpers die Anzahl seiner Versetzungen. Schließlich werden sie so zahlreich und so ineinander verschlungen, daß sie sich gegenseitig bei der Bewegung behindern, wodurch die Plastizität des Materials abnimmt. Diese Erscheinung wird zum Beispiel beim Kaltwalzen von Stahl ausgenützt.

Auch durch die gezielte Einführung von Fremdatomen läßt sich die Bewegung von Versetzungen verhindern und die Plastizität herabsetzen. Dies wird bei der Stahlerzeugung durch Zugabe von kleinen Mengen von Kohlenstoff, Chrom, Mangan oder Wolfram zum Eisen erreicht.

Bild 16.19 Eine Franck-Read-Quelle vervielfacht die Zahl der Versetzungen in einem Kristall bei Belastung. (a) Das Versetzungssegment *AB* in der Gleitebene ist ursprünglich eine gerade Linie. Die Enden des Segments sind in *A* und *B* „verankert“, da die Versetzung in diesen Punkten ihre Richtung ändert und Gleiten nur in der angedeuteten Ebene stattfinden kann. (b) Die Scherungskräfte bewirken eine Deformation des Segments nach außen, bis sich die Bögen der Versetzungslinie treffen und eine vollständige Versetzungsschleife bilden. Die rückläufigen Teile der Schleife spalten sich ab und bilden bei weiterer Belastung wieder ein gerades Segment, worauf sich der Prozeß wiederholen kann.

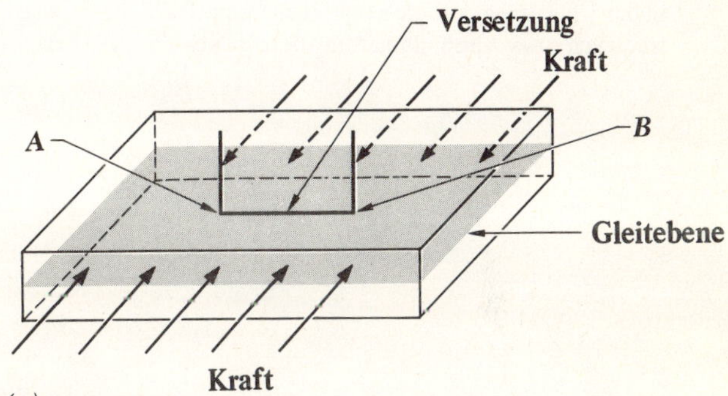

(a)

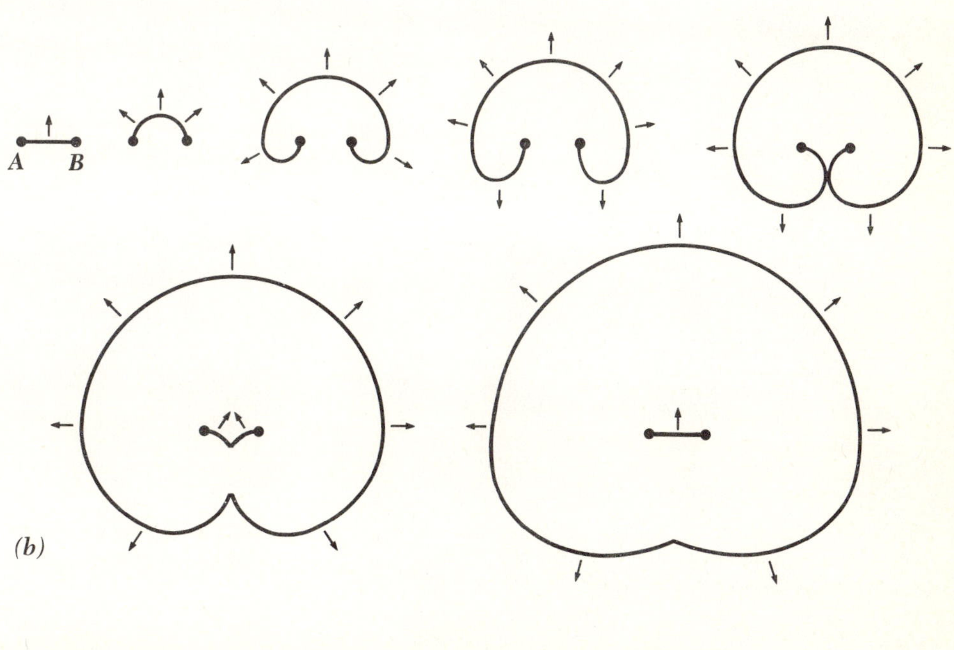

(b)

16.6 Aufgaben

1. Zeigen Sie, daß in einer einfachen kubischen Anordnung der Bruchteil $\pi/6$ des vorhandenen Volumens durch sich berührende harte Kugeln ausgefüllt ist.
2. Zeigen Sie, daß in einem raumzentrierten kubischen Gitter der Bruchteil $\sqrt{3}\,\pi/8$ des Gesamtvolumens durch sich berührende Kugeln ausgefüllt ist.
3. Lithium, Eisen und Wolfram haben bcc Strukturen mit den entsprechenden Gitterkonstanten 0,350 nm, 0,286 nm und 0,316 nm. Wie groß sind ihre Atomradien. Warum hat Lithium, das nur die Ordnungszahl 3 im Vergleich zur Ordnungszahl 26 für Eisen und 74 für Wolfram hat, den größten Atomradius?
4. Die Dichten von Beryllium, Aluminium und Eisen betragen 1,85 g/cm^3, 2,70 g/cm^3 bzw. 7,87 g/cm^3. Berechnen Sie aus diesen Daten zusammen mit Daten aus Tabelle 16.1 die Atommassen dieser Elemente.
5. Leiten Sie die Gln. (16.2) bis (16.4) ab.
6. Beweisen Sie, daß das kleinste Verhältnis von Ionenradien, das 6 nächste Nachbarn erlaubt, 0,414 beträgt.
7. Ein Aluminiumatom braucht 1,48 eV, um von einem Zwischengitterplatz auf einen anderen in festem Aluminium zu gelangen. In der kubisch-flächenzentrierten-Struktur des Aluminium hat ein Zwischengitteratom 12 gleichwertige Plätze in der Umgebung, auf die es springen kann. Die Schwingungsfrequenz eines Aluminiumatoms beträgt etwa $6 \cdot 10^{12}$ Hz. Berechnen Sie aus diesen Angaben, wie oft (im Mittel) ein Zwischengitteraluminiumatom (a) bei Raumtemperatur (20 °C) und (b) am Schmelzpunkt des Aluminiums (660 °C) auf einen neuen Platz springt.
8. Die Maximalenergie, die aufgrund starker plastischer Deformation in einem Metall gespeichert ist, beträgt etwa 20 J/cm^3. Berechnen Sie unter der Annahme, daß die lineare Energiedichte einer Versetzung 30 eV/nm beträgt, die maximale Länge von Versetzungslinien pro cm^3 eines Metalles.
9. Ein Kupferstab wird kalt bearbeitet, bis er 10 J/cm^3 Energie gespeichert hat. Darauf wird er auf 200 °C erwärmt, bei welcher Temperatur er wieder kristallisiert und die gespeicherte Energie freigibt. Welche Temperatur erhält der Stab dadurch. (Die Dichte von Kupfer beträgt 8,8 g/cm^3, seine spezifische Wärme 3,9 kJ/kg °C.)
10. Eine Kupferprobe enthält als Verunreinigung 10^{-5} Gewichtsanteile Nickel. Kupfer hat eine fcc-Struktur mit einer Gitterkonstanten von 0,361 nm. Wenn die Nickelatome gleichmäßig verteilt sind und jedes von ihnen ein Kupferatom im Gitter ersetzt, wie groß ist dann der Abstand zwischen den einzelnen Nickelatomen?
11. Eine Eisenprobe hat eine fcc-Struktur mit einer Gitterkonstanten von 0,361 nm. Sie enthält 1,7 Gewichtsprozent Kohlenstoff und ihre Dichte ist 7,88 g/cm^3. Sitzen die Kohlenstoffatome an Zwischengitterplätzen oder ersetzen sie Eisenatome im Gitter?

17 Spezifische Wärme von Festkörpern

Die spezifische Wärme einer Substanz ist eine so elementare und vertraute Eigenschaft, daß es überraschen mag, in einem Buch über moderne Physik ein Kapitel nur über dieses Thema zu finden. Wir werden jedoch sehen, daß man die beobachteten Werte der spezifischen Wärme von Festkörpern nur mit Hilfe quantenstatistischer Methoden verstehen kann. Diese Untersuchung führt uns auch weiter in das Verhalten von Festkörpern im allgemeinen und von Elektronen in Metallen im besonderen ein.

17.1 Thermische Schwingungen: Frequenzen

Die Atome eines Festkörpers führen beständig thermische Schwingungen aus. Wir können die Frequenzen und Amplituden dieser Schwingungen leicht mit Hilfe des einfachen Modells von Bild 17.1 ableiten. In diesem Modell sind alle Atome außer dem zentralen fixiert. Dieses darf sich nur in einer Dimension bewegen, und seine Verschiebungen Δa aus der Gleichgewichtslage sind so klein, daß das Hookesche Gesetz gilt.

Die Schwingungsfrequenz des Atoms ist durch die übliche Formel für einen harmonischen Oszillator

$$\nu = \frac{1}{2\pi}\sqrt{K/m} \qquad (17.1)$$

gegeben, wobei m die Atommasse und K die Kraftkonstante sind. Eine Abschätzung von K erhalten wir, indem wir die relative Längenänderung $\Delta a/a_0$ eines Würfels, der einen Atomabstand a_0 als Kantenlänge hat, zur Spannung F/A über den Elastizitätsmodul des Materials in Beziehung setzen (Bild 17.2):

$$\frac{\Delta a}{a_0} = \frac{1}{E}\frac{F}{A}. \qquad (17.2)$$

Da für die angelegte Kraft F und die entsprechende Dehnung Δa nach der Hypothese das Hookesche Gesetz gilt, ergibt sich:

$$F = K \cdot \Delta a$$

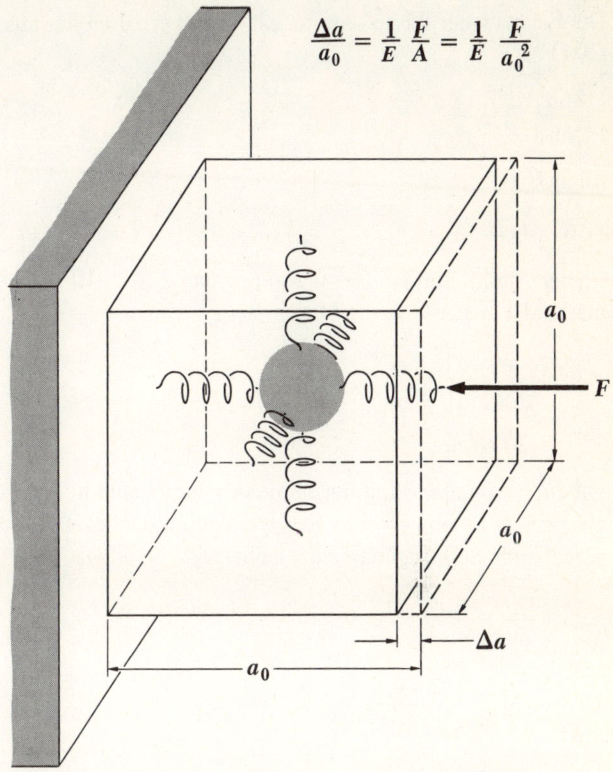

Bild 17.2 Der Zusammenhang von Spannung und Dehnung in einem Einheitswürfel um das zentrale Atom von Bild 17.1. Die Größe E ist der Elastizitätsmodul

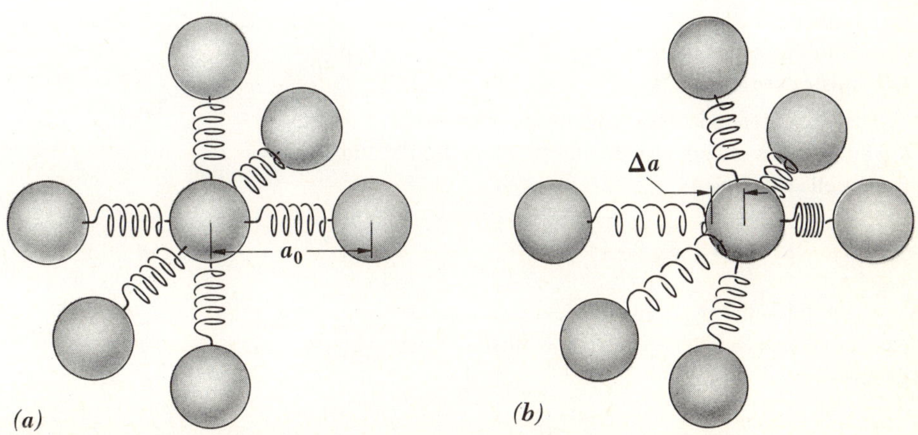

Bild 17.1
Vereinfachtes Modell eines Festkörpers. (a) Gleichgewichtslage. (b) Das zentrale Atom schwingt in einer einzigen Richtung; die anderen Atome sind festgehalten.

Die Fläche jeder Würfelseite ist a_0^2. Damit erhalten wir aus Gl. (17.2)

$$\frac{\Delta a}{a_0} = \frac{1}{E}\,\frac{K \cdot \Delta a}{a_0^2},$$

folglich:

$$K = a_0 E. \tag{17.3}$$

Für Aluminium ist $a_0 = 0{,}286$ nm und $E = 7 \cdot 10^{10}$ N/m²; die Kraftkonstante K ergibt sich zu

$$\begin{aligned} K &= a_0 E \\ &= 2{,}86 \cdot 10^{-10}\ \text{m} \cdot 7 \cdot 10^{10}\ \text{N/m}^2 \\ &= 20\ \text{N/m}. \end{aligned}$$

Die interatomaren Bindungen im Aluminium sind in der elastischen Region etwa so steif wie Gummibänder. Die entsprechende Schwingungsfrequenz beträgt

$$\begin{aligned} \nu &= \frac{1}{2\pi}\sqrt{\frac{K}{m}} \\ &= \frac{1}{2\pi}\sqrt{\frac{20\ \text{N/m}}{4{,}5 \cdot 10^{-26}\ \text{kg}}} \\ &= 3{,}4 \cdot 10^{12}\ \text{Hz}, \end{aligned}$$

da ein Aluminiumatom die Masse $4{,}5 \cdot 10^{-26}$ kg hat. Die tatsächliche Schwingungsfrequenz von Aluminium beträgt etwa $6{,}4 \cdot 10^{12}$ Hz. Der Unterschied läßt sich mit der Unvollkommenheit unseres Modells erklären.

17.2 Thermische Schwingungen: Amplituden

Um die Schwingungsamplituden in einem Festkörper abzuschätzen, müssen wir zunächst die mittlere Energie eines eindimensionalen harmonischen Oszillators im thermischen Gleichgewicht mit seiner Umgebung berechnen. Die relative Wahrscheinlichkeit, daß ein solcher Oszillator bei der Temperatur T die Energie E besitzt, ist durch den Boltzmannfaktor $e^{-E/kT}$ gegeben. Daher findet man seine mittlere Energie, indem man $E\,e^{-E/kT}$ über alle möglichen Energien integriert und dann durch das Integral von $e^{-E/kT}$ dividiert, um das Ergebnis zu normieren.

Die Gesamtenergie des Oszillators ist zu jedem Zeitpunkt die Summe aus seinen augenblicklichen kinetischen und potentiellen Energien

$$E = \frac{1}{2}mv^2 + \frac{1}{2}Kx^2, \tag{17.4}$$

wobei v die Teilchengeschwindigkeit und x seine Auslenkung aus der Gleichgewichtslage sind. Die mittlere Energie beträgt daher

$$\overline{E} = \frac{\int_{-\infty}^{\infty}\int_{-\infty}^{\infty} E\,e^{-E/kT}\,dv\,dx}{\int_{-\infty}^{\infty}\int_{-\infty}^{\infty} e^{-E/k}\,dv\,dx}$$

$$= \frac{\int_{-\infty}^{\infty}\int_{-\infty}^{\infty}\left(\frac{1}{2}mv^2 + \frac{1}{2}Kx^2\right)e^{-(mv^2 + Kx^2/2kT}\,dv\,dx}{\int_{-\infty}^{\infty}\int_{-\infty}^{\infty} e^{-(mv^2+Kx^2)/2kT}\,dv\,dx}$$

$$= \frac{\frac{1}{2}m\int_{-\infty}^{\infty} v^2 e^{-mv^2/2kT}\,dv \int_{-\infty}^{\infty} e^{-Kx^2/2kT}\,dx}{\int_{-\infty}^{\infty} e^{-mv^2/2kT}\,dv \int_{-\infty}^{\infty} e^{-Kx^2/2kT}\,dx} + \frac{\frac{1}{2}K\int_{-\infty}^{\infty} x^2 e^{-Kx^2/2kT}\,dx \int_{-\infty}^{\infty} e^{-mv^2/2kT}\,dv}{\int_{-\infty}^{\infty} e^{-mv^2/2kT}\,dv \int_{-\infty}^{\infty} e^{-Kx^2/2kT}\,dx}$$

$$= \frac{\frac{1}{2}m\int_{-\infty}^{\infty} v^2 e^{-mv^2/2kT}\,dv}{\int_{-\infty}^{\infty} e^{-mv^2/2kT}\,dv} + \frac{\frac{1}{2}K\int_{-\infty}^{\infty} x^2 e^{-Kx^2/2kT}\,dx}{\int_{-\infty}^{\infty} e^{-Kx^2/2kT}\,dx} \tag{17.5}$$

Wir setzen nun

$$y^2 = \frac{\frac{1}{2}mv^2}{kT} \tag{17.6}$$

$$z^2 = \frac{\frac{1}{2}Kx^2}{kT}, \tag{17.7}$$

so daß

$$v^2 = \frac{2\,kT}{m}y^2 \qquad dv = \sqrt{\frac{2\,kT}{m}}\,dy$$

und

$$x^2 = \frac{2\,kT}{K}z^2 \qquad dx = \sqrt{\frac{2\,kT}{K}}\,dz.$$

Mit diesen Substitutionen wird aus Gl. (17.5)

$$\overline{E} = \frac{kT \int_{-\infty}^{\infty} y^2 e^{-y^2} dy}{\int_{-\infty}^{\infty} e^{-y^2} dy} + \frac{kT \int_{-\infty}^{\infty} z^2 e^{-z^2} dz}{\int_{-\infty}^{\infty} e^{-z^2} dz} \qquad (17.8)$$

Wegen

$$\int_{-\infty}^{\infty} \xi^2 e^{-\xi^2} d\xi = \frac{\sqrt{\pi}}{2}$$

und

$$\int_{-\infty}^{\infty} e^{-\xi^2} d\xi = \sqrt{\pi}$$

erhalten wir als mittlere Energie des Oszillators

$$\overline{E} = \frac{1}{2} kT + \frac{1}{2} kT = kT. \qquad (17.9)$$

Die kinetische und die potentielle Energie haben jeweils den Mittelwert $kT/2$, so daß sich eine gesamte mittlere Energie $\overline{E} = kT$ ergibt. Wir können dieses Ergebnis als Hinweis ansehen, daß ein eindimensionaler harmonischer Oszillator zwei Freiheitsgrade hat, die jeweils $kT/2$ als Mittelwert der Energie besitzen. (Ein freies Teilchen, das sich nur in einer Dimension bewegen kann, hat nur einen Freiheitsgrad und im Mittel nur $kT/2$ an Wärmeenergie.)

Die Amplitude A eines harmonischen Oszillators ist seine maximale Auslenkung aus der Ruhelage. Für $x = A$ ist die Gesamtenergie nur potentielle Energie, daher gilt

$$\overline{E} = \frac{1}{2} K \overline{A^2} = kT.$$

Wegen der bereits gemachten Näherungen können wir den Unterschied zwischen $\overline{A^2}$ und $\overline{A}^2$ vernachlässigen und erhalten somit

$$\overline{A} = \sqrt{\frac{2kT}{K}} \qquad (17.10)$$

als mittlere Amplitude eines harmonischen Oszillators im thermischen Gleichgewicht bei der Temperatur T.

Für die Hookesche Kraftkonstante K eines Aluminiumatoms in festem Aluminium fanden wir früher ungefähr 20 N/m. Bei 300 K beträgt die mittlere Amplitude eines solchen Atoms

$$\overline{A} = \sqrt{\frac{2kT}{K}}$$

$$= \sqrt{\frac{2 \cdot 1{,}38 \cdot 10^{-23}\ \text{J/K} \cdot 300\ \text{K}}{20\ \text{N/m}}}$$

$$= 2 \cdot 10^{-11}\ \text{m} = 0{,}020\ \text{nm}.$$

was etwa 7 % der Gleichgewichtsbindungslänge von 0,286 nm bei dieser Temperatur beträgt. Der tatsächliche Wert von $\overline{A}$ ist für Aluminium etwas kleiner als 0,02 nm, da K, wie bereits erwähnt, größer als unser Schätzwert von 20 N/m ist.

17.3 Spezifische Wärme von Festkörpern

Bei Temperaturerhöhung eines Festkörpers erhöht sich seine innere Energie. Ist die innere Energie tatsächlich Schwingungsenergie seiner Bestandteile, sollten wir die spezifische Wärme eines Festkörpers direkt aus den Ergebnissen des vorigen Abschnitts erhalten können. Wir betrachten die molare spezifische Wärme bei konstantem Volumen (c_V), nämlich die Energie, die einem Kilomol einer Substanz zugeführt werden muß, um ihre Temperatur um 1 K bei festgehaltenem Volumen zu erhöhen.

Die Schwingungen jedes Atoms können in ihre Komponenten bezüglich dreier aufeinander senkrecht stehender Achsen zerlegt werden, so daß wir das Atom durch drei harmonische Oszillatoren darstellen können. Die mittlere thermische Energie eines solchen Atoms beträgt $3\,kT$, also $\overline{E} = kT$ für die Schwingungen in jeder Richtung. Ein Mol enthält N_A Atome, wobei N_A die Avogadrosche Zahl ist. Die gesamte innere Energie U beträgt daher bei der Temperatur T

$$U = 3 N_A kT = 3\,RT \qquad (17.11)$$

wobei

$$R = N_A kT$$
$$= 8{,}31\ \text{J/mol K}$$

die universelle Gaskonstante ist. Die spezifische Wärme bei konstantem Volumen läßt sich aus U durch Differenzieren erhalten:

$$c_V = \left(\frac{\partial U}{\partial T}\right)_V$$

und daher erhalten wir

$$c_V = 3R = 24{,}93\ \text{J/mol K}. \qquad (17.12)$$

Vor mehr als 100 Jahren fanden Dulong und Petit, daß die meisten Festkörper bei Zimmertemperatur $c_V \approx 3\,R$ haben; Gl. (17.12) heißt daher das *Gesetz von Dulong und Petit*.

Für leichte Elemente wie Bor, Beryllium und Kohlenstoff (als Diamant), deren spezifische Molwärme c_V = 13,95 J/mol K, 16,08 J/mol K, bzw. 6,10 J/mol K beträgt, versagt das Gesetz von Dulong und Petit. Außerdem fallen die spezifischen Wärmen *aller* Festkörper bei niederen Temperaturen schnell ab und streben mit T gegen 0. Offensichtlich enthält die Analyse, die auf Gl. (17.12) führt, einen schwerwiegenden Fehler. Es muß ein grundlegender Fehler sein, weil die Kurven in Bild 17.3 dieselbe Gestalt haben.

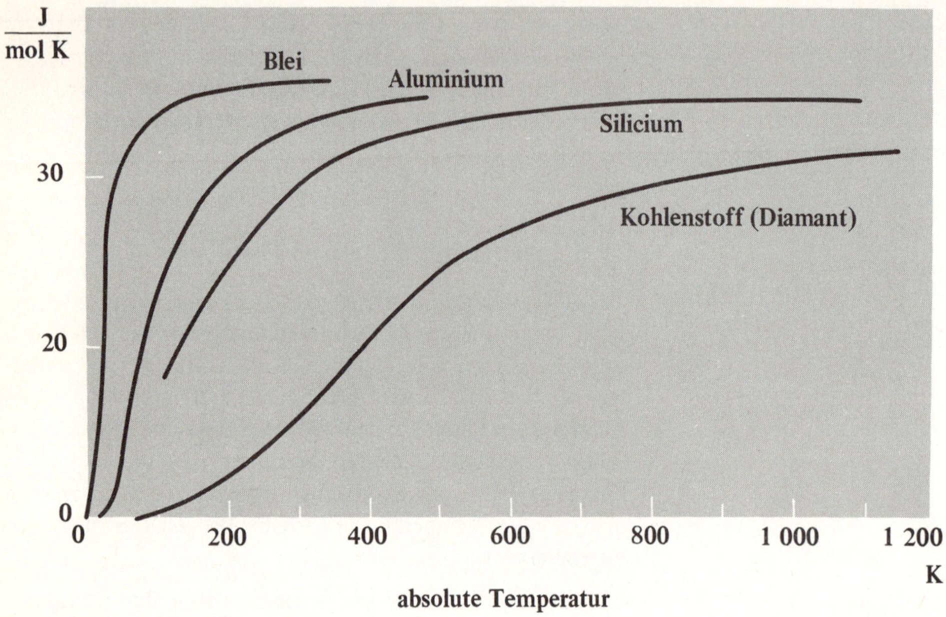

Bild 17.3
Die Temperaturabhängigkeit der molaren spezifischen Wärme c_V bei konstanter Temperatur für einige Elemente

17.4 Die Einsteinsche Theorie

1907 erkannte Einstein, daß der grundlegende Fehler in der Ableitung von Gl. (17.12) im Wert kT der mittleren Energie pro Oszillator in einem Festkörper liegt. Dies ist derselbe Fehler, der auf die falsche Formel von Rayleigh und Jeans geführt hat (siehe Abschnitt 14.3): Das Energiespektrum ist nicht kontinuierlich, sondern in Vielfachen von $h\nu$ quantisiert. Daher ist die mittlere Energie pro Oszillator nach Gl. (14.23)

$$\bar{E} = \frac{h\nu}{e^{h\nu/kT} - 1} \tag{17.13}$$

und nicht $\bar{E} = kT$. Die gesamte innere Energie von 1 mol eines Festkörpers beträgt daher

$$U = 3N_A\bar{E} = \frac{3N_A h\nu}{e^{h\nu/kT} - 1} \tag{17.14}$$

und seine molare spezifische Wärme

$$c_V = \left(\frac{\partial U}{\partial T}\right)_V = 3R\left(\frac{h\nu}{kT}\right)^2 \frac{e^{h\nu/kT}}{(e^{h\nu/kT} - 1)^2} \tag{17.15}$$

Wir sehen sofort, daß dieser Ansatz zumindest in dir richtige Richtung führt. Bei hohen Temperaturen ist $h\nu \ll kT$ und daher

$$e^{h\nu/kT} \approx 1 + \frac{h\nu}{kT}.$$

Bei hohen Temperaturen wird aus Gl. (17.13)

$$\bar{E} \approx \frac{h\nu}{h\nu/kT} \approx kT \qquad h\nu \ll kT, \tag{17.16}$$

und wir erhalten wiederum $c_V \approx 3R$, das Ergebnis von Dulong und Petit, das unter solchen Bedingungen mit den Daten übereinstimmt. Bei niederen Temperaturen sind $h\nu \gg kT$ und $e^{h\nu/kT} \gg 1$; daher ergibt sich

$$\bar{E} \approx h\nu\, e^{-h\nu/kT} \qquad h\nu \gg kT. \tag{17.17}$$

Wenn T abnimmt, fällt auch $\bar{E}$ schnell ab; die meisten Oszillatoren sind in ihren Grundzuständen, da der erste angeregte Zustand einen Energiezuwachs $h\nu$ erfordert und $h\nu \gg kT$ ist. Bei niedrigen Temperaturen gilt

$$U = 3N_A\bar{E} \approx 3RT\left(\frac{h\nu}{kT}\right) e^{-h\nu/kT}$$

und

$$c_V = \left(\frac{\partial U}{\partial T}\right)_V \approx 3R\left(\frac{h\nu}{kT}\right)^2 e^{-h\nu/kT} \qquad h\nu \gg kT. \tag{17.18}$$

Daher strebt die Einsteinsche Formel für c_V bei niedrigen Temperaturen im Gegensatz zur Formel von Dulong und Petit gegen Null.

Wir sollten uns die möglichen Energiestufen eines harmonischen Oszillators

$$E_n = \left(n + \frac{1}{2}\right)h\nu, \qquad n = 0, 1, 2, \dots$$

ins Gedächtnis zurückrufen. Daher beträgt die Grundzustandsenergie jedes Oszillators in einem Festkörper die Nullpunktsenergie, $E_0 = h\nu/2$. Die Existenz einer Nullpunktsenergie stört die Ableitung von Gl. (17.18) nicht, da durch sie zu $U_0 = N_A\, h\nu/2$ ein Zusatzterm hinzu kommt, der temperaturunabhängig ist; dieser Zusatzterm verschwindet, wenn die partielle Ableitung $(\partial U/\partial T)_V$ gebildet wird.

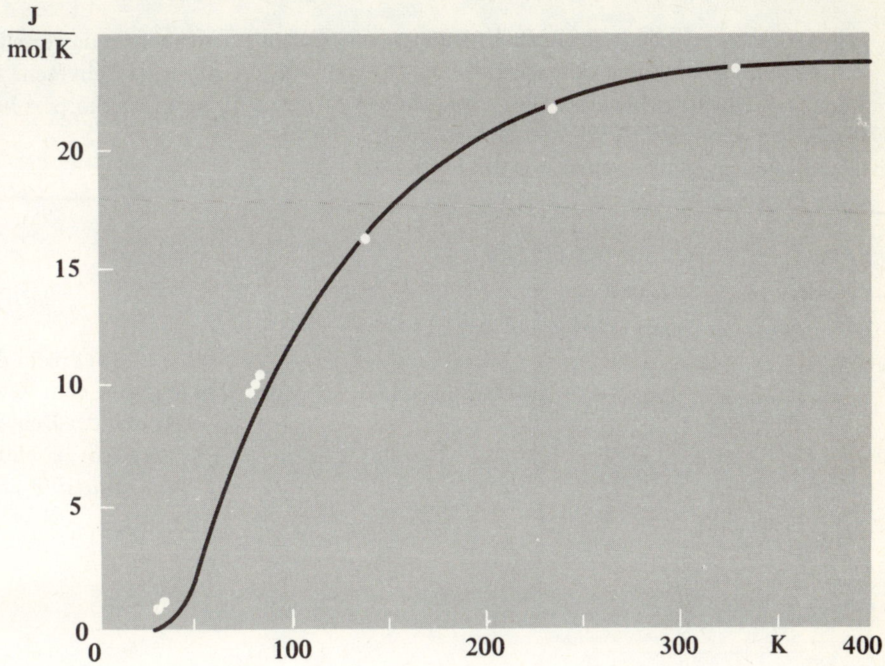

Bild 17.4
Vergleich der gemessenen spezifischen Wärme von Aluminium (Punkte) mit der von der Einsteinschen Theorie vorhergesagten Kurve.

Gl. (17.15) ist in Bild 17.4 für Aluminium mit $\nu = 6{,}4 \cdot 10^{12}$ Hz gezeichnet. Offensichtlich besteht gute Übereinstimmung mit den Daten außer bei den niedrigsten Energien, bei denen sich c_V nahezu wie T^3 verhält. Wir müssen daher immer noch nach einer vollständigen Erklärung der spezifischen Wärme von Festkörpern suchen.

17.5 Die Theorie von Debye

Im Einsteinschen Modell des Festkörpers wird jedes Atom als unabhängig von seinen Nachbarn angesehen. Beim Versuch, die Kopplung zwischen benachbarten Atomen zu berücksichtigen, wählte Peter Debye im Jahre 1912 das andere Extrem und faßte den Festkörper als kontinuierlichen elastischen Körper auf. Nach dieser Annahme ist die innere Energie eines Festkörpers nicht in den Schwingungen der Einzelatome, sondern in stehenden elastischen Wellen vorhanden. Diese Wellen haben wie elektromagnetische Wellen in einem Hohlraum quantisierte Energien. Ein Schwingungsquant in einem Festkörper wird *Phonon* genannt. Es bewegt sich mit Schallgeschwindigkeit, da Schallwellen elastische Wellen sind.

Die Anzahl möglicher stehender elastischer Wellen mit Wellenlängen zwischen λ und $\lambda + d\lambda$ in einem Festkörper vom Volumen 1 ist durch die Rayleighsche Formel (Gl. (14.19))

$$n(\lambda)d\lambda = \frac{4\pi\, d\lambda}{\lambda^4} \qquad (17.19)$$

gegeben. Durch die Frequenz ausgedrückt ergibt dies

$$n(\nu)d\nu = \frac{4\pi \nu^2 d\nu}{v^3}\,, \qquad (17.20)$$

wobei v die Wellengeschwindigkeit ist. Zwei Arten von elastischen Wellen können in einem Festkörper auftreten: Longitudinalwellen mit der Geschwindigkeit v_ℓ und Transversalwellen mit der Geschwindigkeit v_t. Außerdem gibt es zwei senkrechte Polarisationsrichtungen für transversale Wellen. Daher beträgt die Gesamtanzahl von möglichen stehenden elastischen Wellen mit Frequenzen zwischen ν und $\nu + d\nu$

$$n(\nu)d\nu = 4\pi\left(\frac{1}{v_\ell^3} + \frac{2}{v_t^3}\right)\nu^2\, d\nu. \qquad (17.21)$$

Debye nahm an, daß ein Phononengas dasselbe statistische Verhalten wie ein Photonengas hat, daß also für die mittlere Energie $\bar{E}$ jeder Teilwelle gilt:

$$\bar{E} = \frac{h\nu}{e^{h\nu/kT} - 1}. \qquad (17.22)$$

Die in den Wellen mit Frequenzen zwischen ν und $\nu + d\nu$ enthaltende Energie beträgt daher $n(\nu)\bar{E}d\nu$. Wenn das Volumen eines Mols eines speziellen Festkörpers V_0 beträgt, ist seine gesamte innere Energie U

$$U = V_0 \int_0^{\nu_m} n(\nu)\bar{E}d\nu$$

$$= 4\pi\, V_0\left(\frac{1}{v_\ell^3} + \frac{2}{v_t^3}\right)\int_0^{\nu_m} \frac{h\nu^3\, d\nu}{e^{h\nu/kT} - 1}\,. \qquad (17.23)$$

Die obere Grenze der Integration ist eine gewisse Maximalfrequenz ν_m, die die Tatsache ausdrückt, daß in einem Festkörper nicht beliebig große Schwingungsfrequenzen auftreten können. (Große Frequenzen bedeuten kleine Wellenlängen. Es ist sinnlos, von elastischen Wellen zu sprechen, wenn die Wellenlänge kleiner als der Abstand der schwingenden Atome wird.) Debye nahm an, daß genausoviel verschiedene Wellen vorhanden wären, wie der Festkörper Freiheitsgrade besitzt, d. h. $3\,N_A$ für 1 mol, so daß

$$3N_A = V_0 \int_0^{\nu_m} n(\nu)\,d\nu$$

$$= 4\pi V_0\left(\frac{1}{v_\ell^3}+\frac{2}{v_t^3}\right)\int_0^{\nu_m} \nu^2\,d\nu$$

$$= \frac{4\pi}{3} V_0\left(\frac{1}{v_\ell^3}+\frac{2}{v_t^3}\right)\nu_m^3 \tag{17.24}$$

und

$$\nu_m = \left[\frac{9N_A}{4\pi V_0\left(\frac{1}{v_\ell^3}+\frac{2}{v_t^3}\right)}\right]^{1/3}. \tag{17.25}$$

Gl. (17.23) kann durch ν_m ausgedrückt werden:

$$U = \frac{9N_A}{\nu_m^3}\int_0^{\nu_m} \frac{h\nu^3\,d\nu}{e^{h\nu/kT}-1}. \tag{17.26}$$

Zweckmäßigerweise führt man in Gl. (17.26) statt ν eine dimensionslose Größe x ein, die durch

$$x = \frac{h\nu}{kT} \tag{17.27}$$

definiert ist. Daher gilt

$$\nu = \frac{kT}{h}x$$

und

$$d\nu = \frac{kT}{h}dx.$$

Außerdem definieren wir die *Debye-Temperatur*

$$\Theta_D = \frac{h\nu_m}{k}. \tag{17.28}$$

Gl. (17.26) erhält mit diesen neuen Variablen die Form

$$U = 9N_A k\frac{T^4}{\Theta_D^3}\int_0^{\Theta_D/T} \frac{x^3\,dx}{e^x-1}$$

$$= 9R\frac{T^4}{\Theta_D^3}\int_0^{\Theta_D/T} \frac{x^3}{e^x-1}\,dx, \tag{17.29}$$

wobei die universelle Gaskonstante R statt $N_A k$ gesetzt wurde. Das Debyesche Resultat für die spezifische Molwärme eines Festkörpers bei konstantem Volumen lautet daher

$$c_V = \left(\frac{\partial U}{\partial T}\right)$$

$$= 9R\left[4\left(\frac{T}{\Theta_D}\right)^3\int_0^{\Theta_D/T} \frac{x^3\,dx}{e^x-1} - \left(\frac{\Theta_D}{T}\right)\frac{1}{e^{\Theta_D/T}-1}\right]. \tag{17.30}$$

Gl. (17.30) drückt die spezifische Wärme als Funktion von T/Θ_D aus, dem Verhältnis zwischen der absoluten Temperatur und der Debye-Temperatur des Materials. Die Tabelle 17.1 enthält für einige Substanzen die entsprechenden Debye-Temperaturen Θ_D.

Tabelle 17.1 Einige Debye-Temperaturen

Substanz	Θ_D,K
Hg	75
Pb	95
H	100
Na	160
Sn (weiß)	200
Sn (grau)	260
Cu	340
Fe	360
Al	375
Be	1200
C (Diamant)	1850
AgBr	150
NaCl	280
CaF_2	474

Gl. (17.30) hat für große und für kleine T einfache Grenzwerte, die mit der Beobachtung verglichen werden können. Wenn T groß ist, ist Θ_D/T sehr klein und $e^{\Theta_D/T} \approx 1 + \Theta_D/T$. Daher ergibt sich

$$\left(\frac{\Theta_D}{T}\right)\frac{1}{e^{\Theta_D/T}-1} \approx \frac{\Theta_D}{T}\,\frac{1}{1+\Theta_D/T-1} \approx 1.$$

Da auch $x = h\nu/kT$ für großes T klein ist, erhalten wir mit $e^x \approx 1 + x$

$$\frac{x^3}{e^x-1} \approx \frac{x^3}{1+x-1} \approx x^2$$

und

$$\int_0^{\Theta_D/T} \frac{x^3}{e^x-1}\,dx \approx \int_0^{\Theta_D/T} x^2\,dx \approx \frac{1}{3}\left(\frac{\Theta_D}{T}\right)^3.$$

Daher ergibt sich

$$c_V \approx 9R\left[4\left(\frac{T}{\Theta_D}\right)^3 \cdot \frac{1}{3}\left(\frac{\Theta_D}{T}\right)^3 - 1\right] \approx 9R\left[\frac{4}{3} - 1\right]$$

$$\approx 3R \qquad T \gg \Theta_D,$$

was der Wert von Dulong und Petit ist.

Bei sehr niederen Temperaturen ist Θ_D/T sehr groß, so daß der zweite Klammerausdruck in Gl. (17.30) vernachlässigt werden kann. Wir ersetzen außerdem die obere Integrationsgrenze im ersten Ausdruck durch ∞. Wegen

$$\int_0^\infty \frac{x^3}{e^x - 1}\,dx = \frac{\pi^4}{15}$$

erhalten wir

$$c_V \approx 9R\left[4\left(\frac{T}{\Theta_D}\right)^3 \frac{\pi^4}{15}\right]$$

$$\approx \frac{12}{5}\,\frac{\pi^4 R}{\Theta_D^3}\,T^3 \qquad T \ll \Theta_D. \qquad (17.31)$$

Die Debye-Theorie erklärt daher das beobachtete Tieftemperaturverhalten von c_V.

Bei mittleren Temperaturen muß die Debyesche Formel numerisch ausgewertet werden. Die entsprechende Kurve für c_V ist in Bild 17.5 dargestellt. Die Übereinstimmung mit dem Experiment ist für zahlreiche Substanzen ausgezeichnet. Die Kurve erreicht 95 % des Maximalwertes von c_V bereits bei $T/\Theta_D \approx 1$. Daher verhält sich im Bereich $T > \Theta_D$ ein Festkörper klassisch und hat eine spezifische Wärme $c_V \approx 3R$, den Wert nach Dulong und Petit, während für $T < \Theta_D$ sein Verhalten durch Quanteneffekte bestimmt und c_V mit abnehmender Temperatur kleiner wird. Der Grund für den Übergang vom klassischen zum Quantenverhalten ist derselbe wie bei der Einsteinschen Theorie der spezifischen Wärme. Bei hohen Temperaturen ist der Niveauabstand $h\nu$ zwischen möglichen Energien im Vergleich zu kT relativ klein, so daß das Spektrum praktisch kontinuierlich ist, während bei niedrigen Temperaturen der Niveauabstand groß gegenüber kT ist und das Auftreten von Energien über der Nullpunktsenergie behindert.

Trotz aller Erfolge enthält das Debye-Modell Vereinfachungen, die seine Anwendbarkeit begrenzen. Zum Beispiel hängt das tatsächliche Spektrum elastischer Wellen in einem Festkörper von seiner Kristallstruktur ab und ist im allgemeinen von dem in Gl. (17.21) angegebenen universellen Spektrum verschieden, das bei ν_m scharf abgeschnitten ist. Wenn die Gitterpunkte durch Atomgruppen und nicht durch Einzelatome besetzt sind, wie es bei Molekülkristallen und Ionenkristallen (mit Ionen wie NH_4^+) der Fall ist, müssen die Schwingungen der Atome innerhalb der Atomgruppe berücksichtigt werden. Da die inneren Schwingungen jeder Atomgruppe von denen der anderen Gruppen unabhängig sind, muß ein Faktor wie in Gl. (17.15) auch für solche Schwingungen berücksichtigt werden. Bei vielen Festkörpern gibt es noch andere Effekte, die die spezifische Wärme beeinflussen.

17.6 Die Fermi-Energie

Die verschiedenen Theorien zur Erklärung der spezifischen Wärme von Festkörpern, die wir hier besprochen haben, sind für Metalle genauso erfolgreich wie für Nichtmetalle, was überraschen mag, da die Existenz freier Elektronen in Metallen vollständig außer Betracht gelassen wurde. In einem typischen Metall trägt jedes Atom ein Elektron zum gemeinsamen „Elektronengas" bei, so daß in 1 mol eines Metalls N_A freie Elek-

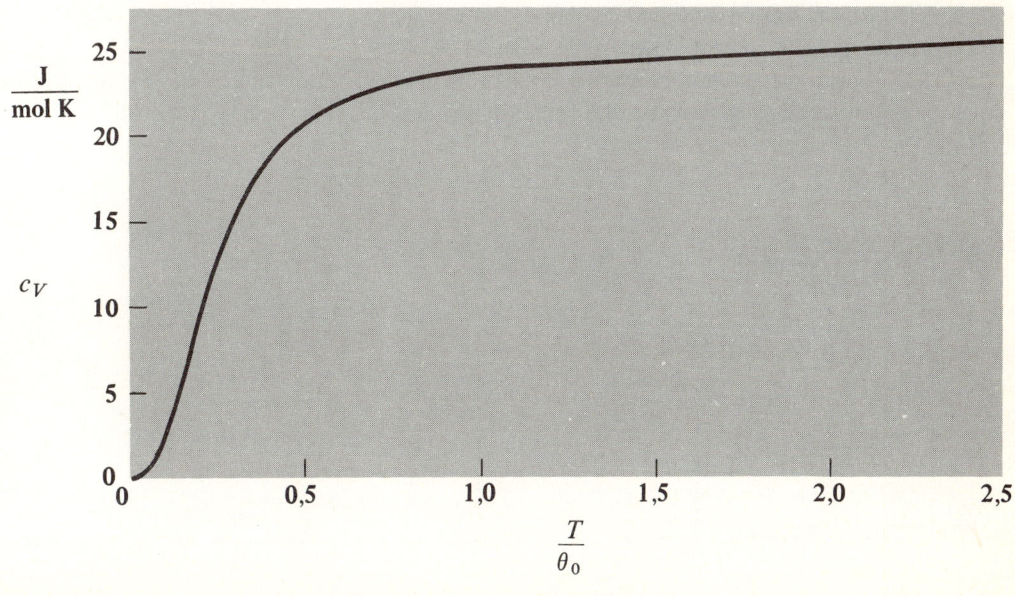

Bild 17.5
c_V in Abhängigkeit von T/Θ_D nach der Debyeschen Theorie (Gl. 17.30)

tronen vorhanden sind. Wenn sich diese Elektronen wie Moleküle in einem idealen Gas verhalten, sollten sie eine mittlere kinetische Energie $3/2\ kT$ besitzen, und das Metall sollte pro Mol

$$U_e = \frac{3}{2} N_A kT = \frac{3}{2} RT$$

an Elektronenenergie besitzen. Die spezifische Molwärme der Elektronen wäre daher

$$c_{Ve} = \left(\frac{\partial U_e}{\partial T}\right)_V = \frac{3}{2} R$$

und die gesamte spezifische Wärme des Metalls oberhalb der Debye-Temperatur sollte

$$c_V \approx 3R + \frac{3}{2} R \approx \frac{9}{2} R$$

sein. Doch auch bei hohen Temperaturen ist $c_V \approx 3R$, was darauf hinweist, daß freie Elektronen keinen Beitrag zur spezifischen Wärme leisten. Warum?

Um die unerwartet niedrigen spezifischen Wärmen von Metallen zu verstehen, müssen wir das statistische Verhalten des Elektronengases untersuchen. Nach Kapitel 14 erwarten wir, daß sich ein solches Gas wie ein System von Fermiteilchen verhält und daher der Fermi-Dirac-Statistik gehorcht. Die Anzahl n_i von Elektronen mit der Energie u_i beträgt

$$n_i = \frac{g_i}{e^\alpha e^{u_i/kT} + 1} \qquad (17.32)$$

Es ist zweckmäßiger, eine kontinuierliche Verteilung der Elektronenenergien zu betrachten, weshalb wir das Verteilungsgesetz

$$n(u)\,du = \frac{g(u)\,du}{e^\alpha e^{u/kT} + 1} \qquad (17.33)$$

verwenden.

Um $g(u)du$, die Anzahl der Quantenzustände mit Energien zwischen u und $u + du$, zu bestimmen, verwenden wir dieselbe Argumentation wie für das Photonengas der Hohlraumstrahlung. Analog zu den zwei möglichen Polarisationsrichtungen der Photonen haben wir hier zwei mögliche Spinzustände der Elektronen ($m_s = +1/2$ und $m_s = -1/2$), so daß wir dieselbe Formel wie in Abschnitt 14.4 erhalten:

$$g(p)dp = \frac{8\pi V p^2\,dp}{h^3} \quad .$$

Für nichtrelativistische Elektronen gilt

$$p^2 dp = (2m^3 u)^{1/2}\,du,$$

so daß wir schließlich

$$g(u)du = \frac{8\sqrt{2}\pi V m^{3/2}}{h^3} u^{1/2}\,du \qquad (17.34)$$

erhalten.

Nun müssen wir den Parameter α bestimmen. Dazu betrachten wir das Elektronengas bei tiefen Temperaturen. Wie wir in Abschnitt 14.6 gesehen haben, ist für kleine Temperaturen von $u = 0$ bis nahe zur Fermi-Energie u_F der Besetzungsindex 1, worauf er schnell nach 0 abfällt. Dies spiegelt das Ausschließungsprinzip wieder: Kein Zustand kann mehr als ein Elektron enthalten, und daher ist die Konfiguration mit der geringsten Energie die, in der die niedrigsten Zustände gefüllt und die restlichen unbesetzt sind. Wenn wir

$$\alpha = \frac{u_F}{kT} \qquad (17.35)$$

setzen, wird der Besetzungsindex

$$f(u) = \frac{n(u)}{g(u)} = \frac{1}{e^{(u-u_F)/kT} + 1} \quad . \qquad (17.36)$$

Diese Formel stimmt mit dem Ausschließungsprinzip überein. Bei $T = 0$ gilt

$$\begin{aligned} f(u) &= 1, &&\text{wenn } u < u_F \\ &= 0, &&\text{wenn } u > u_F \\ &= \tfrac{1}{2}, &&\text{wenn } u = u_F. \end{aligned}$$

Mit zunehmender Temperatur verhält sich der Besetzungsindex wie in Bild 17.6.

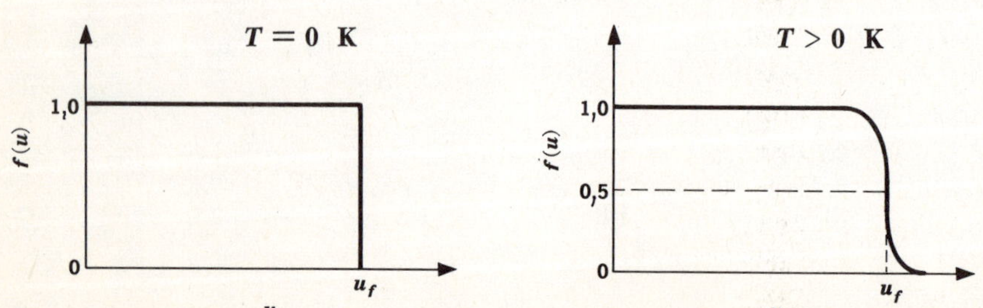

Bild 17.6
Die Besetzungsdichte einer Fermi-Dirac-Verteilung am absoluten Nullpunkt und bei $T > 0$.

Die Fermienergie u_F eines Metalls mit N freien Elektronen können wir dadurch berechnen, daß wir von $u = 0$ an die Energiezustände mit Elektronen besetzen. Der höchste zu besetzende Zustand wird dann die Energie $u = u_F$ haben. Da jeder Zustand nur ein Elektron enthalten kann, ist die Anzahl der Elektronen mit derselben Energie u gleich der Anzahl der Zustände $g(u)$ mit dieser Energie. Daher erhalten wir

$$\int_0^{u_F} g(u)du = N \qquad (17.37)$$

Indem wir Gl. (17.34) einsetzen, erhalten wir

$$N = \frac{8\sqrt{2}\,\pi V m^{3/2}}{h^3} \int_0^u u^{1/2} du$$

$$= \frac{16\sqrt{2}\,\pi V m^{3/2}}{h^3} u_F^{3/2}$$

und

$$u_F = \frac{h^2}{2m}\left(\frac{3N}{8\pi V}\right)^{2/3}. \qquad (17.38)$$

Die Größe N/V ist die Dichte der freien Elektronen; daher ist u_F von den Abmessungen des Metallstückes unabhängig.

Wir wollen nun die Fermi-Energie für Kupfer berechnen. Die Elektronenkonfiguration des Grundzustands von Kupferatomen ist $1s^2\,2s^2\,2p^6\,3s^2\,3p^6\,3d^{10}\,4s$. Jedes Atom hat also außerhalb abgeschlossener innerer Schalen ein einzelnes $4s$-Elektron. Man darf daher annehmen, daß jedes Kupferatom ein freies Elektron zum Elektronengas beiträgt. Die Elektronendichte $\eta = N/V$ ist daher der Dichte der Kupferatome gleich, die durch die Beziehung

$$\frac{\text{Atome}}{\text{Volumen}} = \frac{(\text{Atome/Mol}) \cdot (\text{Masse/Volumen})}{\text{Masse/Mol}} = \frac{N_A \rho}{M} \qquad (17.39)$$

gegeben ist. Dabei bedeuten N_A die Avogadrosche Zahl = $6{,}02 \cdot 10^{23}$ Atome pro Mol, ρ = die Dichte von Kupfer = $8{,}94 \cdot 10^3$ kg/m³ und M die molare Masse von Kupfer = 0,0635 kg/mol so daß

$$\eta = \frac{6{,}02 \cdot 10^{23}\ \text{Atome/mol} \cdot 8{,}94 \cdot 10^3\ \text{kg/m}^3}{0{,}0635\ \text{kg/mol}}$$

$$= 8{,}5 \cdot 10^{28}\ \text{Atome/m}^3$$

$$= 8{,}5 \cdot 10^{28}\ \text{Elektronen/m}^3.$$

Die entsprechende Fermi-Energie beträgt nach Gl. (17.38)

$$u_F = \frac{(6{,}63 \cdot 10^{-34}\ \text{Js})^2}{2 \cdot 9{,}11 \cdot 10^{-31}\ \text{kg}} \left(\frac{3 \cdot 8{,}5 \cdot 10^{28}\ \text{m}^3}{8\pi}\right)^{2/3}$$

$$= 1{,}13 \cdot 10^{-18}\ \text{J}$$

$$= 7{,}04\ \text{eV}.$$

Am absoluten Nullpunkt ($T = 0$) gäbe es im Kupfer Elektronen mit Energien bis zu 7,04 eV. Im Gegensatz dazu hätten *alle* Moleküle eines idealen Gases am absoluten Nullpunkt die Energie Null. Wegen seines offensichtlich nicht klassischen Verhaltens nennt man das Elektronengas in einem Metall *entartet*. Tabelle 17.2 gibt die Fermi-Energien einiger Metalle an.

Tabelle 17.2 Einige Fermi-Energien

Metall	Fermi-Energie, eV
Lithium (Li)	4,72
Natrium (Na)	3,12
Aluminium (Al)	11,8
Kalium (K)	2,14
Cäsium (Cs)	1,53
Kupfer (Cu)	7,04
Zink (Zn)	11,0
Silber (Ag)	5,51
Gold (Au)	5,54

17.7 Die Verteilung der Elektronenenergien

Wir können nun die Gln. (17.34) und (17.35) in Gl. (17.33) einsetzen, um die Anzahl der Elektronen eines Elektronengases mit Energien zwischen u und $u + du$ zu erhalten: Dies ergibt

$$n(u)du = \frac{(8\sqrt{2}\,\pi V m^{3/2}/h^3) u^{1/2} du}{e^{(u-u_F)/kT} + 1}. \qquad (17.40)$$

Wenn wir den Zähler in Gl. (17.40) durch die Fermi-Energie u_F ausdrücken, erhalten wir

$$n(u)du = \frac{(3N/2)\, u_F^{-3/2}\, u^{1/2} du}{e^{(u-u_F)/kT} + 1}. \qquad (17.41)$$

Diese Beziehung ist in Bild 17.7 für die Temperaturen $T = 0$ K, 300 K bzw. 1200 K dargestellt.

Wie groß ist die mittlere Elektronenenergie am absoluten Nullpunkt? Dazu bestimmen wir zuerst die Gesamtenergie U_0 bei $T = 0$, also

$$U_0 = \int_0^{u_F} u\, n(u) du.$$

Da bei $T = 0$ K alle Elektronen Energien unterhalb der Fermi-Energie u_F haben, können wir

$$e^{(u-u_F)/kT} = 0$$

setzen und erhalten

$$U_0 = \frac{3N}{2} u_F^{-3/2} \int_0^{u_F} u^{3/2} du$$

$$= \frac{3}{5} N u_F. \qquad (17.42)$$

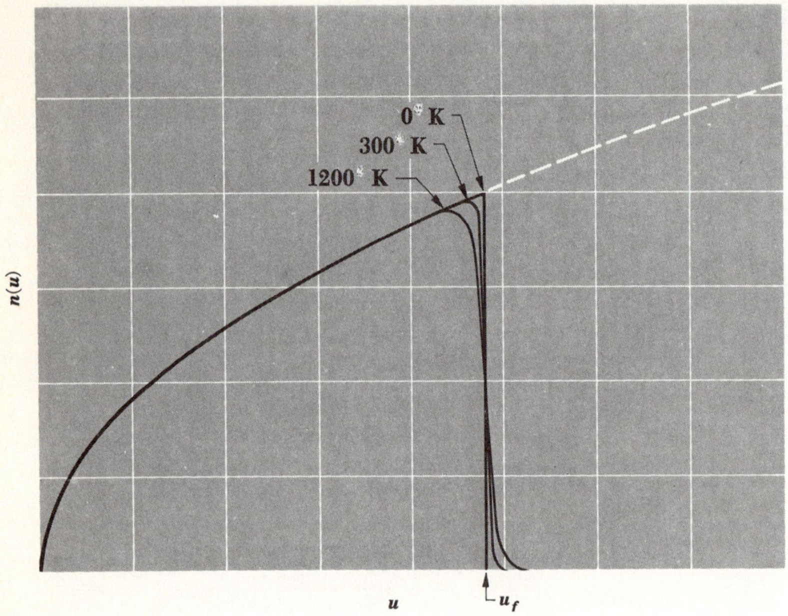

Bild 17.7
Verteilung der Elektronenenergie in einem Metall bei verschiedenen Temperaturen.

Die mittlere Elektronenenergie $\overline{u}_0$ ist die Gesamtenergie dividiert durch die Anzahl der Elektronen N, wodurch wir

$$\overline{u}_0 = \frac{3}{5} u_F \qquad (17.43)$$

erhalten. Da Fermi-Energien für Metalle meist einige Elektronenvolt betragen, ist die mittlere Elektronenenergie in Metallen bei $T = 0$ K ebenfalls von dieser Größenordnung. Die Temperatur eines idealen Gases, dessen Moleküle eine mittlere kinetische Energie von 1 eV besitzen, beträgt 11 600 K. Würden sich also freie Elektronen klassisch verhalten, müßte ein Kupferstück eine Temperatur von etwa 50 000 K haben, wenn seine Elektronen dieselbe mittlere Energie besitzen sollten, die sie tatsächlich bei $T = 0$ K besitzen.

Wie bereits in Kapitel 15 erwähnt wurde, stellt die beträchtliche kinetische Energie der Valenzelektronen des Elektronengases eine abstoßende Komponente dar. Bei der Bildung eines Festkörpers aus einzelnen Metallatomen wird zusätzliche Energie gebraucht, um die Valenzelektronen in die vom Ausschließungsprinzip geforderten höheren Energiezustände zu bringen. Andererseits sind die Atome im metallischen Festkörper wegen ihrer Bindung einander näher als sonst. Daher sind die Valenzelektronen im metallischen Festkörper im Mittel näher bei einem Atomkern, als sie in isolierten Metallatomen wären. Sie haben dadurch niedrigere potentielle Energien, so daß die Summe dieser Effekte zu einer Bindungskraft führt, selbst wenn die Abstoßung aufgrund der kinetischen Energie der Elektronen berücksichtigt wird.

17.8 Spezifische Wärme der Elektronen

Die freien Elektronen in einem Metall tragen zur spezifischen Wärme des Metalls nicht nennenswert bei. Wird ein Metall erhitzt, so werden nur die Elektronen in der Nähe der Fermi-Energie in höhere Energiezustände angehoben. Die energetisch niedrigeren Elektronen können keine zusätzliche Energie aufnehmen, weil die Zustände über ihnen bereits besetzt sind und zum Überspringen dieser Zustände nicht genug thermische Energie zur Verfügung steht: Bei Zimmertemperatur (300 K) beträgt kT nur 0,025 eV.

Wenn ein Festkörper erwärmt wird, nehmen nur die Elektronen, die nicht mehr als kT von der Fermi-Energie entfernt sind, zusätzliche Energie auf. Wir können die Anzahl dieser Elektronen durch die Annahme abschätzen, daß $n(u)$ in der Nähe der Fermi-Energie direkt zu u proportional ist. Dadurch ergibt sich als Anzahl N von Elektronen, die zur spezifischen Wärme eines Mols eines einwertigen Metalls bei der Temperatur T beitragen,

$$N \approx N_A \frac{\Delta u}{u_F} \approx N_A \left(\frac{kT}{u_F}\right),$$

da N_A freie Elektronen im Mol vorhanden sind. Jedes dieser N Elektronen hat nach Annahme $3/2\, kT$ an Energie aufgenommen; daher beträgt der Gesamtbeitrag der Elektronen zur inneren Energie des Metalls

$$U_e \approx N_A \left(\frac{kT}{u_F}\right) \cdot \frac{3}{2} kT$$

$$\approx \frac{3}{2}\left(\frac{kT}{u_F}\right) \cdot RT$$

wobei $N_A k = R$ gesetzt wurde. Die entsprechende spezifische Wärme der Elektronen beträgt

$$c_{Ve} = \left(\frac{\partial U_e}{\partial T}\right)_V \approx \frac{3}{2}\left(\frac{kT}{u_F}\right)R$$

und nicht $3/2\,R$, wie die klassische Theorie eines Elektronengases vorhersagt. Eine genauere Rechnung führt auf

$$c_{Ve} = \frac{\pi^2}{2}\left(\frac{kT}{u_F}\right)R. \tag{17.44}$$

Bei Zimmertemperatur liegt kT/u_F für die in Tabelle 17.2 angeführten Metalle zwischen 0,016 für Cäsium und 0,0021 für Aluminium, daher ist der Koeffizient des Faktors R viel kleiner als der klassische Wert 3/2. Die spezifische Wärme des Gitters überwiegt die spezifische Wärme der Elektronen in einem sehr weiten Temperaturbereich. Bei sehr niedrigen Temperaturen wird jedoch c_{Ve} wichtig, da c_V zu T^3 proportional ist, wenn T die Debye-Temperatur wesentlich unterschreitet, während c_{Ve} zu T proportional ist. Bei sehr hohen Temperaturen nimmt c_V einen konstanten Wert von ungefähr R an. Jedoch nimmt c_{Ve} weiter zu und sein Beitrag zur gesamten spezifischen Wärme wird meßbar, obwohl der Schmelzpunkt erreicht wird, bevor c_{Ve} größer als c_V wird.

17.9 Aufgaben

1. Bestimmen Sie die mittlere Schwingungsamplitude von Aluminiumatomen am Schmelzpunkt des Aluminiums (660 °C). Welcher Bruchteil des Atomabstands ist dies?
2. In festem Eisen beträgt der Atomabstand 0,248 nm, der Elastizitätsmodul ist $9{,}1 \cdot 10^{10}$ N/m². Eisenatome haben eine mittlere Masse von $9{,}3 \cdot 10^{-26}$ kg.
   a) Bestimmen Sie die Schwingungsfrequenz der Atome.
   b) Bestimmen Sie die mittlere Schwingungsamplitude am Schmelzpunkt des Eisens (1539 °C).
3. Blei hat eine kubischflächenzentrierte Struktur mit einer Gitterkonstante von 0,494 nm. Der Elastizitätsmodul ist $1{,}6 \cdot 10^{10}$ N/m². Blei schmilzt, wenn die mittlere Schwingungsamplitude 15,8 % des Atomabstands ist. Bestimmen Sie daraus den Schmelzpunkt von Blei.
4. Für Kupfer ist $v_\ell = 4{,}56 \cdot 10^3$ m/s und $v_t = 2{,}25 \cdot 10^3$ m/s. Die Dichte von Kupfer ist 8,96 g/cm³, seine relative Atommasse ist 63,54.
   a) Berechnen Sie v_m aus diesen Angaben.
   b) Die Debye-Temperatur für Kupfer beträgt 340 K. Berechnen Sie aus dieser Zahl v_m und vergleichen Sie das Resultat mit dem Ergebnis von a).
5. Welcher Zusammenhang besteht zwischen der Tatsache, daß für die freien Elektronen in einem Metall die Fermi-Statistik gilt, und der Tatsache, daß der photoelektrische Effekt praktisch temperaturunabhängig ist.
6. Die Fermi-Energie von Silber beträgt 5,51 eV.
   a) Welche mittlere Energie haben die freien Elektronen in Silber bei 0 K?
   b) Welche Temperatur müßte ein ideales Gas haben, damit seine Moleküle dieselbe mittlere Energie hätten?
   c) Welche Geschwindigkeit hat ein Elektron mit dieser Energie?
7. Die Fermi-Energie von Kupfer beträgt 7,04 eV. Welcher Bruchteil von freien Elektronen befindet sich
   a) bei Zimmertemperatur
   b) am Schmelzpunkt von Kupfer (1 083 °C) in angeregten Zuständen?
8. Die Dichte von Zink beträgt 7,13 g/cm³ und seine relative Atommasse 65,4. Die Elektronenstruktur von Zink ist in Tabelle 8.2 angegeben. Die effektive Masse eines Elektrons (siehe Abschnitt 18.7) in Zink ist 0,85 m_e. Berechnen Sie die Fermi-Energie für Zink.
9. Die spezifische Wärme der Elektronen für Zink ist 0,544 T J/kg K. Bestimmen Sie aus dieser Angabe die Fermi-Energie von Zink.
10. Bestimmen Sie die spezifische Wärme der Elektronen in Silber bei Zimmertemperatur und am Schmelzpunkt (960 °C). Welchen Bruchteil der spezifischen Wärme des Gitters nach dem Gesetz von Dulong und Petit machen diese Werte aus?
11. Warum ist die spezifische Wärme der Elektronen in Nichtmetallen vernachlässigbar?
12. Wie würde sich der Besetzungsgrad jedes Zustands ändern, wenn die Elektronen eines Metalls eine Maxwell-Boltzmann-Energieverteilung statt einer Fermi-Dirac-Verteilung hätten.
13. Leiten Sie die Gl. (17.38) in der folgenden Weise ab: Es seien N Elektronen in einem würfelförmigen Kasten mit der Seitenlänge ℓ; berechnen Sie die Anzahl der Quantenzustände, für die $n = \sqrt{n_x^2 + n_y^2 + n_z^2}$ kleiner als ein vorgegebener Wert n_F ist. (Dies geschieht am leichtesten im n-Raum.) Multiplizieren Sie die Anzahl der Quantenzustände mit der Anzahl der Elektronen, die jeden Zustand besetzen können, und setzen Sie das Resultat gleich N. Lösen Sie nach n_F auf und bestimmen Sie u_F mit Hilfe von Gl. (6.47).

18 Bändertheorie des Festkörpers

In fast jedem kristallinen Festkörper, sei er ein Metall oder ein Nichtmetall, sind die Atome so eng benachbart, daß ihre Valenzelektronen ein dem ganzen Kristall gemeinsames System von Elektronen bilden. Das Pauliprinzip ist erfüllt, da die Energiezustände der äußeren Elektronenschalen der Atome durch ihre gegenseitige Wechselwirkung geringfügig geändert werden. Statt der einzelnen genau definierten Energieniveaus der Atome besitzt der Kristall ein *Energieband* von unzähligen verschiedenen Niveaus, die nahe beieinander liegen. Da es so viele Energieniveaus wie Atome im Kristall gibt, kann das Band als Kontinuum zulässiger Energien behandelt werden. Die Existenz von Energiebändern, die Lücken zwischen ihnen und das Ausmaß, in dem sie mit Elektronen besetzt sind, bestimmen die elektrischen Eigenschaften eines Festkörpers.

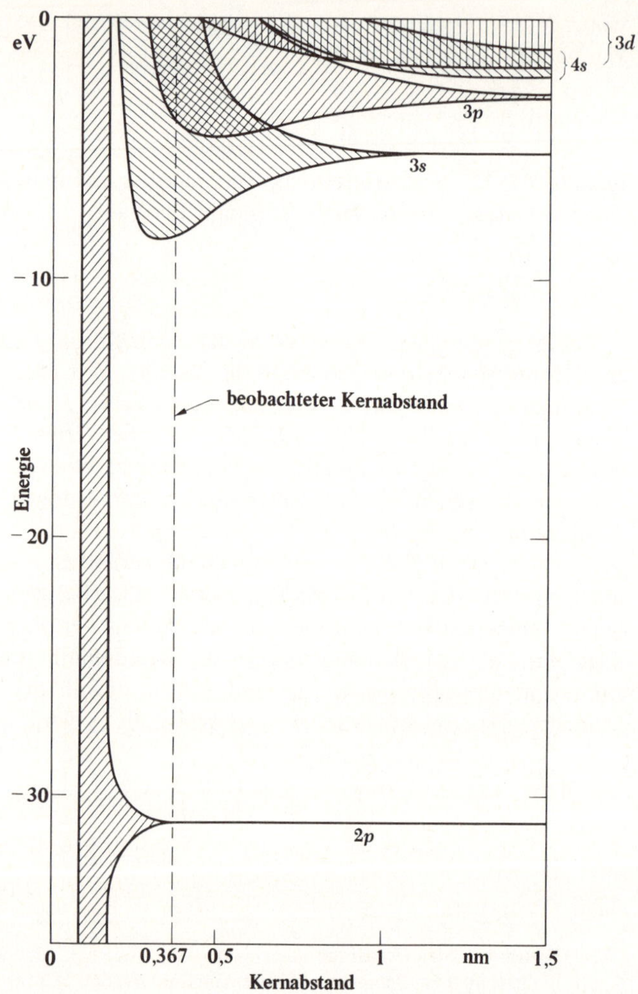

Bild 18.1 Aus den Energieniveaus des Natriumatoms werden mit abnehmendem Kernabstand Bänder. In festem Natrium beträgt der Kernabstand 3,67 Å.

18.1 Energiebänder

Das Entstehen der Energiebänder kann man auf zweierlei Weise betrachten. Am einfachsten ist es, die Veränderung der Energieniveaus isolierter Atome zu verfolgen, während sie immer näher aneinander gebracht werden, so daß sie schließlich einen Festkörper bilden. Wir werden diesem Weg zunächst folgen und dann einige Folgerungen aus der Existenz der Bänder ziehen. In den späteren Abschnitten dieses Kapitels werden wir die Energiebänder im Hinblick auf die Einschränkungen untersuchen, denen die Bewegung der Elektronen aufgrund der Periodizität des Kristallgitters unterliegt. Dieser Zugang führt zu einem tieferen Verständnis und stellt die Grundlage eines Großteils der modernen Festkörpertheorie dar.

Bild 18.1 zeigt die Energieniveaus von Natrium in Abhängigkeit vom Kernabstand. Als erstes besetztes Niveau des Natriumatoms verbreitert sich das $3s$-Niveau zu einem Band; das $2p$-Niveau beginnt sich erst bei sehr kleinen Kernabständen zu verbreitern. Dieses Verhalten spiegelt die Reihenfolge, in der die Elektronenunterschalen der Natriumatome beim Näherbringen der Atome in Wechselwirkung treten. Die mittleren Energien der $3p$- und $3s$-Bänder sinken zuerst, was auf anziehende Kräfte hinweist. Der tatsächliche Kernabstand in festem Natrium ist eingetragen, und er entspricht, wie es sein muß, der Situation mit der niedrigsten mittleren Energie.

Die Energiebänder im Festkörper entsprechen den Energieniveaus im Atom, und Elektronen in Festkörpern können nur die Energien besitzen, die in diese Bänder fallen. Die Energiebänder können sich wie in Bild 18.2 überlappen; die Elektronen besitzen dann eine kontinuierliche Verteilung zulässiger Energien. In anderen Festkörpern überlappen die Bänder nicht (Bild 18.3), die zwischen den Bändern liegenden Bereiche werden *verbotene Bänder* genannt, da die Elektronen diese Energien nicht besitzen können. Das elektrische Verhalten eines kristallinen Festkörpers wird sowohl durch seine Bandstruktur als auch dadurch bestimmt, wie die Bänder normalerweise von Elektronen gefüllt sind.

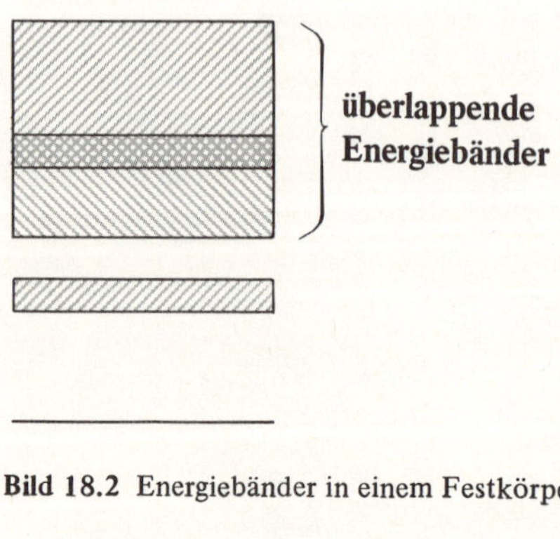

Bild 18.2 Energiebänder in einem Festkörper können überlappen

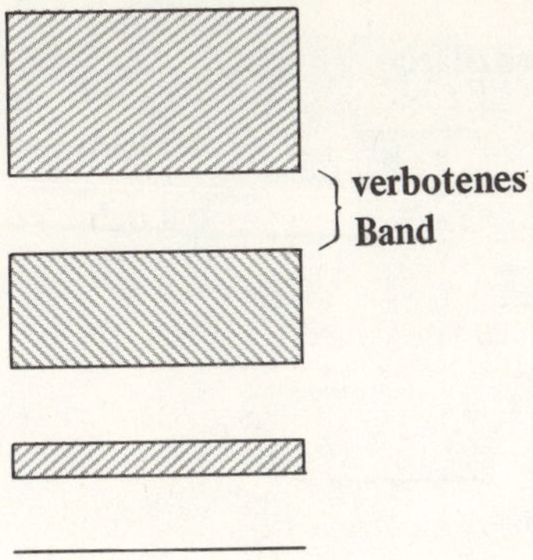

Bild 18.3
Eine Lücke trennt nichtüberlappende Energiebänder

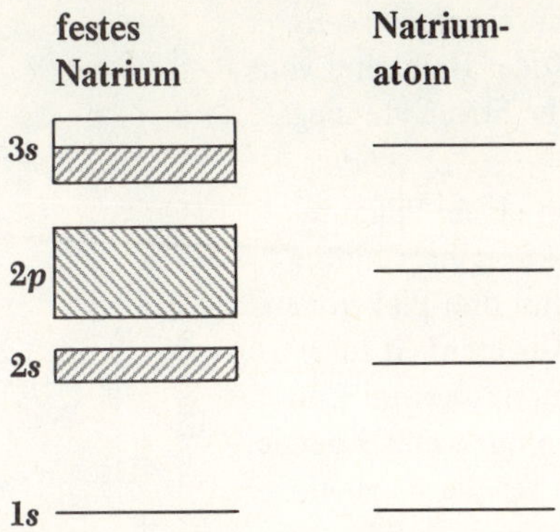

Bild 18.4
Energieniveaus des Natriumatoms und die entsprechenden Energiebänder in festem Natrium (nicht maßstäblich)

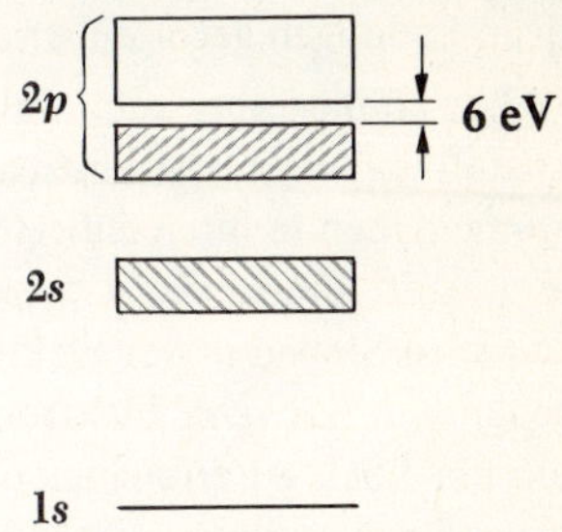

Bild 18.5
Energiebänder im Diamant (nicht maßstäblich)

Bild 18.4 zeigt vereinfacht die Energieniveaus eines Natriumatoms und die Energiebänder von festem Natrium. Natriumatome haben in ihrer äußersten Schale ein einzelnes 3*s*-Elektron. Daher ist das niedrigste Energieband im Natriumkristall nur halb besetzt, denn jedes Niveau im Band kann (wie im Atom) zwei Elektronen enthalten. Wird ein elektrisches Feld an ein Stück festes Natrium angelegt, können die Elektronen leicht zusätzliche Energie gewinnen, während sie in ihrem ursprünglichen Band bleiben. Die zusätzliche Energie ist kinetische Energie, und die bewegten Elektronen stellen einen elektrischen Strom dar (siehe Abschnitt 18.3). Natrium ist daher wie andere kristalline Festkörper, deren Bänder nur teilweise gefüllt sind, ein guter elektrischer Leiter.

Bild 18.5 zeigt in vereinfachter Weise die Energiebänder von Diamant. Die beiden unteren Bänder sind vollständig mit Elektronen gefüllt, und es besteht eine Lücke von 6 eV zwischen der oberen Kante des höheren besetzten Bandes und dem darüberliegenden leeren Band. Daher müssen mindestens 6 eV an zusätzlicher Energie einem Elektron in einem Diamantkristall zur Verfügung stehen, wenn es beschleunigt werden soll, da es keine Energie im verbotenen Band besitzen darf. Einen Energiezuwachs dieser Größenordnung kann ein Elektron in einem Kristall kaum durch ein elektrisches Feld erhalten. Im Mittel erfährt ein Elektron bei der Bewegung durch den Kristall nach ca. 10^{-8} m einen Zusammenstoß und verliert den Großteil der Energie, die es aus dem elektrischen Feld aufgenommen hat. Damit ein Elektron auf einer Weglänge von 10^{-8} m 6 eV gewinnt, braucht man eine Feldstärke von $6 \cdot 10^8$ V/m; dies ist 10^{10} mal mehr, als man in Natrium zur Erzeugung eines Stromes braucht. Diamant ist daher ein schlechter elektrischer Leiter und wird als Isolator bezeichnet.

Silicium hat eine ähnliche Kristallstruktur wie Diamant; auch hier ist das vollständig besetzte Energieband durch eine Lücke vom unbesetzten höheren Band getrennt. Die Lücke beträgt jedoch nur 1,1 eV. Bei tiefen Temperaturen leitet Silicium etwas besser als Diamant, bei Raumtemperatur hat ein kleiner Bruchteil seiner Elektronen genügend kinetische Energie thermischen Ursprungs, um die Lücke zu überspringen und ins darüber liegende Energieband zu gelangen. Diese Elektronen reichen aus, um einen Strom fließen zu lassen, wenn eine elektrische Spannung angelegt wird. Der elektrische Widerstand von Silicium liegt zwischen dem von Leitern und dem von Isolatoren, Silicium gehört zu den *Halbleitern.*

18.2 Dotierte Halbleiter

Die Leitfähigkeit von Halbleitern kann durch geringe Mengen von Fremdatomen beträchtlich verändert werden. Bauen wir einige Arsenatome in einem Siliciumkristall ein. Arsenatome haben in ihren äußersten Schalen fünf Elektronen, Siliciumatome nur vier. Für diese Schalen ergeben sich die Konfigurationen $4s^2\,4p^3$ bzw. $3s^2\,3p^2$. Wenn ein Arsenatom in einem Siliciumkristall ein Siliciumatom ersetzt, sind vier seiner Elektronen an den kovalenten Bindungen mit den nächsten Nachbarn beteiligt. Das fünfte Elektron kann mit geringem Energieaufwand abgelöst werden, worauf es sich im Gitter bewegen kann. Bild 18.6 zeigt, wie das Vorhandensein von Arsen Energieniveaus unterhalb des Leitungsbandes

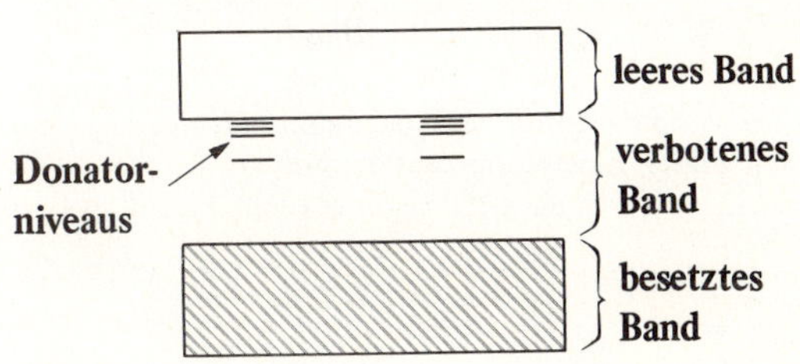

Bild 18.6 Eine Verunreinigung eines Siliziumkristalls durch Arsen ergibt Donatorniveaus im sonst verbotenen Band, wodurch ein *n*-Halbleiter entsteht.

zur Verfügung stellt. Diese Niveaus heißen *Donatorniveaus,* die Substanz wird *n-leitender* Halbleiter (oder Halbleiter vom *n*-Typ) genannt, weil in ihm der elektrische Strom von negativen Ladungen getragen wird.

Wir können aber auch Galliumatome in einem Siliciumkristall einbauen, was einen anderen Effekt ergibt. Galliumatome haben in ihren äußersten Schalen nur drei Elektronen, ihre Konfiguration ist $4s^2\,4p$, und ihre Anwesenheit führt zu freien Stellen in der Elektronenstruktur des Kristalls, sogenannten *Löchern.* Elektronen benötigen nur wenig Energie, um ein Loch zu erreichen, doch hinterlassen sie dabei ein neues Loch an ihrem früheren Platz. Wird an einen Siliciumkristall, der mit Gallium dotiert ist, ein elektrisches Feld angelegt, bewegen sich die Elektronen zur Anode, indem sie hintereinander Löcher besetzen. Dieser Leitungsmechanismus für den elektrischen Strom wird als *Löcherleitung* bezeichnet, da es scheint, als ob positive Ladungen zur negativen Elektrode fließen würden. Eine Substanz dieser Art heißt *p-leitender* Halbleiter (oder Halbleiter vom *p*-Typ). Im Energiebanddiagramm von Bild 18.7 sehen wir, daß die Gegenwart vom Gallium sogenannte *Akzeptorniveaus* schafft, die sich gerade oberhalb des höchsten besetzten Bandes befinden. Wenn Elektronen in diese Zustände übergehen, lassen sie im zuvor gefüllten Band leere Stellen zurück, die Löcher, wodurch ein elektrischer Strom fließen kann.

Die Dotierung von Germanium und Siliciumkristallen kann so kontrolliert werden, daß ein Teil des Kristalls vom *n*-Typ und der Rest vom *p*-Typ ist, wobei nur eine dünne Grenzschicht vorhanden ist. Es gibt einige Methoden, solche Kristalle zu züchten, doch ist die einfachste, einen Kristall langsam aus geschmolzenem Germanium zu ziehen, das Donatoratome enthält, und dann plötzlich Akzeptoratome in die Schmelze zu geben. Der zuerst gezogene Teil des Kristalls ist dann vom *n*-Typ, der Rest dagegen vom *p*-Typ, wenn der Anteil an Akzeptoratomen den von Donatoratomen im letzten Stadium des Kristallwachstums überwiegt.

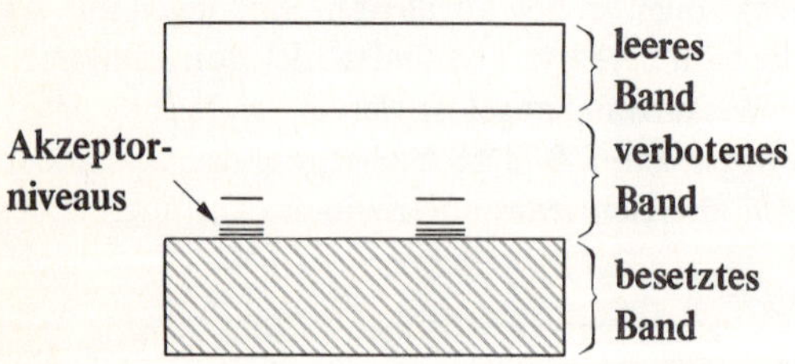

Bild 18.7 Eine Verunreinigung eines Silizumkristalls durch Gallium ergibt Akzeptorniveaus im sonst verbotenen Band, wodurch ein *p*-Halbleiter entsteht.

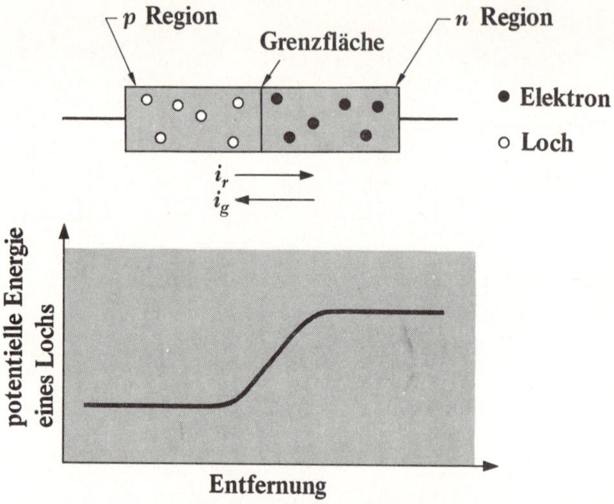

(a) **thermisches Gleichgewicht**

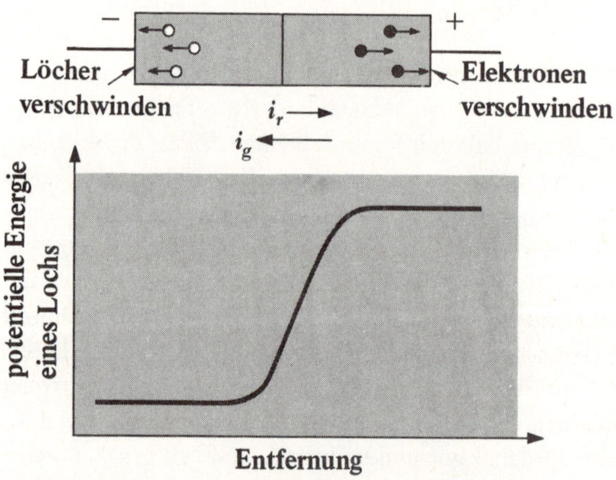

(b) **Gegenspannung sperrt den Halbleiter**

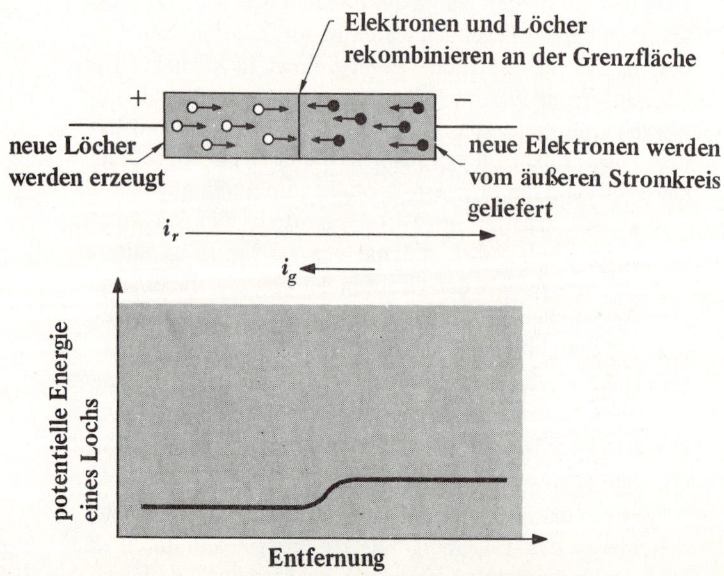

(c) **Halbleiter im leitenden Zustand**

Bild 18.8 Wirkungsweise eines Halbleitergleichrichters.

Die Grenzschicht zwischen einem p-leitenden und einem n-leitenden Bereich eines Halbleiters zeigt die wichtige Eigenschaft, daß ihr elektrischer Widerstand von der Stromrichtung abhängt. Selbst, wenn an gegenüberliegenden Seiten eines Kristalls mit einer p-n-Grenzschicht keine Spannung angelegt wird, fließen Elektronen und Löcher in beide Richtungen durch die Grenzfläche. Einige Löcher haben genug Energie, um aus der p- in die n-Region zu diffundieren, wo sie mit Leitungselektronen rekombinieren, während gleichzeitig thermische Schwankungen zur spontanen Erzeugung von Löchern in der n-Region führen, die durch die Grenzschicht in die p-Region fließen. Im Gleichgewicht sind die beiden Ströme I_r und I_g gleich (siehe Bild 18.8a). Der zweite Teil von Bild 18.8a zeigt die potentielle Energie eines Lochs im Kristall. In Bild 18.8b ist an den Kristall eine Spannung angelegt, so daß das p-leitende Ende negativ und das n-leitende Ende positiv ist. Dabei wird die Potentialdifferenz an der Grenzfläche über den Wert in a) erhöht, der Rekombinationsstrom I_r wird dadurch behindert, ohne daß I_g merkbar beeinflußt wird. Daher ist der Grenzstrom in diesem Fall I_g. In Bild 18.8c ist die Polarität umgedreht, so daß das p-leitende Ende des Kristalls positiv ist. Nun ist die Diffusion von Löchern durch die Grenzfläche in die n-Region des Kristalls verstärkt und I_r nimmt mit zunehmender Spannung zu. Das Verhalten des Elektronenstroms entspricht genau dem des Löcherstroms, wenn ein Vorzeichenwechsel berücksichtigt wird, so daß bei angelegter Gegenspannung wenige Elektronen von der n- in die p-Region fließen, während bei umgekehrter Polarität zahlreiche Elektronen die Potentialschwelle überschreiten und den Löcherstrom in die entgegengesetzte Richtung mehr als kompensieren können, so daß sich ein starker elektrischer Strom ergibt. Eine p-n-Grenzschicht wirkt als Gleichrichter. Kompliziertere Halbleiter, hauptsächlich Transistoren werden in modernen elektrischen Schaltkreisen vielfältig verwendet.

18.3 Das Ohmsche Gesetz

In den letzten Kapiteln haben wir immer wieder darauf hingewiesen, daß die Valenzelektronen in einem Metall ein Gas von freien Elektronen darstellen, das sich analog zu einem idealen Gas verhält. Genauer gesagt: Die Elektronen verhalten sich im oberen Teil der Energieverteilung (in der Nähe der Fermi-Energie) in dieser Weise, da sie durch ihre Nähe zum unbesetzten Energieband zusätzliche Energie thermischen Ursprungs oder von einem äußeren elektrischen Feld aufnehmen können. Wir wollen nun aus dieser Vorstellung eine Theorie der elektrischen Leitung ableiten, die mit der Erfahrung übereinstimmt.

Der Strom I, der aufgrund einer Potentialdifferenz U durch einen metallischen Leiter fließt, ist innerhalb weiter Grenzen direkt zu U proportional. Diese empirische Beziehung, das *Ohmsche Gesetz* wird meistens in der Form

$$I = \frac{U}{R} \tag{18.1}$$

geschrieben, wobei der *Widerstand R* des Leiters von seinen Abmessungen, seiner Beschaffenheit und seiner Temperatur, aber nicht von U abhängt. Zur Ableitung des Ohmschen Gesetzes beginnen wir mit der Annahme, daß sich die freien Elektronen in einem Metall ungeordnet bewegen und beständig Zusammenstöße erleiden. Die Stöße erfolgen nicht mit anderen Elektronen sondern mit Unregelmäßigkeiten des Gitters, Strukturdefekten oder schwingenden Atomen. Solange die Stöße zufälliger Natur sind, spielt ihre genaue Ursache keine Rolle.

Zwischen den Stößen vergeht ein gewisses mittleres Zeitintervall τ, das von den Einzelheiten des Elektronengases abhängt. Legen wir an einen Leiter eine Spannung an, besteht in ihm ein elektrisches Feld E. Die Kraft, die dieses Feld auf ein Elektron ausübt, beträgt eE und ist zu E entgegengesetzt gerichtet, da die Elektronen negativ geladen sind. Das zweite Newtonsche Gesetz ergibt

$$F = ma$$

$$eE = m\,\frac{\Delta v}{\tau}\,,$$

wobei Δv die Änderung der Elektronengeschwindigkeit während der Zeit τ ist. Daher ergibt sich

$$\Delta v = \frac{eE\tau}{m}\,.$$

Bei jedem Stoß wird das Elektron in eine zufällige Richtung gestreut und hat im Mittel die Geschwindigkeit Null parallel zur Feldrichtung. Am Beginn jedes Zeitintervalls τ können wir daher das Elektron bezüglich der Feldrichtung ruhend annehmen, und am Ende des Intervalls hat es die Geschwindigkeit Δv. Die mittlere Driftgeschwindigkeit v_d durch den Leiter beträgt daher

$$v_d = \frac{\Delta v}{2} = \frac{eE\tau}{2m}\,.$$

Die Bezeichnung „Driftgeschwindigkeit" paßt sehr gut, da v_d sehr klein gegenüber der mittleren Geschwindigkeit $\overline{v}$ der ungeordneten Elektronenbewegung ist. Durch das elektrische Feld E überlagert sich der ungeordneten Bewegung der Elektronen eine gemeinsame Bewegung (Bild 18.9).

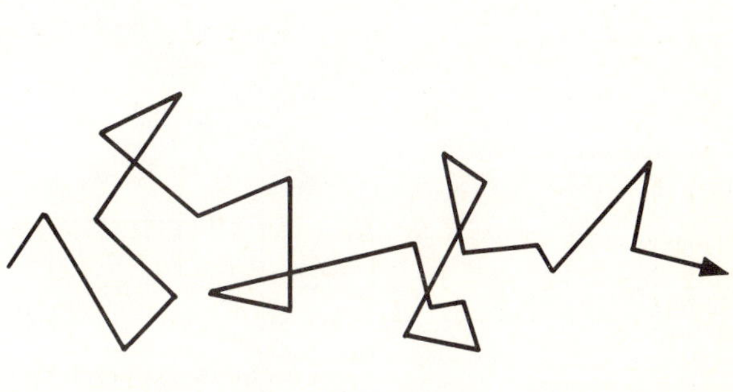

Bild 18.9 Ein elektrisches Feld erzeugt eine gerichtete Bewegung, die der ungeordneten Bewegung eines freien Elektrons überlagert ist.

Wir können nun den Gesamtstrom I berechnen, der in einem Draht der Länge ℓ mit dem Querschnitt A und der Dichte η von freien Elektronen fließt (Bild 18.10). Der Strom beträgt:

Gesamtstrom = Dichte der freien Elektronen × Querschnittsfläche × Ladung des Elektrons × Driftgeschwindigkeit

$$I = \eta A e v_d = \frac{\eta A e^2 E \tau}{2m}.$$

Da die elektrische Feldstärke im Draht

$$E = \frac{U}{\ell}$$

beträgt, ergibt sich ein Strom von

$$I = \frac{\eta e^2 \tau}{2m} \frac{A}{\ell} U. \qquad (18.2)$$

Mit

$$R = \left(\frac{2m}{\eta e^2 \tau}\right) \frac{\ell}{A} \qquad (18.3)$$

erhalten wir das Ohmsche Gesetz. Diese Formel für den Widerstand eines Leiters zeigt an, daß R zur Länge des Drahtes proportional und zu seinem Querschnitt umgekehrt proportional sein sollte, was mit der Erfahrung übereinstimmt. Der Klammerausdruck in Gl. (18.3) ist eine Konstante, die nur von den Eigenschaften des Metalls und der Temperatur abhängt. Unsere Annahme, daß die elektrische Leitung in Metallen wegen der Existenz eines freien Elektronengases auftritt, ist offensichtlich berechtigt.

Mit Hilfe des *Hall-Effekts* kann man experimentell einige mikroskopische Eigenschaften von Leitern und Halbleitern bestimmen. Bild 18.11 zeigt das Prinzip des Experiments; ein prismatischer Festkörper wird in gekreuzte elektrische und magnetische Felder gebracht. Wenn das elektrische Feld in die $+x$-Richtung zeigt, wirkt auf die Elektronen im Festkörper die Kraft $-eE_x$, und sie driften mit der Geschwindigkeit v_d in die negative x-Richtung. Das Magnetfeld übt die Lorentzkraft $\mathbf{F} = -e\,\mathbf{v} \times \mathbf{B}$ auf bewegte Elektronen aus. Für die ungeordneten Elektronenbewegungen hat diese Kraft den Mittelwert Null, sie hat aber wegen der Drift v_d eine resultierende Komponente in die y-Richtung. Diese Komponente hat den Betrag $F_y = -e v_d B$ und bewirkt, daß sich die Elektronen auf der Unterseite der Probe ansammeln, bis zwischen der Ober- und der Unterseite ein elektrisches Feld E_y aufgebaut ist, das die weitere Wanderung von Elektronen behindert. Die Bedingung für das Kräftegleichgewicht lautet

$$F_y = e E_y$$
$$-e v_d B = e E_y$$
$$E_y = -v_d B.$$

Die Spannungsdifferenz zwischen der Ober- und der Unterseite der Probe kann gemessen werden und daraus E_y bestimmt werden. Da B bekannt ist, kann v_d berechnet werden. Durch gleichzeitige Messung des spezifischen Widerstands des Materials kann man die Dichte der am Leitungsprozeß beteiligten Elektronen bestimmen. Bei Halbleitern, bei denen die Leitung nicht nur durch die Bewegung von Elektronen, sondern auch durch die Bewegung von Löchern erfolgen kann, gibt die Richtung von E_y einen Hinweis darauf, ob das Material ein Halbleiter vom n-Typ oder vom p-Typ ist.

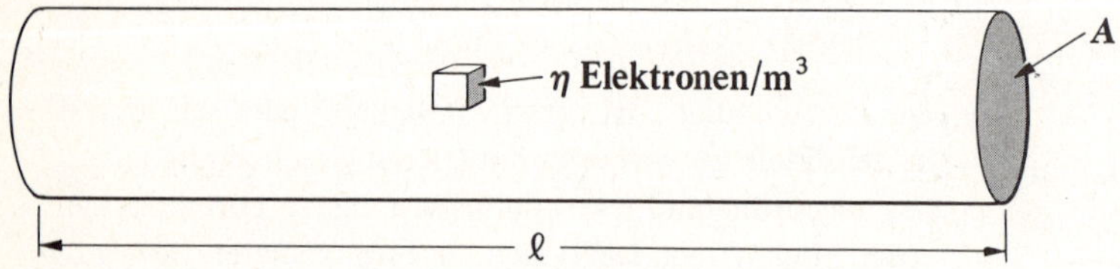

Bild 18.10 Zur Ableitung des Ohmschen Gesetzes.

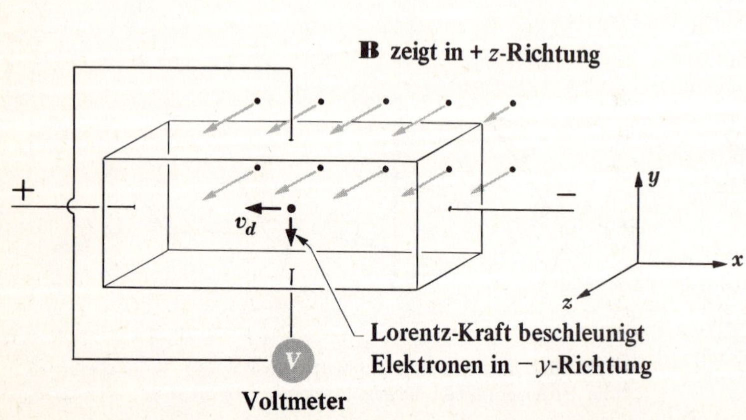

Bild 18.11 Der Halleffekt

18.4 Brillouin-Zonen

Wie entstehen erlaubte und verbotene Bänder im Festkörper? Elektronen bewegen sich im Kristall in einem periodisch veränderlichen Potential (Bild 18.12). Daher tritt Streuung auf, die die Elektronenimpulse auf gewisse Bereiche einschränkt, die den erlaubten Energiebändern entsprechen. Nach dieser Betrachtungsweise beeinflussen die Wechselwirkungen zwischen den Atomen das Verhalten der Valenzelektronen nur indirekt durch das Kristallgitter (das durch diese Wechselwirkungen zustande kommt) und nicht in der direkten Weise, die wir zu Beginn dieses Kapitels beschrieben haben.

Die de Broglie-Wellenlänge eines freien Elektrons vom Impuls p beträgt

$$\lambda = \frac{h}{p}. \qquad (18.4)$$

Nichtgebundene Elektronen mit niedrigerer Energie können sich ungehindert durch einen Kristall bewegen, da ihre Wellenlängen im Vergleich zur Gitterkonstanten groß sind. Energiereichere Elektronen, etwa in der Nähe der Fermi-Kante in einem Metall, haben Wellenlängen von der Größenordnung a, und solche Elektronen werden genauso gestreut wie Elektronen, die als Strahl von außen gegen den Kristall gerichtet werden. (Wenn λ ungefähr a, $2a$, $3a$ ist, gilt Gl. (18.4) nicht mehr, wie wir in Abschnitt 18.7 sehen werden.) Ein Elektron mit der Wellenlänge λ wird an einer der Atomebenen im Kristall gestreut, wenn die Braggsche Beziehung (Gl. 1.8))

$$n\lambda = 2a \sin\theta \qquad n = 1, 2, 3, \ldots \qquad (18.5)$$

erfüllt ist.

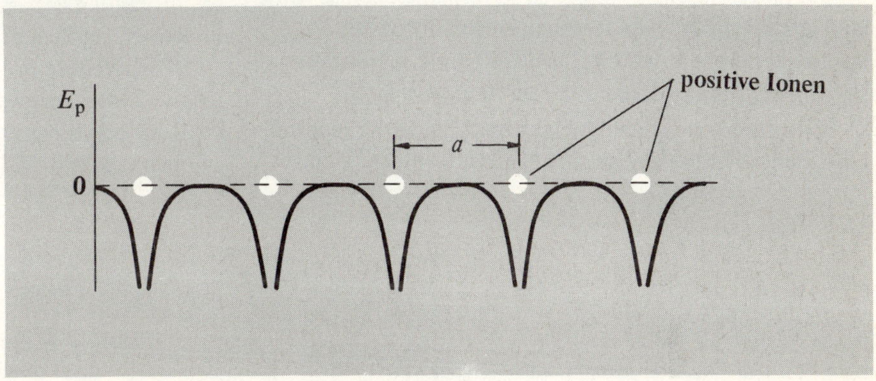

Bild 18.12
Die potentielle Energie eines Elektrons in einem periodischen Gitter von positiven Ionen

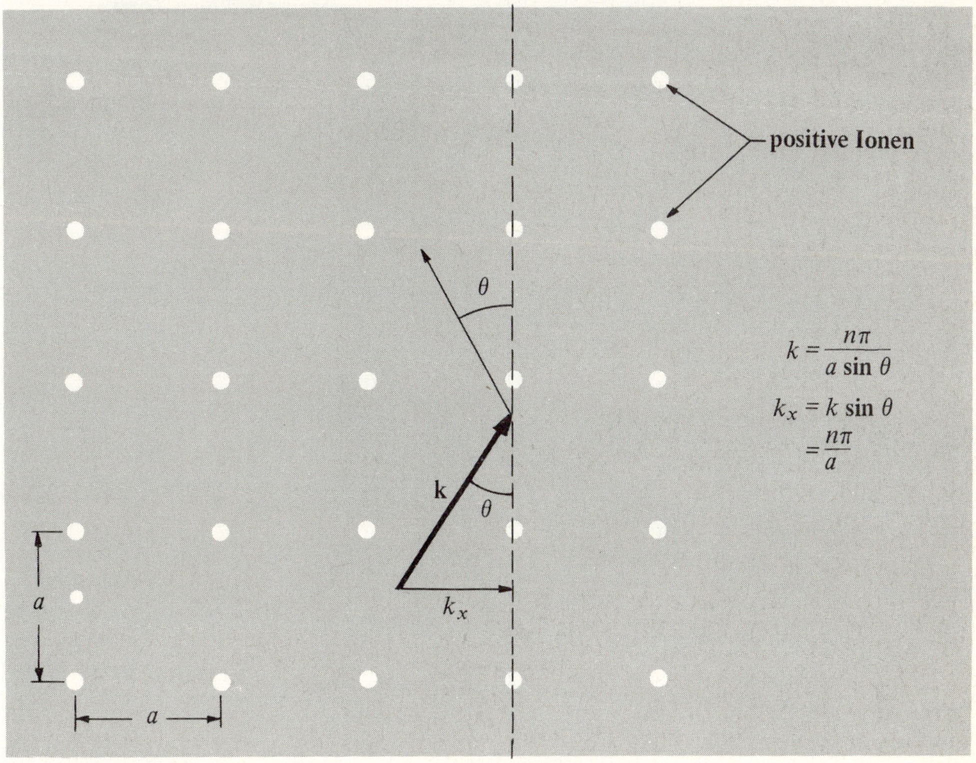

Bild 18.13
Braggsche Reflexion an den senkrechten Ebenen, die von den Ionen gebildet werden, erfolgt bei $k_x = n\pi/a$.

Zweckmäßigerweise ersetzt man bei der Untersuchung der Streuung von Elektronenwellen am Kristall die Wellenlänge λ durch die Wellenzahl k (siehe Abschnitt 2.3), die durch

$$k = \frac{2\pi}{\lambda} \tag{18.6}$$

definiert ist. Da sich der Wellenzug in dieselbe Richtung wie das Teilchen bewegt, können wir ihn mit Hilfe eines Vektors **k** beschreiben. Ausgedrückt durch k lautet die Braggsche Formel:

$$k = \frac{n\pi}{a \sin\theta} \ . \tag{18.7}$$

Bild 18.13 zeigt die Braggsche Reflexion an einem zweidimensionalen quadratischen Gitter. Offensichtlich können wir die Braggsche Beziehung auch so formulieren, daß Reflexion an den senkrechten Ionenreihen auftritt, wenn die x-Komponente von **k**, also k_x, den Wert $n\pi/a$ hat. Streuung an den horizontalen Reihen erfolgt für $k_y = n\pi/a$.

Betrachten wir zuerst die Elektronen, deren Wellenzahlen klein genug sind, so daß sie nicht gestreut werden. Wenn k kleiner als π/a ist, kann sich das Elektron in beliebiger Richtung unbehindert durch das Gitter bewegen. Für $k = \pi/a$ können sich die Elektronen wegen der Streuung weder in die x- noch in die y-Richtung bewegen. Je mehr k den Wert π/a übersteigt, um so eingeschränkter sind die möglichen Bewegungsrichtungen, bis bei $k = \pi/a \sin 45° = \sqrt{2}\,\pi/a$ die Elektronen selbst dann gestreut werden, wenn sie sich diagonal durch das Gitter bewegen.

Der Bereich im k-Raum, den Elektronen mit niedrigen k-Werten besetzen können, ohne daß sie gestreut werden, heißt die *erste Brillouin-Zone* und ist in Bild 18.14 dargestellt. Die *zweite Brillouin-Zone* ist ebenfalls zu sehen, sie enthält Elektronen mit $k > \pi/a$, die nicht in die erste Zone passen und die doch genügend kleine Wellenzahlen besitzen, um nicht von den diagonalen Atomebenen in Bild 18.13 gestreut zu werden. Die zweite Zone enthält Elektronen, die sich mit k-Werten zwischen π/a und $2\pi/a$ in die $\pm x$- und $\pm y$-Richtung bewegen, wobei sich der erlaubte Bereich von k-Werten verkleinert, wenn die Diagonalrichtungen erreicht werden. Weitere Brillouin-Zonen können in der beschriebenen Weise konstruiert werden. Die Erweiterung dieser Überlegungen auf dreidimensionale Strukturen führt auf die Brillouin-Zonen von Bild 18.15.

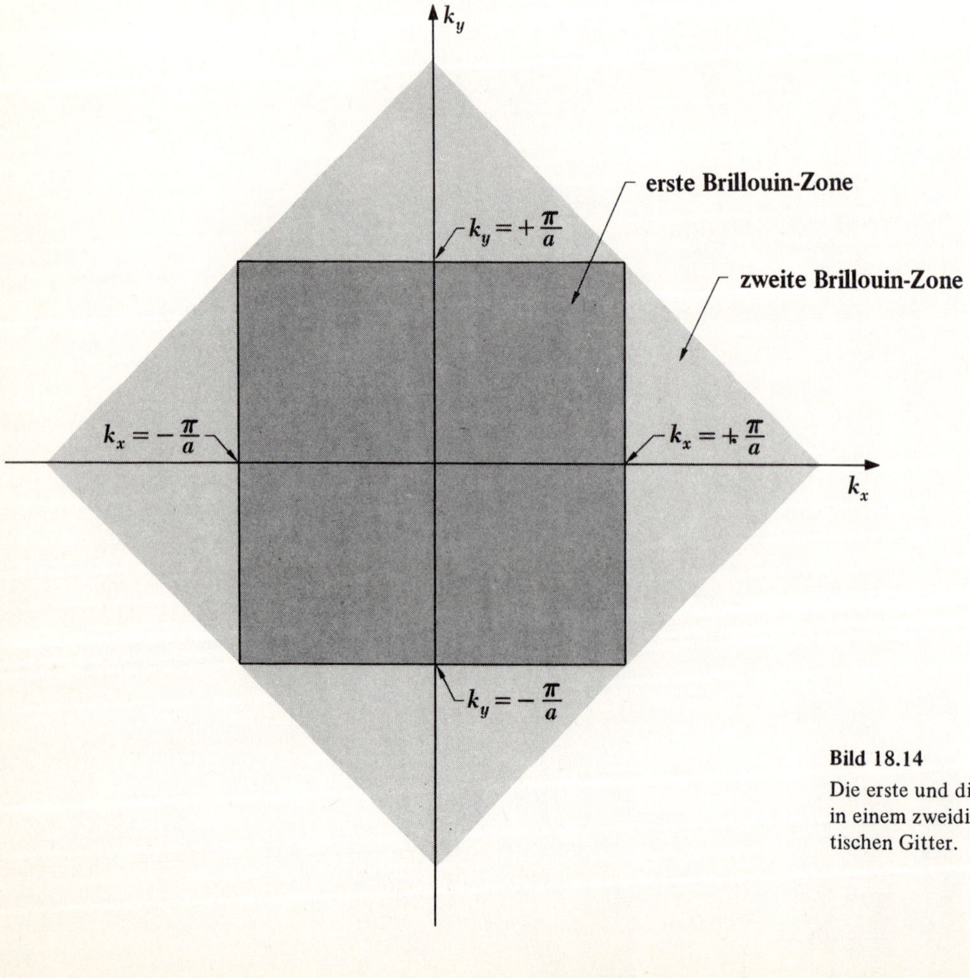

Bild 18.14
Die erste und die zweite Brillouinzone in einem zweidimensionalen quadratischen Gitter.

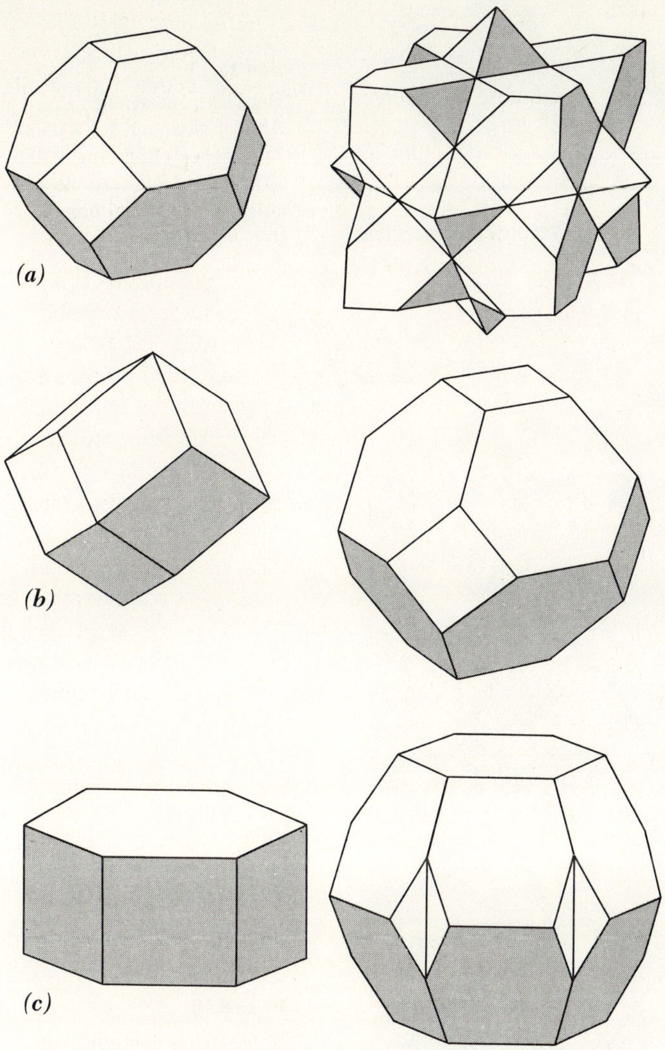

Bild 18.15 Erste und zweite Brillouinzonen in (a) kubisch flächenzentrierten, (b) kubisch raumzentrierten und (c) hexagonal dicht gepackten Strukturen

18.5 Verbotene Energiebänder

Die Bedeutung der Brillouin-Zonen zeigt sich, wenn wir die Energien der Elektronen in jeder Zone untersuchen. Die Energie eines freien Elektrons beträgt ausgedrückt durch seinen Impuls p

$$E = \frac{p^2}{2m},$$

beziehungsweise ausgedrückt durch die Wellenzahl k

$$E = \frac{\hbar^2 k^2}{2m}. \tag{18.8}$$

Wenn für ein Elektron in einem Kristall $k \ll \pi/a$ ist, besteht mit dem Gitter praktisch keine Wechselwirkung und Gl. (18.8) gilt auch für solche Elektronen. Da die Energie solcher Elektronen von k^2 abhängt, sind die Kurven konstanter Energie in einem zweidimensionalen k-Raum Kreise mit dem Radius k (Bild 18.16). Wenn die Wellenzahl zunimmt, verformen sich die Kurven konstanter Energie immer mehr. Je näher ein Elektron dem Rand einer Brillouin-Zone im k-Raum kommt, desto größer wird seine Wechselwirkung mit dem Gitter und desto mehr wird die Elektronenenergie beeinflußt.

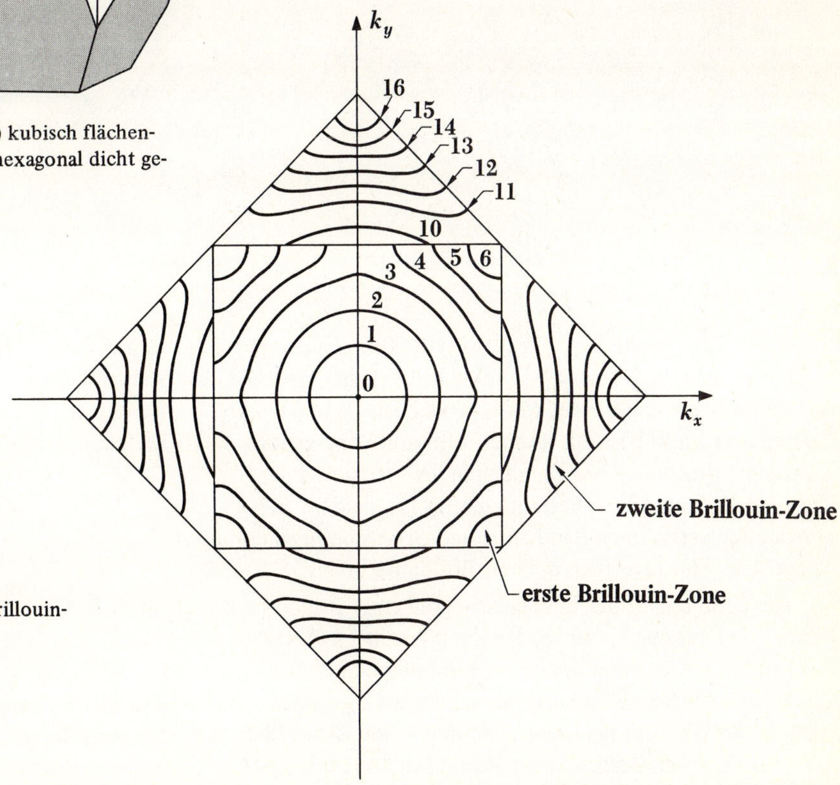

Bild 18.16
Linien konstanter Energie in den beiden ersten Brillouinzonen eines quadratischen Gitters

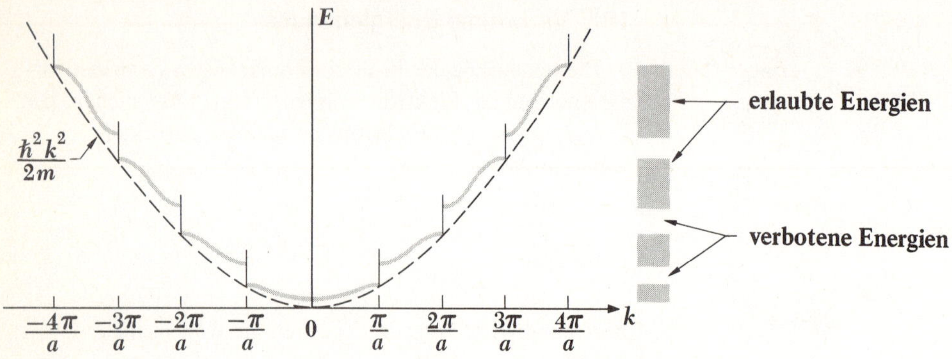

Bild 18.17
Die Elektronenenergie E in Abhängigkeit von der Wellenzahl k (in k_x-Richtung). Die strichlierte Linie zeigt die entsprechende Funktion für freie Elektronen.

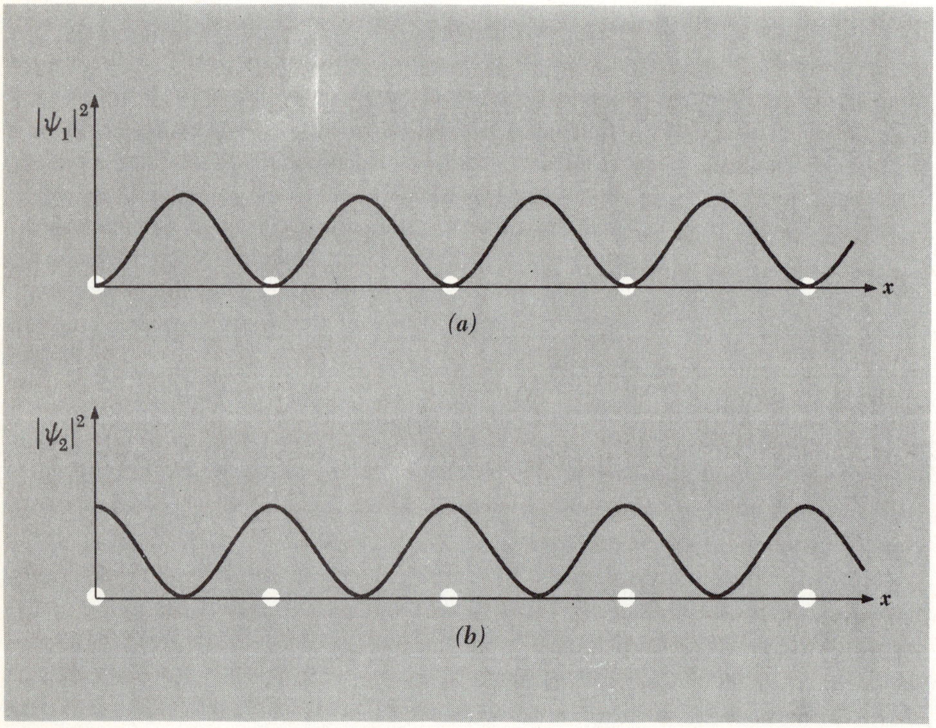

Bild 18.18
Wahrscheinlichkeitsdichten $|\psi_1|^2$ und $|\psi_2|^2$

Bild 18.17 zeigt, wie E von k in der x-Richtung abhängt. Nähert k sich dem Wert π/a, nimmt E langsamer als $\hbar^2 k^2/2m$ zu. Bei $k = \pi/a$ hat E zwei Werte, wobei der niedrigere zur ersten und der höhere zur zweiten Brillouin-Zone gehört. Zwischen den möglichen Energien in der ersten und der zweiten Brillouin-Zone besteht eine Lücke, die dem früher erwähnten verbotenen Band entspricht. Dieselbe Erscheinung zeigt sich beim Erreichen höherer Brillouin-Zonen.

Die Unstetigkeit der Energie am Rand einer Brillouin-Zone folgt aus der Tatsache, daß die kritischen k-Werte stehenden Wellen (und nicht sich ausbreitenden Wellen) entsprechen. Zur Vereinfachung betrachten wir Elektronen, die sich in die x-Richtung bewegen. Wenn $k = \pi/a$ ist, werden die Wellen durch Braggsche Reflexion hin und her reflektiert, so daß die einzigen Lösungen der Schrödinger-Gleichung stehende Wellen sind, deren Wellenlänge gleich der Gitterkonstanten ist. Für diese stehenden Wellen gibt es zwei Möglichkeiten, nämlich

$$\psi_1 = A \sin \frac{\pi x}{a} \tag{18.9}$$

$$\psi_2 = A \cos \frac{\pi x}{a} \,. \tag{18.10}$$

Die Wahrscheinlichkeitsdichten $|\psi_1|^2$ und $|\psi_2|^2$ sind in Bild 18.18 dargestellt. $|\psi_1|^2$ hat seine Minima an den von positiven Ionen besetzten Gitterpunkten, während $|\psi_2|^2$ dort seine Maxima besitzt. Da die Ladungsdichte, die einer

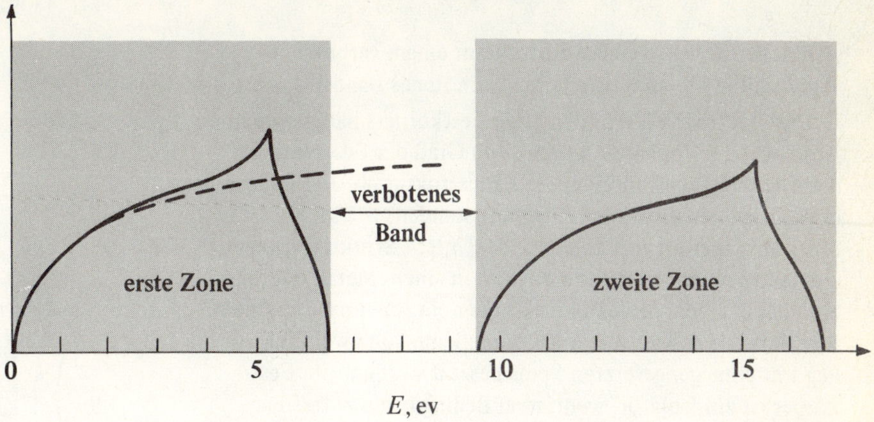

Bild 18.19
Die Verteilung der Elektronenenergien in den Brillouinzonen von Bild 18.16. Die strichlierte Linie ist die Verteilung für freie Elektronen.

Elektronenwellenfunktion ψ entspricht, $e\,|\psi|^2$ ist, ist die Ladung im Falle ψ_1 *zwischen* den positiven Ionen konzentriert, während sie im Fall ψ_2 an den Gitterstellen konzentriert ist. Die potentielle Energie von Elektronen in einem Gitter aus positiven Ionen ist am größten in der Mitte zwischen jedem Ionenpaar und am geringsten an den Gitterplätzen, so daß die zu den stehenden Wellen ψ_1 und ψ_2 gehörenden Elektronenenergien E_1 und E_2 verschieden sind. Für $k = \pm\,\pi/a$ gibt es keine weiteren Lösungen und daher kann das Elektron keine Energie zwischen E_1 und E_2 besitzen.

Bild 18.19 zeigt die Verteilung der Elektronenenergien, die den Brillouinzonen von Bild 18.16 entsprechen. Bei niederen Energien (für unseren hypothetischen Fall soll $E < \sim 2$ eV sein) ist die Kurve fast exakt gleich der aus Bild 17.7, die für freie Elektronen gilt, da sich für kleine Energien die Elektronen in einem periodischen Gitter wie freie Elektronen bewegen. Mit zunehmender Energie übersteigt die Anzahl von möglichen Energiezuständen die der freien Elektronentheorie, da die Kurven konstanter Energie für das Gitter von der Kreisform abweichen: Zu einer festen Energie gehören mehrere verschiedene k-Werte. Wenn k den Wert $\pm\,\pi/a$ annimmt, erreichen die Linien konstanter Energie die Ränder der ersten Zone, und Energien über 4 eV sind (in unserem Modell) für Elektronen, die sich in die x- bzw. y-Richtung bewegen, verboten. Wenn die Energie 4 eV wesentlich überschreitet, werden die möglichen Energiezustände mehr und mehr auf die Ecken der Zone beschränkt und $n(E)$ nimmt ab. Bei etwa 6,5 eV fällt $n(E)$ auf Null ab. Die niedrigste mögliche Energie in der zweiten Zone liegt knapp unter 10 eV, und eine weitere Kurve mit ähnlicher Form wie die erste beginnt bei dieser Energie. In unserem Modell beträgt die Lücke zwischen möglichen Energien in den beiden Zonen etwa 3 eV, das verbotene Band ist also etwa 3 eV breit.

Obwohl zwischen aufeinander folgenden Brillouin-Zonen für feste Richtungen stets eine Energielücke existieren muß, können die verschiedenen Lücken mit erlaubten Energien in anderen Richtungen zusammenfallen, so daß es im Gesamtkristall kein verbotenes Band gibt. Bild 18.20 zeigt das Ver-

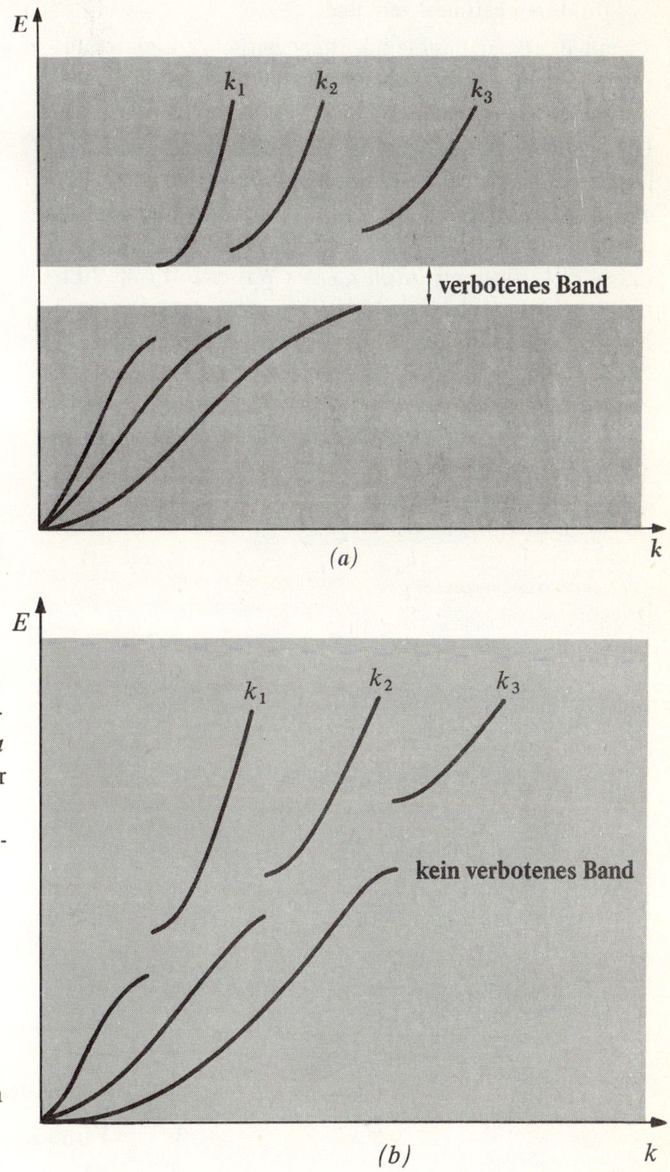

Bild 18.20 E in Abhängigkeit von k für drei Richtungen in zwei Kristallen. In (a) gibt es ein verbotenes Band, während in (b) die erlaubten Energiebänder überlappen und es kein verbotenes Band gibt.

halten von $E(k)$ in einem Kristall mit einem verbotenen Band und in einem Kristall ohne verbotenes Band.

Das elektrische Verhalten eines Festkörpers hängt, wie in Abschnitt 18.1 erwähnt wurde, vom Grad der Besetzung seiner Energiebänder und von der Bandstruktur ab. Jedes Band besteht aus genausovielen Energiezuständen, wie im Kristall Struktureinheiten vorhanden sind. (Unter „Struktureinheit" meinen wir hier entweder ein Atom in einem Metall oder ein Molekül in einem Molekülkristall oder ein Ionenpaar in einem Ionenkristall.) Jeder dieser Zustände kann von zwei Elektronen mit entgegengesetzten Spins besetzt werden. Ein Festkörper ist ein Isolator, wenn zwei Bedingungen zutreffen:

1. Er muß eine gerade Anzahl von Valenzelektronen pro Struktureinheit besitzen, und
2. muß das Band, das die höchstenergetischen Elektronen enthält, vom nächsthöheren erlaubten Band durch eine Energielücke getrennt sein, die groß gegen kT ist.

Bedingung (1) stellt sicher, daß das Energieband mit der höchsten Energie vollständig gefüllt ist, und Bedingung (2), daß kein Elektron im Stande ist, die Lücke zu überschreiten und unbesetzte Zustände zu erreichen. Daher sind Diamant (mit 4 Elektronen pro Atom), fester Wasserstoff (mit 2 Elektronen pro H_2-Molekül) und NaCl (mit 8 Elektronen pro Na^+-Cl^--Ionenpaar) Isolatoren, weil sie breite verbotene Bänder besitzen. Bild 18.21a zeigt die Linien konstanter Energie in einem Isolator.

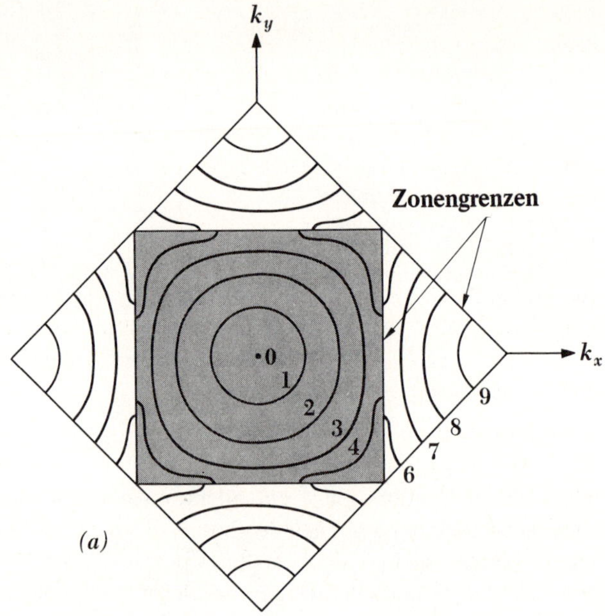

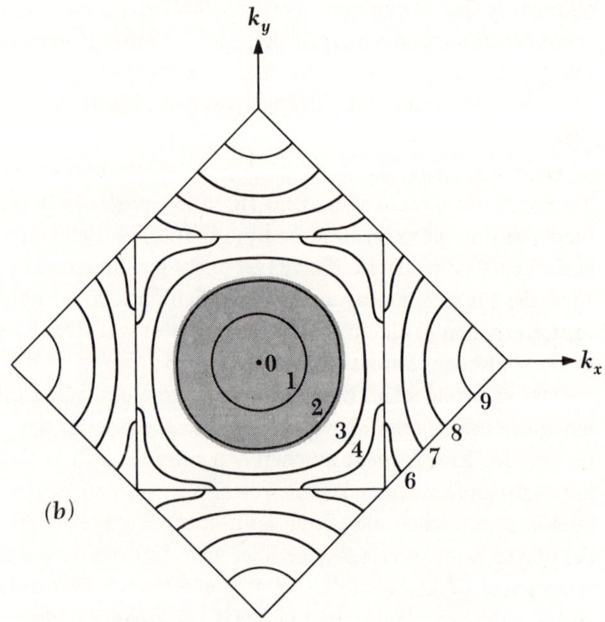

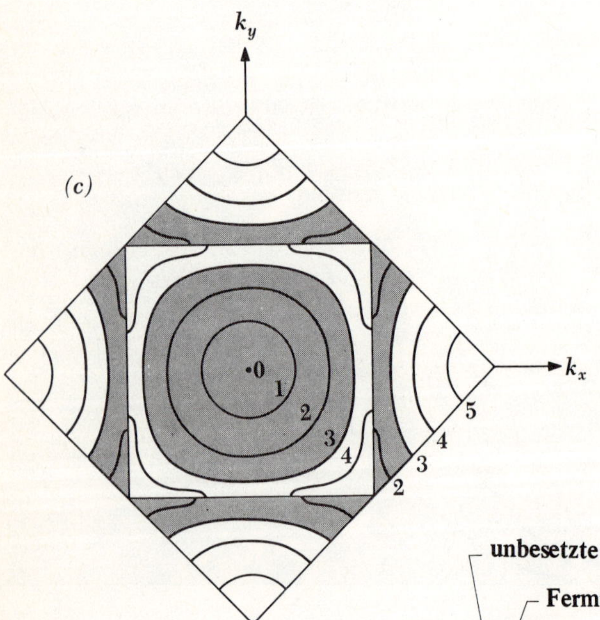

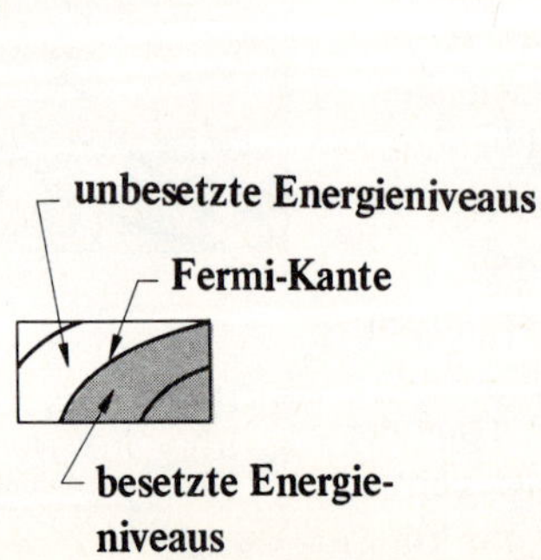

Bild 18.21
Linien konstanter Elektronenenergie und Fermi-Oberflächen in drei verschiedenen Festkörpern: (a) Isolator, (b) einwertiges Metall, (c) zweiwertiges Metall

Bei einem elektrischen Leiter ist mindestens eine dieser Bedingungen verletzt. Daher sind die Alkalimetalle mit einer ungeraden Anzahl von Valenzelektronen pro Struktureinheit (nämlich eines pro Atom) Leiter und zweiwertige Metalle wie Magnesium und Zink sind ebenfalls Leiter, weil sie überlappende Energiebänder besitzen. Bild 18.21b und 18.21c zeigen die Linien konstanter Energie für diese beiden Metalltypen. Wenn in einem Isolator das verbotene Band schmal ist oder in einem Metall die Überlappung klein ist, fällt die elektrische Leitfähigkeit in den Bereich eines Halbleiters und man kann weder von einem Metall noch von einem Nichtmetall sprechen. Die Grenze zwischen besetzten und freien Elektronenzuständen im dreidimensionalen k-Raum nennt man die *Fermi-Fläche.*

Untersuchungen mit Hilfe des Hall-Effektes zeigen, daß die Leitfähigkeit der zweiwertigen Metalle Beryllium, Zink und Cadmium hauptsächlich durch positive Ladungsträger verursacht wird und nicht durch Elektronen. Diese unerwartete Erscheinung läßt sich im Rahmen des Bändermodells durch die Annahme verstehen, daß die Fermi-Fläche geringfügig ins höchste Band reicht, wodurch freie Zustände im Band darunter, nämlich Löcher, entstehen. Die Löcher im niedrigeren Energieband tragen den Großteil des Stromes, während die Elektronen im oberen Energieband eine untergeordnete Rolle spielen.

18.6 Elektrischer Widerstand

In einem vollkommenen Metallkristall würden Elektronenwellen nicht gestreut. Daher würden solche Metalle eine unendliche Leitfähigkeit besitzen. Doch selbst ohne Strukturdefekte ist kein Realkristall perfekt, da bei allen Temperaturen thermische Schwingungen auftreten. Der Wirkungsquerschnitt für die Streuung der einfallenden Elektronenwellen an einem positiven Ion im Metallkristall ist proportional zu $\overline{A}^2$, dem mittleren Quadrat der Schwingungsamplitude. Da $\overline{A}^2$ selbst zur absoluten Temperatur T proportional ist (siehe Gl. (17.10)), wenn die Temperatur die Debye-Temperatur Θ_D übersteigt, darf man erwarten, daß der elektrische Widerstand eines Metalls für $T > \Theta_D$ zu T proportional ist. Diese Vorhersage wird bei reinen Metallen bestätigt. Für $T < \Theta_D$ hat ρ genauso wie die spezifische Wärme eine stärkere T-Abhängigkeit.

Strukturdefekte in Metallen sind nicht stark temperaturabhängig, daher können solche Metalle selbst bei tiefen Temperaturen einen beträchtlichen Restwiderstand besitzen, wenn der Widerstand aufgrund der thermischen Schwingungen gering ist. Diese Beobachtung wird in der Regel von Mathiessen zusammengefaßt, die besagt, daß die Beiträge zum spezifischen Widerstand eines Metalls additiv sind:

$$\rho = \rho_{\text{therm}} + \rho_{\text{Struktur}}$$

Die Widerstände von kalt verformten Metallen nehmen ab, wenn sie erwärmt werden, weil dadurch die Anzahl der Defekte kleiner wird. Die meisten Legierungen haben hinreichend unregelmäßige Strukturen, so daß die Ausbreitung von Elektronenwellen beträchtlich gestört ist. Z. B. haben einige Stähle Widerstände, die zehnfach höher als bei reinem Eisen sind. Im allgemeinen ist die elektrische Leitfähigkeit um so größer, je reiner ein Metall ist.

18.7 Die effektive Masse

Elektronen in einem Kristall stehen mit dem Kristallgitter in Wechselwirkung und verhalten sich daher unter dem Einfluß äußerer Kräfte im allgemeinen anders als freie Elektronen. Dies verwundert nicht, doch mag es überraschen, daß die Abweichungen vom Verhalten freier Elektronen unter dem Einfluß äußerer Kräfte durch die Einführung einer einzigen neuen Größe, der *effektiven Masse* von Elektronen, die von der wahren Masse verschieden ist, zusammengefaßt werden können.

Die träge Masse eines Teilchens wird in der klassischen Mechanik durch das zweite Newtonsche Bewegungsgesetz $\mathbf{F} = m\mathbf{a}$ durch die Beschleunigung bei Wirken einer Kraft $\mathbf{F}$ definiert. Für ein freies Elektron, das sich in einem elektrischen Feld der Stärke $\mathcal{E}$ bewegt, gilt

$$e\,\mathcal{E} = ma = m\,\frac{dv}{dt}\,. \tag{18.11}$$

Was geschieht, wenn dasselbe elektrische Feld auf einen Kristall wirkt, der ein Elektron enthält, dessen Bewegung durch ein Wellenpaket beschrieben wird, dessen Wellenzahlen den Mittelwert k besitzen (Abschnitt 2.4)? Die Gruppengeschwindigkeit, die der Geschwindigkeit des Teilchens entspricht, beträgt

$$v_g = \frac{d\omega}{dk}\,. \tag{18.12}$$

Dabei ist ω die Winkelfrequenz zur Energie E, nämlich

$$\omega = 2\pi\nu = \frac{2\pi E}{h} = \frac{E}{\hbar}\,,$$

so daß wir

$$v_g = \frac{d\omega}{dk} = \frac{1}{\hbar}\,\frac{dE}{dk} \tag{18.13}$$

erhalten. Bild 18.22 zeigt die Abhängigkeit von v_g von der Wellenzahl in der x-Richtung für ein einfaches quadratisches Gitter. Die gestrichelte Linie gilt für ein freies Elektron, für das

$$k = \frac{2\pi}{\lambda} = \frac{2\pi p}{h} = \frac{m\,v_g'}{\hbar}$$

und

$$v_g' = \frac{\hbar k}{m} \tag{18.14}$$

erfüllt sind. Die Abweichungen von v_g von v_g' in der Nähe von $k = \pm n\pi/a$ entsprechen den Abweichungen der Elektronen-

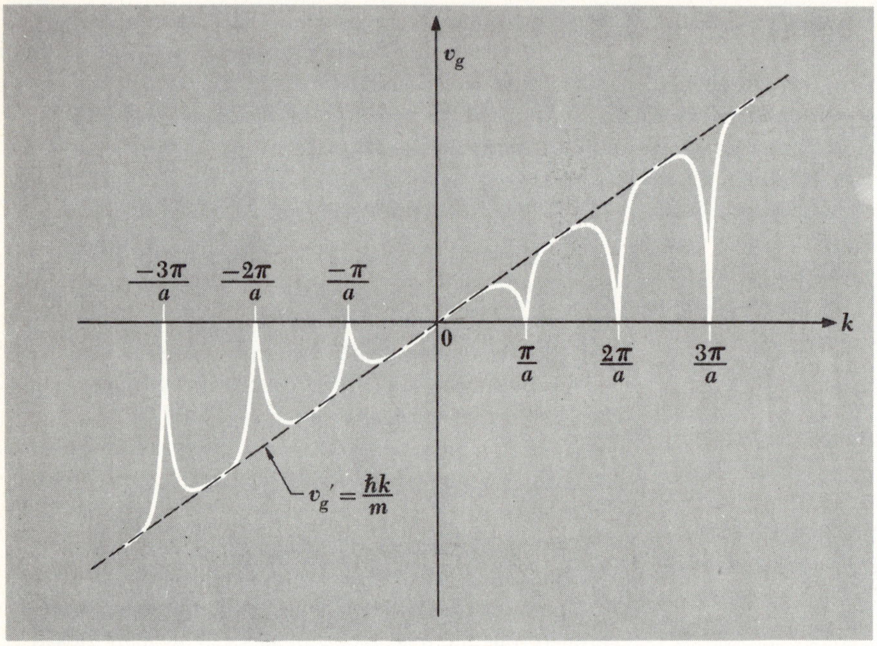

Bild 18.22
Die Gruppengeschwindigkeit v_g in Abhängigkeit von der Wellenzahl k in x-Richtung für das in Bild 18.13 gezeigte Gitter. Die strichlierte Linie gilt für freie Teilchen.

energie im Gitter vom Wert $\hbar^2 k^2/2m$, der für freie Elektronen gilt. Für $k = \pm n\pi/a$ ergibt sich $v_g = 0$, weil die Elektronenwellen für diese k-Werte stehende, sich nicht ausbreitende Wellen sind.

Das äußere elektrische Feld $\mathcal{E}$ verrichtet in der Zeit Δt am Elektron Arbeit

$$\Delta E = F\,\Delta x = e\,\mathcal{E}\,v_g\,\Delta t,$$

da sich das Elektron in dieser Zeit um den Abstand $\Delta x = v_g\,\Delta t$ bewegt. Wir können nun ΔE über die Beziehung

$$\Delta E = \frac{dE}{dk}\Delta k = \hbar\,v_g\,\Delta k$$

mit der Gruppengeschwindigkeit verknüpfen und die beiden letzten Formeln gleichsetzen:

$$e\,\mathcal{E}\,v_g\,\Delta t = h\,v_g\,\Delta k$$

$$e\,\mathcal{E} = \hbar\,\frac{\Delta k}{\Delta t}$$

was im Grenzfall $\Delta t \to 0$ zu

$$e\,\mathcal{E} = \hbar\,\frac{dk}{dt} \tag{18.15}$$

wird. Die Beschleunigung dv_g/dt der Wellengruppe ist

$$\frac{d\,v_g}{dt} = \frac{\partial v_g}{\partial k}\frac{dk}{dt}.$$

Mit Hilfe der Gln. (18.13) und (18.15) erhalten wir

$$\frac{\partial v_g}{\partial k} = \frac{1}{\hbar}\frac{\partial^2 E}{\partial k^2}$$

$$\frac{dk}{dt} = \frac{e\,\mathcal{E}}{\hbar},$$

so daß sich schließlich

$$\frac{dv_g}{dt} = \frac{e\,\mathcal{E}}{\hbar^2}\frac{\partial^2 E}{\partial k^2} \tag{18.16}$$

ergibt. Wenn wir dieses Ergebnis mit Gl. (18.11) vergleichen, sehen wir, daß die beiden gleich sind, wenn die Größe

$$m^* = \frac{\hbar^2}{\partial^2 E/\partial k^2} \tag{18.17}$$

die Masse des Elektrons im Gitter darstellt. Mit anderen Worten: Ein Elektron in einem Kristall verhält sich unter dem Einfluß äußerer Kräfte wie ein freies Elektron mit der Masse m^*.

Bild 18.23 zeigt die Abhängigkeit der effektiven Masse eines Elektrons, das sich in einem quadratischen Gitter in der x-Richtung bewegt, von der Wellenzahl k. Was bedeutet eine effektive Masse 0, was bedeutet eine *negative* effektive Masse? $m^* = 0$ ergibt sich an den Rändern der Brillouin-Zonen. Ein Elektron mit einer entsprechenden Wellenzahl hat die effektive Geschwindigkeit Null, auch wenn es eine beträchtliche Energie besitzt. Selbst bei einer geringen Energiezufuhr kann sich das Elektron plötzlich wieder durch das Gitter bewegen, seine Impulsänderung ist daher im Vergleich zur Energieänderung sehr groß. Daher verhält sich ein Elektron in der Nähe einer Zonengrenze unter dem Einfluß äußerer Kräfte so, als ob es eine sehr kleine Masse hätte (mit $m^* = 0$ für $k = \pm n\pi/a$).

Eine negative effektive Masse ergibt sich für Elektronen in der Nähe der oberen Grenze (große k) einer Brillouin-Zone. Die Erhöhung der Elektronenenergie bedeutet eine Zunahme des auf die Gitterionen übertragenen Impulses. Das Wellenpaket wird stärker gestreut und das Elektron beantwortet

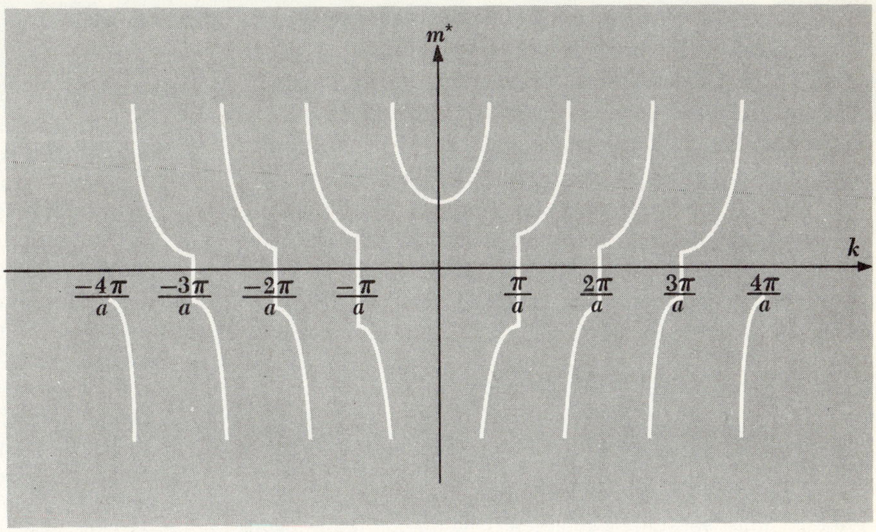

Bild 18.23
Die effektive Masse m^* eines Elektrons in einem quadratischen Gitter in Abhängigkeit von der Wellenzahl k

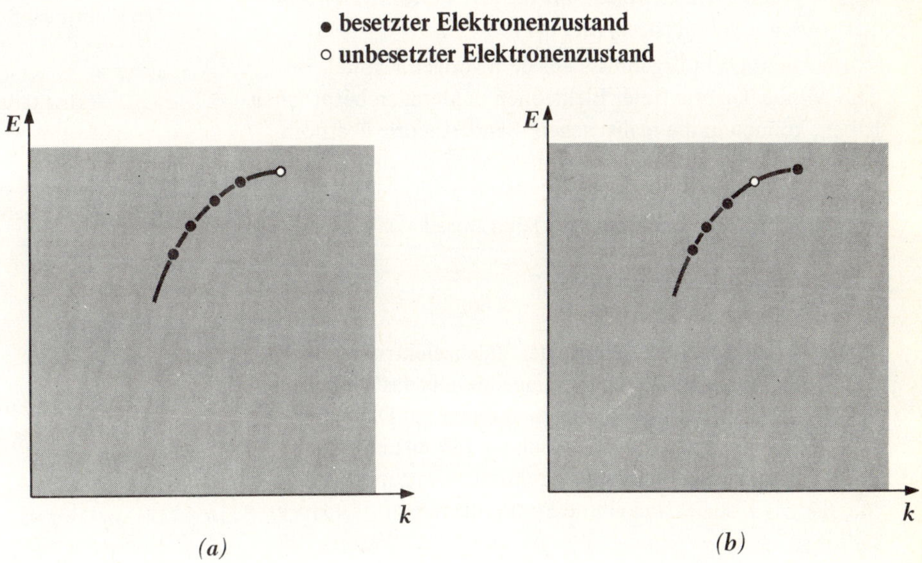

Bild 18.24
(a) Bevor eine Spannung angelegt wird. (b) Unmittelbar nach Anlegen einer Spannung

eine angelegte Kraft mit einer Impulsabnahme, was durch den Begriff der negativen Masse beschrieben wird.

Wir können die bisherigen Ergebnisse dieses Abschnitts dadurch zusammenfassen, daß die effektive Masse eines Elektrons im unteren Teil eines Energiebands positiv ist. Das heißt: Eine Energiezunahme führt auf eine Impulszunahme. Hingegen ist m^* im oberen Teil eines Bandes negativ, weshalb eine Energiezunahme von einer Impulsabnahme begleitet ist. Doch scheint sich nun ein Problem zu zeigen, weil die Elektronen mit den höchsten Energien in einem fast gefüllten oberen Band negative effektive Massen besitzen und weil Festkörper dieser Art trotzdem elektrische Leiter sind. In solchen Festkörpern führt eine Zunahme der angelegten Spannung zu einer Verstärkung und nicht zu einer Abnahme des Stroms. Das Problem löst sich, wenn wir uns erinnern, daß die Träger des Stroms unter diesen Umständen Löcher – unbesetzte Elektronenzustände – und nicht Elektronen sind. Ein Loch verhält sich so, als ob es eine Ladung $+e$ hätte. Bild 18.24 zeigt das Verhalten von E in der Nähe der Oberkante eines Bandes, dessen höchster Zustand unbesetzt ist. Beim Anlegen eines elektrischen Feldes kann das Elektron mit der höchsten Energie genügend zusätzliche Energie erhalten, um auf das freie Niveau überzugehen, wodurch es eine unbesetzte Stelle mit niedrigerer Energie zurückläßt. Das äußere Feld hat daher die Wellenzahl k des Elektrons erhöht, die des Lochs verringert. Das Elektron befindet sich nun im höchsten Zustand seines Energiebandes, und ist daher am Rand der Brillouin-Zone im k-Raum. Es kann keinen Strom tragen, da es in einem stationären Zustand ist, doch kann nun das Loch als Stromträger dienen. In dieser Situation zeigt das Elektron eine negative effektive Masse, das genaue Gegenteil gilt für ein Loch, das eine positive effektive Masse hat. Diese allgemeine Schlußfolgerung sieht man leicht aus Gl. (18.15): Eine Vorzeichenänderung von e ändert das Vorzeichen von dk/dt. Wenn wir die effektive Masse eines Lochs mit m_L^* bezeichnen, gilt

$$m_L^* = -m^* = -\frac{\hbar^2}{\partial^2 E/\partial k^2}\,. \qquad (18.18)$$

Daher findet die elektrische Leitung in einem Festkörper mit einem fast vollständig gefüllten Band durch die Bewegung von Löchern statt, die sich wie positive Ladungen mit positiven effektiven Massen verhalten. In einem Festkörper mit einem fast leeren Band findet die Leitung durch die Bewegung negativ geladener Elektronen mit positiven effektiven Massen statt (in diesem Fall ist m_L^* negativ).

Die wichtigsten Ergebnisse aus dem vorigen Kapitel, in dem wir die Theorie freier Elektronen in Metallen besprochen haben, können in die realistischere Bändertheorie übernommen werden, wenn die Elektronenmasse m durch die mittlere effektive Masse m^* bei der Fermienergie ersetzt wird. Die Fermienergie in einem Metall ist daher durch

$$u_F = \frac{\hbar^2}{2m^*}\left(\frac{3N}{8\pi V}\right)^{2/3} \qquad (18.19)$$

gegeben, wobei N/V die Dichte der Valenzelektronen darstellt. Die Tabelle 18.1 gibt für einige Metalle das Verhältnis der effektiven zur wahren Elektronenmasse an. Die spezifische Wärme der Elektronen ist nach Gl. (17.44) umgekehrt proportional zu u_F und daher direkt zu m^* proportional. Metalle wie Kobalt, Nickel und Platin, die hohe (m^*/m)-Verhältnisse haben, zeigen daher große spezifische Wärmen der Elektronen.

Tabelle 18.1 Effektive Massenverhältnisse m^*/m an der Fermienergie für einige Metalle

Metall	m^*/m
Lithium (Li)	1,2
Beryllium (Be)	1,6
Natrium (Na)	1,2
Aluminium (Al)	0,97
Kobalt (Co)	14
Nickel (Ni)	28
Kupfer (Cu)	1,01
Zink (Zn)	0,85
Silber (Ag)	0,99
Platin (Pt)	13

18.8 Aufgaben

1. Ein Germaniumkristall ist mit Indium dotiert. Ist der Kristall ein Halbleiter vom n-Typ oder vom p-Typ?
2. Ein Germaniumkristall ist mit Antimon dotiert. Ist der Kristall ein Halbleiter vom n-Typ oder p-Typ?
3. Erklären Sie mit Hilfe des Energiebandbegriffs die folgenden optischen Eigenschaften von Festkörpern:
   a) Alle Metalle sind bei allen Wellenlängen lichtundurchlässig.
   b) Halbleiter lassen infrarotes Licht durch, sichtbares Licht jedoch nicht.
   c) Die meisten Isolatoren sind für sichtbares Licht durchlässig.
4. Die Energielücke im Silicium beträgt 1,1 eV und im Diamant 6 eV. Warum unterscheiden sich die Lichtdurchlässigkeiten dieser Substanzen im sichtbaren Bereich?
5. Bestimmen Sie das Verhältnis der kinetischen Energien eines Elektrons in einem zweidimensionalen quadratischen Gitter, das $k_x = k_y = \pi/a$ besitzt, und eines Elektrons mit $k_x = \pi/a$, $k_y = 0$.
6. Zeichnen Sie die dritte Brillouin-Zone für das zweidimensionale quadratische Gitter, dessen ersten beiden Brillouin-Zonen in Bild 18.14 dargestellt sind.
7. Eine Germaniumprobe enthält Phosphor. Stellen Sie sich vor, daß je eines der 5 Valenzelektronen auf einer Bohrschen Bahn um jedes P^+-Ion im Germaniumgitter kreist.
   a) Wenn die effektive Masse des Elektrons 0,17 m_e und die Dielektrizitätskonstante von Germanium 16 beträgt, ist der Radius der ersten Bohrschen Bahn des Elektrons zu bestimmen.
   b) Die Energielücke zwischen dem Valenzband und dem Leitungsband beträgt im Germanium 0,65 eV. Vergleichen Sie diese Energie mit der Ionisierungsenergie des erwähnten Elektrons und mit kT bei 20 °C.
8. Wiederholen Sie Aufgabe 7 für Silicium, das mit Arsen dotiert ist. Die effektive Masse eines Elektrons in Silicium beträgt etwa 0,31 m_e, die Dielektrizitätskonstante 12 und die Energielücke 1,1 eV.
9. In Abschnitt 17.6 wurde die Fermi-Energie von Kupfer ohne Berücksichtigung des Unterschieds zwischen m_e und m_e^* berechnet, und doch stimmte der Wert für u_F näherungsweise. Warum?
10. Die effektive Masse m^* der für die Stromleitung in einem Halbleiter verantwortlichen Ladungsträger (Elektronen oder Löcher) kann mittels eines Zyklotron-Resonanzexperiments direkt gemessen werden. Die Ladungsträger bewegen sich auf Spiralbahnen um die Richtung eines angelegten Magnetfeldes B. Senkrecht zu B wird ein elektrisches Wechselfeld angelegt und es tritt Resonanzabsorption von Energie auf, wenn die Frequenz ν des Wechselfeldes mit der Umlaufsfrequenz ν_c des Trägers übereinstimmt.
    a) Wie hängt ν_c von m^*, e, B ab?
    b) In einem bestimmten Experiment fand man bei $B = 0{,}1$ Weber/m^2 maximale Absorption bei der Frequenz $\nu = 1{,}4 \cdot 10^{10}$ Hz. Bestimmen Sie m^*.
    c) Bestimmen Sie den maximalen Bahnradius eines Ladungsträgers in diesem Experiment, dessen Geschwindigkeit $3 \cdot 10^4$ m/s beträgt.

Sachwortverzeichnis